# ENTSTEHUNG UND GESCHICHTE DER LEBEWESEN

Reinhard Junker
Siegfried Scherer

# ENTSTEHUNG UND GESCHICHTE DER LEBEWESEN

**Daten und Deutungen für den Biologieunterricht**

Reinhard Junker
Siegfried Scherer

*Unter Mitarbeit von:*

Harald Binder
Erich Blechschmidt
Sigrid Hartwig-Scherer
Hermann Schneider
Manfred Stephan
Roland Süßmuth
Richard Wiskin

WEYEL
BIOLOGIE

Entstehung und Geschichte der Lebewesen

*von* Gymnasiallehrer Reinhard Junker, Baiersbronn
Dr. rer. nat. Siegfried Scherer, Konstanz

*unter Mitarbeit von* Chem.-Ing. Dipl.-Chem. Harald Binder, Konstanz
Prof. Dr. med. Erich Blechschmidt, Freiburg
Dipl.-Biol. Sigrid Hartwig-Scherer, Konstanz
Prof. Dr. rer. nat. Hermann Schneider, Heidelberg
Manfred Stephan, Kernen
Prof. Dr. rer. nat. Roland Süßmuth, Nürtingen
Richard Wiskin, CH-Dürnten

CIP-Titelaufnahme der Deutschen Bibliothek

2., überarbeitete und erweiterte Auflage 1988

Umschlaggestaltung: Martin Künkler, nach einer Zeichnung von Thomas Hilsberg
Satz: Brühlsche Universitätsdruckerei, Gießen
ISBN: 3-921046-04-1

# Vorwort zur 2. Auflage

Die Bearbeitung der zweiten Auflage konnte aufgrund der erfreulichen Nachfrage schon bald nach der Veröffentlichung der ersten Auflage begonnen werden. In einigen Abschnitten wurden nur Druckfehler berichtigt und kleine Korrekturen vorgenommen, während bei anderen größere Veränderungen und Ergänzungen notwendig waren. Dies gilt insbesondere für den Teil „Historische Evolutionsforschung“. Die wichtigsten Ergänzungen seien genannt: Der Abschnitt „Altersbestimmungsmethoden“ (8.4) enthält nun umfangreiche Ausführungen mit Hinweisen auf eine junge Erde; in Abschnitt 8.3 wird eine alternative Deutung der Regelhaftigkeit der Fossilüberlieferung vorgestellt; die Abschnitte über das Karbon (8.5) und die Solnhofener Plattenkalke (8.6) wurden stark überarbeitet; in Kapitel 9 „Entstehung der Menschheit“ fanden neueste Funde und Erkenntnisse Eingang, und in Kapitel 10 werden neben diversen Ergänzungen einige weitere Grundtypen beschrieben. Stark überarbeitet wurde auch der Abschnitt über die „biogenetische Grundregel“ (6.5.2). Die Autoren waren bemüht, das Buch im Rahmen des Möglichen zu aktualisieren – es ist immer wieder erstaunlich, welch schnellen Wissensfortschritt die Naturwissenschaften erzielen. So ist der Umfang des Buches zwar entsprechend gewachsen, doch muß nach wie vor vieles unerwähnt bleiben.

Manche Leser fanden das Buch zu schwierig, daher wurde dem oft geäußerten Wunsch nach einem Glossar Rechnung getragen. Das vorliegende Werk ist jedoch ein Lehrbuch, das kaum als Nachtlektüre geeignet ist, sondern wie jedes Lehrbuch abschnittsweise durchgearbeitet werden will. Darüber hinaus kann es als Nachschlagewerk benutzt werden. Im Schwierigkeitsgrad haben sich die Autoren an anspruchsvollen Lehrbüchern für die Sekundarstufe II orientiert, wo das Thema Evolution einen weiten Raum im Unterricht einnimmt.

Zahlreiche Leser haben auf Druckfehler oder sachliche Mängel hingewiesen. Diese wurden grundsätzlich korrigiert. Wünsche nach weiteren Änderungen und Erweiterungen sind so weit wie möglich berücksichtigt worden. Allen, auch den nicht namentlich genannten, sei herzlich gedankt.

In besonderer Weise danken die Autoren dem Verleger, Herrn Ulrich Weyel, für die harmonische Zusammenarbeit und seinen Einsatz für dieses Werk, insbesondere für seine Zustimmung zu zahlreichen Änderungs- und Erweiterungswünschen. Darüber hinaus ermöglichte er eine wesentliche Verbesserung der Ausstattung durch zusätzliche Abbildungen und Farbunterlegungen.

Es ist der Wunsch von Autoren und Verleger, daß auch die zweite Auflage die *sachliche* Diskussion im Spannungsfeld „Schöpfung - Evolution“ im Biologieunterricht beleben möge.

Mai 1988

Reinhard Junker, Siegfried Scherer

# Vorwort zur 1. Auflage

In den verbreiteten Schulbüchern wird Evolution als Tatsache gelehrt. Nach der Evolutionstheorie stammen alle Organismen von einem einzelligen Ur-Organismus ab und sind in einem Zufalls- und Selektionsprozeß durch allmähliche Höherentwicklung entstanden, wobei die „Urlebewesen" aus leblosen Stoffen hervorgegangen sein sollen. An diesen Grundaussagen der Evolutionslehre wird gewöhnlich nicht mehr im geringsten gezweifelt. Ein in den Grundzügen fertiges, oft nahezu problemlos erscheinendes Bild der Evolution wird angeboten. Tatsächlich weist aber eine wachsende Anzahl von Befunden aus dem Bereich der Naturwissenschaften darauf hin, daß die Evolutionslehre vorschnell zur Tatsache erhoben wurde. Indessen haben diese bemerkenswerten Befunde weder in Lehrpläne noch in Schulbücher Eingang gefunden. Eine große Anzahl von wichtigen wissenschaftlichen Daten bleibt ausgeblendet.

Damit ist ein erstes Anliegen dieses Buches angesprochen: In den herkömmlichen Schulbüchern nicht zur Sprache gebrachte Tatsachen sollen nachgereicht werden. Diese Tatsachen erfordern eine erhebliche Änderung der gängigen Vorstellungen.

Beobachtete Fakten bedürfen der Interpretation. Auf der Grundlage gleicher Beobachtungsdaten lassen sich oft verschiedene Hypothesen oder Theorien konstruieren. Dies gilt in besonderer Weise für die in der Evolutionslehre verarbeiteten Fakten. Daraus ergibt sich das zweite Anliegen dieses Buches: Alternative, nicht-evolutionäre Interpretationsmöglichkeiten sollen dargeboten werden.

Sowohl im Fakten- als auch im Interpretationsbereich wird also eine *Ergänzung* zu den in anderen Schulbüchern vermittelten Darstellungen des Themenbereiches „Evolution" vorgelegt. Insgesamt will dieses Buch aber auch beispielhaft aufzeigen, daß naturwissenschaftliche Befunde nicht nur im Rahmen eines *Evolutionsmodells*, sondern auch im Rahmen eines *Schöpfungsmodells* gedeutet werden können.

Die kleingedruckten Teile geben Vertiefungen oder Ergänzungen der jeweils dargelegten Thematik, gelegentlich auch Beispiele. Zugunsten der wissenschaftlichen Exaktheit ließ sich gelegentlich eine fachspezifischere Ausdrucksweise nicht vermeiden. Diese Passagen sind für den fortgeschritteneren Leser gedacht; sie können aber ohne Verlust des „roten Fadens" übergangen werden.

Die Frage nach der Herkunft der Lebewesen und insbesondere des Menschen ist für unser Menschenbild von entscheidender Bedeutung. Je nachdem, wie wir die Herkunft des Menschen erklären, prägt sich dieses Menschenbild aus. Aus dem jeweiligen Menschenbild wiederum ergeben sich Konsequenzen für das Selbstverständnis des Menschen und für sein Handeln. Vor diesem Hintergrund ist es daher notwendig, einen repräsentativen Faktenquerschnitt und unterschiedliche Interpretationsmöglichkeiten darzulegen. Der Leser soll die Möglichkeit erhalten, die gegensätzlichen Positionen zur Entstehung und Geschichte der Lebewesen zu prüfen und zu einer persönlichen Beurteilung und Stellungnahme zu finden.

Der Freiburger Biologe Hans Mohr hat eine Reihe von „Geboten wissenschaftlicher Ethik" zusammengestellt. Seine Forderungen sind: Ehrlichkeit, Verzicht auf Dogmatismus, Genauigkeit, Fairness, Vorurteilsfreiheit, Berücksichtigung aller verfügbaren Information, stete Bereitschaft, ein Problem zu lösen, symmetrische Argumentation (d.h.: „Prüfe die Alternative zu der von dir bevorzugten Hypothese mit derselben Sorgfalt!"), Verwendung klar definierter Begriffe, Erstellung präziser, überprüfbarer Wenn-dann-Sätze, Bereitschaft zur Modifikation oder Ersetzung von Theorien, wenn innere Widersprüche auftauchen oder neue Fakten dies nahelegen, Vermeidung unnötig komplizierter Hypothesen. An diesen Geboten wird sich nicht nur die Evolutionslehre, sondern auch die in diesem Buch vorgestellte Alternative messen lassen müssen.

Einseitige Denkschablonen sind der Ausbildung und der Erziehung Jugendlicher zu selbständig denkenden Menschen abträglich. Es ist notwendig, zu ungeklärten Fragen verschiedene Lehrmeinungen anzubieten. Dies weitet den Blick und bewirkt eine Kreativität des Denkens. Es war daher den Autoren wichtig, Lehr*meinungen* als solche zu kennzeichnen.

Diese Arbeit ist der erste Versuch im deutschen Sprachraum, den in der Schule gebrauchten Argumenten für Evolution eine auf der Schöpfungslehre beruhende Gegenposition beizugeben. Die Autoren sind sich der Vorläufigkeit sowie der Lücken mancher Ansätze bewußt und gerne bereit, sachliche Kritik anzunehmen. Eine von Emotionen befreite Auseinandersetzung auf sachlicher Ebene scheint notwendiger denn je, und die vorliegende Arbeit will nicht zuletzt als ein Schritt auf dieses Ziel hin verstanden werden.

Reinhard Junker

Oktober 1986 Siegfried Scherer

# Inhaltsverzeichnis

# I. Teil

## Wissenschaftstheoretische und geschichtliche Einführung

# 1 Grundlagen aus der Wissenschafts- und Erkenntnistheorie

## 1.1 Was ist Naturwissenschaft?

Wie kommt die Biologie, wie kommen die Naturwissenschaften, wie kommt Wissenschaft überhaupt zu ihren Ergebnissen?
Was sind die Kennzeichen wissenschaftlicher Hypothesen und Theorien? Welche Bedingungen müssen Hypothesen oder Theorien erfüllen, damit sie wissenschaftlich genannt werden können?
Welcher Wahrheitsgehalt kommt ihnen zu?
Welches sind die Möglichkeiten und Grenzen der naturwissenschaftlichen Forschungs- und Erkenntnismethode?
Dies ist eine kleine Auswahl von Fragen, die sich jeder Wissenschaftler im Vorfeld seiner Arbeit stellen muß und die deshalb auch hier an erster Stelle aufgegriffen werden.

Eine erste wichtige Feststellung lautet:
*Naturwissenschaften befassen sich mit Sachverhalten und Ereignissen, die prinzipiell jederzeit feststellbar bzw. wiederholbar (reproduzierbar) sind und unabhängig vom Beobachter bzw. Experimentator eintreffen. Beobachtung und Experiment sind die Grundlage jeder naturwissenschaftlichen Arbeit. Dabei müssen Beobachtungs- und Versuchsbedingungen genau angegeben werden.*

„Prinzipiell geht der Weg der Erkenntnisgewinnung aus von experimentellen oder Beobachtungsdaten, die mit Hilfe genau definierter Methoden gewonnen werden" (MOHR & SCHOPFER 1978, S. 7). Beispielsweise sind bei Beobachtungen von Verhaltensweisen von Lebewesen die Rahmenbedingungen, unter denen beobachtet wird, für die Ergebnisse mitentscheidend. Es besteht hier die Gefahr der Beeinflussung des Beobachtungsergebnisses durch die Beobachtungsbedingungen. Tiere, in freier Wildbahn (versteckt) beobachtet, verhalten sich oft anders als bei Beobachtung in Gefangenschaft.

### Objektive Daten

Solche aus Naturbeobachtungen oder aus gezielten Experimenten gewonnenen Daten werden auch **objektive Daten** oder **empirische Befunde** genannt - objektiv, weil die gewonnenen Ergebnisse vom beobachtenden oder experimentierenden Subjekt unabhängig sind bzw. sein müssen (s.o.); „empirisch" bedeutet: „auf Erfahrung beruhend", hier speziell auf Erfahrung, die mittels Beobachtung und Experiment gewonnen wurde.

Einige einfache Beispiele für objektive Daten: „Rehe haben vier Beine", „Der Klatschmohn hat rote Blütenblätter", „Im Steinbruch X folgt Schicht B auf Schicht A" usw.

Beispielsweise sind Träume demnach nicht zu objektiven Daten zu rechnen; sie sind weder unabhängig vom Beobachter noch beliebig reproduzierbar. Dieses Beispiel zeigt aber, daß Ereignisse, die nicht mit naturwissenschaftlichen Methoden beschrieben werden, für Betroffene ebenso real sein können wie sogenannte „harte Fakten" der Wissenschaft.

Damit sind Stärke und Schwäche der naturwissenschaftlichen Erkenntnismethode angedeutet. Ihre Stärke besteht in der Unabhängigkeit der Erkenntnisgewinnung vom erkennenden Subjekt, also in ihrer Objektivität, ihre Schwäche in ihrer Begrenztheit: nur bestimmte Aspekte der Wirklichkeit können mit ihr erfaßt und beschrieben werden.

Das oben erwähnte Beispiel von den Träumen verdeutlicht die Grenzen der naturwissenschaftlichen Methode. Auch kann alles, was sich im persönlichen (subjektiven) Bereich der Wirklichkeit ereignet, nicht mit dieser Methode erfaßt werden; dennoch wird an der Realität dieses Wirklichkeitsaspektes ebenso wenig gezweifelt wie an dem, der naturwissenschaftlich erfaßbar ist.

Die Erkenntnismethode der Naturwissenschaft ist also nicht die einzige Erkenntnismöglichkeit. Zutreffende Erkenntnisse können auch durch *persönliche Mitteilungen* gewonnen werden, z. B. durch den Satz „Ich liebe dich". Naturwissenschaft kann daher keinen Absolutheitsanspruch erheben, was Erkenntnisgewinnung betrifft. Die Aussagemöglichkeiten der Naturwissenschaft sind im Grunde genommen sehr eingeengt, da sie sich auf reproduzierbare Ereignisse beschränken müssen. Einmalige Geschehnisse sind aber auch wesentliche Aspekte der Wirklichkeit (vgl. dazu auch Abschnitt 1.2).

### Von den Daten zur Hypothese

Wie bereits im Vorwort angeklungen ist, gibt sich die Wissenschaft nicht damit zufrieden, lediglich immer größere Mengen an objektiven Daten anzusammeln. Sie ist vielmehr darum bemüht, Erklärungen für empirische Befunde zu finden und Zusammenhänge aufzudecken. Solche Zusammenhänge bestehen darin, daß bestimmte Ereignisse Ursachen für andere sind; man sagt, die Ereignisse sind ursächlich (kausal) verknüpft (Kausalitätsprinzip). Wissenschaft bemüht sich, kausale Zu-

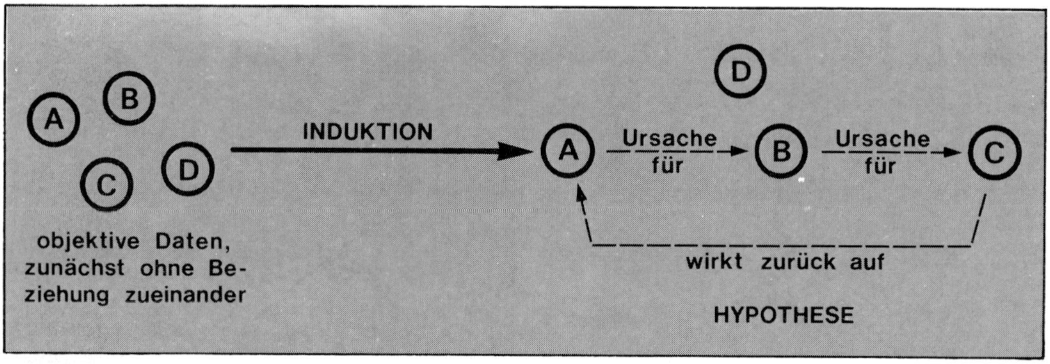


*Abb. 1.1: Von den objektiven Daten zu einer Hypothese. Erläuterungen im Text.*

sammenhänge (Ursache-Wirkungs-Gefüge) aufzuspüren bzw. die Existenz kausaler Zusammenhänge zu beweisen, wenn solche vermutet werden (Abb. 1.1).

Solche Zusammenhänge werden nun nicht automatisch entdeckt, vielmehr bedarf es einer guten Idee des Wissenschaftlers, wie verschiedene Phänomene zusammenhängen könnten. Gedankliche Arbeit ist erforderlich, um das Befundmaterial sinnvoll zu ordnen und kausale Verknüpfungen zu finden; manchmal „genügt" aber schon ein „Gedankenblitz". Eine solche Verknüpfung von Ausgangsdaten nennt man **Induktion**: Von einer Reihe von Befunden schließt man auf einen Zusammenhang oder versucht die Befunde zu erklären, indem man eine **Hypothese** bildet.

So hat beispielsweise MENDEL induktiv geschlossen, als er aus einer Reihe von Beobachtungen die später nach ihm benannten Vererbungsgesetze ableitete. Er vermutete aufgrund spezieller Beobachtungen ein allgemeines Gesetz. Der Induktionsschluß ist eine Schlußfolgerung vom Speziellen aufs Allgemeine, d.h. einzelne Befunde werden durch eine allgemeine Aussage erklärt.

Es ist oft möglich, aus ein und demselben Befundmaterial verschiedene Induktionsschlüsse zu ziehen und damit zu verschiedenen Hypothesen zu gelangen, die einander widersprechen können. Induktionsschritte müssen also nicht eindeutig sein (Abb. 1.2). Das liegt daran, daß

- in einer Hypothese über das Erfahrungswissen hinausgegangen wird und spekulative Elemente (eine „zündende Idee") eingebracht werden und (was damit zusammenhängt)
- immer die Möglichkeit besteht, daß die in einer Hypothese verarbeiteten Befunde unvollständig und ergänzungsbedürftig sind. Es könnten weitere Daten gewonnen werden, die der Hypothese widersprechen.

Ein konkreter Fall dazu: Im Südpazifik werden immer wieder Massenstrandungen von lebenden Zahnwalen beobachtet. Über die Ursache dieses Vorganges wurden in der Vergangenheit schon viele Hypothesen aufgestellt, die aufgrund erweiterter Kenntnisse (weiterer „objektiver Daten") wieder verworfen werden mußten oder zumindest fragwürdig schienen. Beispielsweise war die sogenannte „Parasiten-Hypothese", nach der die Strandung der Wale auf Parasitenbefall im Innenohr zurückgeführt wurde, mit den Beobachtungen verträglich: In den sechziger Jahren hatten Wissenschaftler bei fast allen Tieren einer gestrandeten Walschule Parasiten im Innenohr entdeckt. Dieses Sinnesorgan nimmt die zur Orientierung notwendigen Schallwellen auf. Als aber beweishungrige Forscher in der Folgezeit die Innenohren gestrandeter Wale systematisch untersuchten, stellte sich heraus, daß die gestrandeten und sezierten Exemplare zumeist gesund waren - die Hypothese war damit widerlegt.

*Was ist eine gute Hypothese?*

Eine *erste* Forderung, die an eine wissenschaftliche Hypothese gestellt werden muß, ist, daß sie nicht im Widerspruch zu irgendwelchen bekannten objektiven Daten stehen darf; eine abgeschwächte Mindestforderung besteht darin, daß die in Betracht gezogene Hypothese besser in Einklang mit den Fakten stehen muß als konkurrierende Hypothesen.

Zur Illustration folgendes aktuelles Beispiel: Die Hypothese von der Universalität des genetischen Codes mußte inzwischen in ihrer umfassenden Form aufgegeben werden, nachdem neuere Befunde Ausnahmen vom bisher ermittelten Code erbracht hatten. Der Code der DNS von Mitochondrien des Menschen unterscheidet sich in vier Codons vom sogenannten universalen Code (vgl. Abschnitt 6.3). Damit steht die Hypothese von der

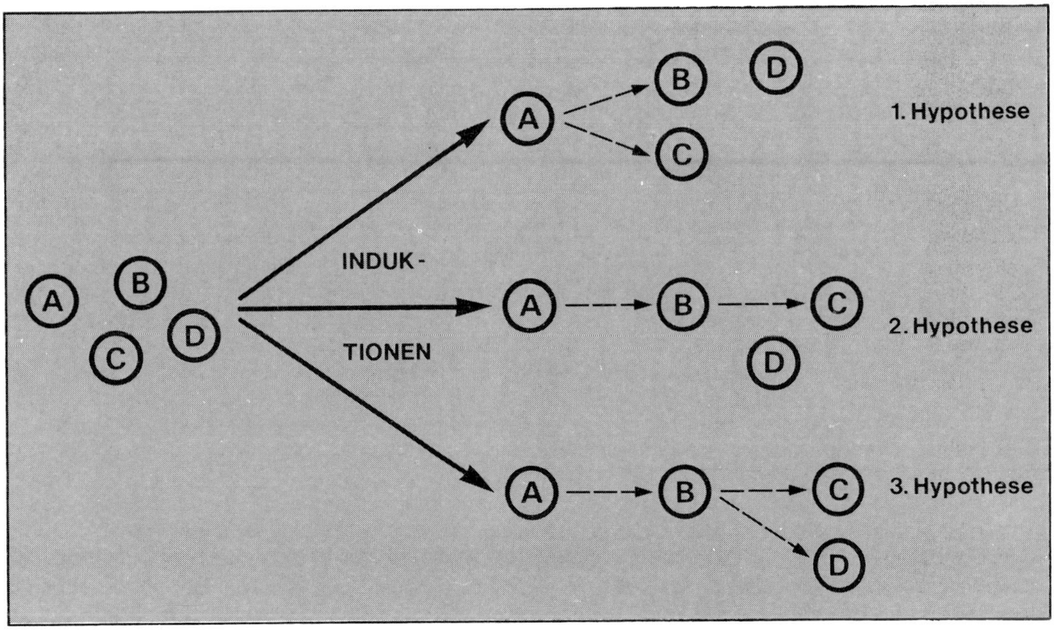


*Abb. 1.2: Von denselben Daten ausgehend können oft verschiedene Hypothesen gebildet werden.*

Universalität des genetischen Codes im Widerspruch zu objektiven Daten und kann in dieser allgemeinen Form nicht mehr beibehalten werden.

*Zweitens* ist die Erklärungskraft einer Theorie von wesentlicher Bedeutung: „Der Wert und die Tragweite einer Theorie messen sich an ihrer Eignung, einschlägige Tatbestände zu erklären", schreibt P.-P. GRASSÉ (1973, S. 186). Dieses Kriterium ist freilich recht subjektiv, da man verschiedener Meinung sein kann, wie gut eine Theorie einen bestimmten Sachverhalt erklärt.

Schließlich muß eine wichtige *dritte* Forderung (Bedingung) an eine Hypothese gestellt werden: Eine brauchbare Hypothese muß Schlußfolgerungen gestatten, die durch weitere Beobachtungen oder Experimente überprüfbar sind. Kann eine Hypothese diese Forderung nicht erfüllen, so ist sie vom wissenschaftlichen Standpunkt aus wertlos. Man sagt auch, daß eine wissenschaftliche Hypothese **falsifizierbar** (widerlegbar) sein müsse. Damit ist nichts anderes gemeint, als daß empirisch prüfbare Schlußfolgerungen aus der Hypothese ableitbar sein müssen.

Auch hierzu ein Beispiel: Eine ganze Reihe von Wissenschaftlern ist der Meinung, daß das Leben auf der Erde nicht in „Ursuppen" entstanden sein könne, sondern durch außerirdische Lebensformen seinen Anfang nahm, daß also die Erde sozusagen durch Keime aus dem Weltraum „infiziert" wurde. Diese Hypothese ist zwar interessant, derzeit aber wohl kaum prüfbar und daher vom naturwissenschaftlichen Standpunkt aus wenig wert.

Die Bildung solcher Schlußfolgerungen nennt man **Deduktion** (Ableitung). Deduzieren geschieht durch logisches Schließen. Man kann daher auch sagen, daß eine Hypothese Vorhersagen ermöglichen muß, die eintreffen müssen unter der Bedingung, daß die Hypothese richtig ist, d.h. daß sie der Wirklichkeit entspricht.

Ergibt nun die Überprüfung der Schlußfolgerungen (bzw. der Vorhersagen) im Experiment oder durch Beobachtungen ein positives Ergebnis, so hat sich die Hypothese in diesem Fall bewährt, andernfalls muß sie abgeändert oder ganz verworfen werden. So wurden MENDEL's Erbgesetze bei vielen Organismen geprüft und mußten inzwischen teilweise eingeschränkt werden. Weitere empirische Daten entscheiden also, wie gut eine Hypothese ist.

Auf diesem Wege sind nun aber keine absoluten Wahrheiten zu finden. Bestenfalls kann man von einer Hypothese sagen, daß sie nicht im Widerspruch zu objektiven Daten steht, *niemals* aber, daß sie *absolut wahr* ist, denn ein einziger empirischer Befund, welcher einer Hypothese widerspricht, macht sie in ihrer bisherigen Form zunichte. Es ist möglich, daß eine Hypothese, die sich schon lange und oftmals bewährt hat, aufgrund weiterer Befunde geändert oder sogar aufgegeben werden muß. Beispiele dafür wurden bereits weiter oben genannt. Es ist also sozusagen vernünftig, an die Gültigkeit einer bewährten Hypothese zu glau-

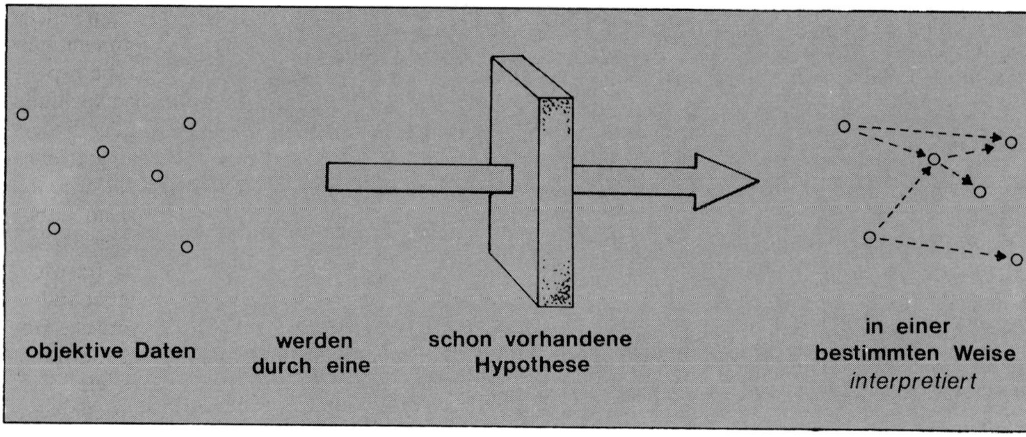


*Abb. 1.3: Oftmals wird in der naturwissenschaftlichen Forschung nicht von objektiven Daten ausgegangen, sondern von einer Hypothese, mit deren Hilfe man bestimmte Befunde zu deuten versucht.*

ben, diese aber nicht für streng bewiesen zu halten. Dazu bemerkt der dtv-Atlas zur Biologie (1973, S. 1):

„Jeder Wissenschaftszweig beschränkt sich auf den Bereich, aus dem er objektive Daten ermitteln kann... Naturwissenschaft fragt also nicht, ob ihre Aussagen in einem metaphysischen Sinne 'wahr' sind, sondern nur, ob sie in keinem Widerspruch zu objektiven Daten und logischen Verbindlichkeiten stehen."

### Von der Hypothese zur Theorie

Eine Hypothese, die sich nach mehreren „Deduktionsdurchgängen" bewährt hat, wird gewöhnlich in den Rang einer Theorie erhoben. Die Bezeichnung „Theorie" verwendet man auch, wenn eine Hypothese mehrere, bisher „selbständige" Teilhypothesen umfaßt. Daher kann auch eine wissenschaftliche Theorie nie in den Rang einer absoluten Wahrheit erhoben werden.

Hypothesen und Theorien haben auch insofern eine wichtige Funktion, als sie Ideen dafür liefern, welche Fragestellungen sinnvoll, welche Experimente überhaupt von Interesse sind. Ohne Hypothesenbildung wäre nur ein im Grunde sinnloses Ansammeln von wissenschaftlichen Daten möglich, die beziehungslos nebeneinander stehen müß-

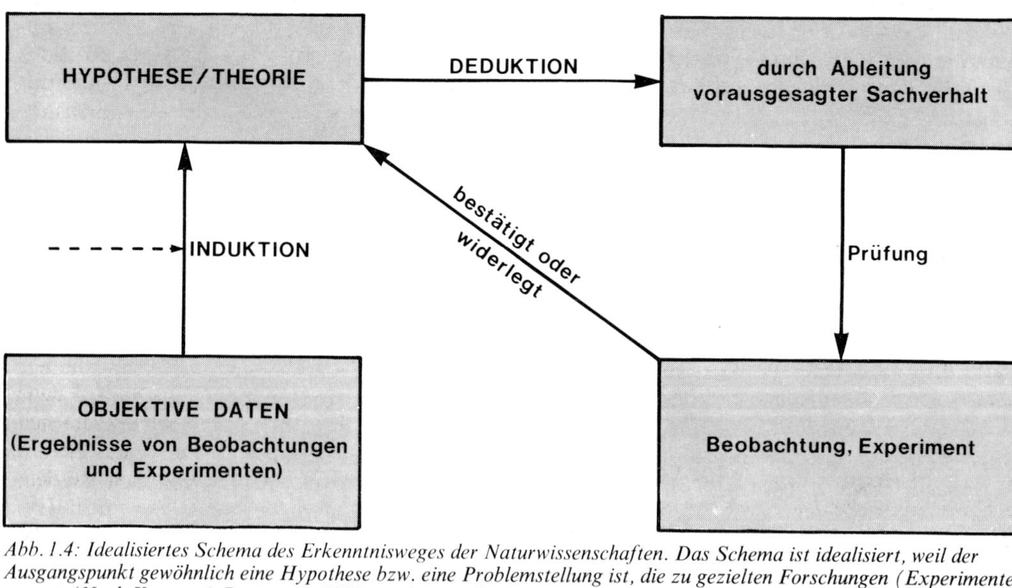


*Abb. 1.4: Idealisiertes Schema des Erkenntnisweges der Naturwissenschaften. Das Schema ist idealisiert, weil der Ausgangspunkt gewöhnlich eine Hypothese bzw. eine Problemstellung ist, die zu gezielten Forschungen (Experimenten) anregt. (Nach Knodel & Bayrhuber 1983, stark verändert)*

ten. Von EINSTEIN stammt das Zitat: „Nur eine Theorie kann uns sagen, welche Experimente interessant sind." (Vgl. dazu Abb. 1.3.)

**Verwerfung einer Theorie**

In zwei Fällen ist die Ersetzung einer Theorie durch eine andere angezeigt:

1. Wenn aufgrund empirischer Befunde eine Theorie nicht mehr aufrechterhalten werden kann. Dies wurde bereits erwähnt.
2. Wenn eine alternative Theorie entweder mehr oder genausoviel mit weniger Zusatzannahmen, also einfacher erklären kann (Ökonomieprinzip).

Die geschilderten Prinzipien wissenschaftlicher Erkenntnisgewinnung sind in Abbildung 1.4 zusammengefaßt und werden in den folgenden Kapiteln zur Anwendung kommen.

## 1.2 Evolutionsforschung als Geschichtswissenschaft

Nach dem bisher Gesagten ist die Frage nach der Geschichte des Lebens strenggenommen keine Frage, die mit ausschließlich naturwissenschaftlichen Methoden beantwortet werden kann. Denn die Entstehung sowie die Geschichte der Lebewesen auf unserem Planeten ist einmalig und nicht reproduzierbar. Naturwissenschaft dagegen befaßt sich mit gegenwärtig ablaufenden Vorgängen und kann die historische Dimension nicht erfassen. Es ist ja nicht möglich, die Geschichte der Lebewesen durch direkte Beobachtung oder durch experimentelle Analysen zu erhellen.

Informationen darüber können nur historische Dokumente liefern, also unmittelbare oder mittelbare Zeugen und Spuren aus der Vergangenheit. So gesehen muß Ursprungsforschung - ob sie unter der Leitidee einer Evolution oder einer Schöpfung erfolgt - primär als *Geschichtswissenschaft* betrachtet werden.

Ein Beispiel soll dies verdeutlichen: Wir denken uns, man könne - durch welche Schritte auch immer - aus einem Reptil einen Vogel züchten. Dadurch könnte allenfalls gezeigt werden, auf welche Weise sich eine Entwicklung von einem Reptil zu einem Vogel vollziehen *kann* und in der Vergangenheit (in der Erdgeschichte) vollzogen haben *könnte*. Man hätte damit zwar ein starkes Argument, aber keinen Beweis dafür, daß es im Laufe der Erdgeschichte eine Entwicklung von Reptilien zu Vögeln gegeben hat und auch nicht, auf welche Weise eine solche Entwicklung stattgefunden hätte. (Zu berücksichtigen ist auch, daß die experimentellen Bedingungen einer Vogelentwicklung aus Reptilien sicher nicht mit den in der Erdgeschichte tatsächlich vorhanden gewesenen übereinstimmen würden, denn im einen Fall wäre die Entwicklung zufällig erfolgt, während im Labor gezielt, unter Einsatz von Intelligenz gearbeitet wird.) Der Nachweis einer postulierten Entwicklung von Reptilien zu Vögeln muß offenbar anders erfolgen. Man kann vor allem auf historische Dokumente zurückgreifen. Ob hier der bekannte „Urvogel" *Archaeopteryx* ein Indiz für eine Entwicklung von Reptilien zu Vögeln darstellt, wird in Abschnitt 8.7.6 besprochen.

Ein echter (direkter) *Beweis* wäre nur möglich, wenn man mit einer Zeitmaschine in die Vergangenheit reisen und ein Entwicklungsgeschehen unmittelbar beobachten könnte.

Dennoch kann Ursprungsforschung auf Ergebnisse der *Natur*wissenschaften zurückgreifen: Auf dem Gebiet der „kausalen Evolutionsforschung" kann naturwissenschaftlich (mit Beobachtung, Experiment und Hypothesenbildung) gearbeitet werden. Es ist möglich, Mechanismen und Vorgänge empirisch zu untersuchen, von denen vermutet wird, daß sie eine Höherentwicklung der Organismen bewirken können.

Da wissenschaftliche Theorien niemals in den Rang einer absoluten Wahrheit gelangen können und da die Evolutionslehre zu ihrer Begründung auf Methoden der Geschichtswissenschaft zurückgreifen muß, wodurch immer nur Wahrscheinlichkeitsaussagen möglich sind, wird in diesem Buch bewußt weder von einer *umfassenden* Evolution als Tatsache gesprochen noch wird die Evolutionslehre *in ihrer Gesamtheit* als *naturwissenschaftliche* Theorie betrachtet.

## 1.3 Evolutionsmodelle und Schöpfungsmodelle

In Abschnitt 1.1 wurde bereits deutlich, daß aus ein und denselben objektiven Daten verschiedene Hypothesen konstruiert werden können, die sich möglicherweise widersprechen. Empirische Befunde können oft verschieden interpretiert werden. Dies gilt insbesondere für die Befunde, die in Hypothesen oder Theorien über die Herkunft und die Geschichte des Lebens und der Lebensvielfalt verarbeitet werden. Denn geschichtliche Vorgänge entziehen sich einer unmittelbaren (naturwissenschaftlichen) Untersuchung, und Indizien erlauben selten eine eindeutige Interpretation.

So kann es nicht überraschen, daß wir uns heute noch immer in der Situation befinden, daß es gerade über die Herkunft des Lebens gleichzeitig verschiedene Theorien gibt, die einander in wesentlichen Punkten widersprechen und die doch weitgehend dasselbe Datenmaterial verarbeiten. Hier stehen sich Evolutions- und Schöpfungsmodelle gegenüber. Daß die Befürworter von Evolutionsmodellen in deutlicher Überzahl sind, sagt nichts über den „Wahrheitsgehalt" der konkurrierenden Modelle aus. Eindeutig falsch ist die Behauptung, es gebe keine Biologen oder andere Wissenschaftler, die aus naturwissenschaftlichen Gründen Schöpfungsmodellen einen ebenbürtigen, wenn nicht gar höheren Erklärungswert einräumen als Evolutionsmodellen. Schöpfungsmodelle können auch ohne Bezug auf Glaubensaussagen als Denkrahmen benutzt werden. Freilich bleiben ohne Berücksichtigung solcher Aussagen wichtige Fragen offen. Aber auch Evolutionsmodelle gründen sich auf philosophische oder weltanschauliche Grundüberzeugungen und Glaubenssätze. Solche Grundannahmen, die die Naturwissenschaft selbst nicht begründen kann, spielen in sämtlichen Theorien von der Geschichte des Lebens eine bedeutende Rolle.

Auf eine Auflistung der einzelnen Modelle wird hier verzichtet. Wir begnügen uns damit, die Grundzüge aller (oder zumindest der meisten) Evolutionsmodelle denen der Schöpfungsmodelle gegenüberzustellen, wobei wir der Einfachheit halber von „Evolutionsmodell" und „Schöpfungsmodell" sprechen. Die Kernaussagen beider Modelle lauten (vgl. Abb. 1.5):

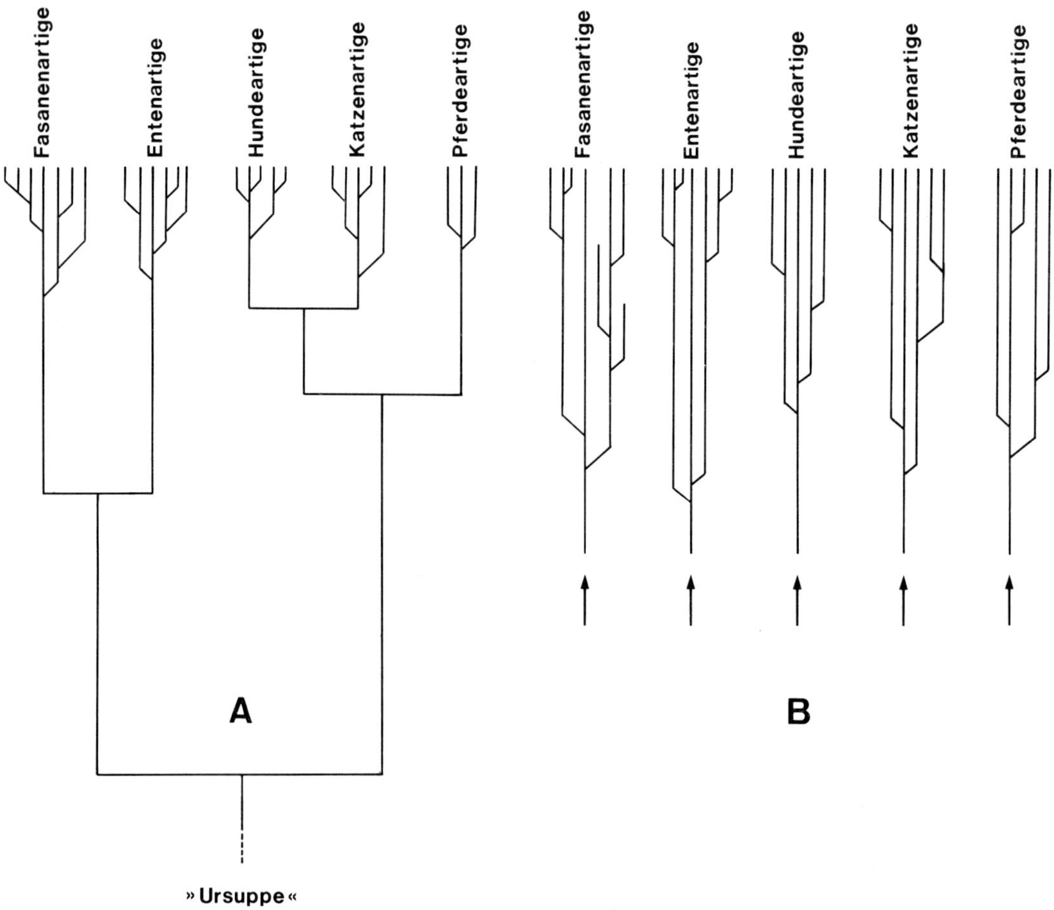


*Abb. 1.5: Evolutionsmodell (A) und Schöpfungsmodell (B). Von beiden Modellen gibt es verschiedene Versionen. Die Pfeile im Schöpfungsmodell deuten die Erschaffung der verschiedenen „Grundtypen" von Lebewesen an, welche sich dann durch mikroevolutive Prozesse innerhalb bestimmter Grenzen veränderten.*

**EVOLUTIONSMODELL**: Alle heute lebenden Organismen stammen von einfacher gebauten Vorläufern und letztlich von einem einzelligen Urahn (dem ersten Lebewesen) ab (monophyletische Abstammung). Das erste Lebewesen wiederum entstand durch Selbstorganisationsprozesse aus anorganischen Stoffen.

Eine ausführlichere Beschreibung entnehmen wir dem „Funkkolleg Biologie" (OSCHE 1973):

„Die allgemeine Aussage der Evolutionstheorie lautet: Alle heute lebenden Arten von Organismen, seien es Bakterien, Pilze, grüne Pflanzen oder Tiere, sind miteinander verwandt. Sie lassen sich auf einen gemeinsamen Ahnen - ein Urlebewesen - zurückführen. Die heutige Mannigfaltigkeit der Arten und ihre unterschiedliche Organisation sind in einer Hunderte von Jahrmillionen dauernden Entwicklung (Evolution) entstanden. Während dieser Evolution muß es zu der Differenzierung der Lebewesen in die heute zu beobachtenden Klassen, Ordnungen und Arten gekommen sein. Diese Entwicklung spielte sich in der Generationenfolge ab.

Evolution ist ein Prozeß, in dessen Verlauf über lange Zeiträume hinweg die Nachfahren 'andersartig' (im wahrsten Sinne des Wortes zu 'anderen Arten') werden."

**SCHÖPFUNGSMODELL**: Die heute lebenden Organismen gehen auf getrennt erschaffene Grundtypen von Lebewesen zurück: ihr Ursprung ist polyphyletisch. Die erschaffenen Arten waren von Anfang an perfekt organisiert und zu beschränkter Variation innerhalb bestimmter Grenzen (Mikroevolution) befähigt. Das Schöpfungsmodell geht also nicht von einer völligen Unveränderlichkeit der Arten aus. Der Schöpfungsakt selber ist naturwissenschaftlich nicht nachvollziehbar (Näheres s. Kapitel 10).

Daß die bloßen Fakten keine Grundlage für eine eindeutige Entscheidung für eines der beiden Modelle sein können, wird in den nachfolgenden Kapiteln zu belegen sein. Wir werden zeigen (v.a. in Kapitel 6; vgl. auch Kapitel 2), daß außerwissenschaftliche Grundannahmen bei dieser Entscheidung eine wesentliche Rolle spielen und daß keines der beiden Modelle ohne solche Grundvoraussetzungen (Prämissen) auskommen kann. *In diesem Sinne* sind Evolutions- und Schöpfungsmodell vollkommen gleichartig und keines der beiden ist wissenschaftlicher als das andere. *Beide* Modelle gehen über die reine Wissenschaft hinaus, weil ihre *Grundlagen* außerwissenschaftlicher (metaphysischer, philosophischer, weltanschaulicher, religiöser) Art sind. Daher wird auch von Abstammungs*lehre* einerseits und Schöpfungs*lehre* andererseits gesprochen.

An dieser Stelle sei darauf hingewiesen, daß die meisten Evolutionstheoretiker für ihre Modellbildung von der Grundannahme ausgehen, daß die Entstehung der Lebensvielfalt ohne Einwirkung übernatürlicher Kräfte zustandegekommen und mit Naturgesetzen vollständig erklärbar sei. Dies ist aber kein rein wissenschaftliches Vorgehen, wie immer wieder behauptet wird, sondern zugleich Ausdruck einer weltanschaulichen Überzeugung. Tatsächlich kann ja durch Beobachtung und Experiment die gegenteilige Annahme (Wirkungen übernatürlicher Kräfte bei der Entstehung des Lebens und seiner Vielfalt) nicht widerlegt werden. Da die genannte Grundannahme experimentell nicht nachvollziehbar ist, muß sie als Glaubenssatz gewertet werden.

Beide Modelle können in anderer Hinsicht aber auch als wissenschaftlich bezeichnet werden, insofern sie sich auf empirische Befunde berufen. Ihre Aussagen dürfen allerdings nicht im Widerspruch zu objektiven Daten stehen (vgl. Abschnitt 1.1; Abb. 1.6).

Oft wird der Einwand vorgebracht, im Schöpfungsmodell werde von vornherein auf eine Erklä-

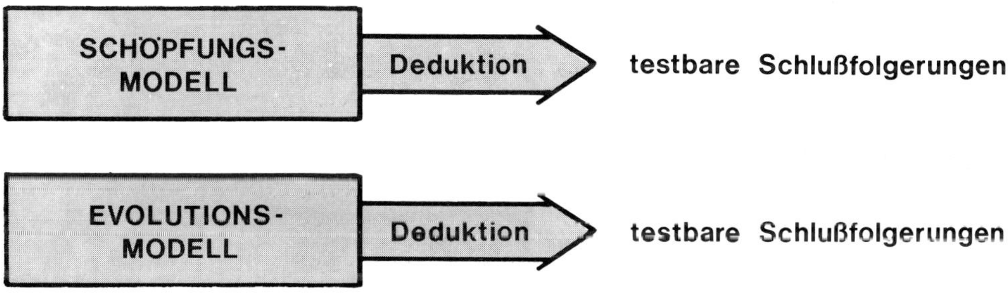


*Abb. 1.6: Evolutionsmodell und Schöpfungsmodell müssen Schlußfolgerungen (bzw. Voraussagen) gestatten, die empirisch geprüft (getestet) werden können. Ist das der Fall, können beide Modelle in diesem Sinne als wissenschaftlich bezeichnet werden. Die Schlußfolgerungen können sich auf vergangene, gegenwärtige oder zukünftige Ereignisse oder Sachverhalte beziehen. Viele konkrete Beispiele folgen dazu ab Kapitel 3; eines sei hier genannt: Aus der Annahme (Hypothese) einer allmählich (nicht sprunghaft) verlaufenen Evolution folgt die Erwartung zahlreicher fossil erhaltener und heute lebender Zwischenformen und „halbfertiger" Organe. Aus der Annahme einer Schöpfung folgt die Voraussage, daß Zwischenformen zwischen Grundtypen (vgl. Kapitel 10) niemals existierten und auch zukünftig nicht gefunden werden.*

rung der Entstehungsmechanismen des Lebens verzichtet, da das Schöpfungsgeschehen selbst nicht erforschbar sei. Wer ein Schöpfungsmodell vertrete, verzichte auf mögliches Wissen. Dem muß entgegengehalten werden, daß das hypothetische historische Evolutionsgeschehen ebenfalls nicht direkt erforschbar ist. Wichtiger im Sinne des Erkenntnisfortschritts ist dagegen, wenn (ganz oder teilweise) testbare Fragestellungen in die Diskussion eingebracht werden; dies gilt unabhängig davon, ob die Forschungen zur Bestätigung oder zur Widerlegung der ursprünglichen Theorie führen. Es gilt auch unabhängig von der Herkunft der Fragestellung. Auf der Grundlage des Schöpfungsmodells können ebenso wie auf der Grundlage des Evolutionsmodells derartige Fragestellungen formuliert werden, was in beiden Fällen zum entsprechenden Wissenszuwachs führt. Zudem ist kein Mechanismus bekannt, der eine echte Höherentwicklung erklären könnte, wie in Kapitel 3 dargelegt wird. Damit ist die Mechanismenfrage in *beiden* Modellen ungeklärt (was im Schöpfungsmodell von vornherein verständlich ist), und es kann nur darum gehen, zu klären, welches Modell den Fakten besser entspricht. Sollte es gelingen, im Rahmen des Evolutionsmodells Mechanismen vorzuschlagen, welche eine solche Entwicklung verursachen, so wäre dies eine sehr deutliche Stärkung des Evolutionsmodells.

Ist eine Theorie, die aus einer religiösen Quelle – in unserem Fall aus der Bibel – abgeleitet ist, wissenschaftlich ernst zu nehmen? Der Forderung nach einer rationalen und empirischen Überprüfung kann sich keine naturwissenschaftliche Theorie entziehen, *der Weg zu* einer Theorie läßt sich jedoch nicht einengen. Die Wissenschaftsgeschichte lehrt uns, daß Forscher ihre Anregungen aus sehr verschiedenen Quellen empfingen.

Um mit der Biologie zu beginnen: CHARLES DARWIN gibt an, auch durch die Überlegungen von THOMAS ROBERT MALTHUS über Bevölkerungsentwicklung und Nahrungsmittelproduktion angeregt worden zu sein im Hinblick auf seine biologische Selektionstheorie (vgl. Kapitel 2).

Der Chemiker AUGUST KEKULÉ dachte viel über die Anordnung der Atome in den Kohlenstoffverbindungen nach; einige Male „sah" er im Halbschlaf träumend die Atome sich bewegen, zu neuartigen Gebilden sich verbinden. Einmal „sah" er eine Schlange den eigenen Schwanz erfassen – der Benzolring war entdeckt! Die Stunden nach einer solchen Vision verbrachte er mit der Ausarbeitung dieser für ihn selbst neuartigen Gedanken.

Die um 1800 in Deutschland verbreiteten spekulativen naturphilosophischen Vorstellungen von der Einheit der Naturkräfte und ihrer Polarität führten zu Entdekkungen im Bereich der Elektrochemie (JOHANN WILHELM RITTER) und des Elektromagnetismus (HANS CHRISTIAN ØRSTED).

NIKOLAUS KOPERNIKUS stieß bei antiken Philosophen auf den Gedanken, daß die Erde nicht stillsteht, sondern sich bewegt. Diesen Gedanken arbeitete er weiter aus.

JOHANNES KEPLER hatte die Vorstellung von einer Musik, Astronomie und Geometrie umfassenden, harmonischen Struktur des Kosmos vor Augen, als er die kopernikanische Theorie der Planetenbewegungen zu verbessern suchte – was ihm durch die drei später nach ihm benannten Gesetze auch vorzüglich gelang.

ALFRED WEGENER soll durch die Aussage aus der Bibel, daß zu einer bestimmten Zeit die Erde zerteilt wurde (1. Mose 10,25), zur Ausarbeitung seiner heute berühmten Kontinentaldrift-Theorie angeregt worden sein.

## Zusammenfassung

1. Wissenschaftliche Hypothesen und Theorien basieren auf empirischen (aus Beobachtungen und Experimenten gewonnenen) Daten und können niemals als „absolut wahr" gelten.

2. In Ursprungsfragen sind naturwissenschaftliche Erkenntnismethoden nur beschränkt anwendbar. Wesentliche Information liefern hier Indizien, die einer Interpretation bedürfen.

3. Die bloßen Daten können *nicht* die Annahme eines bestimmten Ursprungsmodells *erzwingen*. Sie gestatten die Bildung verschiedener Modelle, die sich in der beschriebenen Weise (Abschnitt 1.1) bewähren müssen.

4. Vom erkenntnistheoretischen Standpunkt aus sind Evolutionsmodell und Schöpfungsmodell gleichberechtigte Deutungsversuche der Natur.

*Anmerkung*: Der Begriff „Modell" wird hier nicht im Sinne eines mathematisch faßbaren Modells, sondern im Sinne einer Gesamtvorstellung, einer Leitidee gebraucht.

# 2 Geschichte des Evolutionsgedankens

Die Idee der Evolution ist weit älter als DARWIN's Theorie. Der Evolutionsgedanke findet sich bereits im Altertum bei THALES, ANAXIMANDER, ANAXIMENES, EMPEDOKLES, EPIKUR und LUKREZ – freilich nicht in einer wissenschaftlichen Formulierung. EMPEDOKLES VON AGRIGENT (492-430 v.Chr.) glaubte, daß Pflanzen und Tiere nicht gleichzeitig entstanden seien; das tierische Leben betrat nach seiner Auffassung viel später als das pflanzliche die Erde. Er hatte auch Vorstellungen von einem „Überleben des Tüchtigsten". ANAXIMANDER VON MILET (610-547 v.Chr.) „glaubte, zu Beginn der Existenz unseres Planeten seien die Gewässer von Tieren bewohnt gewesen, die großen, mit Schuppen bedeckten Fischen ähnelten; diese siedelten auf das Festland über, verloren ihre Schuppen und verwandelten sich zu anderen Tieren und zu Menschen" (GRASSÉ 1973, S.2). Diese Vorstellungen waren z.T. von vorderasiatischen Mythen von der Entstehung der Welt beeinflußt. So gab es Evolutionsmythen bereits bei den Babyloniern. Der Evolutionsgedanke reicht offenbar bis in die Frühgeschichte des Menschen zurück und kann als früh etablierter Konkurrent zum Schöpfungsgedanken angesehen werden.

Mit dem Aufkommen der modernen Wissenschaft in der Renaissance tauchten auch wieder Evolutionsvorstellungen auf, die bemerkenswerterweise zunächst hauptsächlich von Philosophen und nicht von Biologen vertreten wurden. Dabei wurden freilich teleologische (zielgerichtete) Entwicklungsreihen konzipiert, die oft nicht oder nur teilweise als realhistorisch zusammenhängend verstanden wurden. Solche Vorstellungen haben aber den Boden für das weitere Evolutionsdenken vorbereitet. G. W. LEIBNIZ (1656-1716) glaubte beispielsweise, daß alle Tierklassen durch Übergangsformen miteinander verbunden seien. IMMANUEL KANT (1724-1804) äußerte den Gedanken, daß sich die höheren Organismen aus einfacheren Formen entwickelt haben könnten. Allerdings bezeichnete er diese Vorstellung als „ein gewagtes Abenteuer der Vernunft", dem keine Beispiele aus der Erfahrung zugrunde lägen. Entwicklungsvorstellungen äußerten auch F. W. VON SCHELLING (1775-1854) und G. W. F. HEGEL (1770-1831). Der holländische Naturforscher J. SWAMMERDAM (1637-1680) hielt es für denkmöglich, daß alle Arten von einem einzigen erschaffenen Tier abstammen könnten. D. DIDEROT (1713-1784) vertrat das Prinzip der natürlichen Auslese, ebenso sein Landsmann und Zeitgenosse P. L. MOREAU DE MAUPERTUIS (1698-1759), der vom „Überleben des Fähigsten" sprach, die Bedeutung der Hybridisation (Kreuzung verschiedener Arten) erkannte und sogar eine Mutationstheorie aufstellte. Zuvor hatte bereits BENOIT DE MAILLET (1656-1738) eine Entwicklungslehre erarbeitet, die der Lehre LA-

| | |
|---|---|
| Swammerdam (1637–1680) | Alle Arten von einer Urform abstammend? |
| Leibniz (1656–1716) | Alle Tierklassen sind durch Übergangsformen verbunden |
| De Maillet (1656–1738) | Entwicklungslehre, die dem Lamarckismus ähnelte; Landlebewesen stammen von Meerestieren ab |
| Maupertuis (1698–1759) | „Überleben des Fähigsten"; Bedeutung von Kreuzungen und Mutationen erkannt |
| Buffon (1707–1788) | Von Umwelteinflüssen gelenkte Evolution |
| Lamettrie (1709–1751) | Kein wesentlicher Unterschied zwischen Tier und Mensch |
| Diderot (1713–1784) | Natürliche Auslese |
| Bonnet (1720–1793) | Anklingen bewußt phylogenetischer Gedanken |
| Kant (1724–1804) | Entwicklung höherer Organismen aus einfacheren denkbar |
| E. Darwin (1731–1802) | Von Umwelteinflüssen gelenkte Evolution |
| Lamarck (1744–1829) | Höherentwicklungstendenz aller Organismen; Evolution auch durch Anpassung |
| Malthus (1766–1834) | Bevölkerung wächst schneller als Produktionsmittel |
| Hegel (1770–1831) | Entwicklungen durch einen dialektischen Dreischritt |
| St. Hilaire (1772–1844) | Durch direkte Einwirkung der Umwelt gelenkte Evolution |
| Lyell (1797–1875) | Uniformitarismus in der Geologie |
| Unger (1800–1870) | Alle Pflanzenformen möglicherweise von Meerespflanzen abstammend, die von einer einzigen Zelle abstammen könnten |
| Chambers (1802–1871) | Evolution als natürlicher Prozeß |
| Spencer (1820–1903) | Evolutionsgedanke auf gesellschaftliche Verhältnisse angewandt |

*Tabelle 2.1: Einige Naturwissenschaftler und Philosophen, die den Evolutionsgedanken oder Aspekte der Theorie DARWIN's oder seiner Nachfolger im 17.-19. Jahrhundert vertraten oder andeuteten.*

MARCK's (s.u.) stark ähnelte. Erwähnung müssen auch ERASMUS DARWIN (1731-1804), der Großvater CHARLES DARWIN's und GEORGES BUFFON (1707-1788) finden. Beide äußerten, wenn auch zurückhaltend, evolutionistische Vorstellungen und vertraten eine von Umwelteinflüssen gelenkte Evolution des Lebens. Weitere, weniger bekannte Forscher könnten angeführt werden, die vor CHARLES DARWIN den Evolutionsgedanken vertraten. DARWIN selbst nennt in seinem Hauptwerk (*Die Entstehung der Arten*, 1859) eine ganze Reihe von solchen Wissenschaftlern.

Die genannten Autoren stellten keine umfassende Evolutionstheorie auf, lieferten aber Vorleistungen für die spätere Formulierung der biologischen Evolutionstheorie. Die erste umfassende Evolutionstheorie ist erst JEAN BAPTISTE DE LAMARCK (1744-1829) zuzuschreiben. Nach seiner Vorstellung durchlaufen alle Organismen aufgrund einer ihnen innewohnenden Fähigkeit zur Höherentwicklung in der Generationenfolge eine Art Stufenleiter, wobei die Entwicklung vom Einfachen zum Komplexen verläuft. Evolutionäre Veränderungen der Organismen erfolgen außerdem durch Anpassung an die Umweltbedingungen: Die Organismen ändern sich infolge der Änderungen ihrer Umwelt und der so jeweils neu entstehenden Bedürfnisse. Im Verlauf des individuellen Lebens erworbene Eigenschaften werden an die Nachkommen weitergegeben (*Vererbung erworbener Eigenschaften*; darunter versteht man die Vererbung bestimmter Eigenschaften oder Merkmale, die erst im Laufe der Lebensspanne erworben werden, beispielsweise Schwielen an Händen und Füßen). Die zu einem bestimmten Zeitpunkt lebenden Organismen hängen nach LAMARCK allerdings nicht abstammungsmäßig miteinander zusammen, sondern beschreiten voneinander getrennte Höherentwicklungslinien.

Durch das Wirken GEORGES CUVIER's (1769-1832), des einflußreichen Vertreters der Katastrophentheorie und Gegners des Evolutionsgedankens, wurde bis zur Mitte des 19. Jahrhunderts die Evolutionsidee wieder zurückgedrängt. CUVIER ist der Begründer der vergleichenden Wirbeltieranatomie und der wissenschaftlichen Paläontologie. Aber auch in dieser Zeit erschienen weitere evolutionistische Arbeiten. E. GEOFFROY SAINT-HILAIRE (1772-1844) vertrat eine durch direkte Einwirkung der Umwelt gelenkte Evolution. Erwähnt sei auch das Werk ROBERT CHAMBERS' (1802-1871; *Spuren der Naturgeschichte der Schöpfung*; 1844 veröffentlicht), in welchem Evolution als ein auf natürliche Weise ablaufender Prozeß dargestellt wird.

**Was verhalf dem Evolutionsgedanken zum Durchbruch?**

Der Durchbruch des Evolutionsgedankens ist wohl zu Recht mit dem Namen CHARLES DARWIN verbunden. 1859 veröffentlichte der englische Naturforscher sein epochemachendes Werk *Über die Entstehung der Arten durch natürliche Zuchtwahl*, nachdem er über zwanzig Jahre an dieser Thematik gearbeitet hatte. Wichtige Impulse hatte der junge DARWIN auf einer 1831 begonnenen fünfjährigen Weltreise auf der *H.M.S. Beagle* erhalten. Dabei spielten Fossilfunde und die unterschiedliche Verteilung der Lebewesen auf den Kontinenten sowie auf Inseln eine große Rolle (vgl. Abschnitt 3.4.2 und Kapitel 7).

Unabhängig von DARWIN entwickelte auch A. R. WALLACE (1823-1913) eine Selektionstheorie, die der DARWIN's sehr ähnelte. 1858 schrieb er eine Abhandlung über die *Tendenz der Varietäten, unbegrenzt vom Originaltypus abzuweichen*.

DARWIN's Buch war bereits am Erscheinungstag, dem 24. November 1859, vergriffen. Dies zeigt deutlich, wie das Buch in das geistige Klima der Zeit paßte, auch wenn vielfach, vor allem von seiten der Kirche, zunächst erbitterte Kritik erfolgte. Schon vor der Veröffentlichung der *Entstehung der Arten* hatte der einflußreiche Philosoph HERBERT SPENCER (1820-1903) evolutionäres Denken auf gesellschaftliche Verhältnisse angewandt. (Später übertrug er den Selektionsgedanken radikal auf alle Bereiche gesellschaftlichen Lebens: Der Kampf ums Dasein sowie das Prinzip der natürlichen Auslese müsse gesellschaftliche Leitvorstellung werden; Armen- und Altenfürsorge, Gesundheitspflege etc. seien deshalb abzulehnen.) Der Ökonom THOMAS ROBERT MALTHUS (1766-1834) veröffentlichte bereits 1798 den *Essay on the Principle of Population*, in dem er davon spricht, daß die Bevölkerung schneller wachse als die Produktionsmittel (und zwar in geometrischer Reihe, die Nahrungsmittelproduktion dagegen lediglich in arithmetischer Reihe). Dadurch gerate der Mensch in Engpässe und in Not und das Menschengeschlecht schrumpfe wie die Pflanzen- und Tierarten innerhalb der vorgegebenen Schranken zusammen. DARWIN kannte diese Schrift; umstritten ist aber, wie stark er von ihr angeregt wurde.

Unbestritten ist dagegen der Einfluß des Aktualismus auf das Denken DARWIN's. DARWIN hatte das Buch *Principles of Geology* von CHARLES LYELL (1797-1875) mit auf seine Schiffsreise genommen. In diesem Buch vertritt LYELL den Uniformitarismus in der Geologie, nach dem die heute wirksamen Kräfte und ablaufenden Erscheinungen den *alleinigen* Schlüssel zum Verständnis der Vergangenheit bilden. Damit „schuf" LYELL sozusagen die Notwendigkeit langer Zeiträume für die Umgestaltungen der Erdoberfläche. (Schließt man beispielsweise aus den *heutigen* Sedimentationsraten auf die Entstehungsdauer der gesamten Schichtgesteine, so erhält man ein hohes Erdalter; Näheres dazu in den Abschnitten 8.2 bis 8.6.) Lange Zeiträume waren aber eine unerläßliche Voraussetzung für DARWIN's Evolutionstheorie. DARWIN wollte das aktualistische Prinzip befolgen, was ihn dazu führte, sich bei der Suche nach einer Erklärung der Artabwandlung nach Prozessen umzusehen, durch die gegenwärtig Arten abgewandelt werden. Auch WALLACE war von LYELL beeinflußt.

Eine wichtige Ursache für den Durchbruch der DARWIN'schen Theorie ist auch darin zu sehen, daß das Buch DARWIN's dem von der Aufklärung herkommenden Drang entgegenkam, alle Dinge auf natürliche Weise erklären zu wollen. ECCLES und ROBINSON schreiben (1985, S. 97f.):

> „Die erste Ausgabe von *Origin of Species* erschien ...zu einem Zeitpunkt, als...evolutionäres Denken schon fast ein Jahrhundert lang weitgehend zur Normalkost der internationalen wissenschaftlichen Gesellschaft gehörte. Fast alle berühmten 'progressiven' Philosophen der Aufklärung des 18. Jahrhunderts erkannten eine Evolutionstheorie der sozialen und ökonomischen Geschichte an; einige gingen so weit, Prozesse vorzuschlagen, die...alle den Gesetzen der *natürlichen Auslese* und dem Prinzip vom *Überleben des Stärksten* sehr ähnlich waren. Die *Fortschrittsidee* des 18. Jahrhunderts wurde zur viktorianischen *Fortschrittsreligion*; beide basierten auf der These, daß die Geschichte organisch und natürlich sei und daß nur durch den freien Wettbewerb die besten 'Formen' – ob im ökonomischen, künstlerischen oder persönlichen Bereich – geschaffen werden."

Diese Umstände allein erklären den Durchbruch der Evolutionstheorie DARWIN's allerdings nicht, gab es doch schon vor DARWIN viele Versuche, dieses Denken populär zu machen. DARWIN jedoch konnte im Gegensatz zu seinen Vorgängern seine Theorie mit vielen Beispielen untermauern und – das zeichnete ihn ebenfalls gegenüber früheren Versuchen aus – er konnte einen einfachen Mechanismus für den Artenwandel vorlegen: die Selektionstheorie.

Allerdings waren wichtige Indizien, auf die sich DARWIN bezog, schon länger bekannt, ohne daß man es vorher für notwendig erachtete, daraus eine umfassende Evolutionstheorie zu konstruieren. Man wußte schon lange, daß es keine *absolute* Artkonstanz gibt und daß durch Züchtung gewisse Änderungen der Arten möglich sind. DARWIN war offenbar mit dem Glauben an eine strikte Artkonstanz auf die für ihn entscheidende Weltreise mit der *Beagle* (1831-1836) gegangen. Dieser Glaube wurde zerstört. DARWIN fiel ins andere Extrem und begann, an eine beliebige Wandelbarkeit der Arten zu glauben. Begünstigt wurde diese Auffassung damals auch deshalb, weil die Mechanismen der Vererbung noch völlig unbekannt waren. DARWIN's Schluß vom Beobachtungsergebnis der geringfügigen Veränderlichkeit auf die Hypothese von einer beliebigen Transformierbarkeit war daher leicht möglich (allerdings auch entsprechend

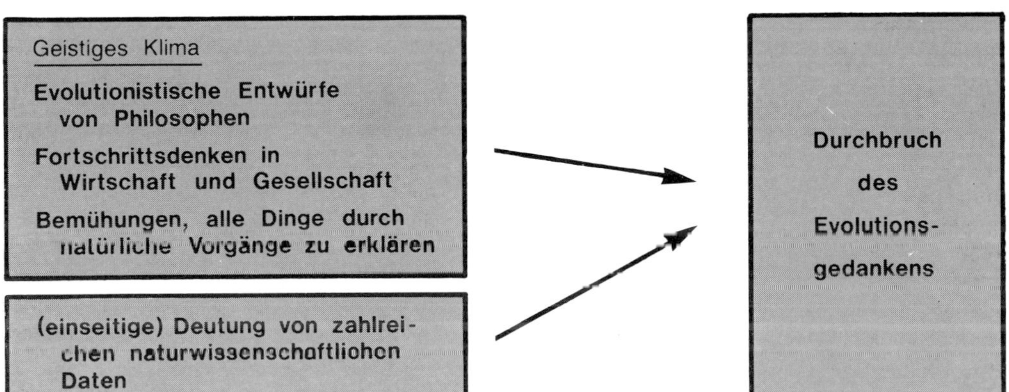


*Abb. 2.1: Mehrere Faktoren waren für den Durchbruch des Evolutionsgedankens verantwortlich. Ohne die zahlreichen naturwissenschaftlichen Daten, die DARWIN vorlegen konnte, mußten Evolutionshypothesen spekulativ bleiben. Allerdings erzwangen diese Daten die evolutionstheoretische Deutung nicht. Sie lag aber auf dem Hintergrund des geistigen Klimas nahe.*

spekulativ), solange man die Mechanismen der Veränderung nicht kannte. MENDEL's Erkenntnisse über Vererbungsgesetze (1865) wurden bis um die Jahrhundertwende weitgehend ignoriert. Die DARWIN'sche Selektionstheorie geriet dann tatsächlich ins Wanken, als die Vererbungsvorgänge erhellt werden konnten; der Evolutionsgedanke selbst wurde jedoch kaum noch in Frage gestellt.

Manche Wissenschaftshistoriker vertreten die Auffassung, daß der Widerstand gegen DARWIN's Theorie daher rührte, daß mit seiner Selektionstheorie das teleologische (zielgerichtete) Element aus der Naturbetrachtung herausfiel, während der Höherentwicklungsgedanke weniger provozierend wirkte. Ersteres wurde jedoch von vielen als große Tat DARWIN's gefeiert. DARWIN selbst verstand es als sein Verdienst, daß er dazu beigetragen habe, „das Dogma von den separaten Schöpfungsakten umzustoßen" (DARWIN 1871, S. 153).

**Zusammenfassung**

Die Wurzeln evolutionistischer Vorstellungen liegen schon in der vorchristlichen Philosophie und Religion. Der Durchbruch des Darwinismus und des Evolutionismus kam durch das Zusammenwirken zweier Hauptfaktoren zustande (Abb. 2.1): das durch Aufklärungsphilosophien geprägte geistige Klima einerseits und das reiche, aber einseitig gedeutete Befundmaterial DARWIN's und anderer Naturforscher andererseits. Falsch ist aber die Behauptung, daß die Evolutionslehre aufgrund der naturwissenschaftlichen Daten zwingend formuliert werden mußte und falsch ist die Auffassung, durch DARWIN's Beobachtungen sei die Schöpfungslehre widerlegt worden. Widerlegt wurden allerdings *bestimmte* schöpfungstheoretische Vorstellungen. Wie die heutige Faktenlage zu beurteilen ist, soll dem kritischen Leser dieses Buches überlassen bleiben.

# II. Teil
## Kausale Evolutionsforschung

# 3 Evolutionsmechanismen

## 3.1 Aufgabenstellung der kausalen Evolutionsforschung

Man unterscheidet in der Evolutionsforschung gewöhnlich zwei Hauptbereiche: die historische und die kausale Evolutionsforschung. Während sich die historische Evolutionsforschung um Beweise für eine umfassende Evolution bemüht und die einzelnen Stationen in der Geschichte des Lebens zu rekonstruieren versucht (vgl. Teil III), fragt die **kausale Evolutionsforschung** nach den Evolutionsfaktoren und -mechanismen. Es geht also um Fragen folgender Art:

- Weshalb läuft Evolution ab?
- Welche Faktoren bewirken eine Evolution, welche Mechanismen liegen zugrunde?
- Welche Wirkungen haben die gefundenen Evolutionsfaktoren?
- Welches Ausmaß an Veränderungen der Lebewesen ist durch die gefundenen Evolutionsfaktoren erklärt bzw. erklärbar?

Die Antwort auf die letzte Frage ist von entscheidender Bedeutung für die Frage nach der Wirklichkeit einer allgemeinen Evolution vom Einzeller zum Menschen: Die Theorie von einer universellen Evolution kann nur dann als begründet gelten, wenn Mechanismen gefunden werden, die eine echte Höherentwicklung bewirken können. Andernfalls wäre die Ansicht vertretbar, daß es keine größeren Veränderungen der Organismen im Laufe der Erdgeschichte gegeben hat. Zweifel an der Historizität einer umfassenden Evolution wären in diesem Falle besonders deshalb angebracht, weil es, wie in Teil III ausgeführt wird, keine zwingenden Belege für den geschichtlichen Vorgang einer umfassenden Evolution gibt.

Auf dem Gebiet der kausalen Evolutionsforschung (und nur hier) benutzen wir den Begriff „Evolutions*theorie*", also dann, wenn es um *Erklärungen* für Evolutionsphänomene geht; sonst sprechen wir von „Evolutions*lehre*" (oder „Abstammungslehre"), da, wie in den vorigen Kapiteln begründet, die Vorstellung von einer universellen Evolution auf philosophischen Grundlagen und *nicht in erster Linie* auf empirischen Befunden basiert.

## 3.2 Mikro- und Makroevolution

Im vorigen Abschnitt wurde bereits die Frage nach dem Ausmaß möglicher Veränderungen durch empirisch feststellbare Evolutionsfaktoren aufgeworfen. Es ist daher zunächst konkret zu definieren, was unter „großen" oder „kleinen" Veränderungen zu verstehen ist. Auch muß geklärt werden, was „Höherentwicklung" bedeuten soll. Für diese Festlegungen ist das Begriffspaar „Mikroevolution / Makroevolution" sehr hilfreich. Diese beiden Begriffe werden hier wie folgt definiert:

**Mikroevolution**: Evolution innerhalb vorgegebener Organisationsmerkmale; quantitative Veränderung *bereits vorhandener* Organe, Strukturen oder Baupläne (Abb. 3.1, rechts).

**Makroevolution**: Entstehung neuer, bisher nicht vorhandener Organe, Strukturen und Bauplantypen; damit verbunden auch die Entstehung *qualitativ* neuen genetischen Materials. In diesem Sinne wird hier auch der Begriff „Höherentwicklung" (Anagenese) verwendet (Abb. 3.1, links).

Für „Mikroevolution" ist auch der Begriff „infraspezifische Evolution", für „Makroevolution" „transspezifische Evolution" gebräuchlich.

Zum besseren Verständnis der folgenden Ausführungen soll hier bereits der Begriff der „Grundtypen" eingeführt werden. Darunter verstehen wir die angenommenen Einheiten, in denen die Lebewesen erschaffen wurden (zur exakten Definition siehe Kapitel 10). Alle Veränderungen innerhalb von Grundtypen fallen in den Bereich der Mikroevolution, während die Veränderung eines (ausgestorbenen) Grundtyps in einen anderen, in den Bereich der Makroevolution fallen würde.

*Mikro- und Makroevolution* unterscheiden sich nach den gegebenen Definitionen demnach *nicht graduell, sondern qualitativ*. Dies sei an einem Beispiel erläutert: Unter Mikroevolution fällt beispielsweise die Entstehung der verschiedenen Hunderassen aus einer Urform, wahrscheinlich dem Wolf, während die Entstehung der Säugetiere aus Reptilien und einfacher organisierten Lebewesen Makroevolution wäre. Im ersten Falle werden nämlich nur bereits vorhandene Strukturen variiert (Eigenschaften des Felles, Form der Schnauze usw.), während im zweiten ganz neue Strukturen gebildet werden müßten: Haare, Milchdrüsen, Einrichtungen für die Temperaturregulation und was sonst die Säugetiere, nicht aber die Reptilien charakterisiert. Ein zweites Beispiel für Mikroevolution: Eisbären unterscheiden sich von ihren nahen Verwandten u.a. durch das Fehlen der Pigmentierung.

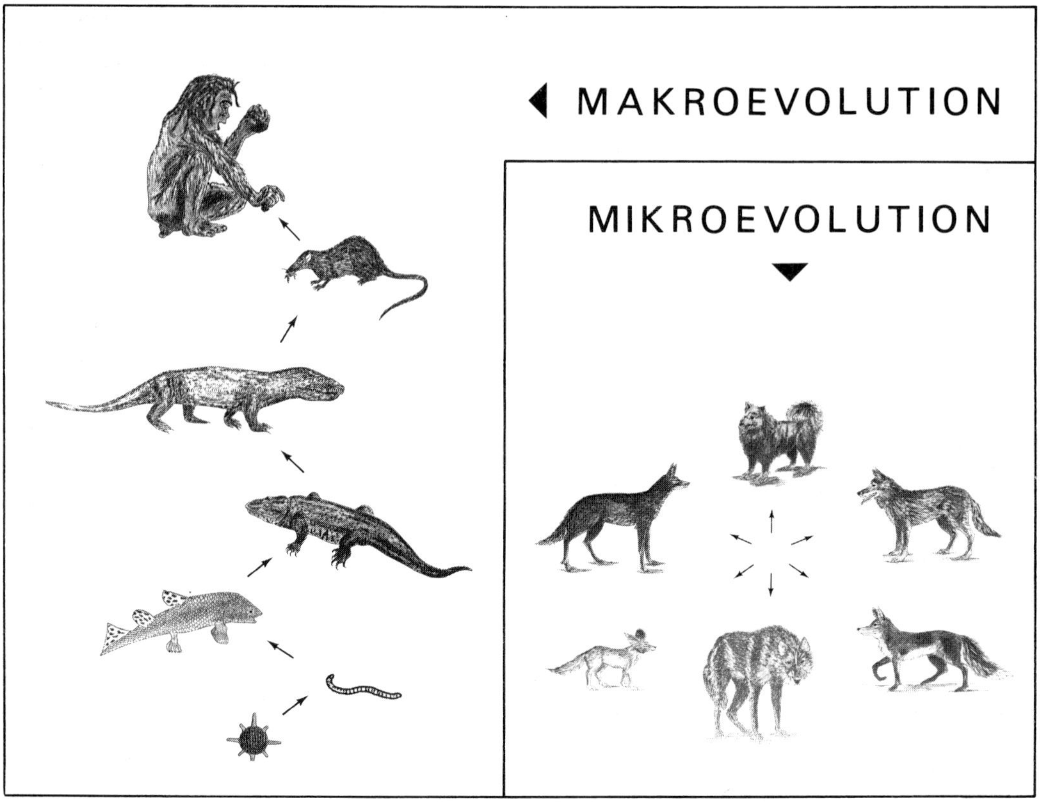


*Abb. 3.1: Mikro- und Makroevolution.*

*Das Beispiel der Darwinfinken*

Unter Mikroevolution ist auch das bekannte Beispiel der Darwinfinken der Galapagos-Inseln zu rechnen (Abb. 3.2). Auf diesen ca. 1100 km westlich von Ekuador gelegenen Inseln leben nur wenige Organismengruppen, darunter auffallend viele Finkenarten (die Darwinfinken); insgesamt werden 13 Arten unterschieden. Eine weitere Art lebt auf den 800 km entfernten Cocos-Inseln. Die Darwinfinken unterscheiden sich untereinander und von der Festlandsform, von der sie vermutlich abstammen, im wesentlichen in der Körpergröße sowie in der Schnabelform und -größe. Damit einher gehen unterschiedliche Ernährungsweisen. Wichtig ist auch der Befund, daß die Finkenarten der Galapagos-Inseln z.T. kreuzungsmäßig miteinander verbunden sind, d.h.: verschiedene Darwinfinkenarten können miteinander Nachkommen hervorbringen. Das bedeutet, daß der Grundplan der Organisation der regulatorischen Gene gleich ist (vgl. Kapitel 10). Würde man bei der Einteilung der Hunderassen genauso vorgehen wie bei den Darwinfinken, müßte man konsequenterweise auch dort von der Existenz vieler *Arten* sprechen. Es wird jedoch nicht so verfahren, weil man um die direkte oder indirekte Kreuzbarkeit der verschiedenen Rassen weiß. Das „großartige Experiment der Stammesgeschichte" (EIBL-EIBESFELDT in FLOR 1980) ist damit nur ein Beispiel für Mikroevolution.

Die Gegenüberstellung der Radiation („sternförmige" Entwicklung mehrerer Tochterarten aus einer einzigen oder wenigen Mutterarten) der Darwinfinken aus einer Festlandsform einerseits und der Entwicklung der verschiedenen Säugetierordnungen aus hypothetischen Urformen andererseits ist demgemäß grob irreführend, da es sich im Fall der Darwinfinken um Mikroevolution, im Fall der Säugetiere jedoch um Makroevolution handelt. Bei diesen Veränderungen handelt es sich um grundverschiedene Vorgänge, die nicht ungeprüft und undifferenziert gleichgesetzt werden dürfen.

Im Zentrum der folgenden Darlegungen wird deshalb die Frage stehen, ob Mechanismen bekannt sind, welche eine Makroevolution begründen können. Die entscheidende Frage der kausalen Evolutionsforschung kann auch so formuliert werden:

*Welches Ausmaß an Evolution können die bekannten, empirisch testbaren Evolutionsfaktoren bewirken?*

Die Begriffe Mikro- und Makroevolution werden meist nicht mit der notwendigen Sorgfalt unterschieden. Vielfach wird der prinzipielle Unterschied zwischen Mikro- und Makroevolution gar nicht anerkannt. So wird behauptet, daß die Grenze zwischen beiden Evolutionsvorgängen fließend sei.

Es ist zwar richtig, daß neue Gattungen und höhere systematische Gruppen nur über neue Arten und daß neue Arten nur durch mikroevolutive Veränderungen entstehen können; die entscheidende Frage, die jedoch grundsätzlich geklärt werden muß, ist, ob durch mikroevolutive Prozesse (auch nach Aufsummierung vieler kleiner Schritte) tatsächlich echte makroevolutive Veränderungen möglich sind. Auf den Begriff Makroevolution zu verzichten, wie gelegentlich vorgeschlagen wurde, wäre indessen ein voreiliges Unterfangen, solange nicht sicher geklärt ist, was durch mikroevolutive Veränderungen erreicht werden kann. *Letztlich können nur genauere Untersuchungen der genetischen Situation klären, ob bei einer Veränderung etwas qualitativ Neues entstanden ist* (vgl. dazu Abschnitt 3.3.4).

Gelegentlich wird unter Makroevolution eine Evolution durch *Makromutationen („Systemmutationen")* verstanden. Sie sollen sprunghafte Änderungen in der Organisation der Organismen bewirken. *Solche* Mutationen werden heute nicht mehr zur Erklärung von Makroevolution herangezogen, da bisher bekannt gewordene Mutationen mit *größeren* Auswirkungen auf die Organisation ihres Trägers ausnahmslos schädlich waren.

Im nächsten Abschnitt geben wir einen Überblick über die heute bekannten Evolutionsfaktoren und -mechanismen.

## 3.3 Die Synthetische Theorie der Evolution

Die Synthetische Evolutionstheorie enthält im Kern DARWIN's Selektionstheorie; es handelt sich um seine auf den heutigen Stand des Wissens gebrachte Theorie über Evolutionsvorgänge. DARWIN hatte aus

- der Variabilität der Lebewesen (Bsp.: Abb. 3.3),
- der Überproduktion von Nachkommen und
- der Tatsache, daß langfristig die Populationsgrößen konstant bleiben,

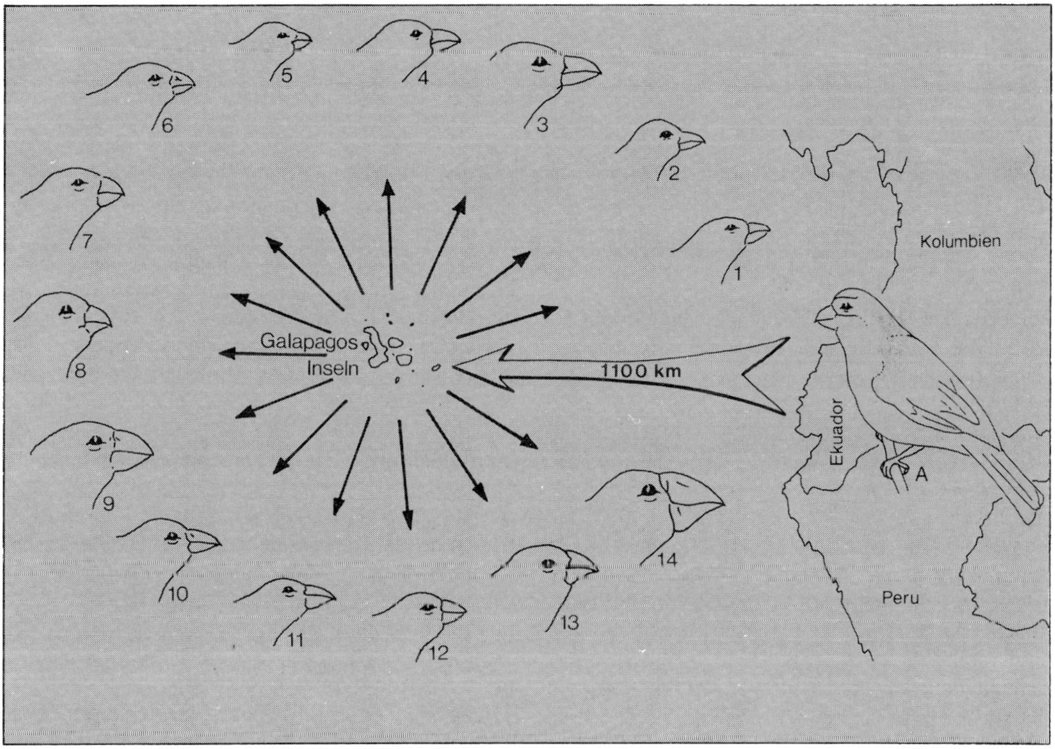


*Abb. 3.2: Darwinfinken: 1: Cocosinselfink, 2: Galapagos-Sängerfink, 3: Spechtfink, 4: Mangrove-Baumfink, 5: Kleiner Baumfink, 6: Mittlerer Baumfink, 7: Großer Baumfink, 8: Blätter-Baumfink, 9: Großer Kaktusfink, 10: Kleiner Kaktusfink, 11: Spitzschnabel-Grundfink, 12: Kleiner Grundfink, 13: Mittlerer Grundfink, 14: Dickschnabel-Grundfink. Als Ausgangsart (A) wird ein unspezialisierter körnerfressender Bodenfink des südamerikanischen Festlandes angenommen. Erläuterungen im Text. (Nach BAUER 1981)*

*Abb. 3.3: Variabilität am Beispiel der Anzahl der Arme bei einer Seestern-Art. (Westfälisches Museum für Naturkunde Münster)*

geschlossen, daß gewöhnlich aus dem Überangebot der Nachkommen nur die am besten Angepaßten überleben („survival of the fittest"; diesen Ausdruck hatte Darwin von seinem Zeitgenossen Spencer übernommen). Diese werden als Fortpflanzungsträger für die nächste Generation ausgewählt, selektiert (Abb. 3.4). Das, was der Züchter gezielt und geplant vornimmt, bewirken in der Natur die herrschenden Umweltbedingungen, wobei biotische und abiotische Faktoren zu berücksichtigen sind: Die natürliche Auslese (Selektion) ist am Werk. Darwin schreibt (1967 [1859], S. 175f.): „Das Endergebnis (der natürlichen Selektion; d. Verf.) ist, daß jedes Wesen nach immer vorteilhafterer Abänderung im Verhältnis zu seinen Lebensbedingungen strebt. Diese Veränderung führt unausbleiblich bei der Mehrheit aller Lebewesen zu einem stufenweisen Fortschritt der Organisation."

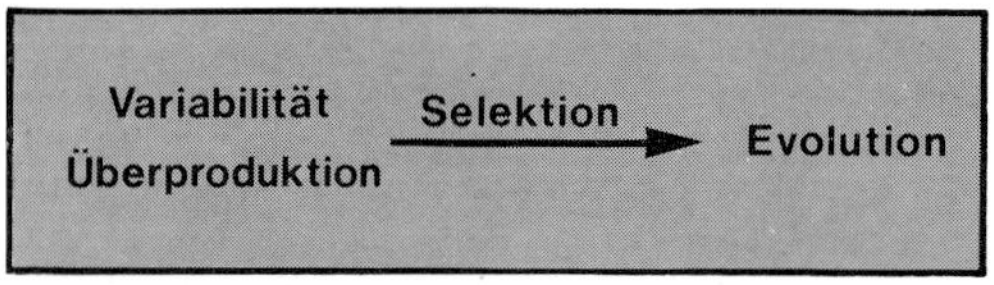


*Abb. 3.4: Darwin's Erklärungsschema für Evolution. Die Organismen bringen mehr Nachkommen hervor, als zur Erhaltung der Art erforderlich wäre (Überproduktion). Da sich die Individuen einer Art in vielen Merkmalen und Eigenschaften unterscheiden (Variabilität), sind sie auch unterschiedlich gut an ihre Umwelt angepaßt. Daher erfolgt eine Auslese (Selektion) und diese führt im Laufe der Zeit zu Veränderungen der Organismen (Evolution).*

Die Vorstellung, daß die natürliche Selektion die Haupttriebfeder für den Evolutionsprozeß sei, war in den Jahrzehnten nach dem Erscheinen von Darwin's Buch *On the Origin of Species* nicht immer unangefochten. Um die Jahrhundertwende geriet seine Selektionstheorie sogar in eine ernste Krise, als erkannt wurde, daß – für das Stattfinden von Evolution notwendige – bleibende Änderungen in der Erbmasse nur durch Mutationen bewirkt werden.

Im weiteren Fortschritt der Forschung der 20er und 30er Jahre wurde dann aber mehr und mehr offenkundig, daß eine Synthese zwischen der selektionistischen und mutationistischen Sicht möglich und notwendig war: die sogenannte „Synthetische Evolutionstheorie" wurde entwickelt. Sie hat ihren Namen daher, daß sie eine Synthese von Erkenntnissen aus allen für die Evolutionsforschung relevanten biologischen Disziplinen darstellt; insbesondere haben die Erkenntnisse der Genetik (klassische und molekulare Genetik, Züchtungs- und Mutationsforschung), Populationsgenetik, Ökologie und Biochemie in das Theoriengebäude der Synthetischen Theorie Eingang gefunden.

In der Synthetischen Theorie werden mehrere Evolutionsfaktoren zu einem Erklärungsgefüge kombiniert. Die wichtigsten vier Faktoren sind: Mutation, Selektion, Rekombination und Isolation. Gelegentlich werden noch weitere Faktoren genannt: Gendrift, Populationswellen und Gentransfer (s.u.). Wir sprechen im folgenden die Rolle der einzelnen Evolutionsfaktoren kurz an.

In der Betrachtungsweise der Synthetischen Theorie wird nicht das Individuum, sondern die *Population* als Evolutions-Einheit betrachtet: Evolution spielt sich am Genpool ab. Der **Genpool** vereinigt alle Gene und Allele (verschiedene Zustandsformen ein und desselben Gens) einer Population bzw. einer Art. Er wird bereichert durch das Auftreten von **Mutationen**. Mutationen sind sprunghaft erfolgende Änderungen des Erbguts, in der Regel handelt es sich dabei um sehr geringfügige Änderungen. Nahezu alle Mutationen (nicht nur die bereits erwähnten Makromutationen) sind für ihre Träger schädlich. Durch **Rekombination** (Kombination des Erbgutes bei der Befruchtung und durch Crossing-over während der Meiose) kommt es immer wieder zu neuen genetischen Konstellationen. Rekombinationen allein tragen jedoch nicht zu einer Veränderung des Genpools bei (vgl. Hardy-Weinberg-Gesetz).

Die Erweiterung des Genpools durch Mutationen erfolgt *ungerichtet*, d.h. das Auftreten von Mutationen steht in keinem nachweisbaren Zusammenhang zu den Bedürfnissen ihrer Träger: zwischen Mutationen verschiedener Gene, Mutationen in verschiedenen Individuen derselben Art und aufeinanderfolgenden Mutationen im selben Gen besteht in der Regel kein kausaler Zusam-

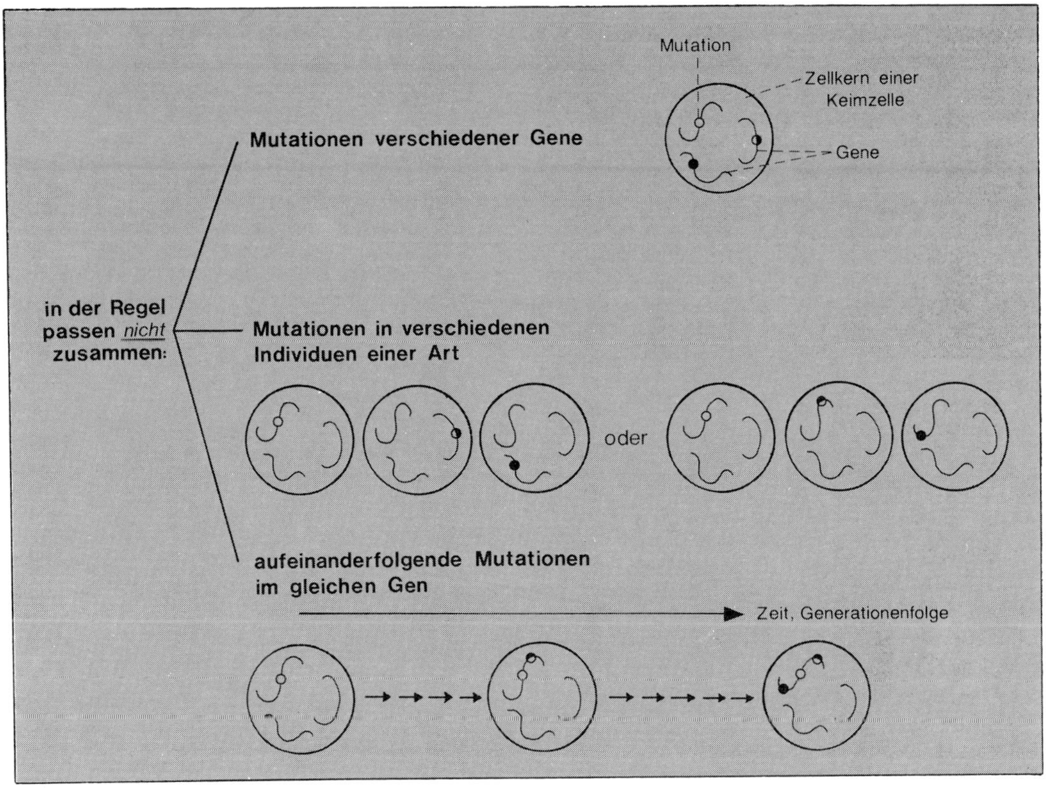


*Abb. 3.5: Die Zufälligkeit des Mutationsgeschehens. Erläuterungen im Text.*

menhang, d.h. solche verschiedene Mutationen „passen" normalerweise nicht „zusammen" (Abb. 3.5).

Mutation und Rekombination sollen also in zufälliger Weise die erbliche Vielfalt der bestehenden Population liefern.

Eine gerichtete Änderung der Zusammensetzung des Genpools erfolgt durch das Wirken der **Selektion**, das man sich heute immer noch ähnlich vorstellt wie zur Zeit DARWIN's. Aufgrund der positiven oder negativen Bewertung bestimmter Allele oder Allelkombinationen durch die Selektion nehmen einige Allele im Genpool an Zahl ab, andere nehmen zu. Immer wieder treten aber auch neue Mutationen auf, die ihren Trägern eine bessere Anpassung an deren Umwelt ermöglichen *(selektionspositive Mutationen)*. Solche Mutationen setzen sich im Laufe der Zeit im Genpool durch, weil ihre Träger im Durchschnitt mehr Nachkommen haben als die Träger selektionsnegativer Allele. *Selektion ist letztlich gleichbedeutend mit unterschiedlichem Fortpflanzungserfolg.* Evolution wird als *Änderung des Genpools im Laufe der Generationenfolge* definiert (vgl. die Beispiele in Abschnitt 3.3.3).

Nach fast unwidersprochener Auffassung der Vertreter der Synthetischen Evolutionstheorie soll dieser Mechanismus nicht nur durch Anpassungen bedingte Schwankungen von Populationen, sondern auch die Herausbildung völlig neuer Organe und Strukturen (Makroevolution), wie z.B. des Linsenauges aus dem Grubenauge und noch einfacheren Lichtsinnesorganen, erklären.

Weitere Evolutionsfaktoren spielen bei Artaufspaltungsprozessen eine wesentliche Rolle: **Isolation**, **Populationswellen**, **Gendrift** und **Genelimination**. Die Wirkungsweise dieser Faktoren wird in Abschnitt 3.4 erläutert.

Einige Autoren erwähnen noch den **Gentransfer** als weiteren Evolutionsfaktor. Darunter wird die Übertragung von Erbfaktoren in den Genbestand anderer Individuen (z.B. bei der Konjugation von Bakterien oder Transformation von DNS) verstanden.

Die nachfolgende Abbildung 3.6 gibt schematisch einen Überblick über die wichtigsten im Text

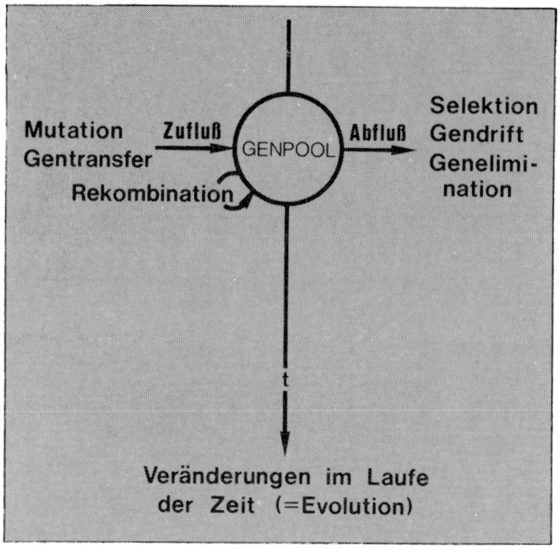


*Abb. 3.6: Erklärungsschema der Synthetischen Evolutionstheorie. Im Mittelpunkt der Betrachtung steht der Genpool (die Summe aller Gene und Allele) einer Art. Veränderungen der Zusammensetzung des Genpools erfolgen durch Mutationen („Zufluß"; bewirkt eine Bereicherung des Genpools) sowie durch Selektion (Ausmerzung ungünstiger Varianten), Gendrift und Genelimination (zufälliger Verlust; „Abfluß"; Verarmung des Genpools). Veränderungen des Genpools sind mit Veränderungen der Individuen der betrachteten Art verbunden („Evolution").*

genannten Evolutionsfaktoren und über ihren Beitrag zur Veränderung des Genpools.

Bevor nun die einzelnen Evolutionsfaktoren der Reihe nach genauer besprochen werden, ist zunächst noch eine grundsätzliche Anmerkung zu den bisherigen Ausführungen dieses Abschnitts anzufügen: In Abschnitt 3.2 wurde bereits betont, daß die Erklärung von Makroevolution und damit die Entstehungsweise neuartiger organischer oder biochemischer Strukturen die Hauptaufgabe der kausalen Evolutionsforschung ist. Wenn, wie das oft getan wird, Evolution als „Änderung der Allelenfrequenzen in einer Population im Laufe der Generationenfolge" definiert wird, so berührt diese Definition *nur mikroevolutive Prozesse.* Denn Änderungen von Allelenfrequenzen bedingen noch keine Neuentstehung organismischer Strukturen.

Durch diese Definition für „Evolution" wird lediglich suggeriert, daß der Nachweis einer Änderung einer Allelenfrequenz schon mit dem Nachweis echter Evolution (Makroevolution) einhergehe, was keineswegs der Fall ist. Außerdem verschleiert eine solche Definition die eigentliche Aufgabe der kausalen Evolutionsforschung, denn Makroevolution ist weit mehr als Allelenfrequenzänderungen. Damit wird erneut deutlich, daß eine Unterscheidung zwischen Mikro- und Makroevolution unbedingt geboten ist.

Mit populationsgenetischen Berechnungen, die sehr kompliziert werden können, wird ebenfalls nur der mikroevolutive Bereich erfaßt. Über Makroevolution werden dadurch keine Erkenntnisse gewonnen (s. Abschnitt 3.3.7).

An dieser Stelle soll darauf hingewiesen werden, daß sich die Synthetische Evolutionstheorie nach Auffassung einiger Wissenschaftler nicht mehr auf dem aktuellen wissenschaftlichen Stand befinde und daß sie wesentliche Fragen unbeantwortet lasse. Als verbesserte und erweiterte Theorie wurde von dem Biologen R. Riedl die *Systemtheorie der Evolution* entwickelt. Da aber die Synthetische Theorie nach wie vor allgemein akzeptiert und auch in den Schulbüchern als gültige Theorie behandelt wird, wird auf die Systemtheorie erst am Schluß dieses Kapitels (Abschnitt 3.6.1) eingegangen.

Die einzelnen Evolutionsfaktoren werden im folgenden der Reihe nach auf ihre Leistungsfähigkeit untersucht. Dabei steht folgende Frage im Mittelpunkt: *Was leisten die bekannten Evolutionsfaktoren, gemessen an empirischen Ergebnissen?* Der Anspruch der Synthetischen Evolutionstheorie, echte Höherentwicklung, also die Entstehungsweise neuer Organe und Strukturen in der Evolution erklären zu können, wird anhand des Faktenmaterials überprüft.

### 3.3.1 Möglichkeiten und Grenzen des Mutationsgeschehens

In diesem Abschnitt werden die beiden folgenden Fragen erörtert:

- Zu welchen Erkenntnissen kommt man aufgrund empirischer Ergebnisse der Mutationsforschung?
- Ist durch Aufsummierung vieler Mutationsschritte ein makroevolutiver Schritt möglich?

Die zweite Frage wird erst in der Zusammenschau mit anderen Evolutionsfaktoren (besonders der Selektion) abschließend zu beantworten sein.

Als Antwort auf die erste Frage stellen wir die folgende Behauptung auf:

*Das Mutationsgeschehen bleibt - soweit empirisch feststellbar - im mikroevolutiven Bereich.*

Diese Behauptung begründen und illustrieren wir zunächst anhand einer Reihe von Mutationen (Tab. 3.1; Abb. 3.7 - 3.13). Da eine unübersehbare Zahl von Mutationen allein bei der bekannten Fruchtfliege *Drosophila*, dem „Paradepferd" der Mutationsforscher, bekannt sind (Abb. 3.7), kann diese Beispielliste natürlich bestenfalls eine repräsentative Zusammenstellung bisher gefundener Mutationen darstellen und keinen Anspruch auf Vollständigkeit erheben.

Auch mutative Veränderungen, die durch gezieltes Eingreifen des Menschen erzeugt wurden

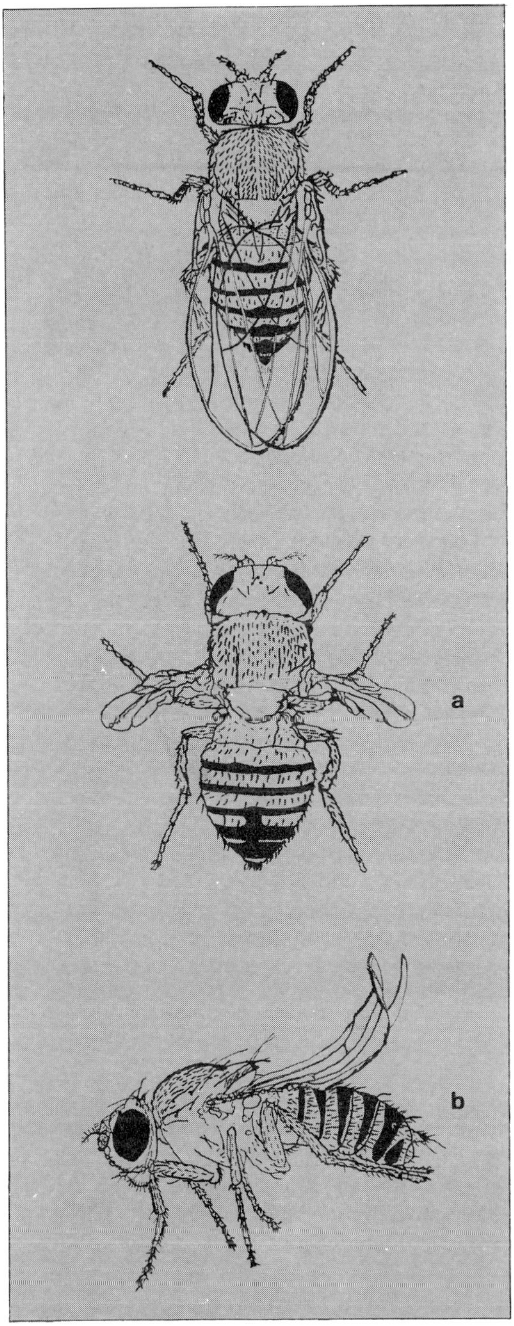


*Abb. 3.7: Die Fruchtfliege Drosophila: Wildtyp (= Normalform, oben) sowie zwei Flügelmutanten. a: „vestigial" mit verkümmerten Flügeln, b: „upturned" mit aufgebogenen Flügeln. Nahezu alle bekannten Mutationen bei Drosophila sind schädlich. (Nach* Demerec & Kaufmann *1978 und* Lindsley & Grell *1972)*

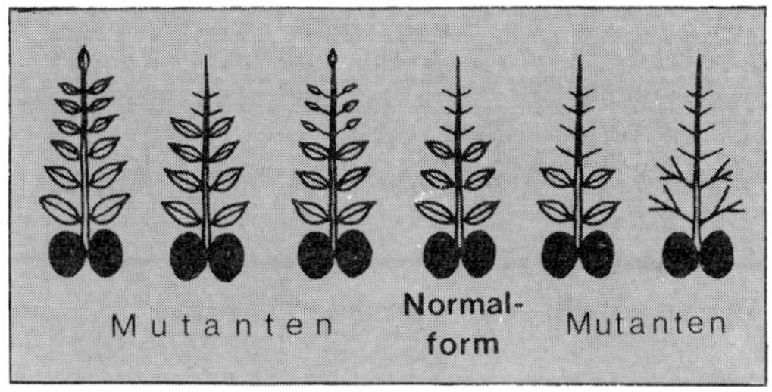


*Abb. 3.8: Erbsenblattmutanten. Die Blätter der Normalform bestehen aus drei Fiederblattpaaren, Ranken und Nebenblättern (schwarz gezeichnet). Die Mutanten weisen eine größere oder geringere Anzahl an Fiederblättchen auf, in Extremfällen besitzen sie nur Fiederblättchen oder nur Ranken. (Nach* Gottschalk *1978)*

(Mutationszüchtung), sollen an dieser Stelle berücksichtigt werden. Die aus der Züchtungsforschung gewonnenen Erkenntnisse werden jedoch erst in Abschnitt 3.3.5 eingehend besprochen.

Die Beispiele in Tabelle 3.1 (s. auch Tab. 3.2 und 3.3 in Abschnitt 3.3.5) zeigen ausnahmslos, daß durch Mutationen nur Veränderungen bereits vorhandener Strukturen erfolgen. Dies gilt auch für selektionspositive Mutationen (vgl. dazu die Beispiele in Abschnitt 3.3.3). „Veränderung" kann bedeuten:

- Steigerung der Menge eines Inhaltsstoffes (Bsp.: Zuckergehalt der Zuckerrübe, Farbstoffgehalt bei Blüten);
- Deformation (Bsp.: Flügelmutanten bei *Drosophila*);
- Vergrößerung eines Organs (z.B. Blüte oder Frucht);
- veränderte Anzahl von Körperteilen (z.B. zusätzliche Rippen beim Schwein).

Selbst Extremfälle wie beispielsweise vierflügelige Drosophilaformen (Tetraptera-Mutante) zeigen dasselbe Prinzip: Änderung einer bereits vorhandenen Struktur - in diesem Falle die doppelte Ausführung der Struktur „Flügelpaar" (dieser flugunfähigen Mutante fehlen daher die Schwingkölbchen). Vielfach (wie in diesem Beispiel) dürften Änderungen oder Defekte in der Entwicklungssteuerung zugrunde liegen (Mutationen von Regulationsgenen), vor allem bei atypischen Strukturen. Dabei darf „atypische Struktur" nicht mit „neuer Struktur" verwechselt werden (Bsp.: Trauerformen bei Gehölzen). Nur wenn ganz neue „Bauteile" entstünden, könnte von einer echten evolutiven Neubildung (Makroevolution) gesprochen werden, was jedoch in den bisher beobachteten Fällen nicht zutrifft.

*Tabelle 3.1: Beispiele von Mutationen*

a) im Tierreich
- *Drosophila*: Flügelmutanten (aufgebogene Flügel, Stummelflügel, fehlende Flügel; Abb. 3.7)
  Mutanten, die gegen extreme Temperaturen widerstandsfähiger sind (weißäugige Varianten);
  Mutanten mit größerer Fruchtbarkeit
  veränderte Körper- oder Augenfarbe
  veränderte Borstenstellung;
  Mutanten mit vier Flügeln oder vier Schwingkölbchen (Halteren);
  Mutanten mit Beinen an Stelle der Antennen
- Albinomutanten (Abb. 3.11)
- Kurzbeinigkeit bei Rindern
- Dackelbeinigkeit bei Schafen
- *Daphnia* (Wasserfloh)-Mutanten: optimale Temperatur um 6–8 °C höher als bei der Wildform; Mutationen, welche die Fruchtbarkeit, Resistenz gegen Kälte und Lebenstüchtigkeit erhöhen
- DDT-Resistenz bei Insekten

b) im Pflanzenreich
- Rotblättrige Formen bei Bäumen und Sträuchern
- Geschlitztblättrige Formen bei Gehölzen
- „Trauerformen" bei Gehölzen
- „Korkenzieherformen" bei Gehölzen
- Veränderte Blütenfarben, z. B. beim Löwenmäulchen *(Antirrhinum)*
- Tabakpflanze *(Nicotiana)* mit anderen Blühbedingungen und stärkerer Samenbildung
- Gerstenmutanten *(Hordeum)* mit um 8–10% höherem Ertrag
- Erbsenblätter *(Pisum)* ohne Ranken bzw. ohne flächige Spreitenteile (Abb. 3.8)
- Veränderte Staubblattanzahlen beim Löwenmäulchen
- Radiärsymmetrische (statt bilaterale) Blüten beim Leinkraut *(Linaria)*
- Einbeere *(Paris quadrifolia)* mit fünf Blättern (statt vier; Abb. 3.9)

c) bei Bakterien
- Antibioticaresistenz (s. Abschnitt 3.3.4)
- Mangelmutanten (benötigen mehr Stoffe zum Wachstum als die Wildstämme)
- Farbstoffmutanten
- Verlust der Leuchtfähigkeit bei Leuchtbakterien *(Photobacterium)*

d) beim Menschen
- Erbkrankheiten des Menschen (z. B. Trisomie 21, Sichelzellenanämie, Rotgrünblindheit, Phenylketonurie, Minderwuchs, anomale Fingerzahl)

*Abb. 3.9: Mutante der Einbeere (Paris quadrifolia) mit jeweils fünf Laub-, Kelch- und Blütenblättern, zehn Staubblättern und fünfteiligem Fruchtknoten (unten). Die Blütenkreise der Normalform (oben) bestehen aus je vier Blättern (und damit aus insgesamt acht Staubblättern). Die Mutation erbrachte keine neue Struktur.*

Defektmutationen können in unserer Betrachtung außer acht gelassen werden, da sie nicht dauerhaft in den Genpool einer Art übernommen werden können; sie werden von der Selektion eliminiert.

Weitere Bemerkungen zu den Züchtungszielen und -ergebnissen des Menschen folgen unter 3.3.5.

Wir kommen nun auf die zweite eingangs dieses Abschnitts gestellte Frage zu sprechen: *Erfolgt durch Aufsummierung vieler mikroevolutiver Veränderungen Makroevolution (Abb. 3.10)?* Die bisher besprochenen Ergebnisse der Mutationsforschung lassen eine negative Antwort zumindest wahrscheinlicher erscheinen als eine positive. Dies

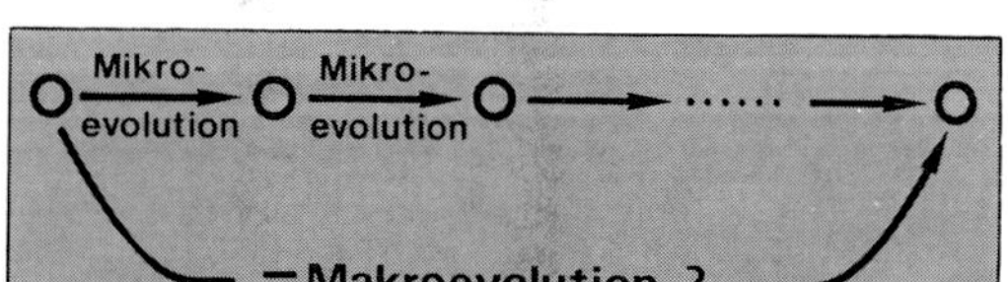


*Abb. 3.10: Summierung vieler mikroevolutiver Schritte und Makroevolution: Erfolgt Makroevolution durch Summierung vieler mikroevolutiver Schritte?*

*Abb. 3.11: Albinos (hier ein Albino der Traubenhyanzinthe [Muscari]), entstehen durch Verlust der Fähigkeit, einen bestimmten Farbstoff zu synthetisieren. Albinomutanten sind im Pflanzen- und Tierreich weit verbreitet. Auch beim Menschen kommen Albinos vor.*

demonstrieren die Untersuchungen an der Fruchtfliege *Drosophila* besonders deutlich, da sie sich auf über tausend Generationen und Millionen Individuen stützen: Alle Mutanten von *Drosophila* sind immer Fliegen, die zu ein und derselben *Drosophila*-Art gehören, und es erfolgen immer nur Abänderungen von Organen oder Merkmalen, die vorher schon vorhanden waren. Das Mutationsgeschehen bleibt im mikroevolutiven Bereich, hier sogar innerhalb der Artgrenzen, was nicht gleichzusetzen ist: es gibt nächstverwandte Arten, die sich morphologisch (im Aussehen) fast nicht unterscheiden, aber in der Natur reproduktiv isoliert sind, d.h. keine Bastarde bilden (z.B. sog. „Zwillingsarten", s. Abb. 3.51).

*Abb. 3.13: Verlustmutante des Wellensittichs: Beim linken Exemplar ist die Synthese des gelben Farbstoffs ausgefallen. Rechts: Normalform. (Westfälisches Museum für Naturkunde Münster)*

*Abb. 3.12: Der 1930 aus Syrien nach Europa eingeführte Goldhamster wurde hier viele Jahre lang gezüchtet. Im Jahre 1960 trat eine Mutante mit geschecktem Fell auf (rechts). (Westfälisches Museum für Naturkunde Münster)*

Der Genetiker W. GOTTSCHALK kommt zu dem Ergebnis: „Neue Arten sind experimentell weder durch die schrittweise Anhäufung von Genmutationen noch durch die Induzierung einzelner progressiver Mutationen hergestellt worden" (1978, S. 284). REMANE, STORCH und WELSCH schreiben in *Evolution* (1980, S. 175):

„Wir kennen...als Mutanten viele Fälle der Aufhebung einer Differenzierung, z.B. Erbsen mit Blättern ohne Ranken. An Blüten, deren Kelch zu einem zweiten Blütenblattkreis umgewandelt ist, ist die Differenzierung in Blumenkrone und Kelch aufgehoben. ... Aber wir kennen keine echte Differenzierungsmutation, weder in einzelnen Genen, noch in einer Komposition von Erbfaktoren."

Solche Differenzierungsmutationen, Mutationen also, die bewirken, daß ein Ausgangsgewebe zu unterschiedlich ausgestaltetem Tochtergewebe wird, wären aber gerade erforderlich, damit Makroevolution erfolgen kann. (Abb. 3.14 zeigt den umgekehrten Fall.) Wenn also immer nur bereits vorhandene Strukturen durch Mutationen verändert werden, dann ist schon allein aus logischen Erwägungen klar, daß auch eine Aufsummierung vieler „Änderungsmutationen" keine Neuentstehung zur Folge haben kann.

*Abb. 3.14: Rose mit ergrünten Blüten, ein Beispiel einer Entdifferenzierung: Die Unterschiede zwischen Blüten- und Kelchblättern sind teilweise aufgehoben. Der umgekehrte Vorgang einer Differenzierungsmutation wurde bisher nirgends beobachtet.*

Gelegentlich wird das Argument vorgebracht, daß es früher vielleicht mehr positive Mutationen gegeben haben könnte. Dagegen spricht, daß auch ausgestorbene Lebewesen hervorragend an ihre Umwelt angepaßt waren - das ist ein unbestrittener Befund der Paläontologie (vgl. Kapitel 8). Somit muß man davon ausgehen, daß Mutationen schon immer größtenteils schädlich waren, und das genannte Argument ist hinfällig.

(Zum Argument, es müßten lange Zeiträume in Rechnung gestellt werden, s. Abschnitt 3.5.1.)

**Zusammenfassung**

Die empirischen Ergebnisse der Mutationsforschung liefern keine Hinweise auf Makroevolution. Die bisher bekannten Tatsachen über das Mutationsgeschehen lassen den Schluß zu, daß dem Mutationsgeschehen recht enge Grenzen gesetzt sind und daß Veränderungen der Organismen über den mikroevolutiven Bereich hinaus nicht mit den bekannten Mutationen erklärbar sind.

### 3.3.2 Rekombination

Eine wichtige Rolle bei Mikroevolutionsprozessen spielt die **Rekombination**.

Unter Rekombination versteht man die Kombination, die Durchmischung des Erbgutes bei der sexuellen Fortpflanzung. Solche Durchmischungen erfolgen, weil

- das Zusammentreffen der Geschlechtszellen bei der Befruchtung in vielerlei Kombinationen möglich ist,
- die väterlichen und mütterlichen Chromosomen während der Meiose unterschiedlich auf die Geschlechtszellen verteilt werden (interchromosomale Rekombination) und
- ebenfalls während der Meiose sog. Crossing-over zwischen homologen Chromosomen erfolgt (intrachromosomale Rekombination).

Dadurch entstehen zwar keine neuen Allele - außer bei Crossing-over innerhalb von Genen -, wohl aber neue Allelkombinationen in fast beliebiger Anzahl, auch wenn keine neuen Mutationen auftreten. Daher können selbst in einer Population, in welcher keine Neumutationen mehr vorkommen, viele Generationen lang weitere neue Allelkombinationen entstehen, deren Träger sich immer wieder neu in ihrer Umwelt behaupten müssen. Dieser Faktor bewirkt eine enorme genetische Flexibilität und spielt somit eine wichtige Rolle im *Mikro*evolutionsgeschehen (vgl. Def. Mikroevolution). Die biologische Bedeutung der Sexualität ist durch diese Kombinationsmöglichkeit des Erbgutes begründet. (Es ist bekannt, daß eine Population mit nur 7 Individuen noch etwa 95% ihrer genetischen Vielfalt erhalten kann, wenn sich die Tiere schnell vermehren und „durchmischen", also eine hohe Rekombinationsfrequenz vorliegt.)

Da durch Rekombinationen nichts prinzipiell Neues in den Evolutionsprozeß eingeführt wird, erbringt dieser Evolutionsfaktor keinen wesentlichen Beitrag zur Frage nach den Mechanismen der *Makro*evolution. Durch Rekombination entsteht kein neues genetisches Material, da nur vorhandenes Material kombiniert und vorhandene Allele „durchmischt" werden.

Ein Vergleich soll dies verdeutlichen: In einem Kartenspiel werden durch wiederholtes Mischen und Austeilen immer wieder neue Konstellationen erzielt, was aber nicht mit dem Auftreten neuer Karten verbunden ist. Crossing-over innerhalb von Genen entspräche in diesem Vergleich einem Zerreißen und anschließenden überkreuzten Aneinanderkleben von Spielkarten. Dadurch entstehen zwar neue „Spielkarten" aus schon vorhandenen Kartenteilen, jedoch keine neuen Kartenteile (vgl. dazu Kapitel 4).

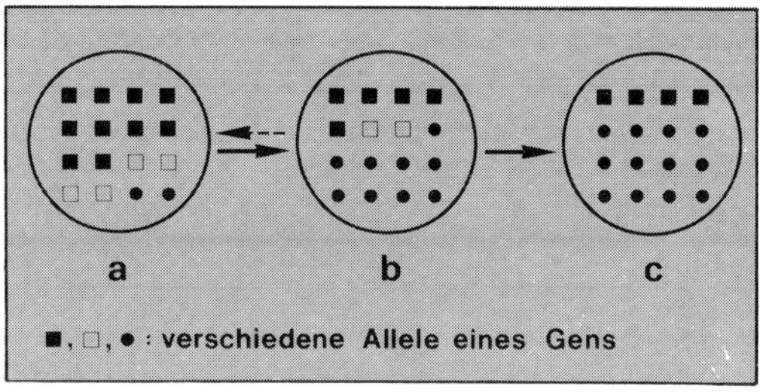


*Abb. 3.15: Wirkungsweise der Selektion im Genpool. a: Allelbestand eines bestimmten Gens in einer Umwelt A; b: veränderter Allelbestand nach Änderung der Umweltbedingungen (Umwelt B) nach einigen Generationen; c: weitere Änderungen in Umwelt B nach weiteren Generationen. Der gestrichelte Pfeil deutet an, daß die Genpoolveränderungen unter Umständen auch wieder rückgängig gemacht werden können, falls sich die Umweltbedingungen entsprechend verändern (wieder Umwelt A) und falls keine Allele verlorengehen.*

### 3.3.3 Was beweisen beobachtete Selektionswirkungen?

Neben einer isolierten Betrachtung der einzelnen Evolutionsfaktoren ist es auch erforderlich, sich zu vergewissern, ob durch die Zusammenschau aller jeweils abgehandelten Faktoren die bisherigen Schlußfolgerungen relativiert werden müssen. So dürfen gerade die Faktoren Mutation und Selektion nicht nur für sich betrachtet werden: durch das Wirken der Selektion bleibt nur ein kleiner Teil der mutativ neu entstandenen Allele dem Genpool erhalten (zum Wirken der Selektion s. auch Abb. 3.15). Würden die Mutationen ungefiltert im Genpool belassen werden, würde das zu einer Degeneration der Arten führen, da der bei weitem größte Teil der Mutationen für ihre Träger schädlich ist. Die Selektion sorgt so für die Stabilität der Arten.

Man unterscheidet drei verschiedene Wirkungsweisen der Selektion: stabilisierende, transformierende (dynamische) und disruptive Selektion. Von **stabilisierender** Selektion spricht man, wenn die Selektion die Beibehaltung eines bestimmten Zustandes bewirkt und Mutanten ausscheidet, die den gegebenen Zustand verändern. Beträgt beispielsweise die optimale Schnabellänge einer Vogelpopulation in einer bestimmten Umgebung 15 mm, so zielt die Selektion auf die Fest-

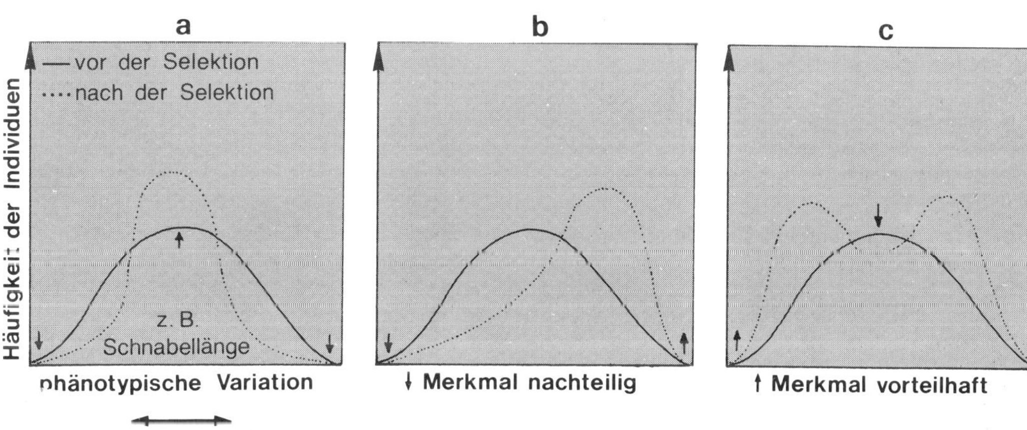


*Abb. 3.16: Stabilisierende (a), transformierende (b) und disruptive (c) Selektion. Als Beispiel für phänotypische Variation kann die Schnabellänge einer Vogelart gewählt werden. Stabilisierende Selektion bewirkt dann, daß das Spektrum der Schnabellängen in einem bestimmten engen Bereich dauerhaft gehalten wird. Transformierende Selektion bewirkt einer Verschiebung der durchschnittlichen Schabellänge. Disruptive Selektion bewirkt, daß die Individuen mit den längsten und kürzesten Schnäbeln am ehesten überleben.*

schreibung dieser Schnabellänge ab (Abb. 3.16a). Mit stabilisierender Selektion ist gewöhnlich dann zu rechnen, wenn die Umweltbedingungen konstant bleiben.

**Transformierende** Selektion dagegen liegt vor, wenn ein einseitiger Selektionsdruck auf die Veränderung eines Merkmals „abzielt"; in unserem Beispiel läge transformierende Selektion vor, wenn es aufgrund veränderter Umweltbedingungen für die Vogelpopulation vorteilhaft wäre, entweder längere oder kürzere Schnäbel zu besitzen (Abb. 3.16b). Die Veränderung von Merkmalen wird vielfach nur dann als möglich angesehen, wenn ein Wechsel der Umweltbedingungen eingetreten ist.

Die seltene **disruptive** Selektionswirkung herrscht schließlich dann, wenn die Extrema der Variationsbreite eines Merkmals von der Selektion bevorzugt werden, d.h. in unserem Beispiel, wenn die Individuen mit den kürzesten und längsten Schnäbeln die größten Überlebenschancen hätten (Abb. 3.16c).

Eine Folge der Selektionswirkung ist zunächst, daß aufeinanderfolgende Mutationen, welche die Entstehung einer evolutionären Neuheit (einen Makroevolutionsschritt) einleiten müßten, nur dann angesammelt werden können, wenn jeder einzelne Mutationsschritt mit einem Selektionsvorteil oder zumindest mit keinem deutlichen Nachteil verbunden ist. D.h.: Die evolutive Entstehung einer neuen Struktur oder eines neuen Organs ist nicht über selektionsnachteilige Zwischenstadien möglich. G. OSCHE drückt dies anschaulich aus, wenn er sagt, daß die Organismen nicht wegen Umbaus schließen könnten. Jedes einzelne Evolutionsstadium muß überlebensfähig sein (vgl. die Abschnitte 3.3.6 und 4.3).

Die einerseits den Genpool in der optimalen Zusammensetzung haltende Selektionswirkung verhindert also andererseits Ansätze zu einer Höherentwicklung, sobald diese mit Selektionsnachteilen verbunden sind. Dieser wichtigen Konsequenz aus der Synthetischen Theorie ist ein eigener Abschnitt gewidmet (3.3.6).

Hier sei noch eine kurze Anmerkung zur Sprechweise über das Wirken der Selektion angefügt: Wenn davon gesprochen wird, daß die Selektion „bewirkt", dafür „sorgt" usw., dann ist dies nicht so zu verstehen, als ob die Selektion ein handelndes Subjekt wäre! Es handelt sich hierbei um eine verkürzte Ausdrucksweise für unpersönlich und ungezielt wirkende Umweltbedingungen.

Im folgenden wird anhand einer Reihe von Beispielen der Frage nachgegangen, welches Ausmaß an Evolution in der Natur oder im Labor beobachtet werden konnte: *Was beweisen beobachtete Selektionswirkungen?* Dann wird besprochen, in welchem Zusammenhang Anpassungsvorgänge und Höherentwicklung stehen.

### Der Birkenspanner *Biston betularia*

Die Ausbreitung dunkler (melanistischer) Formen des Birkenspanners zuungunsten heller Formen gilt als Paradebeispiel für beobachtbare Evolution. Es wird z.T. sogar die Auffassung vertreten, daß sich hier ein „prächtiges Stück Evolution" abspielte, daß man hier „der Evolution zusehen" durfte. Die Beobachtungen an Birkenspannerpopulationen in England schildert DIEHL (1980, S. 93f.) folgendermaßen (s. auch Abb. 3.17):

„Im Jahre 1848 fing man zum ersten Male ein schwarz gefärbtes Exemplar, und zwar im mittelenglischen Bezirk von Manchester. Während der folgenden Jahrzehnte wurden dort zunehmend melanistische Individuen erbeutet. 1895 ergab eine quantitative Untersuchung, daß im Gebiet um Manchester 95% aller Birkenspanner schwarz beschuppte Tiere waren. Heute kommen nur noch im abgelegenen Norden, Westen und Südwesten der Britischen Inseln hell gefärbte Birkenspanner

*Abb. 3.17: Helle und melanistische Form des Birkenspanners. (Zeichnung: THOMAS HILSBERG)*

zu 100% vor. ... Die gleiche Tendenz zum Melanismus ist inzwischen von weiteren 70 Schmetterlingsarten Englands und in anderen Industriestaaten bekannt geworden. Das Phänomen wurde ausschließlich bei solchen Arten festgestellt, die sich an exponierten Flächen der Vegetation aufzuhalten pflegen."

Aus dieser Schilderung kann indessen nicht der Schluß gezogen werden, daß sich tatsächlich Evolution abgespielt hat. Zum einen ist nicht sicher geklärt, woher die ersten schwarzen Formen kamen, ob es sich um Neumutationen handelte oder ob dunkle Formen vorher einfach noch nicht entdeckt worden waren. Zum anderen kann auch bei Annahme einer mutativen Entstehung nur von Mikroevolution gesprochen werden, denn auch die hellen Formen besitzen den dunkelbraunen Farbstoff Melanin, welcher für die Färbung der melanistischen Formen verantwortlich ist (sie haben braune Flecken oder Bänder auf ihren Flügeln), so daß sich der Melanismus ohne einhergehende Strukturneubildung einstellen konnte. Tatsächlich liegt eine Änderung in der Steuerung der Melaninsynthese und -verteilung im Flügel vor.

Die Ausbreitung und Verdrängung der hellen Formen hat mit Makroevolution nichts zu tun. Denn die einzige Veränderung (die aufgrund des geänderten Selektionsdruckes eintrat) betrifft die Häufigkeit der Allele, welche für die Färbung der Schmetterlinge verantwortlich sind. Es liegt also *lediglich eine Verschiebung der Allelenfrequenzen* vor. Das Beispiel des Birkenspanners zeigt wohl, daß Selektionswirkungen wesentlich von Umweltbedingungen abhängen können und daß Angepaßtsein eine relative (umweltabhängige) Qualität ist, ein Beweis für Höherentwicklung durch den in der Synthetischen Theorie beschriebenen Mechanismus wird damit aber nicht geliefert.

### Tarnfärbungen und Mimese

Die Phänomene der Tarnfärbung und der Mimese (Tarnung durch Nachahmung; Abb. 3.18) schließen unmittelbar an das Birkenspannerbeispiel an. Hier muß - wie auch in einigen noch zu besprechenden Beispielen - grundsätzlich zwischen *Erhaltung* und *Entstehung* der betreffenden Struktur unterschieden werden. Aufgrund stabilisierender Selektion werden schlecht getarnte Individuen ausgemerzt; dadurch wird also der *Verlust* der Tarnfärbung bzw. des Mimese-Effekts *verhindert*. Wie diese Eigenschaften *entstanden* sind, ist jedoch eine völlig andere Frage, die offen bleiben muß, solange es nicht gelingt, experimentell bei nicht-getarnten Formen Tarnfärbung hervorzubringen.

*Abb. 3.18: Mimese beim Blattschmetterling Kallima. Die Unterseiten von Vorder- und Hinterflügel ergänzen sich zu einem einheitlichen Blattmuster (im Bild oben), obwohl die beiden Flügel völlig getrennt entstehen. (Westfälisches Museum für Naturkunde Münster)*

(Dabei dürfen diese selbst nicht von ehemals getarnten Formen abstammen, da sonst „Tarngene" rezessiv verdeckt vorhanden sein könnten).

Aber auch wenn dies gelingen sollte, müßte noch geprüft werden, ob neue Strukturen, z.B. neuartige Pigmente, dabei entstehen. In jedem Fall sind detaillierte genetische Untersuchungen erforderlich, bevor von der Entstehung einer evolutiven Neuheit gesprochen werden kann. Dies wird in Abschnitt 3.3.4 anhand der Beispiele aus der Bakterienwelt im Einzelnen gezeigt.

### Mimikry

Mimikry (Scheinwarntracht) liegt vor, „wenn die Warntracht eines gut geschützten Tieres von einem ungeschützten Tier aus einer anderen systematischen Gruppe nachgeahmt wird" (FLOR 1980, S. 6). Beispielweise ahmt der harmlose Hornissenschwärmer die Hornisse nach (Abb. 3.19). Bei diesem Phänomen kann entsprechend argumentiert werden wie bei der Tarnfärbung und der Mimese.

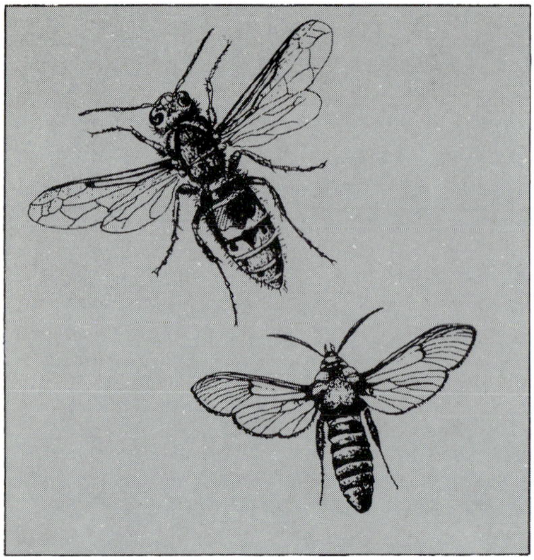

*Abb. 3.19: Mimikry beim harmlosen Hornissenschwärmer (unten), welcher die Hornisse (oben) nachahmt.*

Wir halten fest:

*Die Erhaltung eines Merkmals oder einer Struktur einserseits und die Entstehung andererseits beruhen auf grundverschiedenen Mechanismen und Faktoren, d.h. Erhaltung ist durch Selektion erklärbar (Mikroevolution), Entstehung würde Makroevolution fordern.*

**Ko-Evolution**

Beim Phänomen der sog. Ko-Evolution ist die Sachlage ähnlich. Mit **Ko-Evolution** ist die wechselseitige Anpassung zweier Organismen gemeint. Beispielsweise wird das „Aufeinanderpassen" von Blüte und Insekt als Ergebnis von Ko-Evolution betrachtet. Bekannt sind die einheimischen Ragwurz-Orchideen (Abb. 3.20), die Fliegen, Bienen oder Hummeln nachahmen. Die Blüten-Unterlippen dieser Orchideen sind diesen Insekten in Form, Farbe, Duft und Behaarung bis ins Detail täuschend ähnlich, wodurch diese die Blüten für Geschlechtspartner halten und zu begatten suchen. Bei diesem Versuch wird Pollen auf die Insekten übertragen, der dann so auf die Narbe der nächsten angeflogenen Blüte gelangt.

Im evolutionstheoretischen Modell muß man vermuten, daß sich Blüte und Insekt in wechselseitiger Abhängigkeit entwickelt haben, daß also die Blüten auf Veränderungen ihrer Besucher und die Besucher auf die Veränderung der Blüten mittels des Mechanismus Mutation-Selektion „reagiert" hätten und so allmählich diese verblüffende Ähnlichkeit zustande kam. Bei dieser Erklärung handelt es sich aber um eine gedankliche Konstruktion, der keine Beobachtungsergebnisse zugrundeliegen. Die *Entstehungsweise* der wechselseitigen Anpassung von Blüte und Insekt durch Mutation und Selektion ist nicht Gegenstand von Beobachtungen, sondern eine Forderung der Synthetischen Theorie, für welche ein Beweis in Wirklichkeit aussteht. Die Synthetische Theorie wird hier nicht begründet, sondern geht als *Voraussetzung* von vornherein in die Überlegungen ein. Eine Beobachtungstatsache ist nur das tatsächliche Angepaßt-*sein*, nicht die *Entstehungsweise* der Anpassung.

Der Begriff Ko-Evolution ist ein Kunstwort, das eine Erklärung vortäuscht, anstatt eine zu liefern. Ein genetisch und populationsdynamisch begründeter Mechanismus für die Entstehungsweise solcher wechselseitigen Abhängigkeiten kann bisher nicht angegeben werden. Genau das wäre aber die Aufgabe einer auf Erfahrung gegründeten Wissenschaft (vgl. Abschnitt 1.1).

**Flugunfähige Insekten auf den Kerguelen-Inseln**

Als wichtiges Beispiel für das Wirken der Selektion wird auch das Vorkommen flügelloser Insekten auf windumtosten Inseln wie z.B. den Kerguelen-Inseln im südlichen Indischen Ozean gewertet. Auf diesen Inseln haben Insekten mit fehlenden oder reduzierten Flügeln gegenüber den Individuen mit

*Abb. 3.20: Die Bienen-Ragwurz als Kopulationsattrappe.*

funktionstüchtigen Flügeln einen Selektionsvorteil. Erstere stehen nämlich kaum in der Gefahr, aufs offene Meer verdriftet zu werden, was normalerweise ihren Untergang bedeuten würde. Dieses Beispiel zeigt, daß unter bestimmten Umweltbedingungen der Selektionsdruck auf *Verlust* einer Struktur abzielt. Auf starken Winden ausgesetzten Inseln sind Insekten mit zurückgebildeten oder fehlenden Flügeln zwar tatsächlich besser angepaßt als geflügelte, aber diese Anpassung geht mit einem Struktur*verlust*, einer Degeneration einher. Das Hauptproblem der kausalen Evolutionsforschung, die Erklärung der *Entstehung* von Strukturen, wird hier wiederum nicht berührt.

Entsprechendes gilt für *blinde, farblose Höhlentiere*. Auch in diesem Fall handelt es sich um Degenerationserscheinungen, sozusagen um „Abwärtsentwicklung".

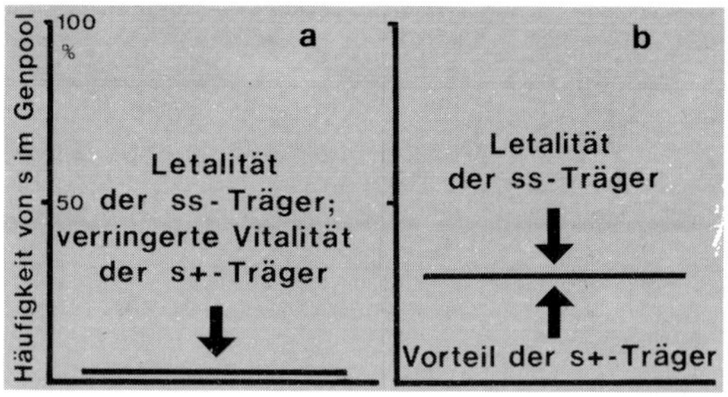


*Abb. 3.21: Schema zur Sichelzellenanämie. a: Situation in Gebieten ohne Malariagefährdung: das Sichelzellenallel s ist selten; b: Situation in malariaverseuchten Gebieten: das Sichelzellenallel ist relativ häufig (s. Text). Seine Häufigkeit kann aber eine bestimmte Schwelle (von theoretisch maximal 50%) nicht überschreiten. Das Allel s kann sich somit im Genpool der Population niemals durchsetzen. (Die Abszisse ist dimensionslos.)*

### Sichelzellenanämie

Sichelzellenanämie ist eine Blutkrankheit. Homozygote Träger des rezessiven Sichelzell-Gens (ss) sterben im Jugendalter. Die Lebenserwartung heterozygoter Genträger (s+) ist gegenüber homozygot gesunden (+ +) nur wenig vermindert. Da sich in den Blutkörperchen der Heterozygoten jedoch die Erreger der Malaria nicht vermehren können, bietet die Allelkombination s+ einen Schutz gegen Malaria und damit einen Selektionsvorteil in Malariagebieten.

Ein Selektionsvorteil liegt nur im heterozygoten Zustand vor und dies auch nur unter ganz besonderen Umweltbedingungen (malariaverseuchte Gebiete). Das Sichelzell-Gen hat keine Chance, sich in der Population über ein bestimmtes Maß auszubreiten (Abb. 3.21). Dies wäre nur möglich, wenn ein Selektionsvorteil auch im homozygoten Zustand vorliegt, was hier nicht der Fall ist. Daher ist auch dieses Beispiel als Beleg für eine Höherentwicklung durch Selektionswirkung ungeeignet. Brauchbar ist es jedoch für den Nachweis, daß Selektionsvorteile umweltabhängig sind und zur Einstellung von bestimmten Allelkombinationen in Populationen führen können.

### Maulwürfe

In einer Maulwurfpopulation wurden die Schädellängen vor und nach einem besonders kalten und langen Winter gemessen. Es stellte sich heraus, daß nach der langen Kältezeit die durchschnittliche Schädellänge etwas kleiner geworden war. Da die Schädellänge als Maß für die Körpergröße der Tiere genommen werden kann, ist dieses Ergebnis als Folge der ungünstigen Ernährungslage und des daraus resultierenden Selektionsdruckes gegen große Individuen interpretierbar: Kleine Individuen kamen mit weniger Nahrung aus als große und hatten daher bei Nahrungsmangel größere Überlebenschancen. Natürlich müssen die Tiere auch eine Mindestgröße besitzen.

Wenn nun die Änderung der Körpergröße mit einer Änderung im Allelenbestand der Population einhergeht, was in diesem Fall allerdings nicht erwiesen ist, so ist, ähnlich wie beim Birkenspannerbeispiel, nur gezeigt, daß sich die Allelenfrequenzen unter geänderten Umweltbedingungen ebenfalls geändert haben.

### DDT-Resistenz von Insekten

Das letzte Beispiel einer beobachteten Selektionswirkung, das besprochen werden soll, ist der Erwerb der Insektizidresistenz von Schadinsekten. Beispielsweise wurden Fliegen gegen das Insektengift DDT unempfindlich. Zwischen resistenten und nicht-resistenten Fliegen wurden genetische Unterschiede festgestellt. Einige Veränderungen bei resistenten Stämmen sind: geringere Durchlässigkeit der Cuticula sowie der Gewebe für DDT; schnellerer enzymatischer Abbau des DDTs im Körper; Fähigkeit, mehr DDT in verändertem Körperfett einzulagern; geringere Empfindlichkeit des Nervensystems für DDT; veränderte Verhaltensweisen, wodurch Kontaktmöglichkeiten mit dem Gift verringert werden.

P.A. TSCHUMI (1975, S. 185) weist auf einen interessanten Gesichtspunkt für die Beurteilung dieser Selektionswirkungen hin:

„Alle Untersuchungen sprechen dafür, daß intensive Selektion ursprünglich seltener genetischer Varianten den Genbestand der Insektenpopulationen verändert hat. Alle resistenten Fliegen sind, anders ausgedrückt, die Nachkommen dieser seltenen Genotypen, welche dem anfänglichen Massensterben entronnen sind. Beim Fehlen solcher seltener Varianten würde keine Resistenz auftreten. In der Tat ist von einigen Fliegenpopulationen sowie von Heuschrecken bekannt, daß sie bis heute noch keine Resistenz entwickelten."

Demnach wären also in den bekannten Fällen von DDT-Resistenz die Eigenschaften der resistenten Formen schon zu Beginn der Selektions- und Anpassungsvorgänge vorhanden gewesen und überhaupt keine Veränderungen eingetreten; ausgenommen wären Veränderungen der Allelenfrequenzen der vom DDT bedrohten Populationen.
Dies sind keine Schritte zu makroevolutiven Änderungen hin. Wenn auch in manchen Fällen die genetischen Grundlagen der Resistenz nicht bekannt sind, so hat sich doch gezeigt, daß Resistenz in der Regel auf Genfunktions*ausfall* beruht.
Wir können als Zwischenergebnis festhalten:

*Veränderte Selektionsbedingungen können mit veränderten Allelenfrequenzen im Genpool einer Population einhergehen. Dies ist jedoch nicht gleichbedeutend mit einem Evolutionsschritt, der zu makroevolutiven Änderungen beiträgt.*

## Sexuelle Selektion

Durch diesen Selektionstyp versucht man, die Entstehung der sekundären Geschlechtsmerkmale bei männlichen Individuen zu erklären. Die Konkurrenz um Geschlechtspartner wird dabei als besonderer innerartlicher Selektionsfaktor angesehen. So stellte sich schon DARWIN vor, daß Individuen mit auffälligeren Geschlechtsmerkmalen eher einen Paarungspartner finden und damit eher zur Fortpflanzung gelangen könnten. Durch diese sexuelle Selektion sollen danach kompliziertes Balzverhalten ebenso entstanden sein wie körperliche sekundäre Geschlechtsmerkmale (z.B. Geweihe, Prachtgefieder). Solche Merkmale bzw. solches Verhalten der Männchen erregt die Aufmerksamkeit der Weibchen. So schreibt DARWIN (1967 [1859], S. 131): „Ein Hirsch ohne Geweih und ein Hahn ohne Sporen haben wenig Aussicht, zahlreiche Nachkommenschaft zu hinterlassen."

Die bisher vorgebrachten Einwände gegen die Leistungsfähigkeit des Evolutionsfaktors Selektion gelten auch für die Wirkungsweise der sexuellen Selektion (selektionsbedingte Änderungen sind nur im mikroevolutiven Bereich beobachtbar; d.h. z.B. stärkere Ausprägung der schon vorhandenen sekundären Geschlechtsmerkmale), so daß es nicht notwendig ist, näher darauf einzugehen. Zusätzlich zu bemerken ist lediglich, daß auffällige Geschlechtsmerkmale (beispielsweise Färbungen) u.U. die Überlebenschance vermindern, etwa dadurch, daß die Träger dieser Merkmale für Feinde auffälliger werden. Somit können innerartliche sexuelle Selektion und zwischenartliche Selektion in Widerstreit zueinander treten. Dieser Umstand erschwert das Verständnis der Entstehung sekundärer Geschlechtsmerkmale durch sexuelle Selektion zusätzlich.

## Anpassung und Höherentwicklung

Die bisher bekannten Beispiele liefern eine ausreichende empirische Basis für die Beantwortung der zweiten eingangs dieses Abschnitts aufgeworfenen Frage: *In welchem Zusammenhang stehen Anpassungsvorgänge und Höherentwicklung?* Die Antwort lautet: *Es ist kein Zusammenhang ersichtlich.* Wenn durch Selektionswirkung eine bessere Anpassung an Umweltgegebenheiten erzielt wird, so ist dies (bei Wechsel der Umweltbedingungen) grundsätzlich nur mit der Veränderung eines bereits vorhandenen Organs oder Merkmals verbunden, wobei diese Veränderung eine Verbesserung oder auch eine Degeneration darstellen kann (dynamische Selektion). Ein Zitat des Systemtheoretikers und Biologen L. VAN BERTALANFFY verdeutlicht dieses Argument:

„Nach meiner Auffassung...gibt es nicht den Funken eines wissenschaftlichen Beweises dafür, daß Evolution im Sinne einer Progression von einfacheren zu komplizierteren Organismen irgend etwas mit zunehmender Anpassung, mit Selektionsvorteil oder mit der Produktion einer größeren Nachkommenschaft zu tun hat. Anpassung ist ja auf jedem Organisationsniveau möglich.

Eine Amöbe, ein Wurm, ein Insekt oder nichtplazentales Säugetier ist ebenso angepaßt wie ein Plazentalier; wären sie das nicht, so wären sie schon längst ausgestorben" (zit. in KAHLE 1984, S. 68).

Ein Wurm, der wechselnden Umweltbedingungen ausgesetzt ist, wird aufgrund der Selektionswirkung zu einem „besseren" (besser angepaßten) Wurm, nicht aber zu einem Insekt. Veränderungsansätze in Richtung Insekt bedeuteten keine Anpassung als Wurm; solche Ansätze würden daher von der Selektion ausgemerzt (Abb. 3.22).

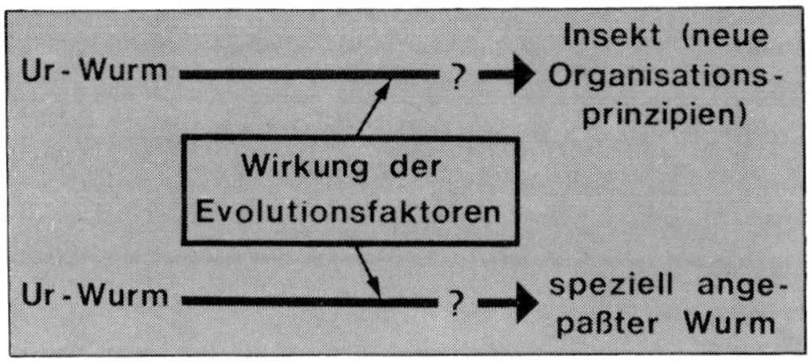


*Abb. 3.22: Durch die Wirkung der Evolutionsfaktoren entstanden nach der Synthetischen Theorie in langen Zeiträumen z. B. aus einem hypothetischen unspezialisierten „Ur-Wurm" Insekten. Empirische Befunde über die Wirkungsweise der Evolutionsfaktoren legen aber nahe, daß aus einem unspezialisierten „Ur-Wurm" nur ein an spezielle Umweltbedingungen angepaßter Wurm entstehen kann.*

Antibiotikaresistenz und andere mutations- und selektionsbedingte Veränderungen bei Mikroorganismen werden im folgenden Abschnitt (3.3.4) besprochen.

**Zusammenfassung**

1. Die Selektionswirkung ist in der Regel stabilisierend; bei veränderten Umweltbedingungen ist sie insofern dynamisch, als sie zu einer deutlichen Verschiebung der Allelenfrequenzen bestimmter Allele, u.U. zu einer Degeneration eines Organs, führt bzw. führen kann.
2. Alle Beobachtungsergebnisse fallen in den mikroevolutiven Bereich. In keinem Fall konnte die Entstehung qualitativ neuen genetischen Materials nachgewiesen werden.
3. Der Organisationsgrad und der Anpassungsgrad eines Lebewesens stehen in keinem nachweisbaren Zusammenhang mit dem Wirken der Selektion.

### 3.3.4 Evolution in der Bakterienwelt

Die Evolutionslehre setzt unvorstellbar große Zeiträume voraus. Daher wird sie häufig als nicht experimentell prüfbar angesehen.

Bakterien zeichnen sich durch eine geringe Generationszeit aus (bis herunter zu 15 Min.). Ein solches Bakterium weist unter günstigen Bedingungen nach Ablauf von 100 Jahren 3 504 000 Generationen auf, dagegen zum Vergleich die Fruchtfliege *Drosophila* 1700 und der Mensch 5. 100 000 Generationen aber sollen genügen, um von primitiven „Vormenschen" zum *Homo sapiens* zu gelangen. Diese Generationszahl kann bei Bakterien in etwas mehr als einem Jahr erreicht werden. Bakterien sind anspruchslos in der Züchtung und gestatten das Arbeiten mit großer Individuenzahl (1 mg *Escherichia coli*-Zellen entsprechen ca. $10^{10}$ Individuen). Sie scheinen daher zur experimentellen Prüfung des Evolutionsmodells gut geeignet zu sein. Eine Untersuchung der Veränderlichkeit des Organismus setzt die Kenntnis des Grades seiner Stabilität voraus.

#### 3.3.4.1 Die Stabilität des Bakterienstammes

Die Spezies ist bei Bakterien nicht genau definiert. Häufig wird von **Stamm** statt von Spezies gesprochen.

*Die Stabilität des GC-Verhältnisses*

Mutanten sind genetisch, d.h. in der DNS, abgewandelte Individuen, die ein verändertes Merkmal aufweisen und dieses weitervererben. Die DNS wird durch die Primärstruktur charakterisiert, das ist die Nucleotidsequenz der Nucleobasen Adenin (A), Cytosin (C), Guanin (G) und Thymin (T). Diese bestimmt die genetische Information.

Eine charakteristische Größe der DNS ist der GC-Gehalt, der, in Mol% ausgedrückt, definiert ist:

$$\frac{G+C}{A+T+G+C} \cdot 100$$

Bei Bakterien differiert er von 25–73%.

Von gleichem GC-Gehalt darf man aber nicht auf Ähnlichkeit der Stämme schließen, da unähnliche Stämme gleichen GC-Gehalt haben können. Er wird von den Codonbasen der Gene bestimmt, wobei die 3. Codonbase bei Genen gleicher Funktion in ähnlichen Stämmen verschieden sein kann (vgl. Abb. 6.10). So können ähnliche Organismen völlig verschiedenen GC-Gehalt haben.

Bei *Bacillus*- und *Bacterium*-Arten glaubte man gefunden zu haben, daß nach Einwirkung von UV-Licht oder chemischen Mutagenen Sprungmutationen aufgetreten seien, die sich von ihrem Ausgangsstamm um bis zu 22% im GC-Gehalt unterschieden. Eine genaue Untersuchung ergab jedoch, daß es sich hierbei um Infektionen handelte. COX und YANOFSKI wiesen nach, daß selbst in Anwesenheit eines Mutatorgens $mut_1$-T1 (Gen, das die Mutationshäufigkeit stark heraufsetzt) im Verlauf von 1000 Generationen eine Veränderung des GC-Gehalts um höchstens 0,5% möglich ist.

### *Stabilität von Bakterien mit komplexen Nährstoffansprüchen*

Lactobacillen, die in Milch und Milchprodukten sowie im Darm und in Schleimhäuten von Mensch und Tier vorkommen, erscheinen in ihren komplexen Nährstoffansprüchen als hochspezialisierte Lebewesen, denn sie brauchen zum Wachstum zahlreiche organische Verbindungen (Abb. 3.23, Wildtyp), d.h. sie sind **polyauxotroph**: *Lactobacillus casei* benötigt 12 Aminosäuren und 4 Vitamine.

Es gelang, durch schrittweise Mutationsauslösung eine Mutante genetisch so zu verändern, daß sie nur noch 7 Aminosäuren und 4 Vitamine benötigte. Diese Mutante zeigte schwächeres Wachstum als der polyauxotrophe Stammorganismus und nach einigen Generationen mutierte sie nach Wegfall der Selektionsfaktoren zu ihrer 16-fachen Bedürftigkeit zurück. Dies ist im unteren Teil der Abb. 3.23 graphisch dargestellt.

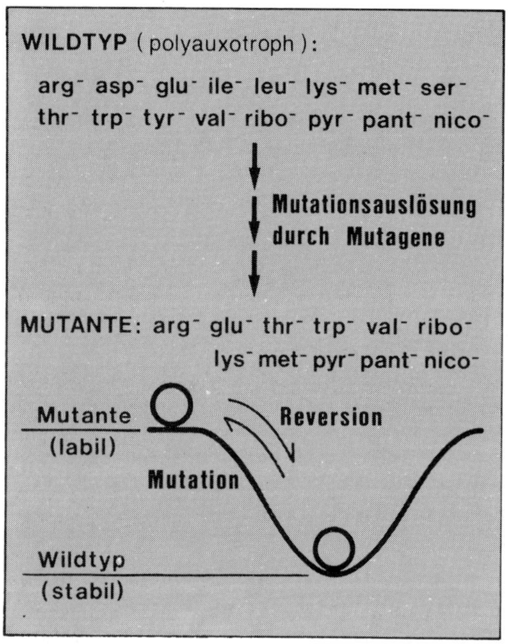


*Abb. 3.23: Mutation von Lactobacillus casei in Richtung eines weniger komplexen Nährstoffbedarfs. Das hochgestellte „Minus" bedeutet, daß der betreffende Stoff vom Bakterium für das Wachstum benötigt wird. Die Mutante benötigt zum Wachstum 5 Stoffe weniger als der Wildtyp, ist jedoch nicht stabil und mutiert bei Wegfall der Selektionsfaktoren zu der 16-fachen Bedürftigkeit zurück (unterer Teil der Abb.). Die Reversion ist ein Indiz dafür, daß die geringere Bedürftigkeit mit schwerwiegenden Nachteilen verbunden sein könnte.*

### *Merkmalsänderung durch Aufnahme von Fremd-DNS*

Extrachromosomale DNS aus Bakteriophagen und Plasmiden vermag einen Bakterienstamm zu verändern. Eine reversible Veränderung eines Bakteriums zeigt *Azotobacter vinelandii*, das im Boden vorkommt und zur Stickstoffixierung befähigt ist. Nach Aufnahme des Phagen A21 beobachtet man eine völlige Verwandlung in Gestalt, Begeißelung, Pigmentierung und Zellhülle (Abb. 3.24 und 3.25). Bei der Zellteilung werden Tochterzellen gebildet, die zur Hälfte den Phagen enthalten. Die Kolonie ist daher nicht einheitlich, sondern die 2 Zelltypen bilden Sektoren.

Es verwundert nicht, daß solche phagenresistente Zellen, die in ihren Eigenschaften vom Stammorganismus so stark abwichen, ursprüng-

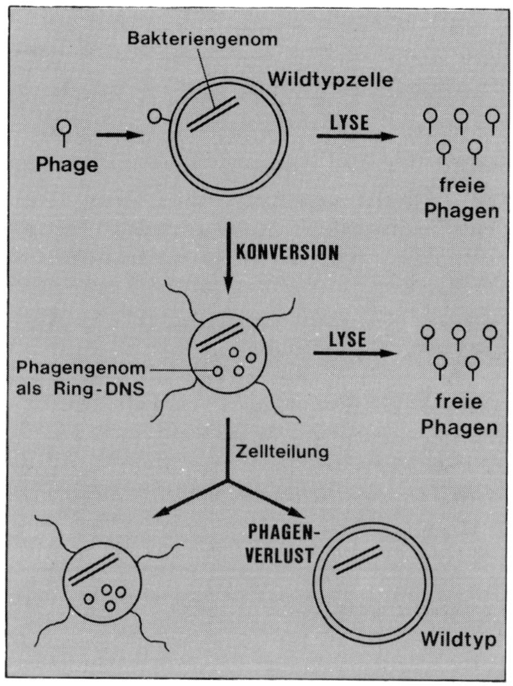


*Abb. 3.24: Phagen-Wirt-Beziehung bei Azotobacter. Wird eine Bakterienzelle von einem Phagen infiziert, so hat das eine der folgenden beiden Konsequenzen: Entweder vermehren sich die Phagen in der Wirtszelle, bis diese platzt (Lyse) oder das Phagengenom verbleibt als extrachromosomale DNS in der Wirtszelle und bewirkt damit eine Konversion. Im zweiten Falle verändern sich die Eigenschaften des Wirtes, z. B. das Aussehen. Das Phagengenom kann jedoch weiter vermehrt werden und eine Lyse verursachen. Bei der Zellteilung des Wirtes kann der Phage verloren gehen. Dann fällt das Aussehen des Wirtes in seine ursprüngliche Form zurück. (Nach* Thompson *et al. 1980, verändert)*

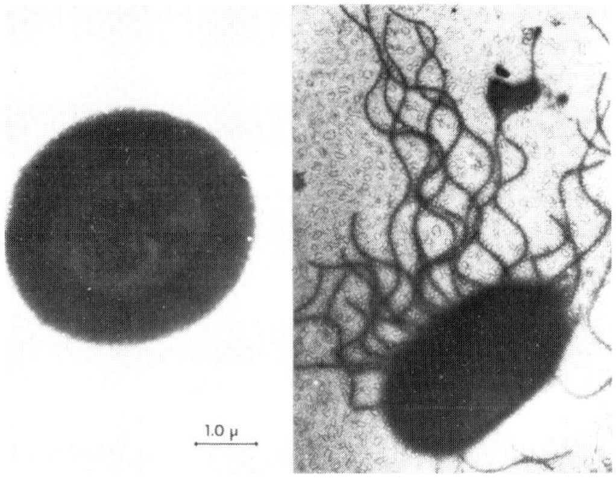


*Abb. 3.25: Elektronenmikroskopische Aufnahme von Azotobacter vinelandii: A: normale Wirtszelle, B: Wirtszelle nach Phagenaufnahme. (Aus: Virology* **102** *[1980], mit freundlicher Genehmigung des Verlags)*

lich für Infektionen gehalten wurden. Experimentell ergab sich jedoch: *Nur solange sich das Phagengenom in der Zelle befand, schien ein völlig anderer Organismus vorzuliegen.*

Die Aufnahme eines Phagengenoms in die Bakterienzelle, seine Fortexistenz als Plasmid oder durch Einbau in das Bakterienchromosom (Konversion), vermag die Eigenschaften der Zelle zu verändern. So läßt sich auch die Produktion der Diphtherie- und Botulismustoxine bei *Corynebacterium diphtheriae* und *Clostridium botulinum* auf Phagenaufnahme zurückführen.

**Schlußfolgerungen**: Die Beispiele zeigen die große genetische Stabilität der Bakterien. Der die DNS charakterisierende GC-Gehalt kann durch Mutation nicht wesentlich verändert werden. Durch induzierte Mutation oder Spontanmutation isolierte und dann selektierte Mutanten erweisen sich selbst dann sehr häufig als instabil, wenn der verringerte Nährstoffanspruch vorteilhaft scheint. Abb. 3.23 zeigt bildhaft die Stabilität des Lactobacillus-Wildtyps gegenüber der Mutante. Mit großem Aufwand müssen Antibiotika produzierende Bakterien durch ständige Selektion auf ihrer Produktionshöhe gehalten werden.

Durch Aufnahme von Fremd-DNS, wie Bakteriophagen- oder Plasmid-DNS, können sich mehrere Eigenschaften der Zelle drastisch ändern. Verliert die Zelle diese Fremd-DNS, treten die ursprünglichen Eigenschaften wieder in Erscheinung.

Durch Veränderungen der Umwelt wird die Leistungsfähigkeit des Organismus herausgefordert. Er begegnet dieser Herausforderung zunächst durch Ausbildung von phänotypischen Modifikationen, die eine begrenzte Anpassung an neue Umweltbedingungen ermöglichen. Einige Gattungen der grampositiven Actinomyceten bilden in festen Agarnährböden ein formenreiches gegliedertes Luftzellfadengeflecht. Solche phänotypischen Modifikationen sind nicht vererbbar, sondern die *Fähigkeit* zu adaptiven Modifikationen.

### 3.3.4.2 Laborevolution

Zum Überleben brauchen Bakterienpopulationen bei drastisch sich verändernden Umweltbedingungen einen Vorrat an genetischer Variabilität. Daß sie einen solchen besitzen, läßt sich an Beispielen einer „Laborevolution" zeigen. Besonders leicht können Antibiotika-resistente Mutanten in einer ausreichend großen Population auf Antibiotika-haltigen Nährmedien nachgewiesen werden. Für weiterführende Evolutionsversuche hat sich besonders die Untersuchung von katabolen (den Substanzabbau betreffenden) Stoffwechselwegen aus Gründen der einfachen Versuchsführung hervorragend bewährt.

*Resistenz gegen Antibiotika*

Im Fluktuationstest nach Luria und Delbrück läßt sich indirekt nachweisen, daß Antibiotika-resistente Zellen schon *vor* Einwirkung des Antibiotikums vorliegen und dieses lediglich eine Selektionsfunktion hat. Der Replikatest nach Lederberg liefert einen direkten Beweis.

Zum Verständnis der Resistenzbildung auf molekularer Ebene sollen Antibiotika herangezogen werden, die durch Bindung an Ribosomenproteine die Proteinsynthese hemmen.

Die Resistenz gegen das Antibiotikum Spektinomycin bei *E. coli* hängt mit der Struktur des sogenannten S5-Proteins der kleinen Ribosomen-Untereinheit zusammen. Eine Mutation führt zum Austausch der Aminosäure Serin gegen Prolin, entsprechend der Ersetzung von Uracil durch Cytosin auf der messenger-RNS. Dieser Austausch hat eine Veränderung der Sekundärstruktur des Proteins zur Folge, von der auch die Bindungsstelle für das Spektinomycin betroffen ist. Dadurch kann das Antibiotikum nicht mehr am S5-Protein „angreifen".

Eine weitere Möglichkeit der Ausbildung einer Resistenz besteht z.B. bei *Escherichia coli* bei Chloramphenicol in der Entgiftung durch Acetylierung (Anbindung eines Essigsäurerestes). Sie erfolgt durch die Tätigkeit des Enzyms Chloramphenicol-Acetyltransferase (CAT). CAT ist in diesem Fall in sehr geringer Konzentration in der Zelle

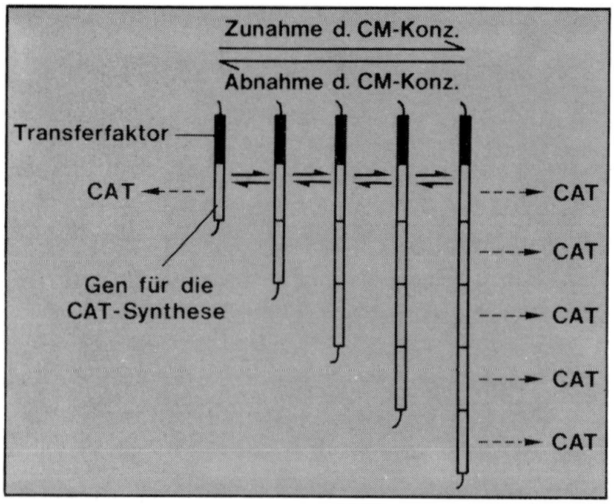


*Abb. 3.26: Genvervielfältigung in Anwesenheit steigender Chloramphenicol-Konzentrationen (CM). CAT: Chloramphenicol-Acetyltransferase, ein Enzym, welches Chloramphenicol „entgiftet". Bei Abnahme der Chloramphenicol-Konzentration wird die Genvervielfältigung wieder rückgängig gemacht. Der Transferfaktor-Abschnitt enthält für die Genübertragung erforderliche Gene.*

vorhanden. Als Anpassung an steigende Antibiotikakonzentrationen erfolgt eine Vervielfachung des Resistenzgens (Abb. 3.26), das CAT codiert. Auf diese Weise kann die CAT in höherer Konzentration auftreten und somit das Chloramphenicol schneller entgiftet werden. Verringert sich die Konzentration des Antibiotikums, wird die Genvervielfältigung wieder rückgängig gemacht.

In den soeben geschilderten Fällen der Antibiotikaresistenzbildung handelt es sich um eine Anpassung an Umweltbedingungen, ohne daß bei diesem Organismus der angebotene Stoff verwertet wird. Die Verwertung eines neuen Stoffes aber erschließt dem Bakterium neue Lebensräume. Davon ist im nächsten Abschnitt die Rede.

### *Regulationsmutationen*

Die Menge eines Enzyms wird oft von einem Regulatorgen $r^w$ über ein Protein (Repressor) kontrolliert (Abb. 3.27). Liegt der umzusetzende Stoff *w* vor, wird dank der Aktivität des Regulatorgens $r^w$ die Enzymsynthese „ein-

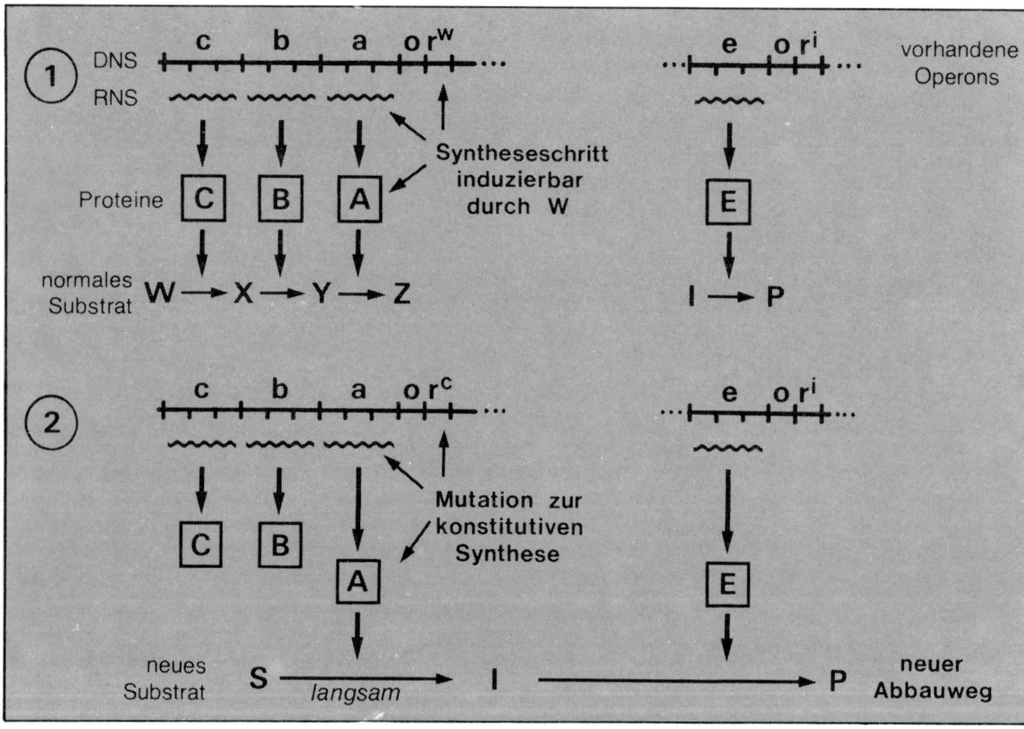


*Abb. 3.27: Entstehung eines Abbauweges mit „geliehenen" Enzymen einer schon vorhandenen Reaktionskette I → P. 1: Ursprüngliche Situation: zwei voneinander unabhängige Operons mit den dazugehörenden Stoffwechselreaktionen. 2: Nach Mutation zur konstitutiven Synthese wird unkontrolliert sehr viel Enzym A (das normalerweise nur den Stoff Y in Z umsetzt) synthetisiert. Dieses hat eine geringe Substratspezifität zu einem bisher nicht verwerteten (der Zelle „unbekannten") Stoff S. Dieser wird zufälligerweise in den Stoff I umgesetzt, der auf dem bereits vorhandenen Stoffwechselweg weiter verwertet werden kann. Durch die nach der Mutation extrem hohe Konzentration des Enzyms A ist so ein neuer Abbauweg eingerichtet worden, der auf einer Defektmutation (Dauersynthese) und einer günstigen Konstellation präexistenter Stoffwechselwege beruht. (Nach Mortlock 1982, verändert)*

geschaltet“ und Enzyme, die den Stoff w umsetzen (A, B, C in Abb. 3.27), werden in großer Menge zur Verfügung gestellt.

Ist für einen Abbauschritt eine Enzyminduktion erforderlich, genügt die Mutation zur konstitutiven Enzymsynthese zur Erhöhung des Umsatzes.

Ein durch Enzyme schlecht angreifbarer Stoff kann besser abgebaut werden, wenn sich im Regulatorgen eine Mutation $r^w \rightarrow r^c$ ereignet hat. Die Enzyme A, B und C können nun konstitutiv, d.h. ständig, aber auch unkontrolliert, synthetisiert werden, auch dann, wenn der Stoff w fehlt, der normalerweise zum Einschalten des Abbauweges erforderlich ist, z.B. kann Enzym A in Abb. 3.27 bis zur 1000fachen Menge synthetisiert werden. Dadurch ist dann der Abbau von Substraten möglich, für die aufgrund der Molekülstruktur nur eine geringe Substratspezifität vorhanden ist, d.h. die vom Enzym nur schwer und damit nur in geringem Maße umsetzbar sind (Abb. 3.28). Durch die hohe Enzymkonzentration wird der gewöhnlich geringe Umsatz des Substrats gesteigert. Wird nun ein schwer umsetzbarer Ausgangsstoff S in ein Produkt I umgewandelt, das seinerseits durch einen bereits vorhandenen Stoffwechselweg weiter verwertet werden kann, so kann ein bisher nicht oder kaum umsetzbarer Stoff doch als einzige Kohlenstoff (C)-Quelle verwertet werden.

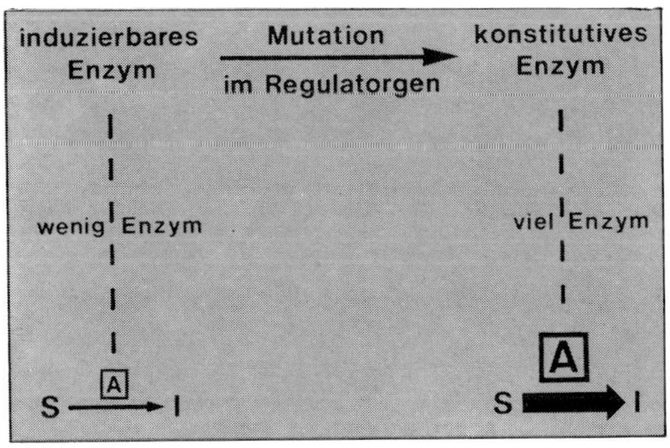


*Abb. 3.28: Veränderung des Substratumsatzes durch Mutation zur Konstitutivität. Das Enzym hat nur eine geringe Substratspezifität.*

Es läßt sich zeigen, daß bei einem Wildstamm *Enterobacter aerogenes* gerade die eben beschriebene Situation vorliegt. *E. aerogenes* kann nicht auf Xylit als einziger C-Quelle wachsen (Abb. 3.29). Es wurden jedoch Mutanten gefunden, die 0,2% des Mediums an Xylit verwerten, d.h. darauf wachsen konnten. Diese Fähigkeit wurde durch die Derepression (d.h. Aufhebung einer Hemmung, indem ein Repressor inaktiviert wird) der Ribitdehydrogenase (RDH) erreicht. RDH kann zwar Xylit umsetzen, wird aber nicht durch Xylit induziert, d.h. Xylit kann nicht die Synthese der Ribitdehydrogenase auslösen. Nach Mutation zur konstitutiven Synthese des Enzyms kann schließlich Xylit durch RDH in D-Xylulose umgesetzt werden. Xylulose aber ist Zwischenprodukt des D-Arabit-Stoffwechsels, so daß nun eine neue Kohlenstoffquelle zur Verfügung steht. *Voraussetzung dafür ist also die Präexistenz der 2 Abbauwege von Ribit und Arabit.*

Häufig liegen für einen neuen abzubauenden Stoff die Stoffwechselwege bereits fertig vor. Für seinen Abbau können vorhandene Wege „ausgeliehen“ werden, ohne daß dafür eine Mutation erforderlich ist. Dies ist beispielsweise vermutlich der Fall beim Abbau des Herbicids Chloridazon bei *Phenylobacterium immobile*.

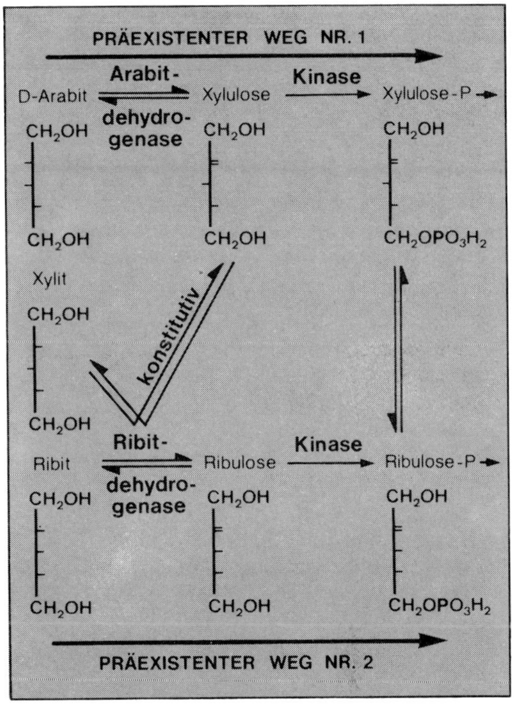


*Abb. 3.29: Bedeutung der konstitutiven Synthese der Ribitdehydrogenase für die Verwertung von Xylit. Auf der Basis zweier präexistenter Stoffwechselwege und aufgrund einer Mutation zur Konstitutivität kann normalerweise nicht verwertbares Xylit doch umgesetzt werden. Erläuterungen im Text. (Nach* Wu, Lin & Tanaka *1968)*

## *Enzyme mit neuen Aktivitäten*

*Pseudomonas aeruginosa* zeigte nach Mutation eine ganz neue Substratspezifität. Hier ließ sich eine direkte Laborevolution von Amidasen (Amid abbauende Enzyme) beobachten. Die A-Amidase des Wildtyps hydrolysiert (spaltet) Acetamid und Propionamid:

$$R-C\begin{matrix}\nearrow O \\ \searrow NH_2\end{matrix} + H_2O \xrightarrow{\text{Amidase}} R-C\begin{matrix}\nearrow O \\ \searrow O^{\ominus}\end{matrix} + NH_4^{\oplus}$$

Die Produkte können als Kohlenstoff (C)- und Stickstoff (N)-Quelle verwertet werden. Beide Stoffe sind sowohl gute Substrate als auch Enzyminduktoren für Amidasen, d.h. sie werden von Amidasen leicht abgebaut und bewirken eine verstärkte Synthese der Amidasen (Abb. 3.30). Wenn diese das Amid binden, erfolgt eine Konformationsänderung, eine Änderung der räumlichen Struktur der Amidasen, die eine Katalyse (Spaltung) ermöglicht. Butyramid kann jedoch nicht hydrolysiert werden. Es repremiert (unterdrückt) in Konkurrenz mit gleichzeitig anwesenden induzierenden Amiden sogar die Amidasesynthese. Selbst bei konstitutiven Mutanten wird die Enzymsynthese reprimiert (ami $R^-$). Wenn Butyramid

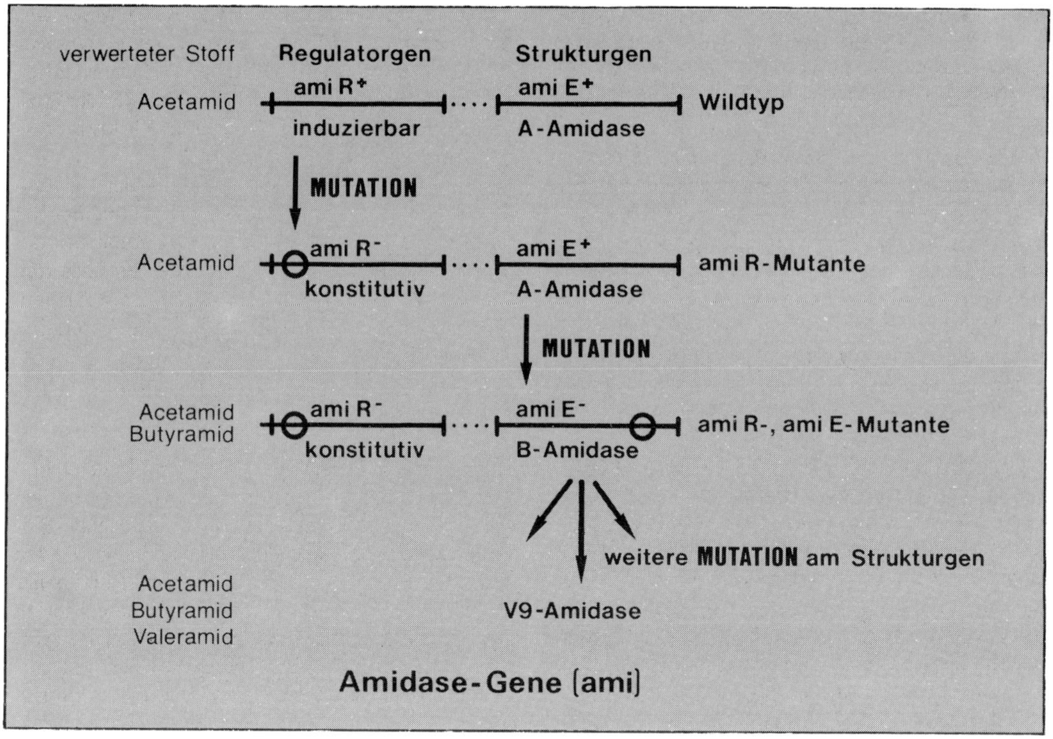


*Abb. 3.30: Mutationen zur Erweiterung der Verwertung von Amiden. Erläuterungen im Text. (Nach* Kämpfe *1980, verändert)*

an die Induktorstelle des Enzyms gebunden wird, findet offenbar eine Änderung in die aktive Konformation nicht mehr statt.

Es wurde eine Mutante isoliert, die eine neue Amidase, B-Amidase, aufwies (Abb. 3.30). Butyramid wurde von dieser hydrolysiert und konnte somit als C- und N-Quelle dienen. Nach einer weiteren Mutation gelang dies auch für Valeramid. Die B-Amidase unterschied sich von der A-Amidase des Wildtyps auch durch eine andere elektrophoretische Mobilität. Eine positive Kreuzreaktion mit dem Antiserum von gereinigter A-Amidase zeigte jedoch, daß beide Enzyme sehr ähnlich waren.

Die Erweiterung der Substratspezifität läßt sich durch einen Austausch der Aminosäure Serin gegen Phenylalanin an einer Stelle des Enzyms (ami 16) erklären. Phenylalanin ist hydrophober und voluminöser als Serin. Der Aminosäureaustausch hat keine Stabilitätsänderung bewirkt, wohl aber den Verlust einer potentiellen H-Bindung. Dieser führte zu einer höheren Flexibilität des Enzyms, das seine Konformation so veränderte, daß die Abbaumöglichkeit auch für Butyramid gegeben war.

Eindrucksvoll wurde eine „Plastizität" des Lebens durch das EBG$^{0}$-Enzym („evolved $\beta$-galactosidase") demonstriert. Es wird als ideales Beispiel einer „Laborevolution" angesehen. Die Entstehung einer neuen Funktion kann hierbei durch ständige Selektion durch Mutation abgewandelter Strukturen eines zur normalen Ausstattung eines Organismus gehörenden Enzyms verfolgt werden. Dies ist möglich, wenn in der Bakterienzelle Gene für ähnliche Funktionen mehrfach angelegt sind, z.B. der Tyrosinsyntheseweg. Dadurch wird das Überleben der Population bei totaler Blockierung des üblichen Weges gesichert. Eine genetische Grundausstattung des Bakteriums liefert das Potential für die Entwicklung von Abbau- oder Synthesewegen neuer Verbindungen. *Auf der Basis vorhandener Stoffwechselwege und vorhandener Regulationsmechanismen* vollzieht sich durch Mutation und folgende Selektion die Anpassung (Mikroevolution). Die Vielfalt der Enzyme und deren Abwandelbarkeit durch Mutation bietet Möglichkeiten, organische Verbindungen auch ungewöhnlicher Struktur (Herbizide, Insektizide, unerwünschte Industrieabfälle) zu beseitigen. Solche Enzyme sind besonders in der Gruppe der Pseudomonaden gefunden worden.

Mutanten mit neuen Fähigkeiten dienen auch zur Synthese organischer Verbindungen in großen Mengen. So produziert die Glycerin-bedürftige Mutante *Corynebacterium alkanolyticum GL-21* 72 g Glutaminsäure pro l paraffinhaltigen Mediums als C-Quelle.

**Schlußfolgerungen**: Das genetische Material von Organismen wird gewöhnlich unverändert von Generation zu Generation weitergegeben. In seltenen Fällen treten spontane Mutationen völlig ungerichtet auf.

Verändern sich nun die Umweltbedingungen so drastisch, daß eine Anpassung durch phänotypische Modifikationen nicht mehr möglich ist, können geeignete Spontanmutationen das Überleben sichern. In einer ausreichend großen Population werden i.a. Mutanten für eine erforderlich werdende Anpassung in verschiedener Häufigkeit bereitgehalten. Die Entstehung solcher Mutanten liegt mehr oder weniger weit zurück. *Eine Resistenzbildung gegen Antibiotika ist trotz ihrer weitreichenden Folgen für die Spezies auf relativ geringfügige Änderungen zurückzuführen* (Aminosäureaustausch, Verlust oder Einfügung einer Methylierung).

Zur Abwehr eines antibiotischen Stoffes vermag der Bakterienstamm diesen *durch chemische Abwandlung zu entgiften.* Bei vielen Bakterienstämmen wird er sogar abgebaut, wie bei dem Antibiotikum Chloramphenicol, das dann auch als C- und N-Quelle dienen kann.

Zur Erhöhung der biochemischen Leistungsfähigkeit genügt oft schon der *Verlust der Regulierbarkeit* durch Veränderung des Repressors oder der Bindungsstelle am Regulatorgen. Ein Aminosäureaustausch eines Enzyms kann die Struktur eines Proteins so verändern, daß die Substratspezifität verringert wird. Der ursprüngliche Charakter der veränderten Enzyme bleibt aber deutlich erkennbar, wie sich immunologisch zeigen läßt.

Die Laborevolutionsversuche zeigen, wie eine Ausgangsform durch Veränderung von Genleistungen, die auf Austausch von Nucleotiden oder Vervielfachung von Genabschnitten beruht, abgewandelt werden kann.

*Der Informationszuwachs durch Mutation und Selektion führt nicht wesentlich über die Grenzen der Lebensform hinaus.* Die neuen Eigenschaften sind auf einen engen Bereich beschränkt. Der Ausgangstyp ist erkennbar und eine Rückmutation prinzipiell möglich.

Die erwähnten Vorzüge, die Bakterien für Evolutionsversuche bieten, zeigen ein Verbleiben im Bereich der Mikroevolution, vergleichbar mit der vom Menschen seit Jahrtausenden praktizierten Tier- und Pflanzenzüchtung, die auch mit Artneubildung verknüpft sein kann (vgl. die Abschnitte 3.3.5; 3.4).

### 3.3.4.3 Makroevolution bei Bakterien

Für die Entstehung höherer systematischer Kategorien fordert die Evolutionstheorie wesentlich mehr Zeit. Bakterien scheinen auch hier als Pionierorganismen besonders geeignet zu sein. Zu den grundlegenden Problemen für die Schaffung neuer Baupläne gehört der Neuerwerb von Genmaterial. Bei Bakterien relativ leicht prüfbar wäre das Auftreten von vorher auch im Grundtyp nicht vorhandenen Enzymen. Für den Erwerb solcher evolutionärer Neuheiten werden vor allem 2 Wege diskutiert: die Duplikation von Genmaterial innerhalb des Genoms mit nachfolgender Abwandlung und der Erwerb genetischen Materials von anderen Organismen.

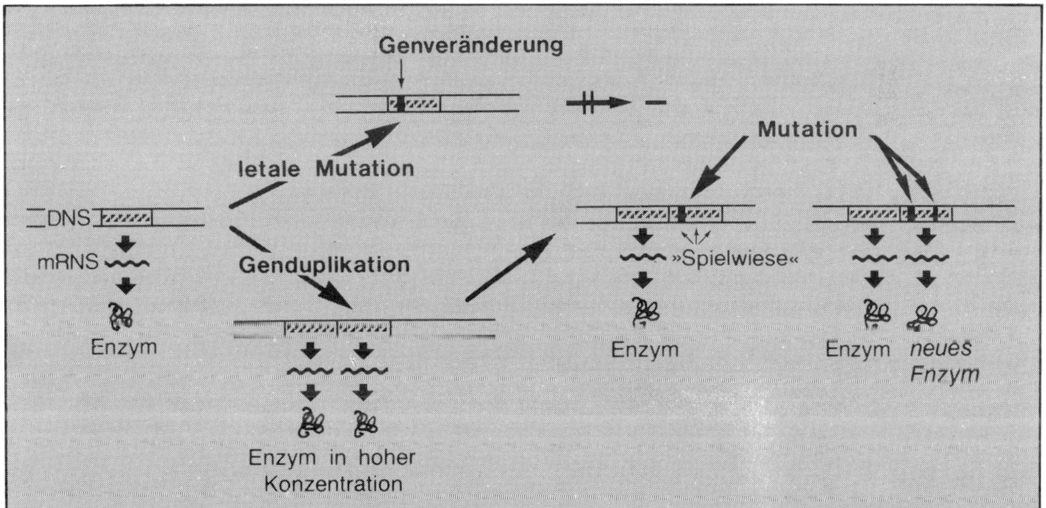


*Abb. 3.31: Die Duplikationshypothese. Nach der Verdoppelung eines Gens (Duplikation) kann die Zelle bzw. der Organismus beliebige Veränderungen eines der nun zweifach vorhandenen Gene verkraften. Dort können sich beliebig Mutationen anhäufen („Spielwiese" der Evolution). U.U. könnte nach einer Reihe von Mutationen ein neues Enzym gebildet werden. (Nach* Kämpfe *1980, verändert)*

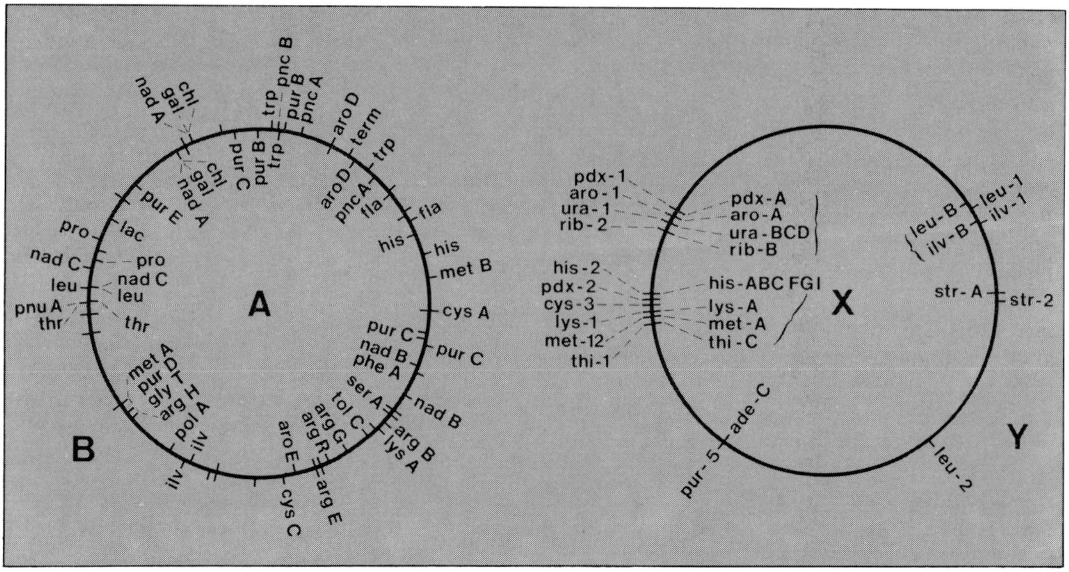


*Abb. 3.32: Zwei Genomgruppen: Enterobacteriaceae (A: Escherichia coli, B: Salmonella typhimurium) und Actinomycetaceae (X: Streptomyces coelicolor, Y: Nocardia mediterranea). Die Intervalle zwischen den Genorten von N. mediterranei wurden den entsprechenden von S. coelicolor angeglichen. Die Reihenfolge der eingeklammerten Genorte ist unbekannt. (Nach* Sanderson *1976 und* Schupp, Hutter *&* Hopwood *1975)*

### *Duplikation*

Nach Duplikationen bleibt das eine Gen unverändert, während das zweite, durch Verdoppelung entstandene Gen als „Spielwiese der Evolution" für Mutationen dient und damit der Erprobung neuer Funktionen zur Verfügung steht (Abb. 3.31). Bei Bakterien sind Vervielfachungen von Genen zu beobachten, z.B. von solchen, deren Enzyme einer Entgiftung des Antibiotikums dienen (Abb. 3.26). In einem anderen Fall wird das Gen einer defekten Synthetase (Enzym, das Moleküle verknüpft), die nur noch einen geringen Einbau einer Aminosäure in das Protein bewirken kann, vervielfältigt. In beiden Fällen kann durch Vervielfältigung der Gene die Enzymkonzentration so heraufgesetzt werden, daß ein Überleben gesichert ist. Im ersten Fall wird eine schnellere Entgiftung, im anderen Fall die lebenswichtige Proteinsynthese ermöglicht.

Duplikationen verursachen i.a. keinen Verlust einer Genfunktion, sie können beliebig groß sein und treten spontan in Häufigkeiten bis zu $10^{-3}$ auf. Solche Genvervielfältigungen sind jedoch instabil und verschwinden wieder, sobald der Selektionsdruck nachläßt.

Welche Bedingungen erfüllt sein müssen, damit durch eine Folge von Mutationen auf einem duplizierten Gen eine ganz neue enzymatische Funktion entsteht, wird in Abschnitt 4.3 besprochen.

### *Genübertragungen durch Vektoren*

Sollen Organismen zu völlig neuen Systemen gelangen, die neue Lebensweisen erlauben, bieten sich Genübertragungen durch Vektoren, wie Plasmide und Bakteriophagen, als Möglichkeit an.

Es konnte gezeigt werden, daß ein Plasmid, das ein intaktes Lac-Gen (Gen, das für den Abbau und die Verwertung des Zuckers Lactose codiert) besaß, auf einen $Lac^-$-Stamm (Stamm, dessen Individuen keine Lactose verwerten können) von *E. coli* übertragen wird, wodurch die Umwandlung der Empfängerzelle zum $Lac^+$-Stamm erfolgte. Der Stamm war dann wieder in der Lage, Lactose als C-Quelle zu verwerten.

Durch solche Genübertragungen entsteht allerdings keine neuartige genetische Information, sondern *schon vorhandene* Gene werden neu verteilt (dieser Vorgang ist mit dem Rekombinationsprozeß vergleichbar, siehe Abschnitt 3.3.2).

### *Ergebnisse der Genkartierung*

Die Möglichkeiten der Genkartierung und der DNS-Sequenzierung führten zu einem vergleichenden Studium der Genfolge auf den Bakterienchromosomen. Dabei zeigte sich, daß verwandte Stämme ähnliche und nichtverwandte grundverschiedene Genkarten besitzen (Abb. 3.32). Die

Genkarten der Enterobacteriaceae *E. coli K12* und *Salmonella typhimurium LT2* sind sehr ähnlich. Das gleiche gilt für die Actinomyceten *Streptomyces coelicolor* und *Nocardia mediterranii*. Ein Vergleich der Genkarten der Actinomyceten mit denen der Enterobacteriaceae zeigt jedoch keinerlei Ähnlichkeit. Dies spiegelt die völlig verschiedenen Baupläne vor allem in ihren biochemischen und physiologischen Eigenschaften wieder. Genaustausche irgendwelcher Art sind zwischen diesen Gruppen niemals beobachtet worden. Es ist deutlich eine Tendenz ersichtlich, den Genaustausch auf einen Genomtyp zu beschränken.

Eine horizontale Genübertragung, wie sie durch bakterielle Konjugation und Transformation möglich ist, quer durch die verschiedenen taxonomischen Gruppen der Bakterien wie Familien und Gattungen, würde die Bemühungen um eine Bakteriensystematik in Frage stellen. Sie scheint aber tatsächlich für eine Makroevolution keine Rolle zu spielen, wie die Erfahrung lehrt.

Immunität gegen gleiche und verwandte Plasmide (Inkompatibilität) und Schutz durch Restriktionsenzyme, die dadurch gekennzeichnet sind, daß sie artfremde DNS abbauen, garantieren die Stabilität der Bakterienstämme. Gentechnologisch erzeugte Neustämme können daher Schwierigkeiten bereiten.

**Zusammenfassung**

1. Die Entstehung neuer Baupläne ist an den stabilen Einbau neuer Gene nach Vervielfältigung und Abwandlung in das Chromosom oder nach Genzufuhr von anderen Organismen geknüpft. Stabile Duplikationen konnten bisher experimentell nicht überzeugend nachgewiesen werden, erst recht nicht Abwandlungen des Genduplikates zu einer brauchbaren Funktion. Es muß aber erwähnt werden, daß aus Ergebnissen der Sequenzanalysen der Bakterien-DNS auf Duplikationen in der Geschichte des Stammes geschlossen wird.

2. Die Stabilität von Bakteriengrundformen wird durch Erkenntnisse der Genkartierung bestätigt. Danach ist zwischen höheren systematischen Gruppen kein Genaustausch möglich. Falls er stattfindet, sind offensichtlich lebensunfähige Formen die Folge.

3. Während Mikroevolution auch bei Bakterien im Sinne der Bildung von neuen Stämmen mit veränderten biochemischen und physiologischen Eigenschaften nachweisbar ist, gibt es keine experimentellen Hinweise für eine Makroevolution, für die Entstehung neuer Grundformen oder Bauplänen aus bekannten.

### 3.3.5 Züchtung: beschleunigte Evolution?

Die Resultate der Bemühungen des Menschen, Organismen nach züchterischen Interessen gezielt zu verändern, können als weitere Grundlage für die Beurteilung der Leistungsfähigkeit der Evolutionsfaktoren Mutation, Rekombination und Selektion dienen. Durch das planvolle Eingreifen des Menschen können die Variationsprozesse der Organismen, sozusagen die „Evolutionsgeschwindigkeit", erheblich gesteigert werden. Züchtungsergebnisse könnten somit u.U. besser als die Resultate natürlich ablaufender Vorgänge zeigen, wohin langandauernde Selektion führt.

Für DARWIN spielten die Erkenntnisse der Züchtungsforschung eine wichtige Rolle für die Begründung des Selektionsprinzips und auch der Realität der Evolution schlechthin.

In diesem Abschnitt werden daher die Erkenntnisse der Züchtungsforschung dargestellt und im Hinblick auf ihre Aussagekraft bezüglich Mikro- und Makroevolution bewertet. In diesem Zusammenhang ist die Frage von Interesse, inwieweit man von künstlicher Selektion (Züchtung) auf natürliche Verhältnisse schließen kann.

Auf den ersten Blick könnte die künstliche Selektion als Modell für natürliche Selektion im Zeitraffer angesehen werden. Eine Beschleunigung des Variationsprozesses ist möglich durch (Abb. 3.33)

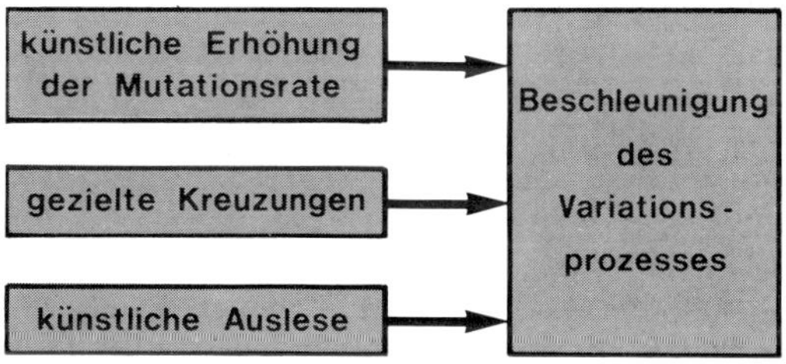


*Abb. 3.33: Steigerung der Geschwindigkeit des Variationsprozesses (Mikroevolution) durch gezielte züchterische Maßnahmen.*

- künstliche Erhöhung der Mutationsrate (Mutationszüchtung); die Entstehung von Mutanten erfolgt in einem kürzeren Zeitraum;
- gezielte Kreuzungen ausgewählter Individuen (Kombinationszüchtung); Steigerung der Anzahl der Neukombinationen;

- gezielte Auslese (Auslesezüchtung); in der Natur paaren sich die Individuen zufällig oder nach anderen Kriterien als sie der Züchter zugrunde legt.

Eine besondere Möglichkeit, in kürzester Zeit sogar neue biologische Arten (vgl. biologische Artdefinition; 3.4) zu erzeugen, ist durch Polyploidisierung gegeben (s.u.).

In Tabelle 3.2 sind einige allgemeine Haustier- und Kulturpflanzenmerkmale sowie eine Reihe von Züchtungsergebnissen aufgelistet. Tabelle 3.3 gibt einen Überblick über die Züchtungsziele des Menschen, welche diesen Züchtungsergebnissen zugrunde liegen.

*Tabelle 3.2: Beispiele von Züchtungsergebnissen*

Einige häufig auftretende Kulturpflanzenmerkmale
- Panaschierte Blätter (Abb. 3.34)
- Gefüllte Blüten (Abb. 3.35)
- Vergrößerte Blüten
- Fehlen oder geringe Mengen von Gift- und Bitterstoffen (z.B. bei der Süßlupine)
- Fehlen der Verbreitungsmittel (z.B. feste Ährenspindel)
- Verlust mechanischer Schutzmittel
- Gleichzeitigkeit der Samenreife und -keimung
- Riesenwuchs (Gigascharakter), vergrößerte Organe: z.B. Ähren beim Getreide; Früchte von Tomate (Abb. 3.40), Erdbeere (Abb. 3.41), Himbeere, Kirsche u.a.; Blüten bei Zierpflanzen; Blätter bei Kohl und Salat; Wurzeln bei Zuckerrüben und Möhren; Sprosse bei Kartoffel und Kohlrabi
- Erhöhte Standfestigkeit
- Verlangsamte oder beschleunigte Entwicklung

Haustiermerkmale
- Verkürzung des Gesichtsschädels (z.B. beim Pekinesen, Abb. 3.36)
- Verringerung des Hirnvolumens
- Hängeohren
- Kurzbeinigkeit (z.B. bei Schafen)
- Aufhellung der Hautpigmente
- Veränderte Verhaltensweisen, Verlust angeborener Verhaltensweisen

Weitere Beispiele aus dem Tier- und Pflanzenreich
- Steigerung der Eilegezahlen bei Hühnern
- Steigerung der Milchproduktion bei Kühen
- Hunderassen
- Taubenrassen (Abb. 3.37)
- Farb- und Formmutanten des Goldfisches
- Schwein mit zwei zusätzlichen Rippen
- Einsamige Früchte bei der Zuckerrübe
- Vergrößerung des Zuckergehaltes der Zuckerrübe
- Erhöhung der Kornzahl pro Ähre beim Getreide (Abb. 3.42)
- „Corn-grass"-Mutante beim Mais: starke Bestockung (bis zu 100 Halme) je Pflanze
- Verdickter Blattstiel beim Rhabarber
- Kohlformen
- Sojapflanzen mit unterschiedlichem Korngewicht, unterschiedlicher Hülsenzahl, verschiedener Färbung der Samenschale, veränderter Keimtemperatur und verschieden starker Behaarung
- Produktionsstämme bei Bakterien, z.B. Penicillinproduzenten

Viele Züchtungsziele und -ergebnisse sind zwar wirtschaftlich sinnvoll, aber *im Freiland unzweckmäßig*. Dies belegen folgende Beispiele:
- Der Verlust von Verbreitungsmitteln hindert die Art in ihrer Ausbreitung.
- Die Ungleichzeitigkeit von Samenreife und -keimung ist biologisch zweckmäßig, da Umweltkatastrophen besser überstanden werden können.

*Tabelle 3.3: Züchtungsziele des Menschen*

- Ertragssteigerung
- Verbesserung der Qualität: höherer Eiweiß- und Fettgehalt, höhere Wertigkeit des Eiweißes, Steigerung der Backfähigkeit oder des Vitamingehaltes, Verbesserung des Geschmacks oder der Haltbarkeit
- Standfestigkeit der Getreidesorten
- Erhöhung der Halmfestigkeit beim Getreide
- Gleichzeitige Fruchtreife
- Verringerung des Keimverzugs
- Verlust der Verbreitungsmittel
- Form- und Farbvariation von Blättern und Blüten
- Verbesserung der Resistenz gegen Krankheiten und Schädlingsbefall (oftmals allerdings Rückgewinnung verschlechterter Resistenz!)

*Abb. 3.34 Panaschiertes Blatt (Calathea).*

Wenn alle Pflanzen einer Population gleichzeitig keimen, kann z.B. ein strenger Frost die ganze Population vernichten. Der Verlust der Ungleichzeitigkeit ist demnach biologisch unzweckmäßig, wenn auch wirtschaftlich sinnvoll.
- Pflanzen mit panaschierten Blättern (Abb. 3.34) können die verringerte Photosyntheseleistung verkraften, da der Chlorophyllgehalt der grünen Gewebeteile meist überoptimal ist.
- Gefüllte Blüten besitzen weniger Staubblätter (z. B. bei Zuchtformen der Rose), sind daher weniger fruchtbar, oder besitzen mehr Blütenstrahlen anstelle von Röhrenblüten (Abb. 3.35).

*Abb. 3.35: Gefüllte Blüten bei einer Zuchtform des Gänseblümchens (unten). Die Zuchtform unterscheidet sich von der Wildform (oben) durch die Vermehrung der Blütenstrahlen und einen höheren Farbstoffgehalt. Den roten Farbstoff besitzt aber auch schon die Wildform.*

- Durch die Abnahme von Gift- und Bitterstoffen verliert die Pflanze den Fraßschutz.
- Der Blumenkohl ist unfruchtbar (er besitzt sterile Blüten).
- Kurzbeinigkeit (z.B. bei Schafen) schränkt die Bewegungsmöglichkeit der Tiere ein.

Der Züchter liest also Mutationen nach ganz anderen Kriterien aus als die natürliche Selektion. In der Regel sind Zuchtformen weniger vital als die Ausgangsformen. Die meisten gezüchteten Formen können unter natürlichen Bedingungen nicht überleben - nur unter der Obhut des Menschen haben sie Bestand; Hochleistungstiere sind relativ krankheitsanfällig. Gartenpflanzen verwildern nur selten.

Im Falle der künstlichen Selektion geht die Auslese gezielt und geplant vor sich, während es bei der sogenannten „natürlichen Zuchtwahl“ keine vorausschauend planende und lenkende Instanz gibt.

Aus diesen Gründen ist die Übertragung von künstlichen auf natürliche Verhältnisse problematisch; gemeinsam ist beiden Selektionsformen allerdings ihre Wirkungsweise auf den Genpool: die Allelenfrequenzen werden verändert; manche Allele werden zurückgedrängt, andere begünstigt. Die Richtung der Veränderung ist jedoch verschieden.

Da vielfach *extreme Spezialisierungen* vorhandener Strukturen erfolgen, treten die Grenzen der Entwicklungsmöglichkeiten scharf hervor. Diese Behauptung belegen wir anhand folgender Beispiele:
- Bei bestimmten Hunderassen ist die Schnauze extrem verkürzt (Abb. 3.36).
- der Zuckergehalt der Zuckerrübe konnte auf einen Maximalwert gesteigert werden, der nicht mehr vergrößert werden kann. Entsprechend sind auch der Kornzahl pro Ähre beim Getreide, dem Nährstoffgehalt bei Nutzpflanzen, dem Vitamingehalt, der Steigerung der Backfähigkeit,

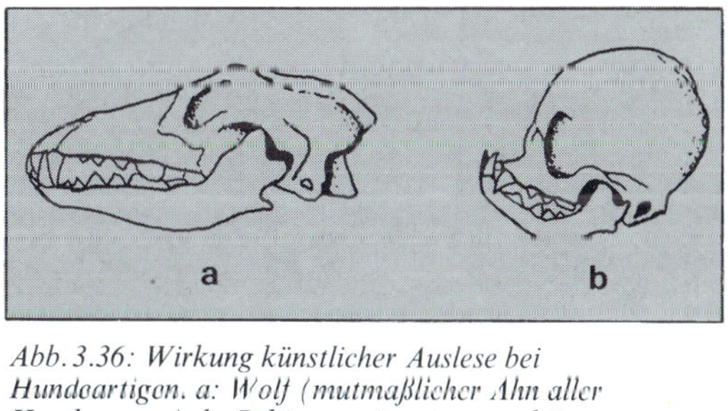


*Abb. 3.36: Wirkung künstlicher Auslese bei Hundeartigen. a: Wolf (mutmaßlicher Ahn aller Hunderassen), b: Pekinese mit extrem verkürzter Schnauze. (Nach MEYER & DAUMER 1981; nicht maßstabsgetreu)*

*Abb. 3.37: Aus der Felsentaube (Mitte) wurden im Laufe weniger hundert Jahre eine Reihe von z.T. skurrilen Formen gezüchtet. (Zeichnung: LOTTI HALLER)*

der Verbesserung des Geschmacks und der Haltbarkeit usw. Grenzen gesetzt.
- Auch die Eierlegezahlen bei Hühnern und die Menge der produzierten Milch bei Kühen sind nicht beliebig zu steigern.

Die genannten Beispiele zeigen, daß die künstliche Beschleunigung der Variationsprozesse zu einer entsprechend schnelleren Ausschöpfung des genetischen Potentials führt. Die Grenzen der Entwicklungsmöglichkeiten, der Variationsfähigkeit der Arten, werden schneller erreicht.

Dabei erfolgt *keine Neubildung von Strukturen*. Dies wurde bereits in Abschnitt 3.3.1 betont. Einige Beispiele sollen dies jedoch noch einmal illustrieren:
- Bei der „Corn-grass"-Mutante des Mais (Tab. 3.2) wird eine vorhandene Struktur in atypischer Weise vervielfacht.

- Bei den verschiedenen Kohlformen werden vorhandene „Bauelemente" gestaucht (Stengelglieder, z.B. beim Rotkohl), vergrößert (Blätter), verdickt (Achse, z.B. Kohlrabi) oder in größerer Zahl produziert (Blüten; Blumenkohl; Blüten sind steril).
- Bei der Vergrößerung von Früchten werden ebenfalls bereits vorhandene Pflanzenteile verändert.

*Fortgesetzte künstliche Selektion führt zu Homozygotie und damit zur Variabilitätsminderung.* Man kann daher von einer „Sackgassenentwicklung" sprechen (Abb. 3.38). Dadurch, daß der Züchter alle Varianten und Mutanten, die seinen Zielen abträglich sind, ausmerzt, verarmt der Genpool von gezüchteten Rassen; viele Allele der Wildformen gehen verloren. Aus der genetischen Vielfalt einer Population wird nur ein Teil herausgegriffen. Je kleiner und einheitlicher aber der Genpool einer Population ist, desto geringer sind die Selektions- und damit die Entwicklungsmöglichkeiten. So geraten die Populationen in genetische Sackgassen, in denen sie ohne die bewahrende Hand des Menschen entweder zum Aussterben verurteilt sind, oder aus denen sie sich nur durch Kreuzung mit Wildformen (Einkreuzen von Allelen der Wildformen) sozusagen wieder „herausretten" müssen.

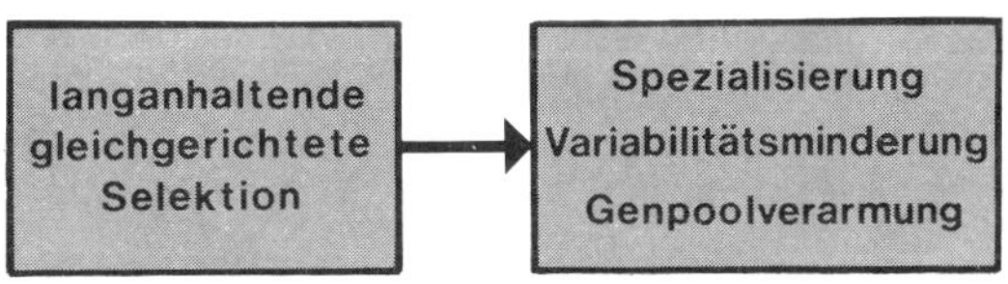


*Abb. 3.38: Fortgesetzte gleichgerichtete natürliche und künstliche Selektion führt zu Spezialisierung, Variabilitätsminderung und Genpoolverarmung. Dies gilt oft auch bei veränderlicher Selektionsrichtung!*

Das Beispiel des Kulturweizens ist geeignet, einige grundlegende Erkenntnisse der Züchtungsforschung zu verdeutlichen. Die Weizenzüchter haben heute mit der Schwierigkeit zu kämpfen, daß der Genpool der kultivierten Weizensorten für züchterische Zwecke nahezu völlig ausgeschöpft ist. Das heißt, daß die Populationen der einzelnen Weizensorten nur noch ein geringes Potential an verschiedenen Allelen besitzen. Damit einher geht eine drastische Verringerung der Streubreite in den genetischen Eigenschaften des Kulturweizens. Die züchterischen Möglichkeiten scheinen ausgereizt zu sein. „Diese fortwährende Verarmung des ursprünglichen Genbestandes macht es nicht nur schwieriger, ertragreichere Sorten zu züchten, sondern bringt es auch mit sich, daß die Weizenpflanzen auf neue Krankheiten und ungünstige klimatische Verhältnisse zunehmend anfälliger reagieren" (FELDMAN & SEARS 1981). Die Zucht besserer, ertragreicherer Weizensorten ging auf Kosten einer einst mals weltweit vorhandenen Vielfalt unter den Weizenpflanzen. „Die neuen Sorten - jede ein einzelner 'reinrassiger' Typ - haben nacheinander die traditionellen primitiveren Landrassen verdrängt, die sich genetisch jeweils aus einem Gemisch vieler verschiedener Typen zusammensetzten". Die „Primitivität" der traditionellen Rassen bezieht sich dabei auf ihren Ertrag, nicht auf ihre biologische Zweckmäßigkeit. Durch künstlich erzeugte Mutationen konnte die Variabilität der kultivierten Weizensorten kaum gesteigert werden. Eine weitere Gen-Verarmung kann zwar wahrscheinlich durch das Anlegen sogenannter Genbanken von verbliebenen Weizensorten verhindert werden, „eine Wiederherstellung oder sogar eine Erweiterung des genetischen Potentials kann jedoch nur gelingen, wenn man die großen Genreserven der wilden Verwandten unserer Weizensorten anzapft und auf die verschiedenen Kulturformen überträgt". Die Hoffnungen auf weitere züchterische Verbesserungen gründen sich also auf den reichen Genschatz der wilden Verwandten der Kultursorten des Weizens.

Das Ursprungsgebiet des Weizens ist der vordere und mittlere Orient. Besonders in der Hügelregion des Fruchtbaren Halbmondes, der sich von der Mittelmeerküste im Westen um die syrische Wüste bis zu den Flußtälern des Euphrat und Tigris im Osten erstreckt, gibt es viele diploide und polyploide Weizenarten, „die alle in ihrer Gestalt und ihren Ansprüchen bemerkenswert variabel sind". Aus dieser Variabilität konnte bei den Züchtungsbemühungen reichlich geschöpft werden. „Die Wildformen mit ihrer hohen genetischen Variabilität bergen viele wirtschaftlich bedeutsame Gene. Zu den wünschenswerten Eigenschaften, die man in den Wildformen findet, zählen vor allem ein höherer Eiweißgehalt und eine bessere Eiweißqualität, eine erhöhte Widerstandskraft gegen Trockenheit, hohe Temperaturen, Insektenschädlinge, Pilz- und Viruserkrankungen, eine größere Standfestigkeit bei Wind und starken Regenfällen, eine bessere Winterfestigkeit, eine größere Toleranz gegenüber Salz im Boden und schließlich eine frühere Reife. Die Wildformen dürften auch in der Lage sein, Gene zu liefern, die unmittelbar den Ertrag steigern."

Diese Befunde lassen zumindest im Falle des Weizens keinen Zweifel daran, daß die gezüchteten Sorten gegenüber ihren wilden Vorläufern genetisch stark verarmt sind und keinesfalls Ausgangspunkte für weitergehende Entwicklungen sein können. Die Notwendigkeit, auf in der Natur Vorhandenes zurückgreifen zu müssen, verdeutlicht, daß die künstliche Selektion durch den Menschen nicht zu einer Verbesserung, sondern zu einer Verschlechterung im Sinne der biologischen Zweckmäßigkeit führt.

## Polyploidisierung

Als Polyploidisierung bezeichnet man die Vervielfachung von Chromosomensätzen (Genomen). Liegen drei, vier, fünf, sechs oder acht Chromosomensätze vor, so spricht man von Triploidie, Tetraploidie, Pentaploidie, Hexaploidie, Oktoploidie usw. Der Sammelbegriff für Ploidiegrade größer als zwei ist **Polyploidie**. Im Tierreich liegt in der Regel Diploidie (zweifacher Chromosomensatz) vor, aber auch Haploidie (einfacher Chromosomensatz) ist nicht selten. Im Pflanzenreich ist jedoch Polyploidie häufig, insbesondere sind Kulturpflanzen vielfach polyploid. Beispielsweise gibt es tetra-, hexa- und oktoploide Erdbeerrassen. Bei der Kirsche gibt es sogar Formen bis zum Ploidiegrad 16.

Die Vermutung liegt nahe, daß solche Kulturformen durch Polyploidisierung in der Natur entstanden sind. Tatsächlich ist Polyploidisierung experimentell durch Colchizin-Behandlung möglich.

Man unterscheidet zwischen **Autopolyploidie** und **Allopolyploidie** (Abb. 3.39). Bei Autopolyploidie (kurz: Autoploidie) werden Chromosomen der gleichen Art vervielfacht. Wenn z.B. eine diploide Pflanze über die Chromosomensätze AA verfügt, dann besitzt die autotetraploide AAAA.

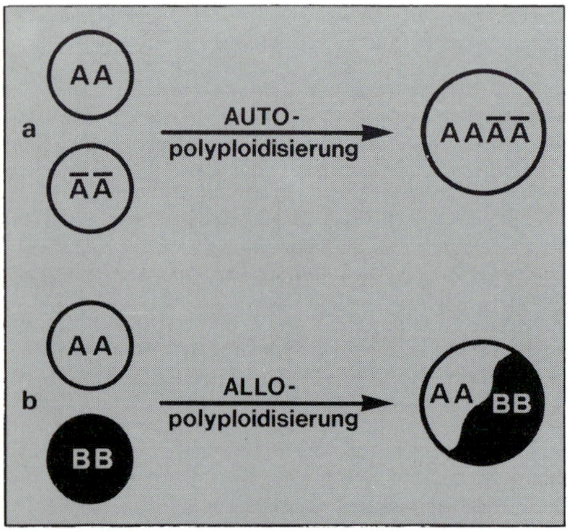


*Abb. 3.39: Auto- (a) und Allopolyploidisierung (b). a: Genome zweier Individuen derselben Art; b: Genome zweier Individuen verschiedener Arten.*

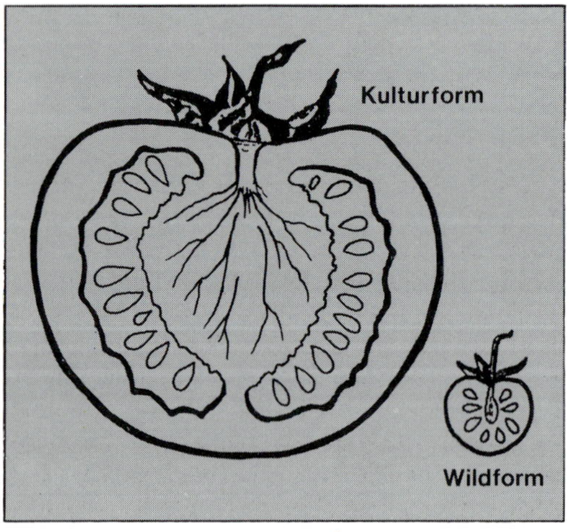


*Abb. 3.40: Gigaswuchs bei der Tomate. (Nach* Osche *1972)*

*Abb. 3.41: Wild- und Kulturform der Erdbeere. Die erhebliche Vergrößerung der Früchte bei der Kulturform geht meist auf Kosten des Geschmacks.*

Zwischen dem Ploidiegrad einerseits und dem Zellkernvolumen, dem Zellvolumen und der Größe des Organs bzw. des Organismus andererseits besteht oft ein Zusammenhang: je höher der Ploidiegrad, desto größer sind Zellkernvolumen, Zellvolumen und Organ, z.B. Frucht, Laub- oder Blütenblatt. Riesenwuchs (Gigaswuchs) und Organvergrößerung (z.B. Vergrößerung der Kulturerdbeere gegenüber der Walderdbeere; s. Tab. 3.3; Abb. 3.40 und 3.41) finden hierdurch eine Erklärung.

Allopolyploidie liegt vor, wenn Chromosomensätze *verschiedener* Arten, die durch eine Bastardierung miteinander vereinigt werden, vervielfacht werden. Der Bastard zwischen einer Art mit dem Chromosomensatz AA und einer anderen mit dem Satz BB besitzt den Satz AB. Bastarde sind aber meist steril. Durch Polyploidisierung mit Hilfe von Colchizin kann man jedoch einen fruchtbaren allotetraploiden Bastard AABB erzeugen.

Bekanntestes Beispiel für eine allopolyploide Pflanze ist der hexaploide kultivierte Saatweizen (*Triticum aestivum*). Seine mutmaßliche Entstehungsweise in der Natur konnte experimentell nachvollzogen werden. Vereinfacht dargestellt verlief der Weg seiner Entstehung folgendermaßen (Abb. 3.42):

Die Kreuzung von *Triticum monococcum* (Kultureinkorn; AA) mit dem Wildgras *Aegilops speltoides* (BB) und anschließende Polyploidisierung ergab den tetraploiden Emmerweizen (*Triticum dicoccoides*; AABB). Die Kreuzung des Emmerweizens mit *Aegilops squarrosa* (DD) ergab den Saatweizen (AABBDD). Daneben spielten auch Mutationen eine Rolle.

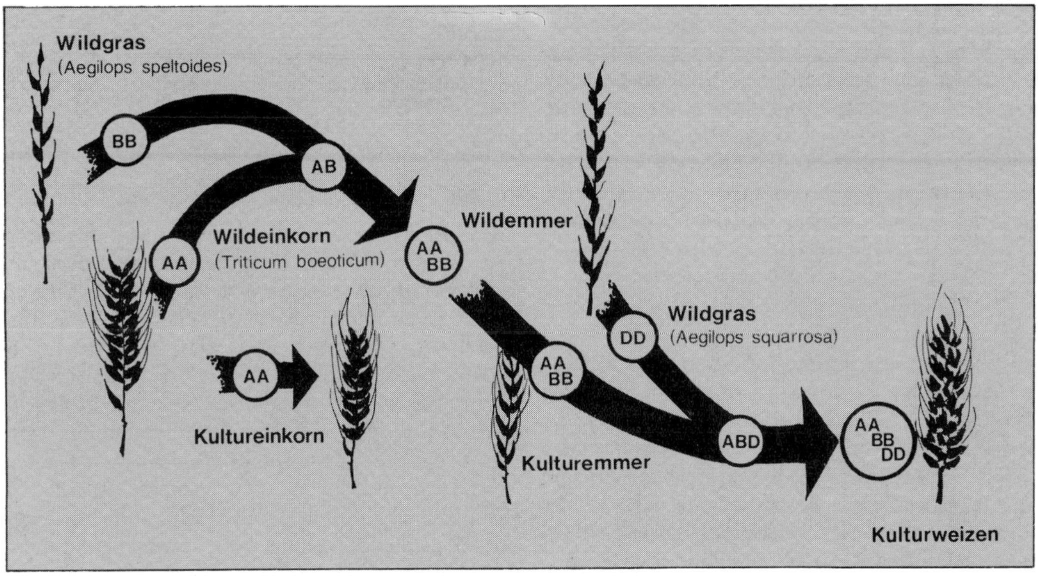


*Abb. 3.42: Vermutete Herkunft des Kulturweizens. Es erfolgte zweimalige Artbastardierung (AA + BB → AB; AABB + DD → ABD) mit anschließender Polyploidisierung (AB → AABB; ABD → AABBDD). A, B und D symbolisieren haploide Chromosomensätze. Ob das Wildgras Aegilops speltoides das B-Genom beigesteuert hat, ist umstritten. (Nach* DIEHL *1980, nach* OSCHE*)*

Als weitere Beispiele seien die amerikanische Kulturbaumwolle (alloploider Bastard zwischen der amerikanischen und der asiatischen Wildform), der Kulturtabak und der Gattungsbastard Raphanobrassica, ein allotetraploider Bastard zwischen einer Rettich-Art (*Raphanus*) und einer Kohl-Art (*Brassica*), genannt.

*Polyploidisierung und Evolution*

Autoploide Pflanzen sind mit ihren diploiden Ausgangsformen nicht fertil kreuzbar, da sich bei den Bastarden Störungen in der Meiose einstellen. Damit sind Polyploide genetisch von ihren Ausgangsformen isoliert. Genaustausch ist nur noch innerhalb der polyploiden und innerhalb der diploiden Ausgangsformen möglich. Demnach entstehen bei Polyploidisierung gemäß der biologischen Artdefinition (s. Abschnitt 3.4) neue Arten.

Diese Artbildung ist aber nicht mit der Entstehung neuen genetischen Materials verbunden. Vielmehr wird vorhandenes genetisches Material verschiedener Arten zusammengewürfelt. Die dabei entstehenden Arten besitzen gegenüber den Ursprungsarten oftmals veränderte Eigenschaften und Merkmale, nicht jedoch prinzipiell neue Organe. Damit ist Artbildung durch Polyploidisierung eindeutig in den Bereich der Mikroevolution zu rechnen. Von einer „Evolution des Kulturweizens" (Abb. 3.42) kann also nur im Sinne von Mikroevolution die Rede sein.

**Zusammenfassung**

1. Pflanzen- und Tierzüchtung beweisen direkt die enorme Variabilität der Arten; diese beschränkt sich jedoch auf den mikroevolutiven Bereich und stellt nicht den Beginn weitergehender Entwicklung dar.

2. Einseitige Selektionswirkungen, wie sie im Falle der Züchtung vorliegen, führen zu genetischer Verarmung und damit zu extremer Spezialisierung und verringerter Variabilität. Sie können keine Höherentwicklung bewirken.

3. Durch Züchtung können bestimmte, dem Züchter bedeutsame Allele des Genpools auf wenige Individuen und deren Nachkommen konzentriert werden. Die Zuchtformen müssen durch *Erhaltungszüchtung* vor dem Aussterben bewahrt oder am Verwildern gehindert werden. Dies geschieht durch Ausscheidung neu entstandener Mutationen, ständige Auslese und durch Verhinderung von Fremdbestäubung.

### 3.3.6 Unerklärte Phänomene

Wir haben in den bisherigen Abschnitten dieses Kapitels hinlänglich begründet, daß keine empirische Evidenz für eine Höherentwicklung der Lebewesen vorliegt. Darüber hinaus deutet die Zusammenschau aller Erkenntnisse über die bisher besprochenen Evolutionsfaktoren auf recht enge Grenzen des Evolutionsgeschehens hin und läßt eine Makroevolution unglaubwürdig erscheinen.

In diesem Abschnitt soll aber dennoch die Makroevolutionsproblematik nochmals aufgegriffen werden: Wir versuchen, die Entstehung heute existierender komplexer Strukturen aus einfacheren (hypothetischen) Vorläufern durch die Wirkung der bekannten Evolutionsfaktoren *im Nachhinein* zu erklären. Wir verlassen damit die Empirie (also den direkt zugänglichen Erfahrungsbereich) und führen „Gedankenexperimente" durch. Es sei hier an das in Abschnitt 1.1 erwähnte Zitat von P.-P. GRASSÉ erinnert: „Der Wert und die Tragweite einer Theorie messen sich an ihrer Eignung, einschlägige Tatbestände zu erklären." Solche „einschlägigen Tatbestände" stellen wir im folgenden vor. Aus Platzgründen beschränken wir uns auf wenige Beispiele. Aufmerksame Beobachter der Natur können „vor der Haustür" viele Beispiele solcher evolutionstheoretisch nicht erklärter Phänomene finden.

#### Das Kannenblatt der Kannenpflanze *Nepenthes*

Die Kannenpflanze ist eine epiphytisch lebende Pflanze, d.h. sie hat keinen Anschluß an den Boden und damit nicht die Möglichkeit, auf dem für die meisten Pflanzen üblichen Wege die lebensnotwendigen Mineralsalze aufzunehmen. Diese Stoffe verschafft sie sich stattdessen durch den Fang und die Verdauung von Tieren. Als Fangapparat dient ein *kannenförmiges* „Fallenblatt", in welchem sich eine *Verdauungsflüssigkeit* befindet. Durch den *farbigen* Deckel und den Kannenrand werden Insekten angelockt. Der *glitschige* Kannenrand bringt die gelandeten Insekten zum Abrutschen ins Kanneninnere, wo diese dann *verdaut* und die Verdauungsprodukte von der Pflanze *aufgenommen* werden. Die aufgenommenen tierischen Stoffe werden in pflanzliches Eiweiß *umgebaut* (Abb. 3.43).

Die kursiv geschriebenen Eigenschaften und Fähigkeiten zeigen an, welche Struktur- und Funktionsmerkmale zum Funktionieren dieses Fallenblattes notwendig sind. Auf keines dieser Merkmale kann verzichtet werden.

Wie könnte ein erster Mutationsschritt ausgesehen haben, der einen *positiven Selektionswert* besaß? Nur eine selektionspositive Mutante hätte in der „Kannenpflanzenvorläufer"-Population die Chance gehabt, sich auszubreiten. Bevor wir einige Möglichkeiten kurz andiskutieren, muß daran erinnert werden, daß das Mutationsgeschehen völlig richtungslos ist und daß verschiedene Mutationen (in verschiedenen Individuen oder Genen oder zu unterschiedlichen Zeitpunkten erfolgende) in keinem nachweisbaren Zusammenhang stehen. Ein „Zusammenpassen" verschiedener Mutationen ist ein sehr seltenes Ereignis, da es keine feststellbare Zielgerichtetheit im Evolutionsgeschehen, kein „Vorbereitetsein" auf bestimmte zukünftige Mutationen gibt. Außerdem ist ständig zu berücksichtigen, daß selektionsneutrale Mutationen selektiv nicht festgehalten werden. Sie können sich zwar zufällig in der Population ausbreiten (Gendrift); da die Entstehung einer neuen Struktur aber nicht durch neutrale Mutationen verständlich gemacht werden kann, lassen wir sie im weiteren vorerst außer acht (s. dazu Kapitel 4). Schließlich dürfen Zwischenformen niemals einen negativen Selektionswert besitzen, also nachteilig sein. Solche Formen könnten nicht überleben; sie würden durch stabilisierende Selektion ausgemerzt werden.

*Abb. 3.43: Das Kannenblatt der Kannenpflanze Nepenthes alata.*

Nehmen wir also beispielweise an, eine erste Mutation in Richtung Kannenblatt veränderte die Blattform. Eine solche Veränderung wäre nutzlos, solange sich nicht die übrigen Eigenschaften eines funktionstüchtigen Fallenblattes eingestellt hätten. Die unbrauchbare Blattform (man könnte sich etwa eine Eindellung denken) würde wegselektiert werden, bevor sich auch nur eine oder zwei andere notwendige Änderungen eingestellt hätten. Beginnen wir stattdessen mit der Fähigkeit, Verdauungssäfte zu synthetisieren. Eine solche Änderung ist sicher nicht durch einen einzigen Mutationsschritt erreichbar. Aber selbst wenn wir dies voraussetzen, ist diese Fähigkeit wieder nutzlos, solange nicht die Fähigkeit der Ausscheidung der Verdauungssäfte nach außen, der Aufnahme der verdauten tierischen Stoffe in den Pflanzenkörper und der Verarbeitung dieser Stoffe in arteigene pflanzliche Stoffe vorhanden ist. Außerdem würden keine Insekten angelockt, solange noch keine Signalfarbe gebildet wird. Damit wäre die Ausbeute des Fanges von Insekten viel zu gering, als daß sich der apparative Aufwand lohnen würde.

So können andere denkbare erste Mutationsschritte durchgegangen werden. Das Ergebnis ist immer gleich und kann wie folgt zusammengefaßt werden:

*Ein Selektionsvorteil ist nur im fertig ausgebildeten Zustand gegeben; unfertige Zwischenstufen sind biologisch wertlos und werden durch stabilisierende Selektionswirkung ausgemerzt.* Die DARWIN'sche Selektion kann die Entstehung der betreffenden Struktur nicht nur nicht erklären, sondern hätte sie sogar verhindern müssen.

Die Synthetische Theorie liefert in diesem konkreten Beispiel also keine Vorstellung darüber, wie eine Evolution abgelaufen sein könnte. Sie ist als Erklärung für die Entstehung des Kannenblattes ungeeignet.

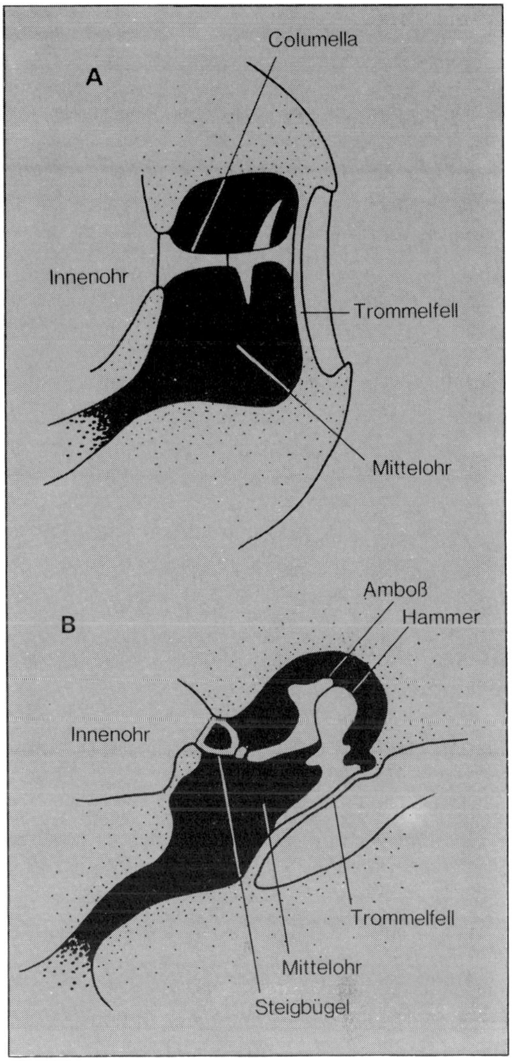


*Abb. 3.44: Mittelohr-Region der Reptilien (A) und der Säugetiere (B). Bei den Reptilien ist bei der Schallübertragung im Mittelohr ein einziges Gehörknöchelchen, die Columella, beteiligt, bei den Säugetieren sind es drei, Hammer, Amboß und Steigbügel. (Nach PORTMANN 1976)*

### Die Gehörknöchelchen der Säugetiere

Ein weiteres Beispiel, das ausführlicher besprochen werden soll, betrifft die hypothetische Umbildung der Kiefergelenkknochen Quadratum und Articulare der Reptilien in die Gehörknöchelchen Hammer und Amboß der Säugetiere. Hierbei handelt es sich nicht um die Neuentstehung einer Struktur, sondern um eine sehr weitgehende *Umkonstruktion* einer bereits vorhandenen (Abb. 3.44; vgl. Abb 8.69 und 8.71).

Aufgrund der Vorgänge während der Embryonalentwicklung sind Quadratum mit Amboß, Articulare mit Hammer und Columella mit dem Steigbügel homologisierbar (vgl. Abschnitt 6.1.). Ein evolutionstheoretisches Problem ist nun, wie eine evolutive Umbildung der beiden Kiefergelenkknochen der Reptilien zu den Gehörknöchelchen der Säugetiere vor sich gegangen sein könnte. Im einzelnen ergeben sich unter dieser Annahme folgende Schwierigkeiten:

- Das Auswandern der Kiefergelenkknochen aus dem primären Kiefergelenk hätte eine Funktionsstörung dieses Gelenkes zur Folge gehabt und wäre folglich von der Selektion „gestoppt“ worden. Es gibt zwar säugerähnliche Reptilien aus der Gruppe der Therapsiden, an deren Kiefergelenk jeweils zwei Knochen des Ober- und Unterkiefers beteiligt sind (s. Abb. 8.70), so daß der Verzicht auf jeweils einen der beiden Knochen möglich gewesen wäre. Aber wenn wir Lebewesen mit derartigen Gelenken als mögliche Zwischenformen annehmen (wozu wir aufgrund des obigen Arguments gezwungen sind), verschieben sich nur die Schwierigkeiten:

- Welcher Selektionsdruck könnte die Beteiligung zweier weiterer Knochen am Kiefergelenk veranlaßt haben, solange das vorliegende funktionstüchtig war?
- Wenn der Besitz weiterer Kochen am Kiefergelenk ein Selektionsvorteil war, mußte das Auswandern dieser Knochen aus dem Gelenkbereich ein Nachteil gewesen sein und wäre verhindert worden.
- Außerdem ist zu fragen, welche Selektionswirkung dafür gesorgt haben sollte, daß die beiden Knöchelchen ausgerechnet ins Mittelohr wanderten.
- Schließlich muß bedacht werden, wie während des (allmählichen) Einwanderns der Knöchelchen ins Mittelohr die Schallübertragung gewährleistet werden konnte. Denn die Verbindung zwischen der Columella der Reptilien und dem Trommelfell mußte offenbar unterbrochen werden - und zwar (wegen des allmählichen Verlaufs einer Evolution) generationenlang. Ein Überleben gehörloser Reptilien bzw. reptilienähnlicher Säugetiere ist schwer vorstellbar.

Dabei bleibt noch unberücksichtigt, daß die Knochen nicht die einzigen Strukturen sind, die bei dieser Umbildung betroffen sind. Auch Nerven, Muskeln und Sehnen müßten Änderungen in ihrer Verschaltung bzw. Anordnung erfahren. Außerdem ist zu bedenken, daß Gehör- und Kauapparat vermutlich ganz verschiedenen Regulationsinstanzen des Körpers unterstehen, für deren Zusammenschalten ebenfalls kein Selektionsdruck denkbar erscheint (vgl. Systemtheorie der Evolution, Abschnitt 3.6.1).

### Der magenbrütende Frosch *Rheobatrachus silus*

Der in Australien lebende Frosch *Rheobatrachus silus* brütet seine etwa 25 Jungen in seinem Magen aus - das ist eine der kompliziertesten und eigentümlichsten Formen von Brutpflege. Dazu wird der Magen zeitweise in einen Uterus umgewandelt. Die befruchteten Eier werden vom Weibchen gefressen und entwickeln sich dann im Magen zu jungen Fröschen. Die Jungen verlassen ihre Mutter durch deren Maul. Während der Brutzeit muß der Magen seine normale Tätigkeit völlig einstellen. Eine allmähliche Entwicklung dieser ausgefallenen Brutpflege erscheint undenkbar. Sie müßte von einer Generation auf die nächste eingerichtet sein. Dies gilt auch unter der Berücksichtigung der Tatsache, daß es Frösche gibt, die ihre Jungen im Luftsack des Männchens ausbrüten. Der Magen kann und darf nur ganz Magen oder ganz Uterus sein, will er seiner jeweiligen Funktion genügen.

### Der Öffnungsmechanismus beim Farnsporangium

Die Fortpflanzungs- und Verbreitungseinheiten der Farne, die Sporen, sind vielfach in Sporenbehältern (Sporangien) zusammengefaßt. Die Verbreitung der Sporen erfolgt durch einen raffinierten Schleudermechanismus. Das Sporangium wird von einem Ring (Anulus) von Einzelzellen (Bogenzellen) bogenartig umfaßt. Die Einzelzellen des Anulus besitzen verdickte Zwischen- und Innenwände, während die Außenwände unverdickt sind (Abb. 3.45a). Bei der Reife des Sporangiums verlieren diese Zellen langsam ihr Wasser. Das Was-

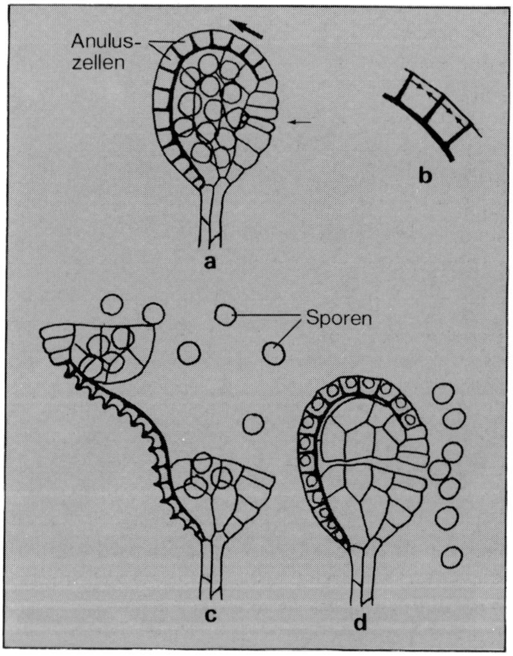


*Abb. 3.45: Kohäsionsmechanismus beim Anulus des Farnsporangiums (Gattung Dryopteris). a: Ausgangszustand (reifes, noch geschlossenes Sporangium), b: Zugwirkung in den einzelnen Anuluszellen, c: geöffnetes Sporangium, d: Endzustand nach dem Wiederzusammenschnellen. (Nach* VON DENFFER *et al. 1978, nach* METZNER*)*

ser haftet aber fest an den wasserdurchtränkten Wänden, und die Wasserfüllung in den Zellen reißt wegen der hohen Bindekräfte zwischen den Wassermolekülen zunächst auch nicht in sich. Beim Schwinden des Wassers aus dem Zellinnern werden daher die senkrecht zur Oberfläche stehenden Zellwände in ihrem äußeren Teil zusammengezogen (Abb. 3.45b). Die dünne Außenwand wird dadurch eingedellt und so entsteht an der Oberfläche des Sporangiums ein tangentialer Zug (dicker Pfeil in Abb. 3.45a), bis schließlich zwei Zellen an einer vorgeformten Stelle (dünner Pfeil) auseinanderrücken. Die inzwischen tote Sporangienwand beginnt von dieser Stelle aus langsam aufzureißen und sich nach außen umzustülpen (Abb. 3.45c). Schließlich ist die Deformation der Bogenzellen so weit fortgeschritten, daß in ihnen nacheinander die Kohäsion (der „Zusammenhalt") des Füllwassers überwunden wird. Dadurch kommt es zu einem Ausgleich der Spannungen in den einzelnen Anuluszellen. Jedes 'Springen' einer Zelle ist mit einem Ruck verbunden. Die zurückgebogene Sporangienwand kehrt also ruckweise in ihre Ausgangslage zurück (Abb. 3.45d) und schleudert dabei die Sporen aus.

Die zeitliche Abfolge der Veränderungen der Sporangienwandzellen und die Eigenschaften der Sporangienwand müssen hier „zusammenpassen", soll die Verbreitung der Sporen gewährleistet sein. Eines ohne das andere ist nutzlos.

Dies ist nur ein Beispiel von vielen geradezu genialen Verbreitungsmechanismen im Pflanzenreich. Das aus der einheimischen Flora bekannteste Beispiel dürfte die Verbreitung der Samen beim Springkraut *(Impatiens)* sein.

### Der Rotationsmotor der Bakterien

Das Darmbakterium *Escherichia coli* besitzt sechs Ultraminiatur-Elektromotoren. Ein solcher Motor ist 30 nm lang (30 000 aneinandergereiht ergäben eine Länge von knapp 1 mm). Er hat wie jeder Elektromotor Lager, Stator und Rotor (Abb. 3.46). Er ist in die beiden benachbarten Membranen des Bakteriums eingebaut. Seine Achse steht senkrecht auf der Membranoberfläche und ist über ein biegsames Winkelstück mit einem 7 $\mu$m langen korkenzieherförmigen Flagellum (Geißel) verbunden, das die Funktion einer Schiffsschraube hat.

Die innere Membran ist das Dielektrikum eines Kondensators, der außen positiv, innen negativ aufgeladen ist (0,2 V). Protonen ($H^+$-Ionen) fließen durch den Motor nach innen und treiben ihn

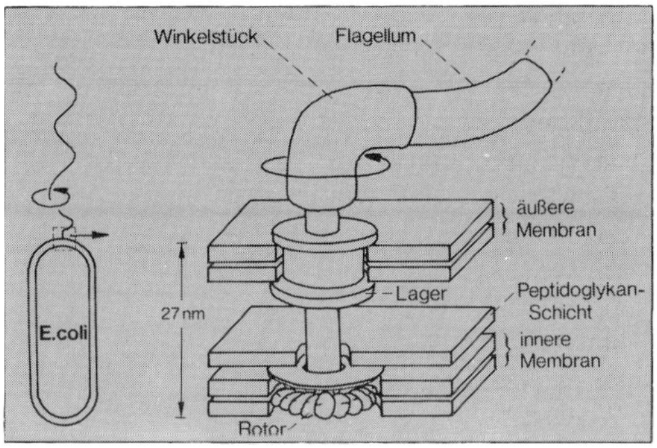


*Abb. 3.46: Schematische Zeichnung des Motors von Escherichia coli. Erläuterungen im Text. (Nach* Alberts *et al. 1983)*

dabei mittels elektrischer Kräfte an. Der Motor kann sowohl vorwärts als auch rückwärts rotieren und zwar jeweils mit 100 Umdrehungen pro Sekunde.

Wie sollen Mutation und Selektion den Bauplan des Motors, die vielen Tausende von Nucleotiden auf der DNS codiert haben? Solange keine funktionsfähige Struktur vorhanden ist, kann keine begünstigende Selektion angreifen und es muß „blind gewürfelt" (mutiert) werden. Ein Rotationsmotor, der sich (noch) nicht drehen kann, hätte keinen positiven Selektionswert.

Das Colibakterium hat die Fähigkeit der *Chemotaxis*: Es kann aktiv zu den Stellen höchster Nährstoffkonzentration schwimmen und sich ebenso von Regionen erhöhter Schadstoffkonzentration entfernen. Dies wird durch ein äußerst raffiniertes Navigationssystem ermöglicht, welches den sechs Motoren die Steuersignale liefert.

Ohne Navigationssystem hat selbst ein perfekter Motor noch keinen positiven Selektionswert, da er das Bakterium ebenso oft (oder öfter) von einer Nahrungsquelle wegtreibt wie zu ihr hin und da er zudem fortwährend Energie verzehrt. Gleichermaßen ist ein Navigationssystem ohne Motor unnütz und „kostspielig". Es mußte also das gesamte chemotaktische System (Navigations- und Antriebssystem) auf einmal entstehen.

In allen diesen Fällen sind Mutation und Selektion für eine Erklärung der Entstehung unzureichend. Unklar bleibt auch grundsätzlich, welche Selektionsdrücke die „Initialzündung" zur Herausbildung dieser Strukturen gegeben haben könnten.

Jedes beliebige Organ eines Lebewesens offenbart die Grundschwierigkeit, seine Entstehung wenigstens theoretisch verständlich zu machen: Ansätze zur Entstehung eines neuen Organs sind Materialverschwendung, solange das Organ noch nicht so funktionstüchtig ist, daß von einem Selektionsvorteil der Organbesitzer gegenüber den Nichtbesitzern gesprochen werden kann. Materialverschwendung können sich Organismen nur in Grenzen erlauben. Organismen, die nicht wirtschaftlich funktionieren, sind vom Aussterben bedroht.

**Selektionsneutrale Allele**

Günstigstenfalls sind also Zwischenstufen zu fertigen Organen selektionsneutral. Selektionsneutrale Allele können aber nicht im Genpool angesammelt und festgehalten werden; sie werden in der Regel durch andere Allele verdrängt. Die Wahrscheinlichkeit, daß mehrere selektionsneutrale Allele, die beim Aufbau derselben Struktur mitwirken müßten, im Genpool beibehalten werden, wird schon bei einer geringen Anzahl von Allelen außerordentlich klein.

Die genannten Beispiele stellen keine Ausnahmeerscheinungen dar. Sie sind nicht nur einige wenige noch ungelöste Probleme der kausalen Evolutionsforschung, sondern verdeutlichen ein grundlegendes ungelöstes Problem der Evolutionsforschung, nämlich die Erklärung der Entstehung echter struktureller Neuheiten.

**Zusammenfassung**

1. Bei der Neubildung von Organen und Strukturen ist ein Selektionsvorteil nur im fertig ausgebildeten Zustand gegeben; unfertige Zwischenformen sind biologisch wertlos oder schädlich und würden durch stabilisierende Selektionswirkung ausgemerzt werden.

2. Zwar wird im Evolutionsmodell die Nennung eines Selektionsvorteiles einer Struktur gewöhnlich als völlig hinreichend betrachtet, um die zufällige Entstehung dieser Struktur glaubhaft erscheinen zu lassen. Da sich der biologische Wert von Organen aber erst aus dem Zusammenspiel vieler verschiedener Funktionen, Organteile und Gene ergibt, wären für die Entstehung zahlreiche kooperativ wirkende Mutationen erforderlich. Solche Mutationen sind unbekannt.

3. Die Evolutionslehre hat bis heute nicht zur Erklärung der zufälligen Entstehung auch nur eines einzigen Organs geführt. Zudem gibt es keine aus Folgen von Mutations- und Selektionsvorgängen bestehenden hypothetischen Modellvorstellungen im Rahmen der Evolutionslehre, welche zur Hoffnung auf eine künftige Lösung dieser Probleme Anlaß geben würden.

### 3.3.7 Mathematische Erfassung von Evolutionsvorgängen

Mit populationsgenetischen Berechnungen, die sehr kompliziert sein können, wird nur der mikroevolutive Bereich erfaßt. Solche Berechnungen sind sowohl im Evolutions- als auch im Schöpfungsmodell wichtige Werkzeuge für das Verständnis mikroevolutiver Vorgänge. Über Makroevolution werden dadurch keine Erkenntnisse gewonnen. In solche Berechnungen können nämlich immer nur *bereits vorhandene* Gene bzw. Allele eingehen. Das gilt auch dann, wenn mutativ neu erzeugte Allele berücksichtigt werden. Welche Veränderungen durch Mutationen möglich sind, kann nur die Mutationsforschung feststellen. Mit mathematischen Modellen kann dann das mögliche Verhalten von Allelen im Genpool in Abhängigkeit vom Mutationsdruck (Mutationshäufigkeit) und Selektionsdruck sowie Zufallseffekten (genetische Drift) und genetischer Kombination untersucht werden.

*Evolutionsspiele*

Entsprechend sind die sog. Evolutionsspiele, die die Wirkungsweise der Evolutionsfaktoren veranschaulichen können, einzuordnen. Der Wert dieser Spiele ist unbestritten. Es können jedoch nur mikroevolutive Vorgänge nachgeahmt werden. *Gespielt* (wie oben gerechnet) werden kann nur mit vorhandenen Allelen. Das Auftreten neuer Organisationsmerkmale kann mit solchen Spielen nicht erfaßt werden. Die Spielregeln legen den Rahmen möglicher Ergebnisse fest.

*Evolutionsstrategie bei technischen Systemen*

In Evolutionsmodellen, in denen die Strategie der Evolution auf technische Systeme übertragen wird, geht man ebenfalls von bereits vorhandenen Strukturen aus. Ein Beispiel dazu aus HOFF & MIRAM (1979, S. 71; s. Abb. 3.47):

> „Eine seitlich angeströmte Platte soll eine Form annehmen, die den geringstmöglichen Strömungswiderstand garantiert. Dabei liege der hintere Auflagepunkt um ein Viertel der Plattenlänge unter dem vorderen. Ausgangssituation ist die gestreckte Form der Platte. Diese sei in sechs gleichgroße Flächen unterteilt; die Gelenke an den Berührungslinien lassen sich durch Einrastvorrichtungen in 51 Stellen verändern. Im Experiment wird die Platte im Windkanal auf ihren Widerstand hin überprüft, wobei die Winkeleinstellungen nach einer Zufallsverteilung verändert werden. Positiv wirksame Einstellungen werden beibehalten, negative verworfen. ...
>
> Nach etwa 200 'Mutationsschritten' stellt sich eine ideale Plattenform ein.“

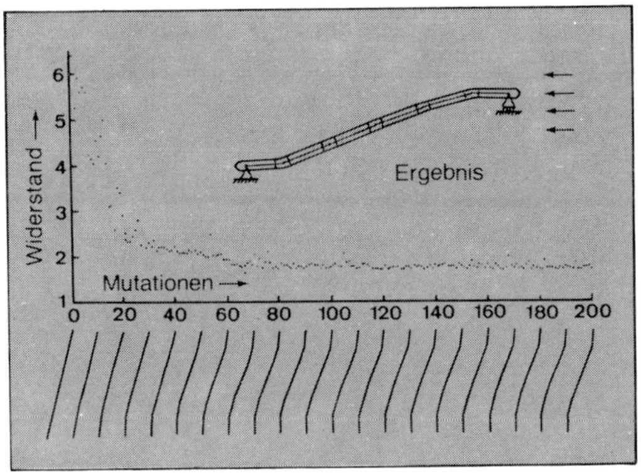


*Abb. 3.47: Evolutionsstrategische Optimierung einer schräg angeströmten Gelenkplatte. (Nach* RECHENBERG *1978)*

Das Prinzip Mutation - Selektion (Änderung der Gelenkeinstellungen - Auswahl nach geringerem Widerstand) kann hier sehr schön gezeigt werden. Bei diesen Versuchen wird aber stillschweigend davon ausgegangen, daß alle Zwischenstufen einen positiven oder negativen Selektionswert haben, also ausgelesen werden können. Für manche technische Systeme ist dies zwar der Fall, nicht aber notwendig für biologische Systeme. Übergänge von einer Evolutionsstufe zur nächsten, bei denen erst nach 10 oder 20 Mutationsschritten wieder eine selektionspositive „Stufe" erreicht wird (ein solches Beispiel ist in Kapitel 4 durchgerechnet), werden durch solche Versuche nicht beschrieben. HOFF und MIRAM (1979, S. 71) schreiben: „Evolution ist letzten Endes ein Optimierungsproblem." Diese Aussage ist unrichtig und irreführend, wo es um Höherentwicklung, um Makroevolution, geht. Korrekt müßte es heißen: „Evolution ist letzten Endes ein *Konstruktions*problem." Wenn z. B. ein flügelloses Insekt Flugfähigkeit erwerben soll, um der Bedrohung durch räuberische Feinde zu entfliehen, so geht es nicht um eine Optimierung, sondern um eine Konstruktion. Wenn ein Zoom-Objektiv geschaffen werden soll, nützt es nichts, bei einem Objektiv fester Brennweite die Parameter der Linse (Krümmungsradien, Dicke und Brechungsindex) zu variieren (optimieren), sondern es müssen neue Strukturen entstehen.

## 3.4 Isolation und Artbildung

Die bisher besprochenen Faktoren Mutation, Rekombination und Selektion können nur einen (mikroevolutiven) *Wandel* der Organismen erklären, kaum jedoch die Aufspaltung einer Art in zwei oder mehrere Tochterarten (bis auf seltene Fälle disruptiver Selektion; dabei ist auch der Sonderfall der Artbildung durch Polyploidisierung - vgl. Abschnitt 3.3.5 - nicht berücksichtigt). Eine solche Aufspaltung hat Separations- und Isolationsvorgänge zur Bedingung. Diese beiden Begriffe werden wie folgt definiert:

Unter **Separation** wird die *räumliche* Trennung von Populationen verstanden.

Zwei Populationen sind voneinander **genetisch isoliert**, wenn zwischen ihnen - auch bei künstlicher Zusammenführung im Falle geographisch oder ökologisch getrennter Populationen - kein Genfluß vorkommt.

Der **Genfluß** zwischen zwei Populationen ist dann unterbrochen, wenn es zu keinen fruchtbaren Paarungen (mehr) kommt (Abb. 3.48 und 3.51). Die Begriffe „Separation" und „Isolation" werden in der Literatur leider nicht einheitlich gehandhabt.

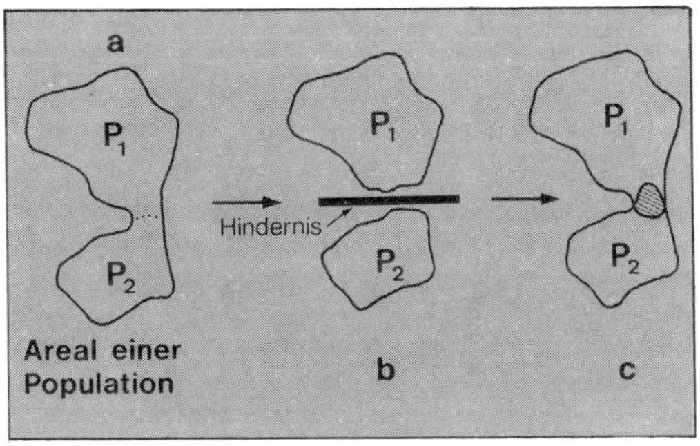


*Abb. 3.48: Separation und Isolation. a: Ausgangssituation; b: räumliche Trennung zweier Teilpopulationen $P_1$ und $P_2$ (Separation); c: erfolgt bei späterer Wiederüberlappung keine Bastardierung zwischen Individuen der vorher getrennten Teilpopulationen, so ist Isolation eingetreten.*

Die beiden genannten Begriffe sind sorgfältig zu unterscheiden. Separation muß nicht mit Isolation einhergehen. Andererseits hat - von der Artbildung durch Polyploidisierung abgesehen - der Aufbau eines Isolationsmechanismus nahezu ausnahmslos eine geographische Separation zur Bedingung. Eine Ausgangspopulation muß in der Regel zunächst z.B. geographisch aufgespalten (separiert) werden, damit eine Auseinanderentwicklung von Teilpopulationen möglich wird.

Man kann dann davon ausgehen, daß in den getrennten Populationen
- verschiedene Neumutationen auftreten,
- unterschiedliche Selektionsbedingungen herrschen (bedingt durch verschiedene Umwelten) und
- verschiedenene Rekombinationen vorkommen (Abb. 3.49).

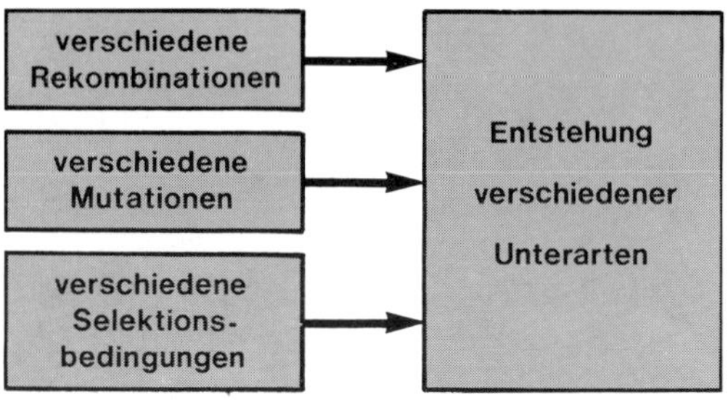


*Abb. 3.49: Die unterschiedliche Wirkung der Evolutionsfaktoren in getrennten Teilpopulationen.*

Dadurch können sich die Tochterpopulationen unterschiedlich weiterentwickeln. Es erfolgt eine unterschiedliche **Einnischung** *(Annidation)* der Teilpopulationen in verschiedene Lebensräume. Ist diese Weiterentwicklung einmal so weit gediehen, daß die getrennten Populationen bei späterer Wiederüberlappung oder bei künstlicher Zusammenführung durch den Menschen sich nicht mehr fruchtbar paaren, so sind gemäß der biologischen Artdefinition (s. u.) aus *einer* Ausgangsart *zwei* neue Tochterarten entstanden. Im folgenden (wie auch bisher) wird unter „Art“ die sogenannte „biologische Art“ (Biospecies) verstanden:

Eine **Art (Biospecies)** ist eine Gruppe von Individuen oder Populationen, die miteinander unter natürlichen Bedingungen fruchtbare Nachkommen hervorbringen können.

Aufgespaltene Arten können eine weitergehende getrennte Entwicklung erfahren. Die Tochterarten sind dann (wenigstens unter natürlichen Bedingungen) genetisch isoliert; ein *Isolationsmechanismus* ist aufgebaut worden (z.B. verschiedene Blühzeiten, verschiedene Verhaltensweisen, die Geschlechtsorgane passen mechanisch nicht mehr zusammen usw.)

Im Zusammenhang mit Separations- und Isolationsprozessen spielt auch die **Gendrift** (genetische Drift) eine wichtige Rolle. Darunter versteht man die *zufällige, nicht durch Selektion bewirkte* Änderung der Zusammensetzung des Genpools.

Gendrift ist also die Änderung von Allelenfrequenzen im Genpool, die nicht auf Selektionsvor- oder -nachteilen beruht. Gendrift kann dadurch verursacht werden, daß bei einer Naturkatastrophe nur wenige Individuen einer Population überleben, deren Rest-Genpool u.U. keine repräsentative Zusammensetzung hat, oder auch dadurch, daß nur wenige **Gründerindividuen** aus einer Population z.B. durch Wind, Überflutung von Landbrücken usw. von ihrer Stammpopulation abgekoppelt („verdriftet“) werden (**Gründereffekt**; s. Abb. 3.50). Auch **Populationswellen** (regelmäßige starke Bestandsschwankungen einer Population, wie sie z.B. von Blattläusen und Marienkäfern bekannt sind) können Gendrift zur Folge haben. Schließlich können durch Zufall auch bestimmte Allele verlorengehen (**Genelimination**).

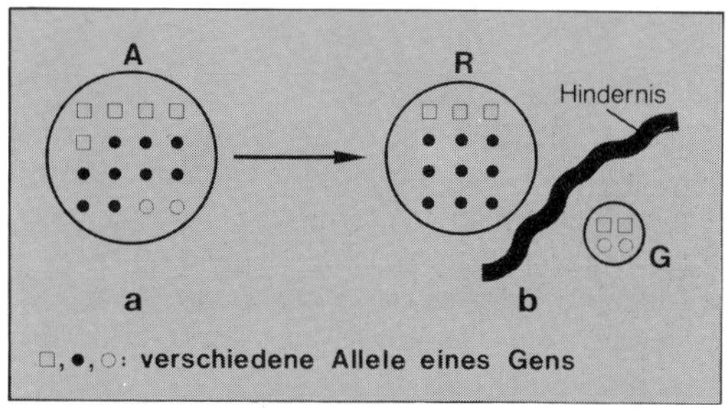


*Abb. 3.50: Gendrift und Gründereffekt. a: Ausgangssituation (Ausgangspopulation mit Genpool A), b: nach Abspaltung einiger Gründerindividuen hat deren Population (mit Genpool G) unter Umständen eine unrepräsentative Zusammensetzung der Allele, gemessen am Allelbestand der Ausgangspopulation (Gendrift). R = Genpool der Restpopulation.*

In diesem Abschnitt beschäftigen wir uns mit der Frage, ob unter Einbeziehung der Evolutionsfaktoren Isolation, Gendrift und Populationswellen das bisher gezeichnete Bild vom Evolutionsgeschehen geändert werden muß. Außerdem wird im folgenden Abschnitt (3.4.2) die wichtige Frage erörtert, welche Konsequenzen mehrfach hintereinander erfolgende Artaufspaltungen nach sich ziehen.

Die erste der beiden eben genannten Fragen ist schnell beantwortet:

Durch Isolation werden vorhandene genetische Potentiale (Genpools) zunächst nur aufgetrennt. Dadurch ändert sich an den Genomen der Organismen nichts. In den getrennten Teilpopulationen können die in Abschnitt 3.3 bereits ausführlich betrachteten Evolutionsfaktoren zwar sehr unterschiedlich wirken, aber - wie dort erläutert - nur mikroevolutive Veränderungen hervorrufen. Dabei können getrennte Teilpopulationen im Laufe der Zeit einen Isolationsmechanismus aufbauen, der zumindest unter natürlichen Bedingungen

*Abb. 3.51: Der in Abb. 3.48 schematisch dargestellte Prozeß der Artbildung hat sich vermutlich bei der Entstehung der beiden „Zwillingsarten" Grauspecht (Picus canus) und Grünspecht (Picus viridis) abgespielt. Möglicherweise sind die beiden Arten aus einer über Europa und Ostasien vebreiteten Art entstanden, deren Verbreitungsgebiet durch die Eiszeit geteilt wurde. Die isolierten Teilpopulationen scheinen sich dann in unterschiedlichen Richtungen entwickelt zu haben. Als sie sich nach der Eiszeit wieder ausbreiten konnten und ihre Verbreitungsgebiete erneut überlappten, waren sie so verschieden, daß in der Natur normalerweise keine Kreuzungen mehr stattfanden. (Zeichnung: Lotti Haller)*

„funktioniert", was jedoch noch nichts mit Makroevolution zu tun hat. *Die Entstehung neuer biologischer Arten ist im mikroevolutiven Rahmen möglich.*

Auch hat die zufällige Änderung von Allelenfrequenzen im Genpool durch Gendrift nichts mit der Neuentstehung von Strukturen bzw. Genen (Makroevolution) zu tun.

Zusammenfassend können wir festhalten:

*Die Evolutionsfaktoren Isolation und Gendrift steuern zur Frage nach der Makroevolution keine neuen Erkenntnisse bei.*

### 3.4.1 Die Problematik einer widerspruchsfreien Artdefinition

Das entscheidende Kriterium, das der biologischen Artdefinition zugrunde liegt, ist das der fruchtbaren Kreuzbarkeit. Zusätzlich wird gewöhnlich gefordert, daß fruchtbare Kreuzungen unter natürlichen Bedingungen erfolgen müssen (s. Def. in Abschnitt 3.4). In der Tat wäre die Definition ohne diesen Zusatz fast unbrauchbar, wie die folgenden Beispiele - stellvertretend für viele andere - zeigen:

Bach-Nelkenwurz und Echte Nelkenwurz *(Geum rivale* und *Geum urbanum*, Abb. 3.52), zwei häufig vorkommende einheimische Kräuter kreuzen sich in der Natur nicht und werden daher scheinbar folgerichtig als verschiedene Arten geführt. Bei künstlicher Zusammenführung sind sie aber fertil kreuzbar. Sollte man die beiden Arten also eher als Rassen ein und derselben Art ansehen? Eine Bastardierung erfolgt in der Natur offenbar nur deshalb nicht, weil die beiden Arten unterschiedliche ökologische Ansprüche haben. Die Bach-Nelkenwurz bevorzugt Gräben und feuchte Wiesen, die Echte Nelkenwurz dagegen trockenere Standorte an Waldwegen oder im Gebüsch.

Ähnliche Verhältnisse trifft man beim Roten und Schwarzen Holunder (*Sambucus racemosa* und *Sambucus nigra*; Abb. 3.53) an. Diese beiden als selbständige Arten geführten Sträucher mischen sich in der Natur nicht, weil sie zu verschiedenen Zeiten blühen. Der Rote Holunder blüht bereits ab Mitte April, der Schwarze erst ab Ende

*Abb. 3.52: Blüte und Frucht von Bach-Nelkenwurz (links) und Echter Nelkenwurz.*

*Abb. 3.53: Roter (oben) und Schwarzer Holunder in Blüte.*

Mai. Eine künstliche Befruchtung ist aber ohne weiteres möglich und erfolgreich.

Indessen erscheint die Einschränkung „unter natürlichen Bedingungen" recht problematisch. Die genannten Nelkenwurzarten sind unter natürlichen Bedingungen leicht kreuzbar, und das dürfte auch für die Holunderarten zutreffen, wenn sich die Blühzeiten überlappen. Die Grenzen zwischen „natürlich" und „künstlich" sind offenbar fließend. Daran ändert sich auch nichts, wenn man die Definition noch weiter einengt und nur solche Individuen einer bestimmten Art von einer anderen abgrenzt, die sich *normalerweise* nicht mit Individuen anderer Arten verbastardieren. Dies belegen folgende Beispiele:

Von den beiden Arten Herings- und Silbermöwe (*Larus fuscus* und *Larus argentatus*; Abb. 3.54) gibt es mehrere Rassen, die rund um das Polargebiet verbreitet sind. Zwischen den jeweils benachbarten Rassen finden oft Bastardierungen statt. Die beiden Endglieder dieser Rassenkette, die britische Silbermöwe und die britische Heringsmöwe, stoßen in Nordwest-Europa aufeinander (Abb. 3.55). Diese beiden Möwenrassen kreuzen sich in der Natur äußerst selten. „Obschon kein direkter Genaustausch stattfindet, besteht letzten Endes ein Genfluß von der europäischen Heringsmöwe über die circumpolaren Zwischenformen bis zur europäischen Silbermöwe. Auf Nordwesteuropa bezogen sind Herings- und Silbermöwe 'gute Arten'; global betrachtet müßten sie als zwei Rassen ein und derselben Art klassifiziert werden" (Diehl 1980).

Ähnliche Verhältnisse sind bei der Kohlmeise (*Parus major*) anzutreffen. Ihre geographischen Rassen gehen einerseits kontinuierlich ineinander über, andererseits gibt es Gebiete, in denen sich überlappende Rassen kaum kreuzen (Abb. 3.56).

Bei dem von Kanada bis zum Golf von Mexico verbreiteten Leopardfrosch (*Rana pipiens*) können Individuen einer Nordrasse mit solchen be-

*Abb. 3.54: Heringsmöwe (oben) und Silbermöwe (unten) sowie eine intermediäre Form (Mitte). (Zeichnung: THOMAS HILSBERG)*

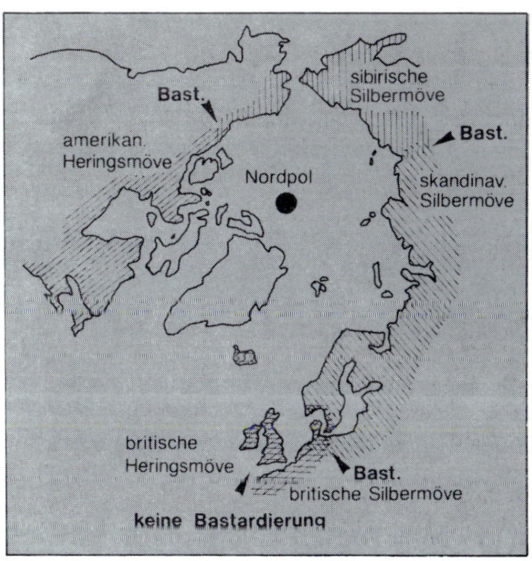


*Abb. 3.55: Rassenkreis der Herings-/Silbermöwe. (Nach MEYER & DAUMER 1981)*

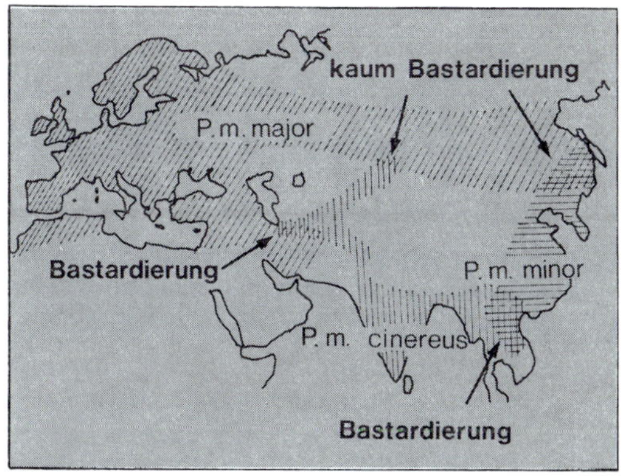


*Abb. 3.56: Rassenkreise der Kohlmeise Parus major (= P. m.). (Nach MEYER & DAUMER 1981)*

stimmter Südrassen nach Kreuzung nur frühzeitig absterbende Embryonen erzeugen (Abb. 10.3). Unter Individuen benachbarter Rassen sind jedoch fruchtbare Kreuzungen möglich. Würde diese Froschart in einigen mittleren Gebieten aussterben, wären die verbleibenden Rassen genetisch voneinander isoliert und würden zwei „gute Arten" darstellen.

Unter Zugrundelegung der biologischen Art definition ist in diesen Fällen nicht sicher zu entscheiden, ob eine oder zwei Arten vorliegen - die Antwort ist dem Ermessen des Taxonomen anheimgestellt. Die biologische Artdefinition ist in dieser Beziehung unbefriedigend. Der Genetiker W. GOTTSCHALK meint: „Wir können tatsächlich nicht präzis und widerspruchsfrei sagen, was wir unter einer Art verstehen" (1974, S. 10). M. DIEHL stellt fest: „Es gibt keine einheitliche, in jeder Hinsicht befriedigende Art-Definition, eben wegen der Komplexität des Naturphänomens 'Art'" (1980, S. 124).

Die genannten Beispiele lassen sich als Momentaufnahmen von Rassen- und Artbildungsvorgängen deuten. Voreilig wäre es jedoch, sie auch als Anfänge weiterreichender Evolutionsschritte zu werten. Gewöhnlich wird dann argumentiert, daß solche Beispiele nicht eindeutig abgrenzbarer Rassen bzw. Arten nach der Evolutionstheorie geradezu zu erwarten seien, da sowieso alle Arten sich im Fluß der Entwicklung befänden. Eine biologische Artdefinition müsse daher notwendigerweise unbefriedigend bleiben. Im Laufe der Zeit entstünden aus neuen Rassen eindeutig abgegrenzte Arten, aus diesen neue Gattungen, Familien usw. Demnach wird unterstellt, daß es gar keine echten arttrennenden Kriterien gibt, da sowieso alle Organismen in ständigem evolutivem

Wandel begriffen sind. Ein Artenkontinuum könnte unter der Voraussetzung einer umfassenden Evolution auch tatsächlich erwartet werden.

Nun ist aber in der Argumentation zu berücksichtigen, daß die beobachteten Sachverhalte (Rassenkreise, fließende Übergänge zwischen zwei Arten) nur mikroevolutives Geschehen darstellen. Die Problematik der Makroevolution wird damit gar nicht berührt. Ein Übergangsstadium zu einer neuen biologischen Art ist nicht mit einem „Höherentwicklungsstadium“ zu verwechseln. Der Aufbau eines Isolationsmechanismus ist zwar eine *notwendige*, aber bei weitem *keine hinreichende* Bedingung für Makroevolution.

Im übrigen ist ja ein Formenkontinuum keineswegs allgemein feststellbar; fließende Übergänge zwischen Arten sind nicht die Regel. Es stellt sich damit die Frage, ob *alle* heute beobachtbaren Diskontinuitäten (Lücken) zwischen verschiedenen Arten auf das Ausgestorbensein vermittelnder Formen zurückzuführen sind oder ob diese Lücken zumindest teilweise auf eine getrennte Entwicklung der Arten (bzw. von Grundtypen, s. Kapitel 10) hindeuten. Diese Frage kann nicht theoretisch, sondern muß experimentell geklärt werden, was zur Zeit aber noch nicht möglich zu sein scheint. Die Annahme eines Artenkontinuums (von kleineren Diskontinuitäten abgesehen, die durch Isolationsmechanismen entstehen können) ist jedenfalls eine Folgerung aus der *vorausgesetzten* (eben nicht bewiesenen) Evolutionstheorie (nach der ein Kontinuum zu erwarten wäre) und kann nach dem heutigen Kenntnisstand nicht durch Fakten abgedeckt werden. Die evolutionistische Deutung, daß es in Wirklichkeit keine echten arttrennenden Kriterien gibt, ist also nicht das Resultat empirischer Forschung, sondern wird von der Theorie diktiert. (Auf die Frage nach einer befriedigenderen Artdefinition wird in Kapitel 10 eingegangen.)

### 3.4.2 Konsequenz fortgesetzter Artaufspaltung

Welches sind die Konsequenzen fortgesetzter Aufspaltungen einer Population in einzelne Teilpopulationen? Konkreter: Wie verändert sich der Genpool einer Population bei mehrfach erfolgenden Populationsteilungen? Die nachfolgende Abbildung 3.57 gibt die im folgenden betrachteten Vorgänge schematisch wieder:

Wenn von der Population A ein Teil abgespalten wird (Abb. 3.57), so enthält der Genpool $r_1$ der Teilpopulation $R_1$ in der Regel nur einen Teil des Allelensortiments des ursprünglichen Gesamtgenpools g. Beispielsweise dürften seltene Allele für die Teilpopulation verloren gehen. Bestenfalls besitzt die Teilpopulation die gleiche Anzahl verschiedener Allele wie die Ausgangspopulation.

Aufgrund der Gendrift kann sich die abgespaltene Teilpopulation zu einer neuen Rasse weiterentwickeln; diese Entwicklung kann sogar zur Entstehung einer neuen Art weiterführen. Wird eine weitere Teilpopulation $R_2$ abgespalten, so wird deren Genpool $r_2$ gewöhnlich eine andere Zusammensetzung haben als der Genpool $r_1$. Durch unterschiedliche Mikroevolution kann sich die Rasse $R_2$ von der Rasse $R_1$ so weit entfernen, daß beide nicht mehr miteinander fertil kreuzbar sind. Dabei kann durchaus über die Ausgangspopulation eine Kreuzungsbrücke erhalten bleiben (vgl. das Beispiel von *Rana pipiens* in Abschnitt 10.4).

Die abgespaltene Teilpopulation bzw. Rasse oder Art $R_1$ kann sich weiter aufspalten in die

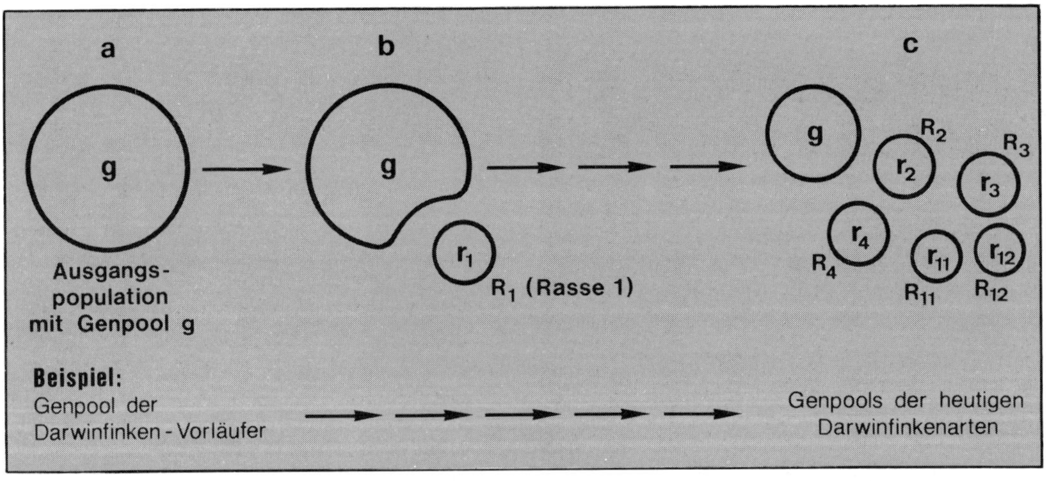


*Abb. 3.57: Hintereinander erfolgende Abspaltungen von Teilpopulationen ($R_1$, $R_2$ usw.) mit den Genpools $r_1$, $r_2$ usw. von der Ausgangspopulation mit dem Genpool g. a: Ausgangssituation; b: die zu einer eigenständigen Rasse gewordene Teilpopulation $R_1$ mit dem Genpool $r_1$; c: weitere Abspaltungen von Teilpopulationen, die zu Rassen $R_2$, $R_3$ und $R_4$ mit den Genpools $r_2$, $r_3$ und $r_4$ geworden sind. Die Rasse $R_1$ hat sich nochmals in die Teilpopulationen $R_{11}$ und $R_{12}$ mit den Genpools $r_{11}$ und $r_{12}$ aufgespaltet. Die Darwinfinken (vgl. Abb. 3.2) repräsentieren offenbar ein solches Stadium c, wobei 14 verschiedene Arten vorliegen, die kreuzungsmäßig nicht völlig isoliert sind, vgl. Abschnitt 3.2.*

Teilpopulationen $R_{11}$ und $R_{12}$ mit den Genpools $r_{11}$ und $r_{12}$ usw. mit entsprechenden Konsequenzen wie bei der ersten Abspaltung. Die Genpools der abgespaltenen Rassen sind gegenüber dem Ausgangsgenpool mehr und mehr verarmt, d.h. sie besitzen eine immer geringere Anzahl verschiedener Allele. Dadurch sind aber auch nicht mehr so viele Allelkombinationen in den Teilpopulationen im Vergleich zur Ausgangspopulation möglich: die Rekombinationsmöglichkeiten sind eingeschränkt. Das bedeutet aber nichts anderes, als daß die abgespaltenen Rassen oder Arten ein geringeres Variabilitätsspektrum besitzen - dieses hängt ja von der Anzahl der verschiedenen Allele und denkbaren Allelkombinationen ab. Daraus folgt wiederum, daß auf veränderte Umweltbedingungen weniger flexibel reagiert werden kann: es liegt eine verringerte Anpassungsfähigkeit vor. Einem Wechsel der Umweltbedingungen sind Rassen mit verarmten Genpools weniger gewachsen als die Ausgangsart mit reichem Genschatz. Sie sind daher stärker von der Gefahr des Aussterbens bedroht.

Der holländische Zoologe DUYVENE DE WIT hat diese Vorgänge wie folgt treffend beschrieben (zit. in KAHLE 1984, S. 87; vgl. Abb. 3.58):

„Wenn sich eine Rand-Population den Weg zu einem neuen Lebensraum bahnt, kann sie nicht alle Gene ihrer Mutter-Population, sondern nur einen Teil davon mitnehmen. Jede neue Rasse oder Art, die aus einer früheren hervorgeht, besitzt daher einen ärmeren Genpool. Folglich ist Substanzverlust des Genpools der Preis, den jede Rasse oder Art für das Vorrecht zahlen muß, ins Dasein zu kommen. Wenn sich der Artbildungsprozeß oft nacheinander wiederholt, entstehen schließlich Arten, deren Genpoole so weitgehend ausgelaugt sind, daß schon relativ geringfügige Änderungen der Umweltbedingungen ausreichen, um ihr Aussterben zustande zu bringen. Anpassungsleistungen an Umweltveränderungen als Ergebnis unzureichender Rekombinationsmöglichkeiten haben schließlich zu einem genetischen Minimalzustand geführt, bei dessen Unterschreiten kein Überleben mehr möglich ist. Das tragische Schicksal extrem angepaßter spezialisierter Arten oder Rassen ist daher unwiderruflich der genetische Tod."

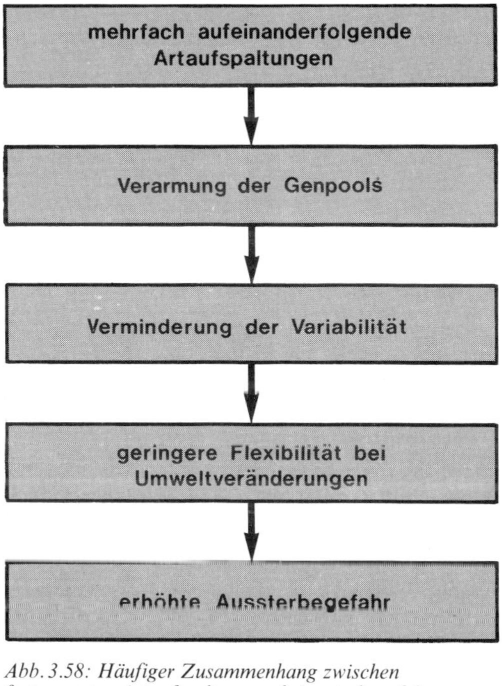


*Abb. 3.58: Häufiger Zusammenhang zwischen fortgesetzter Artaufspaltung und Aussterbegefahr.*

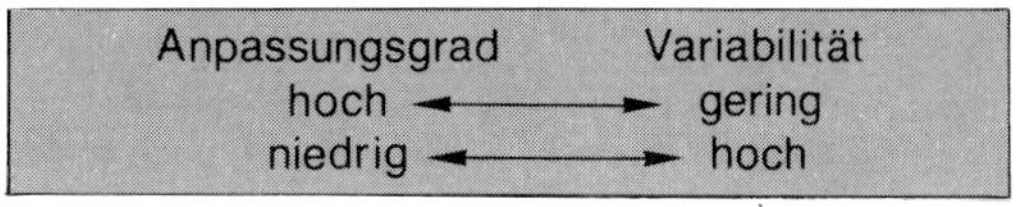


*Abb. 3.59: Häufiger Zusammenhang zwischen Anpassungsgrad und Variabilität.*

Die abgespaltenen Rassen mögen zwar durch die Wirkung der Selektion besser an ihre spezielle Umwelt angepaßt sein, als es die Ausgangspopulation wäre, aber *besser* angepaßt zu sein, bedeutet gleichzeitig auch *enger* angepaßt zu sein (Abb. 3.59). Besser angepaßt zu sein geht außerdem Hand in Hand mit extremerer *Spezialisierung*, allerdings eben auf Kosten des Reichtums des Genpools. Anpassung und Spezialisierung auf der einen Seite und Höherentwicklung auf der anderen Seite sind grundverschiedene Dinge. Dies beweist die Existenz flugunfähiger Insekten auf windumtosten Inseln oder blinder Höhlentiere (s. Abschnitt 3.3.3). Von „Evolutionsstadien" kann nur im Sinne von Mikroevolution gesprochen werden.

Ob die Verarmung des Genpools infolge von Artaufspaltungen durch Mutationen und Rekombination wieder völlig rückgängig gemacht werden kann (vgl. Abb. 3.6), ist in dieser theoretischen Erörterung nicht zu entscheiden. Statt dessen lassen wir ein Beispiel aus der freien Wildbahn sprechen: Der Gepard, das schnellste Säugetier der Welt, scheint trotz eindrucksvoller Fähigkeiten als Sprinter und Jäger vom Aussterben bedroht zu sein. Anzeichen dafür sind seine große Krankheitsanfälligkeit und ein hoher Anteil anomaler Spermien. Bemerkenswert ist auch, daß der Gepard nach einer Jagd oft so geschwächt ist, daß er nicht mehr in der Lage ist, seine Beute gegen Konkurrenten (Löwen, Leoparden, Hyänen) zu verteidigen. Umfangreiche Untersuchungen haben den wahrscheinlichsten Grund für die Gefährdung des Gepards aufgedeckt: Die Gepardpopulationen zeigen fast keine Variabilität, d.h. ein Gepard

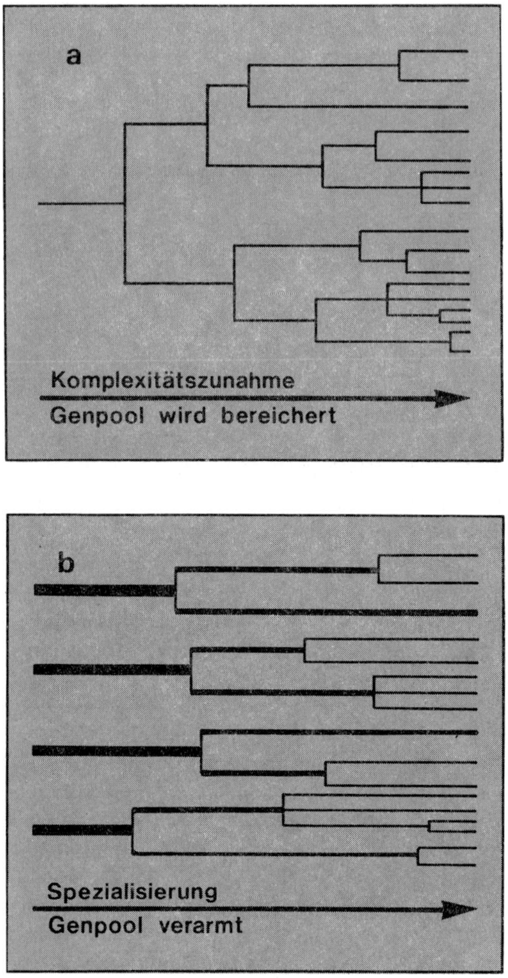


*Abb. 3.60: Zwei gegensätzliche Auffassungen zur Konsequenz fortgesetzter Artaufspaltungen. Oben die Auffassung der Evolutionslehre, unten die der Schöpfungslehre.*

gleicht dem anderen fast völlig. Geringe Variabilität läßt auf genetische Uniformität schließen. Genau dies konnte durch Vergleiche von Blutproben und durch immunologische Untersuchungen bestätigt werden. Die Aussterbegefahr des Gepards, der einen Großteil seines ursprünglichen Verbreitungsgebietes eingebüßt hat, resultiert offenbar aus dieser genetischen Uniformität, denn diese ist mit mangelnder Anpassungsfähigkeit verbunden.

Wie hat nun diese Art ihre genetische Variabilität eingebüßt? Die überzeugendste Hypothese geht davon aus, daß irgendwann in der Vergangenheit die Art extrem dezimiert worden ist: die Population durchlief (möglicherweise mehrmals) einen besonders engen sog. „Flaschenhals“. Dadurch gingen dem Genbestand der Art viele Allele verloren. Die dezimierte Population, die wohl nur knapp dem Aussterben entging, mußte sich im folgenden durch Inzucht vermehren und so mußte es zur genetischen Uniformität kommen. Über mögliche Ursachen einer solchen Dezimierung kann vorerst allerdings nur spekuliert werden.

Auch an Zuchtformen kann genau das beobachtet werden, was das Gepard-Beispiel zeigt und die oben angestellten theoretischen Erörterungen nahelegen: extreme Anpassung ist mit extremer Genpoolverarmung und stark eingeschränkter (Über-)Lebensfähigkeit verbunden.

**Zusammenfassung**

1. Bisherige Versuche einer eindeutigen und allgemein anwendbaren Artdefinition sind unbefriedigend. Worauf dies zurückzuführen ist, muß experimentell erforscht werden.
2. Die Aufspaltung einer Ausgangspopulation in verschiedene Tochterpopulationen wird auch im Schöpfungsmodell als Mechanismus der Diversifikation und Einnischung von Organismen in bestimmte ökologische Nischen angesehen.
3. Empirische Befunde an Inselpopulationen und Zuchtformen deuten allerdings darauf hin, daß Artaufspaltungen zu Genpoolverarmung, zu Spezialisierung und in Entwicklungssackgassen führen und nicht den Beginn weiterreichender Abwandlungen darstellen (Abb. 3.60).

## 3.5 Makroevolution

Die bisherigen Ausführungen in diesem Kapitel haben gezeigt, daß aufgrund empirischer Befunde, aber auch theoretischer Überlegungen (wie z.B. in Abschnitt 3.4.2) nicht auf makroevolutive Prozesse geschlossen werden kann.

Nun wird zwar in der kausalen Evolutionsforschung darauf hingewiesen, daß experimentelle Untersuchungen nur den mikroevolutiven Bereich erfassen können. Dennoch werden aus den Erkenntnissen der experimentellen Mikro-Evolutionsforschung weitreichende Schlußfolgerungen für Makroevolution gezogen (Abb. 3.61). Aus diesem Grunde werden in diesem Abschnitt weiterführende evolutionstheoretische Argumentationsweisen zur Makroevolution besprochen.

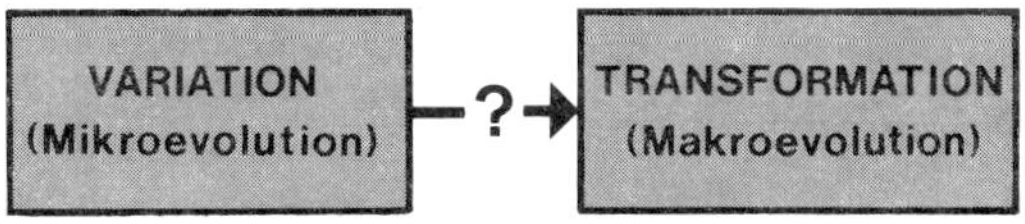


*Abb. 3.61: Kann von Variabilität auf beliebige Transformierbarkeit geschlossen werden?*

### 3.5.1 Der Faktor „Zeit“

Es ist ein häufig gebrauchtes Argument, daß bei makroevolutiven Prozessen die langen Zeiträume, die dem Evolutionsgeschehen zur Verfügung stünden, besonders berücksichtigt werden müßten. Die „langen Zeiträume“ werden geradezu als weiterer Evolutionsfaktor eingeführt (Abb. 3.62). Man gewinnt den Eindruck, daß lange Zeiträume das fast Unmögliche möglich und das Unwahrscheinliche wahrscheinlich machen konnten. Dadurch wird je-

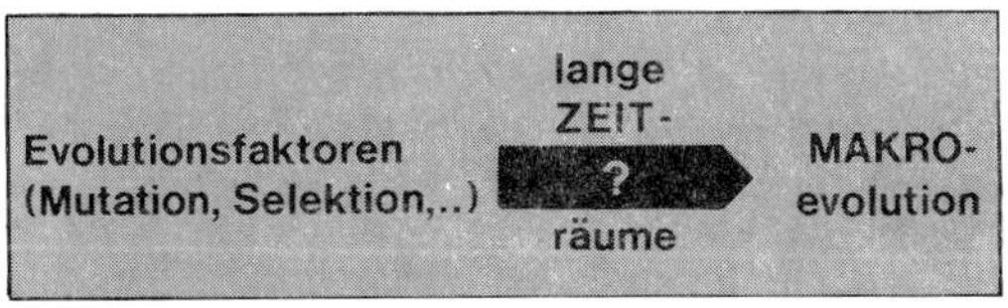


*Abb. 3.62: Die Zeit als „Evolutionsfaktor“.*

doch keine Klärung gegeben, *wie* das noch nie Beobachtete (Typenbildung durch mikroevolutive Prozesse oder durch gänzlich unbekannte Vorgänge) möglich werden soll. Von mikroevolutiven Vorgängen kann eben nach dem heutigen Stand der kausalen Evolutionsforschung nicht auf Typenneubildung und damit Makroevolution geschlossen werden. Auch die Anwendung des in der Naturwissenschaft gebräuchlichen **Aktualitätsprinzips** („gegenwärtige Vorgänge liefern den Schlüssel zum Verständnis für Vorgänge in der Vergangenheit“; vgl. Kapitel 8) läßt nur den Schluß zu, daß auch früher das Mutationsgeschehen innerhalb enger Grenzen verlaufen ist. Die Tatsache, daß keine besonderen Makroevolutionsmechanismen gefunden wurden, kann unmöglich als Beleg oder Hinweis dafür gewertet werden, daß für Makroevolution mikroevolutive Vorgänge verantwortlich gemacht werden können. Das wäre ein Zirkelschluß, da eine solche Forderung ausschließlich auf der *Voraussetzung* von Evolution beruht und damit unmöglich als Stütze der Evolutionslehre herangezogen werden kann.

Begriffe wie „Parallelevolution“ (ähnlicher Evolutionsverlauf in verschiedenen Entwicklungslinien), „Orthogenese“ (Evolution auf ein scheinbares Ziel hin; Beispiel: Evolution zur Einhufigkeit bei den Pferden) oder „Irreversibilität der Evolution“ (Nicht Umkehrbarkeit der Evolution; DOLLO'sches Gesetz) steuern *keine Erklärungen* bei; es handelt sich nur um evolutionstheoretische Interpretationen bestimmter Befunde, die auch im Schöpfungsmodell gedeutet werden können (vgl. Abschnitt 6.1). Eine evolutionstheoretische Erklärung *muß* Selektionsdrücke und Zwischenstadien verständlich machen, sonst können auch extrem lange Zeiträume nicht zur Lösung des Problems beitragen (vgl. Abschnitt 4.3).

### 3.5.2 Theorie der additiven Typogenese

Die Theorie der additiven Typogenese ist ein weiterer Versuch, das Problem Makroevolution zu lösen. Unter **additiver Typogenese** versteht man folgende Hypothese: Neue Organisationsformen entstehen *nicht* durch *gleichzeitige* Änderung *aller* betroffenen Organisationsmerkmale, sondern durch nach und nach erfolgenden Ersatz oder Änderung *einzelner* Merkmale. Erst nach längerer Zeit ergibt sich infolge Addition der einzelnen Merkmale ein neuer Organisationstyp (Abb. 3.63).

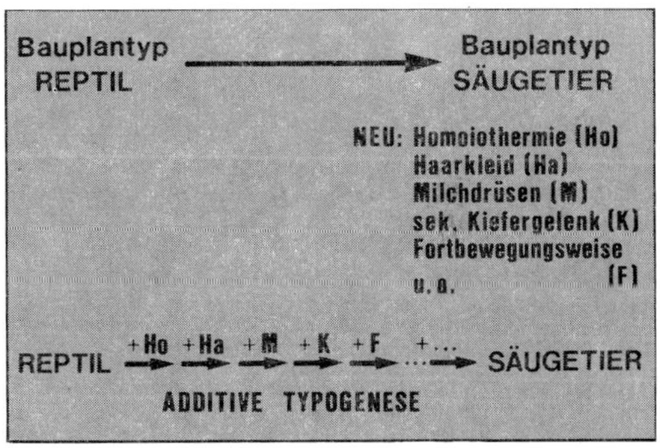


*Abb. 3.63: Additive Typogenese. Im Rahmen der Evolutionstheorie stellt man sich die Übergänge zwischen verschiedenen Bauplantypen so vor, daß einzelne neue Strukturen nach und nach auftreten. Die im Beispiel des Übergangs von Reptilien zu Säugetieren gewählte Reihenfolge der Addition neuer Strukturen ist willkürlich!*

Beispielsweise wurden nach dieser Vorstellung bei der Entwicklung der Säugetiere aus Reptilien die verschiedenen typischen Säugetiermerkmale wie Haarkleid, Milchdrüsen, drei Gehörknöchelchen, Fortbewegungsweise usw. nach und nach entwickelt. Dieser Vorgang sei gerade bei der Entwicklung Reptil-Säugetier fossil gut belegt. So sind z.B. fossile Reptilien aus der Gruppe der Therapsiden bekannt, die zwei Kiefergelenke besitzen: das primäre der Reptilien und das sekundare der Säuger (vgl. Abschnitt 3.3.6). Unter den Therapsiden gibt es viele Reptilienarten mit einer Reihe von Säugermerkmalen (soweit man dies an Versteinerungen überhaupt feststellen kann). Als weiterer Hinweis für die Richtigkeit dieser Vorstellung wird oft die Existenz von **Übergangsformen** *(Mosaiktypen)* gewertet. Solche Übergangsformen vereinigen Merkmale von zwei systematischen

Großgruppen (vgl. Abschnitt 8.7). Damit ist aber keineswegs bewiesen, daß hier ein Abstammungszusammenhang vorliegt, daß diese also genetisch miteinander verbunden sind. Vor allem bleibt der Vorgang der Bildung der *einzelnen* Organisationsmerkmale auch unter Zuhilfenahme der Theorie der additiven Typogenese ungeklärt, wie das Beispiel der Entstehung der Gehörknöchelchen der Säugetiere zeigt (s. Abschnitt 3.3.6). Die Theorie der additiven Typogenese splittert das Problem der Typenbildung lediglich in zahlreiche Einzelprobleme der evolutiven Entstehung *einzelner* neuer Strukturen, also in das Problem der Makroevolution schlechthin, auf.

Auch der Hinweis auf einschneidende Umweltveränderungen oder auf die Besiedlung neuer ökologischer Zonen hilft nicht weiter, ebensowenig die Annahme, daß makroevolutive Schritte in relativ kleinen Populationen vor sich gingen und dadurch die Gendrift wirken konnte. Denn diese Annahmen bzw. gedanklichen Hilfskonstruktionen steuern keinen Beitrag zur Aufhellung des Evolutions*mechanismus* bei, um den es in der kausalen Evolutionsforschung aber gerade geht.

In diesem Zusammenhang ist ein weiteres oft zitiertes Beispiel von Interesse: die Entstehung des Linsenauges. Im Rahmen der Evolutionstheorie wird versucht, die Evolution dieses hochkomplizierten Organes über funktionsfähige Vorstufen verständlich zu machen: Als Ausgangspunkt der Entwicklung wird ein Sehzellenbündel angenommen, und die weitere Entwicklung habe dann über Flachauge, Becherauge und Grubenauge zum Linsenauge geführt. Die Existenz dieser Organisationsstufen ist jedoch lediglich eine notwendige, aber keinesfalls hinreichende Bedingung für eine allmähliche Entwicklung. Mit der Nennung denkbarer Zwischenstufen sind die *Übergänge* von Stufe zu Stufe und die zugrundeliegenden genetischen Veränderungen nicht erklärt.

### 3.5.3 Schnelle Evolution zu bestimmten Zeiten: Das punktualistische Modell

Daß es für Makroevolution keine befriedigende Erklärung gibt und daß sie anhand der Fossilien auch nicht direkt ablesbar ist (s. Kapitel 8), wird von vielen Wissenschaftlern eingeräumt, ohne daß sie die Überzeugung von einer umfassenden Evolution aufgeben. Einige von ihnen bieten für das Fehlen von Zwischenformen und fossilen Abwandlungsreihen, die echte evolutive Neubildung dokumentieren, und für die Tatsache, daß Fossilien immer fertige Typen darstellen, folgende Erklärung an:

Die Entwicklung zu neuen systematischen Gruppen (und damit die Entwicklung evolutionärer Neuheiten) erfolgte vielfach nur an einer einzigen Stelle und in kleinen Populationen, in denen die Wirkung der Gendrift besonders zur Geltung kommen konnte. Die Entwicklung konnte demnach wesentlich schneller verlaufen als in großen Populationen; Übergangsformen existierten also nur während einer geringen Zeitspanne. Dadurch konnte es nur wenige Individuen geben, welche Übergangsformen repräsentierten. Folglich ist die Wahrscheinlichkeit der Fossilisation für die Übergangsformen entsprechend klein, ja es ist geradezu zu erwarten, daß keine oder fast keine Übergangsformen gefunden werden. Auch werden geringere Selektionsdrucke angenommen, wodurch sich mehr Mutationen im Genpool halten konnten, sodaß mehr Rohmaterial für die Höherentwicklung zur Verfügung stand.

Bei Anwendung der in Abschnitt 1.1 dargelegten Kriterien des naturwissenschaftlichen Arbeitens muß eine solche Argumentation als nicht wissenschaftlich bezeichnet werden. (Daraus kann aber keineswegs geschlossen werden, daß sie damit unwahr ist, vgl. Kapitel 1.) Diese Auffassung vom Makro-Evolutionsgeschehen basiert nicht auf empirischen Befunden. Tatsache ist, daß fossile Zwischenformen in einem für die Evolutionstheorie unerwarteten Ausmaß fehlen und daß in heutigen Populationen das Auftreten solcher Formen nie beobachtet wurde. Von diesem Befund ausgehend ist die *naheliegendste* Schlußfolgerung, daß es diese Zwischenformen auch nicht gegeben hat. Die Annahme der Existenz dieser Zwischenformen wird durch die *Theorie* der Evolution, *nicht* durch das *Tatsachen*material gefordert.

Ein weiterer Einwand gegen diesen Erklärungsansatz ist die fehlende Überprüfbarkeit: Über Vorgänge, die nicht beobachtbar oder in irgendeiner Weise dokumentiert sind, läßt sich beliebig spekulieren (vgl. Abschnitt 1.1). Der Hinweis auf stärkere Gendrift liefert jedenfalls keine Erklärung für den Höherentwicklungsvorgang. Auch starke Gendrift bewirkt nur eine Änderung der Allelenfrequenzen und keine Neuentstehung von Genen (vgl. Abschnitt 3.4). Der Wegfall von Selektionswirkungen kann keine Makroevolutionsschritte verständlich machen.

Die Annahme sogenannter „Makromutationen", die auf einen Schlag die Organisation eines Organismus verändern sollen, hat sich als unhaltbar erwiesen und entbehrt jeglicher empirischer Stütze. Es ist bekannt, daß Mutationen, die starke Veränderungen hervorrufen, zu verminderter Lebenstüchtigkeit führen und keine Höherentwicklung verursachen. Daher hält man seit längerer

Zeit nur kleinschrittige Evolution für möglich. Kleinschrittige Evolution ist aber im Grunde nichts anderes als Variation (Mikroevolution; vgl. Abschnitt 3.3).

Ein konkretes Beispiel soll das beschriebene Argument illustrieren; es betrifft die Herkunft der Wale und Delphine: „Von allen Säugetieren sind die Wale und Delphine oder Cetacea sicherlich die am meisten atypischen und in vieler Hinsicht die bezüglich des Ausmaßes, in dem sie von ihren primitiven Eutherienahnen abgewichen sind, am höchsten spezialisierten. Diese Säugetiere müssen einen sehr alten Ursprung gehabt haben, denn es sind keine intermediären Formen (Zwischenformen, d.Verf.) zwischen den Walen und den kreidezeitlichen Ahnen der Placentalier in der Fossilüberlieferung bekannt. Ähnlich den Fledermäusen erscheinen die Wale...plötzlich in tertiären Zeiten, durch tiefgreifende Abänderungen der säugetierhaften Grundstruktur für eine hochspezialisierte Lebensweise vollständig angepaßt. ... Demnach scheint es eine Tatsache zu sein, daß die Wale...sich von Anfang an einer Reihe von außerordentlich schnellen evolutiven Wandlungen erfreuten, die sie in mitteleozänen Zeiten an das Leben im Ozean völlig anpaßten" (Colbert 1965, S. 263). Hier wird eine Hypothese unbegründet zur Tatsache erhoben. Wie aus dem Zitat selbst hervorgeht, ist es *Tatsache*, daß es nur „fertige" Wale gibt, *Hypothese* hingegen, daß sie durch (Makro-)Evolution entstanden sind. Die schnelle Entwicklung wird aus der *Hypothese* und der Tatsache der fehlenden Zwischenformen geschlossen. Das zu Beweisende wird vorausgesetzt; die Argumentation dreht sich im Kreis und ist damit nicht schlüssig.

**Punktualismus**

Die Vorstellung „explosiver" Evolutionsphasen existiert schon recht lange. In jüngerer Zeit wurde sie verstärkt aufgegriffen und zu einem **punktualistischen Modell** ausgebaut.

Die Vertreter des Punktualismus behaupten: „Die Evolution vollzog sich jeweils nur während kurzer Abschnitte des Gesamtgeschehens. Meist erfolgte der Wandel so schnell in geographisch so eng umgrenzten Gebieten, daß er durch unsere lückenhaften Fossilfunde nicht belegt ist" (Stanley 1983, S. 15). Demgegenüber geht die herkömmliche **gradualistische** Sichtweise der Synthetischen Evolutionstheorie davon aus, daß die Evolution ziemlich gleichmäßig in kleinen Schritten verläuft. Als Belege für die punktualistische Theorie werden die systematischen Diskontinuitäten im Fossilbericht (das plötzliche Auftauchen immer bereits „fertiger" Organismen in der Erdgeschichte und das Fehlen von Übergangsformen; vgl. Kapitel 8) und Beobachtungen schneller mikroevolutiver Vorgänge innerhalb sehr kurzer Zeiträume gewertet (Abb. 3.64).

Die punktualistische Deutung dieser Tatbestände steht in besserer Übereinstimmung mit den Fakten als die gradualistische, aber auch sie liefert

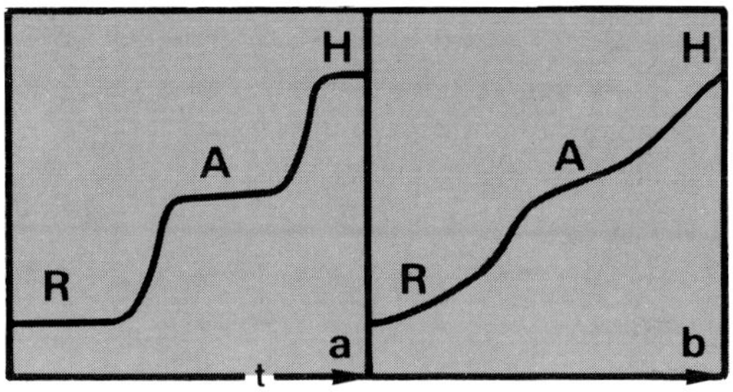


*Abb. 3.64: Das punktualistische (a) und das gradualistische (b) Modell am Beispiel der postulierten Evolution des Menschen. R = Ramapithecus bzw. eine nahestehende Form; A = Australopithecinen; H = Homo, vgl. dazu Kapitel 9.*

in Wirklichkeit keine Erklärung für Makroevolution. Dies sei kurz wie folgt begründet:

1. Die *beobachteten* schnellen Evolutionsvorgänge lassen sich durch mikroevolutive Prozesse erklären. (Der interessierte Leser vergewissere sich anhand der von Stanley 1983 besprochenen Beispiele.)
2. Es wird behauptet, daß zu den entscheidenden Phasen der Evolution keine paläontologischen Hinweise vorliegen. Über Vorgänge aber, von denen man (erklärtermaßen) nichts weiß, läßt sich zwar beliebig spekulieren; doch das fällt nicht in den Bereich der Naturwissenschaft.

### 3.5.4 Präadaption

Die Schwierigkeit, die Entstehung einer phylogenetisch neuen Struktur zu erklären, wird oft dadurch zu beheben versucht, daß man sog. „Voranpassungen" (Präadaptionen) annimmt bzw. nachzuweisen versucht. In *Linder Biologie* heißt es z.B. (Knodel & Bayrhuber 1983, S. 407):

> „Auch neutrale oder zunächst nachteilige Gene oder Gen-Kombinationen können sich bei einer Umweltänderung oder beim Eindringen in einen neuen Lebensraum vorteilhaft auswirken und werden dann von der Selektion begünstigt. Man spricht dann von einer Präadaption, weil die Möglichkeit von Anpassungen an neue Umweltverhältnisse bereits vorliegt."

Statt „Präadaption" wird gelegentlich auch der etwas treffendere Begriff *„Prädisposition"* gebraucht - treffender deshalb, weil eine Anpassung an zukünftige Umweltbedingungen gemäß der Synthetischen Evolutionstheorie nicht möglich ist. Manche Präadaptionen (wir bleiben beim üblicheren Begriff) sind mikroevolutiv verständlich, so etwa die Entstehung von Schneehühnern oder Eisbären aus gefärbten Vorfahren. Die Präadaption besteht in diesem Fall darin, daß es immer wieder Albino-Mutanten gibt, die gewöhnlich selektionsnachteilig, aber in spezieller Umwelt eben doch von Vorteil sind. (Wir haben hier ein typisches Beispiel für die Umweltabhängigkeit des „Wertes“ von Mutationen.)

In anderen Fällen ist die Sachlage nicht so einfach. Wir wählen dazu als Beispiel den einschneidenden Übergang der Wirbeltiere vom Wasser auf das Land (vgl. Abschnitt 8.7.4). Dabei sollen Präadaptionen eine wichtige Rolle gespielt haben. Die Argumentation lautet etwa folgendermaßen:

Als Voraussetzung für den Übergang auf das Land waren eine Reihe von Organisationsänderungen der Fischartigen notwendig, z.B. mußten sich die Atemorgane auf Luftatmung umstellen. Wir beschränken uns im folgenden der Einfachheit halber allein auf diese Umstellung. Sie konnte nur in kleinen Mutation-Selektionsschritten vor sich gehen. Als wahrscheinlichste Ausgangsgruppe der Entwicklung werden bestimmte Quastenflosser betrachtet, die in der Devonzeit in flachen, sauerstoffarmen Süßgewässern gelebt haben sollen (was aus den versteinerten Funden der Begleitfauna erschlossen wird). Diese Fische besaßen vielleicht zusätzlich zu den Kiemen einfache Lungen, mit denen sie durch Luftschnappen atmen konnten. Aufgrund dieser Fähigkeit waren die Quastenflosser gleichzeitig sowohl an ihre aktuellen Lebensbedingungen als auch für das Leben auf dem Land *vor*angepaßt. Die bereits vorhandene einfache Lunge konnte aufgrund des Selektionsdruckes auf dem Land dann allmählich verbessert werden.

Zu dieser Vorstellung der Evolutionstheoretiker ist zu sagen, daß aufgrund der bloßen Befunde eine Interpretation im Sinne einer *Prä*adaption nicht nötig (und schon gar nicht zwingend) ist. Sie ist wohl möglich und, wenn man evolutionstheoretisch denkt, auch notwendig. Der objektive Befund ist aber nur der, daß die damaligen Quastenflosser an ihre damalige Umwelt angepaßt waren. Man braucht kein Evolutionskonzept, um Bau und Fähigkeiten dieser Organismen verstehen zu können. Die Interpretation der geschilderten *Vor*anpassung ist theoriegeleitet, d.h. sie wird von der Vorgabe einer behaupteten, aber nicht bewiesenen Evolution gefordert. Sie macht eine vermutete Entwicklung nur plausibel, ohne sie wirklich verständlich zu machen. Eine solche Voranpassung ist nur eine notwendige, keine hinreichende Bedingung dafür, daß ein evolutionärer, kleinschrittiger Übergang vom Wasser aufs Land möglich war. Um dies voll einsehen zu können, muß freilich ins Detail gegangen werden, wie es in 3.3.6 für einige Beispiele erfolgt ist. Für den Erforscher von Evolutionsursachen bleibt die wichtige Frage nach dem Übergang zwischen ausschließlich kiemenatmenden Fischen und den Quastenflossern einerseits sowie den Quastenflossern und echten Landwirbeltieren andererseits offen.

In vielen Fällen makroevolutiver Übergänge hilft der Rückgriff auf mögliche Voranpassungen schon im Ansatz nicht weiter.

### 3.5.5 Zusammenfassung

Sämtliche hier aufgeführten Argumentationsweisen zur Makroevolution gehen primär nicht von den Befunden, sondern von der vorgefaßten Evolutionstheorie aus, die grundsätzlich als bewiesen angesehen wird.

Damit ist gleichzeitig eine wesentliche Kritik an den üblichen Argumentationsweisen in Evolutionstheorien angesprochen: Das Befundmaterial wird oft zwanghaft in das bestehende Theoriengebäude eingebaut, statt daß die Fundamente dieses Gebäudes hinterfragt werden.

## 3.6 Weitere Evolutionstheorien

Im folgenden werden zwei Evolutionstheorien besprochen, die zwar bisher fast keinen Eingang in die Schulbücher gefunden haben, aber inzwischen doch einige Bedeutung erlangten. Insbesondere versteht sich die Systemtheorie der Evolution als notwendige Erweiterung der Synthetischen Evolutionstheorie und muß daher auch hier Erwähnung finden, auch wenn sich die Schulbücher weitgehend auf dem Stand der Synthetischen Theorie befinden. Die „Neutrale Theorie der molekularen Evolution“ wird ebenfalls vorgestellt.

Aus Platzgründen muß hier einiges vereinfacht dargestellt werden. Daher sei ausdrücklich auf die zugrundegelegte Literatur verwiesen (s. Literaturverzeichnis). Außerdem läßt sich in den folgenden Darlegungen ein höherer Schwierigkeitsgrad nicht vermeiden.

### 3.6.1 Die Systemtheorie der Evolution

Die in der Synthetischen Theorie bestehenden Schwierigkeiten haben einige Biologen im Laufe des letzten Jahrzehnts dazu veranlaßt, an einer Erweiterung des Theoriengebäudes dieser Theorie zu arbeiten. Nach Auffassung dieser Wissenschaftler handelt es sich bei den Fragen, die mit der Synthetischen Theorie nicht beantwortet werden können, nicht um Randprobleme. Beispielsweise könne sie das Phänomen der **Synorganisation** nicht erklären. Darunter wird die gleichzeitige und gemeinsame Veränderung mehrerer Strukturen verstanden. Als Beispiel dafür wurde bereits in Abschnitt 3.3.6 die Entstehung der Gehörknöchelchen der Säugetiere besprochen. Jedes beliebige Organ kann aber als Beispiel für Synorganisation genommen werden, denn das Funktionieren von Organen beruht auf dem Zusammenspiel vieler verschiedener

Teile (z.B. Knochen, Muskeln, Sehnen, Bindegewebe, Nerven usw.). Wie in Abschnitt 3.3.6 ausgeführt, müßte im Modell der Synthetischen Theorie jede einzelne Struktur, die beim Aufbau eines Organs beteiligt ist, immer „warten“ bis die anderen „richtig“ mutieren, und solche zeitlichen Koppelungen hat man bisher nicht beobachtet.

Dieses spezielle Problem weist auf eine allgemeine Schwierigkeit hin, auf die besonders der Wiener Zoologe Rupert Riedl aufmerksam gemacht hat: Er ist der Auffassung, daß die durch die Umwelt gesteuerte Selektion nicht als Erklärung für die Entstehung der wesentlichen Organisationsmerkmale der Lebewesen ausreiche. Die zentrale Frage lautet: Wie entstand die Ordnung des Lebendigen? D.h.: Wie kommt es, daß man Organismen in systematische Gruppen einordnen kann? Im Grunde geht es um die Klärung der Makro-Evolutionsmechanismen.

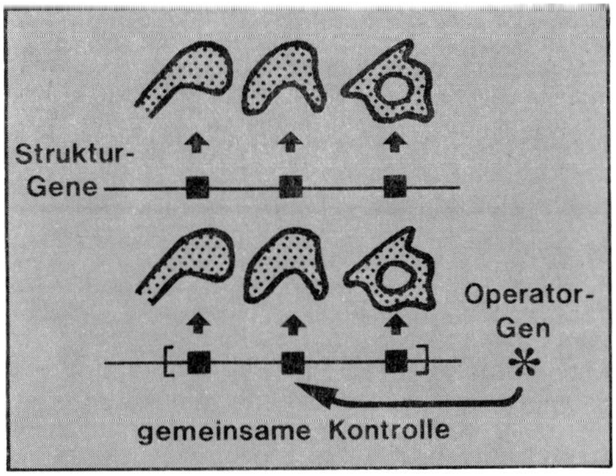


*Abb. 3.65: Ein Kernstück der Systemtheorie der Evolution ist die Vorstellung, daß immer wieder einzelne Strukturgene unter ein Operatorgen verschaltet wurden, wodurch eine gemeinsame Kontrolle und eine harmonische Veränderung (Evolution) möglich wurde. Die Abbildung zeigt dies am Beispiel der Gehörknöchelchen Hammer, Amboß und Steigbügel (von links). (Nach Kaspar 1978)*

## *Definition und Hauptaussagen*

In der Systemtheorie der Evolution werden Genotyp, Phänotyp und Umwelt als System betrachtet, dessen Teile sämtlich miteinander in Wechselwirkung stehen und in gegenseitiger Abhängigkeit evolvieren. Evolution stellt sich als ein kompliziertes Systemgeschehen dar. Der in der Synthetischen Theorie beschriebene Evolutionsmechanismus wird um den Faktor der „inneren“ Selektion erweitert: auch Regelungs-, Rückkoppelungs- und Kontrollmechanismen im Lebewesen wirken auf dieses selbst selektiv.

Lebende Systeme besitzen als wesentliches Attribut die Fähigkeit zur Selbstregulation. Der in der Synthetischen Theorie beschriebene Evolutionsmechanismus funktioniert nur im Rahmen bereits vorgegebener Strukturen und Regulationssysteme; dort wird die Existenz dieser Strukturen und die Selbstregulation bereits vorausgesetzt, nicht aber deren Entstehung erklärt. Die Systemtheorie der Evolution weist nun die Selbstregulation als wichtigen Aspekt der Selektion aus und betrachtet sie als im Innern der Organismen wirksame Selektion („innere Selektion“).

Nach dem heutigen Stand des Wissens kann man davon ausgehen, daß die Lebensfunktionen eines Organismus einem *hierarchisch aufgebauten* Steuer- und Regulationssystem untergeordnet sind; auch das Genom dürfte hierarchisch organisiert sein. Allerdings sind bisher wenig genauere Einzelheiten bekannt.

Nach der Systemtheorie entsteht nun die Hierarchie im Genom nach und nach durch *schrittweise Koppelung von Genen*. Eine solche Koppelung ist immer dann sinnvoll (selektionspositiv), wenn sie einer phänotypischen Koppelung entspricht. Umgekehrt mögen zufällige Genkoppelungen gelegentlich Merkmale auf der Phän-Ebene sinnvoll koppeln. Folglich werden solche zufällig erfolgenden Koppelungen selektiv festgehalten, die eine phänotypische Koppelung im Genom verankern.

Wenn nun beispielsweise bei einer evolutiven Änderung eines Gelenks fünf Gene gleichzeitig und in gleicher Richtung geändert werden müßten, damit eine Änderung mit einem Selektionsvorteil verbunden ist (phänotypische Koppelung), so stellt es einen bedeutenden Vorteil dar, wenn durch zufällige mutationsbedingte Zusammenschaltung dieser fünf Gene unter *ein* Regulatorgen deren unabhängige Änderung verhindert werden kann (genotypische Koppelung; s. Abb. 3.65). Dann kann eine Einzelmutation des Regulatorgens eine Änderung des Zusammenspiels aller untergeordneten Gene bewirken. Die Trefferchance für eine positive Mutation wird so bedeutend erhöht, da - bildhaft gesprochen - die Loszahl der möglichen Mutationsschritte durch Koppelung von Genen entsprechend verringert wird. Mutationen in „untergeordneten“ Genen können nur dann fixiert werden, wenn sie das Gesamtsystem, in das die betroffenen Gene eingepaßt sind, nicht stören - die unabhängige Änderung der „Einzelteile“ des Systems „Genom“ ist damit verhindert.

So entsteht nach den Vorstellungen der Vertreter der Systemtheorie im Laufe der Zeit ein System der Gen-Wechselwirkungen, das „**epigenetische System**“, ein Gen-Netz, das schrittweise die Funktionszusammenhänge seiner Phäne kopiert. Mit zunehmender Größe erreicht dieses Gen-Netz eine gewisse Stabilität. Jeder Versuch, dieses Netz aufzulösen (Mutationen), wird mehr oder weniger schwere Folgen haben. Hier setzt die innere Selektion an, welche das Auseinanderbrechen des Zusammenhalts der Gene (**genetische Kohäsion**) verhindert und somit eine Art Eigenkontrolle des Organismus bewirkt.

Ein Beispiel dazu: Wenn die Gene des Wirbeltierauges in einem hierarchischen Netzwerk so verschaltet sind, daß sie sich nur gemeinsam und in gleichem Sinne verändern können (wegen der Wirkung der inneren Selektion), so sind viel weniger Versuche nötig, um das Organ in seiner heutigen Gestalt aus einfacher gebauten Vorläufern entstehen zu lassen, als wenn eine solche Koppelung nicht bestünde. Das Phänomen der Synorganisation ist also der morphologische Ausdruck der fortschreitenden Verschaltung von Genen, die zu einer Hierarchie der Merkmale führt, welche jener des Genoms entspricht.

Durch schrittweise Koppelung von Genen werden die Grenzen des noch möglichen zukünftigen Wandels zunehmend enger, so daß es zu *Trends* im Evolutionsprozeß kommt (Orthogenese, Parallelevolution). Eine weitere Konsequenz ist die Tatsache, daß viele Grundeigentümlichkeiten der Baupläne von Organismen nach ihrer Festlegung nicht mehr verändert werden können und daß dadurch auch eine Hierarchie im System der Lebewesen entsteht.

*Kritische Anmerkungen und Einwände*

Anhand der in 3.3.6 ausführlich diskutierten Fallstudien soll nun die Erklärungskraft der Systemtheorie der Evolution geprüft werden. Wir hatten festgestellt, daß die Synthetische Theorie keine Erklärung für die Entstehung des Kannenblattes und der Gehörknöchelchen der Säugetiere geben kann. Mit der Systemtheorie der Evolution kommt man allerdings nicht wesentlich weiter. Denn die Systemtheorie kann im Falle des Kannenblattes auch keine Antwort auf die Frage geben, welcher Selektionsdruck die Entstehung der einzelnen Fallenteile veranlassen konnte. Sie kann auch nicht begründen, weshalb verschiedene für das Funktionieren des fertigen Fallenblattes notwendige Gene irgendwann einmal während der Entstehung desselben zusammengeschaltet worden sein sollten. Welchen Sinn hätte beispielsweise das Zusammenschalten der Gene gehabt, die für die Herstellung von Verdauungssäften verantwortlich sind, und der Gene, welche die Formbildung des Blattes codieren, solange die anderen Merkmale und Funktionen der Falle noch nicht vorhanden waren? Bevor ein Zusammenschalten von Genen einen Sinn gehabt hätte, hätten zuerst *sämtliche* Fallenteile genetisch verankert sein müssen. Eine solche Vorstellung hätte aber nichts mehr mit Evolution zu tun.

Im Falle der Entstehung der Gehörknöchelchen der Säugetiere sind die Schwierigkeiten ähnlich gelagert. Die in Abschnitt 3.3.6 aufgeworfene Frage nach den Selektionsdrücken, welche die einzelnen genannten Veränderungen (Einwandern der Knöchelchen ins Mittelohr u.a.) hätten auslösen müssen, bleibt auch im Rahmen der Systemtheorie ohne Antwort - auch unter der Annahme, daß alle Gehörknöchelchen unter die gemeinsame Kontrolle eines einzigen Regulatorgens gekommen sind (wie wahrscheinlich wäre ein solcher Vorgang überhaupt?). Auch innere Selektionswirkungen könnten solche Entwicklungen nicht verursachen. Außerdem muß bei einer Umwandlung von Kiefergelenkknochen in Knöchelchen ganz anderer Funktion davon ausgegangen werden, daß das Regulationssystem, welches für das Funktionieren des Kauapparates notwendig ist, zeitweise zum Teil hätte aufgelöst werden müssen, was niemals von der inneren Selektion „zugelassen" worden wäre.

Die Einbeziehung innerer Selektionswirkungen ist zwar sicher eine theoretische Notwendigkeit, aber in dieser Theorie einer evolutiven Entstehung neuer Strukturen werden mehr neue Probleme aufgeworfen als alte gelöst. Die Systemtheorie der Evolution scheitert ebenfalls am Problem „Makroevolution".

Besonders bemerkenswert ist auch, daß die Systemtheoretiker gar nicht angeben, wie im *einzelnen* die Gen-Verschaltung erfolgt bzw. erfolgen konnte. Hierzu sind auch keine experimentellen Ergebnisse bekannt. Auf diese käme es einmal mehr an. Damit stellt sich die Systemtheorie der Evolution als ein reines Gedankenkonstrukt dar.

### 3.6.2 Die Neutrale Theorie der molekularen Evolution

Wie vor allem die Systemtheorie betont, spielt sich das Selektionsgeschehen auf verschiedenen hierarchischen Stufen der Organismen ab, von denen die markantesten der Genotyp und der Phänotyp sind. Die vor allem von dem Japaner M. KIMURA entworfene Neutrale Theorie der molekularen Evolution betrifft die genotypische (molekulare) Ebene der Evolution. Nach dieser Theorie laufen molekulare und phänotypische Evolution nach verschiedenen Regeln ab. So wird behauptet, daß die Zahl der Aminosäure-Austausche (Substitutionen) pro Zeiteinheit für ein bestimmtes Protein annähernd konstant und in verschiedenen Entwicklungslinien ungefähr gleich groß sei, und zwar unabhängig von wechselnden Selektionsbedingungen und von der Populationsgröße. Dagegen kann man in der phänotypischen Evolution Phasen mit deutlich verschiedenen Geschwindigkeiten unterscheiden: Zeiten „explosiver" Radiationen wechseln mit Perioden annähernder Stagnation (vgl. Kapitel 8 und Abschnitt 3.5.3). Die Konstanz der Aminosäure- bzw. Nucleotidsubstitutionsraten ist nicht unbestritten (s. Abschnitt 6.3), bildet aber eine wesentliche Grundlage für die *Hauptaussagen der Neutralen Theorie*. Diese Theorie besagt, daß *auf dem molekularen Niveau* evolutionäre Änderungen hauptsächlich durch selektionsneutrale oder fast neutrale Mutationen zustande kommen. Das Schicksal von Allelen im Genpool einer Art bzw. Population wird hauptsächlich durch *Mutation* und *Gendrift* (s. Abschnitt 3.4) bestimmt.

Die positive Darwinsche Selektion wird also nicht als wesentliche Ursache für den evolutiven Wandel angesehen. Allele sollen sich auch in einer Population ausbreiten, ohne einen positiven Selektionswert zu besitzen, d.h. ohne daß sie ihrem Träger einen Selektionsvorteil verschaffen. Die Synthetische Theorie behauptet dagegen, daß ein (mutiertes) Allel einen Selektionsvorteil bieten muß, um sich in einer Population ausbreiten zu können (s. Abschnitt 3.3). Für die Fixierung eines Allels (d.h.: die vollständige Ersetzung eines Alleles im Genpool durch ein anderes = **Gen-Substitution**) ist nach der Neutralen Theorie normalerweise die Gendrift verantwortlich, nicht positive Selektion, auch wenn die meisten Allele, die in einer Population durch Zufall entstehen, durch Zufall auch wieder verlorengehen. Der Einfluß der Selektion auf leicht schädliche Mutationen wird als so gering angesehen, daß er von Zufallseffekten überlagert wird.

Daß die natürliche Selektion eine Rolle in der Evolution spielt, wird nicht abgestritten; ihre Aufgabe besteht aber hauptsächlich darin, schädliche Mutationen auszumerzen. Positive Mutationen werden als so selten angesehen, daß sie vernachlässigt werden können.

*Kritische Anmerkungen.* Die Neutrale Theorie gibt nur eine Erklärung für die Entstehung unterschiedlicher Sequenzen eines bestimmten Proteins aus einem bereits vorhandenen, nicht aber für das Zustandekommen der betreffenden Proteine selber im Laufe einer angenommenen Evolution. So fällt vor allem das Schicksal der aktiven Zentren von Enzymproteinen, die für die Funktion der Proteine von ausschlaggebender Bedeutung sind, gar nicht in den Erklärungsbereich der Theorie. Die Entstehung neuer Strukturen bleibt in dieser Theorie ebenfalls ohne Antwort. Eine (auch mehrfache) *Ersetzung* von Aminosäuren (bzw. Nucleotiden), wie sie die Neutrale Theorie erklärt, hat mit dem Zustandekommen wesentlicher Eigenschaften der entsprechenden Proteine noch nichts zu tun.

# 4 Molekulare Mechanismen der Mikroevolution

## 4.1 Molekularbiologische Grundlagen

Die Erbinformationen der Lebewesen sind auf den riesigen Kettenmolekülen der DNS (Desoxyribonucleinsäure) niedergeschrieben. Die Sprache, in der diese Informationen verschlüsselt sind, ist von der modernen Molekularbiologie entdeckt worden, so daß man heute die DNS sozusagen „lesen" kann - nicht gerade wie in einem Buch, aber ein spezielles Gen kann doch in einem vergleichsweise kurzen Zeitraum (innerhalb einiger Wochen oder Monate) im Labor entschlüsselt werden. Damit ist es wenigstens prinzipiell möglich, den Evolutionsmechanismen auf molekularer Ebene nachzuspüren. Wir wollen uns deshalb die Informationsspeicherung und die Informationsausprägung des Erbgutes vor Augen führen und uns dann mit den verschiedenen Möglichkeiten beschäftigen, wie diese Information gezielt oder zufällig verändert werden könnte.

Die Grundbausteine der DNS heißen **Nucleotide**. Vier verschiedene Formen kommen vor (vgl. Abbildung 6.8) und jeweils zwei davon sind *komplementär*, d.h. sie passen wie Schlüssel und Schloß zusammen. Jeweils 3 aufeinander folgende Paare können mit einem Wort verglichen werden, dessen Bedeutung einer speziellen Aminosäure entspricht. Eine solche Dreiergruppe wird **Triplett** oder **Codon** genannt. Verschiedene Worte ergeben einen Satz, ein sinnvolles Ganzes. Genauso ergibt die Folge von einigen Dutzend bis einigen Hundert Tripletts einen Sinn, wenn in der Zelle eine Übersetzung angefertigt wurde (Abb. 4.1 und 4.2), wenn die Nucleotidsequenz der DNS über eine Zwischenstufe (die sogenannte **Boten-** oder **mRNS**) in eine Aminosäuresequenz (**Protein**) übersetzt wurde. Diese Übersetzung (**Translation**) geschieht an sehr komplizierten Stoffwechselmaschinen, den Ribosomen. Sie ist in vielen Details noch gar nicht verstanden und für unser Anliegen vorerst nicht weiter wichtig. Wie in Kapitel 5 dargelegt wird, gibt es keine realistischen Vorstellungen darüber, wie ein solcher Übersetzungsapparat zufällig entstanden sein könnte.

Neben den DNS-Sequenzen, welche Protein codieren, gibt es auch Sequenzen, die ohne Übersetzung z. B. eine regulative Funktion haben und Sequenzen, deren Funktion noch unbekannt ist.

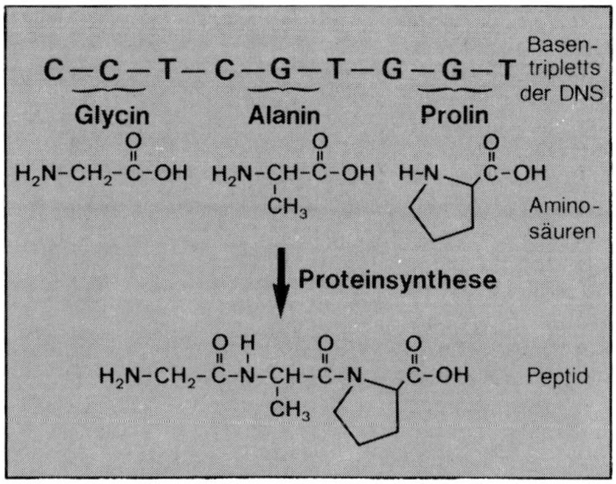


*Abb. 4.1: Die vier verschiedenen Basen (vgl. Abb. 6.8) der DNS sind in Dreiergruppen (Tripletts) angeordnet, wobei jedes Triplett für eine Aminosäure steht. Im Prozeß der Transkription (Übersetzung in eine Boten-RNS) und der Translation (Übersetzung am Ribosom) werden die entsprechenden Aminosäuren zu Proteinen zusammengesetzt. Dieser sehr schematisch dargestellte Vorgang ist in Wirklichkeit höchst kompliziert und nur durch das geordnete Zusammenwirken von hunderten von Komponenten möglich. Er ist in seinen Grundzügen bei Bakterien gleich wie beim Menschen.*

Eine Folge von Tripletts, die übersetzt ein Protein ergibt, nennt man auch ein **Gen**. Davon gibt es in einer Bakterienzelle bis zu 1000, in einer Zelle eines Säugetieres dagegen 100 000 bis eine Million (die genaue Anzahl kennt man noch nicht). Gene beinhalten unter anderem die Information für die Stoffwechselmaschinen der Zelle, die **Enzyme** - diese sorgen dafür, daß energiereiche Verbindungen wie etwa Zucker unter Energiegewinnung abgebaut werden, oder daß die Pflanzen mit Hilfe ihres photosynthetischen Apparates $CO_2$ und $H_2O$ in organische Moleküle umsetzen können. Enzyme sind verantwortlich für die Prozesse der Signalübertragung in Nervenzellen und sicherlich liefern sie auch eine Grundlage dafür, daß überhaupt ein menschlicher Denkprozeß möglich ist. (Damit wollen wir im Gegensatz zu manchen Evolutionsanhängern nicht sagen, daß das Denken eine reine Funktion der Materie sei! Moleküle sind zwar notwendige, u.E. aber keineswegs hinreichende Bedingungen für das Denken.) In Abbildung 4.3 ist die Struktur eines Proteins wiedergegeben, das in der Photosynthese der Bakterien eine große Rolle spielt. Schematisch ist die Aminosäurekette dargestellt, die speziell so beschaffen ist, daß die Bakteriochlorophyllmoleküle das Licht am besten auffangen und in einem komplizierten Prozeß verar-

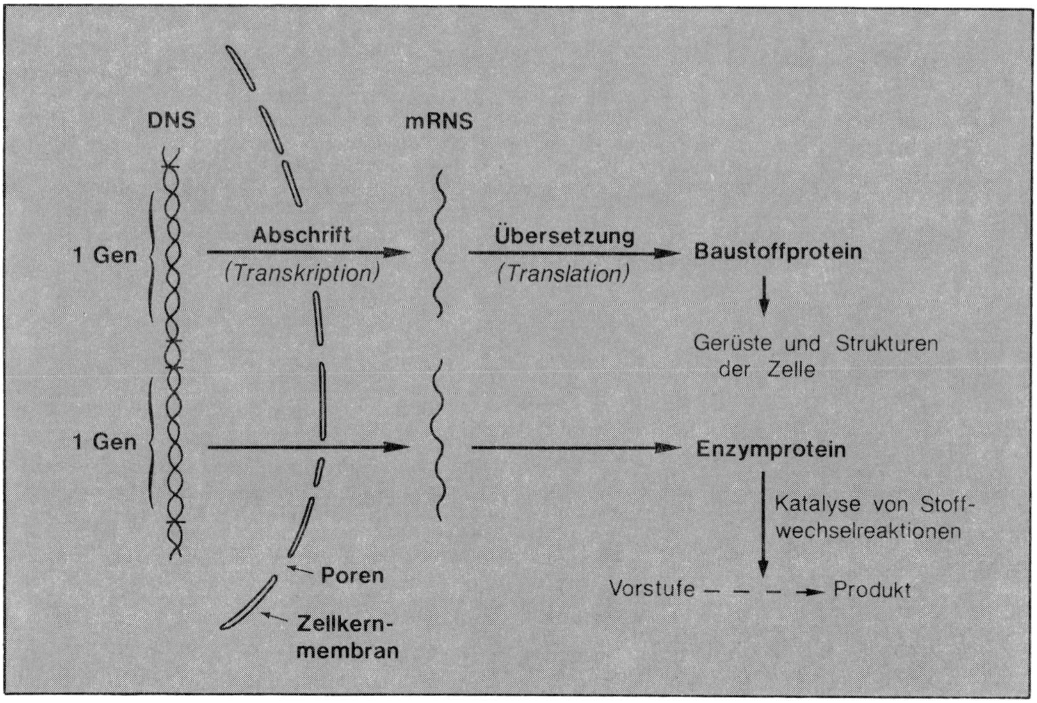


*Abb. 4.2: Die Abschrift und Übersetzung der DNS in Proteine ist in dieser Abbildung nochmals schematisch dargestellt. Man könnte den Ablauf mit der Informationszentrale eines großen Betriebes vergleichen (= Zellkern mit Genom), in der die Gesamtinformation für alle Funktionsabläufe in Büchern oder auf Magnetbändern gespeichert vorliegt (= DNS). Je nach Bedarf werden dann einzelne Seiten ein- oder mehrmals kopiert (Boten- oder mRNS) und aus der Zentrale in die Fabrikhallen (Cytoplasma mit Ribosomen) zur Realisierung (Proteinsynthese) gebracht. Von dort aus gelangen die Produkte an ihren Bestimmungsort in der Zelle.*

beiten können. Dazu müssen die chemischen Eigenschaften der einzelnen Aminosäuren so zusammenwirken, daß die lange Kette eine genau festgelegte räumliche Form annimmt. In Laborexperimenten hat man übrigens herausgefunden, daß das in manchen Fällen ganz von alleine geht. Die Information für die räumliche Struktur eines Proteins ist oft vollständig durch seine Aminosäuresequenz = **Primärstruktur** festgelegt. Dadurch wird an manchen Stellen eine spezielle chemische Mikroumgebung geschaffen, in der ganz bestimmte, gewünschte chemische Reaktionen viel leichter als gewöhnlich ablaufen können. Man nennt dieses

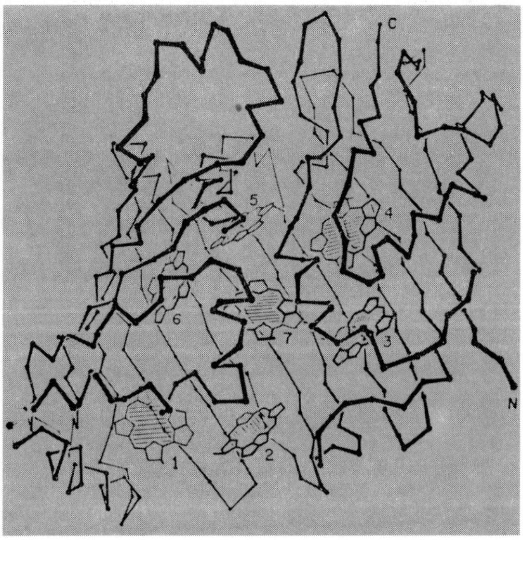


*Abb. 4.3: Räumliche Darstellung der Aminosäurekette eines Protein-Chlorophyll-Komplexes aus einem Bakterium. Mit C und N sind die Enden der Aminosäurekette bezeichnet, die Zahlen beziehen sich auf 7 Bakteriochlorophyllmoleküle, welche das Licht absorbieren und letztlich dem Stoffwechsel zugänglich machen. Der Klarheit halber sind viele Seitenketten weggelassen worden. Die Struktur eines Proteins ist so kompliziert, daß man heute auch bei Kenntnis der Aminosäuresequenz nicht exakt berechnen kann, wie sich die Kette im Raum anordnen wird. (Aus J. Mol. Biol. **131**, 159-285 [1979], mit freundlicher Genehmigung des Verlags)*

Prinzip **Katalyse**. In unserem Beispiel wird durch die Aminosäuresequenz an 7 Stellen des Proteins eine chemische Umgebung geschaffen, die eine sehr genau fixierte Bindung eines Bakteriochlorophyllmoleküls erlaubt. Das Bakteriochlorophyllmolekül bildet zusammen mit den Aminosäuren, die es räumlich fixieren, das *aktive Zentrum* des Enzyms. An diesem wird das Auffangen und die Weiterleitung eines Lichtquants einer bestimmten Energie katalysiert.

In unserem Körper gibt es also Tausende von verschiedenen Enzymen, wobei wir von vielen noch nicht oder nicht genau wissen, wofür sie gebraucht werden. Sicher ist, daß all die vielen Proteine in einer Zelle auf das engste aufeinander abgestimmt sind, damit das Ganze überhaupt funktionieren kann.

Aber Proteine sind nicht nur zur Katalyse von Stoffwechselreaktionen da. Manche Proteine bauen biologische Strukturen auf, etwa die Kollagene in unseren Haaren. Wieder andere sind so gebaut, daß sie mit ganz genau festgelegten anderen Enzymen reagieren und die von diesen katalysierte Reaktion kontrollieren. Eine ganz wichtige Gruppe von Proteinen kann an bestimmte Nucleotidsequenzen der DNS binden und so die Verdopplung und die Übersetzung der genetischen Information fein regulieren.

Man könnte nun denken, daß die Funktion eines Enzyms in dem Augenblick geklärt wäre, in dem man direkt oder über die Nucleotidsequenz indirekt die Reihenfolge der Aminosäuren herausgefunden hat und genau angeben kann, welche Reaktion katalysiert wird. Doch das ist ein Irrtum. Es gibt zwar Hunderte von Enzymen mit bekannter Aminosäuresequenz, aber man weiß wenig darüber, welchen Beitrag eine bestimmte Aminosäure zur Funktion des Enzyms leistet und was die Folge wäre, wenn sie durch eine Mutation ausgetauscht würde. Bis heute ist es auch nicht möglich, die *genaue* räumliche Struktur eines Proteins aufgrund der Primärstruktur vorherzusagen.

Nun sind die Gene, welche die Information für ein Protein tragen (man sagt, sie **codieren** ein Protein), nicht etwa willkürlich über die ganze DNS verstreut. Sie sind oft so zusammengestellt, daß die Proteine, welche in ihrer biologischen Aufgabe zusammenarbeiten müssen, auch hintereinander auf der DNS codiert und oft zusammen reguliert werden. Man nennt eine solche Folge von Genen ein **Operon**. Diese Art der Genregulation hat man zuerst in Bakterien gefunden. In höheren, zellkernhaltigen Lebewesen gibt es dagegen eine andere Art der Genorganisation. Eine alte Hypothese der Molekularbiologie lautete: Ein Gen entspricht einem Protein. Man nannte diese Hypothese auch die „Ein-Gen-ein-Protein-Hypothese". Für bakterielle Proteine ist das richtig, aber bei höheren Organismen sind viele Gene zerstückelt (Abb. 4.4). Man unterteilt die DNS-Sequenzen in **Exons** und **Introns**. Die Sequenzen der Exons werden in eine Aminosäuresequenz übersetzt, die der Introns dagegen nicht. So kommt es häufig vor, daß nach der Abschrift eines Teils der DNS (**Transkription**) die Boten-RNS (mRNS) von einem speziellen Enzymsatz in Exons und Introns auseinandergeschnitten wird. Danach werden alle zu einem Protein gehörenden Exons wieder zusammengesetzt (*reife Boten-RNS*) und können nun am Ribosom in ein Protein übersetzt werden (**Translation**). Die Erbinformation für *ein* Protein ist also auf *mehreren* „Genen" verteilt. Man weiß bis heute nicht genau, welche Funktion die Introns haben. Einige Evolutionsbiologen vermuten, daß dies der „Abfall" der Evolution wäre, andere spekulieren in diesem Zusammenhang über „selbstsüchtige" oder „parasitäre" DNS. Viele Biologen sind aber der Meinung, daß die Funktion noch nicht gefunden wurde und solche Introns vielleicht wichtige regulatorische Funktionen haben. Auf das mögliche Variations-

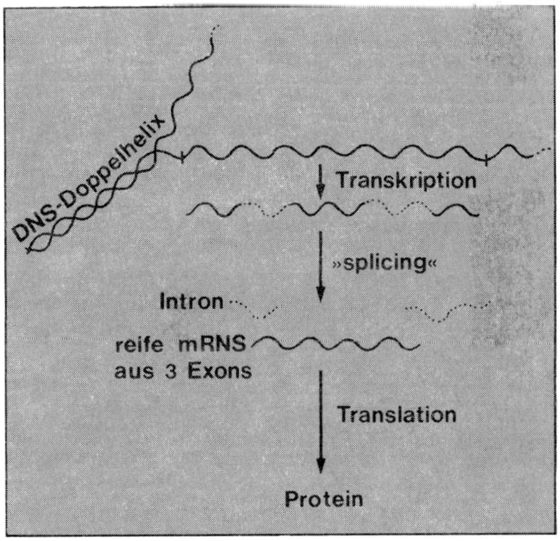


*Abb. 4.4: Für die Transkription muß die DNS-Doppelhelix in die Einzelstränge aufgespalten werden. Nachdem ein Abschnitt in ein RNS-Molekül übersetzt wurde, schneiden spezielle Enzyme einzelne Teile („Exons") aus der RNS heraus und setzen sie zu einer kürzeren mRNS zusammen, welche nun als Vorlage für die Proteinsynthese am Ribosom dient. Die punktiert gezeichneten Teile der RNS („Introns") zerfallen wieder in die Nucleotide. Neuerdings hat man gefunden, daß diese Introns teilweise enzymatische Aktivität (!) besitzen. Man kann sich leicht vorstellen, daß durch diesen Mechanismus verschiedene DNS-Teile (Exons) auf mancherlei Weise miteinander kombiniert werden könnten.*

potential solcher Strukturen soll später eingegangen werden.

Kurz nachdem man die „Ein-Gen-ein-Protein"-Hypothese revidieren mußte, hat sich auch eine andere Vorstellung von der DNS als falsch erwiesen. Man meinte nämlich, das Erbmolekül sei etwas festes, unbewegliches: Ein statisches Molekül. In Wirklichkeit ist die DNS ein dynamisches Molekül - manche Biologen bezeichnen es als „flüssig". Wieder hat man das zuerst bei Bakterien entdeckt. Neben ihrer ringförmigen Haupt-DNS haben Bakterien auch sogenannte **Plasmide** in ihrem Cytoplasma. Das sind sehr viel kleinere DNS - Ringe, welche sich an bestimmten Stellen in das Bakteriengenom einlagern können. Auf solchen Plasmiden sind z.B. Resistenzfaktoren gegen Antibiotika codiert (vgl. Abschnitt 3.3.4). Bakterien können nun Plasmide von Individuen anderer Arten übernehmen (Dieser Vorgang ist unter dem Begriff **horizontaler Gentransfer** bekanntgeworden). Ähnliche Phänomene gibt es auch bei höheren Pflanzen (und vermutlich auch bei Tieren): Es handelt sich um die **springenden Gene**, für deren Entdeckung ein Nobelpreis vergeben wurde. Solche Genabschnitte können innerhalb einer Generation eines Organismus an verschiedene Stellen der DNS „springen" und damit die Transkription wesentlich beeinflussen – besonders, wenn sie in regulatorische Bezirke der DNS integriert werden. Das genetische Material einer Zelle wird also laufend umgebaut, verändert und neu zusammengestellt. Die evolutionstheoretische Bedeutung dieser Prozesse wird später besprochen.

Die vorstehende, sehr kurzgefaßte Erinnerung an wichtige Grundlagen der molekularen Genetik war notwendig, damit die folgenden Ausführungen über molekulare „Evolutions"mechanismen besser verstanden werden können. Außerdem sollte der Komplexitätsgrad der Fragestellung verdeutlicht werden - nach den spektakulären Erfolgen der Molekularbiologie sind viele Fragen noch immer offen und zahllose Fragen sind neu dazugekommen. Darum muß auch eine Erörterung der molekularen Grundlagen der Evolution spekulativ und vorläufig bleiben - im Grunde genommen scheitern viele Antwortversuche an mangelnder Kenntnis der Lebensvorgänge, insbesondere auf der molekularen Ebene. Es geht da den Evolutionsanhängern nicht anders als den Schöpfungsanhängern, doch soll uns das nicht hindern, in möglichst objektiver Weise die zur Zeit bekannten Daten aus der Molekularbiologie hinsichtlich ihrer Bedeutung für die kausale Evolutionsforschung darzustellen und zu werten.

## 4.2 Mutationsmechanismen

Im weitesten(!) Sinne kann man alle Veränderungen des Erbgutes als Mutationen bezeichnen. Dabei ist es gleichgültig, ob sie in Körperzellen oder in Keimzellen vorkommen. Im Sinne einer Evolution wichtige Mutationen sind aber nur die Veränderungen im Erbgut der Keimzellen, weil nur diese über Vererbung auf die nächste Generation übertragen werden. Diejenigen Mutationen, welche eine Veränderung des **Phänotyps** (das ist die äußere Erscheinungsform eines Organismus, während der **Genotyp** die Gesamtheit der Erbfaktoren ist) hervorrufen, sind schon sehr früh erkannt worden. Aber erst seit man die Struktur der DNS kennt, kann man einige molekulare Mechanismen verstehen.

An erster Stelle sind **Genmutationen** zu nennen: Hier wird ein Baustein der DNS verändert. Das entsprechende Triplett kann jetzt eine andere Aminosäure codieren, und damit wird sich die Primärstruktur des entsprechenden Proteins ändern (Abb. 4.5). Das kann - muß aber nicht - eine mehr oder weniger große Änderung der Funktion des Proteins zur Folge haben. Unter Umständen kann eine solche **Punktmutation** ein Protein ganz funktionsunfähig machen (Abb. 4.6). Ein Beispiel dafür ist die bereits erwähnte *Sichelzellenanämie* (Abschnitt 3.3.3): bei dieser Krankheit ist in der beta-

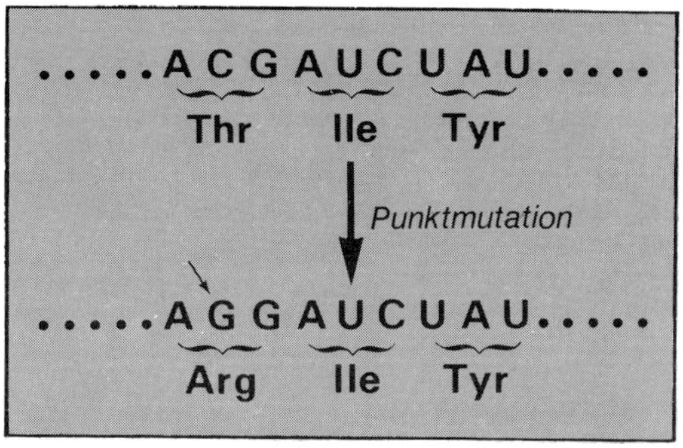


*Abb. 4.5: Eine Punktmutation verändert die Nucleotidsequenz auf der DNS und deshalb auch auf der mRNS (hier gezeigt, in der mRNS steht statt der Base Thymin die Base Uracil). Das kann, wie in diesem Beispiel, zur Veränderung der Aminosäuresequenz eines Proteins und damit möglicherweise zur Veränderung der Funktion des Proteins führen. Durch den Austausch der Base Cytosin gegen Guanin codiert dieses Triplett nicht mehr die Aminosäure Threonin, sondern Arginin. Ile steht für die Aminosäure Isoleucin, Tyr für die Aminosäure Tyrosin. Auf die Anhäufung solcher Punktmutationen werden in der gängigen Evolutionstheorie die meisten Evolutionsvorgänge zurückgeführt. Ob das durch die Experimente auch wirklich gestützt wird, wird in Abschnitt 4.3 untersucht werden.*

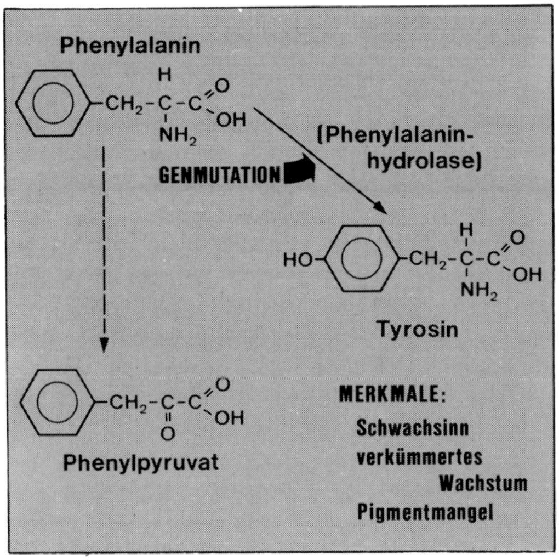


*Abb. 4.6: Durch eine Genmutation wird bei manchen Menschen die Bildung des Enzyms Phenylalaninhydrolase verhindert. Damit kann die Aminosäure Tyrosin nicht mehr gebildet werden und aus Phenylalanin wird stattdessen Phenylpyruvat gebildet, welches im Harn auftritt. Eine einzelne Genmutation hat so eine ganze Reihe von schwerwiegenden Folgen. Glücklicherweise kann diese Erbkrankheit (Phenylketonurie) heute behandelt werden.*

Hämoglobinkette des Menschen eine einzige Aminosäure ausgetauscht worden. Wenn dieses Gen *heterozygot* (ein normales und ein mutiertes Allel) auftritt, ist die Krankheit nicht sehr stark ausgeprägt (man erkennt sie u.a. daran, daß die roten Blutkörperchen unter bestimmten Bedingungen eine Sichelform annehmen); wenn das Gen jedoch *homozygot* (zwei mutierte Allele) vorkommt, dann hat das eine schwere Anämie (Blutarmut) zur Folge. Gerade das menschliche Hämoglobin ist sehr gut untersucht, und man hat die entsprechende Aminosäuresequenz von vielen tausend Menschen bestimmt. Bis heute sind dabei über dreihundert Hämoglobinvarianten des Menschen beschrieben worden und sicherlich ist das nur ein Bruchteil der tatsächlich vorkommenden Formen. Punktmutationen müssen aber nicht unbedingt zu einer veränderten Aminosäuresequenz führen, weil unterschiedliche Tripletts manchmal die gleiche Aminosäure codieren (Degeneration des genetischen Codes, s. Abb. 6.10). Solche Mutationen nennt man auch „still" und sie können nur über die Sequenzanalyse der DNS erkannt werden. Andererseits kann es vorkommen, daß durch eine Punktmutation eine Aminosäure ersetzt wird, ohne daß eine Funktionsänderung auftritt: Dann spricht man von einer **neutralen Mutation** (vgl. Abschnitt 3.6.2). Wenn die Funktion negativ beeinflußt ist – wie z.B. bei der homozygot auftretenden Sichelzellanämie, dann liegt eine Mutante mit *negativem Selektionswert* vor. Es gibt viele Aminosäurepositionen, welche gar nicht verändert werden dürfen, ohne daß ein Funktionsverlust erfolgt. Man nennt diese Positionen **invariant**. Je nach Funktion des Proteins kann das an vielen (z.B. Histonproteine) oder wenigen (z.B. Fibrinopeptide) Positionen der Fall sein. Wenn eine Funktion in Bezug auf eine neue Umwelt verbessert wurde (siehe Antibiotikaresistenz, Abschnitt 3.3.3), so spricht man von einem *positiven Selektionswert*. Eine Punktmutation kann aber auch in einem Bereich der DNS liegen, wo regulatorische Funktionen codiert sind. Obwohl dort kein Protein verändert wird, hat eine solche Mutation möglicherweise große Bedeutung für den Phänotyp des Individuums.

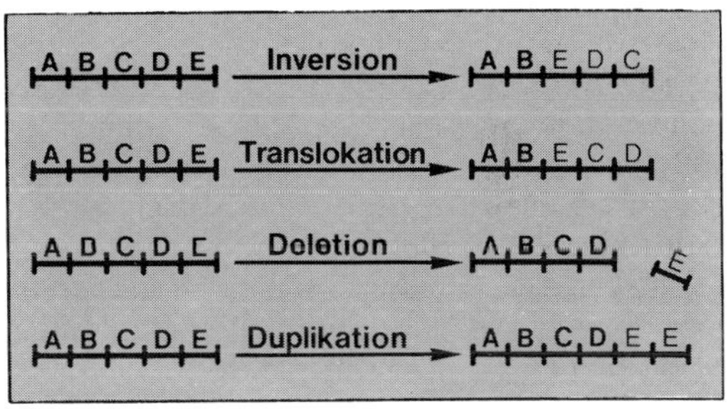


*Abb. 4.7: Vier wichtige Chromosomenmutationen. Die Buchstaben bedeuten in diesem Fall die im Lichtmikroskop sichtbaren Chromosomenabschnitte, welche umgestellt werden können. Ähnliche Mechanismen findet man auch bezüglich einzelner Gene oder Genabschnitte. Als besonders wichtig für die Evolution wird die Genduplikation angesehen.*

Aus der klassischen Genetik sind **Chromosomenmutationen** bekannt (Abb. 4.7), die man schon im Lichtmikroskop als Veränderung der Reihenfolge von Strukturen (Genkomplexen) auf den Chromosomen erkannt hat. Dazu gehören **Deletion** (Verlust eines Genabschnitts), **Inversion** (Umkehrung der Reihenfolge von Genen), **Translokation** (ein Gen wird von einer Stelle des Chromosoms zu einer anderen gebracht) oder **Genduplikation**. Diese Veränderungen gibt es nicht nur bezüglich ganzer Chromosomenabschnitte, sondern auch Gene und Genabschnitte können verloren gehen, verdoppelt werden oder an eine andere Stelle „springen". Besonders bei Bakterien, aber auch bei höheren Lebewesen gibt es Genaustausch zwischen Individuen (siehe hierzu Abschnitt 3.3.4). Die Genduplikation wird neben der Punktmutation als der für die Evolution wichtigste Mutationstyp betrachtet, weil hier eine Vermehrung des genetischen Materials vorliegt. Durch eine Punktmutation kann ein dupliziertes Gen auch „stillgelegt“ werden; es wird dann nicht mehr in eine Aminosäuresequenz übersetzt. Manche dieser Gene werden als **Pseudogene** bezeichnet. Die den Chromosomenmutationen entsprechenden Veränderungen scheint es aber auch im Bereich einzelner Gene zu geben. So kann es vorkommen, daß durch Deletion eines oder wenige Nucleotide verlorengehen, an eine andere Stelle transportiert und damit in ein Gen eingefügt werden. Auch die Start- und Stopsignale auf der DNS können mutieren und etwa zur Stillegung eines Gens führen.

Es kommt vor, daß durch Mutation ganze Chromosomen verdoppelt werden (als Beispiel sei die Trisomie 21 beim Menschen genannt, welche Mongolismus zur Folge hat). Aber nicht nur einzelne Chromosomen, auch ganze Chromosomensätze können verdoppelt werden, was besonders in der Nutzpflanzenzucht eine große Rolle spielt. Die Evolutionsbiologen sind sich aber einig, daß solche Genommutationen bei der Entstehung neuer Baupläne keine allzu große Rolle gespielt haben. Es wird ja auf diese Weise keine *neue* Information, keine neuartige, sinntragende DNS-Sequenz erzeugt, sondern die *vorhandenen* Informationen werden verdoppelt. Bei der Bildung neuer Arten scheint die Verschmelzung verschiedener Chromosomen eine Rolle zu spielen. So hat man bei verschiedenen, auf nordamerikanischen Farmen isolierten Mäusepopulationen unterschiedliche Chromosomenzahlen gefunden.

Zusammenfassend stellen wir fest, daß sich alle experimentell nachgewiesenen Mutationsereignisse *innerhalb* der Grundtypen, also im Rahmen von mikroevolutiven Prozessen abspielen (vgl. Kapitel 3 und 10). Es muß betont werden, daß dies nicht Deutung, sondern klarer empirischer Befund ist.

Für evolutionstheoretische Erwägungen ist es sehr wichtig, die *Mutationsrate* zu kennen. Aufgrund vieler Beobachtungen kann man heute recht exakte Zahlen nennen. Dabei ist der Anteil überlebensfähiger Mutanten nicht für alle Merkmale gleich. Man hat gefunden, daß bestimmte Bereiche besonders häufig mutieren, aber man weiß noch nicht genau, woran das liegt. Vielleicht werden die DNS-Reparaturmechanismen dort gezielt abgeschaltet.

Die beiden Begriffe „Mutationshäufigkeit“ und „Mutationsrate“ müssen unterschieden werden. Als **Mutationshäufigkeit** definieren wir die Wahrscheinlichkeit, mit der bei der Transkription der DNS ein Nucleotid falsch synthetisiert wurde - unabhängig davon, ob als biologische Folge der Tod des Individuums oder ein Selektionsvorteil auftritt. Die Mutationshäufigkeit ist auf *ein Nucleotid* bezogen und streng zu unterschieden von der **Mutationsrate**. Darunter versteht man den durch Beobachtung bestimmten Prozentsatz an Individuen einer Population, die während einer Generationszeit eine Mutation in einem Merkmal zeigen. Die Mutationsrate ist also auf ein *Merkmal* bezogen (das kann einem oder mehreren Genen, aber auch einem Nucleotid entsprechen). Der Zusammenhang zwischen diesen beiden Parametern ist komplex und nicht völlig klar, da erstens nicht jeder Basenaustausch zu einer Merkmalsänderung führt (vgl. stille Mutationen) und zum anderen viele Basenaustausche für das Individuum tödlich sind, also gar nicht in den Nachfahren in Erscheinung treten. Darüber hinaus könnte die Änderung *verschiedener* Basen eines Gens zur *gleichen* Merkmalsänderung führen. Alle Zellen sind darauf angewiesen, die Mutationshäufigkeit so niedrig wie möglich zu halten. Zu diesem Zweck verfügen sie über eine ganze Kaskade von Kontroll- und Reparaturmechanismen (Abb. 4.8). Wäre nur die Komplementarität der Basenpaarung für die richtige Reihenfolge der Bausteine auf der DNS zuständig, dann würden auf 100 Nucleotide 1 bis 10 Fehler kommen. Auf ein *Nucleotid* bezogen läge die Mutationshäufigkeit damit bei $10^{-1}$ bis $10^{-2}$. Durch die räumliche Struktur ihres aktiven Zentrums senkt die DNS-Polymerase die Fehlerrate weiter auf $10^{-4}$ bis $10^{-5}$. Zusätzlich hat die DNS-Polymerase noch eine Korrekturfunktion eingebaut, welche ein falsches Nucleotid erkennen und wieder entfernen kann. Dadurch sinkt die Fehlerhäufigkeit auf $10^{-6}$ bis $10^{-8}$. Der DNS-Polymerase folgt noch eine „Prozeßkontrolle“, welche den (richtigen) Elternstrang vom (falschen) Tochterstrang unterscheiden kann und nochmals falsch eingebaute Nucleotide korrigiert. Damit sinkt die Mutationshäufigkeit auf $10^{-9}$ bis $10^{-11}$. Diese Zahlen sind so niedrig, daß nur ein Vergleich zum Verständnis hilft. Dieses Buch enthält schätzungsweise 750000 Buchstaben. Wenn eine Sekretärin mit der gleichen Genauigkeit wie die DNS-Synthese eines Bakteriums arbeiten könnte, dann würde sie von dem Buch mindestens 3500 Abschriften herstellen und *insgesamt* rund einen Fehler machen. Dabei dürfte sie an einer Abschrift aber nur ca. 3 Minuten arbeiten!
Mit diesen Mechanismen wird verhindert, daß bei der Verdopplung der DNS Mutationen geschehen, doch verfügt die Zelle daneben auch über Reparaturmechanismen, welche verhindern, daß sich Mutationen durch Strahlung oder Chemikalien im Erbmaterial ausbreiten können. Man sieht, daß der Aufwand, den eine Zelle treibt, um die Mutationshäufigkeit gering zu halten, ganz außerordentlich groß ist. Mutationen sind in aller Regel schädlich für den Organismus. Deshalb ist es vollkommen ungeklärt, wie eine „urtümliche“ Zelle ohne Kontroll- und Reparaturmechanismen überhaupt überlebt haben soll (vgl. Kapitel 5).

Besonders hinsichtlich der Struktur von Antikörpern (das sind Proteine, welche zur Abwehr von Bakterien dienen) könnte eine erhöhte Mutationsrate gezielt eingesetzt werden, um die Vielfalt dieser Antikörper zu erhöhen. Vielleicht hat das sogar Selektionsvorteile. Im allgemeinen treten Mutationen aber mit einer Rate (man spricht hier auch von einer *Wahrscheinlichkeit*) von 1:100 000

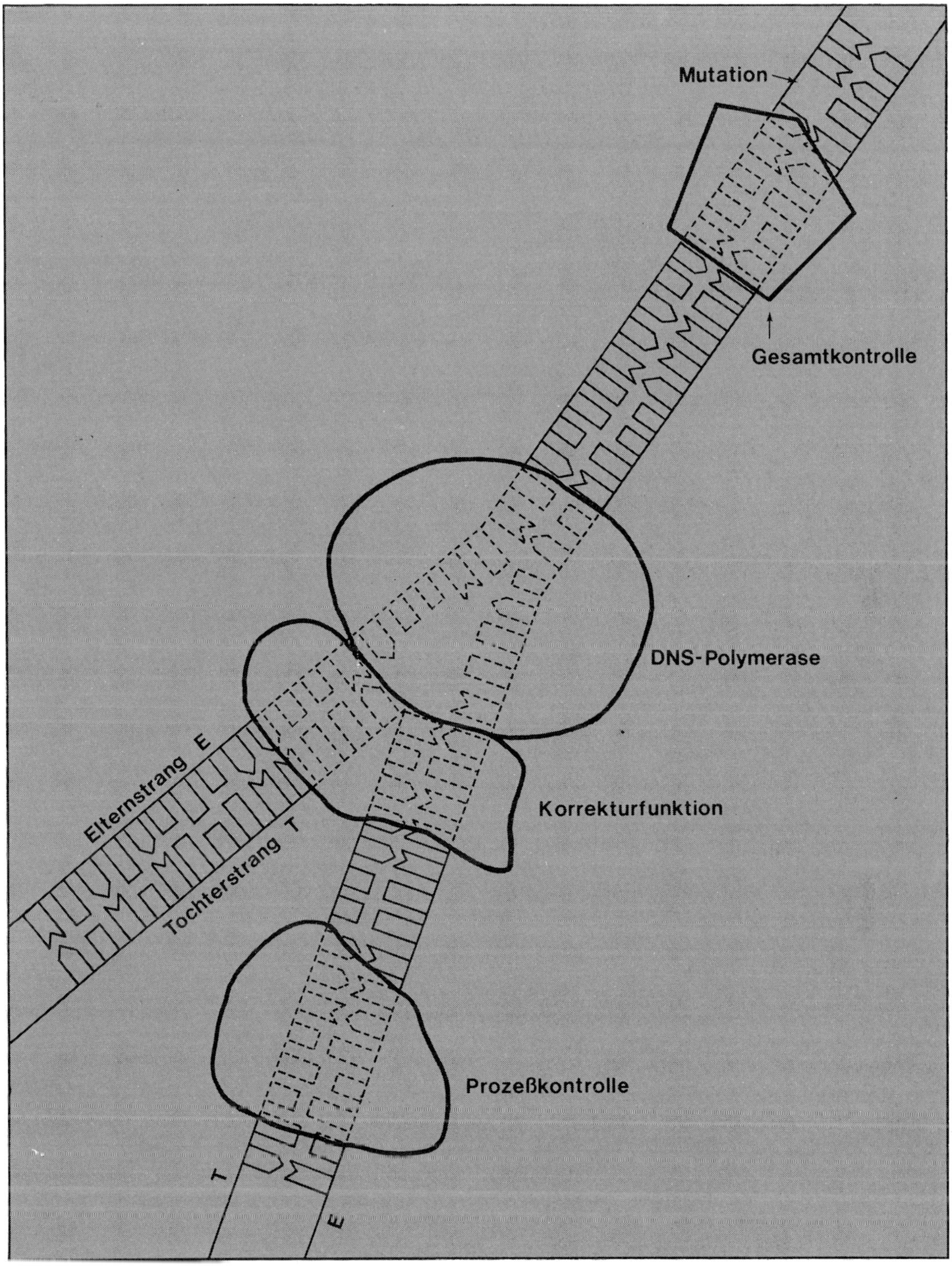


*Abb. 4.8: Jede Zelle verfügt über ein ganzes Arsenal an Kontroll- und Reparaturmechanismen, um die Mutationshäufigkeit so niedrig wie möglich zu halten. Im Bild ist die DNS-Polymerase gezeigt, welche nach Aufspaltung des elterlichen DNS-Doppelstranges die beiden Tochterstränge synthetisiert. Die einander komplementären Basen sind schematisch dargestellt. Mit der Polymerase ist eine Korrekturfunktion verbunden, auf welche nochmals eine Prozeßkontrolle erfolgt. Insgesamt wird das ganze Genom laufend von einem Gesamtkontrollmechanismus nach Fehlern abgesucht, so daß die Mutationshäufigkeit letztlich bei* $10^{-9}$ *bis* $10^{-11}$ *liegt.*

bis 1:100 000 000 000 (oder $10^{-5}$ bis $10^{-11}$) auf. Damit ist gemeint, daß man beispielsweise unter einhunderttausend Bakterien durchschnittlich ein Individuum findet, das in einem bestimmten Merkmal eine Mutation trägt, was man schon als eine hohe Mutationsrate bezeichnen muß. Doch liegen in Bakterienkulturen normalerweise bis zu einige Milliarden Zellen vor, so daß die Wahrscheinlichkeit, in einer Population *ein* Individuum mit einer bestimmten Mutation zu finden, sehr hoch sein kann. Doch, wie bereits gesagt, ist dies von Gen zu Gen außerordentlich verschieden. Es wird beispielsweise kaum vorkommen, daß man ein Individuum findet, welches eine Mutation in einem Histon-Gen trägt (Histone sind Proteine, welche an die DNS binden und ihre Aufgabe nur mit einer höchst spezifischen Aminosäuresequenz erfüllen können). Jedenfalls sind Mutationen insgesamt betrachtet so häufig, daß jeder Mensch sehr viele Mutationen in seinen Keim- und vor allem Körperzellen trägt. Manche Biologen sind sogar der Meinung, daß der Prozeß des Alterns mit der Anhäufung von Mutationen in Körperzellen zusammenhängt.

Es kann als sehr gut abgesichert gelten, daß Mutationen nicht zielgerichtete, sondern zufällige Ereignisse sind. Deshalb kann man bei genauer Berücksichtigung der Rahmenbedingungen (insbesondere der Selektion) die Mutationsvorgänge durch statistische Gesetzmäßigkeiten beschreiben. Von dieser Tatsache wird im folgenden Abschnitt Gebrauch gemacht.

## 4.3 Wirkung von Mutation und Selektion im molekularen Bereich

Wie schon ausführlich geschildert, sollen Mutationen das „Rohmaterial" für den Evolutionsprozeß bereitstellen. Durch Selektionsprozesse werden die jeweils der Umwelt am besten angepaßten Individuen ausgelesen. Daß in der Natur Selektion ein wirksamer Faktor ist, kann nicht bestritten werden. Verschiedene Auffassungen bestehen allerdings darüber, ob durch die oben beschriebenen Mutationsprozesse wirklich solche Veränderungen im Genom induziert und über Generationen angehäuft werden können, die dann zur Entstehung von ganz neuen enzymatischen Funktionen und letztlich zu höherentwickelten Formen führen. Stellvertretend soll ein Abschnitt aus dem Schulbuch *Linder Biologie* zitiert werden (Knodel & Bayrhuber 1983, S. 403), um die evolutionstheoretische Position zu verdeutlichen. In dem dem Zitat vorstehenden Abschnitt wurde Genduplikation als ein Mechanismus beschrieben, durch den (inaktive) Kopien von Genen erzeugt werden (vgl. Abb. 3.31).

„Viele dieser Gene sind inaktiv. Im Genom des Menschen und vieler Säugetiere sind zahlreiche solcher inaktiven Gene nachgewiesen, die bestimmten Strukturgenen sehr ähnlich sind, vermutlich also von ihnen abstammen. Die inaktiven, sog. Pseudogene, sind ein Genvorrat für die zukünftige Evolution. Mutationen in Pseudogenen treten im Phänotyp nicht in Erscheinung. Mit der Zeit häufen sich Mutationen im Pseudogen an, es verändert sich. Wird ein Pseudogen dann im Verlauf der Evolution aktiv und damit zu einem Gen, kann es ein Protein mit neuen Funktionen bilden. So entstehen viele neue Eigenschaften bei der Evolution der Organismen."

Auf den ersten Blick sieht dieses Modell recht überzeugend aus - doch dies ist oft so, wenn auf die Darstellung von Einzelheiten oder realen Beispielen verzichtet wird. Die Stärke oder auch die Schwäche eines Denkmodells wird erst deutlich, wenn die Anwendung auf Detailprobleme gelingt. Dies gilt natürlich in gleichem Maße sowohl für evolutionstheoretisch als auch für schöpfungstheoretisch orientierte Denkmodelle. Um zu einer fundierten Beurteilung der oben zitierten Aussage zu kommen, muß also ein *Detailproblem* unter evolutionstheoretischen Rahmenbedingungen untersucht werden. Wir wollen dazu ein Beispiel aus der Bakterienwelt und aus der vermuteten Zeit der Evolution grundlegender Stoffwechselprozesse wählen. Dies ist deshalb vorteilhaft, weil man über Stoffwechselprozesse und Mutationsvorgänge von Bakterien am besten Bescheid weiß (vgl. Abschnitt 3.3.4). Sie sind sehr leicht im Labor zu halten und haben so geringe Generationszeiten, daß eine experimentelle oder theoretische Untersuchung von Evolutionsprozessen noch am besten möglich ist.

### *Energiegewinnung eines „Ursuppen"bakteriums*

Gewöhnlich geht man davon aus, daß aus der angenommenen, an organischen Substanzen reichen Ursuppe (vgl. Kapitel 5) als erste Lebewesen gärende Bakterien hervorgingen, welche die für ihr Überleben und ihre Vermehrung notwendige Energie aus dem Abbau „energiereicher" organischer Moleküle wie z.B. Zucker gewonnen haben. Ähnliche Bakterien gibt es auch heute noch. Das Funktionsprinzip eines hypothetischen „Urbakteriums" ist in Abb. 4.9 dargestellt. Das einzellige Bakterium ist durch seine Cytoplasmamembran gegen die „Ursuppe" abgegrenzt. Es ernährt sich durch Zucker, welche über ein Transportprotein in die Zelle gelangen. Dies geschieht nicht von selbst, weil die entsprechenden Zucker in der Ursuppe ei-

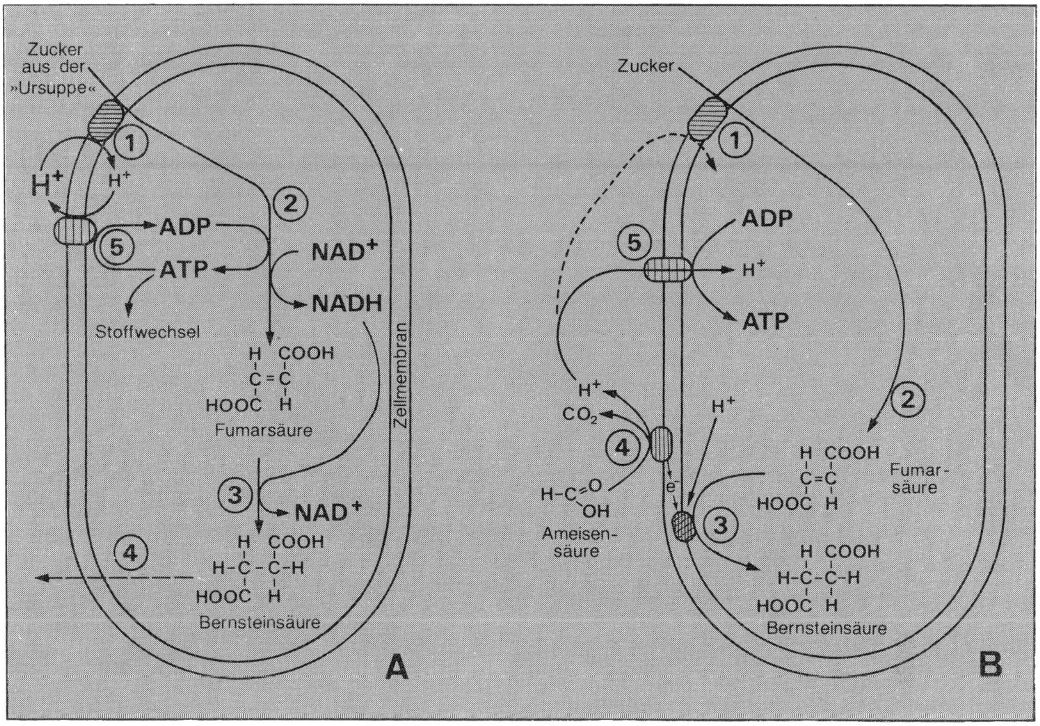


*Abb. 4.9: A: Der Hauptweg der Energiegewinnung eines gärenden Bakteriums aus der „Ursuppe" ist hier gezeigt. (1) Zucker werden mit Hilfe eines Protonengradienten aufgenommen und (2,3) in der Glykolyse abgebaut. (4) Das Endprodukt verläßt die Zelle. Das bei der Glykolyse entstehende ATP wird teilweise (5) dazu benutzt, einen Protonengradienten über der Cytoplasmamembran aufzubauen, welcher wiederum nötig ist, damit Zucker aufgenommen werden können. Wie ein solches Bakterium zufällig entstehen könnte, ist unbekannt.*

*B: Als einen Schritt auf dem Weg der Evolution könnte man sich die Spaltung von Ameisensäure an der Außenseite der Cytoplasmamembran denken. Durch einen damit gekoppelten Elektronentransport über die Membran würde auf indirektem Wege ein Protonengradient entstehen, den die Zelle sowohl zum Transport von Zucker, wie auch zur ATP-Synthese verwenden könnte. (1) Zuckeraufnahme, (2) Glykolyse, (3) das Zwischenprodukt der Glykolyse wird durch die aus der Ameisensäure stammenden Elektronen (4) reduziert und das Endprodukt verläßt wieder die Zelle. (5) ATP-Bildung durch Protonenaufnahme. (Nach Scherer 1983)*

ne zu niedrige Konzentration aufweisen. Die Zuckeraufnahme benötigt Energie. Von heutigen Einzellern weiß man, daß diese Energie z.B. über einen Protonengradienten zur Verfügung gestellt wird. Unter einem **Protonengradienten** versteht man die ungleiche Konzentration von Protonen im Innern der Zelle, verglichen mit dem Außenraum (also in unserem Fall der „Ursuppe"). In einem solchen Ungleichgewicht (Konzentrationsgefälle) ist Energie gespeichert - als Bild könnte das Ungleichgewicht der Wassermassen vor und hinter einem Staudamm dienen. Diese Energie kann zum Beispiel für die Aufnahme der lebenswichtigen Zucker genutzt werden [(1) in Abb. 4.9A]. Die Aufnahme von Protonen über ein spezielles Transportprotein treibt die Zuckeraufnahme an, so wie das im Stausee aufgespeicherte Wasser eine Turbine antreiben kann. Im Innern der Zelle werden die Zucker in kleinere Moleküle zerlegt, zum Beispiel kann die Fumarsäure ein Zwischenprodukt sein. Im Laufe solcher abbauender *(katabolischer)* Reaktionen wird aus ADP das ATP und aus $NAD^+$ $NADH+H^+$ gebildet. Das lösliche Enzym *Fumaratreduktase* (3) setzt Fumarsäure und $NADH+H^+$ zur Bernsteinsäure um, welche entweder weiter verwendet wird oder als Abfallprodukt die Zelle verläßt (4). ATP wird häufig als die Energiewährung der Zelle bezeichnet - es ist eine energiereiche Verbindung, mit der die Zelle energieverbrauchende Synthesen *(anabolische Reaktionen)* „bezahlen" kann. Ohne ATP gibt es kein echtes Wachstum und im Selektionskampf pflanzen sich die Zellen besser fort, die über die besten ATP-Bildungsmechanismen verfügen. Viele Zellen verfügen über ein Protein in der Zellmembran (5), das unter ATP-Spaltung Protonen in die Umgebung der

Zelle befördert (das Protein ist eine ATP-Hydrolase, weil ATP hydrolysiert [= gespalten] wird). Wir wissen schon, wofür das gut ist: Die lebenswichtigen Zucker können nur aufgenommen und angereichert werden, wenn im Außenmedium mehr Protonen als im Zellinnern sind, also wenn ein Protonengradient über der Zellmembran liegt. Ein Teil der aus der Zuckerspaltung gewonnenen ATP-Moleküle wird zur Erzeugung eines solchen Protonengradienten verwendet. Eine auf diese Weise funktionierende Zelle samt allen zugehörigen genetischen Mechanismen soll nun *vorausgesetzt* werden (obwohl es keine realistischen Vorschläge in der Evolutionslehre gibt, wie sich eine solche Zelle zufällig bilden könnte, vgl. Kap. 5), und es soll der Frage nachgegangen werden, wie sich dieses Bakterium durch den Erwerb neuer enzymatischer Funktionen fortentwickeln könnte.

*Eine neue metabolische Funktion*

Man geht davon aus, daß sich neue Funktionen erst bilden und durchsetzen, wenn die Umwelt verändert wird und auf diese Weise ein Selektionsdruck entsteht. Man spekuliert, daß durch das Wachstum der gärenden Bakterien im Laufe vieler Millionen Jahre eine Verarmung an verwertbaren organischen Molekülen in ihrer Umgebung auftrat. Wenn man beim Bild der Suppe bleibt: Die Bakterien haben im Laufe der Zeit die Ursuppe „ausgelöffelt“ und müssen „Hunger leiden“. Damit herrscht ein starker Selektionsdruck in Richtung zusätzlicher Mechanismen zur ATP-Bildung. Eine naheliegende Möglichkeit dazu wäre die Nutzung von organischen Molekülen der Ursuppe, die bisher noch nicht abgebaut werden konnten. Wie man sich das vorstellt, ist in Abb. 4.9B gezeigt. Man muß davon ausgehen, daß noch eine begrenzte Anzahl von Zuckermolekülen zur Verfügung stand und aufgenommen wurde (1). Diese Zucker wurden wie oben beschrieben abgebaut (2), aber die entstehende Fumarsäure nicht mit Hilfe von NADH, sondern durch ein anderes Enzymsystem zu Bernsteinsäure umgesetzt. Die dazu notwendigen Protonen können aus dem Wasser aufgenommen werden, aber die Elektronen kommen aus einem neuen Enzymsystem (4). Auf der Membranaußenseite wird Ameisensäure in $CO_2$, Protonen und Elektronen gespalten (4). Die Elektronen werden durch die Zellmembran hindurch an die nun membrangebundene Fumaratreduktase abgegeben und dienen zur Bildung der Bernsteinsäure. Das wichtigste Ergebnis dieser Reaktionen: Auf der Außenseite der Membran werden Protonen freigesetzt (4), im Innern der Zelle dagegen werden Protonen gebunden. In der Summe kommt es so zur Bildung eines Protonengradienten: Außen viele, innen wenige freie Protonen. Wir erinnern uns, daß in einem solchen Protonengradienten Energie gespeichert ist - und dieser Energiespeicher wird nach diesem Reaktionsweg *ohne ATP-Verbrauch* aufgebaut. Wenn jetzt noch die schon oben beschriebene ATP-Hydrolase gerade in entgegengesetzter Richtung, nämlich als ATP-Synthetase, arbeiten würde, dann verfügte ein solches Bakterium über eine zusätzliche Energiequelle. Ein durch die Spaltung von Ameisensäure entstandener Protonengradient würde so zur ATP-Synthese ausgenutzt. Dieser Organismus ist sicher nur als Übergangsstufe zu weiter entwickelten Elektronentransportketten denkbar, die allerdings unbestreitbar einen positiven Selektionswert besitzt.

*Notwendige „Umbauten“*

Die in den internationalen wissenschaftlichen Zeitschriften veröffentlichten Artikel zur Entstehung solcher oder ähnlicher Strukturen schließen an dieser Stelle ihre Ausführungen: Der Aufweis eines starken Selektionsdruckes und eines wie oben skizzierten Evolutionsverlaufs wird anscheinend von vielen Evolutionstheoretikern als völlig ausreichende Basis betrachtet, aufgrund derer sie von der prinzipiellen Möglichkeit einer solchen Evolution ausgehen. Wir wollen unsere Überlegungen jedoch noch weiter fortsetzen und fragen, *welche Veränderungen im Genom des Bakteriums im einzelnen stattfinden müssen, damit der skizzierte Stoffwechselweg entsteht.*

Den Umbau der ATP-Hydrolase in eine ATP-Synthetase könnte man sich so vorstellen: Das Gen muß dupliziert und die Transkription des Duplikates muß verhindert werden. Außerdem wollen wir annehmen, daß zwei Veränderungen an der Aminosäuresequenz die ATP-Synthese möglich machen.

Heutige ATP-Synthetasen sind Multienzymkomplexe und bestehen aus zahlreichen Untereinheiten. Der genaue Mechanismus der protonengetriebenen ATP-Synthese ist nach wie vor unverstanden. Die Annahme, daß durch nur zwei Punktmutationen aus einer einfach aufgebauten ATP-Hydrolase, welche in heutigen Organismen aus einem Protein besteht, eine noch so „primitive“ ATP-Synthetase entsteht, ist allerdings weit von der biologischen Realität entfernt. Übrigens arbeiten heutige ATP-Hydrolasen unter physiologischen Bedingungen aus guten Gründen nicht reversibel.

Weiterhin braucht die Zelle ein membrangebundenes Protein, welches Ameisensäure spalten und die Elektronen durch die Membran hindurch an die Fumarsäurereduktase geben kann. Hierfür soll irgendein geeignetes, membrangebundenes Protein umgebaut werden: Dazu ist zum ersten eine Genduplikation nötig, zum zweiten muß die Transkription verhindert werden. Die in dem stillgelegten Gen stattfindenden Mutationen müssen die zwei genannten enzymatischen Aktivitäten hervorbringen.

Schließlich ist eine wenigstens membranassoziierte Fumaratreduktase nötig. Das Gen der vorhandenen Fumaratreduktase sollte wieder dupliziert und seine Transkription abgeschaltet werden. Dann muß es durch Mutationen so verändert werden, daß es an die Zellmembran bindet sowie Elektronen aus der Spaltung der Ameisensäure und nicht mehr von NADH zur Bildung von Succinat verwendet. Heutige Fumaratreduktasen aus Bakterien sind übrigens komplizierte Aggregate aus mehreren Proteinen, die nicht nur von einem Gen codiert werden.

Man könnte noch viel mehr Bedingungen anführen, die erfüllt sein müssen, damit man realistischerweise von dem dargestellten Funktionswechsel ausgehen kann (etwa die Bildung von Regulationsmechanismen). Der Einfachheit halber wollen wir aber so tun, als ob diese „Umbauten“ schon ausreichend wären. Nachdem also die erforderlichen Mutationen stattgefunden haben, sollten die duplizierten Gene wieder transkribiert und damit die Proteine gebildet werden. Auch dafür sind drei Mutationen nötig, die die entsprechenden Startcodons wieder aktivieren. In Tabelle 4.1 sind alle Abläufe nochmals zusammengefaßt und die geschätzte Zahl der notwendigen Mutationen ist angegeben. Zum Verständnis muß noch erläutert werden, daß in diesem Evolutionsablauf die Bildung von 3 katalytischen Zentren notwendig ist. Wieviele Mutationen müssen hier veranschlagt werden? Manfred Eigen hat die Zahl von 15 Veränderungen der Aminosäuresequenz genannt, die erforderlich seien, um ein neues katalytisches Zentrum in einem Protein zu erzeugen. Das dürfte eine realistische Einschätzung der Gegebenheiten sein, doch wir wollen unsere Schätzung weit tiefer ansetzen. Nur drei Aminosäuren sollen geändert werden müssen, um eine neue katalytische Seite zu erzeugen. Es soll nicht der Eindruck entstehen, daß absichtlich zugunsten einer Schöpfungslehre geschätzt worden sei. Insgesamt müssen also mindestens 23 Mutationen auftreten, damit die gewünschte Mutante ins Dasein gerufen wird.

*Tabelle 4.1: Zusammenstellung der Mutationen, die für eine Entwicklung vom gärenden Bakterium (Abb. 5.9) bis zur ersten Zelle, welche durch einen Protonengradienten Energie gewinnt, nötig sind. Erklärung im Text.*

| | Zahl der notwendigen Mutationen |
|---|---|
| Bildung der ATP-Synthetase: | |
| Genduplikation | 1 |
| Inaktivierung des Startcodons | 1 |
| Veränderung von 2 Aminosäuren | 2 |
| Bildung der Ameisensäuredehydrogenase | |
| Genduplikation | 1 |
| Inaktivierung des Startcodons | 1 |
| Bildung einer aktiven Seite des Enzyms zu Ameisensäurespaltung | 3 |
| Bildung einer aktiven Seite, so daß Fumarsäure reduziert werden kann | 3 |
| Umbildung der Fumarsäurereduktase | |
| Genduplikation | 1 |
| Inaktivierung des Startcodons | 1 |
| Bindung des Proteins an die Membran | 3 |
| Bildung einer aktiven Seite, welche Elektronen aus Ameisensäure aufnehmen kann | 3 |
| Aktivierung der Startsignale zur Transkription | 3 |
| Insgesamt benötigte Mutationen: | 23 |

### *Abschätzung von Wahrscheinlichkeiten*

Die Betrachtung soll in einem ersten Anlauf noch etwas vereinfacht werden: Die die Transkription betreffenden Mutationen sollen wegfallen, und dafür müssen alle Mutationen in einem Bakterium während einer Generationszeit stattfinden. Diese Forderung ist notwendig, weil nur das *gesamte* Gefüge auch wirklich einen Selektionsvorteil hat. Wie man sich leicht überlegen kann, führt das Fehlen auch nur einer Funktion zum Selektionsnachteil des ganzen Gefüges: Die Wirkung der Selektion wird ein solches Individuum auslöschen. Ohne Mutationen des Startcodons wären also nur 17 unabhängige Veränderungen der DNS erforderlich. Da Mutationen zufällig stattfinden und da noch keine funktionsfähigen Zwischenstufen auf dem postulierten Evolutionsweg vorgeschlagen wurden, kann man von unabhängigen Ereignissen ausgehen, und somit multiplizieren sich die Wahrscheinlichkeiten für die einzelnen Ereignisse. Es ist wichtig, sich zu vergegenwärtigen, daß *in der folgenden Abschätzung der Selektionsaspekt berücksichtigt ist.* Die Häufigkeit des Gesamtereignisses hängt nun noch von der Mutationsrate ab. Dafür wollen wir eine sehr hohe Mutationsrate von $10^{-5}$ voraussetzen. Die Wahrscheinlichkeit des Gesamtereignisses läge unter diesen Bedingungen also bei $10^{-85}$. Das heißt, daß wir unter $10^{85}$ Zellen im Durchschnitt eine einzige erwarten, welche die gewünschte Kombination von Mutationen trägt. Wenn alle Urozeane voll von Bakterien gewesen wären, so würde man in einer Milliarde Jahre sicher nicht mehr als insgesamt $10^{45}$ Individuen erwarten. Das heißt aber, daß man das gewünschte Ereignis nicht erwarten kann, denn ein Ereignis mit einer Gesamtwahrscheinlichkeit von

$$10^{-85} \cdot 10^{45} = 10^{-40}$$

wird zwar nicht im mathematischen, aber doch im naturwissenschaftlichen Sprachgebrauch als unmöglich bezeichnet. Diese Zahl liegt soweit jenseits des menschlichen Vorstellungsvermögens, daß ein Beispiel zur Veranschaulichung notwendig ist. Die Chance, eine Stecknadel von 1 $mm^3$ im gesamten Erdinnern zufällig zu lokalisieren, liegt bei $10^{-32}$! Wenn ein Leser sich für eine ausführlichere Darstellung dieser Sachverhalte interessiert, so sei er auf die im Anhang genannte Literatur verwiesen.

Doch zurück zu unserem anfänglichen Ansatz: Wenn nun stillgelegte Gene im Laufe vieler Jahre mutieren könnten, wenn man also in diesem Sinne nicht die Gleichzeitigkeit der Ereignisse fordern muß? Eine solche Hypothese hat mit folgenden Problemen zu kämpfen: Wie man aus Experimenten und populationsdynamischen Überlegungen weiß, gehen besonders in Bakterien stillgelegte, also funktionslose Gene in geologisch gesehen extrem kurzer Zeit verloren. Schon allein dies macht die Hypothese unwahrscheinlich, was aber hier vernachlässigt werden soll. Wichtiger ist, daß eine entsprechende Mutation für den Organismus auch keinen Selektionsvorteil bringt - deshalb wird er sich im Vergleich mit anderen Organismen nicht schneller vermehren (man könnte sich sogar überlegen, ob er sich wegen der größeren „genetischen Last" nicht sogar etwas langsamer vermehrt, s.o.). Das Selektionsargument greift hier also nicht. Wenn die Gesamtzahl der Individuen im Lebensraum nicht zunimmt (und dies ist unter unseren Bedingungen sehr wahrscheinlich), dann bleibt die Häufigkeit der Individuen, die eine erste Mutation tragen, immer gleich. Das Zahlenbeispiel wird das Argument verdeutlichen: Angenommen, im gesamten Urozean gibt es zu einem gegebenen Zeitpunkt $10^{35}$ Individuen. Bei einer im Folgenden immer angenommenen Mutationshäufigkeit von $10^{-5}$ tragen $10^{30}$ die gewünschte erste Mutation. Dieser Anteil wird sich auch in allen folgenden Generationen nicht verändern - eher abnehmen. Daran würde auch horizontaler Gentransfer nichts ändern, da dieser ja nicht mit einem Selektionsvorteil verbunden wäre. Wenn nun irgendwann eine zweite der erforderlichen Mutationen geschieht, so muß dies natürlich im gleichen Bakterium geschehen. Die Häufigkeit der Individuen, welche alle beiden Mutationen tragen, liegt also bei $10^{25}$. Eine dritte Veränderung würde sich unabhängig vom Zeitpunkt ihres Auftretens bei $10^{20}$ Individuen finden und wenn man bis zu den bis hierher erforderlichen 20 Mutationen geht, so werden diese zusammen nur noch mit einer Häufigkeit von $10^{-65}$ auftreten. Nun müssen die drei stillgelegten Gene noch gleichzeitig aktiviert werden, was die Gesamtwahrscheinlichkeit auf $10^{-80}$ erniedrigt. Auch die Berücksichtigung angeblicher evolutionärer Zeiten mildert die Klarheit dieses Ergebnisses nicht. Das Postulat der stillgelegten Gene und des zeitlich verschobenen Auftretens von Mutationen führt also letztlich zu kleineren Wahrscheinlichkeiten, was auf die zusätzlich notwendigen Mutationen der Startcodons zurückzuführen ist.

Auch diese Ausführungen mußten sehr gedrängt erfolgen, und dem speziell interessierten Leser werden die im Anhang gegebenen Arbeiten zur vertiefenden Lektüre empfohlen.

### *Mögliche Einwände*

Nun soll auf einige *Einwände* gegen die in diesem Abschnitt dargestellte Abschätzung eingegangen werden. Das Ergebnis hängt offensichtlich *entscheidend* von der Mutationsrate ab. Ist es realistisch, eine *höhere Mutationsrate* anzusetzen? Man weiß, daß eine Zelle durch raffinierte Reparaturmechanismen die Mutationshäufigkeit niedrig hält. Eine Häufigkeit von $10^{-4}$ oder gar $10^{-3}$ würde in kurzer Zeit zum Aussterben der Zell-Linie führen, weil die Anhäufung von meist negativen Mutationen zur sogenannten „Fehlerkatastrophe" führen würde. Das dürfte über einen längeren Zeitraum auch bei einer generellen Mutationsrate von $10^{-5}$ der Fall sein. Da man davon ausgeht, daß der zu dieser Zeit existierende genetische Apparat in allen wesentlichen Grundzügen bereits dem heutigen glich, darf man eine weitere Erhöhung der Mutationsrate ausschließen. Nun hängt die Mutationsrate auch von der *Größe des betreffenden Gens* ab - je länger ein Gen, desto größer die Chance, daß eine beliebige Base des Gens ersetzt wird. Aber erstens würde uns das nicht mehr als einen Faktor 2-3 bringen, zum zweiten wird man nicht annehmen, daß diese „primitiven“ Gene im Durchschnitt sehr lang waren und schließlich bedeutet eine größere Gesamtwahrscheinlichkeit der Veränderung eines *Gens* ja nicht, daß ausgerechnet die notwendigen Veränderungen an den richtigen *Nucleotiden* und nicht irgendwo im Gen erfolgen.

An dieser Stelle wird eine Grenze unseres gegenwärtigen Wissens deutlich. In der o.g. Abschätzung wurde einfach von einem Gesamtgen oder Protein ausgegangen. Genauer wäre es, die Abschätzung auf die Nucleotide zu beziehen, deren Mutation die gewünschten Änderungen herbeiführt, und dann mit den Mutationshäufigkeiten zu rechnen. Leider sind diese nicht bekannt, so daß man vorläufig mit der genannten Abschätzung zufrieden sein muß. Weil diese aber auf Messungen von Mutationsereignissen in Bakterien beruht, dürfte sie ein realistisches Ergebnis liefern, auch wenn man die Nucleotidaustausche im Einzelnen nicht angeben kann.

Als ein Hilfsmittel zur Entstehung multifaktorieller Mutationen wird häufig der *horizontale Gentransfer* genannt. Könnte es nicht sein, daß in einem Bakterium das erste Gen still mutierte, in einem zweiten Bakterium ein anderes Gen und daß dann durch horizontalen Gentransfer die beiden Gene in einem Individuum vereinigt und zur Expression gebracht wurden? Diese Hypothese berücksichtigt erstens nicht, daß die Häufigkeiten auch für die Veränderung *eines* Gens außerordentlich gering sind (s.o.). Zum zweiten muß man fragen, wie denn die Chancen sind, daß im Urozean gerade diese beiden Individuen, welche zufällig zueinander passende Pseudogene entwickelt hatten, zusammengetroffen sind und daß darüber hinaus ein Gentransfer erfolgte (was ein relativ seltenes Ereignis ist) - aber nicht *irgendein* Gentransfer, sondern unter den Hunderten von Genen eines „primitiven“ Bakteriums müssen genau die passenden transferiert werden. Doch auch dies würde erfolglos bleiben, wenn die Gene nicht an den richtigen Platz im Genom des Empfängers kommen und so erst sinnvoll ausgeprägt werden. Ohne daß wir hier weiter ins Detail gehen, wird ersichtlich, daß horizontaler Gentransfer nichts zu einer *Höherentwicklung* beitragen kann. Andererseits wäre dadurch eine schnelle und effektive *Anpassung* durchaus möglich (vgl. Abschnitt 3.3.4).

Manchmal wird vorgeschlagen, ob nicht eine sinnvolle, aber stille Mutation zufällig mit einer anderen, *positiven Mutation gekoppelt* auftreten könnte, welche dem Individuum einen Selektionsvorteil sichert, aber in gar keinem Zusammenhang mit dem von uns betrachteten Evolutionsvorgang stehen muß. Unser Pseudogen würde also gewissermaßen im „Huckepackverfahren“ mitgenommen und seine Häufigkeit in der Population würde überproportional ansteigen. Damit wäre eine weit höhere Wahrscheinlichkeit gegeben, daß es weiter mutiert. Insgesamt bringt dieses Denkmodell aber keine größere Wahrscheinlichkeit, weil die positive Mutation, an die das Pseudogen gekoppelt werden soll, ja auch mit einer geringen Wahrscheinlichkeit auftaucht, welche das Gesamtergebnis entsprechend verschlechtert.

Zum Schluß soll noch die Möglichkeit besprochen werden, daß ein *schon vorhandener Genabschnitt* durch *einen* Mutationsschritt verwendet wird und damit zwei oder drei Einzelmutationen ersetzt. Dies ist durch eine Exon/Intron - Struktur des Genoms denkbar (vgl. Abb. 4.4). Da wir ein Beispiel aus der Bakterienwelt betrachtet haben, fällt dieses Argument von vornherein weg, weil Bakterien keine Exon/Intron - Struktur ihrer Gene aufweisen. Ob auf diesem Wege aber bei zellkernhaltigen Lebewesen eine Höherentwicklung möglich ist, soll in Abschnitt 4.4 kurz angesprochen werden.

## 4.4 Molekulare Grundlagen der Variabilität mehrzelliger Organismen

Wie besonders an den Beispielen zur Pflanzen- und Tierzucht zu sehen war (Abschnitt 3.3.5), sind die Lebewesen variabel: Die Nachkommen sehen nicht immer so aus wie die Eltern, und manchmal würde man die Nachkommen auf den ersten Blick gar nicht mehr mit den Vorfahren in Verbindung bringen – wir denken zum Beispiel an den Wolf und den Pekinesen (Abb. 3.36). Diese Züchtungen haben zwar niemals über den Grundtyp der entsprechenden Gruppe hinausgeführt, aber die Frage nach den zugrundeliegenden molekularen Mechanismen ist doch von großer Bedeutung. Wenn man diese Mechanismen kennt, könnte man vielleicht auch bezüglich der höheren Lebewesen eine Aussage darüber gewinnen, wie die maximale Reichweite solcher Veränderungen in molekularen Details beschrieben werden kann.

Schon länger weiß man, daß eine außerordentlich wichtige Quelle der Variabilität in der Neuverteilung der Gene während der Bildung der Keimzellen liegt (Rekombination). Einmal können so ungezählte Kombinationen hergestellt werden, die sich in der Qualität ihrer Gene unterscheiden. Zweitens können sie sich auch in der relativen Lage von gleichen Genen unterscheiden. Es ist nämlich nicht immer gleichgültig, in welcher Nachbarschaft ein Gen auf dem Chromosom vorkommt. Dieser Befund ist unter dem Begriff *Positionseffekt* bekannt. Wahrscheinlich ist ein Großteil der verschiedenen Phänotypen durch diesen Prozeß der Rekombination erklärbar. Im zweiten Abschnitt dieses Kapitels haben wir schon über Mutationen gesprochen. Die moderne Biologie hat nachweisen können, daß verschiedene Rassen einer Art sich in den Nukleinsäuresequenzen ihrer Gene unterscheiden. Es gibt in einer Population viele verschiedene Allele eines Gens, und einige davon sind sicher durch Mutation entstanden (Beispiel: die verschiedenen Augenfarben bei der Fruchtfliege *Drosophila*). Nun wurde schon dargelegt, daß die Entstehung einer ganz neuartigen Funktion bei Bakterien durch Mutationen hochgradig unwahrscheinlich ist. Es gibt derzeit keine Hinweise, daß dies bei höheren Organismen anders sein sollte, doch kann durch Mutation eine bestimmte Variabilität innerhalb gewisser Grenzen erzeugt werden.

Die molekularen Ursachen der biologischen Musterbildung sind noch kaum bekannt - warum und durch welche Prozesse gesteuert nimmt ein Lebewesen im Laufe seiner Indvidualentwicklung einen ganz bestimmten Phänotyp an? Solange wir darüber fast nichts wissen, können wir auch wenig begründete Aussagen über die Grenzen der Variabilität einer biologischen Form machen. Jedoch scheint es möglich, über Mutationen in regulatorischen Bezirken der DNS zu spekulieren. Durch solche Mutationen könnten große Veränderungen eines Phänotyps hervorgerufen werden. Allerdings sind diese Veränderungen – und das wird oft nicht beachtet – *keineswegs beliebig!* Ihr Ausmaß ist von vornherein festgelegt durch die Struktur des regulatorischen Komplexes. Man könnte das mit einem System von Weichen vergleichen, welche in einem komplexen Eisenbahnnetz eingebaut sind (Abb. 4.10). Nun nehmen wir an, daß im Stellhaus der Bahnwärter mit Hilfe von Würfeln bestimmt, welche Kombination von Weichenstellungen jeweils vorgenommen wird. Der Weg unserer Züge ist also einerseits vom Zufall bestimmt, andererseits auch ganz wesentlich vom Bauplan der Eisenbahn selber! Die konkrete Alternative wird zufällig bestimmt, aber sie kann nur aus einer möglicherweise großen, aber *begrenzten* Anzahl feststehender, *der Planung entspringender* Alternativen ausgewählt werden. Vielleicht sind die Erbanlagen der Lebewesen nach einem ganz ähnlichen Muster aufgebaut: Mutationen als Auslöser zur Realisierung von schon festgelegten Phänotypalternativen. Je mehr solcher Alternativen möglich sind, desto größer sollte der Gehalt der biologischen Information auf der DNS sein. Auch die neuerdings

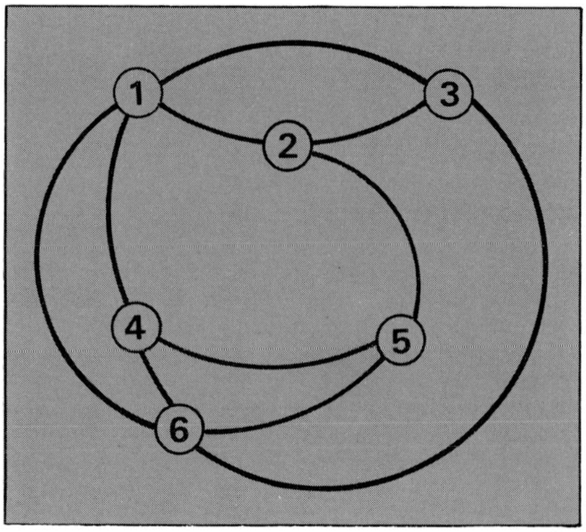


*Abb. 4.10: Ein Zug kann z. B. von 6 nach 1 und dann nach 2 fahren, bei anderer Weichenstellung von 6 über 4 nach 1 und dann nach 2. Das sind durch das Gleiswerk vorgegebene, also „programmierte" Möglichkeiten, die auch durch zufällige Weichenstellungen realisiert werden können. Niemals kann jedoch ein Zug von 6* ***direkt*** *nach 2 fahren! Dies ist im Programm von vornherein nicht vorgesehen. So wie nicht zufällig, ohne Planung, eine neue Gleisverbindung entsteht, kann zufällig auch keine Höherentwicklung stattfinden.*

entdeckten Variationsmechanismen wie springende Gene, Plasmide und die „flüssige Natur" der Gene können vielleicht unter diesem Gesichtspunkt der *programmierten Variabilität* gesehen werden. Bei den Antikörpern kann man schon recht klar erkennen, wie das Prinzip praktisch im Immunsystem zur Erzeugung einer großen Vielfalt von Antikörpern eingesetzt wird.

Man hat postuliert, daß gerade durch die Exon/Intron-Struktur der höheren Organismen ein vielversprechender Evolutionsmechanismus entdeckt worden sei. Wieder zitieren wir zur Verdeutlichung einen Absatz aus dem Schulbuch *Linder Biologie* (KNODEL & BAYRHUBER 1983, S. 404):

„Die Gliederung vieler Eukaryontengene in Exons und Introns hat große Bedeutung für die Evolution der Proteine, d.h. für die zunehmende Vielfalt ihrer Funktionen. Ein Exon trägt oft die Information für ein Stück des Proteinmoleküls, das eine bestimmte Teilaufgabe hat (z.B. die Verankerung eines Proteins in der Membran). Tritt im Bereich des benachbarten Introns des Gens ein ungleiches Crossover auf, so wird das betreffende Exon an ein anderes Gen gekoppelt. Dessen Protein erhält dadurch einen neuen Funktionsteil (im erwähnten Beispiel zusätzlich die Fähigkeit, in eine Membran eingebaut zu werden). So können Änderungen in der Funktion von Proteinen und neue Eigenschaften rascher zustande kommen."

Auf den ersten Blick könnte man wieder meinen, daß hier ein überzeugender Mechanismus zur Bildung neuartiger Strukturen vorgeschlagen wird. Man hat insbesondere in der Struktur mancher Proteine dafür Hinweise gesehen: Verschiedene Teilbereiche von Proteinen **(Domänen)** verschiedener Funktion sind sich nämlich in ihrer Aminosäuresequenz oder in einigen Fällen nur in ihrer räumlichen Struktur sehr ähnlich. Im Rahmen der Evolutionslehre wird das im oben angesprochenen Sinn erklärt, daß nämlich Exons verschiedener Proteine im Laufe der Evolution zufällig miteinander kombiniert (am Beispiel der Myoglobine und Hämoglobine dupliziert) worden seien. Zum ersten müssen wir uns einige Argumente aus den Abschnitten über Ähnlichkeit ins Gedächtnis zurückrufen: Ähnlichkeit an sich ist kein Beweis für gemeinsame Abstammung, sondern könnte auch durch Beziehungen zwischen Struktur und Funktion bedingt sein. Wenn eine gegebene Funktion eines Proteins eben am besten durch eine *bestimmte* Aminosäuresequenz ausgeübt werden kann, dann wird man nicht überrascht sein, diese Sequenz in ganz unterschiedlichen Organismen zu finden. Auch im Rahmen der Evolutionslehre spricht man dann nicht mehr von gemeinsamer Abstammung, sondern von Konvergenz. Wer unterscheidet aber, insbesondere im molekularbiologischen Bereich, das eine mit Sicherheit vom anderen? Damit ist Ähnlichkeit schon innerhalb des Evolutionsmodells kein eindeutiges Argument für realhistorische Verwandtschaft. Zweitens könnten ähnliche Domänen auf einen gemeinsamen Grundplan, auf ein gedachtes Konzept zurückgehen – auch wenn diese Annahme nicht aus naturwissenschaftlichen Überlegungen ableitbar ist, so könnte sie dennoch wahr sein! (vgl. Abschnitt 6.1) Drittens können nur vorhandene Informationen kombiniert werden. Aber woher kommen sie? Das Problem wird so nur verlagert.

Das Hauptargument gegen die im obigen Zitat vorgetragene Hypothese kommt aber aus der Biologie selbst. Wir wollen uns einmal vor Augen führen, was es für ein wasserlösliches Protein „bedeutet", an vielleicht 150 Aminosäuren plötzlich eine hydrophobe (d.h. wasserabweisende) Kette von etwa 50 Aminosäuren angehängt zu bekommen, um damit in einer Membran verankert werden zu können. Erstens kann dieses Protein nicht mehr ohne weiteres im Cytoplasma synthetisiert werden, da es nach der Synthese als wasserunlösliches Protein „ausfallen" kann. Also muß man einen komplizierten Mechanismus postulieren, der mitübertragen wird, damit solche Effekte aufgehoben werden. (Dieser Mechanismus existiert zwar heute, aber damit ist seine Entstehung nicht geklärt.) Wichtiger ist, daß die katalytische Funktion eines Proteins von seiner räumlichen Struktur abhängt, diese aber wiederum von dem vielfältigen Zusammenspiel der einzelnen Aminosäuren. Daß die vorhandenen Aminosäuren, welche ja auf das feinste auf die katalytische oder auch regulatorische Funktion des Proteins abgestimmt sind, ohne weiteres mit den neu hinzugefügten Aminosäuren ohne Funktionsverlust des Proteins harmonieren, ist hochgradig unwahrscheinlich. Dies geht beispielsweise aus Versuchen hervor, in denen man die RNS-Polymerase (dieses Enzym synthetisiert z.B. die Boten-RNS) systematisch mutieren ließ und feststellte, daß rund die Hälfte der Aminosäureaustausche zu einem *Verlust der Funktion* führte. Wenn schon einzelne Punktmutationen solche Folgen für die Funktion des Proteins haben, darf man begründet vermuten, daß die Folgen bei der *zufälligen* Kombination von Genstücken sicher nicht weniger gravierend sind. Nun wurde oben schon erwähnt, daß bei der Bildung von Antikörpern die Bauteile für die „schwere Kette", die „leichte Kette" oder den „variablen Teil" während der Synthese der Boten-RNS ausgetauscht werden und die Zelle auf diese Weise eine große Vielfalt von Antikörpern produzieren kann. Hier funktioniert das Prinzip also sehr gut. Doch liegt hier weniger ein Zufalls-, sondern vielmehr ein Planungsprinzip zugrunde. Die Einzelteile sind *von vornherein* so konstruiert, daß sie in wechselnden Kombinationen zusammenpassen. Das Bild eines Baukastens für Kinder kann das gut verdeutlichen. Mit relativ wenigen Elementen ist es möglich, sehr viele verschiedene Kombinationen mit unterschiedlichen Funktionen herzustellen: Autos, Lastwagen, Häuser, Brücken etc. Doch das ist nicht etwa zufällig so, sondern die Einzelbausteine sind ganz gezielt geplant und dann mit großer Präzision so gefertigt worden, daß sie innerhalb der *gegebenen Grenzen* frei kombiniert werden können. Wenn wir zurück in die Biologie gehen, muß zusätzlich noch festgehalten werden, daß es in der Zelle auch (im einzelnen noch unbekannte) Bauanleitungen geben muß, nach denen solche Einzelteile kombiniert werden. Die Spekulation einer *rein zufälligen* Kombinationsfähigkeit beliebiger Genabschnitte mit daraus resultierenden Proteinen mit neuen Funktionen, welche zu einer Höherentwicklung beitragen könnten, ist jedenfalls weder theoretisch noch experimentell abgesichert.

Zum Schluß dieses Abschnitts soll nochmals darauf hingewiesen werden, daß die molekularen

Ursachen und Wirkungsketten, welche zu einer Veränderung des Phänotyps führen, noch nicht aufgeklärt sind. Vermutlich sind noch viele Variationsmechanismen unbekannt und müssen von der Molekularbiologie noch entdeckt werden. Dies wird den Biologen sicherlich entscheidend helfen, das Ausmaß oder die Begrenzung der Variabilität nicht nur experimentell durch die Züchtungsforschung, sondern auch theoretisch zu begründen.

## 4.5 Entstehung biologischer Information

Im vorhergehenden Abschnitt wurde ein *spezielles Beispiel* betrachtet, um herauszufinden, ob Mutations- und Selektionsmechanismen eine ganz neuartige Struktur erzeugen können. Das Ergebnis war eindeutig negativ. Nun müssen wir uns mit der Frage beschäftigen, ob man dieses Ergebnis ohne weiteres verallgemeinern darf, etwa in dem Satz:

*Die Entstehung neuartiger biologischer Information aufgrund von Mutations-, Selektions- und Isolationsprozessen ist prinzipiell nicht möglich.*

Was ist überhaupt „Information"? Das bekannteste Konzept ist die nach C. L. Shannon benannte „Shannon'sche Informationstheorie", nach welcher der Informationsgehalt einer Zeichenfolge allein unter statistischen Gesichtspunkten berechnet wird. Eine Zeichenfolge besitzt danach einen hohen Informationsgehalt, wenn ihr Auftreten nur mit niedriger Wahrscheinlichkeit vorausgesagt werden kann und umgekehrt. Dabei ist es unerheblich, ob eine Zeichenfolge eine Bedeutung aufweist. Der statistische Informationsbegriff ist für Zwecke der Fernmeldetechnik nützlich, aber ungeeignet, um das Wesen von Information zu erfassen, da diese nach dem Informatiker W. Gitt (1982, S. 181) 5 Ebenen aufweist (Abb. 4.11):

Die Ebene der **Statistik** beschreibt (s. o.) die Wahrscheinlichkeit des Auftretens von Zeichenfolgen nach dem Shannon'schen Formalismus. Auf der Ebene der **Syntax** werden die Regeln festgelegt, nach denen die Zeichen einer Zeichenfolge miteinander verknüpft sind. Im Zusammenhang mit diesem Aspekt von Information wird auch der Begriff „Codierung" verwendet. Jede Codierung beruht auf einer Vereinbarung, ohne deren Kenntnis Information nicht verarbeitet werden kann. Codes treten in so unterschiedlichen Erscheinungsformen wie Morsezeichen, EDV-Codes, Schwänzeltanz von Bienen oder dem genetischen Code auf. Die Ebene der **Se-**

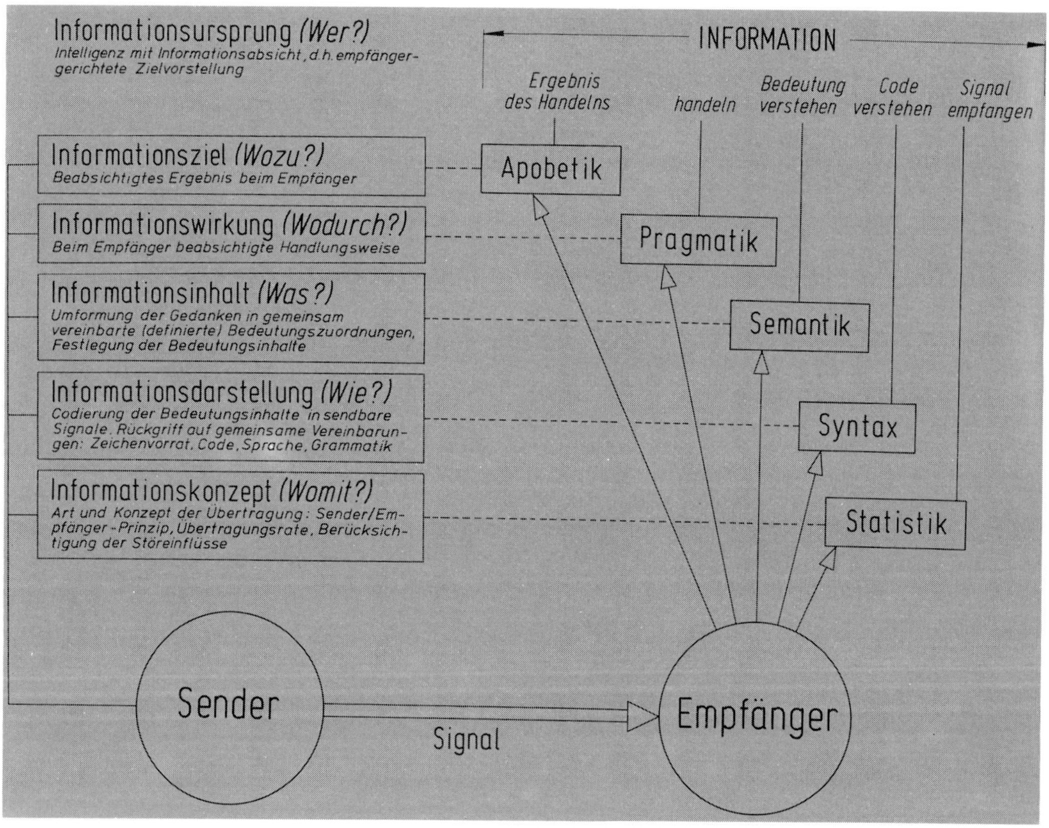


*Abb. 4.11: Die verschiedenen Ebenen der Information nach W. Gitt (1982, S. 183).*

**mantik** befaßt sich mit der Bedeutung einer Zeichenfolge, etwa eines Satzes oder einer Nucleotidfolge der DNS. So sind Zeichenfolgen in Gestalt von Worten der deutschen Sprache (statistische und syntaktische Informationsebene sind vorhanden) möglich, die keine Bedeutung haben, also in diesem Sinne keine Information darstellen. Entsprechende „Unsinnsequenzen“ sind auch auf der Ebene von DNS-Abschnitten denkbar. Darüber hinaus sind noch die Ebenen der **Pragmatik** (Handlungsaspekt einer Information) und **Apobetik** (Zielaspekt einer Information) bedeutsam (vgl. Abb. 4.11). Schließlich ist Information ihrem Wesen nach an „Sender“ und „Empfänger“ gebunden (Abb. 4.11). Die 5 Informationsebenen haben ihre Relevanz sowohl auf der Sender- als auch auf der Empfängerseite.

Auch biologische Information scheint sich prinzipiell mittels der o.g. Ebenen beschreiben zu lassen, wenngleich bis heute der Begriff „biologische Information“ nicht präzise faßbar ist, was vor allem an unserem begrenzten Wissen über die Struktur der Lebewesen liegt (Bei der Frage nach dem Ursprung von biologischer Information begrenzt uns dieser Mangel an Erkenntnis). Die Untersuchung von technischer Information oder der Informationsübertragung im Bereich menschlicher Kommunikation zeigt jedoch eindeutig, daß bei Vorliegen der o. g. Ebenen hinter jeder Information *geistige Konzepte* stehen. Dies gilt so streng, daß der Schluß vom Vorliegen einer Information im o. g. Sinne auf einen Informationssender in den genannten Bereichen als zwingend angesehen wird. Die evolutionstheoretische Behauptung, daß diese auf der bisherigen Erfahrung beruhende Erkenntnis gerade im Bereich der biologischen Information nicht zutrifft, ist daher zumindest nicht gerade naheliegend. Weil eine solche Behauptung den Erfahrungshorizont im zwischenmenschlichen und technisch-wissenschaftlichen Bereich sprengt, bedarf sie einer desto genaueren, letztlich quantitativen Begründung. Jedenfalls kann man „keinerlei Antwort auf die [Frage nach der] Herkunft biologischer Systeme bekommen, wenn man sich lediglich auf die statistische Ebene bezieht. Auch Abhandlungen mit einem eindrucksvollen mathematischen Aufwand bringen noch keinerlei Klärung, wenn der Formelapparat sich auf der Ebene Shannon'scher Information bewegt“ (GITT 1986, S. 115). Die kritische Würdigung von evolutionstheoretisch orientierten Arbeiten, welche sich z. T. nicht auf den Shannon'schen Informationsbegriff beschränken (für den deutschen Sprachraum seien M. EIGEN oder B. O. KÜPPERS genannt, siehe dazu auch Abschnitt 5.4), muß fachwissenschaftlichen Abhandlungen vorbehalten bleiben.

Hier soll hervorgehoben werden, daß die Struktur der biologischen Information derart deutliche Beziehungen zu Informationsstrukturen im technischen Bereich aufweist, daß der Schluß auf ein dahinterstehendes geistiges Konzept (Schöpfer) u. E. nahegelegt wird. Wie schon verschiedentlich bemerkt, kann es sich hierbei nicht um einen Beweis im naturwissenschaftlichen Sinne handeln, doch findet nach Ansicht der Autoren die Existenz biologischer Information im Schöpfungsmodell eine zufriedenstellende Erklärung. Der Informatiker E. BERTSCH fragt hinsichtlich der Informatikteildisziplin des „Software Engineering“, welche ihre Methodik weniger am Programm als am Programmierer und dessen Vorgehensweise beim Entwurfsprozeß orientiert, „ob die Bio-Wissenschaften nicht einer ähnlichen Ergänzung bedürfen“ (BERTSCH 1982, S. 169).

Nach Ansicht der Autoren kann dagegen der zweite Hauptsatz der Thermodynamik nicht verwendet werden, um die zufällige Entstehung von biologischer Information auszuschließen, da es sich bei der Erde um ein offenes und nicht um ein geschlossenes System handelt. In jedem Fall stellt sich das Problem aber bei der Kosmogonie, der Entstehung des Universums mit seinen vielfältigen Ordnungsstrukturen. Wird dieses dann mit Rücksicht auf die Evolutionslehre als offenes System aufgefaßt oder schreibt man den Elementarteilchen zu, daß sie letztlich auf eine unbekannte Weise die Information zur Entstehung des Kosmos und des Lebens beinhalten, dann bewegt man sich ausschließlich in natur*philosophischen* und *nicht* in natur*wissenschaftlichen* Bereichen.

Bezüglich der Entstehung biologischer Information wird seitens der Evolutionstheoretiker behauptet, daß zur Erzeugung lebendiger Strukturen keineswegs lebendige Strukturen vorausgesetzt werden müßten – man verweist hier gerne auf anorganische „Selbstorganisationsprozesse“ wie Kristallwachstum, dissipative Strukturen und anderes mehr, zieht „Katastrophentheorien“, „synergistische Modelle“ und Betrachtungen der „Nicht-Gleichgewichtsthermodynamik“ heran. Wie aber in Kapitel 5 gezeigt wird, gibt es für die Entstehung biologischer Information durch solche Mechanismen in Ursuppen keine *experimentellen* Belege.

Der am Beginn dieses Abschnitts genannte Satz, daß Leben nicht von selbst entstehen und sich entwickeln konnte, steht nicht im Widerspruch zu experimentell und theoretisch gewonnenen Daten. Indes: *Wir können ihn nicht im strengen Sinne beweisen.* Wenn jedoch Evolutionstheoretiker behaupten, daß Leben (und damit biologische Ordnung und Information) spontan entsteht, dann haben sie die Beweislast und müssen entsprechende Modelle vortragen. Diese Modelle können diskutiert und unter Umständen experimentell geprüft werden. Damit ist die Frage aus dem Rahmen allgemeiner Beweisführungen herausgenommen und auf die Ebene der konkret an Detailbeispielen formulierten Mechanismenfrage zurückgeführt worden. Wir wiederholen, daß seitens der Evolutionslehre realistische Mechanismen dieser Art nicht vorgeschlagen worden sind.

## 4.6 Zusammenfassung

1. Die heute bekannten Gesetzmäßigkeiten lassen die Entstehung neuer biologischer Information durch Evolutionsprozesse als sehr unwahrscheinlich erscheinen. Eine generelle *naturwissenschaftliche* Beweisführung, die eindeutig entscheidet, ob Leben zufällig entstehen und sich entwickeln kann, ist zur Zeit jedoch nicht möglich.

2. Die Prüfung des evolutionstheoretischen Selbstorganisationspostulates an konkreten Beispielen führt zu dem Ergebnis, daß die seitens der Evolutionslehre vorgeschlagenen Evolutionsmechanismen zwar einen gegebenen Phänotyp innerhalb gewisser Grenzen verändern können, daß dadurch jedoch nicht die Entstehung neuer Funktionen im Sinne einer Höherentwicklung *(Zunahme der Komplexität)* zu erwarten ist.

3. Die Entstehung neuer geno- und zugeordneter phänotypischer Information im Sinne einer Höherentwicklung (Komplexitätszunahme) aufgrund von zur Zeit bekannten Variationsmechanismen ist so unwahrscheinlich, daß sie auch in den postulierten geologischen Zeitepochen nicht erwartet werden kann.

Wenn die Auseinandersetzung mit Vertretern der Evolutionslehre bis zu diesem Punkt geführt ist, wird oft die Erwartung geäußert, daß man zwar zur Zeit noch nicht sagen könne, nach welchen Mechanismen Evolution genau abgelaufen sei, daß man diese Mechanismen jedoch in näherer oder auch ferner Zukunft entdecken werde. Diese Hoffnung liegt jenseits des Aussagebereiches der Naturwissenschaft und kann demzufolge nicht widerlegt werden. Allerdings sind die Autoren dieses Buches der Ansicht, daß derzeit wenig Daten aus der Biologie zu einer solchen Hoffnung Anlaß geben.

# 5 Chemische Evolution und die Entstehung des Lebens

Wie ist das Leben auf der Erde entstanden? Lange Zeit war die Vorstellung vorherrschend, daß Leben jederzeit aus leblosen Stoffen entstehen könne und auch in der Gegenwart noch daraus entstehe. ARISTOTELES lehrte, daß Würmer unmittelbar aus Schlamm hervorgingen. Seit Mitte des 19. Jahrhunderts weiß man, daß eine spontane Entstehung von Leben aus unbelebter Materie nicht möglich ist. PASTEUR zeigte, daß alles Lebende aus Lebendem entsteht: *Omne vivum ex vivo*.

Damit ist jedoch die Bemühung, das Phänomen „Leben“ auf Lebloses, auf „Nicht-Leben“ zurückzuführen, nicht aufgegeben worden - im Gegenteil: es werden gegenwärtig große experimentelle Anstrengungen unternommen und umfangreiche Modellrechnungen mit dem Ziel durchgeführt, die Entstehung des Lebens rein naturwissenschaftlich zu erklären. Auch wenn *heute* Leben nicht von selbst entstehe, so könne dies in der *Vergangenheit* anders gewesen sein. Es könne davon ausgegangen werden, daß auf der Erde früher andere Bedingungen geherrscht haben, die eine abiotische Entstehung des Lebens als möglich erscheinen lassen. Ziel dieser Forschungen ist es, die einzelnen Schritte zur Entstehung des Lebens möglichst lückenlos aufzuklären und alle Schritte allein durch chemisch-physikalische Prozesse verständlich zu machen.

An dieser Stelle muß die grundsätzliche Frage aufgeworfen werden, ob es dem Erkenntnisgegenstand „Leben“ überhaupt angemessen ist, ihn nur mit naturwissenschaftlichen Methoden erfassen und seine Herkunft allein durch die Gesetze der Materie erklären zu wollen. Dahinter verbirgt sich die Frage: Ist Leben mehr als Physik und Chemie? Ist Leben nur eine besonders komplexe Zustandsform der Materie, also im Prinzip nicht mehr als Materie? Wenn Leben aus Totem (Materie, Zufall, Naturgesetze) ableitbar wäre, wäre Leben selbst ein spezieller Zustand des Toten. Man könnte dann ohne Übertreibung sagen: Das Leben ist tot. Wenn Leben aber eine nicht auf Physik und Chemie reduzierbare Wirklichkeit ist, sind alle Bemühungen, die Entstehung des Lebens *allein* durch die Naturgesetze zu erklären, *im Ansatz verfehlt*.

Es ist bis heute nicht möglich, Lebewesen allein auf der Ebene der sie aufbauenden (Makro-)Moleküle zu verstehen. Von der DNS weiß man, daß sie nicht agiert, sondern *re*agiert, d. h. nur im Rahmen der Ganzheit einer lebenden Zelle bzw. eines Organismus ihren „Dienst verrichtet“. Makromoleküle wie die DNS entstehen nur unter dem Einfluß einer sie formenden Ganzheit, sei es durch die Ganzheit einer lebenden Zelle oder eines Organismus, sei es durch das gezielte Experimentieren eines Chemikers (Kunststoffe). Daher kann man zumindest die Vermutung äußern, daß Lebewesen die *Voraussetzung* für die Existenz von biologisch relevanten Makromolekülen sind. Ob dies ein allgemeines Gesetz ist, kann auf der Ebene der Naturwissenschaft noch nicht entschieden werden. Sollte dies aber so sein, dann wäre eine Entstehung des Lebens vom Einfachen hin zum Komplexen ohne formende außermaterielle Kraft prinzipiell unmöglich.

Mit dem Begriff „Chemische Evolution“ bezeichnet man eine Hypothese, in der die molekularen Vorgänge zusammengefaßt werden, die zu der Entstehung erster einfacher Lebensformen geführt haben sollen. Die chemische Evolution wird als eine frühe Phase im Evolutionsablauf betrachtet. Voraussetzung dafür ist eine Periode, in der zunächst die Materie und dann die Himmelskörper (darunter die Erde) gebildet wurden. Über die konkreten Zustände auf der frühen Erde gibt es keine genauen Daten; solche können ja nicht direkt erhoben werden, sondern müssen indirekt anhand von Indizien an den heute untersuchbaren Gesteinen und unter Zugrundelegung bestimmter Annahmen erschlossen werden. Eine gesicherte Ausgangssituation läßt sich daher nicht formulieren. Im folgenden soll von der Annahme ausgegangen werden, daß günstige Voraussetzungen für eine chemische Evolution vorliegen.

Nach einem häufig skizzierten Szenarium (Abb. 5.1) soll die Einwirkung von Sonnenenergie auf die Atmosphäre der frühen Erde und auf die Erdoberfläche zu einer sogenannten „Ursuppe“ geführt haben: Durch Energieeinwirkung in der Atmosphäre entstandene organische Moleküle sollen in die sogenannten „Urozeane“ gelangt sein, welche dadurch zu Ursuppen wurden. Die Idee der Ursuppe geht auf A. I. OPARIN und J. B. S. HALDANE zurück. Die Ursuppe stellt die Voraussetzung für die Bildung von kleineren und größeren Molekülverbänden dar, die zum Aufbau von lebenden Systemen sowie deren hypothetischen Vorläufern nötig sind.

Die Hypothese der „Chemischen Evolution“ ist somit der Versuch, einen in sich schlüssigen Weg von einfachen über hochkomplexe, z.T. Information tragende Makromoleküle (wie Proteine und Nucleinsäuren) bis hin zu ersten „Protobionten“ aufzuzeigen und, soweit möglich, diese Vorstellungen anhand empirischer Daten zu belegen.

In Abb. 5.1 sind einige Stationen dargestellt, die im Verlauf einer (bio-)chemischen Evolution

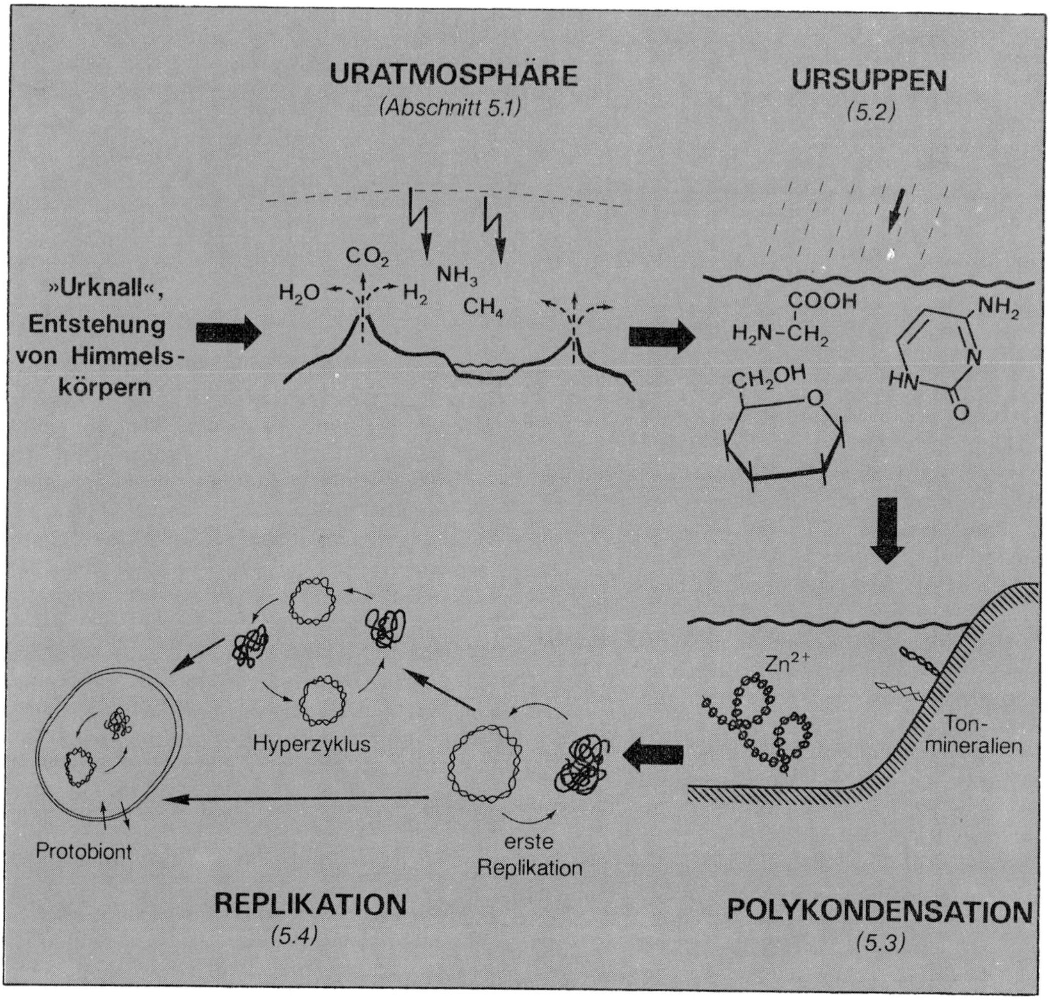


*Abb. 5.1: Vier Stationen auf einem hypothetischen Weg vom Leblosen zum Leben, die im Verlaufe einer „chemischen Evolution" notwendigerweise durchlaufen werden müßten. Die einzelnen Schritte sind Themen der folgenden Abschnitte. Sollte nur einer dieser Schritte auf natürlichem Wege (aufgrund von Naturgesetzen) unmöglich sein, so könnte Leben auch nicht „von selbst" entstehen.*

durchlaufen werden mußten. In den folgenden fünf Abschnitten (5.1 bis 5.5) wird der Frage nachgegangen, inwieweit diese hypothetischen Schritte auf dem Weg zu einer ersten lebenden Zelle experimentell nachvollzogen werden können. Jeder Schritt ist für eine Lebensentstehung aus toter Materie notwendig. Das Vorhandensein von Makromolekülen, die Fähigkeit zur Replikation und ein Abschluß von der Umwelt sowie ein geregelter Stoffaustausch mit ihr sind (keineswegs vollständige) Minimalbedingungen für „Leben".

## 5.1 Die hypothetische Uratmosphäre

Die Vorstellungen über Ursuppen hängen davon ab, welche Zusammensetzung der ursprünglichen Atmosphäre angenommen wird. H. C. UREY geht davon aus, daß die Atmosphäre auf der frühen Erde eine vorwiegend reduzierend wirkende Gasmischung war. Exakte Angaben bezüglich dieser frühen Erdatmosphäre sind prinzipiell nicht möglich. Alle Angaben darüber beruhen auf Modellen und Modellrechnungen.

Eine mindestens schwach reduzierend wirkende Zusammensetzung muß gefordert werden, weil oxidierende Bestandteile (wie z.B. $O_2$) die organischen Moleküle zerstören würden, womit diese für eine weitere chemische Evolution nicht mehr zur Verfügung stünden.

Organische Bestandteile kommen auf der Erde außer in Lebewesen nur dort vor, wo kein Sauerstoff vorhanden ist (anaerobe Umgebung), z.B. Kohle-, Erdöl-, Erdgaslager, oder aufgrund ständiger Erneuerung durch lebende Systeme (Mikroorganismen, Pflanzen, Tiere). $O_2$ reagiert mit organischen Verbindungen (besonders in Gegenwart von UV-Strahlung) zu $CO_2$ und $H_2O$. Diese Tatsache führt zur Forderung einer weitgehend $O_2$-freien Uratmosphäre.

UREY und MILLER schlagen $CH_4$, $H_2O$, $NH_3$, ($N_2$) und $H_2$ als Hauptkomponenten der Uratmosphäre vor. Eventuell vorhandene Spuren von $O_2$ und $CO_2$ als Produkte einer Photolyse (Spaltung durch Sonnenlicht) von Wasser ($2\,H_2O \rightarrow 2\,H_2 + O_2$) sollen durch Mineralien (z.B. Eisen) gebunden worden sein ($4\,FeO + O_2 \rightarrow 2\,Fe_2O_3$), was eine Oxidation der organischen Bestandteile verhindert hätte. Astrophysikalische Daten (Ergebnisse von Messungen der UV-Strahlung blauer, sog. junger Sterne) haben jedoch Hinweise auf einen hohen $O_2$-Gehalt für eine hypothetische frühe Atmosphäre geliefert. Dieser könnte die in tiefliegenden Gesteinsschichten vorkommenden Oxide erklären, hätte jedoch zu einer Zerstörung organischer Verbindungen geführt.

Bis heute existiert keine von Fachleuten allgemein anerkannte Theorie über die Zusammensetzung einer hypothetischen frühen Atmosphäre. Es gibt weitere Befunde, die sich gegen die Grundannahmen von UREY und MILLER anführen lassen. Trotzdem werden die darauf beruhenden Versuche im folgenden näher betrachtet.

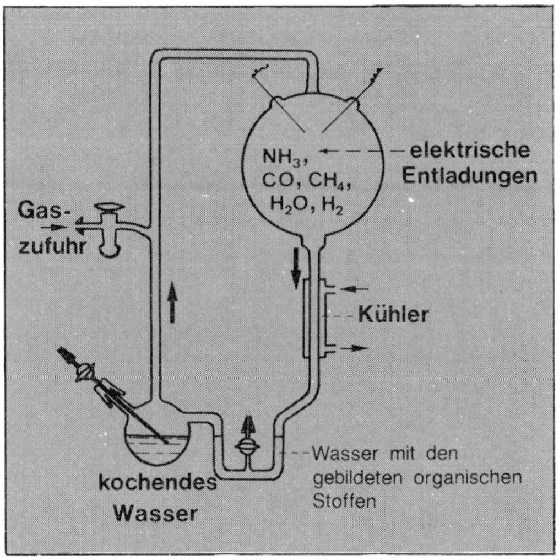


*Abb. 5.2: Typische Versuchsapparatur (ca. 60 cm hoch), wie sie erstmals von MILLER im Jahre 1953 eingesetzt wurde. Mit ihr konnte die Bildung organischer Verbindungen aus anorganischen Stoffen unter „Uratmosphären"-Bedingungen nachgewiesen werden. (Nach KNODEL & BAYRHUBER 1983)*

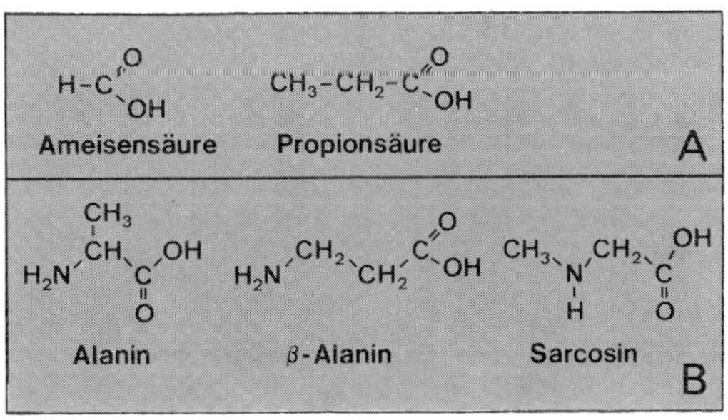


*Abb. 5.3: Zwei Monocarbonsäuren (A) und drei $C_3$-Aminosäuren (B), die in „Ursuppen"-Experimenten synthetisiert werden. Die Aminosäuren β-Alanin und Sarcosin kommen in Zellproteinen nicht vor.*

## 5.2 Ursuppenexperimente

### 5.2.1 Entstehung von Aminosäuren

MILLER setzte eine nach UREY's Forderungen zusammengesetzte Gasmischung für Experimente ein, in denen er die Situation auf der frühen Erde simulieren wollte. Dabei wirkte auf die Gase Energie aus verschiedenen Quellen ein (z.B. elektrische Entladung, UV- oder Röntgenstrahlen). Anschließend wurden die Reaktionsprodukte untersucht. Abb. 5.2 zeigt einen typischen Aufbau für Simulationsexperimente nach MILLER, Abb. 5.4 ein entsprechendes Ergebnis.

Die Analyse der Reaktionsprodukte ergab, daß die Monocarbonsäuren (in Abb. 5.3A sind zwei abgebildet) überwiegen. Die Produktzusammensetzungen in den Simulationsexperimenten entsprechen denjenigen, die aufgrund thermodynamischer und kinetischer Daten zu erwarten sind. Durch ähnliche Simulationsversuche konnten bis heute alle in der Natur vorkommenden Aminosäuren synthetisiert werden. Daneben liegt ein Überschuß von Substanzen vor, die man in der belebten Natur nicht findet.

So kommen unter den $C_3$-Aminosäuren neben Alanin noch β-Alanin und Sarcosin (Abb. 5.3B), unter den $C_4$-Aminosäuren sogar sieben Isomere vor, von denen keines Bestandteil von Proteinen ist. Wie und weshalb in den lebenden Zellen eine Beschränkung auf 20 Aminosäuren trotz erheblich größerer zur Verfügung stehender Vielfalt stattgefunden haben sollte, ist unbekannt. Die Vorstellung, daß zunächst alle Aminosäuren verwendet wurden,

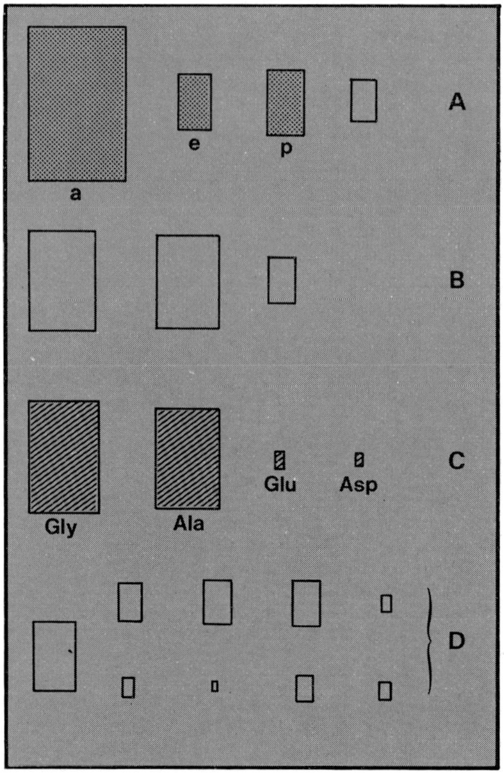


*Abb. 5.4: Bei Experimenten mit der in Abb. 5.2 dargestellten Apparatur kann eine große Anzahl organischer Stoffe erzeugt werden. In dieser Abbildung ist ein durchschnittliches Analyseergebnis dargestellt. A: Karbonsäuren, B: α-Hydroxysäuren, C: Aminosäuren, die in Proteinen vorkommen, D: andere Aminosäuren und sonstige Verbindungen. Die Größe der Rechtecke stellt ein Maß für die Menge der synthetisierten Verbindungen (gemessen am Kohlenstoff-Gehalt) relativ zur Gesamtmenge an (in Form von Methan) eingesetztem Kohlenstoff dar. Ein größerer Teil der Produkte (punktiert dargestellt) sind monofunktionelle Moleküle, d. h. sie besitzen nur **ein** Reaktionszentrum. Diese Verbindungen verhindern bereits in geringen Konzentrationen ein Kettenwachstum (s. Text). a: Ameisensäure, e: Essigsäure, p: Propionsäure. Ein Teil der gewonnenen Substanzen sind Aminosäuren, die auch Bestandteile von Proteinen sind (schraffiert). Dabei handelt es sich allerdings um optisch inaktive Gemische (s. u.), die als Ausgangsstoffe für eine Proteinbildung ungeeignet sind. Gly: Glycin, Ala: Alanin, Glu: Glutaminsäure, Asp: Asparaginsäure. (Nach Cairns-Smith 1982)*

dann aber etliche „ausstarben", weil die entsprechenden Systeme weniger „lebenstüchtig" waren (vgl. natürliche Selektion), ist bisher ohne überzeugende empirische Stütze.

Es zeigt sich jedoch, daß bei den *einzelnen* Ansätzen, je nach Versuchsbedingungen (Gaszusammensetzung, Reaktionszeit etc.) von den 20 in lebenden Organismen anzutreffenden Aminosäuren nur eine begrenzte Auswahl synthetisiert wird. Günstige äußere physikalische Bedingungen, wie passender Druck und passende Temperatur, denen enge Grenzen gesetzt sind, wenn die Reaktionsprodukte stabil bleiben sollen, werden bei solchen Versuchen als gegeben vorausgesetzt. Im „Ursuppenmodell" muß daher postuliert werden, daß die an verschiedenen Stellen gebildeten Bestandteile später zusammengespült worden sind, um miteinander reagieren zu können. Damit wird dieses Szenarium noch komplexer und unübersichtlicher; detaillierte Vorstellungen darüber sind nicht veröffentlicht worden.

### 5.2.2 Entstehung von DNS-Bausteinen

In Simulationsexperimenten, in denen unter „präbiotischen Bedingungen" gearbeitet wurde, konnten Spuren der fünf in RNS und DNS vorkommenden Nucleinsäurebasen nachgewiesen werden. Bis heute sind jedoch nur vage Modellvorstellungen veröffentlicht, wie diese angereichert, gereinigt und in geeigneter Weise mit Phosphaten und Zukkern (Zucker treten ebenfalls im Simulationsexperiment auf) in Wechselwirkung treten können. Die für eine chemische Evolution interessanten Moleküle liegen in den jeweils speziellen Ansätzen nur in geringen Konzentrationen neben einem großen Überschuß an biologisch uninteressanten Molekülen vor. Bis jetzt ist kein Experiment bekannt, bei dem *ein* Simulationsansatz *alle* für eine chemische Evolution notwendigen Moleküle liefert. Diese müßten also an verschiedenen Orten unter jeweils optimalen Bedingungen produziert, gegen Zerstörung (Hydrolyse, Photolyse) geschützt und zu einem weiteren Reaktionsort transportiert worden sein. Für den Aufbau von aktivierten (mit Phosphorsäure veresterten) Nucleinsäurebausteinen - den Nucleotiden - und die Polymerisation derselben zu kurzen Strängen (Oligonucleotide), wie das heute in Laboratorien und auch schon z.T. in Automaten durchgeführt werden kann, ist eine umfangreiche und aufwendige *Schutzgruppenchemie* nötig. In der Schutzgruppenchemie werden die reaktiven Zentren eines Moleküls geschützt, mit Ausnahme des Zentrums, das für die gewünschte Reaktion vorgesehen ist. Unterbleibt ein Schutz, so resultieren daraus viele unerwünschte Reaktionen, sowohl beim Aufbau der Monomerbausteine als auch bei der Polymerisation, weil z. B. die OH-Gruppen an dem Zucker Ribose ähnliche Reaktivitäten aufweisen. Auch Nucleobasen tragen mehrere reaktive Stellen.

ROBERT SHAPIRO (1986, S. 284) faßt zusammen: „Unser heutiges Verständnis der präbiotischen Ribosesynthese ergibt keine Stütze der Annahme, daß nennenswerte Mengen von Oligonucleotiden oder auch nur von Nucleotiden auf der frühen Erde vorhanden waren. Vielleicht sind einige wichtige präbiotische Synthesewege noch nicht erforscht. Unter den gegenwärtigen Umständen scheint es jedoch klüger anzunehmen, daß RNS zuerst durch biosynthetische Prozesse kurz *nach* der Entstehung des Lebens gebildet wurde." Diese Aussage des bekannten evolutionstheoretisch orientierten organischen Chemikers steht in guter Übereinstimmung mit der zu Eingang dieses Kapitels genannten Vermutung, daß Lebewesen die Voraussetzung für die Bildung biologisch relevanter Makromoleküle sind.

Wir halten als Zwischenergebnis fest, daß die Entstehung der für die Bildung von RNS- oder DNS- Molekülen notwendigen Nucleotide unter Ursuppenbedingungen bis heute experimentell nicht nachvollzogen werden konnte.

## 5.3 Polykondensation in Ursuppen?

### 5.3.1 Bildung von Aminosäureketten

Die in den Simulationsexperimenten nachgewiesenen Aminosäuren stellen die Monomere (Einzelbausteine) für Peptide und Proteine dar. Bis heute ist noch nicht experimentell gezeigt worden (es liegen auch keine überzeugenden Modelle vor), wie die Aminosäuren aus den überschüssigen Nebenprodukten isoliert, gereinigt und auf eine für die weitere Reaktion nötige Konzentration gebracht werden können. Zwei Aminosäuren kondensieren zu einem Dipeptid durch eine Kondensationsreaktion; dabei wird pro Peptidbindung ein Wassermolekül freigesetzt (Abb. 5.5). Nun liegt das chemische Gleichgewicht auf der Seite der einzelnen Aminosäuren; deshalb läuft die für eine Proteinbildung notwendige Polykondensationsreaktion in *wäßriger* Lösung nur unter ganz bestimmten Bedingungen ab („aktivierte" Aminosäuren oder Katalyse durch Proteine), welche unter Ursuppenbedingungen nicht vorliegen.

Hydrolysevorgänge, durch die Verbindungen gespalten worden wären, sind für Polypeptide in

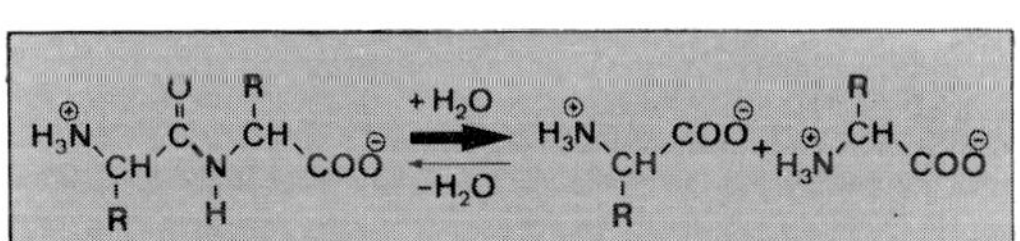


*Abb. 5.5: Kondensation zweier Aminosäuren zu einem Dipeptid unter Wasserabspaltung (von rechts nach links: **Kondensationsreaktion**, von links nach rechts: **Hydrolyse**). Die Peptidbindung ist durch einen dicken Bindungsstrich gekennzeichnet. Das chemische Gleichgewicht dieser Reaktion liegt auf der Seite der Aminosäuren.*

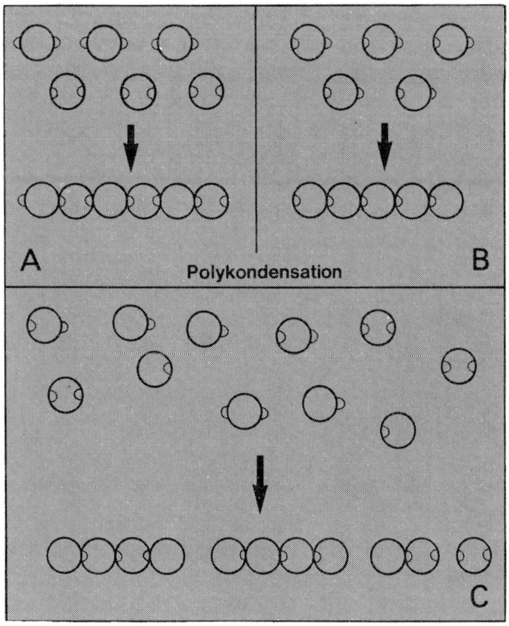


*Abb. 5.6: Zur Veranschaulichung der Entstehung von Makromolekülen durch Polykondensation kann ein Kugelmodell mit Druckknöpfen („Positiv" und „Negativ") dienen, wie es von B. VOLLMERT entworfen wurde. In A und B sind zwei verschiedene Möglichkeiten der Entstehung von Kettenmolekülen durch Polykondensation dargestellt. Die DNS (entsprechend A) und Proteine (entsprechend B) sind Kettenmoleküle, die auf diese Weise (Polykondensation bifunktioneller Moleküle) entstehen. Unter Ursuppenbedingungen sind ein großer Teil der Verbindungen monofunktionelle Moleküle (C). Außerdem liegen die verschiedenen Molekülsorten nicht in einem ausgewogenen Verhältnis zueinander vor (vgl. dazu Abb. 5.4). Beide Umstände verhindern jeweils für sich alleine genommen das Entstehen von längeren Molekülketten. In Ursuppen können daher die für Lebewesen erforderlichen Makromoleküle nicht entstehen, da dort keine Mechanismen erwartet werden können, durch welche ein Kettenabbruch verhindert wird. Weitere Erläuterungen dazu im Text. (Nach VOLLMERT 1983 und 1985)*

wäßriger Lösung nicht zu vernachlässigende Konkurrenzreaktionen zur Synthese. Daher hätten funktionsfähige Makromoleküle - sollten sie in Ursuppen entstehen - keine hohe Lebensdauer. Außerdem ist die Bildung von Polypeptiden nur möglich, wenn die Carboxyl- und Aminogruppen der Aminosäuren aktiviert und die Seitenketten gegen unerwünschte Nebenreaktionen geschützt werden, wie das in lebenden Zellen geschieht. Für eine Kettenbildung ohne Verzweigung sind (neben dieser Voraussetzung) mindestens sogenannte bifunktionelle Moleküle (Moleküle mit zwei reaktiven Stellen) als Ausgangsverbindungen erforderlich; monofunktionelle Bestandteile verhindern ein Kettenwachstum. Der Karlsruher Polymerchemiker B. VOLLMERT hat in aller Deutlichkeit darauf hingewiesen, daß bei Anwesenheit von monofunktionellen Verbindungen, auch wenn diese lediglich in Spuren vorhanden sind, nur kurze Ketten entstehen; auch ein unausgewogenes Verhältnis der bifunktionellen Verbindungen (Überschuß einer Komponente) führt unweigerlich zu kurzen Ketten (Abb. 5.6). Für lange Polymerketten muß mit reinsten bifunktionellen Verbindungen in genau ausgewogenem Verhältnis gearbeitet werden, was jedoch bezüglich aller bisher bekannten Ursuppenbedingungen völlig unrealistisch ist.

In theoretischen Modellen wurden auch schon Grenzflächenreaktionen und Reaktionen an festen Oberflächen (Heterogenkatalyse) für die Polykondensation in Ursuppen in Erwägung gezogen; ein experimenteller Hinweis, daß solche Vorgänge eine wesentliche Rolle spielen könnten, steht allerdings aus.

#### Entstehung von Proteinoiden

Längere Aminosäureketten (Polypeptide) sind in *wäßriger* Ursuppen-Lösung bis jetzt nicht synthetisiert worden (s. o.). S. W. Fox konnte durch Erhitzung von reinen und *trockenen* Aminosäuregemischen (Gemische ohne Wasser) auf ca. 70 - 200°C Aminosäure-Polymerisate erhalten, die als **Proteinoide** bezeichnet werden. Dabei werden jedoch die Aminosäuren Cystein, Serin und Threonin größtenteils zerstört. Außerdem treten bei diesen Synthesen Reaktionen in den Seitenketten ein, die zu einer Quervernetzung führen (Abb. 5.7). Derartige quervernetzte Aminosäurepolymerisate können in einen Informations-Übertragungsprozeß, so wie wir ihn bei der Wechselwirkung von Proteinen, Enzymen und DNS bzw. RNS kennen, nicht einbezogen werden. In biologischen Systemen wird Information linear, d.h. durch die Reihenfolge der einzelnen Monomerbausteine, codiert und kann nur so übertragen werden (vgl. Abb. 4.1). Schließlich ist die Ausgangsbedingung von reinen Aminosäuregemischen auf einer hypothetisch frühen Erde völlig unrealistisch.

Einige der auf diese Weise erzeugten Aminosäurepolymerisate wurden auf ihre katalytische Wirkung bezüglich biochemischer Grundreaktionen (Hydrolyse, Decarboxylierung, Transaminierung, Redoxreaktionen etc., Abb. 5.14) untersucht. Diese seien für die Entstehung erster Stoffwechselprozesse von großer Bedeutung gewesen. Die Substratspezifität der Proteinoide ist sehr gering und die erzielte Steigerung der Reaktionsgeschwindigkeit ist weit von dem entfernt, was von biologisch wirksamen Enzymen bekannt ist. Unspezifische Katalyse ist kein bemerkenswerter Vorgang, sie ist in Reaktionslösungen auch durch Verunreinigungen, z. B. durch Spuren von Metallen, möglich. Die durch unkontrollierte Polymerisation erhaltenen Proteinoide scheinen also für die Entstehung des Lebens bedeutungslos zu sein.

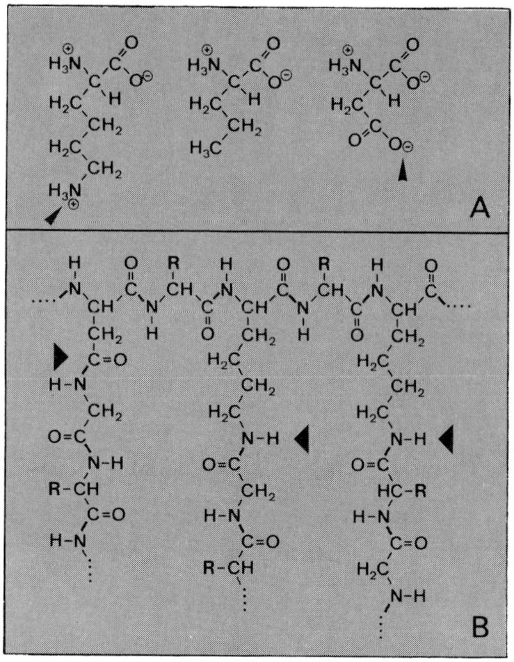


*Abb. 5.7: Mehr als die Hälfte der in heutigen Proteinen häufig vertretenen Aminosäuren haben eine dritte aktivierte Position (Pfeile in A) innerhalb des Moleküls (A: eine bi- und zwei trifunktionelle Aminosäuren), so daß bei Proteinoiden nicht nur die Peptidbindung (dicke Bindestriche), sondern auch Quervernetzungen (Pfeile in B) auftreten. Dies ist ein grundlegender Unterschied zu heutigen Proteinen. Proteinoide können deshalb nicht auf einfache Weise genetisch codiert werden.*

### 5.3.2 Optische Aktivität

Die in Ursuppenexperimenten erzeugten Aminosäuren sind nicht „optisch rein". Es handelt sich dabei um Gemische von sogenannten „links- und rechtsdrehenden" Aminosäuren (Abb. 5.8: L- und D-Aminosäuren). In der Natur auftretende Proteine bestehen jedoch ausschließlich aus L-Aminosäuren. Bisher vorgeschlagene Hypothesen zur Lösung dieses Problems sind spekulativer Natur. Sie werden vom Endergebnis (heutige Proteine aus reinen L-Aminosäuren) her gefordert, ohne daß sie experimentell nachvollzogen werden. Es konnte kürzlich gezeigt werden, daß Verbindungen von reinen D-Aminosäuren bzw. L-Aminosäuren un-

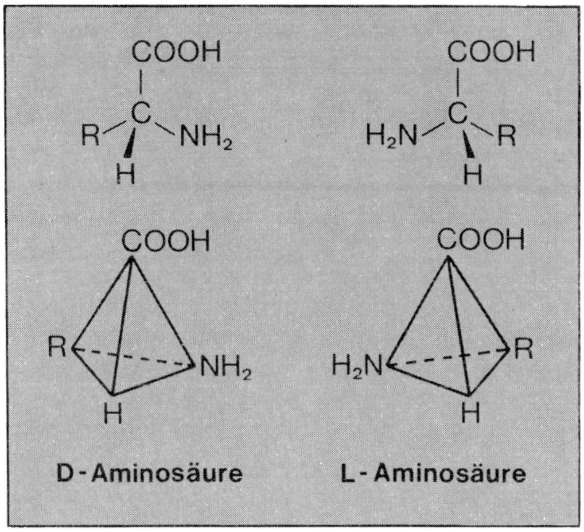


*Abb. 5.8: D- und L-Aminosäure. Die beiden Formen sind spiegelbildlich zueinander. Alle Aminosäuren haben die gleiche Grundstruktur und unterscheiden sich nur im Rest R, vgl. Abb. 6.8. In Ursuppenexperimenten werden immer beide Formen gebildet (Racemate).*

tereinander jeweils stabiler sind als solche zwischen L- und D-Aminosäuren. Die darauf aufbauenden Selektionsmechanismen reichen als Erklärung für das ausschließliche Auftreten von L-Aminosäuren in der belebten Natur aber nicht aus. Auch Vermutungen, daß radioaktive Strahlung ($\beta$-Strahlen) als Ursache dafür in Frage kämen, konnten bisher experimentell nicht belegt werden.

### 5.3.3 Entstehung von Polynucleinsäuren

Für die Polymerisation von Nucleinsäuren gelten genau dieselben Einschränkungen, wie sie oben für die Proteine erläutert wurden (nämlich die Anforderungen an Reinheit und Konzentration, sowie die Notwendigkeit von Schutzgruppen, da Hydrolysevorgänge auch hier große Kettenlängen und gute Ausbeuten verhindern). Polynucleinsäuren müssen sehr lang sein, um eine biologisch relevante Information tragen zu können. Selbst unter äußerst optimistisch geschätzten Ursuppen-Bedingungen entstehen aber bestenfalls Oligonucleotide von geringer Länge (wenige Nucleotide), welche bei weitem zu kurz sind, um die genetische Information für einfachste biologische Systeme tragen zu können.

Wir halten an dieser Stelle fest, daß bisher keine Proteine oder Nucleinsäuremoleküle in Ursuppen-Experimenten erzeugt wurden. Die folgenden Modelle der Entstehung der Replikation gehen jedoch davon aus, daß dies auf unbekannte Weise doch geschehen sei.

## 5.4 Entstehung der Replikation

Es geht im folgenden um den Übergang von Aminosäureketten und „Genstücken" zu der ersten Einheit miteinander verschalteter Bestandteile, welche sich selbst verdoppeln konnte. Ein solches Gefüge aus Proteinen, welche von einer RNS codiert werden und diese verdoppeln, heißt **Replikationseinheit**.

Hinter den dort behandelten Problemen steht im Grunde die Frage nach der Entstehung von biologisch relevanter Information (vgl. Abschnitt 4.4). Sollte eine Polynucleinsäure entstehen, so könnte sie zwar eine (berechenbare) maximale Informationsmenge enthalten. Doch damit enthält sie noch keine Information in dem Sinne, daß die Übersetzung in eine Aminosäurefolge ein funktionsfähiges Protein ergibt. Biologisch-funktionale Information ist erst entstanden, wenn die *sinnvolle* Zuordnung von Nucleotidfolgen zu Aminosäuren vorliegt (genetische Codierung). Wie niedrig die Wahrscheinlichkeit ist, daß ein zufällig entstandenes RNS-Stück bei Übersetzung in eine Aminosäurenfolge eine „primitive" Replikase ergibt (also zufällig entstandene Codierung biologisch-funktionale Information enthält), kann derzeit nicht exakt angegeben werden, doch erscheint sie auch bei vorsichtigen Abschätzungen äußerst gering (vgl. Abschnitt 4.3).

### 5.4.1 Die erste Replikationseinheit

Die Verdopplung eines RNS- oder DNS-Stranges beruht auf der Komplementarität der einzelnen Nucleobasen (vgl. Abb. 4.8). Wenn ein sehr kurzes RNS-Stück vorliegt, so können sich daran die komplementären Basen anlagern, und bei Anwesenheit von Metallionen kommen im Reagenzglas unter sehr genau kontrollierten Bedingungen auch Verknüpfungen der eingesetzten Nucleotide und damit eine Verdopplung des RNS-Stranges vor. Dabei ist allerdings die Fehlerrate sehr hoch (vgl. Abb. 4.5). Die so entstandenen Ketten sind jedoch zu kurz, um die Information für ein Protein zu enthalten, welches die Verdopplung katalysieren könnte. In Modellrechnungen, welche nicht durch Experimente gestützt sind, wird von viel längeren RNS-Sequenzen ausgegangen, deren Entstehung allerdings ungeklärt ist (s. o.). Diese sollen mit einem Protein wechselwirken, welches die Verdopplung *der* RNS katalysiert, auf welcher die Information zu dessen *eigener* Bildung festgehalten ist. Wenn jetzt unter Voraussetzung zahlreicher Randbedingungen (s. u.) postuliert wird, daß eine entsprechende (langsame) RNS- und Proteinsynthese möglich ist, dann liegt eine erste Replikationseinheit vor. Syntheseraten können geschätzt und die Verdopplungsreaktionen auf Computern simuliert werden. Hier wie bei allen anderen Replikationsvorgängen wird jedoch generell über die Frage der Entstehung der zur Proteinsynthese notwendigen genetischen Information hinweggegangen. Die zur Diskussion stehende RNS muß erstens eine bestimmte Folge von Nucleotiden aufweisen, welche für eine Mindestanzahl von verschiedenen Aminosäuren steht (genetischer Code). Zugleich muß zufällig ein Protein vorhanden sein, welches diese (und möglichst nur diese) RNS mit einer angemessen geringen Fehlerrate verdoppelt und gleichzeitig von ihr codiert wird. An anderer Stelle des Buches (Abschnitt 4.3) wird abgeschätzt, welch geringe Wahrscheinlichkeit für die Entstehung eines einzigen Enzyms besteht. Die Wahrscheinlichkeit, daß dieses zugleich von einer in der Nähe entstandenen RNS codiert wird, ist noch um viele Größenordnungen kleiner. Doch selbst wenn das eintreten würde, so wäre noch nicht geklärt, durch welchen Mechanismus das Protein selbst aus den einzelnen Aminosäuren synthetisiert wird. Dazu ist es notwendig, eine Art „Protoribosom" zu fordern, welches aber auch synthetisiert und dessen Sequenz ebenfalls auf der RNS codiert werden mußte. Die Zuordnung der einzelnen Aminosäuren zu dem RNS-Code müßte gleichfalls gesteuert werden, so daß überdies einige Transfer-RNS-Moleküle vorhanden und codiert sein müßten. Alle diese in Form eines Netzwerkes aufeinander bezogenen Reaktionen können nicht in einem „Ursuppentümpel" ablaufen, weil dort die Einzelteile voneinander wegdiffundieren würden. Man muß eine Umhüllung fordern, und wenn man auch für das erste Stadium Vorgänge in Gesteinsporen postuliert, muß dennoch bald eine biologische Membran hinzukommen.

Nun nimmt man für diese Evolutionsstufe nicht RNS- oder Proteinmoleküle des heutigen Komplexitätsgrades an, sondern „primitive" Enzyme mit „schlechter" Katalyse. Überdies sollen die Proteine nicht aus den 20 heute vorkommenden, sondern aus viel weniger Aminosäuren aufgebaut gewesen sein. Damit wären auch viel weniger Codons auf der RNS erforderlich gewesen. Selbst wenn man nur vier Aminosäuren und einen einfacheren genetischen Code als heute annimmt, ist die Wahrscheinlichkeit der zufälligen Entstehung einer solchen ersten Replikationseinheit so gering, daß sie selbst in Zeiträumen von Milliarden Jahren nicht erwartet werden kann. Darüber hinaus ist es eine reine, durch kein Experiment gestützte Spekulation, daß eine erste Replikationseinheit mit so wenigen Grundbausteinen überhaupt funktionieren kann. Im Rahmen dieses Buches kann auf die recht komplizierten Details der Argumentation nicht eingegangen werden, und es sei auf die im Literaturverzeichnis genannten Quellen, z. B. auf die Arbeit von P. RÜST (1984) verwiesen.

### 5.4.2 Hyperzyklen

In Anbetracht der beschriebenen Probleme wurde versucht, Vorstadien zu der in Abschnitt 5.4.1 beschriebenen ersten Replikationseinheit zu ersinnen. Manche Forscher halten es trotz aller genannten Einwände für möglich, daß in Ursuppen ohne Mitwirkung einer enzymatischen Katalyse RNS-Stränge mit einer Länge von 50 bis 100 Nucleotiden entstanden sind. Diese sind aber viel zu kurz, um die für den Bau einer „Protozelle" erforderliche Information tragen zu können. Werden sie jedoch verlängert, so gewinnen die Fehler bei der nicht enzymatisch gesteuerten Verdopplung ein so großes Gewicht (vgl. Abschnitt 4.1), daß eine etwa vorhandene biologische Information im Laufe aufeinanderfolgender Replikationen wieder zerstört wird. Dieser Sachverhalt ist unter dem Begriff „Informationskrise" bekannt.

Mit dem von M. EIGEN vorgeschlagenen Modell des **Hyperzyklus** versucht man dieser Schwierigkeit zu entgehen. In einem einfachen Hyperzyklus sind mindestens zwei RNS-Moleküle von etwa 50 bis 100 Nucleotiden Länge über zwei „Replikasen" miteinander gekoppelt (Abb. 5.9). Replikase 1 wird von der RNS 1, Replikase 2 von der RNS 2 codiert. Dabei erfolgt die *Koppelung* so, daß *Replikase 1 die Synthese der RNS 2 und Replikase 2 die Synthese der RNS 1 beschleunigt.*

Durch Zwischenschaltung weiterer RNS-Moleküle und Replikasen kann die Zahl der Komponenten des Hyperzyklus erhöht werden. Jeder Hyperzyklus bildet in Computersimulationen eine stabile Einheit, wobei alle Einzelteile zur Funktion notwendig sind. Wenn man die *Voraussetzung* akzeptiert, daß ein funktionsfähiger Hyperzyklus entsteht, dann kann im Computer demonstriert werden, daß an verschiedenen Hyperzyklen DARWIN'sche Selektion angreifen kann. Hyperzyklen können mutieren und miteinander konkurrieren. Die Stärke der EIGEN'schen Theorie liegt in ihrer mathematisch und thermodynamisch begründeten Formulierung, gegen die nach dem Kenntnisstand der Autoren dieses Buches nichts einzuwenden ist. Sie kann in faszinierenden Computerspielen geprüft werden. Wie im folgenden begründet wird, liegt die Problematik in den von EIGEN angenommenen *Voraussetzungen.*

Da in einem Hyperzyklus die Länge der RNS-Moleküle begrenzt ist, entgeht jedes einzelne RNS-Molekül der Zerstörung durch die o. g. Informationskrise. Durch die Zusammenschaltung mehrerer miteinander verschalteter Erbinformationsträger im Hyperzyklus ist jedoch die im System enthaltene Gesamtinformation enorm angestie-

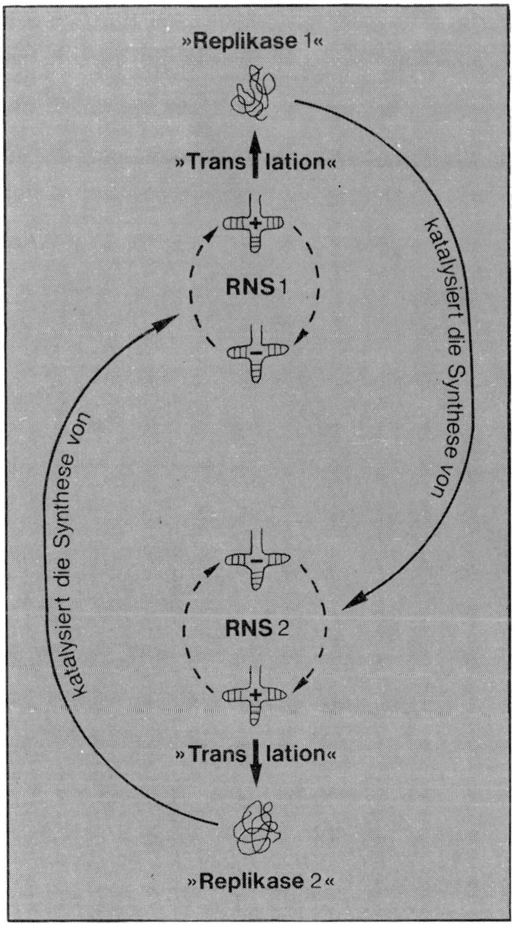


*Abb. 5.9: Einfachster Hyperzyklus aus zwei RNS-Strängen und zwei „Replikasen". Die RNS-Stränge wechseln bei jeder Replikaton von (+) nach (-), da jeweils der komplementäre Strang entsteht. Die Begriffe „Translation" und „Replikation" sind in Anführungszeichen gesetzt, weil man sich darunter nicht die in heutigen Zellen beobachteten komplexen Mechanismen vorstellt. (Nach Eigen 1981)*

gen. Ein Hyperzyklus würde also im Prinzip zur Überwindung der Informationskrise beitragen. Nun sollen zwei Fragestellungen etwas genauer untersucht werden: Wie entsteht ein erster Hyperzyklus? Und: Wie kann ein Übergang vom Hyperzyklus zur „Urzelle" gedacht werden?

*Die Enstehung des Hyperzyklus*

In Abschnitt 5.4.1 wurde begründet, daß die Entstehung einer ersten Replikationseinheit äußerst unwahrscheinlich ist, weil zu viele Einzelbestandteile aufeinander abgestimmt zugleich entstehen müssen. Doch auch im Hyperzyklus liegt ja eine Replikationseinheit mit Translation (Proteinsynthese) und RNS-Verdopplung vor! Das entscheidende Problem stellt sich mit der Synthese der Replikase. Wenn dazu ein „Protoribosom" und Transfer-RNS-Moleküle notwendig waren, dann stellt diese Theorie keinen Fortschritt gegenüber der im letzten Abschnitt besprochenen Replikationseinheit dar. Deshalb wird davon ausgegangen, daß bei den ursprünglichsten Hyperzyklen die RNS selbst *mehrere Funktionen* hatte: Sie mußte zum ersten eine möglichst spezifische Erkennungsfunktion für „ihre" Replikase aufweisen. Zum zweiten mußte sie die nächste Replikase codieren und schließlich bei der Proteinsynthese dieser Replikase mitwirken, also eine Art Transfer-RNS- und Ribosomenfunktion aufweisen. Aufgrund dieser Anforderungen müßte eine solche RNS einen hohen Informationsgehalt aufweisen. Da von vornherein mehrere RNS-Moleküle in einem Hyperzyklus zusammenwirken sollten, erscheint die Wahrscheinlichkeit seiner Enstehung ebenfalls äußerst gering. Dabei wurde noch von der völlig unbegründeten Annahme ausgegangen, daß eine „primitive" Replikase überhaupt von einem nur 50 bis 100 Nucleotide langen RNS-Strang codiert werden kann. Insgesamt bleibt im Hyperzyklusmodell die Enstehung der nucleinsäurecodierten Proteinsynthese (Translation) ungeklärt und wir können schließen, daß die Voraussetzung der *Entstehung* eines Hyperzyklus experimentell nicht gestützt ist.

Diese Behauptung steht in guter Übereinstimmung mit der Tatsache, daß es noch niemals gelang, einen Hyperzyklus im Reagenzglas zu erzeugen. In dem u. a. von Sumper und Küppers aufgebauten „Evolutionsreaktor" wurden *keine* Hyperzyklen erzeugt, sondern die Synthese von RNS-Molekülen durch die aus mehreren Untereinheiten aufgebaute Replikase des Phagen Q$\beta$ im Reagenzglas gemessen. In diesen Experimenten herrschten nicht etwa Ursuppenbedingungen, sondern in äußerst genau kontrollierten Puffersystemen wurden reinste aktivierte Nucleotide in der gewünschten Konzentration zugegeben. Gemessen am heutigen experimentellen Stand der Molekularbiologie ist es nicht überraschend, daß dann eine RNS-Synthese stattfand. Durch Änderung der Bedingungen im „Evolutionsreaktor" gelang es auch, die ursprüngliche RNS-Sequenz zu verändern - sie konnte sich bestimmten Umweltbedingungen (z. B. Zugabe von Giften) anpassen. Alle so erzielten Veränderungen sind jedoch weit von einer „Höherentwicklung" entfernt und bewegen sich allesamt im Bereich der Mikroevolution.

Ein zweiter Einwand wurde von dem Genetiker C. Bresch vorgebracht: Wenn ein Hyperzyklus unter einen Selektonsdruck gerät, so müßte man fordern, daß alle drei o. g. Funktionen evolvieren; da aber viele Nucleotide nicht nur an *einer* Funktion beteiligt sind (das RNS-Molekül ist ja sehr kurz), würden Mutationen mehrere Funktionen beeinträchtigen und wahrscheinlich nur für eine Funktion positive, für die anderen aber negative Folgen haben. Der darauf gestützte Einwand ist, daß ein Hyperzyklus gar nicht in Richtung einer „Protozelle" evolvieren könnte. Es gibt auch von anderen Evolutionstheoretikern Einwände gegen das Hyperzykluskonzept, welche in diesem Buch nicht im einzelnen besprochen werden sollen. Manche Wissenschaftler halten dieses Konzept deshalb entweder für prinzipiell unbrauchbar oder auch für unnötig.

In den letzten Jahren hat man entdeckt, daß manche RNS-Moleküle in der eukaryotischen Zelle katalytische Aktivitäten aufweisen. (Diese Moleküle sind allerdings 300-400 Nucleotide lang.) Darauf gestützt könnte spekuliert werden, daß im ersten Hyperzyklus gar keine Proteine und auch keine Ribosomenfunktion nötig waren, sondern daß die kurzen RNS-Stücke des Hyperzyklus auch die Replikation jeweils der nächsten RNS katalysierten. Unter Selektionsdruck würde jede Evolution dieses Systems auf die Optimierung der „Replikaseaktivitäten" der RNS-Moleküle hinauslaufen. Damit ist dieses System als Vorstufe für eine Zelle *prinzipiell unbrauchbar*, da kein genetischer Code (RNS → Protein) vorliegt und kein selektionsgesteuerter Wechsel in ein RNS-Protein-Gefüge denkbar erscheint.

### *Evolution einer Urzelle aus einem Hyperzyklus*

Wenn man von der Voraussetzung ausgeht, daß ein Hyperzyklus „irgendwie" entstanden ist, erhebt sich die Frage, ob dieser in eine primitive Zelle übergehen kann. Wir zitieren zu dieser Fragestellung den Biochemiker P. RÜST (1984, S. 79):

„Zwischen einem Hyperzyklus und einer Zelle bestehen fundamentale Unterschiede. Das Genom eines Hyperzykluspaketes besteht aus vielen Kopien hoch fragmentierter, einsträngiger RNS, dasjenige der einfachsten Zellen aus einem einzigen Ring doppelsträngiger DNS, deren Replikation mit einer spezifischen Regulation der Zellmembransynthese gekoppelt ist. Ein Übergang vom Hyperzyklus zur Zelle bedingt: 1. die Elimination aller Genkopien bis auf eine; 2. die Integration aller selbstreplizierenden Zyklen (RNS-Paare) in ein einziges, in einen Ring geschlossenes Genom; 3. den Ersatz der einsträngigen RNS durch doppelsträngige DNS als Erbmaterial; 4. den Ersatz der vielen RNS-Replikasen-Varianten durch ein einziges DNS-Replikationssystem ... mit Korrekturlesung; 5. die fehlerfreie Verteilung aller Transkriptionskontrollsignale auf den beiden DNS-Strängen; 6. die Entstehung aller Transkriptions- und RNS-Modifikationssysteme, welche für die Produktion und korrekte Verwendung aller RNS-Arten (tRNS, rRNS, mRNS) nötig sind; 7. den Umbau aller Genomregionen, bei denen bisher beide Komplementärstränge als Informationsträger verwendet worden sind; 8. die Bindung des Genoms an die Zellmembran und die Entstehung eines mit der DNS-Replikation gekoppelten Zellteilungsmechanismus. Alle diese Übergänge sind voneinander abhängig und ergeben keinerlei selektiven Vorteil, solange sie nicht alle verwirklicht sind."

Da Hyperzyklen nie im Labor erzeugt werden konnten, ist ihre Entstehung experimentell nicht nachvollzogen. Es ist nicht einmal möglich, die fraglichen molekularen Strukturen (RNS-Moleküle, Replikasen) *im einzelnen* durch einigermaßen realistische Spekulationen genauer zu beschreiben. Daher sind die Autoren dieses Buches mit P. RÜST (1984, S. 81) der Ansicht, daß die Entstehung eines Hyperzyklus sowie „eine Evolution einer lebenden Zelle aus einem Hyperzyklus oder anderen relativ einfachen Systemen vorläufig undenkbar ist."

## 5.5 Protobionten

Verschiedentlich wurde die Notwendigkeit der Bildung von Hüllen um die Replikationseinheiten schon betont. Die spontane Bildung von membranartigen Hüllen kann unter bestimmten Bedingungen im Experiment untersucht werden (s. Abb. 5.10). Sie bestehen im Prinzip aus einer Lipid-Doppelschicht (ein Vergleich: Zusammenlagerung von Oberflächen einer Seifenlösung). Solche Lipide sind in präbiotischen Simulationsexperimenten noch nicht synthetisiert worden, wohl aber mögliche Vorstufen; es erheben sich jedoch die oben erwähnten Fragen nach Isolation, Reinigung und Reaktionsbedingungen für eine Lipidsynthese auch hier. Die Membranen von „einfachsten"

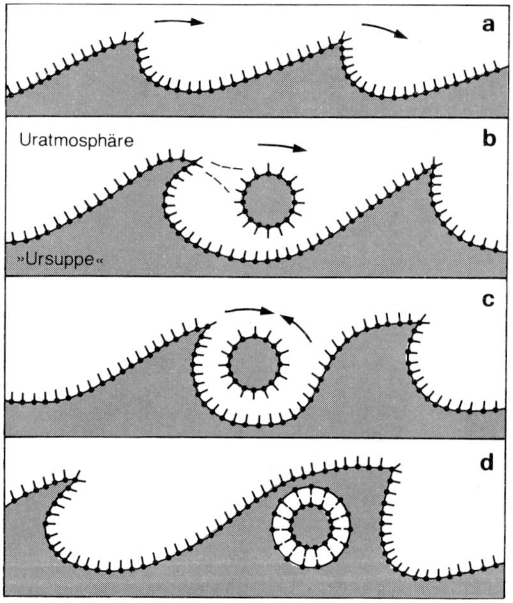


*Abb. 5.10: Modellvorstellung zur Entstehung von Lipid-Doppelschichten in Ursuppen. Die gestielten Punkte stellen Fettsäure-Moleküle dar, wobei der Punkt das hydrophile (wasserannehmende) Ende, der Strich das hydrophobe (wasserabweisende) Ende darstellt. Solche Lipid-Doppelschichten können nur entfernt mit Zellmembranen verglichen werden, wie Abb. 5.11 verdeutlicht. (Nach FLOR 1980, nach HOFF & MIRAM)*

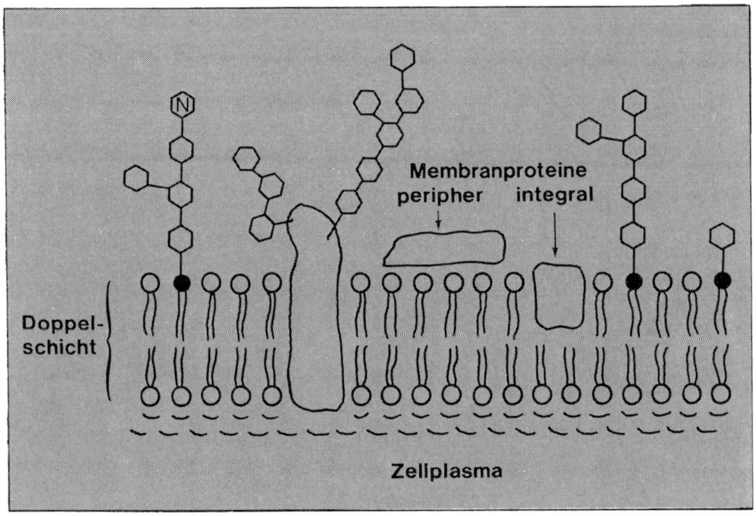


*Abb. 5.11: Zellmembranen bestehen neben einem „Gerüst" aus einer Lipid-Doppelschicht aus einer großen Anzahl verschiedener Proteine und Kohlenhydrate (Verbindungen mit $C_6$-Ringen, durch Sechsecke dargestellt; diese symbolisieren Hexopyranoseeinheiten). Diese werden für einen geregelten Stoffaustausch mit der Umgebung benötigt. Biologische Membranen sind äußerst komplexe Gebilde, an deren Erforschung intensiv gearbeitet wird. (Nach* SCHMIDT *1986)*

Bakterienzellen sind aber sehr viel komplexer aufgebaut (Abb. 5.11) als solche Lipid-Doppelschichten, durch die ein Stofftransport nur bedingt möglich ist. Für einen geregelten Stoffaustausch, der auch schon in einfachsten zellähnlichen Gebilden stattfinden muß, sind komplizierter gebaute Membranen notwendig (z.B. für die gezielte Einfuhr von neuen Verbindungen für einen weiteren Aufbau und den Abtransport von Abfallprodukten).

Gebilde mit membranartigen Hüllen (Vesikel) haben als Vorläufer für Zellen aufgrund ihrer geringen mechanischen Stabilität keine nennenswerte Bedeutung. Daher sind sogenannte Microsphären, Koazervate oder „Protobionten" als alternative Vorstadien in der Diskussion. S. W. FOX stellte fest, daß beim Auflösen von Proteinoiden in heißem Wasser diese beim Abkühlen wieder ausfallen und dabei äußere Formen annehmen, die z.T. überraschende Ähnlichkeit mit Zellen zeigen. FOX nannte sie *Microsphären*. Neben der teilweise membranartigen Abgrenzung werden noch eine ganze Reihe weiterer Eigenschaften dieser Gebilde hervorgehoben, welche an die Eigenschaften lebender Zellen erinnern sollen (vgl. Abb. 5.12 und 5.13):

- vergleichbare Größe mit natürlichen Zellen
- osmotische Eigenschaften der Membran
- katalytische Aktivität durch Proteinoide (vgl. Abschnitt 5.3.1 und Abb. 5.14)
- Wachstum durch Stoffaufnahme
- Vermehrung durch „Knospung" u.a.m.

Kugelförmige Abscheidung von makromolekularen Stoffen ist allerdings ein allgemeines Phänomen und kann nicht als besondere Eigenschaft von Proteinoiden angesehen werden. Ein wesentlicher Einwand gegen eine Interpretation als Zellenvorläufer ist jedoch, daß diese Microsphären überhaupt nichts mit Zellen gemeinsam haben, deren

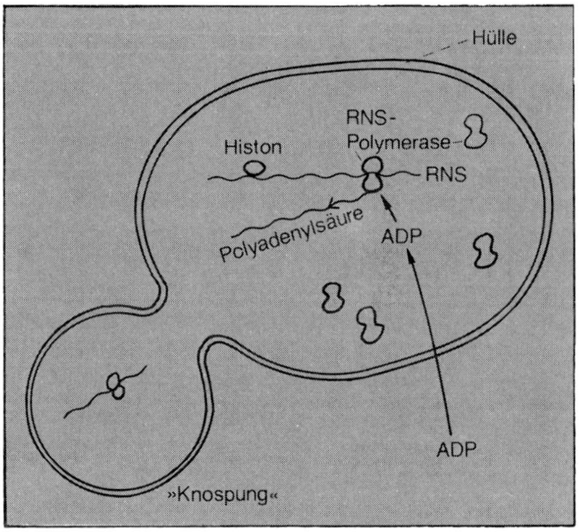


*Abb. 5.12: Ein von* OPARIN *beschriebenes Koazervat. Diesem Tröpfchen wurden Histonprotein, RNS und RNS-Polymerase (Replikase) zugesetzt. Wenn man ADP als „Nahrung" anbietet, so synthetisiert die RNS-Polymerase Polyadenylsäure, wodurch sich das Volumen des Koazervates vergrößert, so daß es zur Teilung kommt. Die Tochterkoazervate enthalten jedoch immer weniger RNS-Polymerase, so daß das Wachstum schließlich aufhört. Alle Bestandteile wurden aus heutigen Zellen isoliert und unter Laborbedingungen gemischt. Sie sind also nicht zufällig entstanden und es liegt auch keine genetische Codierung vor. Koazervate haben als Vorläufer lebender Zellen keine Bedeutung.*

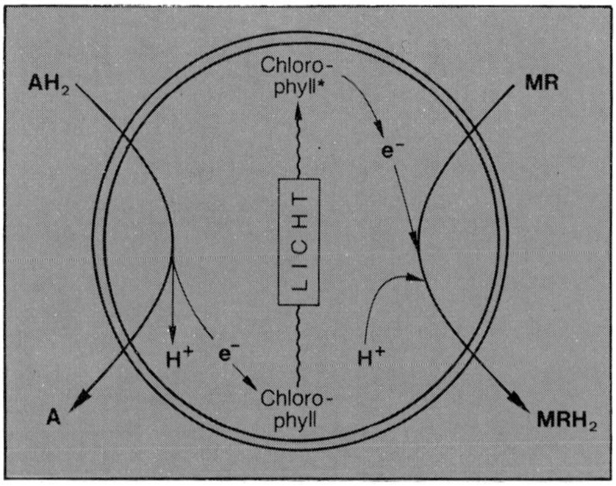


*Abb. 5.13: Ein von* OPARIN *ersonnenes Koazervat, welches Chlorophyll enthält. Wird reduzierte Ascorbinsäure* ($AH_2$) *und oxidiertes Methylrot (MR) zugesetzt, so erfolgt im Dunkeln keine Reaktion. Erst bei Belichtung wirkt Chlorophyll als Redoxkatalysator. Obwohl dies gelegentlich als „Nachahmung der Photosynthese" bezeichnet wird, hat dieses System mit einer lebenden Zelle äußerst wenig gemeinsam. Der entscheidende Unterschied liegt in der fehlenden genetischen Codierung aller Bestandteile, welche bis heute nicht zufällig erzeugt werden konnte. A: oxidierte Ascorbinsäure,* $MRH_2$*: reduziertes Methylrot. (Nach* DICKERSON *1978)*

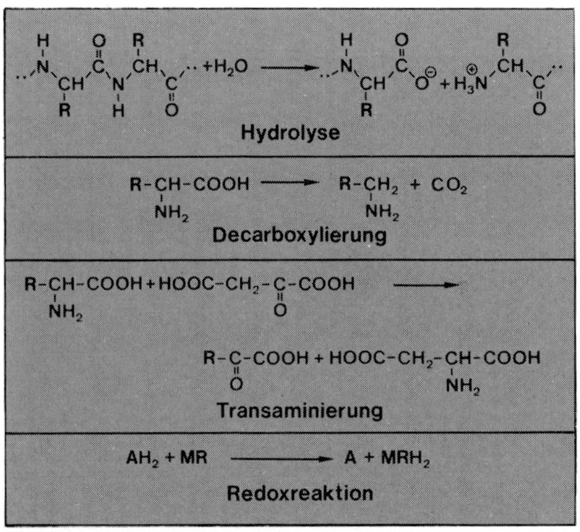


*Abb. 5.14: Einige der an Proteinoiden, Mikrosphären oder Koazervaten beobachteten katalytischen Aktivitäten (vgl. Text und Abb. 5.12 und 5.13).*

wesentliche Eigenschaften in ihrer Organisation (regulative, netzwerkartige Verknüpfung der Einzelteile) und der Fähigkeit zur genetisch codierten Replikation liegen. Es handelt sich bei allen „Lebenszeichen" von „Protobionten" um chemophysikalische Vorgänge, die ohne echte Parallele zu Lebewesen auf prinzipiell unterschiedlicher Ebene ablaufen.

## 5.6 Andere Modellvorstellungen

Die bisher genannten Fakten stellen die Hypothese der Ursuppe in Frage, d.h. die geäußerten Einwände und Unsicherheiten verringern den Erklärungswert dieser Hypothese außerordentlich. Dies wird auch von Vertretern der Evolutionslehre so gesehen. So verwarfen einige von ihnen die Ursuppen-Hypothese und suchten nach neuen Alternativen. C. R. WOESE lehnt sie vor allem aufgrund der erwähnten Hydrolysevorgänge ab und bevorzugt Modellvorstellungen, bei denen sich die entscheidenden Schritte in der Atmosphäre abspielen; diese sind bis jetzt allerdings rein spekulativer Natur. A. G. CAIRNS-SMITH veröffentlichte 1985 als denkbare Alternative anorganische, auf kristallinen Tonmineralien basierende Systeme, die zu einem späteren Zeitpunkt von organischen Molekülen als Matrizen (Vorlagen für die DNS- oder RNS-Synthese) benutzt werden sollen. Es ist bekannt, daß in kristallinen anorganischen Systemen Energie und Information gespeichert werden können; für den entscheidenden Schritt, den Übergang von anorganischen auf organische Systeme - CAIRNS-SMITH nennt diesen Übergang „genetic takeover" - konnten bis jetzt noch keine konkreten Modelle und dementsprechend auch keine Experimente angegeben werden.

Schließlich soll noch darauf hingewiesen werden, daß eine zunehmende Zahl von Wissenschaftlern aufgrund der immer deutlicher zu Tage tretenden Erklärungsschwierigkeiten glaubt, daß das Leben gar nicht auf der Erde entstanden sei, sondern mit Meteoriten und Kometen auf unsere Welt gelangte. Für den deutschen Bereich sei H. PFLUG genannt, welcher als Mikropaläontologe in den frühen präkambrischen Schichten (vgl. Tab. 6.1) keine Anzeichen für eine chemische Evolution finden konnte. Es versteht sich von selbst, daß damit das Problem der Lebensentstehung einer Klärung keineswegs nähergebracht, sondern lediglich auf eine weniger zugängliche, spekulativere Ebene verlagert wird. Die grundlegenden Schwierigkeiten einer spontanen Biogenese bleiben auch im Weltall bestehen, sofern man nicht andere Naturgesetzlichkeiten postulieren will. Zu derartigen Annahmen besteht aber nach heutigem Wissen kein Anlaß (s. dazu auch Abschnitt 8.7.1).

## 5.7 Zusammenfassung

1. In den bis heute experimentell erzeugten Ursuppen können keine Protein-, RNS- oder DNS-Synthesen ablaufen. Dies ist aufgrund gut bekannter chemischer Gesetzmäßigkeiten ausgeschlossen.

Ein beredtes Zeugnis davon legt der Biochemiker KLAUS DOSE 1987 in einem zusammenfassenden Aufsatz ab. Er kommentiert ein Schema zur präbiotischen Evolution von anorganischen Stoffen zur nucleinsäure-codierten ribosomalen Proteinsynthese: „Das Schema ... belegt unsere Unkenntnis. Ohne grundsätzlich neue Einblicke in Evolutionsprozesse (präbiotische und biotische), wozu neue Gedanken und Vorstellungen nötig sind, wird sich an dieser Unwissenheit wahrscheinlich nichts ändern."

2. Selbst wenn man solche Reaktionen gegen den experimentellen Befund in Ursuppen voraussetzt, würden keine „Protobionten" oder „Hyperzyklen" entstehen, da gegenwärtig weder aufgrund von Experimenten noch durch testbare Hypothesen Mechanismen vorgeschlagen wurden, welche die dafür notwendige biologische Information (Codierung) *de novo* erzeugen.

3. Die Naturwissenschaft kann also über eine zufällige Entstehung der ersten Zelle in Ursuppen zumindest bis heute nur Negativaussagen machen („so ging es nicht"). Mit WOESE sind die Autoren dieses Buches der Ansicht, daß „durch den Verlauf der Experimente zur präbiotischen Chemie das Ursuppenmodell *de facto* verworfen wurde" (WOESE 1980).

4. Nach über 100 Jahren chemischer und biologischer Forschung über den Ursprung des Lebens muß die *experimentelle* Naturwissenschaft den Satz von PASTEUR bestätigen: *Omne vivum ex vivo* – alles Lebende entsteht aus Lebendem.

### Anhang: Archaebakterien

Von den hypothetischen Protobionten müssen die **Archaebakterien** streng unterschieden werden. Sie wurden erst vor gut 10 Jahren als eigenständige Gruppe erkannt und sind von allen anderen Lebewesen so sehr verschieden, daß man sie in ein eigenes „Reich" neben den anderen Bakterien (Eubakterien) und den kernhaltigen Zellen (Eukaryoten) stellte. Sie zeichnen sich durch eine Lebensweise unter extremen Bedingungen aus: Teilweise werden unter Druck Wuchstemperaturen bis 110°C und pH-Werte ab 1 toleriert. Dadurch eignen sich diese Lebewesen aus evolutionstheoretischer Sicht als Kandidaten, welche den vermuteten ersten Lebensformen ähnlich sein könnten, denn ihre Umwelt kommt den mutmaßlichen Bedingungen auf einer sich abkühlenden frühen Erde mit reichem Vulkanismus scheinbar nahe. In dieses Bild scheint auch die bei einigen Vertretern vorkommende und als „urtümlich" angesehene Schwefelatmung ($H_2S$-Bildung aus $H_2$ und S zur Energiegewinnung) zu passen. Daher nannte man diese Gruppe *Archae*bakterien („alte Bakterien").

Bei näherer Betrachtung erweisen sich die Archaebakterien hinsichtlich ihrer stoffwechselphysiologischen Eigenschaften jedoch nicht als „urtümlich", sondern als sehr komplex. Die aggressiven Umweltbedingungen wie Säure und Hitze erfordern besondere Schutzvorkehrungen (z. B. für die Hüllproteine, die DNS und die gesamte Enzymausstattung), die noch weitgehend unverstanden sind. Besonders die Hydrolysevorgänge verlaufen oberhalb von 100°C geradezu dramatisch, so daß ein enormer zusätzlicher Energieeinsatz zur ständigen Neusynthese von zerfallenden Zellbestandteilen erforderlich ist. *Pyrodictium* („Feuernetz"), ein extrem thermophiles Archaebacterium, bildet deshalb für das Leben oberhalb 100°C ein fädiges Netzwerk aus, das nicht etwa der Verankerung dient, sondern als „Energieantenne", als eine Art „Zusatzgenerator" wirksam ist.

Von Bedeutung ist auch die Tatsache, daß trotz extremer Säurestärke des Mediums das Zellinnere der Archaebakterien – wie das aller anderen Organismen – etwa neutral ist. Dies demonstriert eindrücklich die Leistungsfähigkeit von Membranstrukturen und osmoregulatorischen Einrichtungen und läßt zum anderen darauf schließen, daß geordnete Stoffwechselabläufe grundsätzlich auf ein bestimmtes, konstant gehaltenes Zellmilieu angewiesen sind.

Zuletzt sei noch die Fähigkeit einiger Archaebakterien erwähnt, bei Bedarf zwischen aerober und anaerober Chemosynthese, also zwei völlig gegensätzlichen Lebensweisen zu wechseln. Bemerkenswert ist dabei die weitgehende Veränderung im Phänotyp: Unterschiede in Größe, Färbung und Proteinmuster treten auf, weil sich die Zellen bei der Umstellung auf aerobe Bedingungen eine neue, nicht sauerstoffempfindliche Proteinausstattung zulegen müssen. Erst der DNS-Vergleich erbrachte den eindeutigen Beweis, daß es sich bei beiden Formen um die gleiche Art handelte.

Zusammenfassend kann festgehalten werden, daß die Archaebakterien regelrechte „Stoffwechselkünstler" mit komplexen Fähigkeiten zur Anpassung an extreme Lebensbereiche sind. Damit erweisen sie sich gegenüber den anderen Bakterien hinsichtlich ihrer Stoffwechselleistungen als mindestens ebenbürtig. Die zufällige Entstehung von Archaebakterien ist genauso wenig erklärbar wie die aller anderen Prokaryoten. Es ist also keineswegs gerechtfertigt, diese Lebewesen – und sei es nur dem Namen nach – in die Nachbarschaft von hypothetischen „primitiven Urformen" zu stellen.

# III. Teil
## Historische Evolutionsforschung

## Aufgabenstellung der historischen Evolutionsforschung

Wie schon eingangs des Kapitels 3 gesagt wurde, befaßt sich die historische Evolutionsforschung mit dem geschichtlichen Aspekt der angenommenen Evolution (vgl. Abschnitt 1.2). Im Rahmen des Evolutionsmodells

- fragt sie nach *Belegen* (Indizien) für eine umfassende Evolution (Makroevolution) und
- versucht sie, die Entwicklungswege mutmaßlicher Abstammungslinien zu rekonstruieren.

Im Rahmen des Schöpfungsmodells wird anders gefragt:

- Gibt es Belege für eine durchdachte Schöpfung?
- Welche Entwicklungen können vom Zeitpunkt der Schöpfung bis heute rekonstruiert werden? (Das Schöpfungsmodell schließt mikroevolutive Veränderungen der Organismen mit ein; Näheres s. Kapitel 10.)

*Beweise?*

Wir verzichten bewußt darauf, von „Beweisen“ zu sprechen. Der Grund dafür liegt in den in Kapitel 1 erläuterten Prinzipien der wissenschaftlichen Erkenntnismethode: Die historische Evolutions- oder Schöpfungsforschung (oder ganz allgemein: die Erforschung der Herkunft der Lebewesen) kann keine Beweise im strengen Sinne liefern, sondern bestenfalls Wahrscheinlichkeitsaussagen machen. Historische Aspekte des Lebens zu untersuchen bedeutet, Geschichtswissenschaft zu betreiben. Diese versucht, Momentaufnahmen aus der Vergangenheit zu einem Ablauf zusammenzufügen (vgl. Abschnitt 1.2). Solche Momentaufnahmen liegen als einzelne Indizienstücke in Form von Fossilien vor. Fossilien sind die einzigen Dokumente des Lebens aus der *Vergangenheit*. Ihnen ist Kapitel 8 gewidmet. Alle anderen Indizien entstammen der *Gegenwart*. Sie gehen auf die Untersuchung heute lebender Organismen zurück. Als wichtigstes Indiz sind die Ähnlichkeiten der Organismen zu nennen, die auf allen Ebenen der lebendigen Organisation vorkommen: von der morphologischen bis zur mikrobiologischen, von der verhaltensbiologischen bis zur biochemischen (Kapitel 6). Weitere Indizien können aus der Verbreitung der Arten (Biogeographie; Kapitel 7) und der individuellen Entwicklung der Organismen (Ontogenese; Abschnitt 6.5) entnommen werden (Abb. 6.1). Eine *Interpretation* der Befunde aus diesen Disziplinen kann grundsätzlich sowohl im Evolutions- als auch im Schöpfungsmodell versucht werden. Darum geht es in diesem Kapitel.

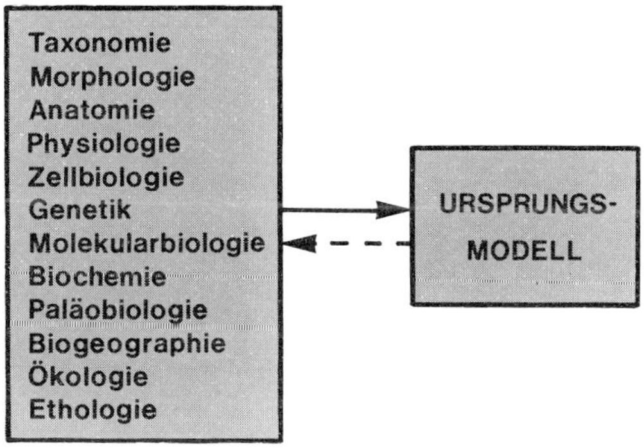


*Abb. 6.1: Die wichtigsten biologischen Disziplinen, aus denen Hinweise auf die Geschichte der Lebewesen entnommen werden. Der gestrichelte Pfeil deutet an, daß die gewählte Ursprungsvorstellung die Deutung der Befunde und die Wahl der Experimente beeinflußt. (Nach WUKETITS 1982, verändert)*

Der Einfachheit halber wird im folgenden der Begriff „Evolution“ im Sinne einer „umfassenden Evolution“ aller Organismen wie in Abschnitt 1.3 definiert verstanden. Daß eine Unterscheidung zwischen Mikro- und Makroevolution notwendig ist, wurde in Abschnitt 3.2 begründet.

# 6 Ähnlichkeiten

Die Ergebnisse der vergleichenden Studien des Baus heute lebender Organismen (bis hinein in molekulare Details) werden gewöhnlich als die wichtigsten Indizien für Evolution gewertet. Schon der unbefangene Beobachter stellt fest:

*Zwischen Organismen bestehen tiefgreifende Ähnlichkeiten.*

Ähnlichkeiten gibt es auf allen Organisationsniveaus der Lebewesen. Zunächst befassen wir uns mit Ähnlichkeiten auf der morphologischen und anatomischen Ebene.

## 6.1 Vergleichende Morphologie und Anatomie

Mit der Gestalt und dem Aufbau tierischer und pflanzlicher Organismen befassen sich die vergleichende Morphologie und Anatomie. Auf dieser Ebene der Organisation der Lebewesen fallen viele Ähnlichkeiten zwischen den Organismen sofort ins Auge: beispielsweise bei den Extremitäten oder den Sinnesorganen der Wirbeltiere, der Körpergliederung von Insekten, dem Blütenbau der Samenpflanzen u.v.a. Anatomische Untersuchungen fördern äußerlich nicht sichtbare Ähnlichkeiten zutage: So ähneln sich beispielsweise die Brustflos-

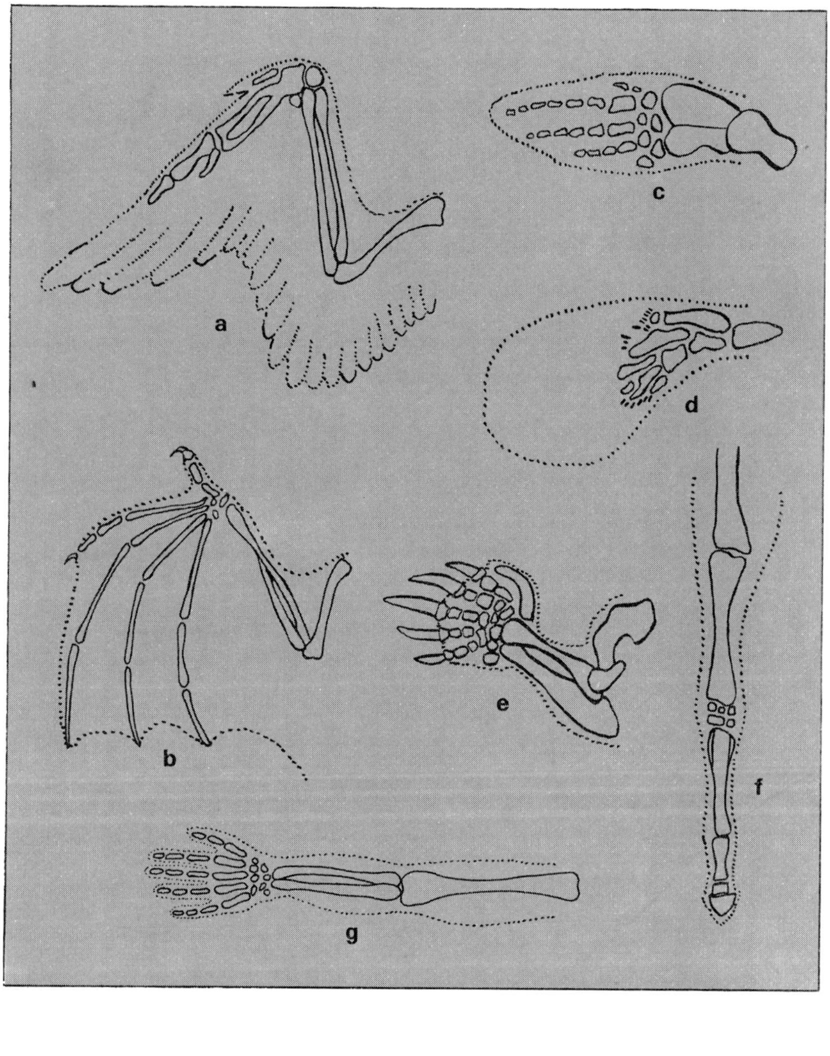


*Abb. 6.2: Ähnlichkeiten der Vorderextremitäten. a: Taube, b: Fledermaus, c: Delphin, d: Eusthenopteron (fossiler Quastenflosser; Homologisierung sehr fragwürdig), e: Maulwurf, f: Pferd, g: Mensch. (Nach* DIEHL *1980)*

sen der Fische, die Vorderextremitäten der Landwirbeltiere und die Vogelflügel im Knochenbau (Abb. 6.2) und in der Anordnung der Muskeln, Nerven und Blutgefäße oder etwa der Bau der inneren Organe der verschiedensten Wirbeltiere.

Die nun folgenden Bemerkungen gelten für Ähnlichkeiten aller organismischen Ebenen; wir beschränken uns mit Beispielen jedoch zunächst auf den anatomisch-morphologischen Bereich, da dieser am anschaulichsten ist.

Man unterscheidet in der Biologie zwei Formen von Ähnlichkeit: **Homologie** und **Analogie**. Für den Homologie-Begriff gibt es recht unterschiedliche Definitionen, in denen teilweise schon eine Deutung verarbeitet ist. Wir definieren nach M. DIEHL (1980, S. 24):

*Homologie ist die Gleichwertigkeit von Strukturen im Bauplan verschiedener Lebewesen.*

Man kann „Homologien“ auch als „Übereinstimmungen im Bauplan verschiedener Organismen“ definieren. Homologen Strukturen liegen gleiche Baupläne zugrunde, wobei die Herkunft dieser Baupläne hier keine Rolle spielt. „Gleichwertigkeit“ kann dabei bedeuten,

- daß die betrachteten Strukturen vergleichbare Stellen im Gefügesystem verschiedener Organismen einnehmen („Homologiekriterium der Lage“); demnach sind die Brustflosse der Fische, die Vorderextremität der Landwirbeltiere und der Vogelflügel homolog (s. auch Abb. 6.3);
- daß die Strukturen in ihrem Bau sehr weitgehend übereinstimmen, auch wenn sie eine recht verschiedene Lage im Organismus besitzen („Kriterium der spezifischen Qualität“); demnach werden beispielsweise die Hautschuppen der Haifische mit den Zähnen der Säugetiere homologisiert. Ein Gegenbeispiel: Nach diesem Kriterium müssen die Säugerhaare und die Vogelfedern als nicht-homolog angesehen werden. Mit Hilfe dieses Kriteriums ist es auch möglich, isolierte Organe zu homologisieren (z.B. bei Fossilien).

Selbst wenn diese beiden Kriterien nicht anwendbar sind, kann eine Homologie von Strukturen auch dann vermutet werden, wenn Zwischenformen existieren, die ihrerseits mit den betrachteten Strukturen homologisierbar sind („Kriterium der Stetigkeit“). Demnach ist der Blutkreislauf bei den verschiedenen Wirbeltierklassen homolog: Zwar ähnelt der Blutkreislauf bei Fischen dem der Säuger nur in geringem Umfang, hingegen deutlich dem der Amphibien, dieser wiederum dem der Reptilien und dieser dem der Säuger. Über diese

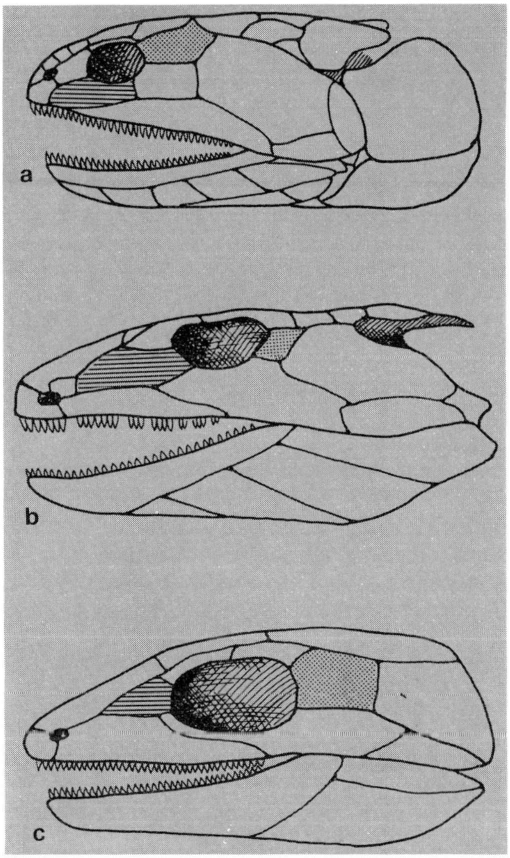


*Abb. 6.3: Homologiekriterium der Lage am Beispiel der Schädelknochen von einem Quastenflosser (a), einem Amphib (Stegocephalier; b) und einem Reptil (c). Schraffiert ist jeweils das Lacrimale, punktiert das Postorbitale. Die homologen Schädelknochen haben zwar oft verschiedene Form, nehmen aber dieselbe Lage im Gesamtgefüge ein. (Nach PORTMANN 1976)*

Zwischenformen ähnelt also der Blutkreislauf der Fische auch dem der Säuger, und die Blutkreisläufe aller Wirbeltiere ähneln sich untereinander.

Auch die **Ontogenese** (Individualentwicklung vom befruchteten Ei an) kann über das Vorliegen von Homologien Aufschluß geben. So kann man aufgrund der Entwicklungsvorgänge während der Embryonalentwicklung das primäre Kiefergelenk der Wirbeltiere, das Quadratum-Articulare-Gelenk mit dem Hammer-Amboß-Gelenk im Mittelohr der Säuger homologisieren (vgl. dazu auch Abschnitt 3.3.6 sowie die Abbildungen 3.44 und 8.69 - 8.71).

Vielfach ist die Homologie von Strukturen nach allen drei Kriterien feststellbar.

Homologe Strukturen sind einander in der Regel augenscheinlich ähnlich; es gibt aber Fälle, in denen das nicht zutrifft und in denen nur das Kriterium der Stetigkeit anwendbar ist. Umgekehrt ist es jedoch auch möglich, daß trotz offensichtlicher Ähnlichkeit keine Homologie vorliegt. Dies kann der Fall sein, wenn verschiedene Strukturen mit *verschiedenem* Grundbauplan *dieselbe Funktion* erfüllen. Man spricht in solchen Fällen von **Analogien**. So ähneln sich beispielsweise die Grabbeine von Maulwurf und Maulwurfsgrille, aber es liegen ganz verschiedene Baupläne zugrunde: die beiden Strukturen sind also analog. Genauso sind Flügel von Insekten und Vögeln analoge Strukturen (weiteres Beispiel: Abb. 6.4). Von Analogien spricht man also dann, wenn Ähnlichkeiten auf ähnliche Leistungen oder ähnliche Funktionen der betreffenden Strukturen oder Organe zurückzuführen sind, diese aber nicht als stammesgeschichtlich zusammenhängend betrachtet werden können.

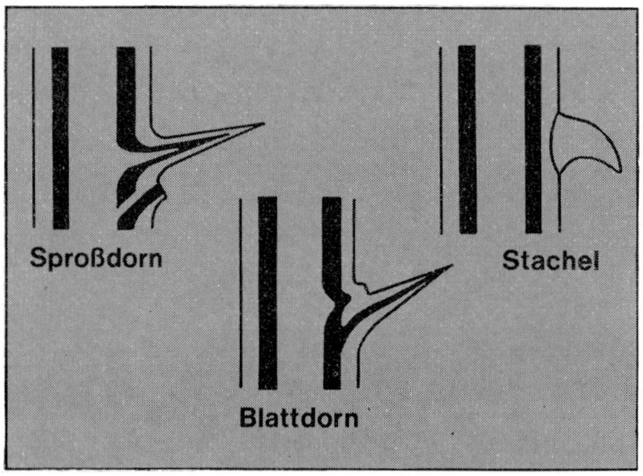


*Abb. 6.4: Analogie am Beispiel von Sproßdornen, Blattdornen und Stacheln. Die Funktion ist jeweils die gleiche, der Aufbau jedoch verschieden: Sproßdornen entsprechen ganzen Sproßteilen (Beispiel: Schlehe), Blattdornen entsprechen Teilen der Laubblätter (Beispiel: Berberitze), Stacheln entwickeln sich aus Teilen der Epidermis und aus Rindenparenchym (Beispiel: Rose. – Das Sprichwort „Keine Rose ohne Dornen" ist also falsch!). Der Holzkörper ist jeweils schwarz gezeichnet. (Nach Bauer 1981)*

Bleiben wir aber zunächst bei den homologen Ähnlichkeiten. Homologien gibt es in unermeßlicher Zahl. Ihre Existenz kann nicht auf Zufall beruhen. Sie deutet vielmehr auf eine gemeinsame Ursache hin und die Frage nach ihrer Entstehung und ihrer Interpretation ergibt sich zwingend. Stellvertretend für viele ähnlichlautende Antworten zitieren wir aus dem „Funkkolleg Biologie" (Osche 1973):

„Die Übereinstimmungen beruhen letztlich auf Gemeinsamkeiten in der Erbinformation, nach deren 'Anweisung' diese Organe aufgebaut werden. Da derartige Übereinstimmungen zu komplex sind, als daß sie (die Übereinstimmungen) 'zufällig' entstanden sein könnten, müssen sie ein gemeinsames Erbe der verglichenen Arten darstellen. Das heißt jedoch, daß verschiedene Organismen mit homologen Eigenschaften auf gemeinsame Ahnen zurückgehen müssen, die bereits über diese Eigenschaften verfügt haben.

...

Das Vorhandensein homologer Organe ist daher ein wichtiges Indiz dafür, daß eine stammesgeschichtliche Entwicklung stattgefunden hat. Natürliche Verwandtschaft der Organismen ist die einzige plausible Erklärung für die Existenz homologer Organe."

Gradweise abgestufte Ähnlichkeiten werden als Ergebnis einer gradweisen, allmählichen Auseinanderentwicklung gedeutet.

Die Existenz der zahlreichen Homologien wird vielfach als der wichtigste Beweis für die Gültigkeit der Evolutionstheorie angesehen. M. Diehl (1980, S. 12) schreibt dazu: „Die vergleichende Morphologie liefert für die Evolutionstheorie nicht einen 'Beweis' unter anderen. Sie stellt vielmehr die *Schlüsselmethode* dar, welche bei phylogenetischen Untersuchungen auf fossile, rezente ausgewachsene oder sich entwickelnde Lebewesen anzuwenden ist. ... Sie...bildet...die Grundlage unserer Kenntnisse vom Ablauf der Stammesgeschichte."

Das „Homologien-Argument" bedarf jedoch einer näheren Betrachtung. Der oben genannten Argumentation kann zwar insofern zugestimmt werden, als natürliche Verwandtschaft eine *mögliche* Interpretation der Homologien ist. Natürliche Verwandtschaft ist jedoch *nicht* die *einzig mögliche* Erklärung für die Existenz von Homologien! Zwar kann das reiche Vorkommen von Homologien als *Indiz* für Evolution gewertet werden, aber dieses Indiz ist mehrdeutig: Ähnlichkeiten aller Art, insbesondere Homologien können nämlich ebensogut als Indizien für eine Schöpfung der Organismen gewertet werden. Sollten gemäß der Annahme des Schöpfungsmodells (Abschnitt 1.3) alle Lebewesen letztlich aus der „Werkstatt" ein und desselben Konstrukteurs und Schöpfers stammen, dann ist eine gradweise Ähnlichkeit geradezu zu erwarten und zwar sowohl homologe als auch analoge Ähnlichkeiten.

Der Homologie-Begriff wurde bereits 1843 (vor Darwin!) von dem Anatomen Richard Owen in den biologischen Sprachgebrauch eingeführt. Er sah die Homologie als Unterteil des göttlichen Schöpfungsplanes an. Bemerkenswert ist auch, daß die oben erwähnte Homologie zwischen dem primären Kiefergelenk der meisten Wirbeltiere und den Gehörknöchelchen der Säuger bereits 1838 von Reichert festgestellt wurde. Die Feststellung von Homologien war hier (und ist wohl allgemein) unabhängig von der jeweiligen Vorstellung über ihre Ursache (Evolution oder Schöpfung).

Zwei andere Beispiele können verdeutlichen, daß Ähnlichkeiten auf ganz anderen Ursachen als Abstammungsverwandtschaft beruhen können:

Verschiedene Gemälde können aufgrund von Ähnlichkeiten ein und demselben Künstler zugeordnet werden, ohne daß der Künstler bei seinem Schaffen beobachtet werden mußte. Die Ähnlichkeit der betrachteten Gebilde (hier: der Gemälde) kommt dadurch zustande, daß sie aus der Hand desselben Künstlers stammen.

Das zweite: Wir lassen uns in Gedanken auf einen großen Autoparkplatz versetzen. Dort finden wir verschiedene Automarken. Aufgrund der Ähnlichkeiten der einzelnen Wagen sind wir in der Lage, die einzelnen Autos bestimmten Marken zuzuordnen. Eine Reihe von Merkmalen kommt sämtlichen Autos zu. Nach der Logik des oben genannten Homologie-Arguments wäre Abstammungsverwandtschaft die einzig mögliche Deutung. Das würde dann aber bedeuten, daß ein Wagen den nächsten „geboren" hätte, was natürlich absurd ist. Wir wissen aufgrund unserer Kenntnisse über die Automobilherstellung, daß die Ähnlichkeiten hier anders gedeutet werden müssen und schließen auf die selben Konstrukteure bzw. ähnliche Konstruktionspläne.

Diese beiden Beispiele verdeutlichen zweierlei:
1. Ähnlichkeiten *für sich alleine genommen* geben keine Auskunft über ihre Entstehung. Im Falle der Gemälde und Automobile wissen wir, daß die Ähnlichkeiten auf dieselben Urheber (Künstler, Konstrukteure) zurückzuführen sind. Dieses Wissen beruht auf unseren Kenntnissen von der Entstehungsweise von Gemälden bzw. Automobilen. Die Ähnlichkeiten an sich vermitteln uns dieses Wissen nicht. Genausowenig teilen uns die organismischen Ähnlichkeiten an sich etwas über ihre Herkunft mit. Hier ist die Sachlage freilich komplizierter, da in diesem Falle Abstammungsverwandtschaft eine *mögliche* Annahme ist: Lebewesen können aus ihresgleichen hervorgehen, Automobile und Gemälde nicht. Die Beispiele zeigen aber
2., daß homologe Ähnlichkeiten genausogut auf einen gemeinsamen Konstrukteur hinweisen *können* (nicht müssen). Das heißt: Werden nur die Ähnlichkeiten der Lebewesen berücksichtigt, bleiben *beide* Möglichkeiten, Abstammungs- und Schöpfungsverwandtschaft offen.

Vielfach wird die hier vertretene *Gleichwertigkeit* der beiden Denkmodelle (Abb. 6.5 und 6.6) entschieden bestritten: Die schöpfungstheoretische Deutung könne zwar wahr sein, sei aber im Gegensatz zur evolutions-

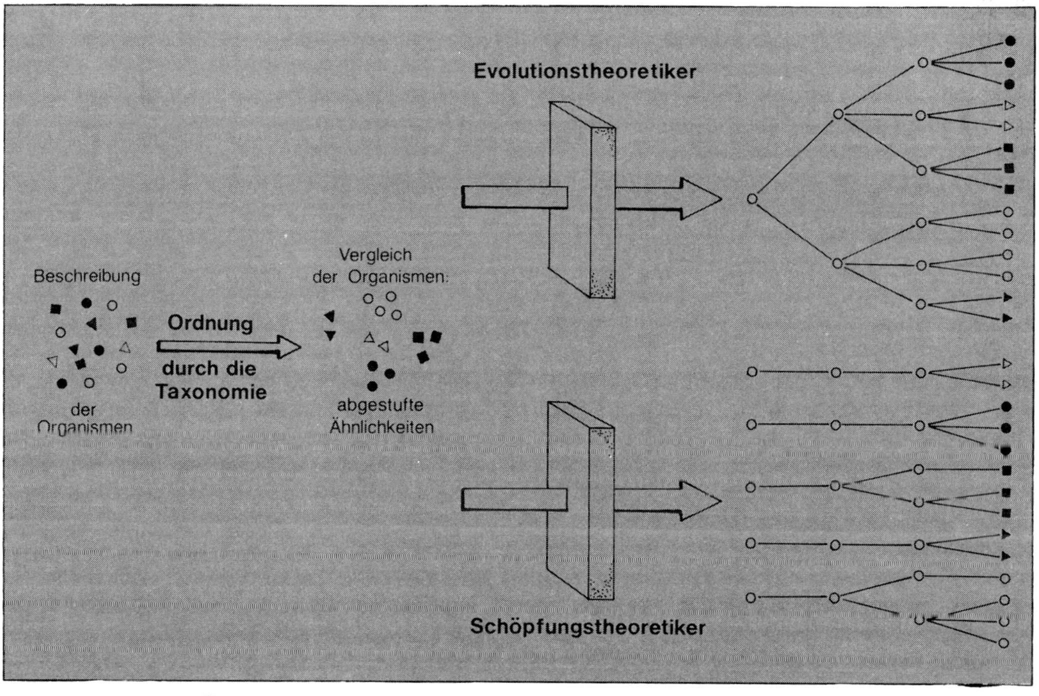


*Abb. 6.5: Deutung der Ähnlichkeiten im Evolutions- (a) und Schöpfungsmodell (b). Erläuterungen im Text; vgl. Abb. 1.5.*

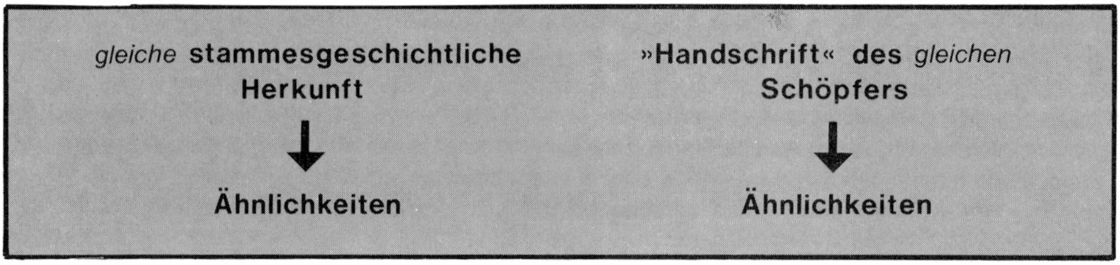


*Abb. 6.6: Zwei mögliche Begründungen für das Vorliegen von Ähnlichkeiten.*

theoretischen „unwissenschaftlich". Dieses Urteil ruht auf dem Hintergrund des *methodischen Atheismus* der Naturwissenschaft, welcher *a priori* übernatürliche Wirkungen ausschließt. Er hat allerdings nur im Experimentalrahmen seine Berechtigung. Die naturwissenschaftliche Arbeitsmethode ist *untrennbar* an die Rahmenbedingungen von reproduzierbaren Experimenten geknüpft und befaßt sich mit Gegenwartsprozessen. Die eindeutige Beurteilung der *Entstehung* von Ähnlichkeiten liegt jedoch völlig außerhalb des experimentellen Ansatzes, da es sich um eine geschichtliche Fragestellung handelt. Daraus folgt zwingend, daß der methodische Atheismus auf diese Problemstellung *nicht anwendbar ist*. Seine Anwendung bedeutet hier eine vorwissenschaftliche (Glaubens-)Entscheidung. Somit ist auch die evolutionstheoretische Deutung von Ähnlichkeiten „unwissenschaftlich".

Auf der Ähnlichkeitsebene kann die Frage nach der Herkunft der Ähnlichkeiten nicht beantwortet werden (Abb. 6.5). Zur Klärung dieser Frage sind historische Dokumente (mit denen sich die Paläontologie befaßt, s. Kapitel 8) und das Auffinden von Evolutionsmechanismen (s. Kapitel 3) von entscheidender Bedeutung.

*Das Beispiel der Blutkreisläufe der Wirbeltiere*

Als ein Paradebeispiel für homologe Ähnlichkeiten werden oft die Herz-Blutkreislaufsysteme (HBKS) der verschiedenen Wirbeltierklassen angeführt. Ein wesentliches Argument für die evolutionstheoretische Deutung ist, daß eine wachsende Perfektionierung und Ökonomisierung der HBKS festzustellen ist, wenn man sie in eine Reihe stellt, die von den Fischen ausgeht und über Amphibien und Reptilien zu den Vögeln und Säugetieren verläuft.

Diese Argumentation kommt zum einen nicht ohne den paläontologischen Aspekt aus (das Hauptargument ist im Grunde der paläontologische Befund), wenn z.B. davon die Rede ist, daß die Abwandlung des Bauplanes des HBKS der Reihenfolge des *zeitlichen* Auftretens der einzelnen Klassen im Laufe der Erdgeschichte entspricht. Zum zweiten gilt es zu bedenken, daß eine Ökonomisierung des HBKS - nur unter diesem Aspekt kann von „Höherentwicklung" gesprochen werden - eines größeren Aufwandes an Material und Energie bedarf. Den Stoffwechsel-Aufwand, den ein Säugetier benötigt, braucht ein Fisch nicht. Für einen Fisch wäre ein erhöhter Aufwand unnötig, ja unökonomisch. Ganz offensichtlich sind die Fische mit ihrem sogenannten primitiven HBKS an ihre Umwelt angepaßt; wären sie das nicht, hätten sie auch nicht überleben können. Für einen Fisch ist ein fischartiges HBKS ebenso passend wie für ein Säugetier ein säugerartiges. Aus dem bloßen Formenvergleich kann eine Entwicklung nicht herausgelesen, sondern höchstens „hineingelesen" werden.

Ähnliche Überlegungen lassen sich auch für andere Organe oder Organsysteme anstellen.

Die bisherigen Ausführungen gelten für alle Formen homologer Ähnlichkeit, sei sie morphologisch, biochemisch oder verhaltensbiologisch. Zum Homologie-Beweis der Vergleichenden Anatomie und Morphologie sind jedoch noch weitere kritische Anmerkungen anzufügen.

### Schwierigkeiten der evolutionären Homologie-Argumentation

Man sollte erwarten, daß homologe Organe nicht nur im erwachsenen Zustand Übereinstimmungen zeigen, sondern daß sie auch aus übereinstimmenden Teilen des Embryos entstehen. Diese Bedingung ist jedoch nicht immer erfüllt. In vielen Fällen werden offensichtlich homologe Strukturen aus recht unterschiedlichen embryonalen Anlagen gebildet (Abb. 6.7). Als Beispiel dafür kann die Speiseröhre der Wirbeltiere genannt werden: Sie wird bei den Haien aus dem Dach der embryonalen Darmhöhle, bei Neunaugen und Wassersalamandern aus dem Boden, bei Fröschen aus dem Dach und dem Boden und bei Reptilien und Vögeln aus der untersten Schicht der Keimscheibe, die auf dem Eidotter schwimmt, gebildet.

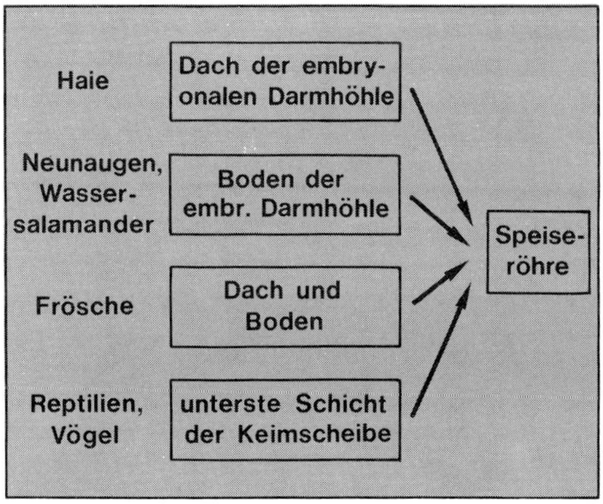


*Abb. 6.7: Eine Schwierigkeit des Homologiearguments im Evolutionsmodell: Aus **verschiedenen** embryonalen Regionen entstehen bei verschiedenen Arten **homologe** Organe.*

**Konvergenz**

Analogien, also Funktionsähnlichkeiten trotz Bauplanverschiedenheiten (Abb. 6.4) werden im Evolutionsmodell als Ergebnis einer **konvergenten Entwicklung** gewertet, d.h. einer unabhängigen Entwicklung *ähnlicher* Strukturen in *verschiedenen* Entwicklungslinien. (Konvergenz wird auch als „gleichsinnige Entwicklung verschiedener Strukturen, die gleiche oder ähnliche Funktion erfüllen", definiert.) Solche Konvergenzentwicklungen werden im Rahmen des Evolutionsmodells durch die Annahme ähnlicher oder gleicher Selektionsdrücke zu erklären versucht. Wie im Falle der Homologien gilt auch hier, daß die *Entstehungsweise* von Analogien, also die Konvergenzentwicklung als solche, kein Gegenstand von Beobachtungen ist. Im Rahmen des Evolutionsmodells wird versucht, solche Erscheinungen durch gleichsinnige Selektionsdrücke zu erklären.

Unter der Annahme einer planvollen Schöpfung ist jedoch ebenfalls verständlich, daß gleiche Funktionen durch ähnliche Strukturen (seien es analoge oder homologe) erfüllt werden. Homologien und Analogien zeigen - schöpfungstheoretisch gedacht - in zweierlei Hinsicht das Know-how des Schöpfers: Dieselben Baupläne werden in unterschiedlichsten Weisen variiert (Homologien) und denselben Anforderungen für ein Organ wird auf unterschiedlichste Weise Genüge getan.

Daß weder Schöpfungsmodell noch Evolutionsmodell in diesem Bereich „naturwissenschaftlich" sind, geht aus der Tatsache hervor, daß *weder Homologien noch Konvergenzen zuverlässig vorhergesagt* werden können. Erst im Nachhinein werden die einschlägigen Befunde in das jeweilige Modell eingepaßt.

## 6.2 Verhaltensforschung

Die Vergleichende Verhaltensforschung (Ethologie) deckt Ähnlichkeiten auch im Verhalten der Organismen auf. Dabei muß zwischen angeborenen (genetisch bedingten) und erworbenen Verhaltensweisen unterschieden werden. Nur erstere sind bei stammesgeschichtlichen Überlegungen von Bedeutung. Ein Beispiel für genetisch bedingte Verhaltensähnlichkeiten sind die Verhaltensweisen verschiedener Entenarten während der Balz. Ähnlichkeiten bei Vogelgesängen sind ebenfalls oft erblich festgelegt.

*Bewertung ethologischer Ähnlichkeiten*

Die ethologischen Ähnlichkeiten können ebenso wie die morphologischen grundsätzlich auf zweierlei Weise gedeutet werden: als Ergebnis einer Abstammung von gemeinsamen Vorfahren oder einer Erschaffung durch einen gemeinsamen Schöpfer. In einigen Fällen mag die erste, in anderen die zweite Deutung zutreffen. Das muß im Einzelfall anhand der in Kapitel 3 und 10 besprochenen Kriterien geprüft werden.

Verhaltensähnlichkeiten können auch eine Konsequenz morphologischer Ähnlichkeiten sein. So dürfte die Ähnlichkeit der Mimik bei Menschenaffen und Mensch durch ähnliche Gesichtsmuskulatur zumindest mitbedingt sein. Die vergleichende Verhaltensforschung kann nur äußerliche Verhaltensähnlichkeiten feststellen. Bei deren Interpretation dürfen die psychischen Merkmale des Menschen nicht in das Tier hineinprojiziert werden. Umgekehrt wird in der evolutionstheoretisch ausgerichteten Verhaltensforschung der Mensch oft auf das Niveau der Tiere „hinuntergezerrt", d.h. als im Prinzip auf einer Stufe mit dem Tier stehend gesehen. Die Sicht, daß Mensch und Tier sich nicht wesentlich unterscheiden, ist nicht aus den Beobachtungen der Verhaltensweisen ableitbar, sondern resultiert aus der Vorgabe der Evolutionslehre. Die Art und Weise, Stimmungen wie Freude, Enttäuschung, Staunen, Furcht etc. auszudrücken, sind bei Mensch und Tier, namentlich Menschenaffen, zwar erstaunlich ähnlich. Dies ist aber auch im Schöpfungsmodell verständlich: Der Schöpfer hat Tieren und Menschen ähnliche psychische Empfindungen und Ausdrucksformen mitgegeben. Dadurch ist auch eine beschränkte Verständigung zwischen Mensch und

Tier möglich. Die elementaren Unterschiede zwischen Tier und Mensch sind damit noch nicht berührt.

**Zusammenfassung**

1. Zwischen Organismen bestehen tiefgreifende Ähnlichkeiten.

2. Diese lassen auf einen gemeinsamen Ursprung schließen.

3a. Dieser gemeinsame Ursprung ist in einer gemeinsamen (historischen) Stammform, letztlich in einer „Urzelle" zu suchen; es handelt sich um stammesgeschichtliche, historische Verwandtschaft. (Dies gilt hier nur für homologe Ähnlichkeiten.)

3b. Dieser gemeinsame Ursprung ist der Schöpfungsakt Gottes: die Organismen stammen vom gleichen Konstrukteur.

Die dritte Schlußfolgerung ist nicht mehr eindeutig. Die Entscheidung über 3a. und 3b. kann nicht auf der Ähnlichkeitsebene fallen.

## 6.3 Biochemie und Molekularbiologie

Die Ähnlichkeiten der Lebewesen erstrecken sich bis in molekulare Bereiche: Im wesentlichen benutzen alle Zellen die gleichen chemischen Grundbausteine, wie Aminosäuren, Nucleotide, Hexosen, Fettsäuren u.a.m. (Abb. 6.8). Ihre Stoffwechselreaktionen werden grundsätzlich durch *Enzyme* katalysiert, welche aus langen Ketten von *Aminosäuren* bestehen. Die räumliche Struktur der Proteine und somit auch der Enzyme wird durch die Reihenfolge der Aminosäuren bestimmt, welche das Protein bilden. Diese Reihenfolge ist genetisch festgelegt: je drei Nucleotide der DNS bilden zusammen ein **Codon**, auch **Triplett** genannt. Die Nucleotide bestehen aus drei Untereinheiten: einem Zucker, einem Phosphorsäurerest und einer stickstoffhaltigen Base. Insgesamt gibt es 4 verschiedene Basen *(Adenin, Thymin, Guanin* und *Cytosin)*, die, in verschiedenen Dreiergruppen angeordnet, je für eine Aminosäure stehen (Abb. 4.1). Die Zuordnung der 64 möglichen Tripletts zu den 20 verschiedenen Aminosäuren der Proteine heißt „genetischer Code". Dieser genetische Code wurde bis vor kurzem als *universal*, d.h. für alle Lebewesen gültig betrachtet - man glaubte damit einen guten Hinweis auf eine Evolution gefunden zu haben. Je mehr Organismen aber untersucht werden, desto häufiger findet man Ausnahmen. Besonders die DNS von Mitochondrien, aber auch von Prokaryoten und Ciliaten weicht vom „universalen" Code ab.

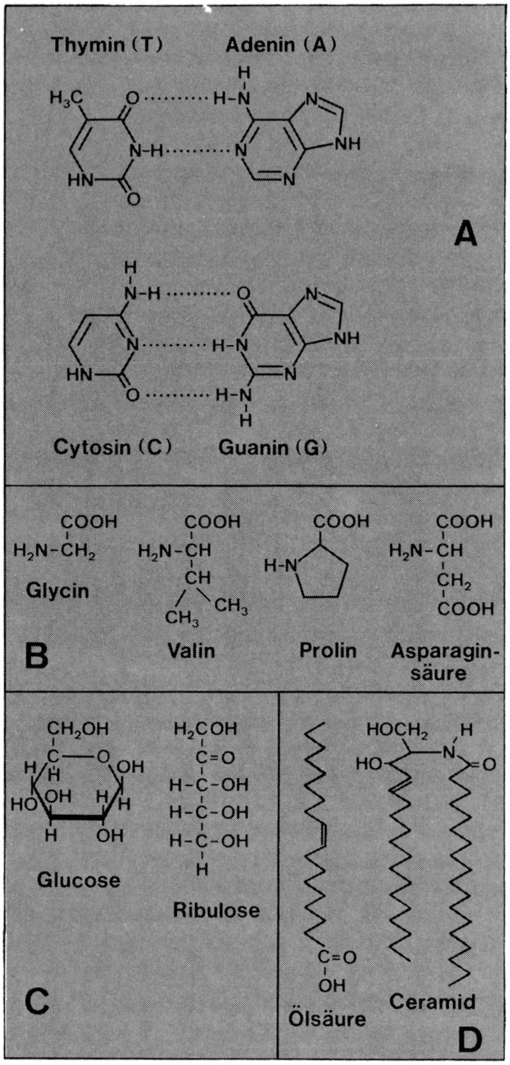


*Abb. 6.8: Die vier Grundbausteine der DNS (A). Die Basen sind schon so angeordnet, wie sie auch in der DNS einander gegenüberstehend vorkommen. Die Basenpaarung (je zwei Basen passen genau zueinander, sind „komplementär") erfolgt über Wasserstoffbrückenbindungen (gepunktete Linien). Mit Hilfe der DNS-Sequenz werden die Reihenfolgen der Aminosäuren in den Proteinen programmiert. Einige Aminosäuren sind in B abgebildet. Sie können in der Proteinsynthese miteinander verbunden werden. Die entstehenden Proteine können als Enzyme andere Stoffe in der Zelle synthetisieren, z. B. Zucker (C) oder Fette und Lipide (D). Daß alle Lebewesen in ihren Grundbausteinen identisch sind, kann entweder durch Evolution oder aber durch Schöpfung gedeutet werden.*

Es ist bis heute völlig ungeklärt, wie ein hypothetischer Wechsel des genetischen Codes stattfinden könnte. Denn eine derartige Mutation würde ja *alle* Aminosäuresequenzen verändern, an denen das entsprechende Codon beteiligt ist, und deshalb mit größter Wahrscheinlichkeit schwere Selektionsnachteile zur Folge haben. Insbesondere gilt das für die Veränderung von Steuersignalen auf der DNS (z. B. den sogenannten Stop-Codons UAG, UAA oder UGA). In Säugetiermitochondrien steht das Codon UGA nicht für das Kettenende, sondern für die Aminosäure Tryptophan. Andererseits sind die Tripletts AGA und AGG in den Mitochondrien Stop-Signale, während sie im „universellen" Code für Arginin stehen. Diese Abweichungen sind zudem in verschiedenen Eukaryoten unterschiedlich und müßten daher *nach* einer vermuteten Endosymbiose mehrmals aufgetreten sein (vgl. Abschnitt 6.4). Wenn eine Veränderung stattfände, welche das Codon AGA (Arginin im „universellen" Code) zum Stop-Codon macht, dann würde plötzlich die Proteinsynthese an allen Stellen abgebrochen, an denen Arginin vorkommt, und funktionslose Proteinfragmente wären die Folge. Selbst wenn man spekuliert, daß solche Änderungen im Mitochondrium auftreten, welches nur verhältnismäßig wenige Proteine synthetisiert, ist dennoch kein selektionspositiver Schritt plausibel gemacht worden. Hinzu kommt noch, daß jetzt auch ein Ciliat (Wimperntierchen) bekannt ist, dessen *Kern-DNS* einen abweichenden genetischen Code aufweist!

Die Universalität des genetischen Codes galt bis vor wenigen Jahren mit Recht als stärkstes Argument für eine *monophyletische* Entstehung des Lebens, da eine nach der „Fixierung" des genetischen Codes auftretende Veränderung seitens der Evolutionstheoretiker für unmöglich gehalten wurde. Heute kann mit gleichem Recht die Existenz verschiedener Codes als deutlicher Hinweis auf eine *polyphyletische* Entstehung des Lebens gewertet werden.

Im Verlauf der Proteinsynthese, die nach ihren Grundprinzipien wiederum bei allen bisher untersuchten Lebewesen gleich ist, wird die in den Tripletts der DNS enthaltene Information in die entsprechende Sequenz von Aminosäuren übersetzt. Diese Sequenzen sind bei verschiedenen Lebewesen oft gleich oder sehr ähnlich.

Darüber hinaus benutzen die meisten Organismen die gleichen Stoffwechselwege: der Abbau von Zucker *(Glykolyse)*, die Veratmung der entstehenden energiereichen Moleküle *(Atmungskette)* und die Bildungsweise von ATP sind nur wenige Beispiele dafür, daß sich die Stoffwechselwege der Organismen trotz der Vielfalt im Detail in ihren wesentlichen Grundlagen gleichen. Die so zutagetretende Ähnlichkeit der Lebewesen wird allgemein als einer der stärksten Belege für die Evolutionslehre betrachtet.

„Ähnlichkeit" ist ein unscharfer, oft kaum in Zahlen zu fassender Begriff. Nun hat man sich besonders von der Molekularbiologie eine Quantifizierung des Ähnlichkeitsargumentes versprochen (quantifizieren heißt: in Zahlen ausdrücken). Dies ist anhand verschiedener Methoden möglich (Serumreaktion, Aminosäuresequenzen von Proteinen, Nucleotidsequenzen von DNS oder RNS und anderes mehr). Man hat erwartet, daß die Proteine der Lebewesen die schon bekannten Ähnlichkeitsabstufungen erneut bestätigen und präzisieren würden. Ähnlichkeiten der Proteine und Ähnlichkeiten der äußeren und inneren Gestalt sollten übereinstimmen.

Die sog. *Serumreaktion* zeigt die durch Antikörperexperimente entdeckte Ähnlichkeit der Oberflächenstrukturen von Proteinen. Da durch die Bestimmung der Aminosäuresequenz ein viel genaueres Ähnlichkeitsmaß zur Verfügung steht und die Antikörperreaktion auch schon irreführende Ergebnisse erbrachte, wird sie heute nur noch sehr selten zur Erforschung stammesgeschichtlicher Zusammenhänge benutzt.

### Die Konstruktion von molekularen Stammbäumen

Es hat sich nun herausgestellt, daß die Lage zunehmend kompliziert wird, je mehr Sequenzanalysen von Proteinen oder DNS/RNS bekannt werden. Die Interpretation dieser Datenfülle wird immer schwieriger. Damit die folgenden Ausführungen verstanden werden können, soll zuerst die Quantifizierung der Ähnlichkeiten verschiedener Proteine beschrieben werden. Als Beispiel dient uns *Cytochrom c*. In Abb. 6.9 sind oben die letzten 11 Aminosäuren der Cytochrom-c-Moleküle von 4 Lebewesen in einer Einbuchstaben-Abkürzung dargestellt. Aus diesen Sequenzen können die Ähnlichkeiten als Zahl der unterschiedlichen Aminosäuren von je einem Paar der Lebewesen bestimmt werden. Auf diese Weise erstellt man die in Abb. 6.9 in der Mitte wiedergegebene **Differenzmatrix**. Der Mensch hat also verglichen mit dem Hund eine, verglichen mit dem Huhn aber drei unterschiedliche Aminosäuren im letzten Abschnitt des Cytochrommoleküls. Mittels mathematischer Verfahren können aus dieser Differenzenmatrix **Dendrogramme** (Ähnlichkeitsbäume, „Stammbäume") berechnet werden. Einer davon ist unten in Abb. 6.9 dargestellt.

In unserem Fall ist die Differenzmatrix selbst noch frei von Interpretationen. In der Regel ist das aber nicht so, da beispielsweise das Cytochrom c der Wirbeltiere durchschnittlich 8 Aminosäuren weniger als das der Pflanzen aufweist. Im Rahmen der Evolutionslehre wird dies als Folge von Mutationen interpretiert - aber wieviele Unterschiede müssen nun deshalb in die Differenzmatrix aufgenommen werden? Wenn das Cytochrom der Pflanzen ursprünglich war und das der Tiere durch eine Deletion entstand (vgl. Kapitel 4), so könnte das gleichbedeutend mit *einer* Mutation sein. Ist je-

| | 94 … 104 |
|---|---|
| Mensch | ......L I A Y L K K A T N E |
| Hund | ......L I A Y L K K A T K E |
| Huhn | ......L I A Y L K D A T S K |
| Taube | ......L I A Y L K Q A T A K |

| | Mensch | Hund | Huhn | Taube |
|---|---|---|---|---|
| Mensch | 0 | 1 | 3 | 3 |
| Hund | | 0 | 3 | 3 |
| Huhn | | | 0 | 2 |
| Taube | | | | 0 |

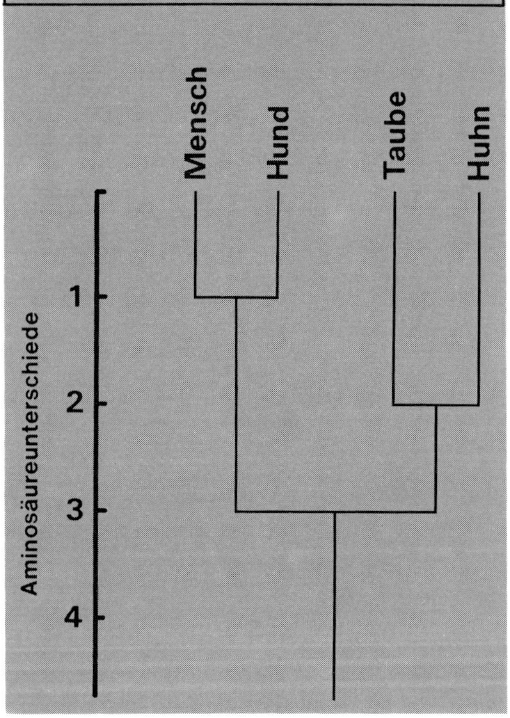


*Abb. 6.9: Im oberen Teil dieser Abbildung sind die letzten 11 Aminosäuren des Cytochrom c aus 4 Lebewesen zusammengestellt. Die Zahlen geben die Positionsnummern an (Zusammenstellung aus dem Vergleich mit den Pflanzen). Jeder Buchstabe steht für eine Aminosäure. Die Ketten werden so übereinandergestellt, daß der maximale Grad an Übereinstimmung (= Sequenzhomologie) entsteht.*

*Aus den Unterschieden der Aminosäuresequenzen kann die im mittleren Teil der Abbildung dargestellte „Differenzmatrix" erstellt werden. Sie gibt für jedes denkbare Paar der untersuchten Lebewesen die Zahl der unterschiedlichen Aminosäuren im Protein oder im Proteinsegment an. Die hier abgebildete Differenzmatrix ist eindeutig und frei von Interpretationen.*

*Ein aus der Differenzmatrix konstruierter Ähnlichkeitsbaum ist im unteren Teil der Abbildung wiedergegeben. Die Zahlen auf der Skala geben die Zahl unterschiedlicher Aminosäuren an, die nach evolutionstheoretischer Interpretation seit der Aufspaltung entstanden sind. (Die Methode der Stammbaumkonstruktion heißt in diesem Fall „single linkage".)*

doch das kürzere Cytochrom der Tiere das ältere, könnte das der Pflanzen durch schrittweise Addition von Aminosäuren entstanden sein und es wären viele Mutationen und damit unterschiedliche Aminosäuren in die Differenzmatrix einzutragen. Die Entscheidung, ob man 8, 5 oder 1 Mutation annimmt, kann nicht aus den Aminosäuresequenzen kommen, sondern sie muß aufgrund von Zusatzhypothesen getroffen werden.

Man ist schon sehr bald dazu übergegangen, die vermutete evolutionäre Geschichte der Proteine in die Erstellung der Differenzmatrix aufzunehmen. Die Wahrscheinlichkeit, daß eine Aminosäure durch Mutation in eine andere überführt wird, ist nämlich nicht bei allen „Aminosäurepaaren" gleich groß. Dies zeigt Abb. 6.10: Dort sind die Basen auf der mRNS gezeigt, welche Lysin

| | | | | | |
|---|---|---|---|---|---|
| K | Lysin | AAG | AAA | | |
| S | Serin | UCU | UCA | UCC | UCG |
| A | Alanin | GCU | GCA | GCC | GCG |

*Abb. 6.10: Die gleiche Aminosäure kann von verschiedenen Tripletts codiert werden (Dies wird auch als „Degeneration des genetischen Codes" bezeichnet). Man sieht, daß die ersten beiden Nucleotide immer gleich sind und nur das letzte Nucleotid verändert wird. In der ersten Spalte ist der auch in Abb. 6.9 benutzte Ein-Buchstaben-Code angegeben.*

(K), Serin (S) und Alanin (A) codieren. In unserem Cytochrombeispiel kommen gerade diese Aminosäuren bei Hund, Huhn oder Taube in der Position 103 vor. Um Serin durch Mutation in Alanin zu überführen (Huhn → Taube), ist im Idealfall nur eine Punktmutation nötig (z.B. UCU → GCU). Es wäre jedoch auch denkbar - wenn auch unwahrscheinlicher - daß zwei Punktmutationen zugrunde liegen (z.B. UCU → GCA). Soll aber Serin durch Lysin ersetzt werden (Huhn → Hund), so sind in jedem Fall mindestens zwei (UCA → AAA), mit größerer Wahrscheinlichkeit jedoch drei Mutationen notwendig (z.B. UCU → AAG). Solche Überlegungen kann man für alle Paare von Aminosäuren durchführen. Wenn jetzt vorausgesetzt wird, daß Evolution stattgefunden hat und den „Weg des geringsten Widerstandes" gegangen ist, was der Weg mit der geringsten Anzahl von Mutationen wäre, so kann man Korrekturfaktoren berechnen, mit denen die aus den Aminosäuresequenzen abgeleitete Differenzmatrix korrigiert wird. Oft werden auch noch zusätzlich Korrekturfaktoren einbezogen, um die während einer langen Evolution vermuteten Rückmutationen ebenfalls zu berücksichtigen. Da in diesen Fällen die Evolutionslehre *vorausgesetzt* wird, um einen Proteinstammbaum zu erstellen, kann dieser nicht als unabhängige Bestätigung für die Evolutionslehre dienen.

Ein weiterer Einwand kann hier nur erwähnt werden: Mit steigender Menge von zu vergleichenden Cytochromketten müssen immer größere Ungenauigkeiten bei der Berechnung des Stammbaumes in Kauf genommen werden. Daher gibt es viele verschiedene Methoden zur Berechnung eines solchen Stammbaumes, und sie ergeben manchmal recht verschiedene Resultate. Die in den Lehrbüchern abgebildeten Stammbäume stellen also in der Regel nur eine von mehreren Möglichkeiten dar, die der jeweilige Autor aufgrund verschiedener, oft subjektiver Kriterien für zutreffend hält.

### „Falsche" und „richtige" Proteinstammbäume

Zwar können Proteine heute nicht mehr als „molekulare Evolutionsuhren" gelten (s. u.), doch könnte es trotzdem sein, daß die Proteinstammbäume wenigstens die *relative* Lage der Organismen zueinander „korrekt" angeben. Neben den methodischen Problemen bei der Stammbaumberechnung (s.o.) werden auch hier zunehmend widersprüchliche Ergebnisse bekannt. Wir betrachten stellvertretend einen Stammbaum, der aufgrund von Aminosäuresequenzen verschiedener Ferredoxine konstruiert wurde. *Ferredoxin* ist - ähnlich wie Cytochrom c ein wasserlösliches, elektronenübertragendes Protein von knapp 100 Aminosäuren Länge. Es hat seinen Platz am Ende des photosynthetischen Elektronentransportes und kommt u.a. in allen zur Photosynthese befähigten Zellen vor. Links in Abb. 6.11 ist der Stammbaum dargestellt, der aufgrund der klassischen Evolutionslehre erwartet wird. Man sieht die Cyanobakterien isoliert neben den Rotalgen stehen, daneben, auf nicht bekannte Vorläufer zurückgehend, die Grünalgen. Von den Gefäßpflanzen sollen sich die Schachtelhalm- und Farngewächse zuerst abgezweigt haben, danach, vor rund 150 Millionen Jahren, soll die Aufspaltung in einkeimblättrige (z.B. Weizen) und zweikeimblättrige Pflanzen erfolgt sein. Der Vergleich mit dem rechts abgebildeten Ferredoxinstammbaum zeigt keine Ähnlichkeit. Die Blaualgen treten mit der Kermesbeere (Samenpflanze), dem Farn *Gleichenia* und den Grünalgen in einer Gruppe auf. Der Schachtelhalm steht völlig isoliert. Bei den Bedecktsamern wurden selbst die Großgruppierungen der Ein- und Zweikeimblättrigen nicht getrennt. So steht der Weizen in einer Gruppe mit Petersilie und Kohl.

Ferredoxin ist nicht etwa ein Einzelfall. Ähnliche Verhältnisse findet man beim Cytochrom c von Pflanzen, beim Cytochrom c von Algen, beim Hämoglobin der Vögel, beim Plastocyanin der Algen und Pflanzen, beim Relaxin und Insulin der Tiere u.a.m. Es zeigt sich auch hier, daß mit wachsender Menge von Daten die Interpretationen im Sinne der Evolutionslehre zunehmend schwieriger werden und immer mehr Zusatzhypothesen zu ihrer Stützung benötigen. Um beim Beispiel des Ferredoxins zu bleiben: hier gibt es noch nicht einmal eine Zusatzhyphothese, die diese Daten in ein evolutionäres Modell widerspruchsfrei einpassen könnte. Von vielen Proteinstammbäumen, die man berechnen kann, werden die mit klassischen Vorstellungen übereinstimmenden als „richtig", die anderen hingegen (manchmal indirekt) als „falsch" angesehen. Eine objektive Stütze für die Evolutionslehre können Proteinstammbäume unter solchen Umständen nicht sein, auch wenn es einige gibt, die ziemlich gut mit den klassischen Ähnlichkeitsbeziehungen übereinstimmen. Insbesondere sei hier das Cytochrom c der Tiere genannt, das bis auf wenige Ausnahmen (so ist bezüglich dieses Merkmals die Schildkröte mit der Taube näher verwandt als mit der Schlange) in der *Verzweigungsordnung* (*nicht* als molekulare Uhr!) gut mit der klassischen Taxonomie zur Deckung zu bringen ist.

Nun gibt es inzwischen aufgrund des stürmischen Fortschritts der Molekularbiologie auch die Möglichkeit, ribosomale RNS oder Transfer-RNS und Gensequenzen im Sinne molekularer Stammbäume zu vergleichen. Ohne daß an dieser Stelle

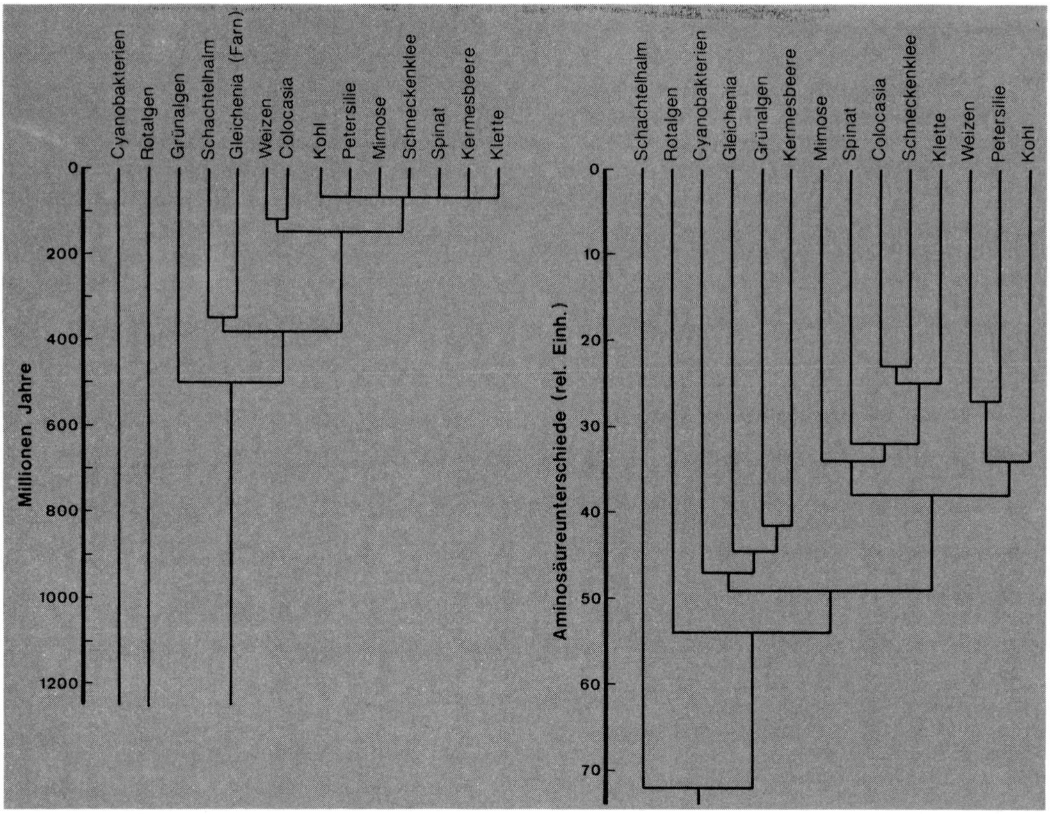


*Abb. 6.11: Links ist ein Stammbaum einiger Pflanzen dargestellt, wie er aufgrund von morphologischen, anatomischen und paläontologischen Daten postuliert wird. In Wirklichkeit ist aber kein einziger Übergang (hier durchgezogen gezeichnet) durch Fossilien belegt. Die Skala zeigt die vermuteten Zeiträume in Millionen Jahren. Im rechten Teil der Abbildung ist dagegen der „Ferredoxin"-Stammbaum wiedergegeben - auf der Skala die korrigierten Aminosäureunterschiede. (Nach Scherer & Sontag 1983)*

ins Detail gegangen werden kann, soll mitgeteilt werden, daß gegen diese Verfahren ähnliche Einwände vorgebracht werden können.

**Molekulare Evolutionsuhren?**

Immer wieder wird behauptet, daß man die Zeit, vor der ein gemeinsamer Vorfahr zweier Lebewesen gelebt habe, aus den Unterschieden in den Aminosäuresequenzen berechnen könne. Dies ist aber eine veraltete Auffassung, die immer mehr in den Hintergrund tritt, je mehr Aminosäuresequenzen man bestimmt hat. Auch für das Cytochrom c und das Hämoglobin mußte diese Theorie revidiert werden. Wenn heute noch solche Abbildungen dargestellt werden, dann beruhen sie auf dem Kenntnisstand, den die Wissenschaft vor einigen Jahren hatte. Das in dem Lehrbuch *Linder Biologie* (Knodel & Bayrhuber 1983, S. 401) dargestellte Diagramm zeigt die Auftragung von Aminosäuresequenzunterschieden zweier Gruppen gegen die geologisch ermittelte Zeit, in der ihr letzter gemeinsamer Vorfahr vermutet wird. Diese Zeit ist aber oft gar nicht exakt bekannt und je nach Sachlage in der Paläontologie kann sie sich sprunghaft verschieben (vgl. die angenommenen Zeitpunkte des letzten gemeinsamen Vorfahren von Menschenaffen und Menschen, Kapitel 9). In der o.g. Abbildung wird z. B. die Zeit der Trennung von Wirbeltieren und wirbellosen Neumundtieren mit rund 760 Millionen Jahren angegeben. Entgegen der Behauptung in der Legende ist dieser Wert keineswegs aus fossilführenden Schichten abgeleitet worden!

Unter der Voraussetzung der Evolutionslehre muß heute gefordert werden, daß die Evolutionsgeschwindigkeit des gleichen Proteins in verschiedenen Tieren ganz unterschiedlich war. Eine evolutionstheoretische Begründung dafür existiert jedoch nicht. Daß die angenommene Evolutionsgeschwindigkeit von Cytochrom c nicht konstant gewesen sein kann, geht auch schon aus den wenigen Daten im Lehrbuch *Linder Biologie* hervor: als Beispiel soll die Abspaltung von Insekten (Schmetterling und *Drosophila*) vom Stamm der anderen Tiere dienen. Seit dieser Zeit soll das *Drosophila*cytochrom an 8 + 5 = 13 Stellen verändert worden sein, das Säugercytochrom während des gleichen Zeitraumes durchschnittlich an 14 + 5 + 7 = 26 Aminosäurepositionen. Die „Evolutionsgeschwindigkeit" wäre im letzten Fall also doppelt so groß gewesen.

Obwohl noch in vielen Lehrbüchern vertreten, kann sich die Hypothese, daß Proteine „molekulare Uhren der Evolution" seien, angesichts des wachsenden Datenmaterials nicht halten. Als Beispiele sind die „molekularen Uhren" von Cytochrom c, Fibrinopeptiden und Ferredoxin in Abb. 6.12 gezeigt. Wie Vergleiche mit zahlreichen anderen Proteinen zeigen, gehören Cytochrom c und die Fibrinopeptide noch zu den „besten" molekularen Uhren. Allerdings ist leicht einsichtig, weshalb man auch diese heute unmöglich zur Datierung von Evolutionsvorgängen benutzen kann.

Wir wollen in Gedanken nochmals zum Anfang des Kapitels zurückkehren. Dort war von der abgestuften Ähnlichkeit der Proteine die Rede. Unbeschadet aller bisher angeführten Tatsachen ist jedoch das Cytochrom c oder Hämoglobin der Affen denen des Menschen sehr ähnlich - nur ganz wenige Unterschiede werden gefunden. Spricht das nicht doch für Evolution? Grundsätzlich ist ein solcher Befund auch im Schöpfungsmodell zu

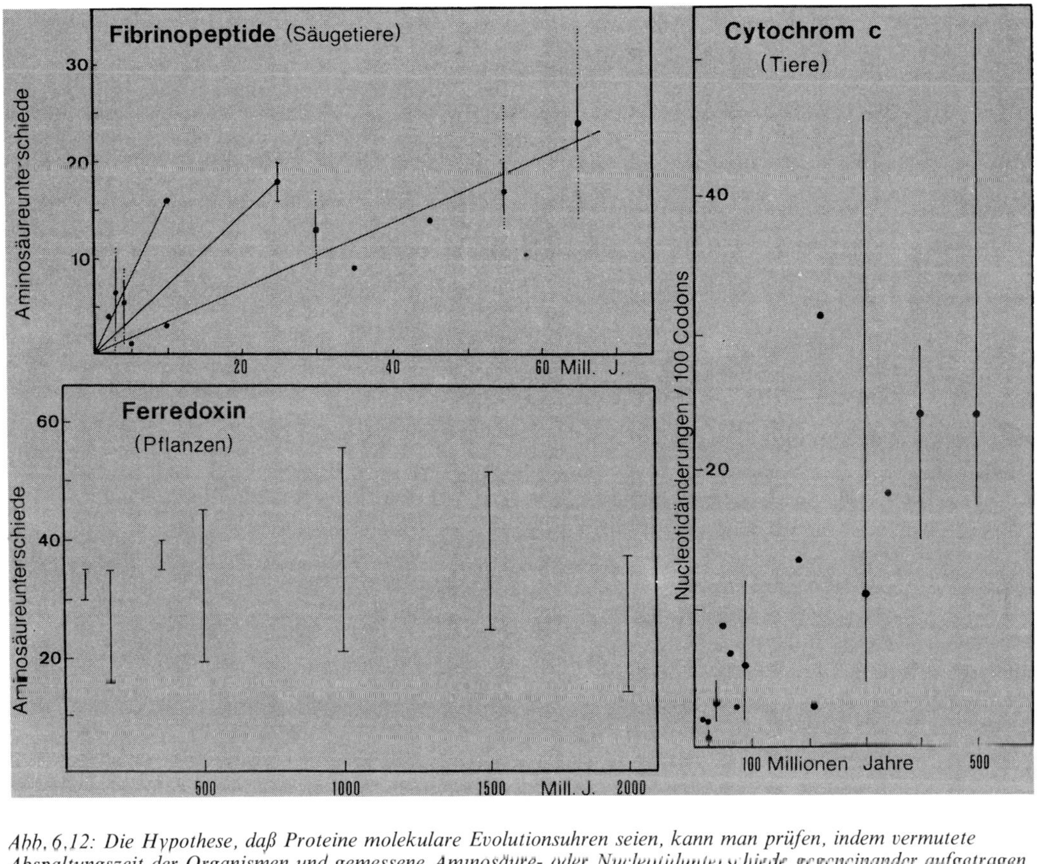


*Abb. 6.12: Die Hypothese, daß Proteine molekulare Evolutionsuhren seien, kann man prüfen, indem vermutete Abspaltungszeit der Organismen und gemessene Aminosäure- oder Nucleotidunterschiede gegeneinander aufgetragen werden. Wenn es eine molekulare Uhr gibt, dann sollte – wie von Evolutionstheoretikern gefordert – eine Gerade resultieren. Je mehr Aminosäuresequenzen analysiert wurde, desto weniger erwies sich die Hypothese der molekularen Uhren als tragfähig. Dies geht aus allen drei hier genannten Beispielen hervor. So kann zu einem gemessenen Unterschied von Nucleotiden pro 100 Codons beim Cytochrom c eine Abspaltungszeit von 25 oder aber von 300 Millionen Jahren gehören. (Abb. oben und rechts nach* SCHERER *1988, unten nach* SCHERER & BINDER 1986)

erwarten: warum sollten denn die Moleküle von einander äußerlich ähnlichen Lebewesen verschieden sein? Wir erwarten, daß die Struktur der Makromoleküle sinnvoll, jeweils spezifisch auf das Ganze des Organismus abgestimmt ist. Und weil die Primaten morphologisch und funktionell nach gleichen Prinzipien aufgebaut sind, ist das auch für ihre Proteine zu erwarten. Es ist eine sinnvolle Richtung des Denkens und Forschens, wenn als Begründung für die Struktur der Makromoleküle in erster Linie nach der Funktion und nicht nach der Abstammung gefragt wird. An einer alternativen Deutung der Aminosäuresequenzen der Proteine im Sinne eines Schöpfungsmodells wird zur Zeit gearbeitet.

**Zusammenfassung**

1. Die grundlegende Ähnlichkeit der Lebewesen im biologischen und molekularbiologischen Bereich kann entweder auf Evolution oder auf Schöpfung zurückgeführt werden. Beide Alternativen sind gleichberechtigte Denkmodelle (vgl. Kapitel 1).

2. Die auf Aminosäuresequenzen gestützte Konstruktion von Stammbäumen ist um so schwieriger und widersprüchlicher, je mehr Organismen verglichen werden. Es sind inzwischen so viele Beispiele bekannt geworden, wo keine Übereinstimmung mit den erwarteten Evolutionsstammbäumen gefunden wurde, daß diese Methode keine unabhängige Bestätigung der klassischen Evolutionsvorstellungen liefern kann.

3. Die Aminosäuresequenzen von Proteinen können nicht als molekulare Evolutionsuhren betrachtet werden, weil inzwischen zu viele Unstimmigkeiten bekannt und komplizierte Zusatzhypothesen notwendig geworden sind.

## 6.4 Die Endosymbionten-Hypothese

Die Organismen kann man in einer ersten Grobgliederung in zwei Gruppen einteilen: in solche, deren Zellen einen echten Zellkern besitzen und in andere, bei denen das nicht der Fall ist. Erstere nennt man Eukaryoten, die anderen Prokaryoten. Zu den Prokaryoten gehören die Bakterien und die Blaualgen. Die Eukaryoten umfassen alle anderen ein- und echten vielzelligen Lebewesen. Gegenüber den Prokaryoten zeichnen sie sich außer durch den Besitz eines Zellkernes auch durch eine ausgeprägte *Organellenbildung* aus. Organelle sind durch Membranen abgegrenzte Zellbestandteile. So besitzen die Eukaryoten als größte (bereits im Lichtmikroskop erkennbare) Zellorganellen Mitochondrien und pflanzliche Organismen zusätzlich Plastiden. Mitochondrien und Plastiden sind meistens durch zwei Membranen vom Zellplasma getrennt. (Nähere Einzelheiten zum Bau s. Abb. 6.13.) Die Mitochondrien werden oft als die „Kraftwerke" der eukaryotischen Zelle bezeichnet, da sie bei der Bereitstellung und dem Umsatz von Energie in der Zelle eine große Rolle spielen. Für die Pflanzen sind die Plastiden nicht weniger wichtig: Die Chloroplasten, die den wichtigsten Plastidentyp darstellen, beherbergen die Photosynthese-Maschinerie, welche die Umwandlung der Energie des Sonnenlichtes in chemische Energie bewirkt.

Da die Prokaryoten also wesentlich einfacher organisiert sind als die Eukaryoten, wird im Rahmen des Evolutionsmodells angenommen, daß die prokaryotischen Lebewesen zuerst entstanden. Dies ist die Begründung dafür, daß die Vorsilbe „pro" („vor" im Sinne von „vorher") verwendet wird. Eine neutrale Bezeichnung wäre „Akaryo-

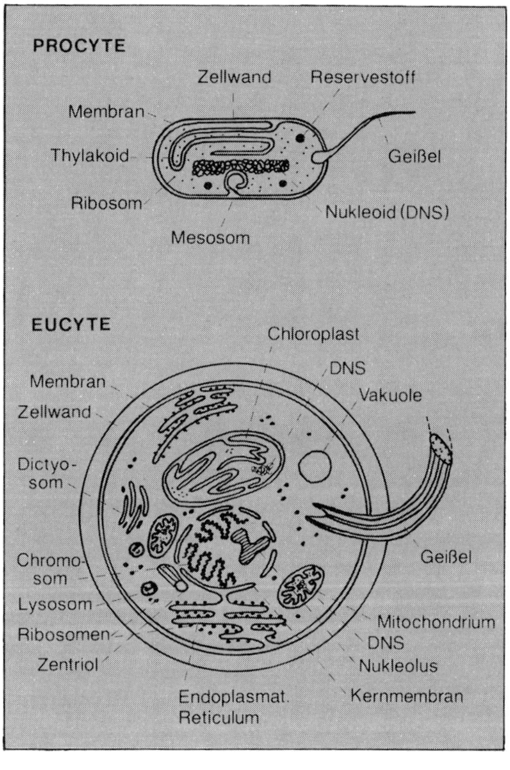


*Abb. 6.13: Procyte und Eucyte, stark schematisiert. (Nach SCHWEMMLER 1979)*

ten" („a" = „nicht"). Im Laufe einer weiteren Evolution der einzelligen Lebewesen müßte irgendwann ein Übergang von den Pro- zu den Eukaryoten erfolgt sein. Einen wichtigen Teilaspekt dieses Schrittes versucht man mit der sogenannten Endosymbionten-Hypothese (ESH) zu erklären. In ihrer ersten Form wurde sie bereits 1883 von A.F.W. SCHIMPER aufgestellt. Sie ist zwar nicht der einzige Erklärungsversuch, gilt aber zur Zeit als der relativ wahrscheinlichste. Danach gehen die Mitochondrien auf aerobe (Sauerstoff veratmende) Bakterien und die Chloroplasten auf photosynthetisierende Blaualgen zurück, die in die Wirtszelle (einen urtümlichen Prokaryoten) eindrangen und im Verlauf einer Evolution dort von Symbionten (Endosymbionten, genauer eigentlich: Cytosymbionten = Zellsymbionten) zu Zellorganellen wurden. Manche Biologen vermuten, daß auch das Geißeln-Centriolen-System der Eukaryoten auf früher selbständige Prokaryoten (evtl. Spirochaeten) zurückgeht (Abb. 6.14).

Folgende Befunde werden als wichtigste Stütze für die ESH angesehen:

1. Mitochondrien und Plastiden entstehen nur durch Teilung aus ihresgleichen. Die Zelle kann diese Organelle nicht neu bilden, wenn sie verlorengehen.
2. Der Besitz einer Doppelmembran erweckt den Eindruck, als ob es sich um eingewanderte Zellen handelte, deren Membran beim Einwandern von der Membran der Wirtszelle umschlossen wurde.
3. Die innere Mitochondrienmembran enthält stets das Lipid *Cardiolipin*, das sonst nur in den Prokaryoten-Membranen auftritt. Die äußere Membran enthält dagegen wie andere Membranen der Eucyte (so werden die Zellen der Eukaryoten bezeichnet) *Cholesterol*, das weder in der inneren Membran noch bei Bakterien vorkommt.
4. Mitochondrien und Plastiden enthalten DNS, die wie bei Prokaryoten „nackt", d.h. nicht mit Proteinen verbunden, und oft ringförmig ist. Sie besitzen auch einen eigenen Proteinsynthese-Apparat, dessen Bestandteile (Ribosomen, tRNS und RNS-Polymerase) denen der Prokaryoten entsprechen.
5. Ribosomale RNS der Plastiden bzw. Mitochondrien hat große Ähnlichkeit mit der RNS prokaryotischer Ribosomen.
6. Mitochondrien reagieren auf manche (nicht alle) gegen Bakterien gerichtete Antibiotika.
7. Unter den heute lebenden Organismen gibt es Fälle von Symbiosen zwischen plastidenlosen

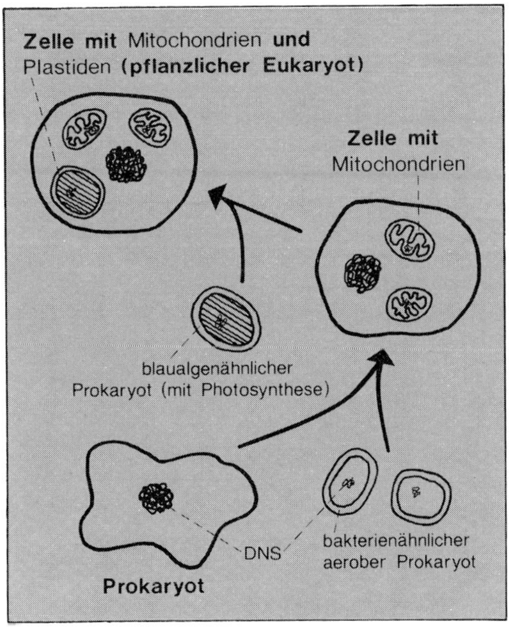


*Abb. 6.14: Schema zur Endosymbionten-Hypothese, stark vereinfacht. Erläuterungen im Text. (Nach MÖHN 1984, nach MARGULIS)*

einzelligen Flagellaten und Algenzellen, die als Modell für eine bestimmte Stufe des phylogenetischen Endosymbiosevorgangs angesehen werden könnten.

Die Amoebe *Pelomyxa palustris* besitzt keine Mitochondrien, aber endosymbiontische Bakterien. Sie wird in manchen Schulbüchern als eine Art Zwischenglied dargestellt, das eine Umwandlung von Bakterien in Mitochondrien plausibel machen soll. Zu diesem Zweck ist *Pelomyxa* jedoch ungeeignet, da ihre Bakterien ihr kein ATP liefern, sondern sie lediglich von dem giftigen Stoffwechselprodukt Milchsäure befreien. Die Endosymbionten betreiben keine Zellatmung, sondern Bakterienatmung und üben nicht die Funktion von Mitochondrien aus.

Aus der Begründungsliste wird deutlich, daß einmal mehr der Befund „Ähnlichkeit" die hauptsächliche Begründung für den angenommenen Evolutionsschritt ist (vor allem 3. bis 6.; vgl. dazu Abschnitt 6.1). Die Existenz von Symbiosen (7. in der obigen Aufzählung) beweist keinen Übergang, sondern illustriert nur die erste Stufe, welche unter evolutionstheoretischen Voraussetzungen am wenigsten Probleme mit sich bringt.

Den Ähnlichkeiten stehen aber auch schwerwiegende Unterschiede gegenüber (wir beschränken uns auf den Vergleich Bakterien/Mitochondrien):

- Bakterien geben Proteine nach außen ab, Mitochondrien nicht.
- Mitochondrien nehmen Proteine und ADP von außen auf, Bakterien nicht.
- Die Definition des genetischen Codes der mitochondrialen DNS weicht in einigen Codons (beim Menschen in vieren) von der der Bakterien-DNS ab (und ist auch bei den bisher untersuchten Organismen nicht überall gleich).

Außerdem bringt dieser hypothetische Übergang eine Reihe von Schwierigkeiten mit sich:

- Die Umdefinition der vom „universalen" Code abweichenden Codons erfordert eine größere Anzahl unbedingt *parallel* erfolgender Mutationen an den Ribosomen, den jeweiligen tRNS und tRNS-Synthetasen und an der mitochondrialen DNS, da sonst das ganze System nicht mehr funktioniert hätte.
- Die meisten mitochondrialen Proteine werden vom Genom des Zellkernes (also extern) codiert. Daher muß im Rahmen der ESH angenommen werden, daß im Laufe der Zeit Gene nach und nach von den Mitochondrien ins Kerngenom umgesiedelt wurden. (Entsprechendes gilt auch für die Plastiden.) Jede *einzelne* Umsiedelung erfordert viele *unabhängig* erfolgende, „zusamenpassende" Mutationen.

In diesen Fällen, da die Selektion erst nach einer größeren Anzahl unabhängiger Mutationen das „Produkt" positiv bewerten und damit „festhalten" kann, sind Wahrscheinlichkeitsabschätzungen für Übergänge von einer Stufe zur nächsten (selektionspositiven) möglich. Solche Abschätzungen ergeben Wahrscheinlichkeiten, die vernachlässigbar klein sind. Das heißt, daß nach dem momentanen Wissensstand eine evolutive Entstehung der Eucyte im Sinne der ESH als hochgradig unwahrscheinlich angesehen werden muß.

Da die ESH als relativ wahrscheinlichste Hypothese gilt, ist eine Bewertung konkurrierender Hypothesen einer evolutiven Eukaryotenentstehung damit eingeschlossen. Der näher interessierte Leser sei auf die angegebene Literatur (SCHNEIDER 1985) verwiesen. Wie solche Wahrscheinlichkeitsabschätzungen durchgeführt werden, wurde in Kapitel 4 gezeigt.

Die erwähnten Ähnlichkeiten zwischen Mitochondrien bzw. Plastiden und Bakterien bzw. Blaualgen könnten und dürften auf funktionelle Notwendigkeiten verweisen. Es bleibt eine Aufgabe weiterer Forschung, herauszufinden, welchen Sinn es hat, daß der genetische Code in den Mitochondrien teilweise anders übersetzt wird als der Code des Zellkernes und weshalb der Proteinsynthese-Apparat mehr dem der Bakterien bzw. Blaualgen ähnelt als dem des Zellplasmas. Ob die Schöpfungslehre auf diese Fragen eine Antwort geben kann, wird sich zeigen müssen.

## 6.5 „Historische Reste" bei heute lebenden Organismen

### 6.5.1 Rudimente und Atavismen

Als **Rudimente** werden Organe bezeichnet, die keine oder eine bauabweichende Funktion haben. Bei solchen Organen meint man, Unstimmigkeiten von Struktur und Leistung feststellen zu können, d.h.: bei diesen Organen scheint der strukturelle Aufwand für die zu erfüllende Funktion unverhältnismäßig groß zu sein. Die Funktionslosigkeit bzw. eingeschränkte Funktionsfähigkeit wird im Rahmen der Evolutionstheorie als Funktions*verlust* im Laufe einer Evolution *interpretiert*.

Schnell einzusehen ist, daß Rudimente keine Indizien für *Höher*entwicklung sein können. Allenfalls zeigen Rudimente, wie Organe *verkümmern*. Als Beweis für eine progressive Evolution scheiden die Rudimente aus.

Damit bleibt aber zunächst immer noch das Argument bestehen, rudimentäre Organe sprächen *gegen* eine *Schöpfung*, denn in einer wohldurchdachten und planvollen Schöpfung hätten solche Organe keinen Platz. Daher gehen wir auf die Rudimenten-Problematik näher ein und schlagen auch Deutungen der Rudimente im Schöpfungsmodell vor.

*Die meisten Rudimente sind nicht funktionslos*

Als klassisches funktionsloses Organ galt lange Zeit der *Wurmfortsatz* des Blinddarms des Menschen. Heute weiß man jedoch, daß der Wurmfortsatz eine Abwehrfunktion bei Allgemeinerkrankungen besitzt und an der Kontrolle der Bakterienflora im Blinddarm beteiligt ist.

Vögel, Reptilien und einige Säugetiere besitzen ein drittes Augenlid, die durchsichtige *Nickhaut*. Sie kann vom inneren Augenwinkel aus schützend über den Augapfel gezogen werden. Beim Fliegen der Vögel funktioniert die Nickhaut wie ein Scheibenwischer. Die „rudimentäre" Nickhaut des Menschen (Abb. 6.15) erfüllt den Zweck, Fremdstoffe zu sammeln, die an den Augapfel gelangen, und sie im Augenwinkel zu einer klebrigen Masse zu verbinden. Dort können sie leicht entfernt werden, ohne Schaden anzurichten.

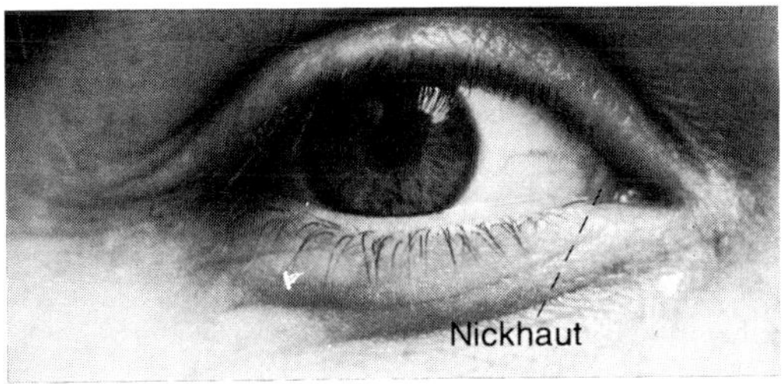


*Abb. 6.15: Das Nickhaut „rudiment“ des Menschen.*

Das *Steißbein* des Menschen ist notwendig für die Befestigung der Beckenbodenmuskulatur, welche die inneren Organe des kleinen Beckens trägt, und somit für den aufrechten Gang nahezu unabdingbar. Die Beweglichkeit, die das Steißbein seiner ontogenetischen Herkunft aus der Wirbelsäule verdankt, ist für den Geburtsvorgang entscheidend.

Die *Überkreuzung von Speise- und Luftröhre* ist ebenfalls nicht sinnlos: in der Luftröhre hinaufbeförderter Schleim kann in die Speiseröhre abgeleitet werden. Außerdem ist diese Konstruktion ökonomisch (platzsparend) und macht eine Atmung durch den Mund möglich, was besonders bei starkem Schnupfen eine dankenswerte Einrichtung ist. Daher kann sie nicht als stammesgeschichtlich bedingte Fehlkonstruktion angesehen werden. Alle diese Strukturen sind im übrigen wachstumskonstruktiv verständlich (s. Abschnitt 6.5.2).

*Beispiele aus der Tierwelt*

Embryonale *Zahnanlagen bei Bartenwalen*, die niemals zu richtigen Zähnen werden, spielen eine wichtige Rolle bei der Bildung der Kieferknochen. Dasselbe gilt für die Keime von oberen Schneidezähnen bei Wiederkäuern, die niemals den Oberkiefer durchstoßen.

Die *Flügelreste beim Kiwi* (Abb. 6.16) dienen der Regulierung des Gleichgewichts. „Rest“ ist in diesem Zusammenhang im übrigen ein evolutionstheoretischer Begriff, dem die (erst zu beweisende) Überzeugung zugrunde liegt, daß die Vorfahren einmal flugtüchtig waren.

Die rudimentären *Becken- und Oberschenkelknochen der Wale* (Abb. 6.17) dienen als Ansatzstellen für die Muskulatur der Geschlechtsorgane und die starke Aftermuskulatur, deren Aufgabe es ist, zu verhindern, daß durch den hohen hydrostatischen Druck in größeren Wassertiefen der Darminhalt der Tiere ausgepreßt wird. Von Funktionslosigkeit kann also auch hier nicht die Rede sein, denn ohne diese Knochen könnten die Wale nicht so gut tauchen.

Die *Klauen der Boa und Python* (Extremitäten-„rudimente“) sind hilfreich bei der Bewegung der Schlangen im Geäst und dienen als Hilfsorgane bei der Begattung.

Schließlich sei noch ein sog. *Verhaltensrudiment* genannt: Rothirsche ziehen beim Drohen gegen Artgenossen die Oberlippe nach oben, wie dies zahlreiche Tiere mit dolchartigen Eckzähnen tun. Solche Zähne sind beim Rothirsch jedoch sehr klein. Da die Drohgeste aber auch ohne dabei sichtbar werdende Eckzähne verstanden wird, besteht keine zwingende Notwendigkeit dafür, hier von Rudimentation zu sprechen.

Grundsätzlich gilt, daß Funktionslosigkeit nicht sicher nachgewiesen werden kann. Darauf aufgebaute Argumente basieren auf momentanem Nichtwissen.

Manche Rudimente können durch *Degeneration innerhalb der Artgrenzen und innerhalb eines kurzen Zeitraumes* entstanden sein (degenerative Mikroevolution). Als typisches Beispiel dafür können die Weisheitszähne des Menschen angesehen werden. Man kann (im Schöpfungs- und Evolutionsmodell!) davon ausgehen, daß ursprünglich alle 32 Zähne des Menschen regelmäßig voll funktionstüchtig waren und auch gebraucht wurden. Daß der heutige Mensch die Weisheitszähne nicht mehr unbedingt braucht, hängt möglicherweise mit seinen veränderten Eßgewohnheiten zusammen. Daher war eine degenerative Entwicklung verkraftbar und nicht nachteilig. Da mit einer der-

*Abb. 6.16: Der Kiwi, ein flugunfähiger Vogel der australischen Region. Die Lebensweise des Kiwi entspricht der eines kleinen Säugetieres. Flugunfähige Vogelarten gibt es besonders auf Inseln, da dort meist nur wenige natürliche Feinde leben. (Museum Schloß Rosenstein, Stuttgart)*

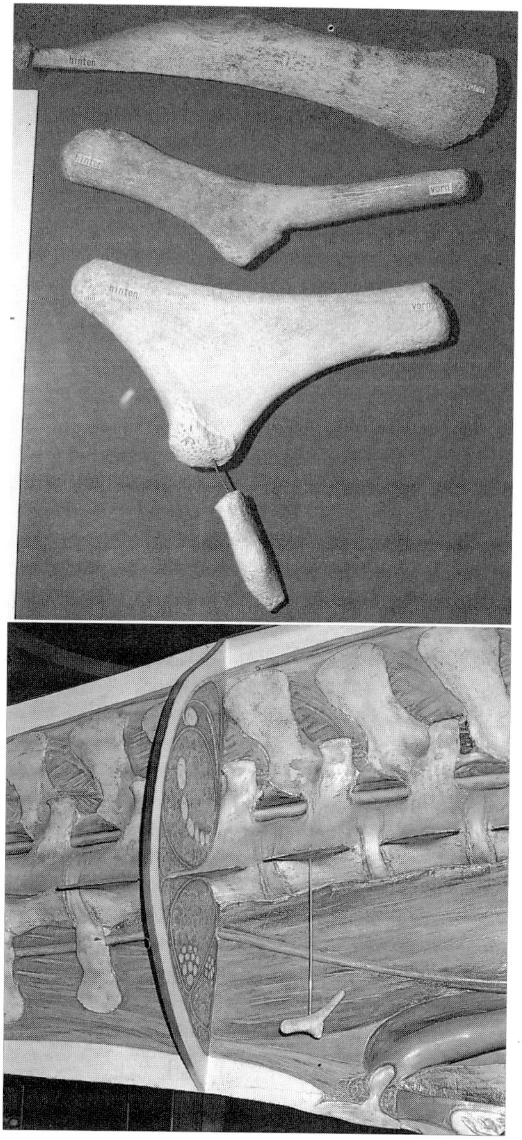


*Abb. 6.17: Oben: Rudimentäres Becken des Pottwals, des Seiwals und des Finnwals (von oben nach unten). Der Finnwal besitzt außerdem ein Oberschenkelrudiment. Das untere Bild zeigt die Lage des Beckenrudiments im Abdomen des Seiwals. Nach dem Walforscher* Arvy *kann das Beckenrudiment nicht mit Beckenknochen der Landsäugetiere homologisiert werden; er bezeichnet diese Knochen daher als „Abdominalknochen". (Museum Schloß Rosenstein, Stuttgart)*

artigen Entwicklung keine nennenswerten Strukturänderungen einhergegangen sind, kann auch nicht von einer Evolution im Sinne der Evolutionslehre gesprochen werden. Eine solche degenerative Entwicklung ist sicher innerhalb kurzer Frist möglich; es braucht dazu keine Jahrmillionen und keine Jahrhunderttausende. Es ist nicht mehr „Evolution" zu verzeichnen als z.B. bei einer „Evolution" zu größerer Krankheitsanfälligkeit oder zu verschlechterter Sehfähigkeit.

Die Rückbildung der Weisheitszähne ist bei verschiedenen Rassen unterschiedlich. Besonders weit fortgeschritten sind die mongolischen Rassen. Fossile Menschen hatten funktionsfähige Weisheitszähne.

Unter diese Rubrik können also auch sämtliche sog. „Zivilisationskrankheiten" wie die oft genannten Beispiele Bandscheibenschwäche, Leistenbruch, Hämorrhoiden, Krampfadern und Senkfüße gestellt werden. Dies hat nichts mit „katastrophaler Planung" zu tun, wie der Zoologe R. Riedl (1984, S. 192) sich erst jüngst ausgedrückt hat, sondern mit „unsachgemäßer Bedienung". Wird ein technisches Gerät unsachgemäß behandelt, so kann man dadurch auftretende Schwächen keineswegs auf Konstruktionsmängel zurückführen. Der Mensch ist zwar viel mehr als ein Gerät, aber sein körperliches Wohlbefinden hängt eben auch vom Lebensstil ab.

Durch bloße mikroevolutive Degeneration könnten auch Flügelrudimente bei Laufkäfern oder bei Insekten, die auf windumtosten Inseln leben (vgl. Abschnitt 3.3.3), entstanden sein. Hierher können vielleicht auch Staubblattrudimente, wie sie beispielsweise bei einigen Rachenblütlern (Scrophulariaceae) vorkommen, gerechnet werden.

Auch viele Rudimentierungen bei Verhaltensweisen sind mikroevolutiv erklärbar: beispielsweise die Tatsache, daß Hunde sich vor der Nachtruhe um ihre eigene Achse drehen, was als Rudiment einer früher sinnvollen Verhaltensweise gedeutet wird, nämlich des Sich-Vergewisserns, daß keine Bedrohung gegeben ist.

### *Das Ähnlichkeitsargument als eigentliches Argument*

*Nicht* unter die vorige Rubrik können z.B. die Becken- und Oberschenkelknochenrudimente der Wale (Abb. 6.17) gerechnet werden. Diese üben im Vergleich zu den voll ausgebildeten homologen Skeletteilen der Landwirbeltiere Teilfunktionen aus (s.o.). Der teilweise Funktionsverlust (die Fortbewegung betreffend) wird durch Sonderanpassungen ausgeglichen (säugeruntypische Fortbewegungsweise), die nicht mikroevolutiv erwerbbar sind.

Anhand dieses Beispiels können aber weitere Argumentationsweisen bei der Interpretation rudimentärer Organe im Evolutions- und Schöpfungsmodell gegenübergestellt werden.

Argumentation im *Evolutionsmodell*: Die rudimentären Becken- und Oberschenkelknochen der Wale haben zwar eine Funktion, aber die *Ähnlichkeit* dieser Strukturen mit den entsprechenden (homologen) Knochen der Landsäugetiere ist für diese Funktion nicht erforderlich. Die oben beschriebene Funktion könnte auch durch nicht-homologe Strukturen erfüllt werden. Damit ist diese Ähnlichkeit ein Hinweis auf einen Abstammungszusammenhang. Das eigentliche Argument für einen Abstammungszusammenhang ist hier also die Beobachtung von Ähnlichkeit.

Im *Schöpfungsmodell* kann wie in Abschnitt 6.1 argumentiert werden (Abwandlung eines gemeinsamen Schöpfungsplanes für viele verschiedene Organismen). Ein Programmierer, der die Aufgabe hat, mehrere ähnliche Programme zu erstellen, wird nicht jedes Mal von vorne beginnen, sondern ein zunächst erstelltes, „unspezialisiertes" Programm immer wieder benutzen, um verschiedene Modifikationen durchzuführen.

### *Mehrfachfunktionen von (rudimentären) Organen*

Die Feststellung der Funktionslosigkeit oder der Diskrepanz von Struktur und Leistung eines Organs ist voreilig, solange die Verhältnisse während der ganzen Ontogenese nicht bekannt und berücksichtigt sind. Die Ergebnisse der Individualentwicklung des Menschen (s. Abschnitt 6.5.2) sind hier besonders lehrreich. Daß sie keinen Sonderfall darstellen, zeigt das folgende Beispiel:

Viele *Höhlenfische* haben rückgebildete Augen. Vom Höhlenbewohner *Astyanax mexicanus* ist bekannt, daß die Augen*anlage* zunächst normal ausgebildet wird. Während der weiteren Individualentwicklung kommt es dann jedoch zur Rückbildung bereits angelegter Einzelstrukturen. Dieser merkwürdige Befund ist aber verständlich, da die Augenanlage eine physiologische Bedeutung bei der Kopfausformung hat. Das Auge ist bei diesem Höhlentier in seiner Funktion als Wahrnehmungsapparat zwar offenbar sehr eingeschränkt, erfüllt aber zumindest in den frühen Entwicklungsstadien noch eine formbildende Funktion. Daher ist eine Rückbildung nur soweit tolerierbar, als die Formbildungsfunktion nicht gestört ist.

Dieses Beispiel, dem viele weitere ähnliche angefügt werden könnten, zeigt, daß die Verhältnisse während der Ontogenese bei der Deutung von Rudimenten berücksichtigt werden müssen, weil manche Körperstrukturen in der Ontogenese bestimmte Funktionen haben (z.B. bei der Formbildung des Keimes), die dem endgültig ausgebildeten Organ nicht (mehr) anzusehen sind und die es auch nicht mehr ausübt.

Eine und dieselbe Struktur kann also verschiedene Aufgaben gleichzeitig erfüllen. Dies kann als Hinweis auf ein allgemeines Organisationsprinzip (vielleicht als „Schöpfungsprinzip") gewertet werden: Organe erfüllen in der Regel mehrere Funktionen gleichzeitig oder nacheinander im Laufe der Individualentwicklung. Dabei wurde im eben geschilderten Fall dieses Prinzip erst aufgedeckt, nachdem ein bestimmtes Organ (das Auge) in bezug auf *eine* der zu leistenden Funktionen aufgrund bestimmter Umweltbedingungen rudimentieren konnte.

Im *Evolutionsmodell* werden solche Beobachtungen als „Umwegentwicklung" oder „Rekapitulationsentwicklung" interpretiert. Wenn jedoch, wie vielfach bereits gezeigt, ein entwicklungsphysiologischer Zwang für diese „Umwege" besteht, ist diese Interpretation mindestens nicht zwingend. Aufgrund solcher Befunde sind einige Biologen zur Auffassung gelangt, daß „Umwegentwicklungen" als Hinweis dafür gewertet werden müssen, daß ein entwicklungsphysiologischer Selektionsdruck auf diesen Entwicklungswegen liegt. Manche Entwicklungsphysiologen halten es darüber hinaus für möglich, daß es für bestimmte entwicklungsphysiologische Probleme möglicherweise nur einen optimalen Lösungs-Formalismus gibt, daß also scheinbare Umwege in Wirklichkeit die kürzesten „Wege zum Erfolg" sind.

## Atavismen

Strukturen, die *nur gelegentlich bei einzelnen Individuen einer Art* ausgebildet werden und die an angenommene frühere stammesgeschichtliche Stadien erinnern sollen, werden **Atavismen** genannt (lat. *atavus* = Urgroßvater). Man spricht von „Rückschlägen" in stammesgeschichtlich früher verwirklichte Stadien. Als Atavismen werden beim Menschen Halsfisteln, ungewöhnlich stark ausgebildetes Haarkleid, Schwänzchen und überzählige Brustwarzen angeführt.

Wie die „Rudimente" geben auch Atavismen keine Hinweise auf eine progressive Evolution. Darüber hinaus ist auffällig, daß bei den Atavismen *inkonsequent argumentiert* wird. Mißbildungen werden nur dann als Hinweise auf eine angenommene Stammesgeschichte gewertet (also als Atavismen interpretiert), wenn sie Ähnlichkeiten mit vermuteten Vorfahren des betreffenden Organismus aufweisen. Konsequenterweise müßten *alle* Mißbildungen historisch interpretiert werden, beispielsweise auch gegabelte Rippen, Hasenscharte, Sechsfingrigkeit, die Ausbildung von zwei Köpfen oder das Auftreten eines fünften Beines. D.h.: Auch diese Mißbildungen müßten als Hinweis auf früher verwirklichte stammesgeschichtliche Stadien gewertet werden, was sicher nicht möglich ist. Es ist aber unzulässig, eine Interpretation nur dann anzuwenden, wenn sie ins vorgegebene Konzept paßt. Demnach können Atavismen nicht als Beleg für eine Stammesgeschichte gewertet werden. Die Tatsache, daß manche (aber nur manche) Mißbildungen an andere Organismen (mutmaßliche Vorfahren der betrachteten Organismen) erinnern, ist nicht besonders bemerkenswert und aufgrund vieler gestaltlicher Ähnlichkeiten nicht überraschend. (Atavismen sind vielfach „Grenzfälle des Normalen", vgl. Abschnitt 6.5.2.)

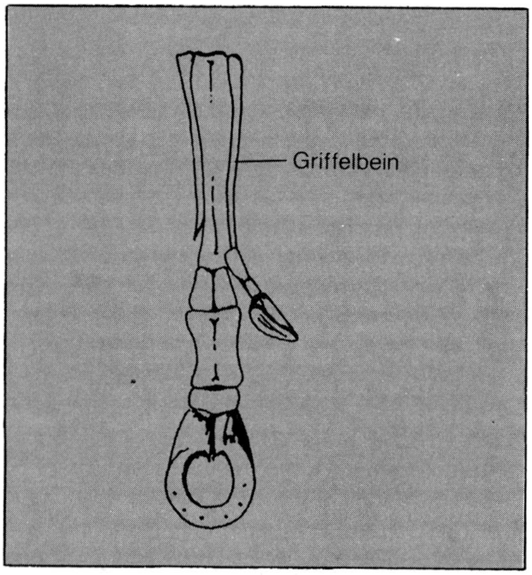


*Abb. 6.18: Atavistisch verlängertes Griffelbein mit atavistischen Zehenknochen und Huf bei einem Pferd. (Nach Meyer & Daumer 1981)*

Ein Beispiel für einen Atavismus bei Tieren sind zusätzlich auftretende Zehen bei Pferden (Abb. 6.18). In diesem Fall wird eine pro Fuß normalerweise nur einmal verwirklichte Struktur vermutlich aufgrund einer Fehlsteuerung (unnützerweise) zweimal ausgebildet. Unter fossilen „Pferden" kennt man zudem nur drei- und vierzehige Formen, keine zweizehigen.

Wie abwegig die atavistische Interpretation bei konsequenter Anwendung sein kann, zeigt ein weiteres Beispiel: Vierflügelige Fruchtfliegen werden als Hinweis dafür gewertet, daß die normalerweise zweiflügeligen Insekten (Dipteren) von vierflügeligen abstammen. Die Ausbildung von vier Flügeln wird als Atavismus gewertet. Es gibt aber auch Fruchtfliegenmutanten mit vier Schwingkölbchen und ohne Flügel - eine absurde „Konstruktion" - und als Hinweis auf stammesgeschichtliche Vorfahren sicher nicht brauchbar.

Bei der Interpretation von Mißbildungen als Atavismen gilt wie bei Rudimenten: Alle Deutungen sind voreilig, solange die zugrundeliegende genetische und entwicklungsphysiologische Situation und die wachstumsfunktionelle Bedeutung der normalen Bildungen nicht bekannt sind. Daher verzichten wir auf spekulative Interpretationen abnormer Strukturbildungen.

### 6.5.2 Die biogenetische Grundregel

1866 formulierte Ernst Haeckel als *biogenetisches Grundgesetz*, der Mensch wiederhole während seiner frühen Keimesentwicklung (Ontogenese) die Stammesgeschichte (Phylogenese) in kurzgedrängter Form: „Die Entwicklung eines Einzelwesens ist eine schnelle Wiederholung seiner Stammesentwicklung." Man sprach (und spricht z.T. heute noch) z.B. vom Fisch- und Amphibienstadium in der menschlichen Embryonalentwicklung. In ihr sollten sich also Merkmale von Tieren finden lassen und dadurch die Stammesgeschichte des Menschen in seiner Ontogenese deutlich werden.

Dieses Gesetz wurde auch auf andere Organismen ausgedehnt und besagt in seiner allgemeinen Form, daß die Organismen während ihrer Embryonalentwicklung erdgeschichtlich alte Zustände durchlaufen; man meinte, Organisationsmerkmale stammesgeschichtlich älterer Lebewesen in embryonalen Stadien heute lebender Tiere und Pflanzen beobachten zu können: Vorübergehend in der Embryonalentwicklung gebildete und später wieder zurückgebildete Organe seien nutzlose Reste aus der Vergangenheit, die sich nur aus einer Abstammung der Lebewesen voneinander erklären ließen.

Haeckel selbst sah sein biogenetisches Grundgesetz als einen Beweis für die Abstammungslehre an. Er schreibt (1920, S. 236f.): „In dem innigen Zusammenhang der Keimes- und Stammesgeschichte erblicke ich einen der wichtigsten und unwiderleglichsten Beweise der Deszendenztheorie."

*Zur Geschichte der biogenetischen Grundregel*

Als HAECKEL das biogenetische Grundgesetz (er sprach ausdrücklich von einem *Gesetz*) aufstellte, lagen ihm völlig unzureichende Befunde zur Begründung vor. Junge menschliche Embryonen sind winzig klein und wasserklar durchsichtig, so daß sie normalerweise nicht zur Beobachtung kommen. Sie sind so leicht verweslich, daß sie ohne besondere Fixierungsmethoden nicht vor dem nach dem Absterben schnell einsetzenden Verfall bewahrt werden können. Eine geeignete Technik zur Fixierung gab es aber zu HAECKEL's Zeiten ebenso wenig wie histologisch gute Färbemethoden, die es erlaubt hätten, die zarten Strukturen junger Embryonen sichtbar zu machen und so sichere Daten zur menschlichen Embryonalentwicklung zu ermitteln. Junge menschliche Eier wurden erst um 1950 gefunden. Schlecht fixierte Präparate waren deshalb ein Hauptgrund dafür, daß HAEKKEL seine Meinung ohne überzeugende Befunde glaubhaft machen konnte. Da ihm also nur in der Form und Struktur bereits verdorbene Keime (also Artefakte) zur Verfügung standen, konnte HAECKEL lediglich eine oberflächliche Ähnlichkeit feststellen, aus der er dann fälschlicherweise auf eine wirkliche Identität schloß.

Darüber hinaus lastet auf HAECKEL der Vorwurf, Abbildungen von Embryonen gefälscht zu haben. Er bekannte (Berliner Volkszeitung vom 29. 12. 1908): „...will ich nur gleich mit dem reumütigen Geständnis beginnen, daß ein kleiner Teil meiner zahlreichen Embryonenbilder wirklich gefälscht ist – alle jene nämlich, bei denen das vorliegende Beobachtungsmaterial so unvollständig oder ungenügend ist, daß man bei Herstellung einer zusammenhängenden Entwicklungskette gezwungen ist, die Lücken durch Hypothesen aufzufüllen." Es wird deutlich, daß HAECKEL weniger von Fakten als von einer Idee geleitet war. Für die heutige Beurteilung der inzwischen vorliegenden Befunde spielt es zwar keine Rolle mehr, wie HAECKEL damals vorgegangen ist, seine Idee wird aber bis heute diskutiert.

HAECKEL's Auffassungen sind inzwischen widerlegt. Die Vorstellung, daß der Mensch zunächst „halb Tier" sei und erst im Laufe der Embryonalentwicklung richtig menschlich werde, hat sich inzwischen aufgrund zahlreicher humanembryologischer Befunde als unhaltbar herausgestellt. In der Fachliteratur wird die HAECKEL'sche Formulierung des biogenetischen Grund*gesetzes* auch nicht mehr diskutiert. Die meisten Biologen halten jedoch trotz dieser Erkenntnisse an einer biogenetischen Grund*regel* fest, die zahlreiche Ausnahmen kennt. Allerdings wird in Schulbüchern und populärer Literatur das „Gesetz" vielfach noch in seiner alten Form gelehrt. Daher nennen wir zunächst einige Gründe, weshalb das biogenetische Grundgesetz in der Formulierung HAECKEL's nicht haltbar ist.

*Palingenesen und Caenogenesen*

Die Annahme einer getreuen Wiederholung einer Stammesgeschichte in der Ontogenese wird durch viele Beispiele von Entwicklungsverläufen widerlegt: Viele Insekten machen im Laufe ihrer Entwicklung ein Puppenstadium durch, in dem sie keine Nahrung aufnehmen, bewegungslos und damit relativ ungeschützt sind. Dieses Stadium kann keinem früheren Erwachsenenstadium entsprechen. Aus dem selben Grund nimmt niemand an, bestimmte Vorfahren des Menschen hätten im Erwachsenenstadium einen Dottersack besessen, obwohl doch dieser Sack genauso gut wie andere embryonale Bildungen zu beobachten ist. Ein wichtiges Merkmal in der frühen Embryonalentwicklung des Menschen ist die mächtige Gehirn-Rükkenmarksanlage, die auch noch bei älteren Embryonen einen Hauptteil ihres Volumens ausmacht. Die frühe Gehirnentwicklung würde, als Rekapitulation verstanden, besagen, daß unsere Vorfahren mehr Gehirnsubstanz besessen hätten als wir. Ähnliche Beispiele gibt es in Hülle und Fülle. Man unterscheidet daher zwischen palingenetischen und caenogenetischen Merkmalen. **Palingenetisch** (gr. *palin* = wieder) nennt man Merkmale, die Stadien der angenommenen Vorfahren wiederholen sollen, **caenogenetisch** (gr. *kainos* = neu) solche, bei denen keine Beziehung zu mutmaßlichen stammesgeschichtlichen Vorfahren hergestellt werden kann. Die eben genannten Entwicklungsweisen und Merkmale sind Beispiele für Caenogenesen.

Aufgrund solcher Befunde kann aus ontogenetischen Stadien *niemals* auf die Phylogenese rückgeschlossen werden, „denn die Entscheidung, ob in einer bestimmten Ontogenesephase eine Caenogenese oder aber eine Palingenese vorliegt, kann erst dann getroffen werden, wenn die Phylogenese bekannt ist" (SIEWING 1982, S. 271). Das in Abbildung 6.19 illustrierte Beispiel der Individualentwicklung des Gorillas verdeutlicht dies. Würde in diesem Fall die biogenetische Grundregel angewendet werden, müßte man folgern, daß Gorillas menschenähnliche Vorfahren besitzen, da der Schädel junger Gorillas Menschenschädeln ähnelt.

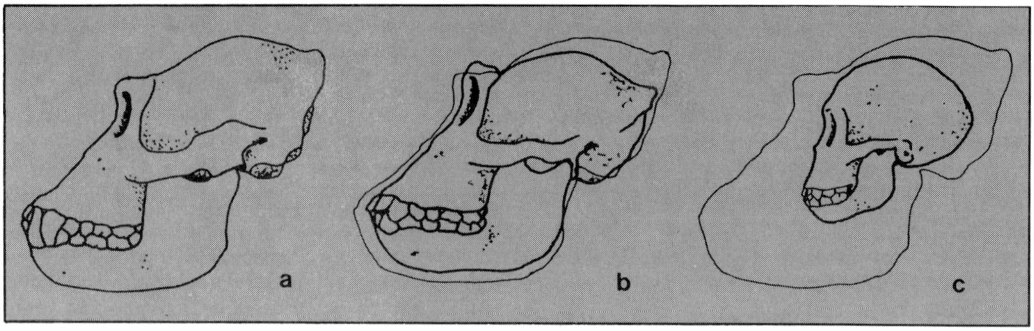


*Abb. 6.19: a: Schädel eines ausgewachsenen männlichen Gorillas; b: Schädel eines weiblichen Gorillas mittleren Alters, c: Schädel eines jungen, nicht ausgewachsenen Gorillas. Die Schädelkontur von a wurde den Darstellungen von b und c überlagert. Der Schädel des jungen Gorillas ist dem Menschen viel ähnlicher als die Schädel der ausgewachsenen Tiere, doch wird kaum ein Biologe die biogenetische Grundregel hier anwenden und auf die Abstammung des Gorillas von „menschenähnlichen Vorfahren" schließen. (Nach von Sengbusch 1985, nach Eckhardt)*

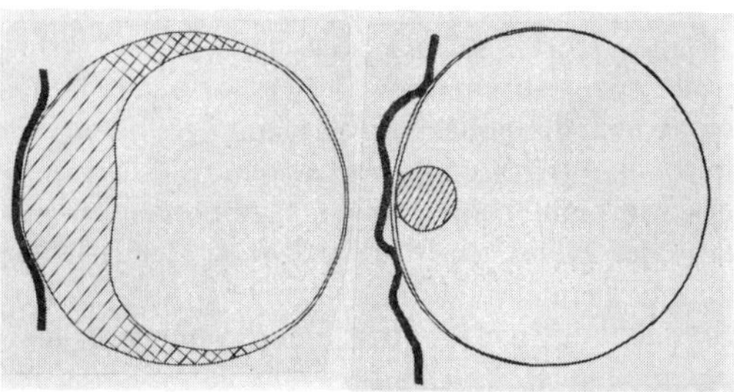

*Abb. 6.20: Menschliches Ei (links), deutlich unterschieden vom Ei eines Rhesusaffen (rechts), im Stadium der Anlagerung an die Uterusschleimhaut (dicke schwarze Linie). Der Übergang des dickwandigen Teiles des Eis in den dünnwandigen ist links allmählich, rechts scharf.*

Auf der anderen Seite zeigen Mensch und Rhesusaffe zu Beginn ihrer ontogenetischen Entwicklung deutlich verschiedene Ausgangsstrukturen (Abb. 6.20) und werden erst *später* ähnlicher.

Schon die allerersten ontogenetischen Entwicklungsphasen der Lebewesen können einer angenommenen Phylogenese nicht entsprechen. Denn in einer Stammesgeschichte mußten sich die ersten ein- oder wenigzelligen Organismen ganz anders ernähren (Verdauungstrakt) als die heranwachsenden Keime während der Ontogenese (Aufteilung des in der Eizelle vorhandenen Materials, Ernährung über die Plazenta).

Die frühe Embryonalentwicklung bis zum Gastrula-Stadium verläuft bei den verschiedenen Wirbeltierklassen (Fischen, Amphibien, Reptilien, Vögeln und Säugetieren) sehr unterschiedlich – völlig entgegen der biogenetischen Grundregel. Erst die folgenden Phasen zeigen eine *konvergente* Entwicklung auf die berühmten einander ähnlichen Stadien hin („Gesetz von der Embryonenähnlichkeit der Wirbeltiere"). D.h.: Der Grundplan des Wirbeltierkörpers wird auf sehr verschiedenen Wegen erreicht. Dieser Befund legt die Deutung nahe, daß die Ursachen für die vorliegenden Entwicklungswege nicht in einer angenommenen Stammesgeschichte, sondern in funktionellen Erfordernissen liegen.

Aus diesen und weiteren Gründen wird heute mit der „biogenetischen Grundregel" nur noch behauptet, daß lediglich *Teile* von Ontogenesestadien Rekapitulationen seien. Unter evolutionstheoretischen Voraussetzungen werden also nur *manche* Strukturen als „Erinnerungen" an frühere stammesgeschichtliche Stadien gedeutet. Man spricht daher von „Rekapitulationsentwicklung" *einzelner* Organe oder Merkmale. Von Funktionslosigkeit ist dagegen kaum noch die Rede.

Wenn also einige Falten im Kopf-Hals-Bereich des menschlichen Embryos mit den Kiemenbögen der Fische in eine phylogenetische Beziehung gebracht werden, so nur deswegen, weil die Vermutung einer solchen Beziehung sehr gut in den evolutionstheoretischen Erklärungskontext paßt, den man sich ohnehin gebildet hat (vgl. Peters 1975), nicht aber, weil sie keine Funktion hätten oder nicht anders erklärbar seien (s.u.).

Sinnlose Entwicklungsverläufe, die *nur* auf Stammesgeschichte verweisen, kann es schon deshalb nicht geben, weil sie durch Selektionswirkung ausgeschaltet würden, denn unnötiger Material- und Zeitverbrauch schadet und ist damit selektionsnegativ (vgl. Abschnitt 3.3).

Ein lehrreiches Beispiel zur Funktion vorübergehend gebildeter Strukturen stellt die Chorda (ein Stützrohr in der Rückenregion) der Wirbeltiere dar. In der Embryonalentwicklung der Wirbeltiere wird vor der Entstehung der Wirbelsäule an deren Stelle eine Chorda gebildet, die später zurückgebildet wird. Dies wird evolutionstheoretisch als Indiz dafür gewertet, daß die Wirbeltiere von bestimmten Chordatieren abstammen, welche *im erwachsenen Zustand* eine Chorda als Stützrohr (und keine Wirbelsäule) besitzen. Gutmann & Bonik (1981, 108) schreiben zur Funktion der Chorda bei Wirbeltieren jedoch: „Obwohl nun bei vielen Wirbeltieren die Chorda in der Embryonalentwicklung nur als zarter Strang von Zellen angelegt wird, stellt sie ein unverzichtbares Organ dar. So kennt man bei Mäusen Mutanten, die eine zu dünne Chorda entwickeln. Die Folge davon besteht darin, daß die Wirbel mehrerer Körpersegmente verschmelzen, weil keine zwischengeschalteten Bandscheiben entwickelt werden. ... Einen massiveren Hinweis auf die Bedeutung eines so zarten 'historischen' Restes gibt es kaum." Ein weiteres Beispiel: Die Zahnanlagen bei zahnlosen Säugetieren sind unverzichtbar für die formgerechte Kieferbildung. Der Nutzen nur zeitweise in der Ontogenese gebildeter Organe ist damit offensichtlich. Es wird weiter deutlich, daß Organe nie isoliert betrachtet werden dürfen, um ihre Bedeutung richtig einzuschätzen.

Übrigens hat schon HAECKEL seinem eigenen *Gesetz* im Grunde genommen widersprochen: „Die getreue Wiederholung der phyletischen durch die biontische Entwicklung wird gefälscht und abgeändert durch sekundäre Anpassung" (zitiert in PETERS 1975).

**Schlußfolgerung:** Die Entscheidung darüber, was stammesgeschichtlich bedingt (Palingenesen) und was nicht stammesgeschichtlich bedingt (Caenogenesen) ist, ist *nur bei Vorgabe der Evolutionstheorie und eines vermuteten Evolutionsablaufs* möglich. Das bedeutet aber, daß Befunde aus Ontogenesen nicht als unabhängige Beweise für eine Evolution gewertet werden können.

### *Humanembryologische Befunde*

Die Vorstellung von funktionslosen Organen ist für den Menschen, wo eingehende Untersuchungen durchgeführt wurden widerlegt. Nur wenn man die Organe eines Embryos nicht im Rahmen der individuellen Körperentwicklung sieht, könnten manche Bildungen unverständlich, als Rudimente oder als Atavismen erscheinen. „Während der Ontogenese werden in vielen Fällen Merkmale der Ahnenformen vorübergehend ausgebildet, die für das Leben der Art bedeutungslos sind" (DIEHL 1980, S. 55). Nur durch die Annahme einer Abstammung seien rudimentäre Organe einfach zu erklären und völlig zu verstehen.

Tatsächlich gibt es weder funktionslose Organe noch Atavismen. Jedes Organ ist im Rahmen der Wachstumsgestaltung konstruktiv notwendig. Dies soll an einigen Beispielen erläutert werden, die üblicherweise als „stammesgeschichtliche Erinnerungen" vorgestellt werden. Die konstruktive Notwendigkeit läßt sich embryologisch nachweisen, wenn man den Zusammenhang der Phasenfolge (den Modus der Entwicklung) genau untersucht und die Differenzierung unter den je gegebenen Randbedingungen der Lage und Form beschreibt. Dabei bleibt die Frage nach dem Ziel der Entwicklungsvorgänge („Wozu") außer Betracht. Ihre Bedeutung für den Prozeß der nachgeburtlichen Entwicklung soll uns zunächst nicht interessieren. Für Einzelheiten muß auf die ausführlichere Literatur verwiesen werden.

Die notwendige Sachkenntnis ist anhand der *Humanembryologischen Dokumentationssammlung Blechschmidt* (Anatomisches Institut der Universität Göttingen; Abb. 6.21) zu gewinnen. Sie besteht aus 64 einen Meter hohen Schnittserienrekonstruktionen von Stadien der menschlichen Frühentwicklung während des 1. und 2. Monats. Sie wurde in 30 Jahren erstellt und ausgewertet. Ihr liegen mehr als 200000 histologische Einzelpräparate zugrunde. Die Sammlung ist international katalogisiert und anerkannt (BLECHSCHMIDT 1973).

*Abb. 6.21: Schnittserienrekonstruktionen der Humanembryologischen Dokumentationssammlung Blechschmidt, Universität Göttingen.*

## Scheinbar nur phylogenetisch verständliche Organbildungen

### *„Kiemen"*

Vielfach wird behauptet, beim menschlichen Embryo würden in den ersten Lebensmonaten vier Kiemenbögen angelegt, die später wieder verschwinden. „Die vom Herzen ausgehenden Gefäße verlaufen genauso wie die zu den Kiemenbögen führenden Blutgefäße eines Fisches, später werden sie zurückgebildet. Manchmal bleibt sogar eine einer Kiemenspalte entsprechende Spalte noch beim Erwachsenen als sogenannte Halsfistel offen" (KNODEL & BAYRHUBER 1983, S. 385).

Kiemen sind Atmungsorgane und charakteristisch besonders für Fische. Beim Menschen werden keine Kiemen angelegt oder vorübergehend gebildet. Ein 3,4 mm großer menschlicher Embryo ist an seinem vorderen Körperende gekrümmt. Die Krümmung entsteht als Wachstumskrümmung. Sie äußert sich in charakteristischen Beugefalten zwischen Stirn und Herzwulst im Bereich der frühembryonalen Gesichtsregion. Die Wachstumskrümmung hat folgende Dynamik: Das embryonale Neuralrohr wächst besonders kräftig in die Länge – das bedeutet, daß es der hauptsächliche Nahrungsverbraucher ist. Das erste, vom Herzen kommende (paarige) Blutgefäß spendet hierzu die benötigte Nahrung, ohne dabei selbst in gleichem Maße wie das Neuralrohr mitzuwachsen. Damit bietet die Aortenanlage in ihrer ganzen Länge einen Wachstumswiderstand gegenüber dem mit ihr geweblich verbundenen Neuralrohr, und das Neuralrohr krümmt sich deshalb an seinem freien Ende (im Kopfbereich) über den Herzwulst. Dabei entstehen Beugefalten und zwar sowohl im Bereich der äußeren als auch der inneren Körperwand (Abb. 6.22 bis 6.25). Die Beugefalten erscheinen als Bögen (Visceralbögen), die das Kopfdarmlumen quer umgreifen: 1. der Unterkieferbogen, 2. der Unterzungenbogen, danach zwei Kehlkopfbögen. In ihnen entwickeln sich später das Skelett des Unterkiefers, des Zungenbeins und des Kehlkopfs.

Mit dem Wachstum des Embryos werden die Visceralbögen immer größer und das Gewebe in ihnen gestrafft. Es dient einwachsenden Nerven und Blutgefäßen als Leitstruktur. Diese Blutgefäße sind Kurzschlüsse (Anastomosen) zwischen der Ausflußbahn des Herzens und der paarigen Aortenanlage. Sie werden, abhängig von der Krümmung des Embryos, jeweils verschieden stark durchblutet: Das Herz versucht, mit jedem Pulsstoß sein Blut auf kürzestem Weg auszutreiben, das ist zunächst, wenn die Beugung beginnt, durch das erste Visceralbogengefäß. Mit zunehmender Krümmung kippt das erste Blutgefäß ab. Dann ist das zweite Visceralbogengefäß haemodynamisch für den Blutabfluß besonders günstig (gerade), bald danach das dritte und schließlich das vierte, während dann die Gefäße 1-3 mit ihrem winkeligen Abgang vom Stammgefäß allmählich hochgradig umgebildet und dabei zum Teil rückgebildet werden. Als einer der Visceralbögen bleibt der Ductus Botalli als Kurzschluß zwischen der vom Herzen abgehenden Aorta dorsalis solange offen, bis der Lungenkreislauf nach der Geburt voll angeschlossen ist und das gesamte Blut durch die Lungengefäße fließt.

Mit der Form und Funktion von Kiemen haben die Beugefalten des Menschen nichts zu tun.

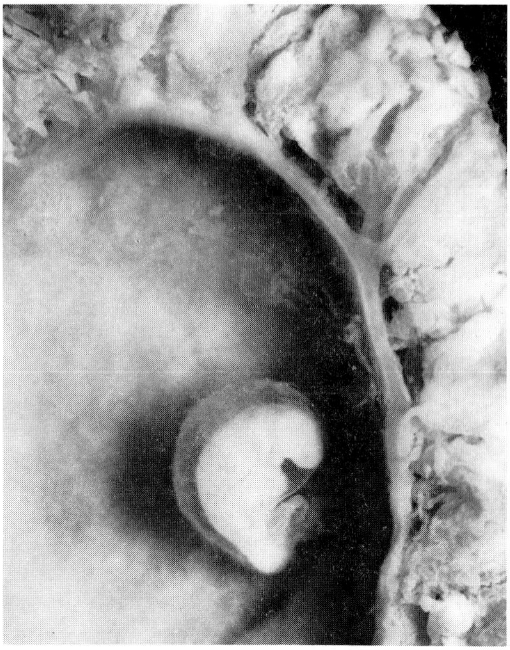

*Abb. 6.22: 3,4 mm großer menschlicher Embryo in der Frucht, 27 Tage alt. Der Kopf ist über den Herzwulst gebeugt. Dabei sind an der Beugeseite charakteristische Faltungen entstanden (Anlagebereich der Gesichtsregion).*

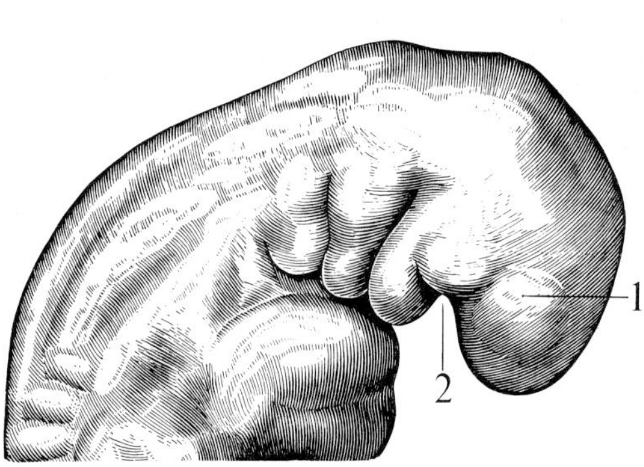


*Abb. 6.23: 3,4 mm großer menschlicher Embryo. Rekonstruktion der Kopfregion mit deutlichen Beugefalten (Visceralbögen). 1: Augenanlage, 2: Mundeingang und Oberkieferwulst, dahinter Unterkieferbogen, Unterzungenbogen und erster Kehlkopfbogen.*

Sie sind vielmehr Folge der frühen Wachstumskrümmung des Kopfes im Zusammenhang mit dem intensiven Längenwachstum des Gehirns gegenüber den Blutgefäßen. Zwischen den Beugefalten bilden sich Kerben, in deren Tiefe die äußere

Körperwand dicht an die innere gedrängt wird. Im Kontaktgebiet können Ektoderm und Entoderm so eng aufeinandergepreßt werden, daß kein ernährendes Gefäß zwischen ihnen Platz findet und die Zellen deshalb lokal zugrundegehen, so daß Defekte entstehen, die krankhafterweise als Spaltbildungen bis nach der Geburt erhalten bleiben können (sogenannte *Halsfisteln*). Sie sind abnorme Zerreißungen einer normalerweise geschlossenen Körperwand und keine etwa offen gebliebenen Kiemenspalten. Mit vergleichbaren Zerreißungen (Corrosionen) als einem Entwicklungsprinzip arbeitet der Körper während seines Wachstums auch in anderen Regionen (Mund- und Analmembran, Anschluß der Nierenkanälchen an das Nierenbecken usw.).

Die Evolution der Säuger soll von Fischen über Amphibien und Reptilien verlaufen sein. Die den Fischen nächststehenden Amphibien besitzen in *keinem* Entwicklungsstadium Kiemenspalten oder auch nur Kiemenfurchen (Frosch und Molch haben erst äußere, dann innere Kiemen und schließlich Lungen). Daher ist es widersinnig, Furchen im Hals- und Gesichtsbereich des menschlichen Embryos als „Kiemenspalten" zu bezeichnen.

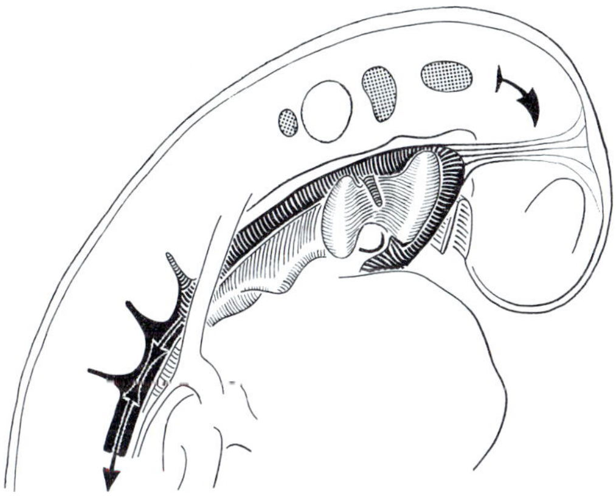

*Abb. 6.24: Schema der Wachstumsbeugung eines menschlichen Embryos. Die Gehirnanlage wächst stärker in die Länge als das ernährende paarige Blutgefäß (schwarz). Dadurch wird das Gehirn, das mit den Gefäßen geweblich verbunden ist, „gezügelt".*

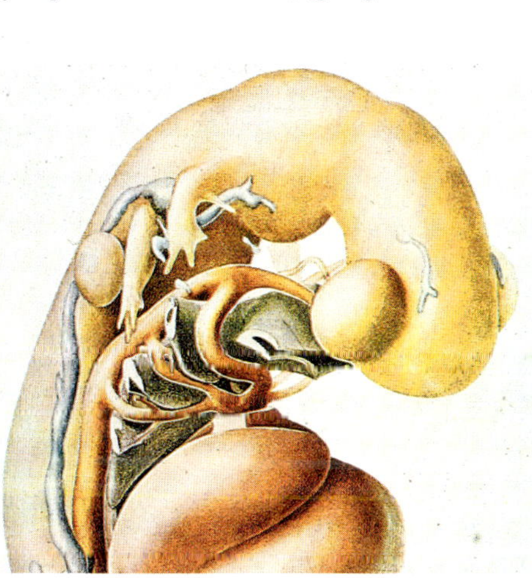

*Abb. 6.25: Struktur im Bereich des Kopfgebietes eines 3,4 mm großen menschlichen Embryos. Die Gefäße der Visceralbögen bilden Kurzschlüsse zwischen der ventralen Aorta und der paarigen dorsalen Aorta. Sie umgreifen den Kopfdarm (grün).*

## *„Schwanz"*

Die Beobachtung, daß Neugeborene in seltenen Fällen ein kleines „Schwänzchen" besitzen, wird als weiterer Hinweis auf eine Stammesgeschichte gewertet. Außerdem wird darauf verwiesen, daß embryonal ein Schwanz samt einer Schwanzwirbelsäule angelegt werde.

Das untere zugespitzte Körperende wird leider vielfach als sogenannter Schwanz fehlinterpretiert. Beim Menschen wird jedoch in keinem Stadium ein Schwanz, etwa mit einer Schwanzwirbelsäule gebildet. Gegenüber dem oberen, im Wachstum wenig behinderten Körperende bleibt das untere in der Nähe des Haftstiels und infolge seiner relativ geringen Blutversorgung schmal und zugespitzt (Abb. 6.26 und 6.27). Bereits bei einem 10 mm großen Embryo wird das kegelförmige Rückenmark im Zusammenhang mit dem Wachstum des Gehirns in seinem Bindegewebsbett (Duraschlauch) hochgezogen und zieht sich dabei deutlich im Hautschlauch kopfwärts zurück, so daß das untere Körperende kollabiert. Der Nervenverlauf beim Erwachsenen zeigt diesen Grundwachstumsvorgang zeitlebens an (das Zwerchfell wird z.B. von einem Halsnerven versorgt). Das untere Körperende ist also beim Menschen reduziert und wird nicht etwa nach Art eines Schwanzes verlängert. Vergleichsmessungen haben ergeben, daß am unteren Körperende des Menschen keine Verlängerung im Sinne einer Schwanzbildung stattfindet. Infolge des im Bereich des unteren Körperendes fehlenden Rückenmarks fehlt hier auch eine gut ausgebildete Wirbelsäule: man weiß, daß die Wirbelsäule in engem konstruktivem Zusammenhang mit dem Wachstum des Rückenmarks entsteht. Das winzige Steißbein ist eine Folgeerscheinung der unten schwachen Rückenmarksentwicklung.

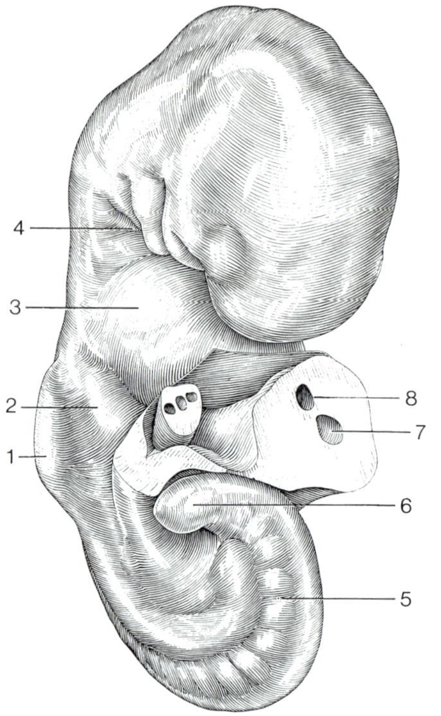


*Abb. 6.26: 28 Tage alter menschlicher Embryo, 4,2 mm groß, Schnittserienrekonstruktion. 1: Armanlage, 2: Leberwulst, 3: Herzwulst, 4: Beugefalten, 5: metamere Körperwandorgane, 6: unteres Rumpfende, 7, 8: Nabelgefäße.*

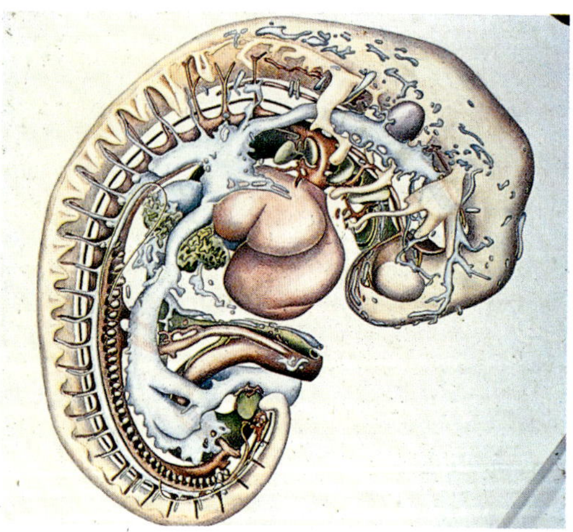

*Abb. 6.27: Schnittserienrekonstruktion eines 4,2 mm großen menschlichen Embryos, 28 Tage alt. Nervensystem gelb, Ohrblase violett, Arterien rot, Venen blau, Herz hellrot, Leber (hinter dem Herzen) und Darmtrakt grün. Der Exkretionsapparat (braun) wird mit zunehmender Vergrößerung der Leber mehr und mehr komprimiert.*

Bei den sehr seltenen schwanzähnlichen Bildungen von Neugeborenen handelt es sich um eine Störung der Embryonalentwicklung, die nicht erblich ist. In keinem Falle enthielt ein solches Haut-Bindegewebe-Gebilde ein Stück Wirbelsäule, wie sie in allen Wirbeltierschwänzen vorhanden ist. Diese „Schwänzchen" sitzen darüber hinaus meist gar nicht an der „richtigen" Stelle und kommen auch bei geschwänzten Säugern (zusätzlich) vor.

### *„Schwimmhäute"*

Die Meinung, der Mensch entwickle vorübergehend Schwimmhäute, ist Folge der Fehlinterpretation einer embryonalen menschlichen Hand. Die mögliche Entstehung von sog. „Schwimmhäuten" wäre ein Grenzfall des Normalen, aber keine phylogenetische Rekapitulation. Die Fingeranlagen verlängern sich durch bevorzugtes Wachstum an ihren freien Enden (Abb. 6.28). Dabei üben die Blutgefäße und Nerven im Bereich der strahlenförmig dünnen Teile des Handtellers einen Gegenzug gegen das wachsende Fingerskelett aus. Wenn dieser Wachstumszug abnormerweise einmal etwas geringer als normal ist, dann kann zwischen den Fingern eine kleine Hautfalte entstehen.

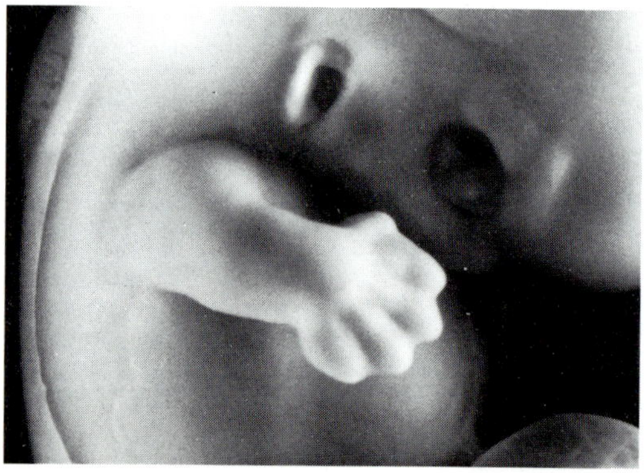

*Abb. 6.28: Arm und Handteller eines 15,5 mm großen menschlichen Embryos, Anfang 7. Woche. Die Finger sind erst als kleine kuppenförmige Erhebungen am Handtellerrand angelegt. Sie sind schon jetzt deutlich voneinander verschieden. Es werden keine „Schwimmhäute" gebildet.*

### *Ohrmuskeln*

Mit etwas Übung können viele Menschen das Ohr mit einem besonderen Muskel selbständig bewegen. Alle Muskeln entstehen in sogenannten Dehnungsfeldern. Das ist ein Entwicklungsprinzip.

Auch die sogenannten „rudimentären" Ohrmuskeln machen davon keine Ausnahme. Sie entstehen mit dem Wachstum der Ohrmuschel in Dehnungsfeldern, wenn (bei einem 15 mm großen Embryo) im weiteren Verlauf der Entwicklung das Hinterhaupt relativ zur Ohrmuschel nach hinten und oben wächst. Sie entstehen wachstumskonstruktiv notwendig, haben aber nachgeburtlich keine Bedeutung mehr.

*Primäres und sekundäres Kiefergelenk*

Die Bildung eines primären und sekundären Kiefergelenks (Gehörknöchelchengelenk und Oberkiefer-Unterkiefergelenk) schien nur mit einer Homologievorstellung erklärbar zu sein. „Primär" und „sekundär" bedeutet dabei nicht Umbau ein- und desselben Gelenks, sondern Bildung verschiedener Gelenke in zeitlicher Reihenfolge. Die ontogenetische Gestaltung (Wachstumsbewegung) ist hier folgende: Die Schädelbasis bildet zusammen mit dem Meckelschen Knorpel (Unterkieferskelett) zunächst eine kontinuierliche Einheit. Sobald aber mit dem Abstieg des Herzens Raum für das Wachstum des Gesichts freigegeben wird, verlängern sich Ober- und Unterkieferskelett, wobei der Meckelsche Knorpel (knorpeliges Unterkieferskelett) nach unten kippt. Dabei entstehen „Brüche" (Wachstumsfrakturen) zwischen dem Meckelschen Knorpel und der Schädelbasis (primäres Kiefergelenk mit Gehörknöchelchen). Mit diesem Abkippen ändert der Meckelsche Knorpel seine Richtung und bildet einen zunehmend größeren Winkel mit der Schädelbasis (s. Abb. 6.29). Erst der Belegknochen des Meckelschen Knorpels gestaltet an der Schädelbasis das eigentliche (sog. sekundäre) Kiefergelenk (Gelenk zwischen knöchernem Unterkiefer und Schläfenbein). Läge hier in der Ontogenese eine Wiederholung einer Phylogenese vor, müßten angenommene tierische Vorfahren zunächst nur gehört und erst danach auch gefressen haben.

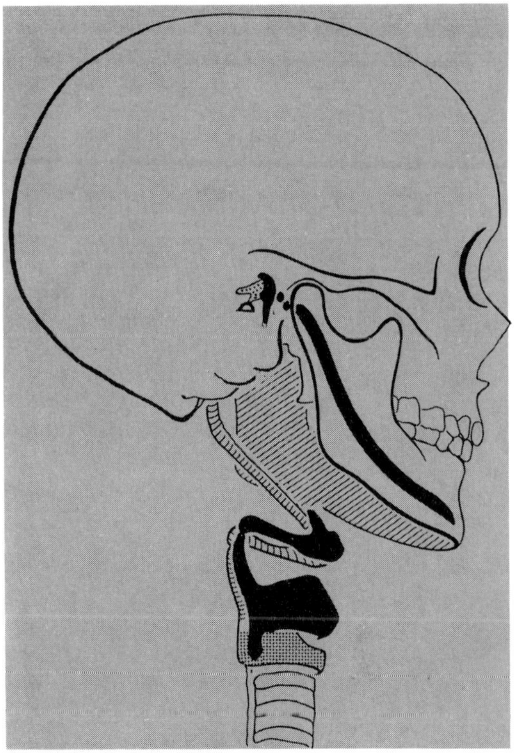

*Abb. 6. 29: Menschlicher Schädel (Erwachsener). Primäres und sekundäres Kiefergelenk. Der Meckelsche Knorpel im Unterkiefer (schwarz) ist mit der Wachstumsöffnung des Mundes (der Verlängerung von Ober- und Unterkieferskelett) aus einer zur Schädelbasis zunächst fast parallelen Lage abgekippt und dabei frakturiert (Punkte). Mit mehreren Bruchflächen sind die Gehörknöchelchen entstanden. Mit der Verknöcherung des Knorpels und dem Wachstum des Unterkieferskeletts ist das sekundäre Kieferskelett an der Schädelbasis neu entstanden. (Nach Dwight aus Benninghoff 1968)*

*Gliederung der Körperwand (Metamerie)*

Da die Entstehung der Metamerie des menschlichen Körpers nicht verstanden war, glaubte man, auf einen Vergleich mit den Verhältnissen bei Tieren ausweichen zu dürfen (z.B. bei Fischen) und damit eine verläßliche Deutung zu erhalten. Die Metamerie der Körperwand ist jedoch wachstumsdynamisch eine Folge der in regelmäßigen Abständen erfolgenden Gefäßversorgung des Rückenmarks, also seines intensiven Wachstums (Abb. 6.30 links). Schon bei etwa 2,5 mm großen menschlichen Embryonen ist die Körperwand im Bereich der Gefäßstämmchen, die von der Aorta zum Rückenmark ziehen und im Verhältnis zu ihrem Versorgungsgebiet kurz bleiben, im Flächenwachstum behindert. Weil sie mit der Körperwand geweblich zusammenhängen, verursacht dieser Wachstumswiderstand der Gefäße leichte Einziehungen der Körperwand im Bereich des Rückens, so daß das noch undifferenzierte Binnengewebe in der Rückenregion in Segmente unterteilt wird (Somiten; Abb. 6.30 rechts). Mit der Verlängerung des Rückenmarks und dem damit verbundenen Auseinanderrücken der genannten Gefäße werden die Somiten allmählich größer: in ihnen entstehen longitudinale Dehnungsfelder, in denen sich die

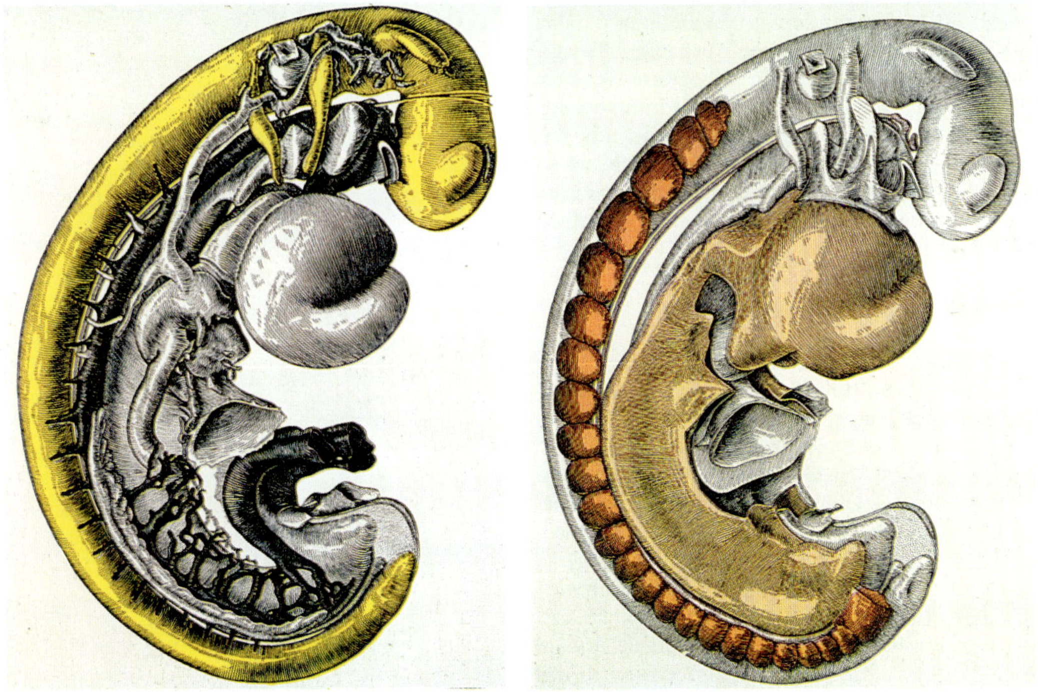

*Abb. 6.30: Metamere Strukturen eines 2,57 mm großen menschlichen Embryos, 26 Tage alt, Schnittserienrekonstruktionen. Links: Rückenmark gelb mit den versorgenden (metameren) Gefäßen; rechts: dunkelrot: metamere Körperwandorgane, im Bereich zwischen den Gefäßen entstanden, Anlage von Muskeln u.a.*

segmentale Rückenmuskulatur entwickelt. Die Segmentierung ist danach eine notwendige Folge der vorangehenden Entwicklungsschritte (wachstumskonstruktive Bedeutung der Rückenmarksgefäße).

### *„Fell"*

Wenn einmal ein Säugling mit einem dichteren Haarkleid als normal geboren wird, ist dies ein Grenzfall des Normalen im Sinne einer Überschußbildung, denn alle Kinder entwickeln vorgeburtlich Haare. Es ist jedoch kein nicht verschwundenes Fell der Embryonalzeit. Die embryonale Haut des Menschen hat zwei Schichten, eine, die dem Fruchtwasser zugekehrt ist und relativ langsam wächst, und eine, die dem ernährenden Stroma anliegt und deshalb intensiver wachsen kann. Das ungleiche Wachstum der beiden Hautschichten hat zur Folge, daß an der Basalseite die Zellen sich schneller vermehren (als nahe dem Fruchtwasser) und, in die Tiefe wachsend, Sprossen bilden: die Haarkeime. Mit zunehmendem Wachstumswiderstand seines umgebenden Bindegewebes treibt der Haarkeim das Haar nach außen vor. Embryonal unterliegen die ersten Haare dem üblichen Stoffwechsel und werden daher auch abgestoßen bzw. ersetzt. Vermutlich dient das Haar-Eiweiß als Beitrag zur Ernährung einerseits und die Haare als solche zur Füllung des Darms und damit zur Anregung der Peristaltik andererseits.

Daß die Lanugo-Behaarung des menschlichen Fetus (sie verschwindet wenige Wochen vor dem normalen Geburtstermin) keine Rekapitulation eines Felles angeblicher äffischer Vorfahren sein kann, folgt aus der Tatsache, daß die *Affen* (Gorilla, Schimpanse, Orang-Utan) *ebenfalls* eine Lanugo besitzen.

### *Brustwarzen*

Als weiteres Rudiment werden die Brustwarzen im männlichen Geschlecht angesehen. Bei einem 3,4 mm großen menschlichen Embryo läßt sich ein sogenannter Ektodermring nachweisen, eine verdickte, ringförmige Zone der Haut, die im Gesichtsbereich, an der seitlichen Körperwand (die etwa der Milchleiste vieler Tiere entspricht) und in der Anlage der Leistenbeuge besonders deutlich ist. Sie ist Zeichen eines verminderten Flächenwachstums der Haut gegenüber der schnell expandierenden Körperwand im Bereich des Rückens und des Bauches. Mit hinreichender Krümmung des Embryos treten in dem Ektodermring Zonen noch einmal besonders behinderten Flächenwachstums auf, an denen das Epithel „Warzen" bildet. Gelegentlich auftretende *überzählige Warzen* können an Knicks dieses Rings entstehen, weil dort das Flächenwachstum des Ektoderms besonders gebremst ist. Ähnliche „Warzen" können experimentell durch lokale Behinderung des epithelialen Flächenwachstums erzeugt werden.

*„Dottersack"*

Der Name Dottersack ruft falsche Assoziationen hervor. Auch er ist beim Menschen wachstumskonstruktiv notwendig. Seine Anlage findet man bereits bei einem dreitägigen Keim als winziges Flüssigkeitströpfchen. Im zweikammerigen Ei (etwa am 5. Tag) bildet das Dach des Dottersacks das innere Keimblatt (Entoderm) der menschlichen Keimscheibe und der Boden des Fruchtwassersacks das äußere Keimblatt (Ektoderm). Der Dottersack hat durch seine enge Beziehung zur mütterlichen Nahrungsquelle als Sammler von Diffusionsströmen die Funktion einer ernährenden Drüse. Die Ernährung der Zellen in der Dottersackwand ist dabei so intensiv, daß sich hier Zellen abkugeln, aus dem Zellverband lösen und dann als Blutzellen in den jungen Organismus eingeschwemmt werden. Im Dottersack werden also Blutzellen gebildet, solange noch kein Knochen und kein Knochenmark vorhanden ist.

**Schlußfolgerung**: Alle sogenannten rudimentären Organe oder nur vorübergehend auftretenden Organe („Rekapitulationsentwicklungen") haben ausnahmslos im Rahmen der Embryonalentwick-

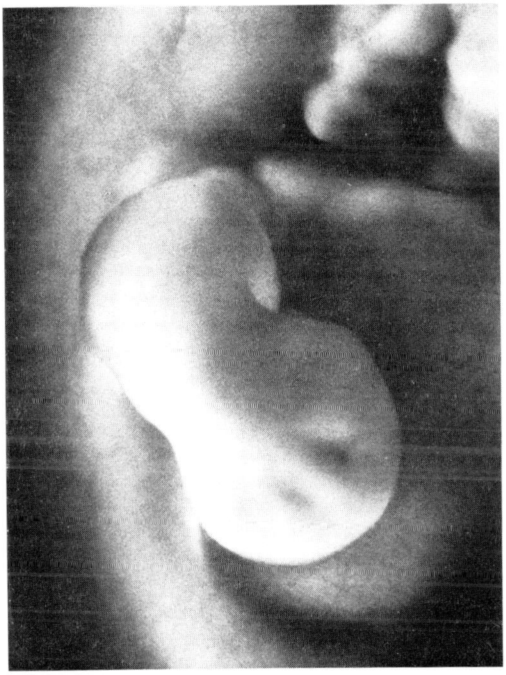

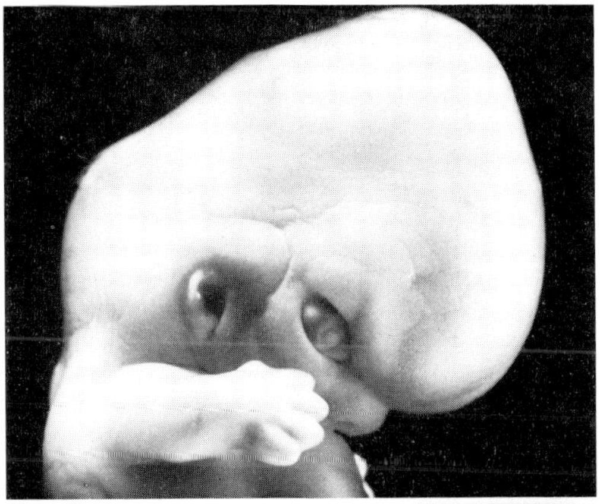

*Abb. 6.31: Wachstumsgreifen eines menschlichen Embryos. Die Entwicklungsbewegung eines embryonalen Armes ist eine frühe Greifbewegung mit Unterschlagen des Daumens und Handschluß. Embryonen: 10,6 mm (links); 18 mm (oben); 29 mm (unten), verschieden stark vergrößert.*

lung eine wachstumsfunktionelle Bedeutung und sind in der Phasenfolge der Differenzierung konstruktiv notwendig.

## Reflexe

Am Beispiel der Reflexe soll nun noch deutlich gemacht werden, daß der Naturwissenschaftler die Leistungen des Organismus aus der Ontogenese verständlich machen kann, nicht jedoch aus der Notwendigkeit der nachgeburtlichen Funktion (Saugreflex, Atemreflex) und auch nicht aus der Phylogenese (Klammerreflex). Auch nachgeburtlich auftretende, scheinbar nur als Atavismus oder aus der Notwendigkeit der Lebenserhaltung erklärliche Reflexe lassen sich als Folge der ontogenetischen Entwicklung des Menschen verstehen. Im Schöpfungsmodell wird in einer größeren als der bloß naturwissenschaftlichen Perspektive aber auch davon ausgegangen, daß die einzelnen Strukturen wie auch ihr Zusammenwirken zweckmäßig eingerichtet wurden.

### *Klammerreflex*

Während der Frühdifferenzierung führen die Armanlagen eine Entwicklungsbewegung aus, die *Wachstumsgreifen* genannt wird, weil sie eine Vorbereitung des späteren Greifens ist (Abb. 6.31). Zuerst geschieht ein Wachstum des Ärmchens nach der Seite und dann nach vorn. Danach erfolgt eine leichte Krümmung im Ellenbogen und damit eine Annäherung der Hand an die vordere Brustwand. Dann wird die Hand zum Mund geführt. Dort erfolgt ein leichter Faustschluß. Die typisch menschliche Klammerhaltung (Gegenüberstellung des Daumens gegen die Vierfingergruppe) ist schon bei 20 mm großen Embryonen (7. Woche) zu bemerken. Der sog. Klammerreflex ist eine nachgeburtliche Fortführung dessen, was das Kind schon vorgeburtlich „geübt" hat, nämlich das Greifen.

### *Saugreflex*

Oberkiefer- und Unterkieferskelett bilden, von der Seite gesehen, miteinander einen nach vorn offenen Winkel. Wenn die divergierenden Schenkel dieses Winkels sich mit ihrem Längenwachstum vergrößern, wird der embryonale Skelettmund größer und damit das Gewebe um den Skelettmund gedehnt. In diesem Dehnungsfeld entsteht der Ringmuskel des Mundes. Sobald sein Dehnungswiderstand zunimmt, rollen sich die Lippen ein und schließen den Weichteilmund. Hinter den Lippen aber nimmt der Mundraum weiter an Größe zu. Dadurch entsteht ein Sograum. Der sogenannte Saugreflex des Neugeborenen ist eine Spätfolge des genannten frühen Entwicklungsvorganges, der einem Saugvorgang gleicht.

### *Atemreflex*

Mit der Vergrößerung der fast kugelförmigen Organe Herz und Leber bei einem 10 mm großen Embryo wird der Raumwinkel hinter Herz und Leber vor der Wirbelsäule größer. Hier entsteht ein Sogfeld, in welches die Lunge einwächst. Dieser Prozeß wird durch die Weiterstellung des Brustkorbes mit dem Wachstum der Rippen fortgesetzt. Die Lungen werden ähnlich wie später beim Atmen in den größer werdenden Brustraum hineingesogen (Abb. 6.32). Dieser Wachstumsvorgang bedeutet als Teilgeschehen der ganzen embryonalen Entwicklung ein „Wachstumsatmen als Vorbereitung der nachgeburtlichen Atembewegungen".

Man kann von einer vorgeburtlichen Funktionsentwicklung im Sinne der Entwicklung von Leistungen sprechen. Der Satz: *Die Entstehung eines Organs ist bereits der Beginn seiner Funktion* gilt für sämtliche Organe des menschlichen Körpers, z.B. auch für die sensiblen und motorischen Nerven. Funktionslose Organe gibt es nicht. Alle Organe sind während ihrer Entwicklung wachstumskonstruktiv von Bedeutung und differenzieren sich nach Regeln, die heute weitgehend bekannt sind.

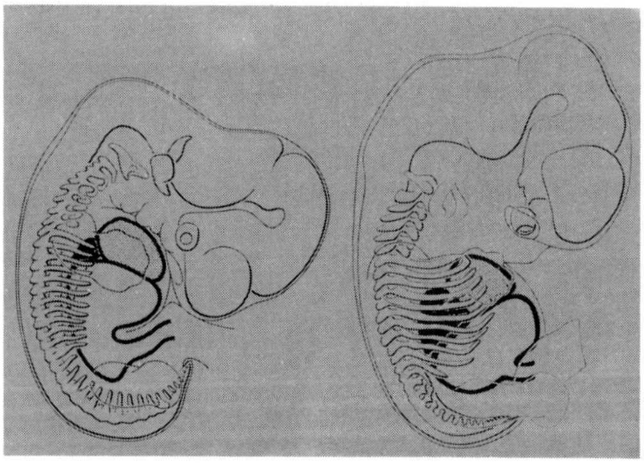

*Abb. 6.32: 10 mm und 17,5 mm große menschliche Embryonen. Herz punktiert, Leber: dicke schwarze Linie. Während Herz und Leber größer werden, nimmt auch der Herz-Leber-Winkel vor der Wirbelsäule zu. Hier entfaltet sich mit der Vergrößerung des Brustkorbes die Lunge (schwarzes Feld) im Sinne eines embryonalen „Wachstumsatmens".*

**Prinzipien der Entwicklung**

Der phylogenetische Deutungsversuch des menschlichen Körperbaus ist keine naturwissenschaftliche, sondern eine historische Methode. Er beruht z.T. auf Annahmen, die durch humanembryologische Befunde heute als falsch nachgewiesen sind. Unter der Voraussetzung einer lebendigen Eizelle (d.h. unter der Voraussetzung von Leben, menschlicher Wesenheit des befruchteten Eis und seiner Fähigkeit, wachsen zu können) können folgende Prinzipien und Regeln der Differenzierung abgeleitet werden:

1. Mit der menschlichen Befruchtung kommen Gameten mit individualspezifisch menschlichen Chromosomen zusammen. Diese enthalten keine Information, die ein nicht-menschliches Merkmal realisieren könnte.

2. Es hat sich keine Zäsur während der menschlichen Entwicklung finden lassen, die es erlauben würde, einen Zeitpunkt festzusetzen, bis zu welchem der Mensch seinem Wesen nach individualspezifisch noch nicht voll Mensch sei.

3. Der menschliche Organismus ist keine Summe von Teilen, sondern von Beginn seiner Entwicklung an ein Ganzes. Aus diesem Grunde gibt es bei ihm keine „Bausteine aus vergangenen Epochen", sondern der ganze Organismus ist als solcher in allen seinen Eigenschaften und Merkmalen stets menschlich.

4. Jedes Organ funktioniert entsprechend den Eigenschaften, die es in dem jeweiligen Entwicklungsstadium besitzt. Jeder Differenzierungsschritt ist als ontogenetisch notwendig aus den Eigenschaften des befruchteten Eis abzuleiten und zu verstehen.

Da also nachgewiesen ist, daß jedes Organ im Rahmen der Wachstumsgestaltung konstruktiv notwendig ist, ist „Funktionslosigkeit" als ontogenetisches Indiz für eine Stammesgeschichte hinfällig geworden. Für eine Stammesgeschichte bleibt somit nur noch das zweideutige Indiz der Ähnlichkeit übrig. Das oben genannte Beispiel der Chorda verdeutlicht dies besonders eindrücklich: Von Funktionslosigkeit kann nicht die Rede sein, wohl aber liegt Ähnlichkeit mit der Chorda wirbelloser Tiere vor. Oder: Die frühen Embryonalstadien der Vorderextremitäten beispielsweise von Wal und Mensch sind zwar in keiner Weise funktionslos, ähneln einander aber mehr, als es die endgültige Ausprägung zu erfordern scheint. Wie aber in Abschnitt 6.1 ausführlich dargelegt wurde, können Ähnlichkeiten auch Zeichen ein- und desselben Schöpfers sein oder auf (möglicherweise unbekannte) konstruktionsmorphologische Funktionszwänge hinweisen.

**Schlußfolgerungen**

Es wurde deutlich, daß die evolutionstheoretische Interpretation der Embryonalentwicklung des Menschen und anderer Organismen nur *unter der Voraussetzung von Evolution* möglich und auch dann nur auf einzelne Organe oder Eigenschaften anwendbar ist. Den Fakten angemessener erscheint den Autoren jedoch die schöpfungstheoretische Sicht, die im folgenden charakterisiert wird:

Wie in der anorganischen Natur das Gesetz von der Erhaltung der Energie, so gilt in der belebten, organischen Natur das **Gesetz von der Erhaltung der Individualität**. Es besagt, daß mit der Befruchtung die Individualspezifität eines Organismus und seines Stoffwechsels gegeben ist und sich bis zum Tode erhält. Was sich während der Entwicklung ändert, ist nur das Erscheinungsbild.

Für den Menschen bedeutet dies: der Mensch wird nicht Mensch, sondern ist Mensch von der Befruchtung an. Er entwickelt sich *nicht zum Menschen* sondern *als Mensch*; Menschsein ist kein Phänomen, das aus der Ontogenese resultiert, sondern eine Wirklichkeit, die *Voraussetzung* seiner Ontogenese ist.

Neben der Bedeutung für die Evolutionslehre gewinnen die Daten der Embryonalentwicklung des Menschen ganz besonderes Gewicht hinsichtlich der Tötung ungeborenen Lebens. Auch wenn dies von Schulbuchautoren und Biologielehrern sicherlich nicht beabsichtigt ist, so weckt doch die „biogenetische Grundregel" im Schüler den Eindruck, der Mensch sei besonders in den Anfangsstadien seiner Ontogenese nicht „richtig Mensch", sei den Tieren ähnlicher. Angesichts der allein in der Bundesrepublik Deutschland jährlich rund 300 000 im Mutterleib getöteten Kinder kann das Gesetz von der Erhaltung der Individualität nicht genug betont werden. An diesem Punkt wird deutlich, daß das dem Denken zugrunde liegende Menschenbild die Handlungen der Menschen mitbestimmt.

### 6.5.3 Zusammenfassung

1. Organe können unter bestimmten Umweltbedingungen rudimentieren und dadurch ihre Funktion teilweise oder ganz einbüßen.

2. Viele sog. „rudimentäre Organe" erfüllen eine Funktion, die oft erst durch genauere Untersuchungen aufgedeckt werden konnte. Ähnlichkeiten dieser Organe mit solchen mutmaßlicher stam-

mesgeschichtlicher Vorfahren können sowohl im Evolutions- als auch im Schöpfungsmodell gedeutet werden.

3. Manche gelegentlich auftretende Mißbildungen könnten als Atavismen interpretiert werden. Da diese Interpretation nicht konsequent angewendet werden kann, ist sie nicht überzeugend. Beim Menschen sind derartige Mißbildungen immer Grenzfälle des Normalen.

4. Die während der Embryonalentwicklung beobachtbare Ähnlichkeit der Keime verschiedener Organismen kann zwar unter der Voraussetzung von Evolution gedeutet werden, doch läßt sich eine solche Deutung nicht aus dem Befunden der Embryonalentwicklung herleiten.

5. Die biogenetische Grundregel ist in ihren Grundlagen in Frage gestellt und hat sich als Methode zur Erforschung der Stammesgeschichte als unzuverlässig erwiesen. Jedes Organ ist ontogenetisch notwendig und ohne die Voraussetzung von Evolution zu verstehen.

## 6.6 Parasitologie

Als Indizien für eine Evolution werden oftmals auch Befunde aus der Parasitologie angeführt. Viele Parasiten sind streng an ganz bestimmte Wirte angepaßt und gehen gewöhnlich nicht auf eine andere Wirtsart über. Verwandte Wirtsarten haben oft sehr nahe verwandte Parasitenarten.

Aus diesen Befunden schließt man nun umgekehrt anhand gemeinsamer Gattungen oder Arten von Parasiten auf enge stammesgeschichtliche Beziehungen ihrer Wirtsarten. Dabei geht man davon aus, daß der Parasit in seiner Entwicklung der Veränderung der Wirtsart immer etwas „hinterherhinkt". Nahe Verwandtschaft von Parasiten läßt also auf Verwandtschaft der Wirte schließen.

Dazu zwei Beispiele: Eine bestimmte Läusegattung parasitiert ausschließlich auf den südamerikanischen Lamas und den altweltlichen Kamelen. Gemeinsame oder ähnliche Parasitenarten besitzen auch der Mensch und einige Menschenaffenarten. Diese Befunde werden im Evolutionsmodell als Hinweis auf die gemeinsame stammesgeschichtliche Herkunft der Wirte gewertet.

Solche Befunde können auch hier nicht als Beweise angesehen werden. Das Hauptargument ist nämlich wieder das Ähnlichkeitsargument, das bereits in Abschnitt 6.1 abgehandelt wurde.

Wie es zum weit verbreiteten Parasitismus kam, ist eine historische Frage und kann daher mit Mitteln der Naturwissenschaft nicht sicher beantwortet werden. Evolutionäre Hypothesen sind nach unserer Einschätzung unbefriedigend. Dies soll am Beispiel der Entstehung des *Endoparasitismus* (Parasitismus im Innern von Wirtsorganismen) erläutert werden.

Endoparasiten (z.B. Bandwürmer) sind an ganz ungewöhnliche Lebensbedingungen angepaßt: Sie müssen vor allem „immun" gegen die Verdauungssäfte ihrer Wirte und an den Sauerstoffmangel angepaßt sein. Bandwürmer nehmen die Nahrung in gelöster Form durch die Körperoberfläche auf; diese ist durch sogenannte Mikrovilli vergrößert. An ihrem Vorderende besitzen sie Haftorgane, mit denen sie sich in der Darmwand des Wirtes verankern können. Manche Parasiten haben einen komplizierten Generationswechsel, der oft mit Wirtswechsel verbunden ist. Der Übergang zur parasitären Existenz wird durch Präadaptionen (Voranpassungen) verständlich zu machen versucht: „Freilebende Verwandte bevorzugen fast ausnahmslos ein Milieu, das durch Zersetzung und Fäulnisprozesse charakterisiert ist. Dabei treten Sauerstoffmangel, zersetzende Enzyme und zum Teil auch recht hohe Temperaturen auf. Faulschlamm, verrottende Pflanzenteile, Exkremente und Aas...bieten also ähnliche Bedingungen, wie sie im Darm vorliegen. So kann man sich vorstellen, wie die ersten freilebenden Nematoden in das Innere der Wirtstiere übersiedelten und diesen neuen Lebensraum beibehielten" (Hoff & Miram 1979, S. 54). Diese Argumentation stellt aber nur notwendige und keine hinreichenden Voraussetzungen für diesen einschneidenden Übergang auf, denn die Verhältnisse im Magen eines Wirtes sind immer noch wesentlich „unwirtlicher" als in einem Misthaufen.

Da bei Parasiten neben Rückbildungen mancher Organe oder ganzer Organsysteme (z.B. Rückbildung des Verdauungstraktes) auch Sonderbildungen, die die parasitäre Lebensweise erst ermöglichen, vorliegen, können Parasiten nicht einfach als Degenerationsprodukte angesehen werden. Nach der Einschätzung der Autoren liegt in vielen Fällen eine Erklärung der Entstehung des Parasitismus weder unter schöpfungs- noch evolutionstheoretischer Perspektive vor.

# 7 Probleme aus der Biogeographie

## 7.1 Einführung

Einen weiteren Zugang zur Geschichte der Lebewesen bietet die Erforschung der Verbreitung der Lebewesen. Dies ist Aufgabe der Biogeographie. Über die bloße Erfassung der gegenwärtigen räumlichen Verbreitung der Tiere und Pflanzen auf der Erde hinaus untersucht die Biogeographie auch die *Ursachen* der Verbreitung und versucht, die Geschichte von Tier- und Pflanzengruppen in ihrer einstigen Verbreitung nachzuzeichnen.

Die Biogeographie ist auf Ergebnisse vieler anderer biologischer Disziplinen angewiesen, insbesondere auf ökologische und paläontologische Befunde. Damit ist auch angedeutet, welche Hauptursachen für die geographische Verteilung der Lebewesen in Frage kommen:

- **ökologische Ursachen**: Das Verbreitungsgebiet einer Art kann dadurch begrenzt sein, daß die für die betreffende Art notwendigen Lebensbedingungen nicht überall gegeben sind. Der Sonnentau wächst beispielsweise nur auf Mooren, der Rote Fingerhut nur an sonnenbeschienenen Stellen im Wald oder auf Kahlschlägen; bestimmte Strudelwürmer leben nur im Oberlauf von Bächen und Flüssen (Abb. 7.1) usw.

Vielfach fehlen jedoch bestimmte Arten in Gebieten, in die sie ökologisch „passen" würden. Jedermann geläufig ist, daß der Eisbär in der Arktis, nicht jedoch in der Antarktis vorkommt oder daß Känguruhs auf die australische Region beschränkt sind. Trotz weitgehender ökologischer Parallelitäten zwischen Afrika und Südamerika sind ihre Bewohner sehr verschieden. In diesen und vielen weiteren Fällen müssen andere Gründe für die Verbreitung der Arten eine Rolle gespielt haben. So können Verbreitungsschranken das Vordringen von Arten in bestimmte Lebensräume verhindern. Ob eine Art einen für sie ungünstigen Lebensraum überwinden kann, hängt von ihren Fortbewegungsmöglichkeiten ab. Sporen und manche Samen können beispielsweise vom Wind sehr weit getragen werden. Für viele Lebewesen ist aber bereits ein breiter Fluß ein unüberwindliches Hindernis. Außerdem besitzen die verschiedenen Arten eine unterschiedliche ökologische Flexibilität; manche Arten können nur unter ganz speziellen Bedingungen existieren (s. oben genannte Beispiele). Es bleibt aber immer noch die Frage, weshalb das Vorkommen bestimmter Arten *von vornherein* (ohne daß ökologische Ursachen festzustellen wären) nur auf bestimmte Regionen beschränkt ist. Damit wird unsere Aufmerksamkeit auf

- **historische Ursachen** gelenkt. Es kann sein, daß eine Art nur ein begrenztes Areal bevölkert, weil sie in diesem Gebiet entstanden ist und sich aufgrund von Verbreitungsschranken nicht weiter ausdehnen konnte. Als Beispiel hierfür können die bekannten Darwinfinken genannt werden (s.u.). Die Entstehung und Trennung von Landbrücken, Kontinentverschiebungen und klimatische Veränderungen können zu Veränderungen der Verbreitungsgebiete geführt haben. So gibt es in den höheren Mittelgebirgen (z.B. im Schwarzwald) einige Pflanzenarten, die sonst erst wieder in den Alpen und in der Arktis vorkommen, dazwischen jedoch nicht. Dieser Befund wird mit der Eiszeit in Verbindung gebracht, während der in Mitteleuropa ein kühles Klima herrschte und eine Tundrenvegetation in einem zusammenhängenden Gebiet beherbergte. Durch die Klimaveränderungen (Erwärmung nach der Eiszeit) wurden diese Pflanzen-

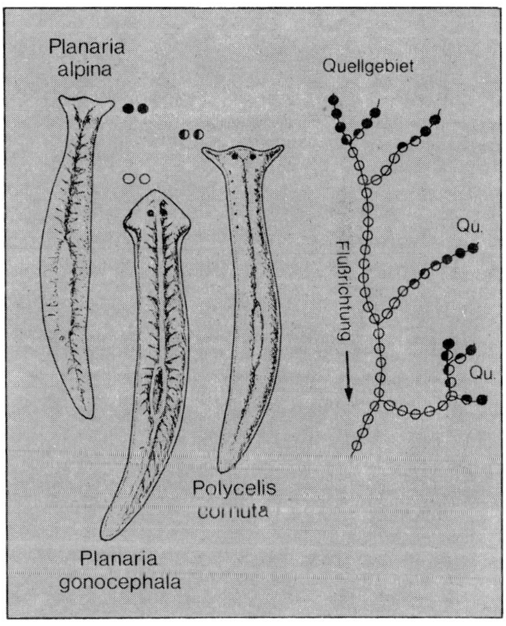


*Abb. 7.1: Die Verteilung dreier Strudelwurmarten in Bächen: Planaria alpina lebt nur in kaltem Wasser in Quellnähe, Polycelis cornuta kommt weiter bachabwärts vor, Planaria gonocephala lebt in den Unterläufen der Bäche mit erwärmtem Wasser. (Nach* OSCHE *1972)*

*Abb. 7.2: Die Alpen-Troddelblume (Soldanella alpina), ein Glazialrelikt im Südschwarzwald.*

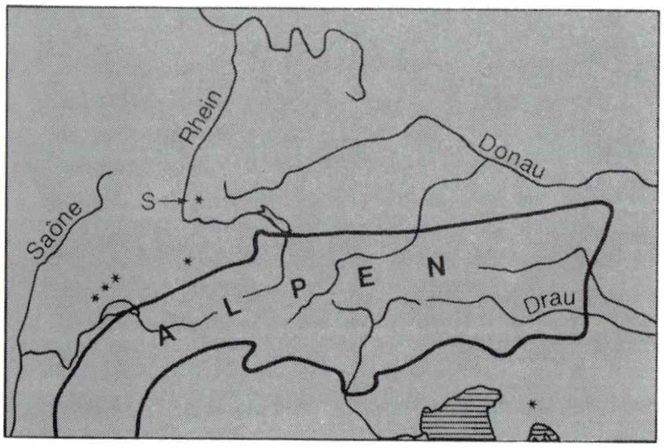


*Abb. 7.3: Die Verbreitung der Alpen-Troddelblume in Mitteleuropa; der Pfeil zeigt auf das Feldberggebiet, in welchem das in Abb. 7.2 abgebildete Exemplar fotografiert wurde. (Nach Hegi 1961)*

arten in höhere Gebirgslagen verdrängt, wo sie aufgrund fehlender Konkurrenz als sog. „Glazialrelikte" überleben konnten (Abb. 7.2 und 7.3).

In anderen Fällen kann ein ursprünglich großes Verbreitungsgebiet einer Art dadurch verkleinert worden sein, daß überlegene Nahrungskonkurrenten oder Feinde eindringen und die einheimischen Arten zurückdrängen konnten. So wird vermutet, daß die ausgestorbenen Beuteltiere Amerikas (nur einige Beutelratten leben heute noch dort) durch Plazentatiere verdrängt wurden.

Wichtig bei der Erforschung dieser Zusammenhänge sind also auch Befunde der Paläogeographie und Paläoklimatologie wie vor allem solche der Paläontologie: Die Einbeziehung der Fossildokumentation ist unerläßlich, da das heutige Verbreitungsgebiet von Arten in vielen Fällen früheren nicht entspricht.

Ebenso haben menschliche Eingriffe durch Einschleppung von Arten oder durch gedankenloses Ausrotten größere Veränderungen erbracht. Beispielsweise hat der durch den Menschen früh nach Australien eingeführte Dingo, ein verwilderter Haushund, den Beutelwolf nahezu zum Aussterben gebracht. Dazu hat allerdings auch der Mensch durch gnadenlose Jagd wesentlich beigetragen.

Für die Rekonstruktion der Geschichte der Lebewesen interessiert nun vor allem die Frage, wie biogeographische Befunde als Indizien für Evolution oder Schöpfung gewertet werden können. Diese Frage sei an zwei bekannten Beispielen ausführlicher besprochen, den Darwinfinken und den Beuteltieren.

## 7.2 Kleinräumige Unterschiede am Beispiel der Darwinfinken

Wie bereits in Abschnitt 3.2 berichtet, leben diese Finkenvögel nur auf den 1100 km vom ekuadorianischen Festland entfernten Galapagos-Inseln und (eine Art) auf den 800 km davon entfernten Cocos-Inseln. Da keine ausreichenden ökologischen Gründe für diesen Befund ins Feld geführt werden können (die Darwinfinken könnten höchstwahrscheinlich auch anderswo existieren), müssen historische Gründe gesucht werden. Aufgrund des vulkanischen Ursprungs der Galapagos-Inseln müssen alle dort lebenden Arten durch Wind oder Wasser dorthin verdriftet worden sein. Die Hypothese liegt nahe, daß diese Finkenarten auf einige vom südamerikanischen Festland verdriftete Finken einer *einzigen* Art zurückgehen (s. Abb. 3.2). Aus dieser entstanden dann die verschiedenen heutigen Finkenarten, die später nicht mehr aufs Festland zurückkehren konnten und daher auf die genannten Inseln beschränkt sind. Diese Hypothese wird durch den Befund gestützt, daß die Galapagos-Inseln artenarm sind (die verdrifteten Finken hatten also nur wenig Konkurrenz). Auf dem Festland wäre dagegen wegen der dort herrschenden Konkurrenz eine solche Artaufspaltung nicht möglich gewesen. Damit, so kann weiterargumentiert werden, liegt ein Indiz für Evolution vor: Die Unterschiede der heutigen Darwinfinkenarten sind durch Evolution entstanden.

In diesem Fall spricht die Faktenlage eine recht klare Sprache. Dieses Beispiel kann als Beleg für Evolutionsvorgänge gewertet werden. Allerdings sind nur geringfügige Änderungen gegenüber der hypothetischen Stammart zu verzeichnen. Aus diesen kleinen Änderungen, die mit keinerlei Strukturneubildungen verbunden sind, kann nicht auf eine Evolution größeren Ausmaßes geschlossen werden. Da auch das Schöpfungsmodell eine Veränderlichkeit der Lebewesen in gewissem Umfang (als Variation bezeichnet) beinhaltet (s. Kapitel 10), läßt sich dieser Befund der Verbreitung der Darwinfinkenarten auch ohne weiteres im Schöpfungsmodell deuten.

Damit sind wir an einer Stelle angelangt, an der wir die einzig angemessene Vorgehensweise in historischen Fragestellungen verdeutlichen können: Es ist nicht möglich, aufgrund von Fakten eine bestimmte Modellvorstellung zwingend herzuleiten. Nur der umgekehrte Weg ist gangbar: Es kann versucht werden, die bekannten Befunde in das jeweils vorgegebene Ursprungsmodell einzuordnen. Im Falle der Befunde an den Darwinfinken können die Fakten in *beide* Modelle eingeordnet werden.

Dies gilt auch für viele ähnlich gelagerte Fälle von *kleinräumigen* Unterschieden in der Verteilung von nahe verwandten Lebewesen (z.B. verschiedenen Arten derselben Gattung). So sind Inselpopulationen oftmals von Insel zu Insel und von benachbarten verwandten Festlandsformen verschieden. Zweifellos handelt es sich hier um Indizien für eine Entwicklung und Veränderung der betreffenden Arten, jedoch nicht um einen Hinweis für eine Höherentwicklung.

## 7.3 Großräumige Unterschiede im Evolutionsmodell

Während die Nordkontinente der Erde nur geringe biogeographische Unterschiede aufweisen, sind umso größere Verschiedenheiten der Besiedlung zu verzeichnen, je weiter man nach Süden vorstößt. DARWIN fielen auf seiner Weltreise 1831-

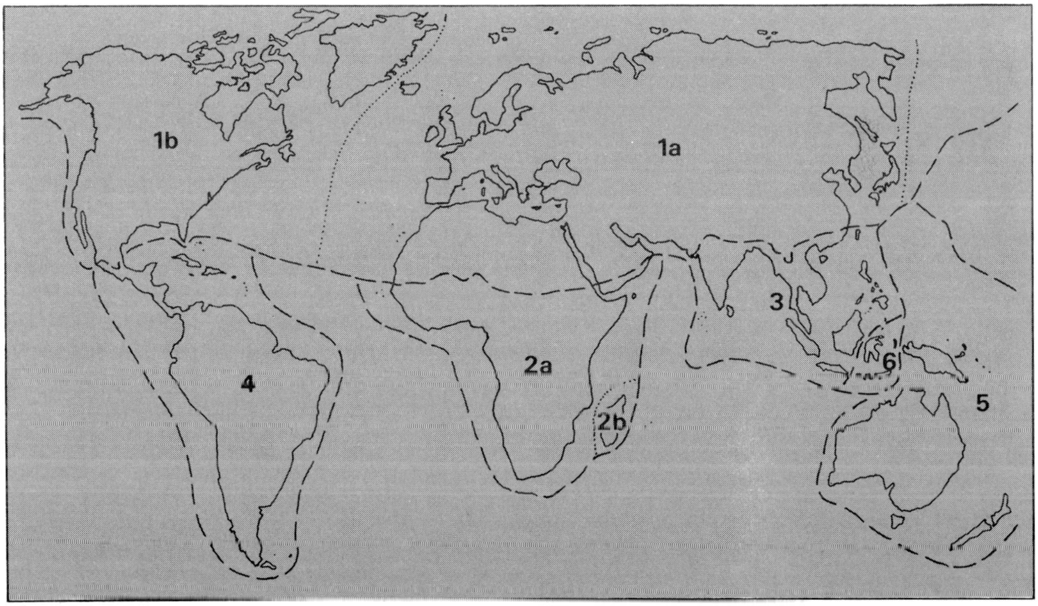


*Abb. 7.4: Tierregionen der Erde. 1a: Paläarktis, 1b: Nearktis, 2a: Aethiopis, 2b: Madagassis, 3: Orientalis, 4: Neotropis, 5: Notogäa, 6: Wallacea. (Nach* ILLIES *1971, nach* DE LATTIN*)*

1836 gravierende Unterschiede in der Fauna Afrikas und Südamerikas auf, die *trotz ähnlicher ökologischer Verhältnisse* vorliegen. Er schrieb dazu (1967 [1859], S. 507): „Aber trotz dieser allgemeinen Übereinstimmung der Lebensbedingungen beider Welten sind ihre Bewohner von Grund auf verschieden.“ Aufgrund dieser Unterschiede wird die Erde in verschiedene tier- bzw. pflanzengeographische Regionen unterteilt (s. Abb. 7.4). Diese großräumigen Unterschiede müssen durch Ursprungsmodelle gedeutet werden.

Nach dem *Evolutionsmodell* ist zu erwarten, daß getrennte Lebensgemeinschaften verschiedene Entwicklungswege einschlagen werden (vgl. Abschnitt 3.4) und daß nach einer dauerhaften Trennung die Unterschiede umso größer werden, je länger diese Trennung aufrechterhalten wird. Mit der Theorie der Kontinentalverschiebung von A. WEGENER versucht man, sowohl Ähnlichkeiten als auch gravierende Unterschiede in der Besiedlung der Südkontinente zu erklären. Nach dieser Theorie stellen die heutigen Kontinente zerbrochene Landschollen eines früheren direkten Landzusammenhanges dar. Dabei sollen die Südkontinente früher als die Nordkontinente getrennt worden sein. Dies entspricht dem Maß der Verschiedenheiten der biogeographischen Situationen zwischen den Kontinenten, die durch verschiedene Weiterentwicklungen der vor der Trennung vorhandenen Arten zustandegekommen sein sollen.

Im *Schöpfungsmodell* sind zwar auch Änderungen getrennter Lebensgemeinschaften zu erwarten, jedoch nur relativ geringfügige, die nicht mit dem Entstehen neuer Organisationstypen verbunden sind. Größere biogeographische Unterschiede können demnach im Schöpfungsmodell nicht durch „Auseinanderentwicklung“ erklärt werden.

Diese theoretischen Erörterungen sollen nun durch zwei Beispiele illustriert werden.

*Beuteltiere*

Heute gibt es Beuteltiere nur in der australischen Region und einige wenige Arten in der Neuen Welt. Fossil gibt es Beuteltiere auch in Europa und eine große Fülle in Nord- und Südamerika; die nordamerikanischen gelten als die ältesten Beutler. Auch aus Asien kennt man neuerdings fossile Beuteltiere. Das gegenwärtige Verbreitungsbild ist also unzusammenhängend (**disjunkt**). Angesichts dieser Situation bestehen sowohl über den Ursprung als auch über die Verbreitungsgeschichte keine gesicherten Vorstellungen. Eine Hypothese besagt, daß die Beuteltiere in der Neuen Welt entstanden sind und sich von dort aus über eine frühere Landbrücke von Südamerika über die ehemals eisfreie Antarktis nach Australien ausgebreitet haben. Dort hätten sich die Beutler zur heutigen Vielfalt aufgrund fehlender Konkurrenz der Placentatiere weiterentwickeln können, während sie in der Neuen Welt zu einem großen Teil ausstarben. Diese Hypothese wird durch den Befund gestützt, daß es in Australien keine fossilen Placentatiere gibt.

*Madagaskar*

Eine vergleichbare - wohl aber etwas überschaubarere - Situation liegt in der biogeographischen Situation Madagaskars vor. Dort fehlen fast alle afrikanischen Großsäuger, auch die echten Affen. „Die Säugetiere Madagaskars scheinen durchweg per Drift auf die Insel gelangt zu sein“ (THENIUS 1980, S. 65). Auch eine Reihe afrikanischer Vogel-, Reptilien- und Amphibiengruppen fehlt auf dieser Insel. Andererseits gibt es viele nur dort existierende Arten (sog. **Endemiten**; das sind Arten, die nur in einem begrenzten Areal leben). Zum Beispiel sind die Halbaffen dort mit vielen endemischen Arten vertreten. Auch die Flora ist endemitenreich.

## 7.4 Großräumige Unterschiede im Schöpfungsmodell

In der Schöpfungsforschung ist die Biogeographie bisher ein sehr vernachlässigtes Gebiet. Den Autoren sind keine ausgearbeiteten Hypothesen zur Verteilung der Lebewesen unter dem Gesichtspunkt einer Schöpfung bekannt.

Über die ursprüngliche Verteilung der Tier- und Pflanzenwelt kann die Naturwissenschaft keine Aussagen machen. Im Schöpfungsmodell wird nicht angenommen, daß das „Gesicht der Erde“ während der Erdgeschichte im wesentlichen unverändert blieb. Es wird vielmehr aufgrund paläontologischer und geologischer Befunde (s. Kapitel 8) davon ausgegangen, daß die Erde durch eine weltweite Flutkatastrophe verwüstet wurde. Die großräumigen Unterschiede in der Verteilung der Lebewesen werden durch diese Katastrophe und ihre Folgeereignisse zu erklären versucht. Auch die Kontinentaldrift wird mit diesem Ereignis in Verbindung gebracht und als eine ihrer Folgen angesehen.

Die Verschiedenheit der Tier- und Pflanzenwelt der Südkontinente wird im Schöpfungsmodell nur teilweise durch divergente („auseinanderstrebende") Entwicklung gedeutet, nämlich sofern es sich um mikroevolutive Prozesse handelt. Ein Großteil der Endemismen kann aber durch mikroevolutive Vorgänge erklärt werden! Unterschiede auf Familien- und Ordnungsebene (s. Tab. 10.2) versucht man jedoch durch verschiedene Ausbreitungsströme zu deuten. Detaillierte Modellbildungen liegen hier allerdings nicht vor.

Wiederbesiedlung verwüsteter Erdteile oder neuentstandener Inseln ist in recht kurzer Zeit möglich. Das zeigen bekannte und genau verfolgte schnelle Besiedelungen.

Dazu zwei Beispiele:

- „Der Krakatau, auf einer Vulkaninsel 40 km östlich von Java, erlebte am 26. VIII. 1883 einen heftigen Ausbruch, der die Insel zum größten Teil im Meer versenkte und den verbleibenden Rest mit meterhohen Lavaschichten bedeckte. Alles Leben wurde vernichtet. ... Die Registrierung der Wiederbesiedlung durch Botaniker ergab: nach 3 Jahren 27 höhere Pflanzenarten, nach 14 Jahren 62 Pflanzenarten, nach 23 Jahren 114 Arten (Normalbestand der Vegetation damit fast wiederhergestellt). Die zoologische Analyse ergab: nach 6 Jahren 40 Arthropodenarten (Gliederfüßer, d. Verf.), 1 Reptil; nach 25 Jahren 240 Arthropodenarten, 4 Landschnecken, 2 Reptilienarten, 16 Brutvögelarten; nach 40 Jahren ca. 500 Arthropodenarten, 7 Landschneckenarten, 3 Reptilienarten (1 Schlange, 2 Eidechsen), 26 Brutvögelarten, 3 Säugerarten (2 Fledermausarten und die orientalische Ratte). ... Die Nachbarinsel Sibesia liegt 18,5 km von Krakatau entfernt; mindestens über diese Entfernung hinweg müssen die Arten also aktiv oder passiv (auf Treibgut usw.) verfrachtet worden sein. Die ursprüngliche floristische und faunistische Situation auf der tropischen Insel war nach spätestens 50 Jahren wieder hergestellt: eine geologisch winzige Zeitspanne!" (ILLIES 1971)
- Der Feldhase *(Lepus europaeus)* hat sich in den letzten 160 Jahren in Asien beträchtlich nach Osten ausgebreitet (Abb. 7.5).

Daß umwälzende geologische Vorgänge in kurzen Zeitspannen erfolgen können, wird in Kapitel 8 gezeigt.

## 7.5 Befunde, die im Evolutionsmodell schwer zu deuten sind

Die Kontinente zeigen zwar in ihrer Flora und Fauna deutliche Unterschiede, aber auch Gemeinsamkeiten. Es gibt z.B. eine große Zahl tropischer Gattungen, die nahe Verwandte in zwei oder mehr pflanzengeographischen Regionen haben. Unter Pflanzen und Tieren gibt es auch zahlreiche kosmopolitisch (d.h. weltweit) verbreitete Arten oder Gattungen. Dazu gehört beispielsweise die Gattung *Drosera* (Sonnentau), die sehr spezielle Standorte besiedelt, nämlich Moore. Von den Tieren sei hier der auch einheimische Distelfalter ge-

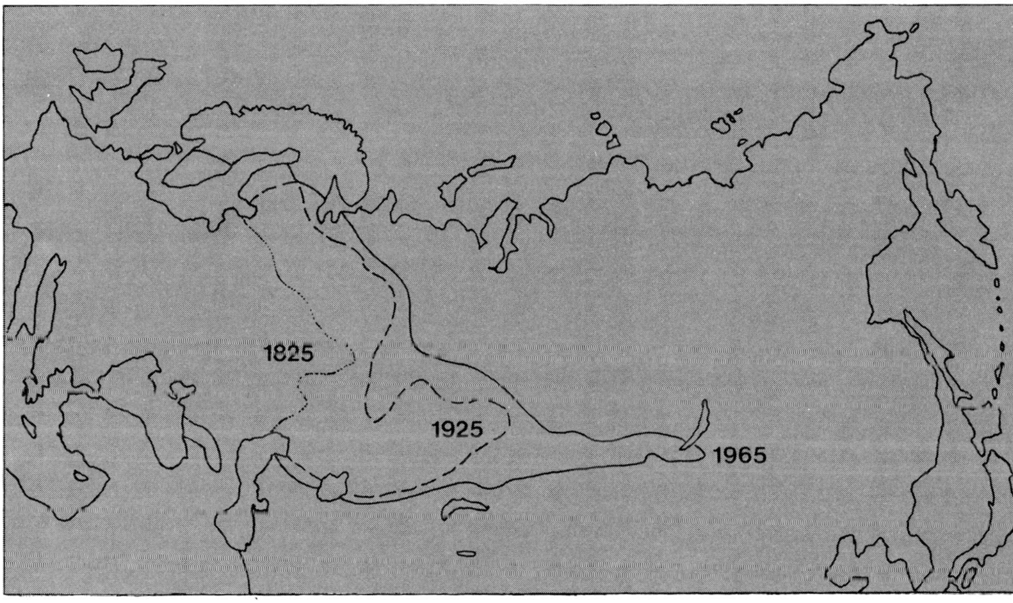


*Abb. 7.5: Die Ausbreitung des Feldhasen (Lepus europaeus) nach Osten in den letzen 150 Jahren. (Nach THENIUS 1980)*

nannt: Er bewohnt mit Ausnahme von Südamerika alle Kontinente. „Die weltweite Verteilung systematisch nächstverwandter Pflanzenarten spricht deutlich gegen eine allmähliche Ausbreitung von sog. Entwicklungszentren" (SCHEVEN 1982, S. 106).

Als Hinweis auf Entstehungszentren werden gewöhnlich Endemismen gewertet. Unter Einbeziehung fossiler Formen verlieren viele Endemismen aber ihre Beweiskraft. Beispielsweise sind die Krallenfrösche gegenwärtig in Afrika endemisch; fossile Krallenfrösche kennt man aber auch aus Brasilien. Ohne deren Kenntnis könnte man Afrika also als Entstehungs- und Evolutionszentrum der Krallenfrösche ansehen.

Im Rahmen des Evolutionsmodells schwer erklärlich ist die „total disjunkte, d.h. über riesige Entfernungen unterbrochene Verbreitung einzelner Arten sowie ganzer Familien. Die Blauelstern bewohnen China und eine Ecke von Spanien; Leguane außer Südamerika auch Madagaskar und die Südsee. Der Salamander *Hydromantes* hat je ein begrenztes Areal im westlichen Mittelmeerraum und in Kalifornien. Tapire finden sich in Südamerika und in Ostasien, sowie fossil sogar in Deutschland (Willershausen)" (SCHEVEN 1982, S. 108). Ameisenbären gibt es rezent nur in Südamerika, fossil auch in Deutschland (Messeler Eozän).

Bemerkenswert ist auch die disjunkte Verbreitung von Süßwasserfischen. Eine Reihe nah verwandter Formen lebt auf verschiedenen Kontinenten. Eine Überquerung der Ozeane kommt für die nur ans Süßwasser angepaßten Formen nicht in Betracht. Unter der Voraussetzung einer kurzen, doch sehr bewegten Erdgeschichte und einer globalen Flutkatastophe sind solche Disjunktionen vielleicht eher verständlich. Zum gegenwärtigen Zeitpunkt gibt es dazu aber noch keine genaueren Vorstellungen.

## 7.6 Zusammenfassung

1. Die historische Biogeographie leidet unter einem großen Datenmangel. Dadurch ist die Rekonstruktion der Verbreitungsgeschichte der Lebewesen sehr erschwert.

2. Die kleinräumigen Verteilungen werden sowohl im Evolutions- als auch im Schöpfungsmodell durch mikroevolutive Prozesse gedeutet.

3. Die großräumige Verteilung der Lebewesen wird im Evolutionsmodell durch divergente (Makro-) Evolution, im Schöpfungsmodell durch unterschiedliche Ausbreitungsströme nach einer globalen Katastrophe zu deuten versucht.

# 8 Die Deutung der Fossilüberlieferung

## 8.1 Paläontologie – eine Wissenschaft von den Ursprüngen

**Fossilien** sind Überreste von Tieren und Pflanzen der geologischen Vergangenheit. Die Wissenschaft, die sich mit ihrer Erforschung beschäftigt, ist die **Paläontologie**. Während die Biologie die Vielfalt der heute lebenden Arten und ihre Lebensweise bis hinunter zur molekularen Ebene studiert, erforscht die Paläontologie die Tier- und Pflanzenwelt *vergangener* Lebensräume unserer Erde, die dem *Anfang* aller Dinge zeitlich näher stehen. Die Paläontologie versteht sich daher auch als eine *Wissenschaft von den Ursprüngen.*

Bei der Erforschung der Fossilien kann von verschiedenen Annahmen ausgegangen werden. Entweder alle Baupläne der Lebewesen wurden zu Beginn fertig erschaffen (Schöpfungsmodell), oder die einzelnen Organisationstypen haben sich erst nach und nach auseinanderentwickelt (Evolutionsmodell). Von der Paläontologie wird erwartet, daß sie zur Richtigkeit oder Verkehrtheit dieser sich gegenseitig ausschließenden Annahmen Auskunft zu geben vermag.

Neben den objektiven Aussagen (Beobachtungen) macht die Paläontologie aber auch Voraussagen, die je nach der gewählten Betrachtungsweise gegensätzlich ausfallen können. Im *Schöpfungsmodell* macht die Paläontologie die Voraussage, daß unter den Fossilien keine Bindeglieder zwischen den Organisationstypen (später werden wir sie Grundtypen nennen) gefunden werden können. Im *Evolutionsmodell* dagegen ist die Voraussage, daß solche Bindeglieder vorhanden sind und mit steigender Anzahl der entdeckten fossilen Arten auch weiterhin auftauchen werden. Deshalb lautet eine wichtige Frage, mit der wir uns beschäftigen müssen: *Gibt sich die angenommene Höherentwicklung an den Fossilien zu erkennen (Abb. 8.1)?*

Die Paläontologie äußert sich auch zur *Länge der erdgeschichtlich verflossenen Zeit.* Bei der Prüfung der angenommenen Modelle durch die Paläontologie geht es daher auch um die weitere Frage: *Lassen sich die Jahrmillionen, die für eine Höherentwicklung des Lebens notwendig sind, an den Fossilien und ihren Muttergesteinen ablesen?*

Falls sich aus den Gesteinen ablesen ließe, daß ihre Entstehung sich über Jahrmillionen hingezogen hat, so wäre ein Schöpfungsmodell, das ein niedriges Alter der Erde beinhaltet, widerlegt.

An dieser Stelle soll daran erinnert werden, daß es nicht nur ein, sondern mehrere Schöpfungsmodelle gibt, so wie es auch nicht nur ein, sondern viele Evolutionsmodelle gibt (vgl. Abschnitt 1.3). In diesem Kapitel werden Deutungen von Gesteinsabfolgen vorgestellt, die eine katastrophische Bildung innerhalb eines kurzen Gesamtzeitraumes zugrundelegen, doch gibt es auch Schöpfungsmodelle, die ein hohes Weltalter voraussetzen. Die Existenz verschiedener Schöpfungsmodelle beruht auf unterschiedlichen weltanschaulichen Grundvoraussetzungen, auf die an dieser Stelle nicht näher eingegangen werden kann. (Entsprechendes gilt auch für die verschiedenen Evolutionsmodelle.)

Sollte sich dagegen herausstellen, daß die Gesteinsschichten in relativ kurzer Zeit entstanden sind, so wäre damit der Annahme einer Evolution insofern der Boden entzogen, als die dafür nötigen Zeiträume nicht an ihnen ablesbar wären.

Um Fossilien im Hinblick auf die Ursprungsfrage deuten zu können, bedarf es gewisser Grundkenntnisse über Lagerung und Bildung der Gesteinsabfolgen. Davon handelt der folgende Abschnitt.

## 8.2 Grundbegriffe der Erdgeschichte

*Das Lagerungsgesetz*

Um über das relative Alter eines Fossils Aussagen machen zu können, muß man sein Auftreten im Gesamtverband der Gesteinsabfolgen kennen. Die Schichtbeschreibung erfolgt durch die **Stratigraphie**. Das ist der geologisch-paläontologische Wissenschaftszweig, der die Gesteine unter Beachtung

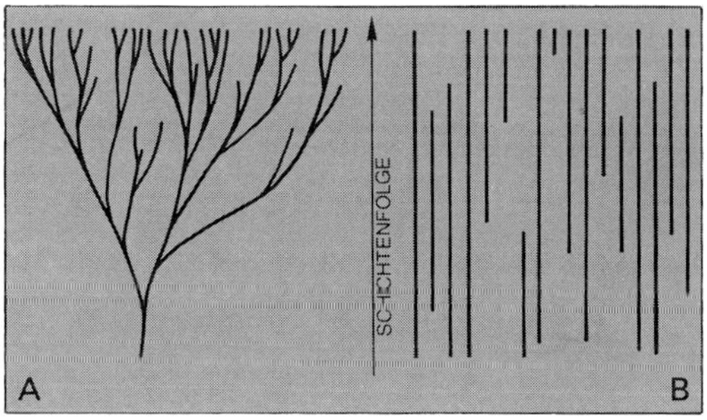


*Abb. 8.1: Bei einer allmählich und relativ gleichmäßig verlaufenden Evolution müßten die Fossilfunde in einem Stammbaum angeordnet werden können, wie er in A gezeichnet ist. Bei sprunghaft verlaufender Evolution oder bei Schöpfung müßte ein „Stammbaum" dagegen so aussehen, wie er in B gezeichnet ist. Die Linien bzw. Balken sollen nicht Arten, sondern größere systematische Einheiten auf der Ebene der Grundtypen (Kapitel 10) darstellen.*

aller ihrer organischen und anorganischen Merkmale und Inhalte nach ihrer zeitlichen Bildungsfolge ordnet und eine (relative) Zeittafel zur Datierung der geologischen Vorgänge aufzustellen versucht (vgl. Abschnitt 8.3). Sie bedient sich in erster Linie des bereits 1669 von NIKOLAUS STENO aufgestellten Lagerungsgesetzes: „Bei der Ablagerung folgt Schicht auf Schicht, die jeweils jüngere liegt der älteren auf. Bei ungestörter Lagerung entspricht also die Richtung vom Liegenden zum Hangenden (von unten nach oben) der zeitlichen Folge vom Älteren zum Jüngeren." (Abb. 8.2) Wenn Fossilien in verschiedenen Schichten übereinander gefunden werden, haben sie somit auch mit Gewißheit ein relativ verschiedenes Alter. Über die Geschwindigkeit der Schichtenbildung und damit über die absolute geologische Zeit bestehen allerdings erhebliche Meinungsunterschiede (vgl. weiter unten).

*Fazies – die Umwelt der Fossilien*

Fossillagerstätten enthalten in der Regel Angehörige ganzer Lebensgemeinschaften, d.h. ehemaliger Ökosysteme (vgl. Abschnitt 8.5). Manchmal sind allerdings Mitglieder verschiedener Lebensbereiche (Landlebewesen und Meereslebewesen) zusammen begraben worden (vgl. Abschnitt 8.6). Doch normalerweise erwartet man unter den Fossilien einer marinen (= zum Meer gehörenden) Lebensgemeinschaft keine zum Süßwasser gehörenden Arten, desgleichen unter Angehörigen einer tropischen Lebensgemeinschaft keine Arten, die in einem gemäßigten Klima lebten.

Unter der **Fazies** eines Gesteins versteht man die Ausprägung, die ein Sediment bei seiner Bildung bezüglich seines petrographischen Aufbaus *(Lithofazies)* und/oder seines Fossilieninhaltes *(Biofazies)* erhalten hat. Sie gibt (manchmal nur hypothetischen) Aufschluß darüber, in welcher Umwelt das nun versteinerte Lebewesen einstmals lebte. Umgekehrt kann das Vorkommen eines bestimmten Fossils, dessen Umweltansprüche bekannt sind, dazu dienen, die Fazies eines Gesteins mit anzugeben. Auch muß das Gestein einer marinen Fazies nicht zugleich der an Ort und Stelle verschüttete Lebensraum aller darin enthaltenen Fossilien sein; ein solcher Lebensraum muß aber in geringerer oder größerer Entfernung vom Einbettungsort existiert haben (Abb. 8.3 zeigt Fossilien einer marinen Fazies). Wenn Gesteine verschiedener Fazies aufeinander folgen, so kann dies bedeuten, daß sich die Umwelt im Bereich des Liefergebiets dieser Gesteine ebenfalls geändert hat.

*Abb. 8.2: Solnhofener Plattenkalke (Oberjura/Maxberg bei Solnhofen) als Illustration des Lagerungsgesetzes: „Bei der Ablagerung folgt Schicht auf Schicht, die jeweils jüngere liegt der älteren auf."*

Warum folgen überhaupt verschiedene Faziestypen aufeinander? Eine mögliche Erklärung wäre die katastrophische Zerstörung eines Lebensraumes, wie sie heute nur noch in vergleichsweise geringem Ausmaß beobachtet wird. Nach solchen Umschwüngen könnten sich gemäß der veränderten Umweltbedingungen neuartige Lebensgemeinschaften angesiedelt haben, was dem Paläontologen dann durch eine verschiedene Fazies angezeigt wird (s. Abschnitt 8.3).

*Die Entstehung von Fossilien*

**Ablagerung** ist das Endergebnis von **Abtragung**. Das zerkleinerte Gestein wird vom Wasser großen Seen- und Meeresbecken zugeführt, wo es wieder abgelagert wird und sich unter bestimmten Bedingungen durch physikalische und chemische Prozesse verfestigt. Wenn Lebewesen in einen Trans-

*Abb. 8.3: Versteinerte Organismenreste einer marinen Fazies (Silur/Gotland, Schweden). Es handelt sich um zusammengeschwemmten Trilobitenschill. Man erkennt Körpersegmente und Schwanzschilder (Pygidien) von Trilobiten (dreilappige Gliederfüßer) sowie Brachiopoden (Armfüßer). (Studiensammlung Lebendige Vorwelt, Hagen/Westf.)*

*Abb. 8.4: Fossile Seesterne (Jura/Solothurn, Schweiz). Das nur locker zusammengefügte Skelett dieser Seesterne zerfällt nach dem Tod sehr rasch. Die ausgezeichnete Erhaltung weist auf die plötzliche Einbettung der noch lebenden oder gerade erst gestorbenen Tiere hin, zumal die Organismen nicht auf einer Schichtfläche nebeneinander liegen, sondern übereinander abgesetzt und einsedimentiert wurden. (Naturmuseum Solothurn)*

portstrom geraten bzw. am Ort der Abtragung oder der Ablagerung seßhaft waren, können sie eingebettet und fossilisiert werden. Die Verschüttung bewirkt den Abschluß vom Luftsauerstoff und verhindert damit die totale bakterielle Zersetzung und Auflösung der eingeschlossenen Organismen (s. Abb. 8.4). Sauerstoffunabhängige Bakterien können dann an chemischen Umwandlungsprozessen beteiligt sein, bei denen die körperlichen Strukturen erhalten bleiben (z.B. Pyritisierung). Die Einbettung erfolgt also in den allermeisten Fällen plötzlich. Die natürlichen Kreisläufe der Rückverwandlung organischer Stoffe in anorganische oder zumindest die völlige Zerstörung der äußeren Form wurden dabei auf *unnatürliche Weise* unterbrochen. Fossilien können in unterschiedlichen Erhaltungsarten vorkommen: z.B. Erhaltung der ursprünglichen Form (mit chemischer Umwandlung; Abb. 8.4), Abdruck (Abb. 8.51), Steinkern (Abb. 8.24) oder auch Lebensspuren (Abb. 8.10). Heute noch gibt es in bestimmten Fällen und unter speziellen Bedingungen Fossilbildung, etwa wenn Blätter in rasch aufgebautem *Sinterkalk* eingebettet werden – doch ist dies im Umfang nicht im entferntesten vergleichbar mit den Prozessen, die in der Vergangenheit auf der Erde stattgefunden haben. Wie in den Abschnitten 8.5 und 8.6 exemplarisch gezeigt werden soll, ist es gut vertretbar, die Fossilien in der Regel auf großräumige oder lokale katastrophische Ereignisse zurückzuführen.

### *Die Geschwindigkeit geologischer Vorgänge*

Bei der Beurteilung der Geschwindigkeit geologischer Vorgänge kann man von verschiedenen Be-

*Abb. 8.5: Gradiert geschichteter Eiszeitschotter (Quartär/Gossau bei Zürich). Jede Gradierung (Größensortierung) ist das Ergebnis einer einzigen und damit rasch ablaufenden Schüttung. Auf dem Bild sind demnach mehrere schnelle Sedimentschüttungen zu sehen. Höhe: ca. 2,5 m. Es gibt vielfach in verschiedenen geologischen Formationen durchgehende Gradierungen von vielen Metern Dicke über große Entfernungen (vgl. Abschnitt 8.6).*

trachtungsweisen ausgehen. Entweder man schließt aus dem heutigen vergleichsweise langsamen Verlauf von Abtragung und Ablagerung, daß die Geschwindigkeit dieser Vorgänge im Durchschnitt zu allen Zeiten gleich gewesen ist – das ist die Anschauung des **Uniformitarismus** von CHARLES LYELL (vgl. Kapitel 2). Demgegenüber beruht der heute dominierende **Aktualismus** zwar auf ähnlichen Voraussetzungen, hebt aber – im Rahmen einer langen, normalerweise ruhig verlaufenden Erdgeschichte – kurzzeitige katastrophische Einzelereignisse oder zeitweilige andersartige Bedingungen stärker hervor, zumal solche z.T. auch aus der Gegenwart bekannt sind (z.B. Einschläge kosmischer Körper, Vulkankatastrophen, schnelle vulkanische Bildung neuer Inseln, Gesteinszerrüttung durch Erdbeben oder enorme lokale Sedimentation infolge von Flutkatastrophen). Im Gegensatz zu diesen verwandten Anschauungen (die im folgenden – etwas vereinfacht – nicht mehr unterschieden werden) kann man aus bestimmten Ablagerungsformen und -eigenschaften der Sedimentgesteine und der ihnen eingelagerten organischen Reste nach Ansicht der Autoren auf einen mehr oder weniger raschen Verlauf der geologischen Prozesse während der *ganzen* Erdgeschichte und damit auf deren kurze Dauer schließen. Das wird in zwei späteren Anschnitten exemplarisch dargelegt. Diese Betrachtungsweise kann den beiden eben genannten als **Katastrophismus** gegenübergestellt werden.

In Abb. 8.4 bis 8.10 sind einige Beispiele angeführt, wo Gesteinsstrukturen auf eine rasche Bildung hinweisen. Nähere Erläuterungen sind in den Legenden gegeben.

## 8.3 Die geologischen Systeme

*Die weltweite Übereinstimmung der Ablagerungsfolgen*

Die Sequenz des übereinander folgenden Auftretens unterschiedlicher Fossilien, verbunden mit den zur jeweiligen Zeit gebildeten Sedimentgesteinen läßt sich in den Grundzügen auf der ganzen Erde parallelisieren. In den Gesteinen unterhalb des Eokambriums, dem sog. **Präkambrium** (s. Abb. 8.8), wurden bisher nur Bakterien, sehr wenige Pilze (Pilzsporen?), Organismen unbekannter systematischer Stellung sowie Algen und zahlreiche Algenkalke (Stromatolithen) gefunden. Die Sedimente des sog. Paläozoikums, d.h. die oft kilometermächtigen grauwackenartigen Sandsteine, Sand- und Tonschiefer sowie Kalksteine des **Kambrium**, **Ordovizium**, **Silur** und größtenteils des **Devon** enthalten fast ausschließlich fremdartige marine Organismen wie z.B. Trilobiten (vgl. Abb. 8.3). Darüber folgen die Schichtgesteine des **Karbon** mit ihren zahlreichen, zu Kohle verwandelten Vegetationsdecken (Abschnitt 8.5). Mit dem Ausklingen der Steinkohlenführung ändert sich die Fazies der folgenden Sedimentgesteine nun zum großen Teil in auffallender Weise. Sie nimmt in vielen Teilen der ganzen Welt einen – verallgemeinert ausgedrückt – wattenartigen bzw. wüstenähnlichen Charakter an (wie ähnlich zuvor nur in den devonischen Old-Red-Sedimenten auf begrenzten Gebieten der Nordhalbkugel). Das häufige Trockenfallen der schlammigen Oberflächen in den weithin rot gefärbten konglomeratisch-sandig-mergelig-

*Abb. 8.6: Kreuzgeschichteter Gletscherkies (Quartär/Gossau bei Zürich). Kreuzschichtung bzw. Diagonalschichtung entsteht, wenn die Oberseite bereits abgelagerter Sedimentschichten durch erneute stärkere Strömungsstöße in einem bestimmten Winkel mehr oder weniger stark erodiert und bei nachlassender Strömung neu überschichtet wird.*

*Abb. 8.7: Nahaufnahme einer Partie der Abb. 8.6. Gradierte Schichten wurden durch verstärkte Strömungen abgehobelt. Gradierte und kreuzgeschichtete Gesteinsfolgen kommen in vielen geologischen Systemen in großer Ausdehnung vor und lassen sich ausgezeichnet im Rahmen katastrophischer Modelle deuten. Die Ablagerungsgeschwindigkeit ist „sehr wesentlich von der Menge der suspendierten Stoffe abhängig. ... Sowohl Sedimentmenge als auch Turbulenzgrad des Wassers lassen sich nahezu beliebig erhöhen. Dadurch wird die Ablagerung meterdicker Gesteinsbänke im Verlauf einer einzigen Schüttung ohne Schwierigkeiten verständlich" (Scheven 1986, S. 23).*

*Abb. 8.8: Synsedimentäre (während der Sedimentation ablaufende) Schichtdeformation (Präkambrium/Applecross, Nordwest-Schottland). Schichtdeformationen entstehen unmittelbar nach der Ablagerung (oft während weiterer Sedimentabsetzung) im noch fließfähigen Zustand. Verursacht werden solche Verformungen durch Spannungen, die von unterschiedlichen Auflasten hervorgerufen werden, oder als Resultat einer Durchrüttelung infolge plötzlicher Erdstöße. Eine wesentliche Bedingung für die Bildung solcher Strukturen ist eine vorausgehende rasche Ablagerung. Die abgebildeten präkambrischen Applecross-Schichten (Bildbreite: ca. 70 cm) sind nur ein kleiner Teil mehrere hundert Meter mächtiger, fast durchgehend synsedimentär deformierter Schichten, die sich über viele Quadratkilometer hinziehen.*

tonigen Schichtenstapeln kann z.B. an den nun zahlreich werdenden konservierten Auftauchflächen (Abb. 8.10) sowie am Auftreten von Salzkristallen erkannt werden. Die Ablagerungen der epikontinentalen Flachmeere (= Meere, die Teile der Kontinente zeitweilig überflutet haben) von **Perm**, **Trias**, **Jura** (Abschnitt 8.6), **Kreide** und **Tertiär** wechsellagern mit den Rot-Sedimenten bzw. gehen aus diesen hervor. Diese marinen Kalksteine, Mergel, dunklen Tone und Sandsteine beherbergen jeweils eine reiche Fauna. Die Systeme lassen sich mit Hilfe der **Leitfossilien** aufgliedern (vgl. Abschnitt 8.6.1). Da es sich um Organismenreste handelt, heißt derjenige Zweig der Stratigraphie, der sich auf ihre Abfolge in den Sedimentgesteinen gründet, *Biostratigraphie* (im Unterschied zur *Lithostratigraphie*, die – oft wegen mangelnder Fossilführung, z.B. der genannten Rot-Sedimente – Ablagerungsgesteine nach ihren Gesteinsmerkmalen untergliedert). Nur bestimmte Organismenreste sind als Leitfossilien geeignet; der Paläontologe erwartet von ihnen „Häufigkeit, leichte Kenntlichkeit, kurze Lebensdauer, d.h. geringe vertikale Verbreitung in der Schichtenfolge, weitgehende Unabhängigkeit von der Gesteinsausbildung sowie räumlich weite Verbreitung" (ZIEGLER 1986, S. 150). Das Auftreten eines bestimmten Leitfossils in unterschiedlich ausgebildeten, geographisch entfernten Gesteinsverbänden (z.B. hier Sandstein, dort Kalkstein) wird korreliert, d.h. als zeitgleich gebildet angenommen, und zwar unter Beachtung des Lagerungsgesetzes. Somit repräsentieren Gesteinsschichten mit gleichen Leitfossilien einen bestimmten Zeitraum, über dessen Länge in der hier vertretenen Schöpfungslehre eine andere Auffassung als in der Evolutionslehre besteht (vgl. Abschnitt 8.6.5).

*Abb. 8.10: Ausgußplatte mit versteinerten Netzleisten (Trockenrisse im Negativ) und fossilen Fußspuren des Reptils Chirotherium (Handtier) aus dem Buntsandstein (Untere Trias). Netzleisten entstehen, wenn eingetrocknete Sedimente aufreißen (wie beim Eintrocknen lehmiger Pfützen) und diese Risse wiederum von frischem Sediment überdeckt und ausgefüllt werden. Da Trockenrisse und Trittsiegel bald verwittern, beweist die fossile Erhaltung solcher Strukturen die schnelle Überschichtung mit neuem Sediment. In diesem entstehen die Negativabdrücke. (Paläontologisches Institut der Universität Tübingen)*

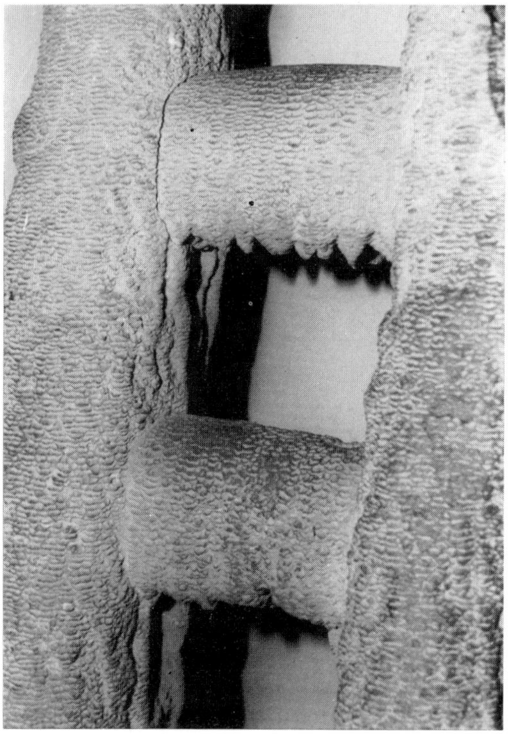

*Abb. 8.9: Von kohlensaurem Kalk inkrustierte Fahrte (Leiter, auf der die Bergleute früher in Schächte eingestiegen sind). Der „Tropfstein" (ca. 5 cm stark) entstand in nur drei Jahren. Geologische Prozesse (wie hier z.B. Tropfsteinbildung) können extrem unterschiedlich schnell verlaufen. Das Beispiel der Tropfsteinleiter zeigt, daß auch heutige Bildungsgeschwindigkeiten sehr hoch sein können. Insbesondere ist das in diesem Fall für die Bestimmung der Wachstumsgeschwindigkeit von Tropfsteinen von Bedeutung. (Bergbau-Museum, Bochum)*

Die letzte und hervorstechendste Gebirgsbildung wurde durch die alpidische Faltung bewirkt (Abb. 8.11). Sie wurde vermutlich durch Bewegung und Kollisionen von Lithosphärenplatten hervorgerufen. Im Rahmen des Aktualismus, der von den Prozessen der Gegenwart ausgeht, wird aufgrund heute beobachtbarer plattentektonischer Bewegungen versucht, Modelle für die erdgeschichtliche Vergangenheit zu erstellen. Jedoch sind die Deutungsversuche mit Spekulationen verbunden: Zwar kann man heute eine langsame Bewegung der Kontinentplatten nachweisen. Doch ist nicht beweisbar, ob es sich dabei um eine mehr oder weniger konstante Bewegung handelt, die schon seit Hunderten von Millionen Jahren in gleicher Weise vor sich geht, oder ob wir die Ausklingphasen von früher viel gewaltigeren Erdbewegungen messen. Hinweise auf erheblich schnellere Vertikalbewegungen (z.B. Bildung von Steinkohlenbecken; vgl. Abschnitt 8.5.4) legen für die Erdgeschichte auch wesentlich raschere Horizontalbewegungen nahe. Wie schon in Kapitel 1 herausgestellt wurde, können heute gemessene Daten auf recht unterschiedliche Weise gedeutet werden.

Die Reihenfolge der erdgeschichtlichen Ablagerungen wird in der stratigraphischen Tabelle dargestellt (Tab. 8.1, S. 156). Aufgrund der weltweiten Anwendung des Lagerungsgesetzes in Verbindung mit dem Auftreten der Leitfossilien kann sie als gesichert gelten.

*Die Regelhaftigkeit der Fossilüberlieferung*

Die beschriebene Regelhaftigkeit der Fossilablagerungen wird im evolutions- und schöpfungstheoretischen Rahmen sehr verschieden interpretiert:

*Deutung im Evolutionsmodell:* Die weltweite Übereinstimmung der sich ablösenden Fossilgemeinschaften wird durch eine Entwicklungs-Abfolge der Arten während sehr langer Zeiträume erklärt. Das Fehlen fossiler Reste sehr zahlreicher heutiger Tier- und Pflanzengruppen in paläo- oder mesozoischen Schichten wird darauf zurückgeführt, daß diese Arten damals noch nicht existierten. Beispielsweise werden Überreste plazentaler Säugetiere fast ausschließlich im Tertiär (und Quartär) gefunden, weil sie sich erst zu dieser Zeit entwickelt haben sollen (vgl. Abb. 8.73). Entsprechendes gilt für andere Organismengruppen.

*Schwierigkeiten bei der Deutung im Evolutionsmodell:* Grundsätzlich ist eine langsame Bildung der fossilführenden Erdschichten notwendig, um die evolutionstheoretische Deutung zu ermöglichen. Auf Befunde, die nach Auffassung der Autoren auf eine katastrophische Bildung hinweisen, wird in Abschnitt 8.5 (Steinkohlenformation) und 8.6 (Oberjura-Plattenkalke) eingegangen. Zweitens fordert die evolutionstheoretische Deutung, daß zahllose Bindeglieder zwischen verschiedenen Grundtypen der Organismen existiert haben müssen. In Abschnitt 8.7 wird ausführlich dargestellt, daß diese bis heute nicht gefunden wurden. Gelegentlich werden Fossilfunde zwar als Zwischenglieder interpretiert, doch fällt auf, daß solche Deutungen grundsätzlich umstritten sind. Da Zwischenglieder im Rahmen einer phylogenetischen

*Abb. 8.11: Intensiv verfaltete Sedimentabfolgen in den Alpen. (Brienz, Schweiz)*

Theorie jedoch vorhanden gewesen sein *müssen*, kann ihr Fehlen nur damit erklärt werden, daß alle wesentlichen evolutionären Vorgänge in derart kleinen Randpopulationen abliefen, daß die Wahrscheinlichkeit einer Fossilisation zu gering war (vgl. dazu Abschnitt 8.7.9).

*Deutung im Schöpfungsmodell:* Nachdem die gesamte Erde durch eine Flutkatastrophe verwüstet worden war (vgl. Abschnitt 8.5.5), konnte eine Neubesiedelung nur nach und nach erfolgen. Die sich weltweit neu bildenden Lebensgemeinschaften (Biozönosen) waren zunächst durch Massenvermehrung und Kurzlebigkeit charakterisiert – beides typische Kennzeichen gestörter, nicht im Gleichgewicht stehender Biozönosen. Man kann annehmen, daß sie in schneller Folge immer wieder zusammenbrachen und durch andere Lebensgemeinschaften ersetzt wurden, denn es ist bekannt, daß heutige gestörte Lebensgemeinschaften, z.B. Brachland- und Kahlschlaggesellschaften, dazu tendieren, sich innerhalb kurzer Zeit *re-*

*gelhaft* zu ändern. Es folgen also verschiedene, zunächst nur kurzzeitig existierende Lebensgemeinschaften aufeinander (*Sukzessionen*), bis ein Endstadium, die Klimax mit ihren stabilen und artenreichen Biozönosen erreicht ist.

Als Beispiel für eine solche Abfolge von Lebensgemeinschaften seien mögliche Wiederbesiedelungsphasen nach einem Kahlschlag genannt: Dabei stellt sich zunächst eine Weidenröschengesellschaft ein; ihr folgt eine Sand-Reitgras-Gesellschaft; diese wird von einem Zitterpappel-Weiden-Birken-Gebüsch (Vorwald) abgelöst, welches schließlich einem Traubeneichen-Buchenwald Platz macht (nach SCAMONI 1963, S. 137). Die Sukzession bedingende Faktoren sind Bodenbeschaffenheit, unterschiedliche Keimfähigkeit auf unbewachsenen Standorten, Ausbreitungsmöglichkeiten (Samenmenge, Raschwüchsigkeit, Ausläufer, Wurzelbrut), Konkurrenzverhältnisse der Besiedler untereinander u.a.

Entsprechend könnten sich beispielsweise die verschiedenen fossilen Lebensgemeinschaften der Flachmeer-Sedimente nacheinander in rascher Folge abgelöst haben. SCHEVEN (1988) vermutet weltweit mehr oder weniger synchron ablaufende *„Mega-Sukzessionen"*. Im Anschluß an die völlige Verwüstung der gesamten irdischen Biosphäre durch eine globale Katastrophe entwickelten sich diese Mega-Sukzessions-Stadien bis zum stabilen Endzustand (Klimax) der marinen tertiären/quartären Organismengesellschaften. So könnten im Rahmen der Schöpfungslehre die sich ablösenden Lebensgemeinschaften der mesozoischen und tertiären Flachmeer-Sedimente mit ihren jeweiligen Leitfossilien (vgl. Abschnitt 8.6.6) erklärt werden. Soweit es sich bei diesen Flachmeersedimenten um Kalke handelt, sind sie oft aus mikroskopisch kleinen Fossiltrümmern aufgebaut, die auf eine vorübergehende Massenvermehrung einzelner besonders begünstigter Meeresorganismen hinweisen (gestörte Ökosysteme). Entsprechendes läßt sich für Massenvermehrungen von Muscheln, Fischen u.a.m. anführen. Da weltweit ähnliche Ausgangsbedingungen für eine Sukzession vorlagen, folgte daraus eine weltweit zunächst ähnliche Abfolge von Lebensgemeinschaften, die immer wieder durch katastrophische Sedimentationsprozesse „konserviert" (vgl. Abschnitt 8.6.5) und in regelhafter Folge übereinander eingebettet wurden. Das gleichartige Auftauchen und Erlöschen verschiedener Organismengruppen im Fossilbericht wird also zu einem wesentlichen Teil auf ökologische Gründe zurückgeführt, was eine gewisse Prüfbarkeit dieser Deutung erlaubt.

Insgesamt wird also vermutet, daß die zeitlich aufeinanderfolgenden Biozönosen mit ihren wohlgeordneten Organismenzusammensetzungen sich in der Abfolge der erdgeschichtlichen Systeme (Tab. 8.1) wiederspiegeln. Ihre Entstehung könnte u.a. durch folgende Faktoren beeinflußt worden sein:

- Verfügbarkeit von Lebensräumen in der Zeit nach einer globalen Flutkatastrophe (zuerst werden dies vor allem marine, dann limnische und erst später zunehmend terrestrische Lebensräume gewesen sein),
- Generationszeiten und maximale Ausbreitungsgeschwindigkeiten von Organismen,
- vielfältige ökologische Gründe (s.o.),
- zahlreiche, jedoch in ihrem Ausmaß im Laufe der Zeit abklingende Katastrophen geologischer und biologischer Art, die zur Überlieferung (Fossilisierung) von „Momentaufnahmen" der jeweiligen Lebensräume geführt haben,
- Ausbreitung überlebender Populationen und Einwanderung von Organismen in diese zerstörten Gebiete.

*Schwierigkeiten bei der Deutung im Schöpfungsmodell:* Die Hauptschwierigkeit liegt in der Grundvoraussetzung des Schöpfungsmodells, daß alle Grundtypen von Lebewesen *gleichzeitig* (und einmalig) erschaffen worden sein sollen. Obwohl aufgrund des Mega-Sukzessions-Modells aus ökologischen Gründen nicht erwartet wird, daß beispielsweise in mesozoischen Sedimentgesteinen „moderne" Säugetierfossilien vorkommen, sollte doch wenigstens gelegentlich deutlich werden, daß gleichzeitig zu den Lebensräumen etwa des Mesozoikums (z.B. der Großsaurier) irgendwo auf der Erde auch ein Biotop mit „modernen" Säugetieren existiert hat. D.h., daß man im Mesozoikum, wenn auch als Seltenheit, auch einmal verschwemmte Reste „moderner" Säuger oder auch von Menschen finden sollte.

Immer wieder sind Berichte über derartige Funde veröffentlicht worden. Als Beispiele seien das gleichzeitige Vorkommen von Dinosaurierfährten und menschenartig wirkenden Fußspuren in der Kreide (vgl. aber Abschnitt 9.3), Funde menschlicher Fossilien im Tertiär (Miozän) und Pollen „höherer" Pflanzen in präkambrischen und kambrischen Sedimentgesteinen (Abb. 8.12) genannt. Auch sogenannte „verkehrt" lagernde Schichtfolgen sind hier zu erwähnen, wo „ältere" Schichtglieder auf „jüngeren" (im Sinne der Geologischen Zeittafel) abgelagert worden sein sollen; diese können in bestimmten Fällen nicht durch liegende Falten oder Deckenüberschiebungen infolge plattentektonischer Bewegungen erklärt werden. In der Problematik besteht eine gewisse Vergleichbarkeit: Ähnlich wie bei Zwischengliedern im Evolutionsmodell der direkte Übergangscha-

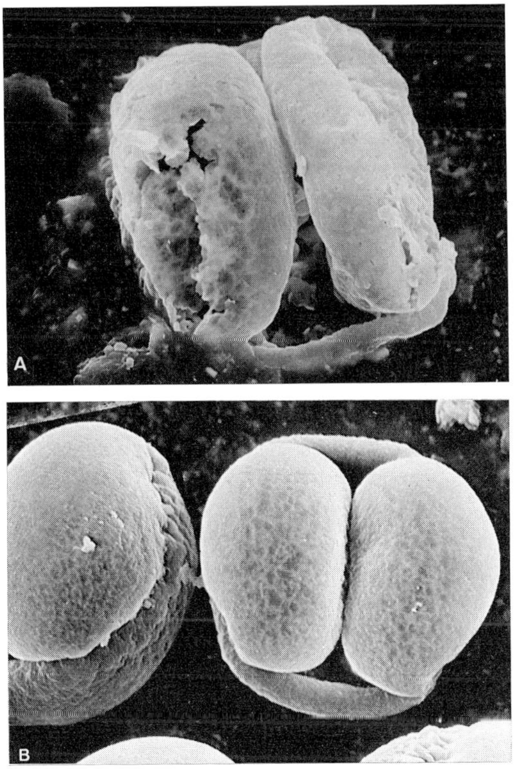

*Abb. 8.12: Verschiedentlich wurde berichtet, daß in präkambrischen Sedimenten Pollen, ja sogar Reste von Blütenpflanzen gefunden wurden. In diesem Bild ist unter A ein Pinus-Pollen (Kiefer) einer Probe aus der präkambrischen Hakatai-Formation und unter B ein heutiger Pinus-Pollen abgebildet. Mehrmals wurden Proben von verschiedenen Wissenschaftlern dem entsprechenden Fundhorizont entnommen und nur in einem Fall keine Pollen gefunden. Gemessen an den extremen Vorsichtsmaßnahmen, die eine Verunreinigung durch rezente Pollen verhindern sollten, können die wiederholten Nachweise von Pinus-Pollen nicht leicht als Kontaminationen behandelt werden. Eine endgültige Klärung der Frage steht aus, doch sie sollte möglich sein, da jederzeit neue Proben unter geeigneten Bedingungen entnommen und kritisch untersucht werden können. (Elektronenmikroskopische Aufnahmen: Emmett Williams. Aus: G. F. Howe, E. L. Williams, G. T. Matzko & W. E. Lammerts: Creation Research Society studies on Precambrian pollen, part III; a pollen analysis of Hakatai Shale and other Grand Canyon rocks. (Creation Research Society Quarterly 24(4), 173–182. March)*

rakter auch von Evolutionstheoretikern in Frage gestellt wird (obgleich es sich bei den betreffenden Fossilien keineswegs um Fälschungen handelt), sind Berichte von Funden in „unpassenden" Gesteinsfolgen (wie die genannten) in ihrer Echtheit stark umstritten und werden auch von Anhängern der Schöpfungslehre z.T. in Zweifel gezogen. In jedem Fall ist eine sehr sorgfältige und vorurteilslose Prüfung, möglichst von Wissenschaftlern mit verschiedenen Grundhaltungen, notwendig. Auch wenn einige der Berichte sich endgültig als zuverlässig herausstellen sollten, bliebe doch die Tatsache bestehen, daß bei der *überwältigenden Mehrheit* aller paläontologischen Befunde *keine* „unpassende" Mischung von Faunen und Floren auftritt. Vielmehr herrscht generell die reguläre Organismenabfolge (s.o.). Dies verlangt im Schöpfungsmodell eine Erklärung. Es muß hier postuliert werden, daß beispielsweise Angehörige von typischen Lebensgemeinschaften, die wir fossil erst aus dem Tertiär kennen, die Zeit der katastrophischen Ablagerung mesozoischer Schichtglieder nur als kleinste Gruppen erlebten und überstanden. Sie konnten sich erst in einem für sie besseren, späteren Mega-Sukzessions-Stadium (nämlich im Tertiär) stark vermehren und weltweit ausbreiten und damit eher fossilisiert werden. Die Wahrscheinlichkeit zur Fossilisation war jedoch vorher aufgrund der kleinen Populationen zu gering, so daß Reste dieser Refugien der Nachwelt nicht erhalten blieben. Die hier geforderten kleinsten Gesellschaften nicht fossilisierter Organismen haben eine verblüffende Ähnlichkeit mit den von der Evolutionslehre postulierten sehr kleinen, ebenfalls nicht fossil dokumentierten Übergangs-Randpopulationen, in denen „schnelle Evolution" (Bildung neuer Organisationsstufen) abgelaufen sein soll (vgl. Abschnitt 3.5.3: Punktualismus). (Es entbehrt nicht einer gewissen Ironie, daß an zentralen fraglichen Stellen in den Hypothesengebäuden von Schöpfungslehre und Evolutionslehre gleichartige Argumentationsstrategien zur Stützung des Modells gebraucht werden!)

### *Das Sintflutzeugnis als außerwissenschaftliche Glaubensvoraussetzung*

Aus dem Vorhergehenden wurde bereits deutlich, daß das Modell einer katastrophischen Entstehung der fossilführenden Sedimentgesteine dem aktualistischen Modell einer langsamen Entstehung gegenübergestellt wird. Vieles konnte nur ganz kurz angedeutet werden, manches wurde nur knapp hypothetisch erwogen, doch zwei in den beiden übernächsten Abschnitten dargestellte Beispiele (karbonische Steinkohlenablagerungen und oberjurassische Plattenkalke) werden zeigen, daß man die rasche Entstehung von mächtigen Sedimentfolgen und sogar erdgeschichtlichen Systemen auch im Detail diskutieren kann.

Die Strukturen von Sedimentgesteinen liefern zwar deutliche *Hinweise* auf katastrophische Bildungen, doch ist *auf dieser Ebene* kein Rückschluß auf die *Ursache* der Katastrophen möglich. Wenn in diesem Buch angenommen wird, daß die biblisch bezeugte Sintflut dafür verantwortlich ist, indem sie über einige Jahrhunderte eine Abfolge nach und nach schwächer werdender Ausklingkatastrophen bewirkt hat, begehen die Autoren bewußt eine Grenzüberschreitung. Diese wird in Kauf genommen, um dem Leser ein besseres Verständnis der Argumentationslinie zu ermöglichen. (Zur geologischen Plausibilität des Sintflutgedankens vgl. Abschnitt 8.5.5.)

Da das Schöpfungsmodell mit der katastrophischen Bildung von Erdschichten das Postulat einer kurzen Erdgeschichte enthält, ist es sinnvoll, an dieser Stelle die auf dem radioaktiven Zerfall beruhenden Altersbestimmungsmethoden und einige geo- bzw. kosmophysikalische Hinweise auf ein niedriges Erdalter zu besprechen.

*Tabelle 8.1: Geologische Zeittafel und Geologische Zeitskala. Über die Dauer der geologischen Systeme gibt es verschiedene Auffassungen.*

| GEOLOGISCHE ZEITTAFEL | | | GEOLOGISCHE ZEITSKALA (in Millionen Jahren) | |
|---|---|---|---|---|
| System | | | seit P.-Beginn | Perioden-dauer |
| KÄNOZOIKUM | Quartär | | 1,8 | |
| | Tertiär | Pliozän | 5 | 3 |
| | | Miozän | 25 | 20 |
| | | Oligozän | 40 | 15 |
| | | Eozän | 60 | 20 |
| | | Paleozän | 70 | 10 |
| MESOZOIKUM | Kreide | | 135 | 65 |
| | Jura | | 195 | 60 |
| | Trias | | 225 | 30 |
| PALÄOZOIKUM | Perm | | 280 | 55 |
| | Karbon | | 345 | 65 |
| | Devon | | 400 | 55 |
| | Silur | | 440 | 40 |
| | Ordovizium | | 500 | 60 |
| | Kambrium | | 600 | 100 |
| Präkambrium | | | | >3000 |

## 8.4 Altersbestimmungsmethoden

Für die Rekonstruktion der Geschichte der Lebewesen muß der zur Verfügung stehende Zeitraum berücksichtigt werden. Bereits in Abschnitt 8.2 wurde an einigen Beispielen gezeigt (s. Abb. 8.4 bis 8.10), wie aus Merkmalen und Eigenschaften von Gesteinen Rückschlüsse auf ihre Bildungsdauer gezogen werden können (s. dazu auch die beiden nachfolgenden Abschnitte). Die Aufeinanderfolge der Schichten erlaubt ferner eine relative Altersdatierung. Darüber hinaus ist man in der Ursprungsforschung an *absoluten* Altern von Gesteinen interessiert.

### 8.4.1 Zur Geschichte der Geologischen Zeitskala

Die Abfolge der übereinander liegenden geologischen Systeme (Formationen; s. Abschnitt 8.3) – Kambrium, Ordovizium, Silur usw. – nennen wir im folgenden „Geologische Zeittafel" und die daneben stehenden Zahlen (z.B. $600 \cdot 10^6$ Jahre für die Untergrenze des Kambriums) die „Geologische Zeitskala" (Tab. 8.1).

Die Aufeinanderfolge der erdgeschichtlichen Systeme (Geologische Zeittafel) mit ihren unterschiedlichen Fossilien wurde bereits zwischen 1750 und 1850 von Pionieren geologischer Forschung aufgrund des Lagerungsgesetzes in den Grundzügen nach und nach zuverlässig ermittelt.

Genannt seien hier etwa die Deutschen J. G. Lehmann, G. C. Füchsel, A. G. Werner und A. v. Humboldt, der Italiener G. Arduino, sowie die Engländer W. Smith, R. I. Murchison und A. Sedgwick (vgl. Abschnitt 8.1).

Immer stärker wurde im Verlauf dieser geologischen Pioniertätigkeit der sich nach und nach ändernde Fossilinhalt erkannt und zunehmend stratigraphisch genutzt. Bahnbrechend war der Ingenieur W. Smith (1769-1839).

Er hatte beruflich mit Kanal- und Straßenbau zu tun und sah dabei viele Aufschlüsse in den fossilreichen Schichten Englands. Dabei entdeckte er, daß bestimmte Fossilien wie Meeresmuscheln, Ammoniten u.a. immer in bestimmten Schichten vorkommen. Im Jahre 1796 schrieb er (zit. nach HÖLDER 1976, S. 108f):

„Fossilien wurden seit langem als große Kuriositäten studiert... Dies taten Tausende, die aber niemals auch nur im geringsten die wundervolle Ordnung und Regelmäßigkeit beachteten, mit der die Natur diese sonderbaren Erzeugnisse verteilt und jeder Klasse ihre besondere Schicht zugewiesen hat."

Bedeutsam für die unvoreingenommene Entdeckung von SMITH sind die erläuternden Sätze HÖLDER's (ebd.):

„Weitere Fragen hat Smith aber nicht daran geknüpft. Denn ihn interessierte die praktische Seite der Angelegenheit. Er konnte mit den 'Leitfossilien', wie wir heute sagen, nun jederzeit bestimmte Gesteine wiederentdecken, sei es, daß sie als technisch wichtiges Material dienten, sei es, daß sie besondere Schwierigkeiten beim Bau von Straßen, Brücken und Kanälen zu machen pflegten. Smith (oder der 'Strata-Smith', der 'Schichten-Schmidt', wie er genannt wurde) stand mit dem Boden und Gestein dadurch gleichsam auf vertrauterem Fuß als andere und konnte deshalb, wie er selbst schreibt, 'ungeheure, (zuvor) auf sinnlose Weise verschwendete Gelder' sparen."

Bereits im Jahre 1799 waren SMITH die Grundzüge der Schichtenabfolge vom Karbon bis zur Kreide in England bekannt und 1815 veröffentlichte er die erste, aus 15 Blättern bestehende, farbige geologische Karte, auf der die Verbreitung der Schichtfolgen in England und Wales dargestellt ist, zusammen mit einer Erläuterung der Namen und Kennzeichen der Gesteine.

Nachdem die Schichtenfolge zunächst in Europa aufgenommen worden war, konnte seit dem vergangenen Jahrhundert ihre in den Grundzügen immer wiederkehrende Ordnung für die ganze Welt bestätigt werden. Gleichzeitig wurden die einzelnen Systeme immer weiter untergliedert (vgl. Abschnitt 8.6.1). Im Jahre 1878 stellte S. HAUGHTON die Theorie auf, daß die *Zeitdauer* jeder geologischen Formation *proportional ihrer maximalen Sedimentmächtigkeit* (ihrer größten auf der Erde gefundenen Schichtendicke) sei. Diese Theorie setzt voraus, daß die maximale Ablagerungsgeschwindigkeit für alle Formationen (Erdzeitalter) beständig und lückenlos dieselbe gewesen sei. Das ist aber sehr wenig überzeugend, wenn man bedenkt, daß die Sedimentdicken besonders durch das Absinken des Untergrundes bestimmt werden. Im Fall starker Senkung sind infolge rascher Gefällezunahme gewaltige Materialtransporte unter Wasserbedeckung möglich (vgl. Abschnitt 8.5.4). An sich können Sedimentationsgeschwindigkeiten um viele Größenordnungen schwanken, und zwar zwischen mehreren Metern in wenigen Augenblicken (etwa bei Schichtfluten) und 1 mm in 1000 Jahren (auf dem Grund der heutigen Tiefsee).

Man benötigt nach der Theorie HAUGHTON's – die sich so nicht durchsetzte – nur eine einzige *absolute* Zahl, nämlich ein Alter oder eine Sedimentationsgeschwindigkeit, um vermittels der maximalen Schichtmächtigkeiten für jedes System absolutes Alter und absolute Zeitdauer angeben zu können.

Eine solche absolute Zahl lieferte M. READE im Jahre 1879 – 17 Jahre *vor* der Entdeckung des radioaktiven Zerfalls. Aus einigen Beobachtungen und Meßgrößen wie z.B. Sedimentationsgeschwindigkeiten und Sedimentdicken errechnete er ein Alter von $600 \cdot 10^6$ Jahren für die Untergrenze des Kambriums.

Im Jahre 1896 wurde von M. H. BECQUEREL der radioaktive Zerfall entdeckt und 1905 wurde von E. RUTHERFORD erstmals vorgeschlagen, diesen zur geologischen Datierung zu verwenden. Hinreichend genaue Messungen der relativen Häufigkeiten der **Isotope** (das sind Nuclide desselben chemischen Elementes, die sich in der Zahl ihrer Neutronen unterscheiden) z.B. von Blei, Argon oder Strontium wurden erst vom Jahre 1937 an technisch möglich.

ARTHUR HOLMES, der Vater der Geologischen Zeitskala, veröffentlichte im Jahre 1913 das Buch *Das Alter der Erde*. Darin legte er bereits die „absolute" Zeitskala fest, und den Rahmen, in dem sich alle künftig akzeptierten Datierungsergebnisse bewegten. In einem zweiten Buch mit dem gleichen Titel aus dem Jahre 1927 bestätigte er seine Zahlenangaben, u.a. $600 \cdot 10^6$ Jahre für die Untergrenze des Kambriums – zehn Jahre bevor annehmbare Messungen von Nuclidkonzentrationen möglich waren.

### 8.4.2 Radiometrische Uhren

Verfahren, die den radioaktiven Zerfall (die spontane Umwandlung) gewisser Atomkerne *(Nuclide)* zur Altersbestimmung zu nutzen suchen, nennt man **radiometrische**, **isotopische** oder **„absolute" Datierungsmethoden**. Der radioaktive Zerfall gehorcht stets dem Gesetz (vgl. Abb. 8.13)

$$N(t) = N_0 \cdot \left(\frac{1}{2}\right)^{t/T} = N_0 \cdot e^{-\lambda t} \qquad (1)$$

Dabei ist N(t) die zur Zeit *t* (heute) vorhandene Anzahl bzw. Konzentration radioaktiver Atome *(Mutteratome)*. Diese ist anfangs, zur Zeit t = 0, $N_0 = N(0)$. *T* ist die **Halbwertszeit**, d.h. die Zeit, in der die Hälfte der Mutteratome zerfällt. e =

2,71828... ist die Basis des natürlichen Logarithmus (ln; ln e = 1).

$$\lambda = \frac{\ln 2}{T}$$

ist die **Zerfallskonstante**, das Maß für die Geschwindigkeit bzw. Wahrscheinlicheit eines Zerfalles.

Aus jedem Mutteratom wird beim Zerfall ein **Tochteratom**. Daher ergibt sich die Anzahl bzw. Konzentration der Tochteratome D(t) heute

$$D(t) = D_0 + [N_0 - N(t)] = D_0 + N(t) \cdot (e^{\lambda t} - 1) \qquad (2)$$

wo anfangs $D_0 = D(0)$ Tochteratome schon vorhanden sind.

Die wichtigsten Zerfälle, auch „Uhren" genannt, sind (a = Jahre):

Die **Uran/Thorium-Blei-Uhren**:

$$^{238}U \xrightarrow[6\beta]{8\alpha} {}^{206}Pb; \qquad T = 4{,}47 \cdot 10^9\,a$$

$$^{235}U \xrightarrow[4\beta]{7\alpha} {}^{207}Pb; \qquad T = 0{,}704 \cdot 10^9\,a$$

$$^{232}Th \xrightarrow[4\beta]{6\alpha} {}^{208}Pb; \qquad T = 14{,}01 \cdot 10^9\,a$$

Das jeweilige Endprodukt wird erst über mehrere Zwischenschritte erreicht, die aber erheblich schneller verlaufen als der erste Schritt. Bei einem $\alpha$-Zerfall wird ein Heliumatomkern abgestrahlt, bei einem $\beta$-Zerfall ein Elektron und ein Antineutrino.

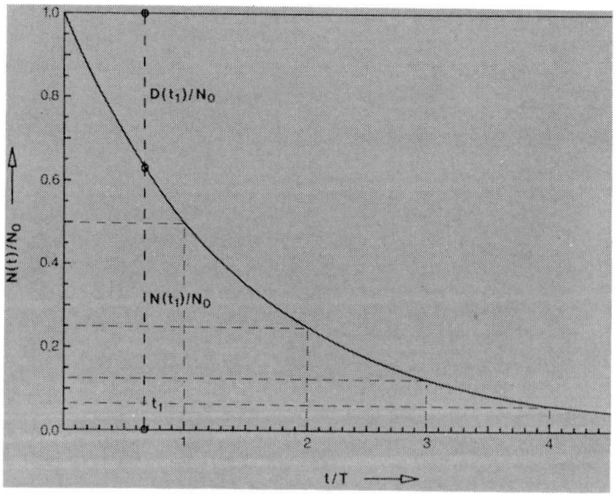


*Abb. 8.13: Gesetz des radioaktiven Zerfalls. Nach 1 Halbwertszeit T ist noch die Hälfte der ursprünglichen Anzahl $N_0$ von Mutteratomen vorhanden, nach 2 Halbwertszeiten ein Viertel, nach 3 Halbwertszeiten ein Achtel usw. $D(t_1)$ ist die Anzahl der zur Zeit $t_1$ zerfallenen Atome (der Tochteratome).*

Die **Kalium-Argon-Uhr**:

$$^{40}K \xrightarrow{\varepsilon} {}^{40}Ar; \qquad T = 1{,}31 \cdot 10^9\,a$$

Hierbei wird ein Elektron vernichtet und ein Neutrino abgestrahlt.

Die **Rubidium-Strontium-Uhr**:

$$^{87}Rb \xrightarrow{\beta} {}^{87}Sr; \qquad T = 48{,}8 \cdot 10^9\,a$$

Die **$^{14}$C-Uhr (Radiokohlenstoff-Uhr)** ist im Verhältnis zu den oben genannten eine Kurzzeituhr.

$$^{14}C \xrightarrow{\beta} {}^{14}N; \qquad T = 5730\,a$$

Unter der Voraussetzung, daß ein *geschlossenes System* vorliegt, d.h. daß nach der Entstehung des Gesteins weder Mutter- noch Tochteratome entwichen oder eingedrungen sind, kann man die Gleichungen (1) und (2) nach dem Alter *t* auflösen:

$$t = \frac{T}{\ln 2} \ln\left(\frac{N_0}{N(t)}\right) \qquad (1')$$

$$t = \frac{T}{\ln 2} \ln\left(1 + \frac{D(t) - D_0}{N(t)}\right) \qquad (2')$$

Darin ist T bekannt. N(t) und D(t) sind meßbar. Zur eindeutigen Bestimmung von t muß mindestens einer der beiden *Anfangswerte* $N_0$ und $D_0$ bekannt sein. *Beide Anfangswerte sind aber grundsätzlich nicht meßbar*, da man nur zum gegenwärtigen, nicht aber zu einem verflossenen Zeitpunkt messen kann. Es bleibt also zur Altersbestimmung *mindestens eine Unbekannte zuviel*. Das gilt auch, wenn mehrere Uhren gleichzeitig zur Verfügung stehen.

Ein Beispiel: Ein Mineral enthalte 0,013 g $^{238}U$ und 0,70 g $^{206}Pb$. Es liege ein abgeschlossenes System vor.

Wenn das Mineral anfangs kein $^{206}Pb$ enthielt, ist es $26{,}74 \cdot 10^9$ Jahre alt.

Wenn das Mineral $4{,}47 \cdot 10^9$ Jahre alt sein soll, muß es anfangs 0,689 g $^{206}Pb$ enthalten haben.

Wenn das Mineral gerade eben erst entstanden ist, muß es anfangs 0,70 g $^{206}Pb$ enthalten haben.

(Zu berücksichtigen ist, daß Uran- und Bleiatome verschiedene Massen haben.)

Es ist nicht berechtigt, anzunehmen, daß z.B. ein Lavagestein bei seiner Entstehung kein (radiogenes) $^{40}Ar$ enthalten könne und daß K-Ar-Alter daher zwar zu niedrig (infolge $^{40}Ar$-Verlustes), aber nicht zu hoch ausfallen könnten. So lieferten verschiedene Proben von Lavagestein aus Hawaii, dessen Entstehung in den Jahren 1800 bis 1801 dokumentiert ist, K-Ar-Alter zwischen $160 \cdot 10^6$ a und $2{,}96 \cdot 10^9$ a, während das wahre Alter 166-167 a betrug.

*Modellalter*

Ein Stein zeigt sein Alter keineswegs unumstößlich sicher an. Man erwartet aber von ihm aus der Stratigraphie (der geologischen Schicht) seines Fundortes in Verbindung mit der Geologischen Zeitskala ein bestimmtes Alter. Dazu zwei reale Beispiele:

*Beispiel 1:* Ein Mineral enthalte nur $^{206}$Pb, aber kein Uran. Es müßte demnach viele (mehr als 10) Halbwertszeiten des $^{238}$U alt sein, also über $45 \cdot 10^9$ a. Das Universum wäre dann mindestens ebenso alt. Das hohe Alter kann jedoch sofort annulliert werden durch die Annahme, daß das $^{206}$Pb von Anfang an in dem Mineral enthalten war oder erst nachträglich eingedrungen ist oder daß anfangs Uran vorhanden war und später herausgelöst wurde (offenes System).

*Beispiel 2:* Ein anderes Mineral enthalte $^{238}$U, aber kein $^{206}$Pb. Damit müßte die Probe jung sein. Wiederum kann ein im Theorierahmen der Historischen Geologie nicht annehmbares Alter damit abgewiesen werden, daß man vermutet, $^{206}$Pb oder andere Elemente der Zerfallsreihe des $^{238}$U seien entwichen oder das Uran sei erst kürzlich eingedrungen.

Die unbekannten Anfangswerte $N_0$ bzw. $D_0$ in Gleichung (1') bzw. (2') könnte man ausrechnen, wenn man das Alter des Gesteins schon wüßte. Man behilft sich i.a. damit, daß man ein *Denkmodell* über Entstehung und Geschichte einer zu datierenden Gesteinsprobe aufstellt. In jedes derartige Denkmodell gehen sehr konkrete vorgefaßte Annahmen über das Alter ein (höchstes und niedrigstes in Frage kommendes Alter aus der Geologischen Zeitskala; Erhitzungsereignisse, bei denen Mutter-, Tochter- oder Zwischenelemente teilweise verloren gegangen oder eingedrungen sein können u.a.). Diesem Modell entnimmt man $N_0$ bzw. $D_0$. Die daraus errechneten Alter, die mit der Richtigkeit der Modellvorstellung stehen und fallen, heißen **Modellalter**.

Es gibt auch andere Auswertungsmethoden, welche $N_0$ bzw. $D_0$ nicht direkt benötigen, wie z.B. die *Isochronenmethode*, die etwas komplizierter ist und daher hier nicht beschrieben wird. Die Isochronenmethode ist auch mit Problemen behaftet und kommt ebenfalls nicht ohne Modellannahmen aus, so daß auch für Isochronenalter die Bezeichnung „Modellalter" berechtigt ist.

*Scheinbares Alter*

In dem Buch *Die Geologische Zeitskala* (COHEE et al. 1978) wird eine bedeutsame Worterklärung gegeben (S. 26):

> „*Scheinbares Alter* – tatsächlicher Wert des geochronologischen Alters, der in einem radiometrischen Laboratorium nach Durchführung der Standardkorrekturen gewonnen wird..."

Was die Radiometrie liefert, ist lediglich ein *scheinbares* Alter. Zum „wahren" oder „akzeptierten" Alter kann es *nur* befördert werden, wenn es in das Intervall fällt, das von der Geologischen Zeitskala für die stratigraphische Lage des betreffenden Minerals vorgesehen ist. Andernfalls wird das Datierungsergebnis umgedeutet als „späteres Ereignis" (z.B. Erhitzung *nach* der Entstehung des Gesteins) oder als „ererbtes" Alter (die Uhr wurde bei der Entstehung des Gesteins nicht auf Null gestellt) oder das Ergebnis wird verworfen (z.B. unter der Annahme eines offenen Systems).

Es wird der Stratigraphie in Verbindung mit der Geologischen Zeitskala absoluter Vorrang gegenüber der Radiometrie eingeräumt. *Solange die Geologische Zeitskala aber über die Gültigkeit einer Datierung entscheidet, kann die Radiometrie nicht über die Richtigkeit der Geologischen Zeitskala befinden.* Das Zahlen*system* der Geologischen Zeitskala ist zwar praktisch nützlich, aber die Zahlen*werte* der Geologischen Zeitskala *müssen* nicht als absolut angesehen werden.

Aus den bisherigen Ausführungen wurde deutlich, daß den radiometrischen Altersbestimmungen eine ganze Reihe von nicht beweisbaren Annahmen zugrunde liegen, die es verbieten, die auf solchem Wege gewonnenen Modellalter als „absolute Alter" aufzufassen. Daneben sind zahlreiche radiometrische Messungen bekannt geworden, die ein mit der Geologischen Zeitskala nicht verträgliches Modellalter lieferten und deshalb verworfen werden. Diese schwerwiegenden Schwächen der Methodik dürfen aber nicht darüber hinwegtäuschen, daß *im Mittel* eine Regelhaftigkeit der *unterschiedlichen* Isotopenverteilung in den verschiedenen geologischen Systemen vorzuliegen scheint.

Durch die oben ausgeführte Kritik sind zwar die radiometrischen Deutungen *als solche* in Frage gestellt, doch sind die unterschiedlichen Isotopenverteilungen damit nicht erklärt. Daher muß die *konstruktive* Deutung der Isotopenverteilungen der Gesteine im Rahmen einer jungen Erde zur Zeit als ungelöstes Problem der Schöpfungslehre angesehen werden, obwohl es aus anderen Naturwissenschaftsgebieten Hinweise auf ein niedriges Erdalter gibt. Vier Beispiele sollen im folgenden genannt werden.

### 8.4.3 Hinweise auf ein niedriges Erdalter

*$^{14}C$-Datierung*

In der oberen Atmosphäre (10-80 km Höhe) finden laufend Ladungsaustauschreaktionen schneller Neutronen (n), die durch Höhenstrahlung erzeugt werden, mit Stickstoffatomkernen statt (p = Proton):

$$^{14}N + n \rightarrow {}^{14}C + p$$

Der dabei gebildete radioaktive überschwere Kohlenstoff $^{14}C$ verteilt sich in Form von $^{14}CO_2$ gleichmäßig in der Atmosphäre und wird von den Pflanzen assimiliert. Durch die Nahrungskette wird dafür gesorgt, daß fast alle heute *lebenden* Pflanzen, Tiere und Menschen dasselbe Konzentrationsverhältnis

$$^{14}C/^{12}C \approx 1/10^{12}$$

aufweisen.

Wenn ein Lebewesen stirbt oder ein Baumring verholzt, hört i.a. der Kohlenstoffaustausch mit der Umwelt auf, und die Konzentration des $^{14}C$ nimmt infolge des radioaktiven Betazerfalls

$$^{14}C \rightarrow {}^{14}N + e + \bar{\nu}$$

($\bar{\nu}$: Anti-Neutrino, e: Elektron) ab mit der Halbwertszeit T = 5730 a (d. h. nach 5730 Jahren wird $^{14}C/^{12}C \approx 0{,}5/10^{12}$, nach 11460 a: $0{,}25/10^{12}$, nach 40000 a: $7{,}9 \cdot 10^{-15}$, nach 100000 a: $5{,}6 \cdot 10^{-18}$). Die entstehenden $^{14}N$-Atome lassen sich neben den in der Luft vorhandenen Mengen $^{14}N$ nicht nachweisen.

Zwei Meßmethoden werden verwendet:

1. Zählung der $^{14}C$-*Zerfälle* in einem Zählrohr. Bei diesem (älteren) Verfahren benötigt man etwa 10 g Kohlenstoff.

2. Zählung der $^{14}C$-*Atome* mit Hilfe eines Teilchenbeschleunigers (Beschleuniger-Massenspektrometrie, BMS). Hierzu sind nur wenige Milligramm Kohlenstoffs erforderlich. Man kann ein einzelnes Weizenkorn datieren oder kleine Stückchen wertvoller Kulturschätze oder Fossilien.

Die BMS sollte zudem genauer sein und die Berechnung höherer $^{14}C$-Alter (Messung kleinerer $^{14}C/^{12}C$-Verhältnisse) erlauben. Während die Zähler-Methode bei 40000 $^{14}C$-Jahren ihre Grenze hat, sollte man mittels BMS über 100000 $^{14}C$-Jahre erreichen. Tatsächlich hat die seit 1977 existierende BMS bisher aber selbst bei Graphit oder Anthrazit, dessen Alter mit Hunderten von Millionen Jahren angegeben wird, lediglich $^{14}C$-Alter von 40000-60000 a geliefert. Diese unerwarteten Ergebnisse führt man auf Verunreinigung der Proben bzw. der Meßapparatur durch „jungen" $^{14}C$-haltigen Kohlenstoff zurück; falls aber das gemessene $^{14}C$ tatsächlich in den Proben vorhanden ist, würde es die Jahrmillionen ausschließen. An dieser Stelle ist auch ein verkohlter Ast von Bedeutung, der waagerecht in Kalkstein einer für 100 Millionen Jahre alt geltenden Sedimentbank des Kreidesystems eingebettet war und ein $^{14}C$- Alter von 12800 a ergab.

Für die Ermittlung des Alters t gemäß Gleichung (1') benötigt man das beim Tode des Lebewesens gültige „anfängliche" Verhältnis $N_0 = {}^{14}C/^{12}C$ (t = 0). Es ist nicht korrekt, dafür den heutigen Wert ($10^{-12}$) zu verwenden. Die $^{14}C$-*Produktion* ist abhängig von den wechselnden Intensitäten der kosmischen Strahlung, der Sonnenaktivität und des Erdmagnetfeldes. Das *Verhältnis* $^{14}C/^{12}C$ wird ferner bestimmt durch die Menge von $^{12}C$ in Atmosphäre, Ozean und Biosphäre, auf die sich das gebildete $^{14}C$ verteilt.

Intensive vulkanische Aktivität mit Ausstoß von viel $^{12}CO_2$ u.U. mit Ausfällung von Karbonatgestein könnte das $^{14}C/^{12}C$-Verhältnis senken.

Wäre die vorhandene Biomasse größer (z.B. weniger Wüsten) ergäbe sich ein kleineres Verhältnis $^{14}C/^{12}C$.

Ein kleinerer Wert von $^{14}C/^{12}C$ beim Tode eines Lebewesens würde bei einer späteren Datierung zu einem zu hohen Zahlenwert für das Alter führen.

Mit Hilfe der Dendrochronologie (Zählung der Jahresringe von Bäumen, besonders Borstenkiefer, Sequoia, Eiche) kann man das anfängliche $^{14}C/^{12}C$-Verhältnis bestimmen (Eichkurve). Diese Möglichkeit besteht aber nur für einen Meßbereich von einigen Jahrtausenden.

Datierungsergebnisse, die nicht durch lückenlose Dendrochronologie abgedeckt sind, sind sehr stark modellabhängig. Selbst hohe $^{14}$C-Alter können im Rahmen eines Katastrophenmodells (Mega-Sukzessionsmodell; Abschnitt 8.3) als tatsächliches Alter von mehreren Jahrtausenden gedeutet werden. Dagegen ist es praktisch unmöglich, an einem Jahrmillionenalter einer Probe festzuhalten, wenn in ihr signifikante Mengen von $^{14}$C gemessen werden.

### *Uran- und Polonium-Strahlungshöfe*

Die heute weit verbreiteten Theorien über die Entstehung der Erde nehmen an, sie sei aus Gesteinsbrocken, Staub und Gas gebildet worden, die unter dem Einfluß der Schwerkraft eine glutflüssige Kugel gebildet hätten. Während einer sehr langsamen Abkühlung seien die Gesteine der Erdkruste auskristallisiert. Diese Vorstellung wird grundsätzlich durch das Phänomen der Polonium-Strahlungshöfe im Urgestein der Erde in Frage gestellt.

**Strahlungshöfe** sind kugelförmige (im mikroskopischen Schnitt kreisförmige) Verfärbungen eines i.a. durchsichtigen Materials wie z.B. Glimmer (Abb. 8.14). Ihr Durchmesser beträgt 0,01-0,1 mm. Sie werden durch α-Strahlen hervorgerufen, die von einem etwa 1 μm großen radioaktiven Zentrum ausgingen. Wenn die radioaktive Substanz im Zentrum eine Kette von α-Zerfällen durchläuft, wie z.B. $^{218}$Po (T = 3,05 min) → $^{214}$Po (T = 0,000164 sec) → $^{210}$Po (T = 138 Tage) → $^{206}$Pb,

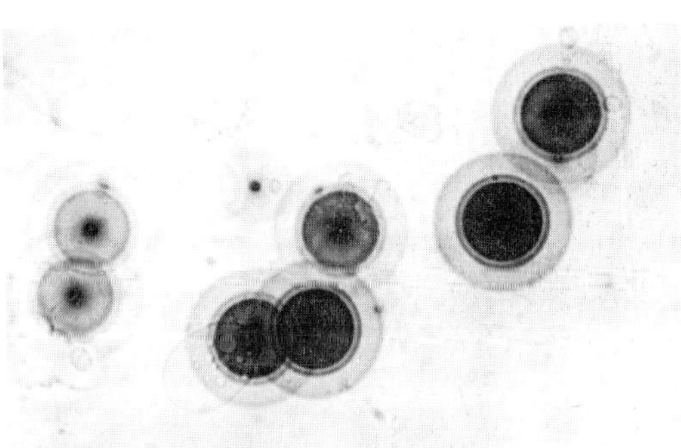

*Abb. 8.14: $^{218}$Polonium-Strahlungshöfe in Glimmer. Die drei Ringe jedes Hofes stammen von folgenden α-Zerfällen: 1. mittlerer Ring $^{210}$Po (T = 3,00 min), 2. äußerer Ring $^{214}$Po (T = 164 μs), 3. innerer Ring $^{210}$Po (T = 138 d). Vergrößerung 275-fach. (Aufnahme: R. V. Gentry, Oak Ridge National Laboratory)*

so entsteht für jeden α-Zerfall ein Ring, also für $^{218}$Po drei konzentrische Ringe, deren Radien (entsprechend den unterschiedlichen Zerfallsenergien) charakteristisch für den jeweiligen α-Zerfall sind (Abb. 8.14). $^{218}$Po ist zwar ein Element der Zerfallsreihe des $^{238}$U, die Zentren der Poloniumhöfe enthalten und enthielten jedoch kein Uran. Sie haben infolge der kurzen Halbwertszeiten auch kein Polonium mehr, sondern nur das stabile Endprodukt $^{206}$Pb. Es kommen Polonium-Höfe mit drei Ringen (Abb. 8.14) vor, solche mit zwei Ringen (der mittlere Ring fehlt) und solche mit nur einem Ring (dem innersten). Sie müssen ursprünglich $^{218}$Po bzw. $^{214}$Po bzw. $^{210}$Po enthalten haben. Strahlungshöfe können nur erhalten bleiben, solange die Temperatur des Materials unter 300°C liegt, sonst werden sie gelöscht.

Wenn das Polonium aus dem Uran-Zerfall stammte, müßte es – da es drei Arten von Po-Strahlungshöfen gibt – *nach Isotopen getrennt* zu den Strahlungshofzentren gewandert sein (was höchstens im flüssigen heißen Material möglich wäre), danach mußte das Gestein auskristallisiert und erkaltet sein. Dies alles dürfte kaum länger als die Halbwertszeit des jeweiligen Po-Isotops dauern – weniger als 1 Millisekunde bei $^{214}$Po

Angesichts solcher Forderungen wird verständlich, daß bisher nur Entstehungsmodelle für die Strahlungshöfe enthaltenden Gesteine vorgebracht wurden, nach denen das Polonium an Ort und Stelle zugleich mit dem Urgestein erschaffen wurde, und zwar bei einer Temperatur unter 300°C.

Auch zur Abschätzung der oberen Altersgrenze von Erdschichten können bestimmte Strahlungshöfe benutzt werden: R. Gentry fand in devonischer Kohle *Uran*-Strahlungshöfe. Diese Strahlungshöfe zeigten an, daß erst *einer* der acht α-Zerfälle der $^{238}$U-Reihe stattgefunden hatte. Der zweite Zerfall, der des $^{234}$U mit T = 244 · 10$^{3}$ a, hätte einen zweiten Hof (eine zweite konzentrische Kugel) hervorgerufen, wenn er mit nennenswerter Häufigkeit aufgetreten wäre. D.h. es stand für ihn nicht genügend Zeit zur Verfügung. In ihrem Zentrum enthielten diese Strahlungshöfe $^{238}$U, aber praktisch kein $^{206}$Pb. Bei einem Alter von 380 · 10$^{6}$ a, wie man es der Geologischen Zeitskala entnimmt, hätte man aber gut meßbare Mengen von $^{206}$Pb erwarten müssen. Gentry stellte fest, daß die Kohle mindestens 1000mal jünger sein sollte, als die Geologische Zeitsksala angibt. Wenn das Devon jünger als 380000 a ist, so müssen auch alle darüber liegenden Systeme jung sein.

*Der geringe Heliumgehalt der Erdatmosphäre.*

Beim radioaktiven Zerfall der Nuclide $^{238}U$, $^{235}U$ und $^{232}Th$ über mehrere Zwischenstufen bis zu den stabilen Endprodukten $^{206}Pb$ bzw. $^{207}Pb$ bzw. $^{208}Pb$ werden 8 bzw. 7 bzw. 6 $\alpha$-Zerfälle durchlaufen. Bei jedem $\alpha$-Zerfall entsteht ein Heliumatom.

Es wird also in der Erdkruste fortwährend $^4He$ gebildet, welches allmählich in die Atmosphäre ausströmt (Abb. 8.15). Da Helium ein Edelgas ist, kann es nirgends chemisch gebunden werden. Vorausgesetzt, daß es nicht in den interplanetaren Raum entweicht, wird es sich in der Atmosphäre ansammeln.

Der relative Volumenanteil des Heliums in der Erdatmosphäre beträgt $(5{,}24 \pm 0{,}05) \cdot 10^{-6}$. Dies entspricht insgesamt $N = 5{,}59 \cdot 10^{38}$ Helium-Atomen oder einer Flächendichte $\sigma = 1{,}1 \cdot 10^{24}$ Atome $m^{-2}$. Der Zufluß von $^4He$ aus der Erdkruste in die Atmosphäre beläuft sich auf $j_+ = 2 \cdot 10^{10}$ Atome $m^{-2} \cdot s^{-1}$. Der sehr großzügig abgeschätzte Entweichfluß aus der obersten Atmosphäre beträgt höchstens $j_- = 5 \cdot 10^8$ Atome $m^{-2} \cdot s^{-1}$. Es strömt also mindestens 40mal soviel zu wie ab.

Man erhält ein Alter der Atmosphäre (der Erde) $t \approx \sigma/(j_+ - j_-) = 1{,}8$ Millionen Jahre, den *2500. Teil* des „Standard"-Erdalters von 4,6 Milliarden Jahren. Dabei wurde angenommen, die Atmosphäre habe anfangs kein $^4He$ enthalten und es sei kein $^4He$ von außen (von der Sonne) in die Atmosphäre gelangt. Macht man diese Annahmen nicht, wofür es plausible Argumente gibt, so kann man leicht Alter von lediglich Jahrtausenden erhalten: Die 1,8 Millionen Jahre stellen also nur eine obere Schranke für das Erdalter dar.

Verschiedene Effekte wurden postuliert, die ein höheres Erdalter ermöglichen sollten: Seltene starke Erhitzungen der Exosphäre, Polwind, Mitnahme durch Sonnenwind, Energieaustausch von He-Atomen mit heißen Ionen. Die hier herangezogenen Phänomene liefern jedoch nach bisheriger Erkenntnis nur Entweichflüsse, die um mehrere Zehnerpotenzen zu klein sind.

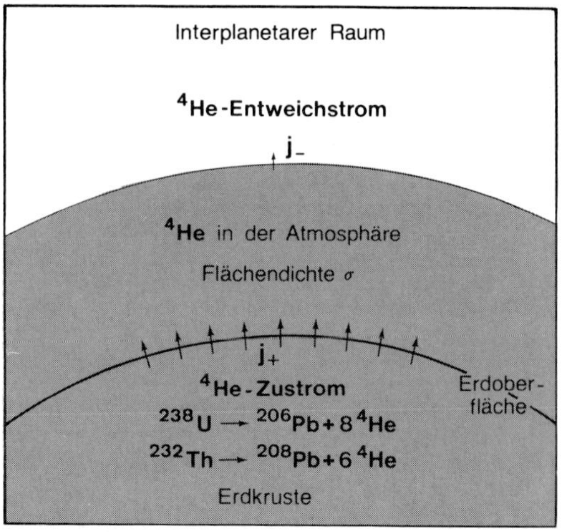


*Abb. 8.15: $^4$He in der Erdatmosphäre. Erläuterungen im Text.*

*Die geringe Lebensdauer kurzperiodischer Kometen*

Kometenkerne sind Himmelskörper von mehreren Kilometern Größe, die zu unserem Sonnensystem gehören. Sie bewegen sich auf elliptischen Bahnen, in deren einem Schwerpunkt sich die Sonne befindet. Die Kometenkerne sind lockere Bälle aus Eis von $H_2O$, $CH_4$, $CO_2$ und anderen flüchtigen Stoffen sowie aus Staub und Steinchen.

Befindet sich der Kern in geringerem Abstand von der Sonne als 1-2 Erdbahnradien (astronomische Einheiten = AE), so bildet er unter dem Einfluß der Sonnenstrahlen durch Ausgasung einen bis sonnengroßen Kopf (Koma aus Gas), sowie einen geradlinigen Plasmaschweif (aus ionisiertem Gas) und einen gebogenen Staubschweif aus, deren Länge größer als 2 AE sein kann. Bei jedem Flug um die Sonne (Periheldurchgang) verliert der Kern eine Oberflächenschicht von einigen Metern Dicke. Daher ist die Zahl der möglichen Periheldurchgänge der Kometen auf etwa 100-1000 begrenzt. Danach bleibt eine Spur von Staub und Steinchen (Meteorstrom) und u.U. ein entgaster Kern in Form eines Asteroiden zurück.

Die Bahnen der Kometen können bei Annäherung an die großen Planeten, besonders Jupiter, stark gestört werden, z.T. derart, daß der Komet für immer aus dem Sonnensystem hinausgeschleudert wird. Wegen der Massenverluste und der Bahninstabilitäten sind Kometen(kerne) *kurzlebige* Gebilde.

Je nach Umlaufszeit T teilt man die Kometen in zwei Hauptklassen ein (a = Jahre):
*Kurzperiodische Kometen* (KPK) mit $0{,}3a < T < 200a$ und
*Langperiodische Kometen* (LPK) mit $T > 200a$.

Bei den langperiodischen unterscheidet man gemäß ihrem Aphelabstand A (größte Entfernung von der Sonne) zwei Unterklassen:
*„alte"* LPK mit $A < 30000$ AE und
*„neue"* LPK mit $30000 \text{ AE} < A < 100000$ AE.

Die Bahnen der KPK sind i.a. weniger exzentrisch (mehr kreisförmig) und wenig geneigt gegen die Erdbahnebene. Die Bahnen der LPK sind sehr exzentrisch (langgezogen) und ihre Achsen sind gleichförmig (kugelsymmetrisch) verteilt.

Die KPK müßten nach höchstens 1000 Umläufen von maximal 200 Jahren Dauer, also nach maximal *200000 Jahren* verschwunden sein. Die LPK könnten zwar etwas länger existieren, jedoch wegen der Bahnstörungen bei weitem nicht so lange, wie das konventionelle Alter des Sonnensystems (5 Milliarden Jahre) angibt. In einem so alten Sonnensystem ist also nicht mit der Existenz von Kometen zu rechnen. Da die Kometen kurzlebig sind und nicht laufend neu gebildet werden können, hat man ein aufwendiges *Denkmodell* konstruiert, das auf Jan Hendrik Oort (1950) zurückgeht und trotz der Exi-

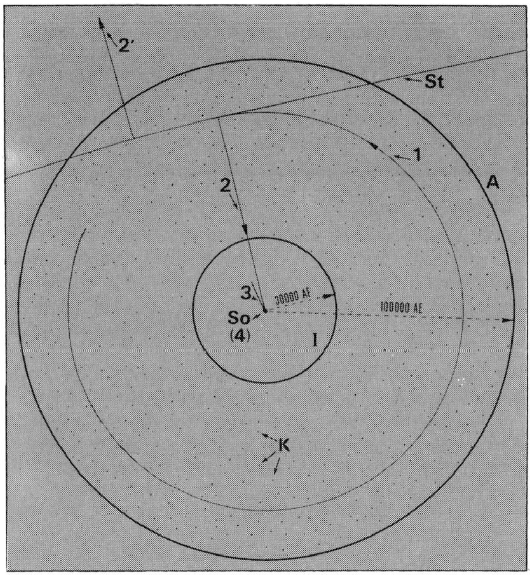


*Abb. 8.16: Das Denkmodell der Oort'schen Wolke. A: Außenrand der Oort'schen Wolke, I: Innenrand, K: $10^{11}$-$10^{12}$ Kometenkerne der Oort'schen Wolke, So: Sonne samt Planeten und aus „alten" LPK entstandenen KPK (4), St: Bahn eines vorbeifliegenden Sterns, 1: Bahn eines Kometenkerns der Oort'schen Wolke, 2: Bahn eines „neuen" LPK, 2': Bahn eines der vielen durch den Stern hinausgeschleuderten Kometenkerne, 3: Bahn des zuvor „neuen" LPK, der durch Bahnstörung zu einem „alten" LPK wurde. Die Bahnen der KPK (4) können bei Beachtung des Maßstabs wegen ihres vergleichsweise geringen Durchmessers nicht eingezeichnet werden. Das gesamte bekannte Planetensystem schrumpft in der Zeichnung auf einen Punkt von weniger als 0,1 mm Durchmesser zusammen.*

stenz der Kometen ein hohes Alter des Sonnensystems ermöglichen soll: Die KPK sollen Nachschub bekommen durch Umwandlung von „alten" LPK in KPK. Die LPK sollen aus der *Oort'schen Wolke* nachgeliefert werden.

Die Oort'sche Wolke (Abb. 8.16) ist eine postulierte Menge von $10^{11}$-$10^{12}$ Kometenkernen, die sich innerhalb einer gleichmäßig gefüllten Kugelschale zwischen den Entfernungen 30000 AE und 100000 AE (0,5-1,5 Lichtjahre) von der Sonne auf kreisähnlichen Bahnen bewegen („K" in Abb. 8.16).

Diese Wolke soll durch gelegentlich vorbeifliegende Sterne (St) derart gestört werden, daß einige Kometenkerne eine stark exzentrische Bahn erhalten (2), die sich der Sonne bis auf wenige AE nähert. Auf diese Weise sollen die „neuen" LPK entstehen, die bislang noch nie in Sonnennähe waren. Schon beim ersten Vorbeiflug an der Sonne sollen ihre Bahnen sich so ändern, daß aus ihnen „alte" LPK (3) werden.

Das geschilderte Denkmodell stößt jedoch auf zahlreiche unüberwindliche Schwierigkeiten:

*1. Die Oort'sche Wolke konnte nicht entstehen:* Die Kometenkerne konnten sich nicht an Ort und Stelle bilden, da dort nicht genug Materie vorhanden gewesen wäre. Sie hätten im Bereich zwischen Jupiter- und Neptun-Bahn entstehen müssen. Dann hätten sie von den Planeten in die große Entfernung (30000-100000 AE) geschleudert werden und bei ihrer Ankunft von einem zufällig dort befindlichen Stern auf eine kreisähnliche Bahn geleitet werden müssen. Da die Wahrscheinlichkeit dafür sehr gering ist, hätten ursprünglich mehr als $10^{16}$ Kometenkerne vorhanden sein müssen, die zusammen ein Vielfaches der Masse aller Planeten besessen hätten – zuviel, als daß die Planeten sie hätten hinausschleudern können.

*2. Die Oort'sche Wolke kann nicht 5 Milliarden Jahre bestehen:* Wenn das Sonnensystem Molekülwolken in den Spiralarmen der Milchstraße durchquert, würde die Oort'sche Wolke abgestreift, da sie in der großen Entfernung nur schwach gebunden ist. Auch würden die vorbeifliegenden Sterne, welche die Kometenkerne zur Sonne hinlenken sollen, die Wolke dezimieren, da es vieltausendmal wahrscheinlicher ist, daß sie die Kometenkerne aus dem Sonnensystem hinausschleudern (2' in Abb. 8.16).

*3. Die kurzperiodischen Kometen können nicht schnell genug aus den langperiodischen nachgeliefert werden:* Die Planeten können die LPK nicht auf einmal, sondern erst nach vielen nahen Vorbeigängen in KPK umwandeln. Der Vorgang ist um einen Faktor 1000-10000 zu langsam.

Diese und etliche weitere Fakten lassen das Modell der Oort'schen Wolke als unhaltbar erscheinen. Andere Modelle der Entstehung von Kometen z.B. durch Vulkanausbrüche oder durch Verdichtung aus Meteorströmen sind noch weniger glaubhaft. Am besten lassen sich die vorliegenden Beobachtungen im Rahmen eines – einschließlich der Kometen – vor nicht mehr als einigen Jahrzehntausenden erschaffenen Sonnensystems deuten.

### 8.4.4 Zusammenfassung

1. Radiometrische Altersbestimmungen beruhen neben der Messung von Isotopenverteilungen auf z.T. nicht beweisbaren Grundannahmen. Deshalb liefern diese Methoden *keine absoluten* Alter, sondern *scheinbare* Alter oder *Modellalter*.

2. Bei vielen Messungen waren die radiometrischen Alter mit den geologischen Altern *unverträglich* und wurden deshalb verworfen. Der Geologischen Zeitskala wird grundsätzlich Vorrang vor den radiometrischen Modellaltern gegeben. Sie kann deshalb von diesen *nicht gestützt* werden.

3. Die konstruktive Deutung der Isotopenverteilung im Sinne eines Schöpfungsmodells muß als noch *nicht gelöstes Problem* der Schöpfungslehre angesehen werden.

4. Es gibt Befunde, die unabhängig von der Isotopenproblematik auf ein *junges Alter* der Erde und damit der fossilhaltigen Schichten hinweisen.

## 8.5 Die karbonischen Steinkohlenwälder – eine untergegangene Lebensgemeinschaft

In diesem und im folgenden Abschnitt gehen wir anhand zweier Beispiele der Frage nach, welche Schlußfolgerungen aus Beobachtungen an Schichtgesteinen und den in ihnen enthaltenen Fossilien über die Bildungsdauer und -umstände der Sedimente gezogen werden können.

### 8.5.1 Das flözführende Karbon als geologische Einheit

Das System **Karbon** (lat. *carbo* = Kohle) hat seinen Namen von den besonders in diesen Sedimentgesteinen eingelagerten umfangreichen Steinkohlenvorkommen und beschreibt die zwischen Devon und Perm liegenden Gesteinsabfolgen (s. Tab. 8.1). Im Oberkarbon, der oberen Abteilung des Karbons, ist die Kohlenführung am intensivsten; für dessen Bildungsdauer werden gewöhnlich 30-40 Millionen Jahre veranschlagt. Die Historische Geologie nimmt an, daß das Karbon vor ca. 280 Millionen Jahren endete. Steinkohle als solche ist, wenn auch recht selten, bereits im Devon, noch relativ häufig im Perm und gelegentlich auch in den darüberliegenden Systemen anzutreffen.

**Steinkohlenflöze** (althochdeutsch *flezz* = flach, bergmännische Bezeichnung für Schichten nutzbarer Gesteine) des Karbons liegen in Schichtfolgen von Sandstein, Sandschiefer, Schieferton und gelegentlich Kalkstein eingebettet (Abb. 8.17).

*Abb. 8.17: Ca. 45 cm starkes Steinkohlenflöz (dunkles Band) im Ruhrgebiet, unterlagert von sandstreifigen Schiefertonen. Überschichtet wurde das Flöz vom konglomeratischen Finefrau-Flächensandstein; dieser „zeigt eine rasche Schüttung" (Richter 1977, S. 159). (Flöz Mentor 3, Wittener Schichten, Witten-Bommern)*

*Abb. 8.18: Wurzelhorizont mit Wurzelorganen von Karbonbäumen. Zwei Stigmarien liegen über Kreuz. Die Appendices stehen als dunkle Streifen von der Stigmarie ab. Sie sind durch den Druck überlagernder Schichten flachgepreßt worden. Bildbreite ca. 75 cm. (Essen-Kupferdreh)*

*Abb. 8.19: Wurzelorgane von Karbonbäumen. Auch hier stehen die Appendices als dunkle Streifen von der Stigmarie ab. (Ruhrland-Museum, Essen)*

Unter den meisten Flözen ist ein *Wurzelhorizont* (Abb. 8.18) zu finden. Dieses Gestein enthält in großer Zahl Wurzelträger (**Stigmarien**) mit radial abstehenden, feinen Wurzeln (Abb. 8.19). Das darüberliegende Flöz kann aus unterschiedlichen Steinkohlensorten bestehen (z.B. Glanzkohle, Mattkohle) und läßt manchmal noch mikroskopisch sichtbare Organstrukturen (etwa Sporen) erkennen, woraus auf bestimmte Bildungspflanzen und -bedingungen geschlossen wird. In den direkt über der Kohle liegenden Schichten (Dach- oder Pflanzenschiefer) kann man jedoch zahlreiche Abdrücke von kreuz und quer liegenden Resten von Stämmen (Abb. 8.26), Ästen, gut erhaltenen Farnwedeln (Abb. 8.21 und 8.22) oder auch Zapfen der Karbonpflanzen finden. Genaue Untersuchungen haben gezeigt, daß die Karbonvegetation hauptsächlich aus *Bärlappgewächsen* (Siegel- und Schuppenbäumen), *Riesenschachtelhalmen* (Calamiten), *Farngewächsen* (z. B. Baumfarnen, s. Abb. 8.22) und entfernt nadelbaumähnlichen *Cordaiten* (Abb. 8.20) zusammengesetzt ist. Infolge fortschreitender Ablagerung (Sedimentation) und Überschichtung bei Absenkung der Erdkruste ist diese Pflanzenmasse verschüttet und inkohlt worden. **Inkohlung** ist ein chemischer Prozeß, bei dem sich die Pflanzenbestandteile unter Sauerstoffabschluß und Temperaturanstieg bei zunehmender Anreicherung von Kohlenstoff umwandeln (vgl. Abschnitt 8.5.4).

Wie die fossilen Reste karbonischer Pflanzen Rückschlüsse auf die Flora erlauben, so ermöglichen Reste versteinerter Tiere eine Vorstellung von der Karbonfauna. Es sind z.B. zahlreiche Amphibien und Insekten, einige Reptilienarten, aber keine Säugetiere oder Vögel identifiziert worden. Überdimensionale libellenartige Insekten (Flügelspannweite bis 75 cm) und Riesentausendfüßler (bis 2 m lang) wirken heute phantastisch, sind aber belegte Realitäten (s. Abb. 8.32). Auch diese eigentümlichen Lebewesen waren an die Gesamt-Lebensgemeinschaft angepaßt. Daß beispielsweise nur ganz bestimmte Insektenformen gefunden wurden, ist nach SCHEVEN (1982, S. 92) „bei der Abwesenheit von Blütenpflanzen nicht anders zu erwarten". Neben diesen in den Karbonwäldern lebenden Tieren finden sich zahlreiche Reste mariner und limnischer Lebewesen in bestimmten Sedimenthorizonten; so besonders Goniatiten (paläozoische Kopffüßer mit spiralig gewundenem Gehäuse), Muscheln, Schnecken, Brachiopoden und Fische.

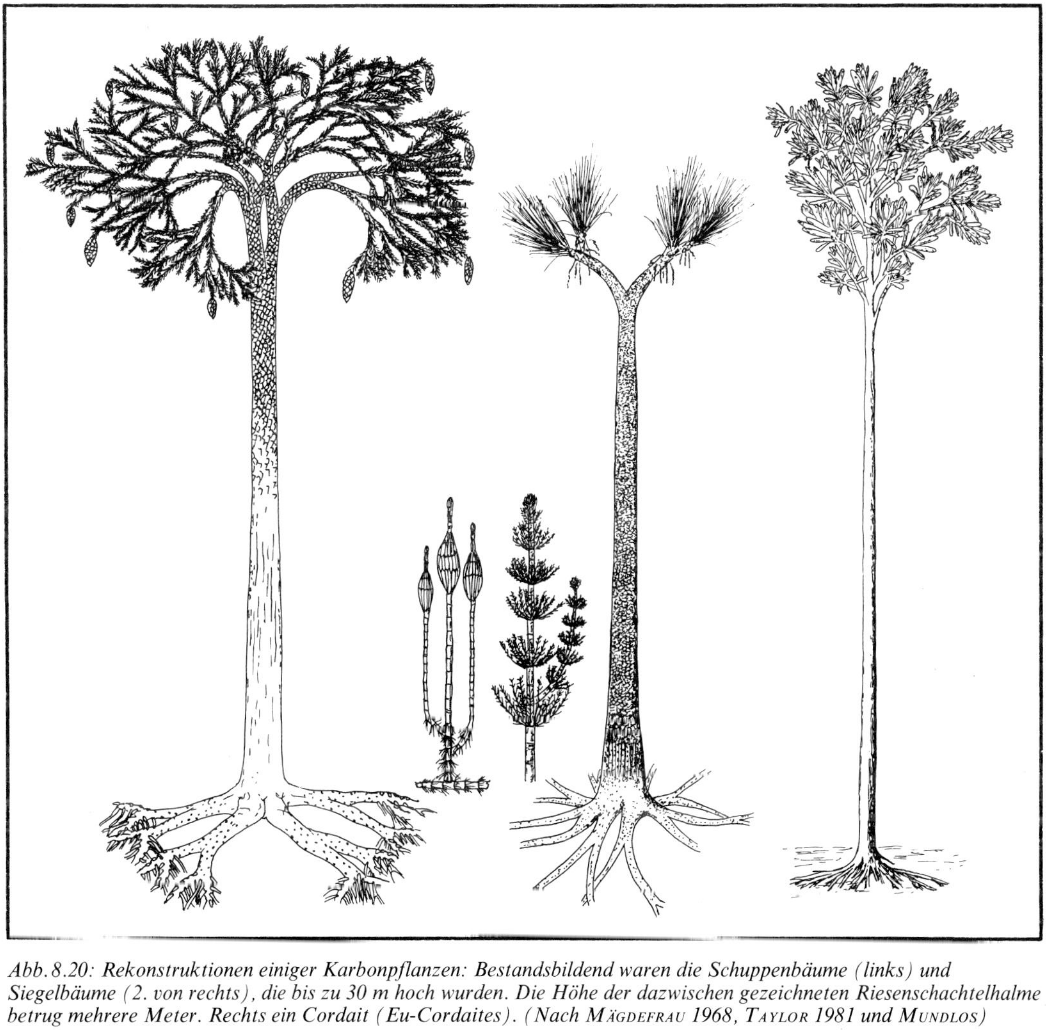

*Abb. 8.20: Rekonstruktionen einiger Karbonpflanzen: Bestandsbildend waren die Schuppenbäume (links) und Siegelbäume (2. von rechts), die bis zu 30 m hoch wurden. Die Höhe der dazwischen gezeichneten Riesenschachtelhalme betrug mehrere Meter. Rechts ein Cordait (Eu-Cordaites). (Nach MÄGDEFRAU 1968, TAYLOR 1981 und MUNDLOS)*

*Abb. 8.21: Karbonisches Farngewächs aus dem Hangenden (Dachschiefer) eines Flözes. Die gute Erhaltung der zarten Farnwedel erklärt sich durch plötzliche Verschüttung. (Ruhrland-Museum, Essen)*

*Abb. 8.22: Rekonstruktion eines Baumfarnes aus dem Karbon anhand von Fossilabdrücken. Solche Fossilien erlauben dem Wissenschaftler, vieles über die ausgestorbenen Karbonwälder in Erfahrung zu bringen. (Landessammlungen für Naturkunde, Karlsruhe)*

Die karbonischen Pflanzen und Tiere sind nahezu ausnahmslos ausgestorben. So ist der Lebensraum der karbonischen Organismen einer direkten Beobachtung entzogen und kann nur anhand von Fossilfunden und sedimentologischen Studien rekonstruiert werden. Eine solche Rekonstruktion soll in diesem Abschnitt im Rahmen des Schöpfungsmodells versucht werden. Doch zuvor wird die in der Historischen Geologie übliche Deutung der Kohlenflöze besprochen.

### 8.5.2 Die Deutung des Karbons im Rahmen der Historischen Geologie

Hier kann nicht auf alle Details eingegangen werden, sondern es wird das gängige, allgemeine Verständnis der Steinkohlenbildung, wie es in Schulbüchern und populären Darstellungen angeboten wird, kurz zusammengefaßt.

Abb. 8.23, eine typische Schulbuchdarstellung, darf diesbezüglich als repräsentativ betrachtet werden. Das obere Bild zeigt einen auf Küstenebenen wachsenden Urwald. Im Boden kommt es zu einer Torfbildung. Wie im zweiten Bild gezeigt, stellt man sich vor, daß durch die Absenkung des Bodens der Wald vom Meer überdeckt und unter Sedimenten begraben wird. Dann kommt es durch eine Hebung des Untergrundes zu einem Rückzug des Meeres (drittes Stadium), und mit dem Wachstum neuer Wälder beginnt ein neuer Zyklus. Durch die Absenkung in größere Tiefen wird aus Torf Braun- und später Steinkohle. Schließlich werden die Schichten tektonisch verstellt (unteres Bild), teilweise erodiert und anschließend z.T. mit späteren Sedimenten überlagert (nicht dargestellt).

Wenn man die Anzahl der Flöz-Horizonte in einem Senkbecken betrachtet (z.B. im Saarbecken über 500 in einer Schichtfolge von ca. 5000 Metern), dann versteht sich von selbst, daß das Karbon im Rahmen eines solchen Entstehungsmodells als eine geologische Epoche von vielen Millionen Jahren interpretiert werden *muß*. Bevor die für die Ablagerungen des Karbon- Systems notwendigen Zeiten näher besprochen werden, wenden wir uns der Frage zu, ob denn die Karbonwälder wirklich als Moorvegetation an den Stellen gewachsen sind, wo man sie heute als Steinkohlenflöze findet.

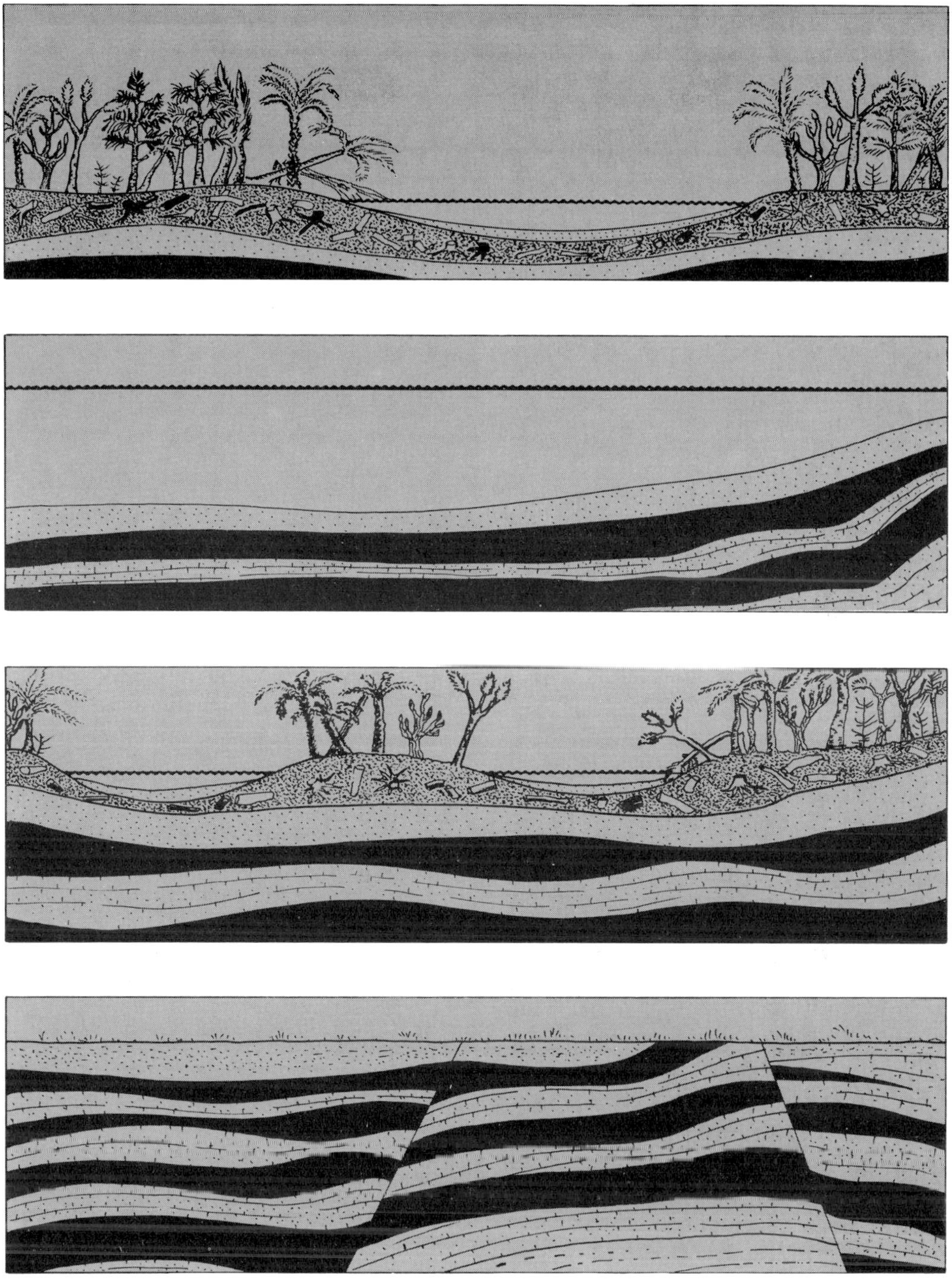

*Abb. 8.23: Entstehung der Steinkohle nach einer typischen Schulbuchdarstellung. Sie illustriert in sehr vereinfachter Form die Theorie der autochthonen (am Fundort entstandenen) Bildung der Steinkohle. Am Rande sei bemerkt, daß in diesem skizzenhaften Entwurf die Flöze zu mächtig und die Zwischengesteine zu dünn eingezeichnet sind und der Inhalt des Torfes unrichtig dargestellt ist, vgl. Abschnitt 8.5.4. (Nach Bär 1977)*

### 8.5.3 Die Ökologie der Steinkohlenwälder

Herkömmlich wird die Entstehung der Wälder, die später zu Steinkohlenflözen wurden, für **autochthon** (an Ort und Stelle gewachsen, im Gegensatz zu **allochthon**, nicht am Fundort entstanden) gehalten (Abb. 8.23). Man läßt dafür mehrere Fakten sprechen; die wohl wichtigsten sind:
1. große Flächendeckung der Flöze
2. Wurzelböden im Liegenden der Flöze
3. Aufrechte Baumstümpfe über den Flözen

*Schwimmende Wälder*

Worauf sind diese Steinkohlenwälder wirklich gewachsen? Die Antwort „auf einem Boden" erscheint zwar selbstverständlich; wie aber im folgenden dargelegt werden soll, deuten entscheidende Daten auf schwimmende Waldflächen und nicht auf gewöhnliche, im Boden verwurzelte Baumbestände hin. Eine Schwimmwaldnatur der Karbonflora würde die autochthone Entstehung der Flöze aufs schwerste in Frage stellen und darüber hinaus Zweifel an den Jahrmillionen wecken, welche die Historische Geologie der Entstehung des Karbon-Systems zubilligt.

Konfrontiert mit dem in Abb. 8.24 gezeigten fossilen Überrest eines Siegelbaumstumpfes gewinnt man allerdings auf den ersten Blick den Eindruck eines im Boden normal verwurzelten Baumes. Ähnliche Stümpfe wurden über zahlreichen Flözen gefunden, besonders große z.B. am Piesberg bei Osnabrück, wovon ein Exemplar im Bergbaumuseum in Bochum ausgestellt ist. Im folgenden wird jedoch eine Reihe von Indizien beschrieben, die den Eindruck eines im Boden verwurzelten Baumes in Frage stellen. Einmal bestehen die hier erwähnten Bärlapp-Baumstümpfe nicht aus inkohltem normalem Festholz, sondern sind zu Steinkernen verfestigte Innenausgüsse *luftgefüllter* Hohlräume. Bei den Stämmen und Stigmarien fossiler Schuppen- und Siegelbäume kann nämlich folgender Aufbau festgestellt werden:
- Eine feste, stützende (äußere) Rinde mit Blattpolstern, denen die Blätter aufsaßen (bei dem abgebildeten Stumpf ist die inkohlte Rinde nicht mehr vorhanden),
- ein Innenraum, der in der Mitte von einem Zentralzylinder (Abb. 8.25 und 8.33), umgeben von einem weiteren dünnen Zellmantel, durchzogen wurde (Zentralzylinder und umgebender Zellverband werden gewöhnlich mit Xylem und Phloem als wasser- und assimilatleitende Trans-

*Abb. 8.25: Zerdrückte Stigmarie mit einem herausragenden Stück des Zentralrohres (oben sichtbar) aus dem Wurzelhorizont eines Steinkohlenflözes bei Haßlinghausen (Ruhrgebiet).*

*Abb. 8.24: Als Steinkern erhaltener Siegelbaumstumpf mit Wurzelträgern (Stigmarien). Es handelt sich um einen von 11 benachbarten Stümpfen (Gesamtfläche ca. 23 · 10 m²) im „Fossil grove" in Glasgow, Schottland. Die im 19. Jahrhundert entdeckten Stümpfe wurden vom umhüllenden Sediment sorgfältig befreit (siehe die noch vorhandenen Gesteinsschichten im Hintergrund). Durchmesser des Stumpfes: ca. 90 cm. Stigmarien, die nicht abgebrochen wurden, lassen sich über mehrere Meter verfolgen.*

portgewebe homologisiert). Der Raum zwischen Zentralzylinder samt umgebendem Zellmantel und (äußerer) Rinde war in jungen Trieben von lockerem Grundgewebe (Parenchym) ausgefüllt, wie es in allen Vegetationskegeln vorkommt. In dickeren Abschnitten der Bärlappbäume wurde es fossil jedoch nie dokumentiert. Dieses Gewebe (auch innere primäre Rinde genannt) zerfiel offenbar bald, und an seiner Stelle bildete sich mit zunehmender Baumdicke ein immer weiter werdender Hohlraum. Das Dickenwachstum der Bärlappbäume muß von der äußeren primären Rinde ausgegangen sein. Die Rinde mit den Blattpolstern wurde bei meterdicken Stämmen ca. 10-15 cm stark. Im Gegensatz zu den uns geläufigen Laub- oder Nadelbäumen besaßen Schuppen- und Siegelbäume kein zusätzliches Stütz- oder Festigungsgewebe, sondern wurden allein durch die ziemlich dicke, stabile Baumrinde gestützt.

Ein aus Stigmarien bestehender Wurzelteller; die Stigmarien ähnelten in ihrem Aufbau dem Stamm.

Wenn der obere Teil eines solchen Baumes, der nur einen leichten Schopf grasartiger Blätter trug (Siegelbäume) oder bärlappartig verzweigt war (Schuppenbäume; Abb. 8.20), bei der Überschüttung des Waldes abgeknickt wurde, konnten Sedimente in den Hohlraum eingefüllt werden. Bis in die gleichfalls hohlen Stigmarien hinein wurde nicht selten das Sediment gespült (Abb. 8.24). Nicht oder nur teilweise ausgefüllte liegende Stämme oder Stigmarien wurden später durch die steigende Last der aufliegenden Sedimentstapel flach gedrückt (Abb. 8.26) oder eingedellt (Abb. 8.27). Die durch Verfüllung entstandenen Steinkerne vermitteln wichtige Erkenntnisse über das Aussehen der Bäume. Ferner zeigt Abb. 8.24, daß die 10 bis 20 m langen Stigmarien sich *flach* verzweigten. Diese flachen, großen Wurzelteller hielten die bis 30 m hohen Bärlappbäume aufrecht. Aus den Wurzelmatten unter den Bäumen, die später größtenteils zu Flözen gepreßt wurden, kann man zudem deutlich ablesen, daß die Stigmarien und Appendices einzelner Bäume dicht mit denen ihrer Nachbarstämme verfilzt waren und dadurch zusätzlichen Halt bekamen.

Einmalig detaillierte Einblicke in den Bau der verflochtenen Wurzelmatten bis hin zu deren feinsten Gewebestrukturen gewähren mehr oder weniger kugelige versteinerte Bezirke, die in der Kohle mancher Flöze liegen, selbst aber der Inkohlung entgangen sind *(Torfdolomitknollen)*, wenn man sie anschleift und poliert. Wichtig sind in diesem

*Abb. 8.26: Stück eines Bärlappbaumstammes aus dem Dachschiefer eines Flözes, der bei der Bedeckung des Flözes plattgedrückt wurde.*

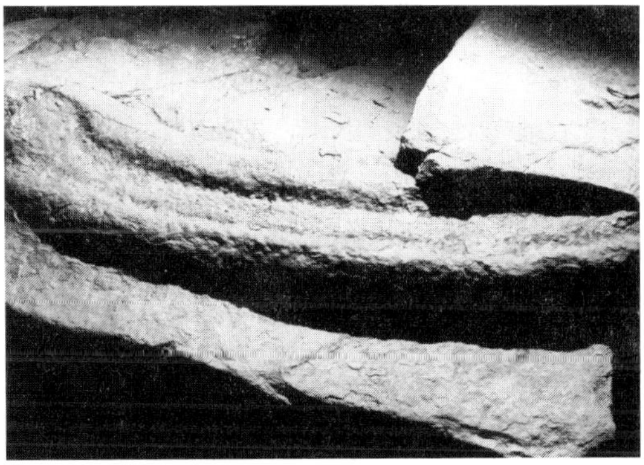

*Abb. 8.27: Eingedellte Stigmarie aus dem „Fossil Grove" (vgl. Abb. 8.29). Als die Stigmarie vom Baumstumpf her mit Sediment gefüllt wurde, blieb sie zunächst räumlich erhalten. Durch die Auflast des Gebirgsdrucks sackte sie später zusammen; dabei entstand als besondere Vertiefung die eingedellte Rinne infolge Setzung des eingefüllten Sediments über dem aus weichem Gewebe bestehenden, inkohlten Zentralzylinder.*

Zusammenhang auch die Bildungsbedingungen der Torfdolomite: „Die Mineralausfällung sowie die Festigung der Knollen muß sehr rasch vor sich gegangen sein, da sonst die darin enthaltenen Pflanzenteile nicht so gut erhalten und so wenig zusammengedrückt sein könnten", schreibt der Paläobotaniker K. MÄGDEFRAU (1968, S. 176).

Wie an Abb. 8.19 deutlich erkennbar, standen die hohlen, vermutlich ebenfalls luftgefüllten Appendices flaschenbürstenartig von den zylindrischen Stigmarien starr in alle Richtungen ab. (Die Hohlräume der Appendices waren nicht mit den Hohlräumen der jeweiligen Stigmarien verbunden.) In einem Boden richten sich kleine Wurzeln geotropisch (auf die Schwerkraft reagierend) nach unten. Im Gegensatz dazu verdeutlichen Abb. 8.28 bis 8.30 jedoch die für auf dem Wasser schwimmende Pflanzen typische Wurzelstellung der Bärlappbäume, wie sie auch heute bei kleinen, im Wasser driftenden Pflanzen ganz anderer systematischer Zugehörigkeit (z.B. Froschbißgewächse) verwirklicht ist. Ältere Stigmarienabschnitte konnten die Appendices mit Hilfe einer vorgebildeten Abbruchstelle abwerfen (vgl. Abb. 8.29). Dort war ein Trenngewebe angelegt ähnlich dem in den Blattstielen heutiger laubwerfender Bäume. Ein aktives Abwerfen von Wurzeln in einem Boden ist schwer vorstellbar und aus der heutigen Botanik nicht bekannt; im Wasser dagegen ist es sinnvoll. Zudem dürfte einfacher atmosphärischer Druck nicht ausgereicht haben, eine luftgefüllte Wurzel in einen Boden eindringen zu lassen.

*Abb. 8.28: Als Steinkern hervorragend erhaltene, körperliche Stigmarie. Die kleinen, runden Vertiefungen sind Narben (Stigmen, daher Stigmarie), die durch den Abbruch der radial abstehenden Appendices entstanden sind. An ihnen erkennt man deutlich die flaschenbürstenartige Anordnung der Appendices. (Studiensammlung Lebendige Vorwelt, Hagen/Westf.)*

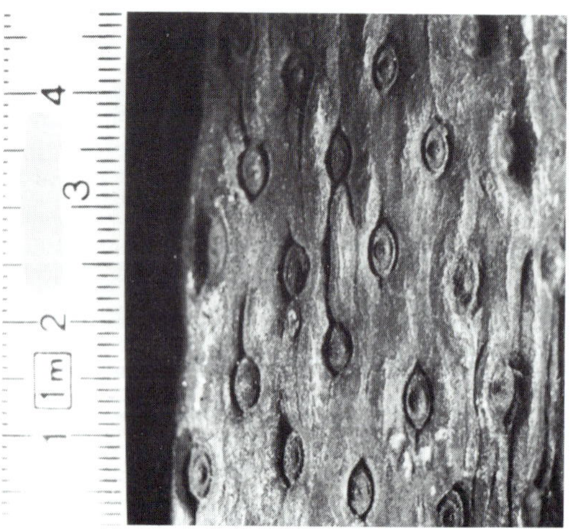

*Abb. 8.29: Nahaufnahme von Abbruchnarben einer Stigmarie. (Studiensammlung „Lebendige Vorwelt", Hagen/Westf.)*

*Abb. 8.30: Querschnitt einer Stigmarie mit Appendices* ***in situ*** *(in der natürlichen Lage im Gestein). Auch hier ist zu erkennen, daß die kleinen Wurzeln radial gewachsen sind, wie das für Wasserpflanzen typisch ist. (Essen-Kupferdreh)*

Die bisher kurz geschilderten Sachverhalte lassen die Deutung zu, daß es sich bei der Karbonvegetation um Pflanzen handelte, die nicht nur an Wasser angepaßt waren, sondern geradezu „im Wasser wurzelten". Dies war nur möglich, wenn das Wurzelgeflecht der Bärlappbäume zusammen mit abgestorbenen Pflanzenresten eine dichte Torfmatte bildete, die aufgrund der alles durchdringenden luftgefüllten Wurzeln einen so großen Auftrieb besaß, daß ein weitflächiger schwimmender Wald entstehen konnte. Die unteren Abschnitte der Wurzelträger (Stigmarien) mit ihren feinen Wurzeln hingen unten aus der Matte ins Wasser. Nach Art einer Hydrokultur sorgten sie für die Stoff- und Wasseraufnahme.

Wenn diese Deutung zutrifft, dann stellt sich zwingend die Frage nach den *Wurzelböden* unter den Flözen. Beweisen diese nicht, daß die Karbonwälder doch an Ort und Stelle gewachsen sind?

### *Waren die Wurzelböden echte Böden?*

Die unteren Abschnitte der Schwimmwurzeln liegen heute in Schieferton oder feinem Sandstein eingebettet. Als ein typisches Beispiel für die sogenannten Wurzelböden illustriert Abb. 8.31, wie die Appendices regelrecht von kreuzgeschichtetem Sand *einsedimentiert* wurden (vgl. Abschnitt 8.5.4). Wären die Wurzeln in geschichtetem Sand wirklich gewachsen, so hätte das Pflanzenwachstum wie auch die Grabbewegungen der zum normalen Boden gehörenden Kleintiere die Schichtung zerstört. Die hohlen, durch die spätere Auflast meist zu flachen Bändern gepreßten Appendices sind nicht selten auch aufgesplittert, mit Sand verfüllt und auf diese Weise körperlich erhalten geblieben. Wie können Wurzeln in einem echten Boden zersplittern und mit Sand *verfüllt* werden?

Tonige Wurzelböden enthalten nicht nur Wurzelorgane, sondern es werden in ihnen flachgepreßte Bärlappbaum-Rinde oder Schachtelhalm-Abschnitte, ja sogar Farnfiedern in guter Erhaltung gefunden. In einem aktiven Boden können solche Pflanzenteile nicht erhalten werden.

Für die Deutung der Karbonwälder ist es weiter bedeutsam, daß man die Wurzeln der Begleitvegetation der Bärlappbäume (ebenfalls weitgehend hohl und damit gewichtssparend gebaute Riesenschachtelhalme, Baumfarne, Cordaites-Bäume u.a.) nur selten einmal unterhalb der Kohle findet, obgleich an denselben Fundorten deren in die Luft ragende Abschnitte oft massenhaft in den Pflanzenschiefern im Hangenden der Flöze eingelagert sind (Farnwedel, flach gepreßte Schachtelhalme, Cordaites-Blätter usw.). Die Wurzeln der Begleitvegetation waren demnach im Torf verankert und reichten offenbar kaum einmal bis unter die schwimmende Matte ins Wasser hinab – im Gegensatz zu den Stigmarien der Bärlappbäume, die wohl als die eigentlichen Träger und Bestandsbildner der Biozönose anzusprechen sind. Unverständlich wäre im Falle autochthonen Wachstums, warum die Begleitvegetation der Bärlappbäume nicht auch durchweg im Boden wurzelte.

Zu alledem bestehen die „Wurzelböden" aus den verschiedensten mineralischen Substraten wie Quarzsandstein, Tonschiefer oder gelegentlich auch Kalkstein. So dürfte der „Wurzelboden-Quarzit" (RICHTER 1977, S. 147), der sich streckenweise unter Flöz Hauptflöz (Spockhöveler Schichten, Ruhrgebiet) befindet, ursprünglich als Quarzsand kaum die spezifischen Mineralstoffe für das üppige Pflanzenwachstum enthalten haben, durch das die später zum Steinkohlenflöz gepreßte Vegetationsmatte aufgebaut wurde. Auch im Vergleich mit den Ansprüchen heutiger Pflanzen darf man Zweifel an melden, ob ein und dieselbe Vegetation auf derart unterschiedlichen „Böden" gedeihen konnte.

Endlich widerspricht dem Bodencharakter der sog. Wurzelböden die mehrfach dokumentierte Tatsache, daß ihnen ein echtes Bodengefüge fehlt (kein Krümel- und Polyedergefüge, kein Bodenprofil, keine atmosphärische Verwitterung, keine Beeinflussung durch die Aktivität lebender Wurzeln).

*Abb. 8.31: Kreuzgeschichtet einsedimentierte Appendices in Feinsandstein. Die Schichtung ist völlig ungestört; damit liegt kein ehemals durch Pflanzenwachstum und von Tieren durchwühlter Wurzelboden vor. Flöz Mentor 3, Witten. (Aus SCHEVEN 1982)*

Insgesamt schließen wir uns der Deutung SCHEVEN's (1986) sowie anderer Forscher an, nach der die erwähnten Daten in dem Sinne verstanden werden müssen, daß die Wurzelböden gar keine Böden darstellen. Die Karbonvegetation ist offenbar nicht dort gewachsen, wo sie heute gefunden wird.

Zusammenfassend werden einige Hinweise für die Schwimmwaldnatur der Karbonvegetation nochmals genannt:

- luftgefüllte Stämme und Wurzeln ermöglichten das Schwimmen,
- große, flache Wurzelteller dienten der Aufrechthaltung der Bärlappbäume,
- völlige Durchdringung des Karbontorfs durch die luftgefüllten Appendices,
- Fähigkeit der Stigmarien, ihre Appendices abzuwerfen,
- radiale Anordnung der Appendices,
- die Begleitvegetation wurzelte nur im Karbontorf, nicht aber im „Boden",
- „Wurzelböden" weisen kein Bodengefüge auf,
- in „Wurzelböden" kommen gut erhaltene Blätter vor,
- „Wurzelböden" bestehen aus den verschiedensten Sediment-Sorten, während heutige Bäume nicht auf jedem Boden, unabhängig von seiner Zusammensetzung, gedeihen können.

Abb. 8.32 und 8.33 sollen, zusammen mit ihren Erklärungstexten, im Licht der oben genannten Daten eine Vorstellung der Schwimmwälder als Lebensraum ermöglichen. Dieser Lebensraum ist nicht in den Gebieten ihrer späteren Verschüttung und Auslöschung zu suchen, sondern entfernt davon auf großen Wasserflächen, wo die einzelnen Wälder nebeneinander gewachsen waren.

### 8.5.4 Die Natur der Zwischengesteine

In den karbonischen Schichtgliedern liegt nun die Steinkohle keineswegs als Hauptbestandteil vor. Die einzelnen Flöze werden von bis zu vielen Meter mächtigen *Zwischengesteinen* getrennt, die als taubes Gestein den größten Teil der im Karbon vorkommenden Schichten stellen (Abb. 8.17). Im vorhergehenden Abschnitt wurde deutlich, daß die Karbonwälder im Deutungsmodell der Schöpfungslehre nicht an Ort und Stelle gewachsen sind, sondern ihre Wurzelorgane durch strömendes Wasser in Sediment eingebettet worden sein müssen. Bedenkt man die Vielzahl der Steinkohlenreviere und die zahlreichen Flözhorizonte übereinander (im Ruhrgebiet über 200), so ist klar, daß dies nur durch außerordentliche Flutkatastrophen geschehen sein kann. Wenn das so gewesen ist, dann *müssen* sowohl die Zwischengesteine als auch die Lagerungsverhältnisse der Kohlenflöze davon zeugen. Ein Entstehungsmodell des Karbons muß alle Daten berücksichtigen. Daher sollen im folgenden einige *ganz typische* Ablagerungsmerkmale erläutert werden, die sich mit den herkömmlichen Bildungsvorstellungen der Karbonbecken nicht gut vereinbaren lassen, jedoch im Deutungsmodell der Schwimmwaldvegetation erklärt werden können.

#### Flözspaltungen, -scharungen und Z-Verbindungen

In den seltensten Fällen laufen die Flöze parallel zueinander. Fast alle Steinkohlenflöze spalten irgendwann in zwei oder mehrere Einzelflöze auf (Abb. 8.34). Die Vereinigung eines bereits aufgespaltenen Flözes mit einem anderen, höherliegenden Flöz ergibt die im Bergbau gelegentlich anzu-

*Abb. 8.32: Der Karbonschwimmwald als Lebensraum artenreicher Flora und Fauna. Da die Schwimmbäume (die Schuppen- und Siegelbäume) ausgestorben sind, kann ein solches Ökosystem heute nicht mehr existieren, wohl aber noch einige der nicht unbedingt auf diesen Lebensraum angewiesenen Lebewesen. In dieser Darstellung treten einzelne Details über die schwimmende Natur der Bäume etwas zurück, damit der Wald als Lebensraum realistischer wirkt. Allerdings kommt z.B. die Torfmatte eher zur Geltung. (Zeichnung: Robert Geiter)*

*Abb. 8.33: Hypothetische Schemazeichnung der Schwimmvegetation der Steinkohlenwälder. Viele Stigmarien und Appendices, mit denen die gesamte torfähnliche Matte (abgestorbene Pflanzenteile) völlig durchwuchert war, wurden weggelassen (vgl. Abb. 8.32), damit einige wichtige Details besser dargestellt werden können. In der Realität bildeten diese miteinander verflochtenen Wurzeln eine infolge des enormen Auftriebs schwimmfähige Waldmatte, auf der als Sekundärbesiedler z.B. Riesenschachtelhalme gedeihen konnten, während als primär schwimmfähige Biotopträger die Bärlappbäume fungierten. Damit lag der etwas schwammige „Waldboden“* ***oberhalb*** *des Wasserspiegels. Da die Stigmarien (10 bis 20 m lang) luftgefüllt waren, schwamm der ganze Wald auf der Wasseroberfläche. Die Bäume waren aufgrund ihrer besonderen Konstruktion verhältnismäßig leicht. Um das Zentralrohr gut sichtbar werden zu lassen, wurde bei den aufgeschnittenen Stigmarien das weiche, schwammige Parenchym, welches die zur Rinde überleitenden Gefäße zur Ernährung der Appendices enthielt und schon in den älteren Stigmarienabschnitten – nach Abwurf der Appendices – zerfallen war, nicht gezeichnet.*

treffenden *Z-Verbindungen* (Abb. 8.35). Es ist schwer vorstellbar, wie zwei übereinanderliegende Flöze durch nacheinander wachsende Wälder entstanden sein sollen, wenn sie durch Scharungen oder gar Z-Verbindungen miteinander verbunden sind. Besonders das verbindende Diagonalflöz einer Z-Verbindung deutet auf die ursprünglich gleichzeitige Entstehung der beiden jetzt parallel übereinander liegenden Pflanzenhorizonte hin.

„Zahlreiche Flözspaltungen lehren“, schreibt SCHEVEN (1986, S. 57f.), „daß die tektonischen Senkungen des Untergrundes örtlich zu verschiedenen Zeiten und mit verschiedenen Beträgen auftraten. So kann ein unscheinbares Bergemittel (Band von taubem Gestein) im Kohlenflöz auf knapp 2 km Entfernung bis zu einer Dicke von 18 m und sogar 30 m anschwellen. Die Kohle wird dadurch in ein Unterflöz und ein Oberflöz aufgeteilt (vgl. Abb. 8.34). Daß solche kleinräumigen Senkungen ruckartig auftraten, muß aufgrund der meist geröllhaltigen Einschüttungen gefolgert werden“ („Senkungsrucke“; vgl. JANSEN 1980, S. 23). SCHEVEN (1986, S. 65) referiert und kritisiert zusammenfassend. „Massive Flözauswaschungen und Sandsteinausfüllungen bis zu 20 m Tiefe ins Liegende hinab werden auf plötzlich auftretende Gefälleänderungen zurückgeführt. Hierdurch entstehen

Mulden von mehreren Kilometern Durchmesser. Die in sie hineingefüllten Sande und Konglomerate beweisen, daß sie alsbald wieder eingeebnet wurden. Wenn die Theorie der an Ort und Stelle gewachsenen Steinkohlenmoore richtig ist, dann ergibt sich das Paradox, daß abrupte Senkungen einerseits und jahrtausendelanger Stillstand andererseits sich nicht nur ständig ablösten, sondern auch horizontal benachbart innerhalb von wenigen Kilometern gleichzeitig abliefen. Diese Vorstellung ist natürlich unhaltbar." Darum kommentiert der gleiche Autor (1986, S. 59) Abbildungen wie 8.34 und 8.35 folgendermaßen: „Durch kleinräumige Senkungen entstandene Flözspaltungen lassen Bilder entstehen, die von der hergebrachten Vorstellung eines weitflächigen Absinkens und Wiederauftauchens der karbonischen Landoberfläche völlig abweichen." Demnach wären die karbonischen Erdkrustenbewegungen mit heutigen, sehr langsamen und über große Flächen sich erstreckenden Hebungen (z.B. Skandinavien) und Senkungen (z.B. Nordseeküste) nicht zu vergleichen.

*Übereinander* abgelagerte, zu Steinkohlenflözen gepreßte Vegetationsmatten wären also aus zeitgleich existierenden Wäldern entstanden, die zuvor *nebeneinander* auf riesigen Süßwasserflächen wuchsen. In diesem Fall muß die Ablagerung der Schwimmwälder sowie der zwischengelagerten Sedimentgesteine in kurzer Zeit erfolgt sein. Das ist an den Schichtpaketen tatsächlich abzulesen.

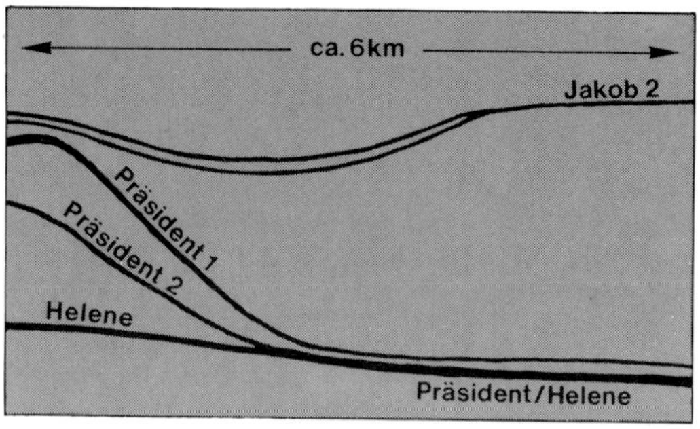


*Abb. 8.34: Flözspaltungen und -scharungen in den unteren und mittleren Bochumer Schichten am linken Niederrhein (stark überhöht). Es handelt sich dabei um eine generelle Erscheinung im flözführenden Karbon. (Nach* Scheven *1986, nach* Bachmann*)*

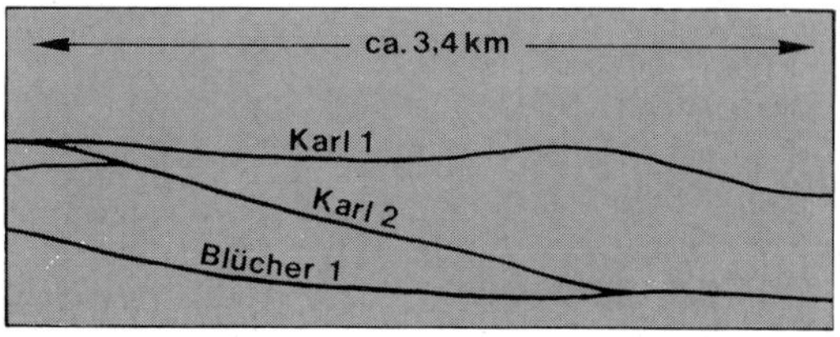


*Abb. 8.35: Z-Verbindungen von Flözen der mittleren Bochumer Schichten im Raum Oberhausen-Duisburg (stark überhöht). Die häufig vorkommenden Scharungen sowie die gelegentlich auftretenden Z-Verbindungen sind für die Theorie der autochthonen Entstehung der Kohlenflöze eine ernsthafte Herausforderung. (Nach* Scheven *1986, nach* Bachmann*)*

### Sandsteine und Konglomerate

**Schrägschichtung** in Sand wird unter Wasser auf verschiedene Art und Weise erzeugt. Aber in jedem Fall werden die unterschiedlich groben Sandkörner vom strömenden Wasser sortiert und getrennt abgelagert. Diese mechanische Trennung der Sedimentpartikel erzeugt die charakteristische Streifung der Sedimentlamellen. Wird der abgelagerte Sand von neuen, stärkeren Strömungsstößen wieder abgehobelt und neu überschichtet (vgl. Abb. 8.6), so kann binnen kürzester Zeit die ineinanderlaufende Streifung der **Kreuzschichtung** (Diagonalschichtung) entstehen. Kreuzschichtung entsteht auch heute ständig, z.B. in Küsten- und Flußablagerungen, wird durch Sedimentumlagerungen aber größtenteils schnell wieder zerstört. So ist die Entstehung von schräg- und kreuzgeschichteten Sandlagen an sich kein außergewöhnlicher Prozeß, und diese Strukturen als solche können auch unter aktualistischen Gesichtspunkten interpretiert werden. Jedoch sind unter den Zwischengesteinen des flözführenden Karbons Sandsteine außerordentlich häufig, in mächtigen Lagen eingeschaltet, flächenhaft sehr ausgedehnt und oft mit massenhaft eingelagerten, nicht selten gut erhaltenen Driftholzresten angereichert. Daher können sie, zumal im Verein mit den zwischengeschalteten Waldmatten, gut im Rahmen einer schnellen Bildung der karbonischen Schichtglieder gedeutet werden.

#### *Flächensandsteine*

Ungewöhnlich sind bei vielen Sandsteinen des Karbons im Vergleich zu heutigen Bildungen die Mächtigkeit der Schichtpakete und die riesige Ausdehnung der Ablagerungsflächen mit ihrer einheitlichen Schrägschichtungsrichtung und damit Transportrichtung (Paläogefälle). Das gilt ebenso für zahlreiche andere kreuzgeschichtete Sedimente anderer Systeme. Als ein Beispiel unter vielen karbonischen Flächensandsteinen sei der 150 km breite und erst nach 200 km auslaufende Schüttungsfächer des Iduna-Sandsteins genannt (Dorstener Schichten) vom Osnabrück-Ibbenbürener Raum aus nach Norden. Solche mächtigen Sedimentpakete „können nur durch Auffüllung plötzlich absinkender Bezirke entstanden sein. Ebenso ist der gewaltige Materialtransport nur bei rascher Gefällezunahme unter regionaler Wasserbedekkung verständlich" (Scheven 1986, S. 57). Die innere Struktur der im allgemeinen ein bis mehrere Meter dicken Sandsteinbänke, aus denen die z.T. mehrere Dutzend Meter mächtigen Flächensandsteine jeweils aufgebaut sind (Abb. 8.17), weist auf eine kontinuierliche Ablagerung hin. Die Gleichartigkeit der Bänke ober- und unterhalb der Trennfugen zeigt, daß die Sedimentationspausen, die solche Fugen verursachten, nur kurz gewesen sein können (vgl. Abb. 8.42). Und gegen immerwährende Umlagerungen sprechen zusätzlich die in zahlreiche Sandsteine eingelagerten, oft gut erhaltenen Driftholzreste.

### *Konglomerate (= Geröllsandsteine)*

Sandsteine mit Geröllen sind im Ruhrkarbon nicht selten, allerdings sind die Gerölle in der Regel höchstens wenige cm dick, während sie in den Konglomeraten des Saarkarbons oft 10-15 cm Durchmesser aufweisen. Der Transport von Geröllen erfordert in jedem Fall eine höhere Transportenergie als der von Sand. Auch im Rahmen des Aktualismus wird die Bildung der Konglomerate, eventuell auch der Sandsteine des Saarkarbons auf Schichtfluten zurückgeführt. Dabei handelt es sich definitionsgemäß um plötzliche Verfrachtung von gewaltigen Sedimentmengen, die nur durch große Wassermassen transportiert und jeweils als ausgedehnte Schüttungskörper von bis zu mehreren Metern Mächtigkeit in einem Vorgang abgesetzt wurden. Von der spektakulärsten Grobschüttung, dem Holzer Konglomerat, das bis zu 100 m mächtig und über das ganze Saarkarbon bis hinein nach Lothringen verbreitet ist (und darum einen wichtigen Leithorizont darstellt), werden Geröllgrößen bis 40, ja 50 cm Durchmesser, vereinzelt sogar noch größer (bis 90 cm) angegeben. Selbst Forscher, die am heute dominierenden Aktualismus orientiert sind, sprechen von einer Naturkatastrophe unvorstellbaren Ausmaßes, die zur Bildung dieses Konglomerates führte.

### *Gradierte Sandsteine*

Eine **gradierte Schichtung**, bei der die Korngröße der Sedimente von unten nach oben abnimmt, entsteht während einer einzigen Schüttungsphase (Abb. 8.36; vgl. auch Abb. 8.5). Die gröberen Partikel werden dabei zuerst abgelagert, und die leichteren, nach Korngröße sortiert, nach und nach. Auch hier sind es das flächenhafte Ausmaß sowie die Mächtigkeit von Karbonsandsteinen, die sie von heutigen Bildungen deutlich unterscheiden. Von Sandsteinen des Osnabrück-Ibbenbürener Karbons sind durchgehende Gradierungen bis über 20 m Dicke und im Oberschlesischen Steinkohlenrevier gradierte Sandsteinpakete bis zu 100 Metern Mächtigkeit bekannt geworden.

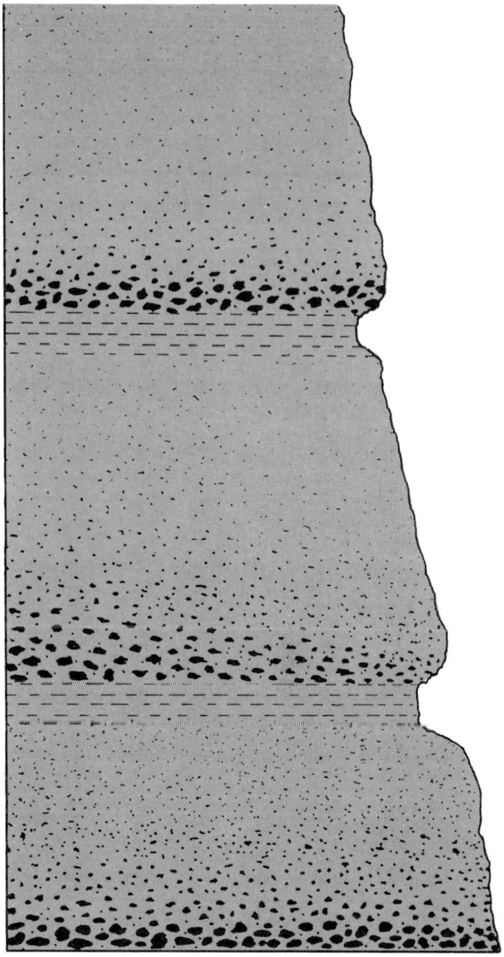

*Abb. 8.36: Gradierte Schichtung. Die gradierten Zyklen sind durch drei Schüttungen von gemischtem Sediment entstanden. Die schwersten Bestandteile (Gerölle) setzen sich dabei zuerst ab, gefolgt von den leichteren Sandkörnern bis hin zu den feinsten Tonpartikeln. Im Karbon können durchgehend gradierte Sedimentpakete viele Meter mächtig sein und sich über große Flächen erstrecken.*

Da Sandsteine in manchen Abteilungen des Oberkarbons 50-70%, gelegentlich bis zu 80 % der Gesamtmächtigkeit der Zwischengesteine ausmachen, muß die Erklärung ihrer dramatischen Entstehungsweise einen wichtigen Bestandteil jedes Entstehungsmodells der Steinkohlenformation bilden.

### Trübeströme und subaquatische Rutschmassen

**Trübeströme** entstehen, wenn völlig durchnäßte, unverfestigte Sedimente an und oberhalb von Unterwasserhängen ins Rutschen kommen. Die dadurch verursachten Suspensionsströme (Trübeströme) haben eine hohe Dichte und gehen mit großer Geschwindigkeit ab. Es können dabei auch bereits verfestigte Sedimente als losgerissene Blökke enormer Größe mitgeschleppt werden. Sandige Trübeströme, die z.B. über schwach verfestigte Tonschichten hinwegfegen, können Tonfladen mitreißen und sie erneut in den entstehenden Sandschüttungen ablagern (Abb. 8.37).

**Subaquatische** (unter dem Wasserspiegel entstandene) **Rutschmassen** (engl. „slumping“) bilden sich (im Gegensatz zu Trübeströmen, die in fast

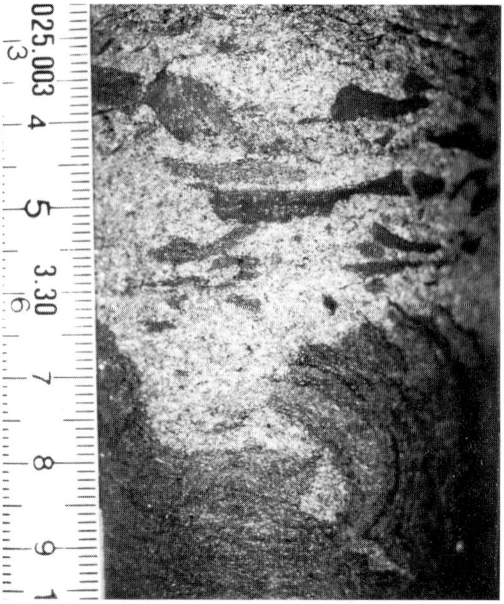

*Abb. 8.37: Toneinschlüsse im Sandstein. Die Tonfladen wurden vom Wasser mitgerissen und im sich niederschlagenden Sand abgelagert. Bohrkern aus dem Ruhrkarbon. Fundstelle unbekannt.*

völlig durchnäßten Sedimenten auftreten), wenn teilweise verfestigte Sedimente erneut in Bewegung geraten und sich, z.T. in chaotischer Weise ineinander verkeilt, wiederum ablagern (Abb. 8.38 und 8.39).

Alle diese Bildungen dürften letztlich auf Rutschungen infolge tektonisch bedingter Neigungsänderungen des Untergrundes (regionale Muldenbildungen, vgl. weiter oben) während oder kurz nach der Ablagerung frischer Sedimente zurückgehen.

Es ist nicht nur das Vorhandensein von Trübestromablagerungen und Rutschmassen im Karbon, die für das herkömmliche Modell eine Herausforderung bedeuten, denn solche raschen Ablagerungen gibt es auch auf den heutigen Meeresböden in gewaltigem Ausmaß. Man könnte sie also zunächst mit den periodischen Hebungen und Senkungen des Untergrundes, wie sie im aktualistischen Modell postuliert werden, in Verbindung bringen. Betrachtet man sie allerdings zusammen mit den Flözscharungen, Z-Verbindungen und kleinräumigen Muldenbildungen wie im Gesamtzusammenhang der Flächensandsteine, Konglomerate und der gradierten Ablagerungen, so legen die Trübestrom- und Rutschmassenbildungen ebenfalls Zeugnis ab von ausgedehnten, regional aber verschieden rasch absinkenden Sedimentationsbecken, *wie wir sie heute nicht kennen.* In diesem katastrophischen *Gesamtbild* wirken die an Ort und Stelle wachsenden Moorwälder, wie sie von der Historischen Geologie gesehen werden, völlig fremd.

**Rasche Verschüttung der Schwimmwälder**

An dieser Stelle sei an die Ausführungen über die schwimmenden Waldmatten erinnert. Auf dem Hintergrund der Struktur der Zwischengesteine können zwei weitere Hinweise im Sinne einer schnellen Verschüttung der Karbonwälder verstanden werden. Zum einen wird deutlich, daß die Kreuzschichtung und teilweise Gradierung sandi-

*Abb. 8.38: Ineinander verkeilte Sedimentpakete als Resultat subaquatischer Rutschungen, ausgelöst durch Erdstöße. Flözführendes Unterkarbon, Südküste von Wales bei Tenby. Bildhöhe ca. 5 m.*

*Abb. 8.39: Ein durch „Slumping" mitgerissener halbverfestigter Sedimentblock, der nach dem Abrutschen in ebenfalls abgegangenen Sedimentpaketen eingekeilt liegenblieb. Südküste von Wales bei Tenby.*

ger *„Wurzelböden“ selbst* sowie die ungestörte Durchdringung derselben mit Wurzelorganen wohl nur so gedeutet werden kann, daß die *Wurzeln vor dem „Boden“* vorhanden waren und in Wirklichkeit in frisches Sediment eingesandet bzw. eingeschlämmt wurden (s.u.). Zum anderen werden jetzt auch die mit Sediment ausgefüllten hohlen Baumstümpfe im Rahmen rasch erfolgender Ablagerung bei der Überschichtung der Schwimmwälder begreiflich (Abb. 8.24). An der kilometerlangen Felsküste von Neuschottland (Kanada), die einen einmaligen Einblick in die Abfolge mehrere Hundert Meter mächtiger karbonischer Schichtenstapel ermöglicht, wurden zahlreiche aufrechte Baumstämme in mehr als 10 Horizonten übereinander, zumeist unmittelbar über den Kohlenflözen, gefunden. Mit ihren bis zu 8 m hohen Steinkernen liefern diese Stämme einen deutlichen Hinweis auf eine kontinuierlich hohe Sedimentationsrate. Wollte man die Einschlämmung der Stämme als seltene Ausnahmen von der Regel in Gestalt *örtlicher* Katastrophen während langer Zeiten deuten, so müßten lokale katastrophische Überschwemmungen mit reichlicher Sedimentlieferung im Karbon von Neuschottland mindestens zehnmal ausgerechnet *im gleichen geographischen Areal* (d.h. übereinander) vorgekommen sein, was wenig glaubwürdig erscheint. Für die rasche Überschüttung der karbonischen Wälder sprechen auch die in den oft mehrere Dezimeter dicken Pflanzenschiefern vieler Flöze massenhaft eingelagerten, vorzüglich erhaltenen Vegetationsreste (Abb. 8.20, 8.22). „Es handelt sich größtenteils um gut erhaltene, größere Achsenreste oder Wedelteile, die oft quer zur Schichtfläche liegen, als ob sie in kürzester Zeit nach dem Abbrechen ohne Umschwemmung in den tonigen Schlamm geraten wären“ (HAVLENA 1961, S. 24). U.a. wegen der in allen Steinkohlenrevieren entdeckten zahlreichen Reste mehrere Meter hoher, aufrechter Baumstämme, die zumeist von Tonsediment eingeschlämmt wurden (Abb. 8.40), muß nicht allein die rasche Schüttung der Sandsteine (s.o.), sondern auch die schnelle Ablagerung vieler *Feinsedimente* (Schiefertone) angenommen werden, die einen erheblichen Anteil der Zwischengesteine stellen. Ist dieses feinstkörnige Sediment mit einer schwachen Sandfraktion gemischt, so können entsprechende Schiefertone kleinmaßstäbliche Schräg- und Rippelschichtungsgefüge aufweisen „und somit ihre Sedimentation einer raschen Strömung verdanken“ (RICHTER 1977, S. 136, 150).

Auch das Eindringen von Tonschlamm in die lockere Torfmatte ist angesichts dieser Einbettungsweise der Karbonwälder verständlich. Im Bergbau spricht man dann von unreiner Kohle, Brandschiefer oder Bergelagen (Bergemittel) im Flöz. Die manchmal dichte Aufeinanderfolge von zwei oder gar mehreren Flözen, nur durch dünne Gesteinsbänke (Zwischenmittel) voneinander getrennt (Abb. 8.34), erklärt sich durch das Stranden von Schwimmwäldern dicht übereinander (vgl. Abb. 8.41).

*Abb. 8.40: Die Hohlform dieses polystrat eingeschlämmten (durch mehrere Schichten hindurchreichenden) Baumstammes zeigt, wie rasch auch die oft über Flözen liegenden Tonsedimente abgesetzt werden konnten. (Creswell in Northumberland, England)*

Angesichts dieser Daten ist es gut vertretbar, die Ablagerungen des Karbons als Folge von großräumigen Katastrophen anzusehen. Die äußerst geringe, hypothetisch unter Zugrundelegung heutiger Ablagerungsgeschwindigkeiten und der angenommenen langen Zeitdauer des Karbons geforderte Sedimentationsrate von ca. 2 cm pro Jahrhundert steht jedenfalls in „krassem Widerspruch zu den tatsächlichen Ablagerungsbedingungen, wie sie in den Aufschlüssen beobachtet werden“ (SCHEVEN 1986, S. 23).

Die Inkohlung der Schwimmwälder wurde wohl hauptsächlich durch die bei der Versenkung der Kohlenflöze auftretenden tektonischen Druckstöße bewirkt. Dabei spielt die steigende Temperatur mit zunehmender Tiefe eine zusätzliche Rolle, *nicht aber die Zeit*. Die zunehmende Ablagerung von Sedimenten in einem absinkenden Becken verursacht eine ansteigende Auflast. Der dadurch hervorgerufene Druck bewirkt nicht nur eine Verdichtung der Kohle (auf etwas weniger als die Hälfte der Dicke der ursprünglichen Pflanzenmasse), sondern spielt auch eine Rolle beim Inkohlungsprozeß, und zwar wohl als Schwingungsdruck (dieser tritt beispielsweise in Form von Druckstößen bei bebenartigen Erschütterungen auf). In Kohleforschungsinstituten wurden unter technischen Bedingungen steinkohlenähnliche Substanzen innerhalb von Minuten und Sekunden durch dynamischen Druck erzeugt, und bereits im Jahre 1882 stellte man bei Arbeiten mit der Dampframme (Druckstöße) fest, daß das Innere der verwendeten Tannenholzpfeiler in Steinkohle verwandelt worden war. Sehr frühe Inkohlung und Verfestigung der Pflanzenmasse infolge gewaltiger Erdstöße konnte an bestimmten Kohlenflözen nachgewiesen werden. Scheven (1982, S. 40) faßt zusammen: „Die Inkohlung der Pflanzenmasse ist in erster Linie eine Funktion von Versenkungstemperatur und Druck, besonders Schwingungsdruck. Demgegenüber hat sich der Zeitfaktor im Labor als unbedeutend erwiesen."

Was die klassische Inkohlungsreihe Torf-Braunkohle-Steinkohle anbelangt, seien folgende Anmerkungen hinzugefügt: Wie bereits beschrieben, war abgestorbenes, zerfallendes Pflanzenmaterial zwar ein Bestandteil der schwimmfähigen Matten karbonischer Wälder; dieses Material wurde aber von den Appendices der Bärlappbäume völlig durchwuchert. So bestanden die Matten – anders als Torf – von oben bis unten aus einem lebenden, zähen, mit Luft gefüllten Gewebe, das man nur in sehr entferntem Sinn als „Torf" bezeichnen kann.

Demgegenüber besteht die ebenfalls, jedoch auf andere Weise katastrophisch abgelagerte und verschüttete tertiäre Braunkohle (z.B. der Kölner Bucht) aus einer völlig andersartigen Flora, nämlich aus Laub- und Nadelbäumen, die auch heute vorkommen. Ihre Inkohlung ging, von Ausnahmen abgesehen, nur bis zum Braunkohlenstadium. Das ist jedoch nicht eine Frage der Zeit, sondern die Braunkohlen wurden im allgemeinen nicht so tief wie die Steinkohlen versenkt und waren wegen der geringeren Auflast entsprechend schwächeren Druckschwingungen ausgesetzt. Gelegentlich wurden Tertiär-Kohlen jedoch bis nahe an das Steinkohlenstadium inkohlt, wenn sie entweder mit vulkanischer Gesteinsschmelze in Kontakt kamen (wie am Meißner) oder in größere Tiefen absanken (so die oberbayerische Pechkohle unter dem Einfluß alpidischer Faltungsbewegungen). Umgekehrt erreichten die unterkarbonischen Kohlen von Tula bei Moskau, die nie in größere Tiefen gerieten, nur das Braunkohlenstadium.

Heutiger Hochmoortorf feuchtkühler Klimagebiete wird dagegen in erster Linie von kleinwüchsigen Sumpfpflanzen, vor allem Torfmoos, gebildet. Da er unter der Vegetationsdecke nahe der Erdoberfläche bzw. in geringer Tiefe lagert, sind die Bedingungen zur Inkohlung nicht gegeben, zumal entsprechende Erdstöße infolge rascher Trogabsenkungen heute nicht vorkommen.

### 8.5.5 Das Karbon im Schöpfungsmodell

Im Schöpfungsmodell werden die in den karbonischen Schichtenstapeln eingelagerten Pflanzenhorizonte als Reste eines fertig geschaffenen, später aber katastrophisch verdrifteten, überschütteten und damit vernichteten Ökosystems verstanden, nicht aber als während einer Epoche der Erdgeschichte nacheinander aufgewachsene Abfolge von Sumpfwäldern. Die Entstehung der Steinkohlenflöze und ihrer Zwischengesteine durch Verdriftung, Strandung und Verschüttung schwimmfähiger Wälder infolge – gemäß den geographischen Größenordnungen – zumindest kontinentweiter Flutkatastrophen könnte im Anschluß an eine weltweite Überflutung (Sintflut) stattgefunden haben. In diesem Modell wird die Lagerung der Flöze übereinander (wesentlich einfacher als in der herkömmlichen Theorie mit ihren langzeitlichen, sehr komplizierten Hebungs- und Senkungsbedingungen) durch das regional unterschiedlich schnelle, insgesamt aber rasche Absinken riesiger Sedimentationströge erklärt. Dabei könnte man an Einsturztektonik denken; die Erdkruste wäre über ausgedehnten Hohlräumen eingebrochen (vgl. Abschnitt 8.5.4). Diesen Vorgang soll Abb. 8.41 schematisch veranschaulichen, wobei nicht alle Details in einer Bildserie berücksichtigt werden können. Den Zahlen auf den Skizzen folgend, wären die Vorgänge etwa so zu verstehen:

(1) Infolge tektonischer Bewegungen der Erdkruste sinken bereits versenkte Schichtfolgen (mit eingelagertem Kohlenflöz) unter bebenartigen Erschütterungen weiter ab (lokale Tektonik).

(2) Dadurch kommt es zu Rutschungen von teils verfestigten Sedimenten (subaquatische Rutschung).

(3) Frische Sedimente gemischter Korngrößen werden rasch in die durch Absinken entstandenen lokalen Mulden transportiert und als einmalige Schüttung gradiert abgelagert.

(4) Nach Ausgleichung des örtlichen Reliefs entstehen über breiter Front mehrere meterdicke Sandstein-Ablagerungsfächer infolge großflächiger Beckenneigung (Flächensandstein).

(5) Ein Schwimmwald wird herangedriftet, und gleichzeitig erreichen die Sandschüttungen nahezu den Wasserspiegel.

(6) Durch weitere ruckartige, lokale Absenkungen des Untergrundes werden erneut gradierte Ablagerungen eingeschüttet.

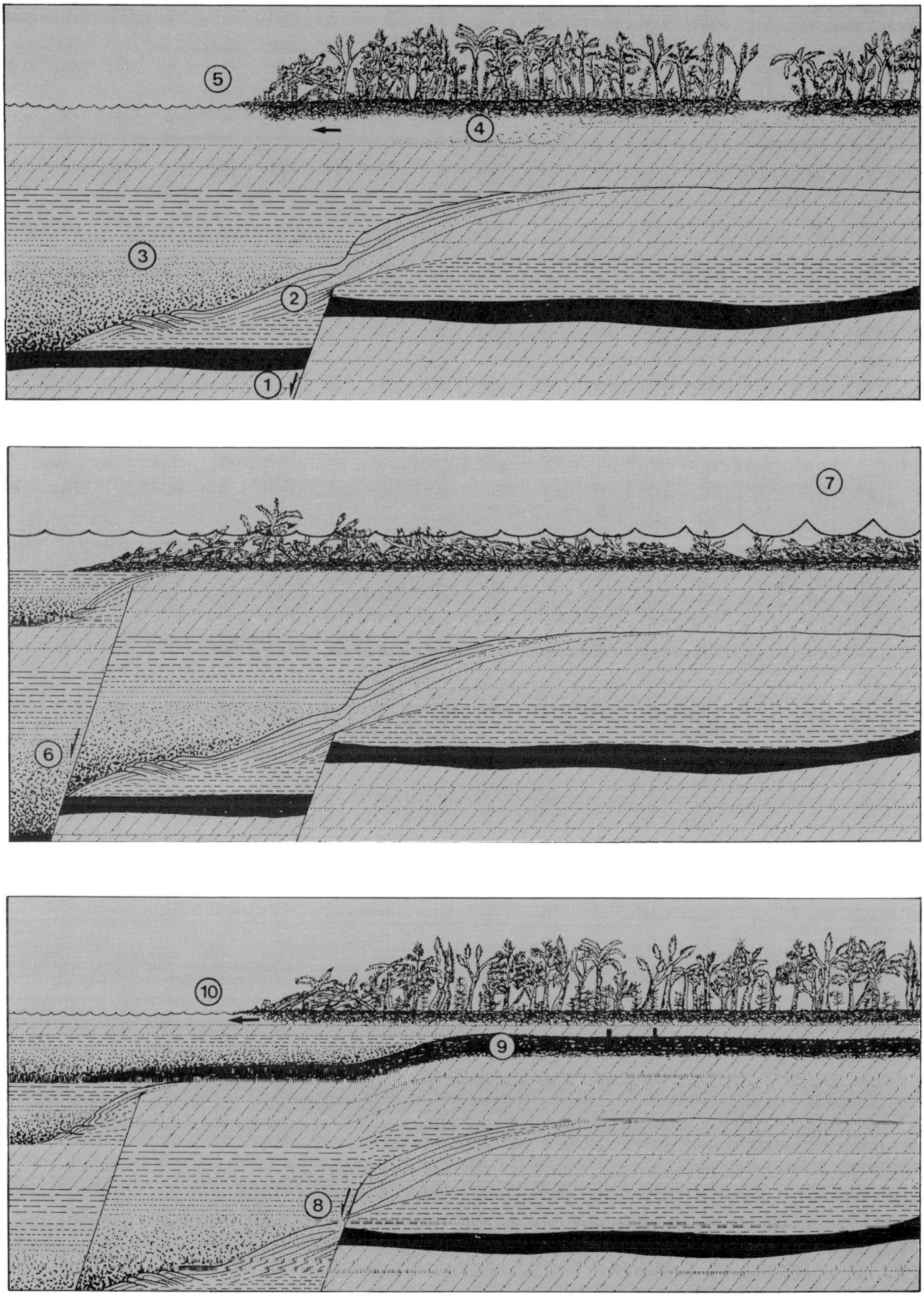


*Abb. 8.41: Allochthone Entstehung der Steinkohlenflöze im Rahmen eines katastrophischen Modells. Erklärung der Zahlen im Text.*

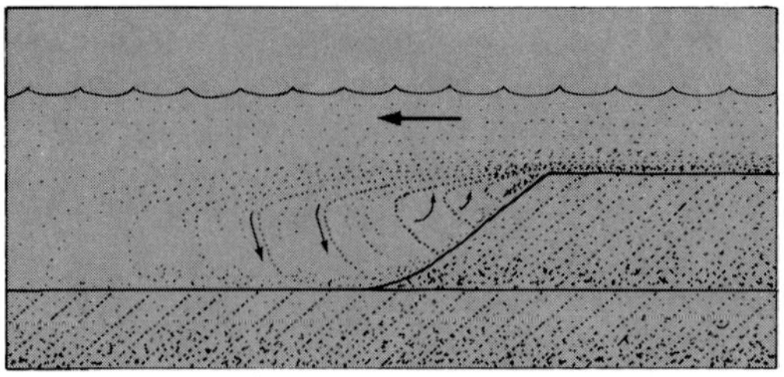

*Abb. 8.42: Entstehung eines Ablagerungsfächers unter fließendem Wasser. (Nach REINECK & SINGH 1980)*

(7) Die nun einsedimentierten Schwimmwurzeln halten die gestrandete Waldmatte fest. Sie bilden mit dem um die Wurzeln abgelagerten Material den späteren „Wurzelboden". Über dem sinkenden Wald brechen Flutwellen herein.
(8) Erneute Absenkung, dadurch rasches Einströmen von Wasser und Niederschlag einer gradierten Lage über einem Teil des soeben versunkenen Waldes.
(9) Ein Sandfächer (vgl. Abb. 8.42) wird über dem tiefer sinkenden Wald abgelagert und die Wurzelmatte unter der Sedimentlast bereits komprimiert. Einige Hohlstämme bleiben meterhoch stehen und werden mit Sediment verfüllt, die meisten vollständig umgerissen und plattgedrückt.
(10) Ein weiterer Schwimmwald driftet heran und wird an seinen Schwimmwurzeln eingesandet. Während auf der rechten Bildseite die bereits versenkte und die eben herangeschwemmte Pflanzenmatte nur durch eine relativ schwache Sandlage getrennt sind und nahezu geschart lagern, werden sie links infolge der ruckartigen, kleinräumigen Muldenbildung durch eine mächtigere gradierte Schüttung weiter voneinander getrennt (vgl. Abb. 8.34).

Da sich die Auswirkungen der tektonischen Bewegungen in den Karbonträgen mit zunehmender Mächtigkeit der Schichtenstapel summierten und die versenkten Sedimentpakete unter horizontalen Druck gerieten (variszische Faltung), wurden die zuerst abgelagerten, tieferen Schichtglieder des nordwesteuropäischen Karbons noch während Beckenabsenkung und Sedimentation der jüngeren karbonischen Ablagerungseinheiten bereits in Falten gelegt (Abb. 8.43).

Durch fortschreitende geologische Forschung werden auch heute noch steinkohlenführende Ablagerungen entdeckt. So wurde ein schon lange im Schweizer Juragebiet vermuteter Karbontrog neuerdings durch Tiefbohrungen ansatzweise bestätigt (Abb. 8.44). Seine Ausmaße sind allerdings wesentlich kleiner als die der klassischen Steinkohlenbecken und entsprechen eher den schon lange bekannten, aber tektonisch gestörten Vorkommen im Raum des Schwarzwaldes und der Vogesen.

*Abb. 8.43: Falte in karbonischen Schichten. Die in großen Tiefen gefalteten Sedimente des Flözführenden wurden später herausgehoben und durch Erosion freigelegt. (Tenby, Wales)*

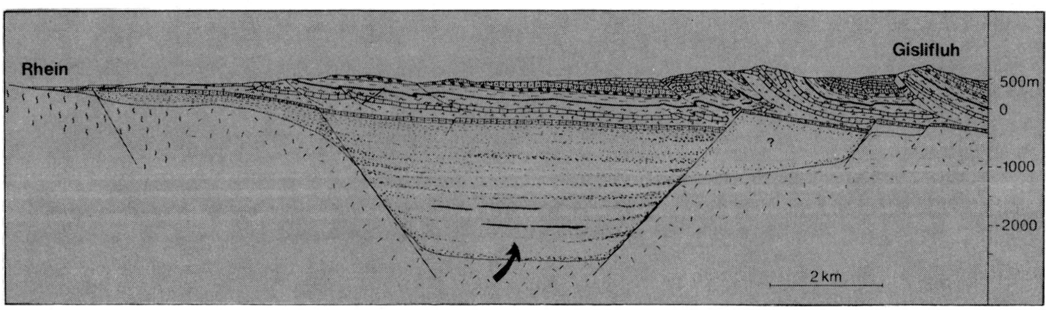


*Abb. 8.44: Nordschweizer Permokarbon-Trog (Pfeil) zwischen Rhein und Gislifluh bei Aarau. Die Schichtlage im Trog ist hypothetisch und die Zuordnung des mit dem Fragezeichen versehenen Teils noch unsicher. Kohlenflöze sind schematisch eingetragen. Die Zeichnung basiert auf Ergebnissen von Tiefbohrungen der Schweizerischen Nationalen Genossenschaft für die Ablagerung radioaktiver Abfälle. (Nach MÜLLER et al. 1984)*

### 8.5.6 Zusammenfassung

1. Der Bau der Karbonpflanzen sowie die Art ihrer Einbettung werden im Sinne großflächiger, schwimmfähiger Waldmatten gedeutet.

2. Die im klassischen Entstehungsmodell genannten Hinweise auf eine autochthone Entstehung der Steinkohlenflöze können entweder entkräftet oder durch das Schwimmwaldkonzept befriedigender erklärt werden.

3. Die Struktur der Zwischengesteine des Karbons erlaubt in zahllosen Fällen Rückschlüsse auf eine sehr schnelle Bildung.

4. Aufgrund der geologischen und paläontologischen Befunde ist es möglich, ein Modell der katastrophischen Verschüttung der Karbonvegetation aufzustellen.

5. Die für die Dauer des flözführenden Oberkarbons veranschlagten 30-40 Millionen Jahre lassen sich nicht aus den geologischen oder paläontologischen Befunden des Karbon-Systems ableiten.

## 8.6 Die Bildung der Solnhofener Plattenkalke

Im vorhergehenden Abschnitt ist die Gesteins- und Fossilformation des europäisch-nordamerikanischen Karbons besprochen worden. Es zeigte sich, daß man die Gesteinspakete des flözführenden Oberkarbons, die nach der geologischen Zeitrechnung insgesamt 30-40 Millionen Jahre zu ihrer Bildung gebraucht haben sollen, im Rahmen eines katastrophischen Entstehungsmodells deuten kann. Ist dies jedoch ein Ausnahmefall oder können ähnliche Überlegungen auch für andere geologische Systeme angestellt werden? Nach dem Schöpfungsmodell dürfte es keine einzige fossilführende Formation geben, zu deren Bildung zweifelsfrei lange Zeiten benötigt wurden. Als zweites Beispiel zu dieser Thematik sollen im Folgenden die Solnhofener Plattenkalke besprochen werden.

### 8.6.1 Die Stellung der Solnhofener Schichten im Jura-System

Zwischen Treuchtlingen und Kelheim durchschneidet das Tal der Altmühl die malerischen Weißjura Felsen der südlichen Fränkischen Alb. Die uns interessierenden Gesteinsfolgen befinden sich auf den Höhen um das Altmühltal. Die bekanntesten Lokalitäten der ausgedehnten Plattenkalk-Areale liegen bei Solnhofen und Eichstätt. Das Jura-System wird in Unter-, Mittel- und Oberjura gegliedert. In Süddeutschland entspricht dies nach den (allerdings nur hier) vorherrschenden Gesteinsfarben Schwarzem, Braunem und Weißem Jura. Jede dieser *Serien* wird wieder in einzelne *Stufen* und diese ihrerseits in *Zonen* unterteilt (Tab. 8.2). Die Geologen und Paläontologen haben in gründlicher Detailarbeit die Gesteinsstrukturen und Fossilien ausgewertet und sind so zu einer Einteilung gelangt, die auch im Rahmen der Schöpfungslehre anerkannt wird. Insbesondere gelingt es, die Schichten nach ihrem Fossilinhalt (Biostratigraphie) auseinanderzuhalten. Im Jura eignen sich Ammoniten (mesozoische Kopffüßer mit spiralig gewundenem Gehäuse) besonders gut als Leitfossilien (vgl. Abschnitt 8.3). Alle Schichtgesteine, die ein bestimmtes Leitfossil enthalten, faßt man in einer Zone zusammen, oder genauer: als untere Zonengrenze gilt das erste Auftreten eines Leitfossils; die Zone endet nach oben mit dem erstmaligen Erscheinen der nächsten Leitform. Ihren Namen erhält die Zone oft nach diesem Leitfossil.

A. v. Humboldt hatte 1795 erkannt, daß die Schichtgesteine des Schweizer Jura-Gebirges, die sich über den Randen in die Schwäbisch-Fränkische Alb fortsetzen, einem noch unbenannten System der Erdgeschichte angehören. Sie waren in dem frühen Versuch einer Formationsabfolge („Geologische Zeittafel", vgl. Tab. 8.1) durch den bedeutenden Mineralogen A. G. Werner aus dem Jahre 1786, der zu sehr an regionalen Verhältnissen in Mitteldeutschland orientiert war, noch nicht enthalten.

*Tabelle 8.2: Stratigraphisches Schema des Jura-Systems.*

| SYSTEM | | STUFEN | ZONEN |
|---|---|---|---|
| 135 | JURA – Oberjura (Weißer J.) | TITHON | ti 1-5 |
| 140 | | KIMMERIDGE | ki 3 2 1 |
| | | OXFORD | ox 1-2 |
| 150 | Mitteljura (Brauner J.) | CALLOV | cl 2-3, cl 1 |
| 160 | | BATHON | bt 2 1 |
| | | BAJOC | bj 2 3, bj 1 |
| 170 | | AALEN | al 1-2 |
| | Unterjura (Schwarzer J.) | TOARC | tc 2 1 |
| 180 | | PLIENSBACH | pb 2 1 |
| 190 | | SINEMUR | si 2, si 1 |
| 200 Mill. Jahre | | HETTANG | h 2 1 |

Sodann schlug L. v. BUCH 1839 in Süddeutschland die Unterteilung des neuerkannten Systems in Schwarzen, Braunen und Weißen Jura vor. Schon 1818 hatte W. SMITH, der Begründer der Biostratigraphie (vgl. Abschnitt 8.4), zusammen mit dem Geologen W. BUCKLAND, in England aufgrund von Gesteinsmerkmalen eine Lias-Formation, eine darüberliegende Oolith-Formation (später Dogger genannt) und zuoberst eine Malm-Formation ausgeschieden. Diese Bezeichnungen gehen wie viele Namen auf den Bergbau zurück; sie entsprechen, wie sich später herausstellte, praktisch den drei Serien Mitteleuropas. Im Jura gelang nun in der Folgezeit mit Hilfe von Ammoniten (und untergeordnet anderen Fossilien) zum ersten Mal die *feine Untergliederung* eines erdgeschichtlichen Systems. F. A. QUENSTEDT, der „Vater der schwäbischen Jura-Geologie", beschrieb 1843 und 1856/57 den dortigen Jura erstmals umfassend und erstellte eine detaillierte (allerdings nur regional gültige) Schichtuntergliederung, in der neben den Fossilabfolgen die Gesteinsausbildung noch eine große Rolle spielte. Gleichzeitig formulierte sein Schüler A. OPPEL, aber ohne Berücksichtigung der Gesteinsstrukturen, allein aufgrund seiner in England, Frankreich und Südwestdeutschland angewandten Leitfossil-Methode den gegenwärtig gültigen, heute überall benutzten Zonen-Begriff (inzwischen untergliedert man den Jura in über 60 Zonen). Die modernen internationalen Stufenbezeichnungen (Tab. 8.2) sind benannt nach typischen, besonders charakteristischen Fundorten (Typus-Lokalitäten) in England, Frankreich und Südwestdeutschland. Sie gehen größtenteils auf den Katastrophentheoretiker und Stratigraphen A. D'ORBIGNY, einen Schüler CUVIER's (vgl. Abschnitt 2) zurück.

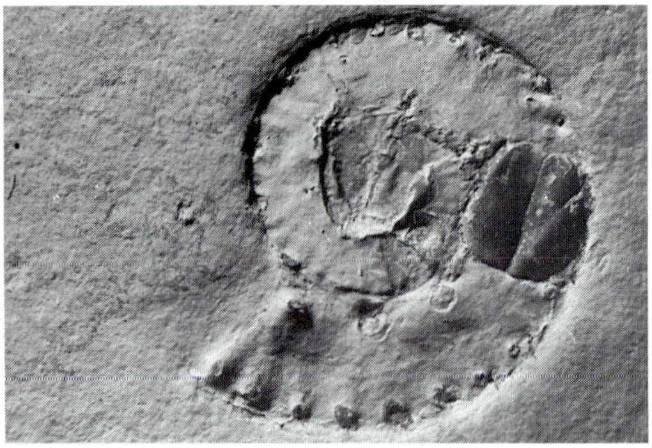

*Abb. 8.45: Hybonoticeras hybonotum (mit Aptychus, dem Unterkiefer), ein Leitfossil des Tithon, der jüngsten Stufe des Oberen Jura, zu dem auch die Solnhofener Plattenkalke gehören. (Aus VIOHL 1976, mit freundlicher Genehmigung des Verfassers)*

Die Solnhofener Plattenkalke gehören nun stratigraphisch zum Oberen bzw. Weißen Jura (Malm) und dort in die jüngste, die Tithon-Stufe. Zu dieser Stufe zählt die *hybonotum*-Zone mit dem leitenden Ammoniten *Hybonoticeras hybonotum* (Abb. 8.45), welcher der Zone den Namen gab. Da dieser Ammonit in den Plattenkalken vorkommt, ist damit deren biostratigraphische Stellung defi-

*Abb. 8.46: Steinbruch in den Solnhofener Plattenkalken mit Abraumhalden im Hintergrund. (Eichstätt)*

niert. Ihr absolutes Alter (das allerdings mit der stratigraphischen Stellung nicht direkt verknüpft ist, vgl. Abschnitt 8.4) wird von der Historischen Geologie auf ca. 137-140 Millionen Jahre veranschlagt. Die Bildungsdauer des gesamten Juras soll 60-65 Millionen Jahre betragen haben.

### 8.6.2 Die Struktur der Plattenkalke

Die Solnhofener Plattenkalke wurden schon von den Römern abgebaut und als wertvolles Baumaterial verwendet. Auch heute noch gibt es Plattenkalkbrüche auf den Höhen oberhalb des Altmühltals (Abb. 8.46), die schon von weitem an den ausgedehnten, hell leuchtenden Abraumhalden zu erkennen sind. In einem Plattenkalkbruch treten die Solnhofener Kalke als zahlreiche, parallel übereinander geschichtete Platten verschiedener Mächtigkeit zutage (Abb. 8.47). Die homogen erscheinenden Platten werden *Flinze* genannt. Manchmal liegen mehrere Flinze direkt aufeinander, aber oft sind sie durch zumeist dünne Schichten von schieferartiger Struktur, die unter dem Einfluß der Verwitterung aufblättern, voneinander getrennt. Diese Lagen nennt man *Fäulen*, da sie „faules Gestein" darstellen, das nicht als Baustoff genutzt werden kann. Eine chemische Analyse der dichten, harten Flinze zeigt, daß sie zu 95-98% aus Calciumcarbonat bestehen, mit nur geringen Beimengungen von Tonmineralien und anderen Verbindungen. Die Dicke dieser Flinze schwankt je nach Örtlichkeit zwischen 0,5 und 30 cm. Wenn der Anteil der Beimengungen zunimmt und der Gehalt an Calciumcarbonat bis auf 90% oder darunter sinkt, verwittert das Gestein leichter und ist dünnlagig und schieferig (Fäulen). Je nach Beimengung kann es auch verschiedene Farben annehmen, örtlich sind im Gestein bis zu 5% organische Substanzen enthalten. Die Gesamtmächtigkeit der Solnhofener Plattenkalke beläuft sich je nach Lokalität bis auf 90 m. Dies hängt mit den Ablagerungsbedingungen zusammen: Die Plattenkalke liegen in sogenannten „Wannen". Das sind weit ausgedehnte, flache Mulden, die im Liegenden und seitlich durch Massenkalke begrenzt sind. Letztere bestehen im wesentlichen aus Algen-Schwamm-Fossilgemeinschaften.

### 8.6.3 Die Fossilien der Plattenkalke

Die hier gefundenen versteinerten Lebewesenreste sind weltbekannt geworden. Das hängt mit der vorzüglichen Erhaltung zusammen, mehr aber noch mit der Tatsache, daß bis heute über 400 Arten (manche Autoren sprechen von 770 Arten) beschrieben worden sind. Nach Kuhn (1977, S. 5) sind die Solnhofener Plattenkalke sogar „das mit Abstand bedeutendste paläontologische Archiv der Welt, vor allem im Hinblick auf die große Zahl der dort nachgewiesenen Arten, besonders aber aufgrund der Urvogelfunde." Zu den Fossilien gehören aus dem Pflanzenreich Blaualgen, Grünalgen, Braunalgen sowie Zweige und Blätter von Farnpflanzen, Samenfarnen, Palmfarnartigen, Ginkgogewächsen (?) und Nadelhölzern. Aus dem Tierreich kennt man Einzeller, zahlreiche Quallen, Würmer, Armfüßer (Brachiopoda), Schnecken, Muscheln, Ammoniten, Belemniten (kalmarähnliche mesozoische Tintenfische mit spitz zulaufendem Skelett), Tintenfische, 27 Ordnungen der Gliedertiere (Spinnentiere, Krebse, Insekten), Stachelhäuter (Seelilien, Seeigel, See- und Schlangensterne), zahlreiche Fischarten, ganz selten Reptilien wie Schildkröten, Fischechsen (Ichthyosaurier), Schnabelechsen, Krokodile, kleine Dinosaurier, Eidechsen, Flugsaurier (Abb. 8.48) und der zu den Vögeln gehörende *Archaeopteryx* (Abb. 8.66). Diese Aufzählung könnte den Eindruck erwecken, daß die Solnhofener Plattenkalke außerordentlich

*Abb. 8.47: Flinze und Fäulen der Solnhofener Schichten. (Maxberg bei Solnhofen)*

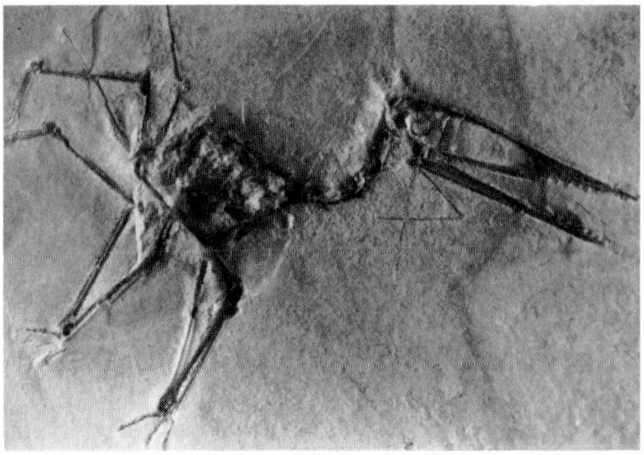

*Abb. 8.48: Versteinerter Flugsaurier (Pterodactylus). (Landessammlungen für Naturkunde, Karlsruhe)*

fossilreich seien, doch ist dies nicht der Fall. Zwar werden lokal Platten mit schwimmfähigen Seelilien (Abb. 8.57), die die Oberflächen massenhaft bedecken, häufig gefunden, örtlich auch relativ oft solche mit vielen kleinen Fischen (*Leptolepis*; Abb. 8.54); aber das sind Ausnahmen. Ansonsten finden die Arbeiter in den Steinbrüchen öfter einmal kleine Ammoniten oder einen Krebs. Äußerst selten sind dagegen etwa der Abdruck eines Flugsauriers oder eines anderen Reptils. Daß so viele Arten bekannt sind liegt nur daran, daß die Kalkplatten über viele Jahrzehnte in Handarbeit abgebaut wurden.

Die Fossilien der Solnhofener Plattenkalke sind in dreierlei Hinsicht interessant: Erstens liefern sie keine Zwischenglieder in vermuteten Evolutionsreihen (dies gilt auch für den berühmten „Urvogel" aus dieser Formation, vgl. Abschnitt 8.7.6), dagegen findet man „lebende Fossilien" darin (vgl. Abschnitt 8.7.10). Zweitens erlaubt ihre Einbettung wichtige Rückschlüsse auf die Art und Weise, wie die Plattenkalke gebildet wurden, und drittens läßt die Zusammensetzung der Arten Schlüsse auf die ehemalige Umwelt der Fossilien zu.

### 8.6.4 Die Umweltbedingungen zur Zeit der Ablagerung

Kurz vor der Zeit der Ablagerung war fast der ganze Süden Deutschlands mit einem epikontinentalen Flachmeer bedeckt. Man nimmt an, daß mit dem Beginn der oberjurassischen Tithon-Episode der Meeresboden nördlich der heutigen Altmühlalb über den Meeresspiegel gehoben wurde und sich dort Landflächen bildeten, während weiter südlich im Gebiet der heutigen Altmühl gleichzeitig die Solnhofener Plattenkalke abgelagert wurden. Dies ist unter anderem daran zu erkennen, daß in den Solnhofener Sedimenten neben marinen auch landlebende Tiere (Schildkröten, kleine zweibeinige Saurier *(Compsognathus)*, Flugsaurier und Vögel) und an das Süßwasser angepaßte Insekten (Libellen, Eintagsfliegen) sowie Zweige von Landpflanzen begraben wurden. Da die Tiere oft sehr gut erhalten sind, können sie nicht allzulange verdriftet worden sein, bevor sie eingebettet wurden, und man kann als sicher annehmen, daß Landflächen in der Nähe waren. Aus dem Vorkommen von Korallen unweit der Plattenkalkareale und der Messung von Isotopenverhältnissen des Sauerstoffs kann man auf eine Wassertemperatur von rund 25°C schließen, was ungefähr der Temperatur heutiger tropischer Meere entspricht. Aufgrund der gefundenen Vegetationsreste wird ein vergleichsweise trockenes Klima angenommen, jedoch weist das Vorkommen von Süßwasserinsekten auf Bäche oder Flüsse und mindestens gelegentlichen Regen hin.

Wegen der weitgespannten, flachen Wannenform, in der die Plattenkalke abgelagert worden sind, vermuten die meisten Forscher, daß an dieser Küste weiträumige „Lagunen" ausgebildet waren (Abb. 8.49), die ihre Existenz dem unruhigen Meeresbodenrelief verdankten.

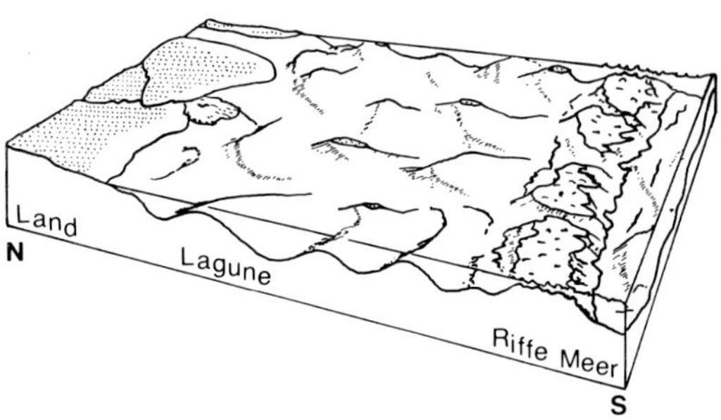


*Abb. 8.49: Lagune. (Nach Barthel 1978)*

### 8.6.5 Die Ablagerung der Plattenkalke

Nach diesen Erläuterungen können wir uns nun der Bildung der Solnhofener Sedimente zuwenden und kommen damit zu den in unserem Zusammenhang wohl wichtigsten Fragen. Unter welchen Umständen wurden sie abgelagert und wie lange hat ihre Bildung wohl gedauert?

Nach dem Eichstätter Geologen und Paläontologen G. Viohl müssen alle Theorien über die Entstehung der Plattenkalke folgende drei Fragen beantworten:

1. Warum sind die Fossilien so gut erhalten?
2. Warum liegen die meisten Fossilien auf den Flinzoberflächen?
3. Warum gibt es einen Wechsel von Flinzen und Fäulen?

In Abschnitt 8.2 wurde erwähnt, daß die Deutung der Fossilüberlieferung prinzipiell auf zwei Grundannahmen fußen kann: Aktualismus, der von der herrschenden Historischen Geologie gelehrt wird, und Katastrophismus, der in fast allen Schöpfungsmodellen vertreten wird. Im Evolutionsmodell werden für die Bildung der gesamten Tithon-Stufe rund 5 Millionen Jahre veranschlagt, für die Entstehung der hier näher besprochenen Solnhofener Schichten ein Zeitraum von rund 500 000 Jahren; manche Forscher sprechen von kürzeren Zeiten, z.B. 150 000 Jahre.

Trotzdem wurden bis in neuere Zeit von bedeutenden evolutionstheoretisch orientierten Geologen und Paläontologen wie A. Rothpletz, O. Abel oder A. H. Müller nur wenige Jahrhunderte oder gar nur wenige Jahre als Ablagerungszeit der Plattenkalke veranschlagt (vgl. Kuhn 1977, S. 7). Da sich aber die Ammonitenfauna während der *hybonotum*-Zone (Abschnitt 8.6.1) insgesamt bedeutend veränderte, hält Barthel (1964, S. 65f.) so kurze Zeiten für unwahrscheinlich. Bezeichnenderweise wird hier die lange Sedimentationsdauer nicht geologisch begründet, sondern evolutionstheoretisch abgeleitet. Im Rahmen dieses Buches können die Gehäuseabwandlungen sowie die Abfolgen der Ammoniten, auf denen die Jura-Stratigraphie beruht, nicht näher behandelt werden. Es kann jedoch vermutet werden, daß dafür im wesentlichen genetische Plastizität, mikroevolutive Prozesse sowie ökologische Faktoren ausreichend waren (Kapitel 3; Abschnitte 8.3 und 8.6.6), die keine langen Zeiten benötigen. Entsprechend wird versucht, den Wechsel der Ammonitenfaunen im Rahmen von ökologisch und populationsdynamisch bedingten Sukzessionen zu deuten (vgl. Abschnitt 8.3). An der übrigen Fauna des höheren Oberjura Frankens wurden keine Veränderungen festgestellt.

Wenn sich an den Solnhofener Schichten schlüssig nachweisen ließe, daß sie 150000 Jahre oder mehr zu ihrer Bildung benötigten, wäre ein Schöpfungsmodell, das kurze Zeiten und katastrophische Sedimentbildung annimmt, widerlegt.

### *Der Erhaltungszustand der Fossilien*

Die ausgezeichnete Erhaltung sehr vieler Fossilien spricht prinzipiell für einen ziemlich schnellen bis sehr schnellen Abschluß vom Luftsauerstoff. Die Quallen der Pfalzpainter Wanne (*Rhizostomites admirandus*; Abb. 8.50) sind nicht nur mit den gut erhaltenen Abdrücken der Ringmuskulatur, sondern gelegentlich auch mit denen der kontrahierten Glockenmuskulatur gefunden worden. Viohl

*Abb. 8.50: Versteinerte Qualle (Rhizostomites admirandus) mit fossilisierter Muskulatur. Quallen sind sehr zarte Gebilde ohne Hartteile und müssen äußerst rasch verschüttet worden sein. (Jura-Museum, Eichstätt)*

schreibt, daß die Pfalzpainter Quallen vermutlich „von einem Trübestrom eingeschwemmt und sogleich von den absinkenden Kalkteilchen zugedeckt“ wurden (1979, F8, S. 3). Man könne annehmen, daß sie „noch lebend im Kalkschlamm begraben wurden“. Die Bedeckung dieser Quallen (die in manchen Lagen gehäuft auftreten) ist durch autochthone (d.h. am Ablagerungsort entstandene) Kalkbildung nicht zu erklären. Eine Einbettungszeit auch nur von Tagen ist bereits viel zu lang. Da die Quallen meist nicht auf den Schichtoberflächen liegen, sondern in den Flinzen eingeschlossen sind (sie frieren im Winter durch eindringendes Wasser aus), müssen die jeweiligen Flinze praktisch augenblicklich bei der Verschüttung der Quallen entstanden sein.

Für eine rasche Bildung der Flinze sprechen auch die am Ende ihrer Laufspur überdeckten Pfeilschwanzkrebse (*Mesolimulus*; Abb. 8.51) und, seltener, *Mecochirus*-Krebse. Auch *Eryon*-Krebse sind oft hervorragend erhalten. Der Paläontologe K. Beurlen (1925, S. 301) schrieb zu einem der von ihm bearbeiteten Exemplare: „Das Tier wurde sofort eingebettet, noch ehe auch bloß die geringste Zerstörung angreifen konnte. Die Sedimentation ging also, wie auch aus anderem hervorgeht, rasch vor sich.“ In diesem Zusammenhang äußert der gleiche Autor: „Todeskampfspuren, wie sie die Solnhofener Schiefer zeigen, können überhaupt nur auftreten, wo das lebende Tier eingedeckt wird, wo also die Sedimentation sehr rasch – katastrophal (Wepfer) – vor sich geht. In den Solnhofener Schiefern haben wir eine derartig rasche Sedimentation, wenigstens in einzelnen Schichten.“

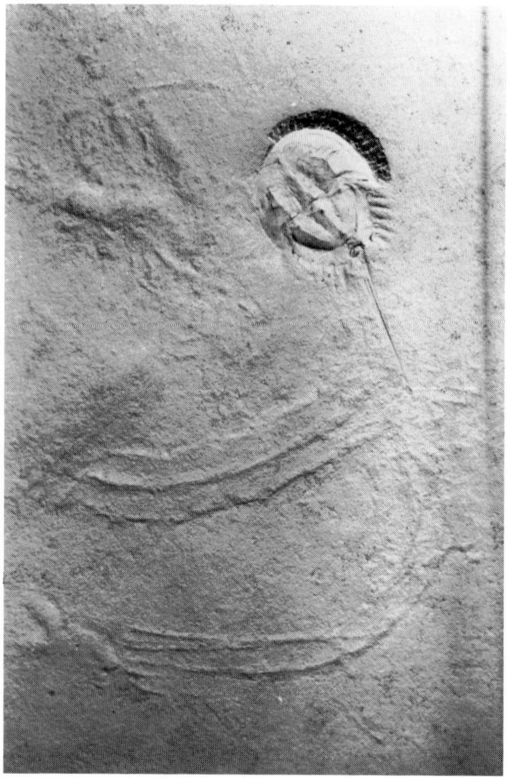

*Abb. 8.51: Abdruck eines Pfeilschwanzkrebses (Mesolimulus) mit versteinerten Spuren des Todeskampfes (Laufspuren oben links). Rezente Pfeilschwanzkrebse werden oft als „lebende Fossilien" bezeichnet. (Paläontologisches Institut der Universität Tübingen)*

Die Erhaltung so zarter Gebilde wie Libellenflügel (Abb. 8.81) ist nur möglich, wenn die Insekten „schon bei ihrer Einbettung in den noch feuchten, formbaren Kalkschlamm ihren Abdruck dem Sediment einprägen. Noch vor dem Zerfall der organischen Substanz mußten sie aber auch bereits von neuem Kalkschlamm überdeckt sein, um auch darin einen entsprechenden Abdruck hinterlassen zu können", schreiben MALZ & SCHRÖDER (1979, S. 40). Die hervorragende Erhaltung der Einzelheiten des Flügelgeäders einiger besonders gut erhaltener Stücke spreche außerdem dafür, „daß sich der Verwesungs- und Auflösungsprozeß erst nach der Erhärtung der beiderseitigen Abdrücke auf der Positiv- und Negativplatte vollzogen hat". Die Autoren weisen ausdrücklich darauf hin, daß sich die Fossilwerdung der Solnhofener Libellen „daher nicht vom rezenten Beispiel her ableiten" läßt (S. 7).

Viele der in den Plattenkalken vorkommenden Ammoniten haben noch Aptychen in der Wohnkammer (bei Aptychen handelt es sich sehr wahrscheinlich um Unterkiefer der Ammonitentiere, Abb. 8.45). Da die Aptychen nach VIOHL (1979, F 10, S. 1f.) „mit dem Weichkörper verbunden waren", müssen die Ammoniten „mit dem Weichkörper eingebettet worden sein. Sie müssen mit Sediment zugedeckt gewesen sein, bevor die Verwesung einsetzte; denn die Verwesungsgase hätten das tote Tier wieder aufsteigen lassen. Erst später zersetzte sich der Weichkörper langsam im Sediment." Das konnte für andere Tierkörper, etwa kalmarartige Tintenfische, noch genauer bestätigt werden: „Daß sich die Flinze, wenigstens in bestimmten Fällen, sehr rasch bildeten, zeigt die Tatsache, daß die den am Meeresboden liegenden Tierleichen entströmenden Verwesungsgase das sie überlagernde Sediment noch aufwölben konnten oder es in Form von Spratzgängen durchschlugen" (KUHN 1977, S. 7, 39). Auch die Funde von Ammoniten, die in senkrechter Lage von zwei Flinzen und der zwischenliegenden *Fäule* umschlossen werden, deuten auf eine rasche Bildung mehrerer Kalkbänke hintereinander hin. Darüber hinaus schließt MÄUSER (1984, S. 9) aus bestimmten Deformationserscheinungen eines Ammoniten und des überlagernden Plattenkalkpakets von 2 m Mächtigkeit (in der Pfalzpainter Wanne) sogar, daß „für die Ablagerung der hangenden, im gleichen Vorgang deformierten 2 Meter Sediment (entspricht etwa 250 Flinzen) eine extrem kurze geologische Zeitspanne kalkuliert werden" muß.

Schnell verlief auch die Einbettung von Seeigeln, die in vielen Fällen noch Stacheln haben (Abb. 8.52). Da tote Seeigel schon in den Anfangsstadien der Verwesung ihre Stacheln verlieren, muß man annehmen, daß sie noch lebend in die Plattenkalkwannen eingespült und alsbald überschichtet wurden. Fast alle gefundenen Seeigel sind als regulär, d.h. fünfstrahlig-symmetrisch gebaute Formen Hartgrund-Bewohner und können den weichen Kalkschlamm der Wannen nicht besiedelt haben.

Der im Museum Bergér oberhalb Eichstätt ausgestellte *Caturus*-Raubfisch, der gerade einen Beutefisch verschlingt (Abb. 8.53), legt ebenfalls Zeugnis von einer raschen Einbettung ab. Allerdings könnte er auch an seiner Beute erstickt sein und muß nicht während des Freßvorganges im Kalkschlamm eingegossen worden sein. Die gute Erhaltung spricht jedoch in jedem Fall dafür, daß er bald nach dem Absinken überschichtet wurde. Es handelt sich keineswegs um einen Einzelfall. G. VIOHL (1987) schreibt, daß „aus den Solnhofener Plattenkalken 47 Beispiele von Raubfischen mit noch erkennbaren Beutefischen" bekannt sind, die

*Abb. 8.52: Seeigel Rhabdocidaris. Arten der sehr ähnlichen Gattung Cidaris bewohnen noch heutige Meere. (Jura-Museum, Eichstätt)*

*Abb. 8.53: Dieser Raubfisch (Caturus) wurde mit seiner Beute schnell von Sediment zugedeckt. Ob er lebend verschüttet wurde oder an seiner Beute erstickte, kann nicht entschieden werden. (Museum Bergér, Eichstätt)*

auf einen „unvorhergesehen anomalen Tod" der Raubfische schließen lassen. VIOHL nimmt als Todesursache plötzliche Salinitätsschwankungen an.

Schon im vergangenen Jahrhundert hat man kalkig erhaltene Weichteile von Fischen entdeckt, deren Struktur mikroskopisch „bis in das zarteste Detail" sichtbar ist bis hin zur Querstreifung der Muskelfasern (E. FRAAS 1889, S. 227).

Allerdings ist zu bedenken, daß es auch gewisse Ablagerungspausen zwischen einem Teil der Flinze gegeben haben muß. In der Solnhofener Wanne sind viele *Leptolepis*-Fische (Abb. 8.54) nur in Grätenerhaltung überliefert, während dieselben im Eichstätter Raum mit Weichteilerhaltung vorliegen. Die verschiedenen Zerfallsstadien dieser Fische sind gut belegt. Ebenso kennt man z.B. nicht nur gut erhaltene Flugsaurier-Skelette, sondern relativ zahlreicher sind mehr oder weniger zerfallene Reste, deren Verwesung fortgeschritten war, bevor sie überschichtet wurden. (Auch die berühmten *Archaeopteryx*-Funde sind unterschiedlich gut erhalten. Den beiden vollständigeren Exemplaren, die in Berlin (Ost) und Eichstätt aufbewahrt werden, stehen das stärker zerfallene vom Maxberg sowie das des Britischen Museums gegenüber.) Im Gegensatz zum Pfalzpainter Raum kommt die o.g. Quallengattung *Rhizostomites* in schlechterer Erhaltung in der Solnhofener und der Eichstätter Wanne vor, was auf eine allerdings nur etwas langsamere Einbettung schließen lassen könnte. Die Fossilisationsbedingungen scheinen also sowohl in den verschiedenen Wannen z.T. unterschiedlich als auch vertikal (in der Bankabfolge) nicht generell gleichartig gewesen zu sein.

*Abb. 8.54: Leptolepis-Schwarm. Die Anordnung der Fischleichen wird auf Ablagerung unter strömendem Wasser zurückgeführt. (Museum beim Solenhofer Aktien-Verein, Maxberg)*

### *Ein Entstehungsmodell der Plattenkalke*

Zusammenfassend äußert sich BARTHEL (1978, S. 77) zur Bildung der Schichten folgendermaßen:

„Die Fossilien 'kleben' meist an der Unterseite einer Platte. Wir erklären diese Erscheinung in vier Schritten.

1. Schnelle Ablagerung einer Schicht;
2. Ablagerungspause und Bildung eines Oberflächenhäutchens auf der neuen Schicht, das aus Tonmineralien oder aus Algen besteht. Dadurch Abschluß der Schicht nach oben.
3. Allmähliche Ansammlung von Fossilien auf der Schichtoberfläche, die aber wegen des Häutchens die Fossilien nicht fest bindet.
4. (Schnelle) Ablagerung der nächsten Schicht, deren weicher Schlamm die darunter liegenden Fossilien einbindet.

Wir stellen also fest: Die Bildungszeit einer Schicht war kurz. Das galt genauso für die dünnen Schichten der Fäulen wie für die dicken Flinze. Die Dicke ist nur von der von Fall zu Fall zugeführten Sedimentmenge abhängig."

Eingangs dieses Abschnittes wurden drei Befunde aus den Solnhofener Plattenkalken erwähnt, die durch jedes Entstehungsmodell erklärt werden müssen. Die Lage und der Erhaltungsgrad der Fossilien können nach dem bisher Gesagten mit einer *schnellen Bildung* sowohl der Flinze als auch der Fäulen erklärt werden.

Die Sedimentmenge bei einmaligen Schüttungen ist von der Suspensionsdichte des sedimentführenden Wasserkörpers und nicht von der Zeit abhängig. So besteht selbst unter evolutionstheoretisch orientierten Geologen kein Zweifel, daß die Schichten an sich schnell gebildet wurden. Doch wo sollen dann die o.g. Zeiträume untergebracht werden? Wie so oft in der Geologie müssen diese in die Schichtfugen verlegt werden, das heißt in die Trennstelle zweier übereinanderliegender Schichten. Daher spricht BARTHEL von einer „allmählichen" Ansammlung von Fossilien, andere halten die „Fäulen für das eigentliche Sediment", das „lange Zeiträume repräsentiert" (VIOHL 1976, F4). Wenn die Fäulen wirklich die gesuchten Zeiten beinhalten, müssen auf dem Meeresboden über Jahrtausende absolut lebensfeindliche Bedingungen geherrscht haben. Die meisten Autoren postulieren deshalb eine hypersaline (sehr hohe Salzkonzentrationen) Bodenzone, die eine Verwesung der zu Boden gesunkenen Tierleichen verhinderte; jedoch wird auch eine anaerobe (sauerstofffreie) Bodenzone erwogen. Wenn das so wäre, dann stünden die Fährten sauerstoffverbrauchender Tiere (Krebse) sowie die gelegentlichen Zeichen von Strömungen über dem Sediment (Rippelmarken, Schleif- und Rollmarken von Quallen und Ammonitengehäusen sowie durch Strömung eingeregelte *Leptolepis*-Fischleichen; Abb. 8.54) dazu im Widerspruch. Die zarten Schlangensterne (Abb. 8.55) der Gattung *Geocoma* liegen meist in den Fäulen. Da man weiß, wie rasch Schlangensterne nach dem Tode zerfallen, kann dies als Indiz für eine schnelle Bildung auch der Fäulen gewertet werden.

In den Plattenkalken fallen überdies zwei „krumme Lagen" auf, deren Entstehung durch tektonische Bebentätigkeit erklärt werden könnte. Nun wurden manche so geglittenen, gefalteten und gestauchten Schichten der „Trennenden krummen Lage" durch Strömung wieder glattgehobelt und neu überschichtet (Abb. 8.56). Die dabei entstandenen Gerölle wurden in den Plattenkalken um Eichstätt gefunden, woraus hervorgeht, daß zu diesem Zeitpunkt die Erhärtung des Kalkschlammes bereits eingesetzt hatte und die Wasserbewegungen nicht unerheblich waren. Insgesamt gibt dies weitere Hinweise auf stärkere Strömungen, die wenigstens zeitweise bei der Ablagerung der Plattenkalke auftraten.

*Abb. 8.56: Krumme Lage (untere Bildhälfte), oben abgehobelt und neu mit Kalkschlamm überschichtet (obere Bildhälfte): Zeichen für eine stärkere Strömung. Höhe (Bildausschnitt): ca. 1,5 m. (Eichstätt)*

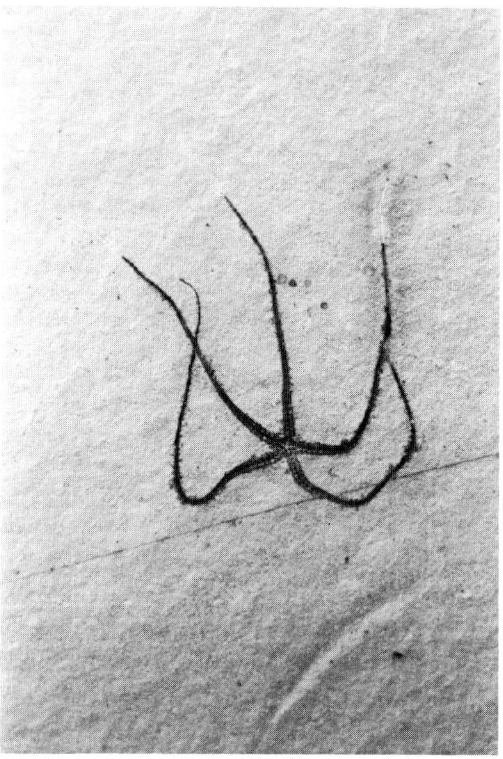

*Abb. 8.55: Ein strömungsorientiert eingebetteter versteinerter Schlangenstern. (Museum beim Solenhofer Aktien-Verein, Maxberg)*

Von einigen Stellen ist eine zeitliche Verzahnung der Plattenfazies mit der sie begrenzenden Schwammfazies berichtet worden. Sollten Schwammkalke wirklich autochthon *und* über viele Jahrtausende gewachsen sein, so wäre ein bisher nicht gelöster Widerspruch zu den offenbar schnell gebildeten Kalklagen im Inneren der Wannen vorhanden. Allerdings gilt es zu bedenken, daß einmal über die Lagerungsverhältnisse an den Wannenrändern infolge mangelnder Aufschlüsse in diesen Bereichen wenig bekannt und andererseits die Entstehung solcher Schwammkalke hypothetisch ist, da es sich um einzigartige, in heutigen Meeren in dieser Weise nicht mehr zu beobachtende Bildungen handelt. Allgemein harrt das Problem der allochthonen (= durch Zusammenschwemmung entstandenen) oder autochthonen (= am Ort der Fossilisation entstandenen) Bildung der oberjurassischen Schwammkalke im Schöpfungsmodell noch seiner Bearbeitung.

Nach Ansicht der Autoren gibt es keine Befunde aus den *Plattenkalken selbst*, die auf lange Zeiträume hinweisen oder gar deren Annahme erzwingen würden.

### *Herkunft des abgelagerten Kalkes*

In den Plattenkalken findet sich ein charakteristischer Wechsel von Flinzen und Fäulen. Weshalb gibt es diesen und woher kommt überhaupt das hier abgelagerte kalkreiche Material? Im wesentlichen werden heute zwei Arbeitshypothesen diskutiert:

1. Transport des außerhalb der Wannen gebildeten Kalkes durch Trübeströme in seinen späteren Ablagerungsraum.
2. Bildung des Kalkes in seinem Ablagerungsraum durch biologische und biochemische Kalkausfällung.

Die erste Hypothese geht davon aus, daß von Zeit zu Zeit Wirbelstürme außerhalb der Wannen Sedimente aufwirbelten und Wassermassen mit sehr hoher Sedimentfracht in die Lagunen führte, wo sich die Suspension schnell absetzte. Jede dieser Katastrophen hätte die plötzliche Bildung einer (vielleicht mehrerer) Schichten zur Folge. Die zweite Hypothese stützt sich auf mikroskopische Untersuchungen der Kalke, welche ein massenhaftes Auftreten von Mikroorganismen mit Kalkskeletten ergaben. Diese sollen von Zeit zu Zeit eine „Bevölkerungsexplosion" erlebt haben („Wasserblüten" oder „Bodenblüten"), die zu einem Zusammenbruch des ökologischen Gleichgewichtes und schließlich zum Tode auch dieser Mikroorganismen führte. Ihre Kalkskelette bildeten dann die einzelnen Schichten. Die Auseinandersetzung zwischen diesen beiden Hypothesen dauert noch immer an, doch interessanterweise operieren beide mit katastrophischen Bedingungen. Es ist auch gut denkbar, daß bei der Ablagerung der Plattenkalke beide Mechanismen eine Rolle spielten.

*Abb. 8.57: Mehrere fossile Saccocoma-Seelilien. Diese schwimmenden Formen traten in großen Massen auf.*

### 8.6.6 Deutung im Schöpfungsmodell

Die katastrophische Bildung der Schichten selbst ist deutlich belegt. Die weitgehende Abwesenheit einer den Meeresboden bewohnenden Fauna (Tierwelt) wird im Sinne einer nur kurzen Zeit zwischen den einzelnen Sedimentationsschüben gedeutet, was auch durch die ausgezeichnete Erhaltung sehr vieler Fossilien angezeigt ist. Diese normalerweise rasch aufeinander folgenden Sedimentationsschübe erzeugten die abwechselnde Schichtung von Flinzen und Fäulen samt den darin eingebetteten Fossilien, vermutlich weitgehend in der von Barthel vorgeschlagenen Weise (s.o.)

Vielfach ist zu beobachten, daß Flinze randlich über Blätterflinze in Fäulen übergehen, d.h. der Kalkgehalt nimmt in dieser Richtung ab. Die Dicke der einzelnen Flinze ist in den Wannenzentren am größten und nimmt zu den Rändern hin ab. Das könnte dadurch erklärt werden, daß sich bereits vor Absetzung eines neuen Flinzes der Wannenboden durch Setzung des Kalks in der Mitte gesenkt hatte, während zu den Rändern hin die begrenzenden Schwamm-Massenkalke die Setzungsquote verminderten. Die Ablagerung könnte man sich so vorstellen, daß zunächst das spezifisch schwerere Kalkmaterial durch eine Strömung mehr im Zentrum der Wannen angereichert wurde und das tonigere Material einen randlichen Teil bildete. Der am längsten in Schwebe bleibende tonige Rest fiel bei ausklingender Wasserbewegung aus und bildete zuletzt die Fäule. Bei alledem darf man sich die Turbulenz nicht zu hoch vorstellen, obgleich sie anfangs wohl größer war, da sie zumindest einen Teil der heute fossilisierten Tiere mitbrachte und absetzte. Gelegentlich vorgeschlagene „Großfluten" sind unwahrscheinlich, weil diese das schon abgesetzte Sediment wieder aufgewühlt hätten, was ja (abgesehen von den an der Oberseite abgehobelten krummen Lagen sowie Aufarbeitungslagen in der Paintener Gegend) nicht der Fall ist.

Die Zusammensetzung der erhaltenen Arten macht deutlich, daß eine Grabgemeinschaft (Taphozönose) vorliegt, die durch Zusammenschwemmung von Bewohnern verschiedener Lebensräume entstand, obgleich marine Arten natürlicherweise in der Überzahl sind. Das massenhafte Auftreten einzelner Arten wie kalkabscheidender Mikroorganismen (Abschnitt 8.6.5), *Leptolepis*-Fische oder der freischwimmenden Seelilie *Saccocoma* (Abb. 8.57) kann gut durch ein Ökosystem gedeutet werden, das sich nicht im ökologischen Gleichgewicht befand. Da gestörte ökologische Verhältnisse dazu tendieren, sich innerhalb kurzer Zeit zu verändern, sprechen auch die Massenvermehrungen für kurze Bildungszeiten der Plattenkalke (vgl. Abschnitt 8.3). Die *Leptolepis*-Schwärme gingen nach VIOHL (1976, F7, S. 2) durch eine plötzliche Katastrophe, vielleicht eine Seeblüte, zugrunde. Auch für den Tod der zahlreichen Raubfische wird eine katastrophische Ursache diskutiert.

Zur Herkunft des abgelagerten Materials könnte die Hypothese vertreten werden, daß dieses zum großen Teil außerhalb der Wannen durch Mikroorganismen in möglicherweise auch räumlich getrennten Massenvermehrungen entstanden ist, da man verschiedene Arten (Coccolithenarten und Calcisphaeren, Organismen mit Kalkbestandteilen) gefunden hat. Die Kalkskelette könnten dann zusammengespült und in die Wannen verfrachtet worden sein.

### 8.6.7 Zusammenfassung

1. Es wird kaum bestritten, daß sich die einzelnen Schichten der Solnhofener Plattenkalke schnell ablagerten.

2. Auch die schnelle Bildung des gesamten Schichtpakets kann folgerichtig begründet, wenn auch nicht bewiesen werden.

3. Die in der Historischen Geologie vorausgesetzten Zeiträume lassen sich aus den Solnhofener Plattenkalken nicht ableiten.

4. Der genaue Ablauf der Bildung der Solnhofener Schichten ist bis heute sowohl im Schöpfungsmodell wie auch im Evolutionsmodell nicht völlig geklärt. Es scheint aber möglich, die Bildung der Plattenkalke im Gesamtrahmen einer raschen Abfolge von gestörten Ökosystemen und deren katastrophischer Verschüttung zu deuten (vgl. Abschnitt 8.3, Mega-Sukzessions-Modell).

## 8.7 Fossile Arten als Vorstufen und Zwischenglieder?

Die am weitesten verbreitete Evolutionsanschauung geht davon aus, daß sich die Organismen aufgrund sehr kleiner Evolutionsschritte auseinander entwickelt haben. Dabei mußte jeder Evolutionsschritt gegenüber dem Vorstadium einen Selektionsvorteil aufweisen. Wir sind in früheren Abschnitten schon darauf eingegangen, ob man aufgrund experimenteller Daten überhaupt davon ausgehen kann, daß solche Evolutionsschritte theoretisch möglich sind. Jetzt geht es um die Frage, ob man Fossilien gefunden hat, die man als Zwischenglieder deuten kann. Die meisten Paläontologen stimmen heute darin überein, daß diese Funde außerordentlich selten sind, manche glauben, daß man noch kein einziges „missing link" gefunden hat. Im folgenden werden die wichtigsten der auch „connecting links" genannten Zwischenglieder besprochen.

### 8.7.1 Zur Entstehung der Mikroorganismen

Nach verbreiteter Annahme soll die Erde $4{,}6 \cdot 10^9$ Jahre alt sein. In jüngerer Zeit häufen sich fossile Funde von Mikroorganismen, die nur bis zu ca. $0{,}5 \cdot 10^9$ Jahre jünger datiert werden (Abb. 8.58 links). Die auf ca. $3{,}5\text{-}3{,}6 \cdot 10^9$ Jahre datierten Sedimente von Onverwacht und Warawoona unterscheiden sich erstaunlicherweise in wichtigen Merkmalen kaum von jungen Ablagerungen, wie sie im küstennahen Meer zu beobachten sind, z.B. Quarzite, Tonschiefer, Karbonate, Sulfate und Phosphate. Aus der Zeit vor $3{,}5\text{-}3{,}6 \cdot 10^9$ Jahren sind fossilorganische Substanzen bekannt geworden, die nach Ergebnissen der Laser-Raman-Spektroskopie Stoffwechselprodukte von Lebewesen enthalten.

Verbreitete Vorkommen von Karbonaten zeugen von einer $CO_2$-haltigen Atmosphäre. Die Vorkommen von Sulfaten und Eisenoxiden in den Schichten der Aldan-Zeit (Aldan-Massiv in Ostsibirien, $3{,}6\text{-}4{,}0 \cdot 10^9$ Jahre alt geschätzt) lassen auf die Existenz von freiem Sauerstoff schließen, so daß eine Atmosphäre zu dieser Zeit vorhanden gewesen sein muß, die nicht reduzierenden, sondern neutralen bis leicht oxidierenden Charakter besaß. Es ist daher kaum denkbar, daß unter diesen Bedingungen eine präbiotische Evolution stattfand (vgl. Abschnitt 5.1).

Es sind heute Fossilien bekannt, die in Größe, Morphologie, Entwicklungs- und Vermehrungsstadien sowie in der Ökologie trotz vermuteten hohen Alters von rezenten Formen nicht unterschieden werden können. In $0{,}7\text{-}0{,}8 \cdot 10^9$ Jahre alt datierten Kalk-Dolomitsedimenten der Lager der Eleonorenbucht (mittleres Ostgrönland) wurde in großer Menge Material von gut erhaltenen Mikroorganismen isoliert. Mindestens 6 der fossilen Gruppen sind von rezenten Cyanobakterien, die in Höhlungen, in Ooiden der Bahama-Bänke leben, nicht zu unterscheiden (Abb. 8.58, rechts, 1 und 2). Fossile chroococcale Cyanobakterien und die rezente *Gloeocapsa*-Spezies (Abb. 8.58, rechts Mitte) gleichen einander in der Tetradenstruktur völlig. Es wird diskutiert, *Chroococcus* und *Gloeocapsa*

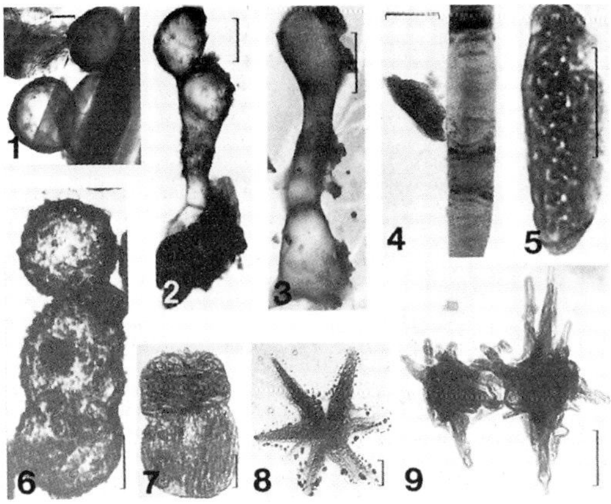


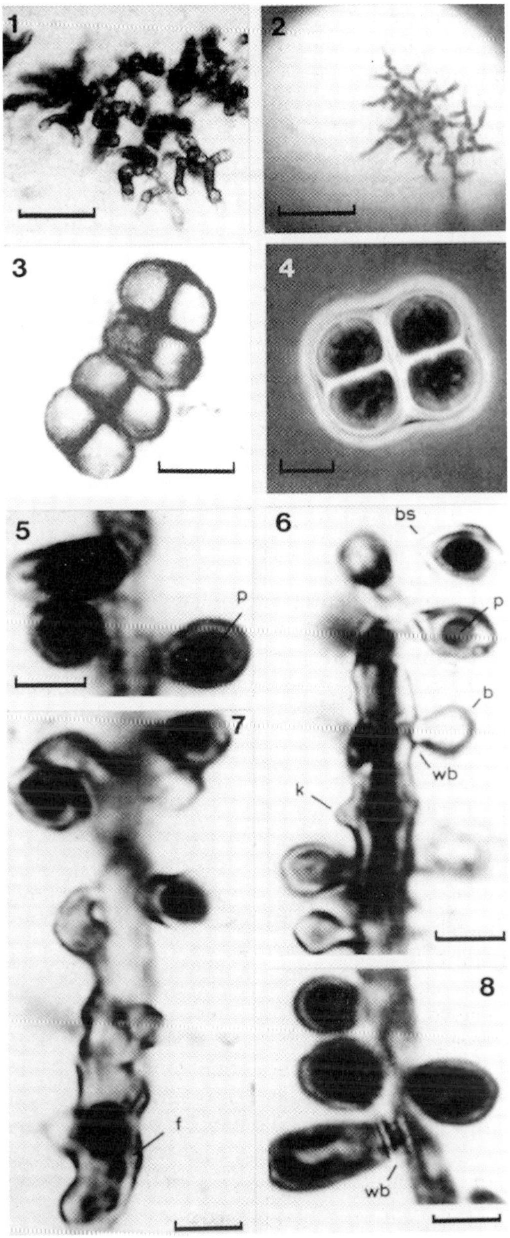


*Abb. 8.58: Mikrofossilien aus verschiedenen präkambrischen Formationen. Oben: 1: Organische Zellreste aus dem Isua-Bändereisenstein/Südwest-Grönland, zwei kugelige Zellkörper und röhrenförmige Zellscheiden, auf 3,8 · $10^9$ Jahre datiert; 2: Isua-Bändereisenstein, 3,8 · $10^9$ Jahre; 3: Warawoona-Gestein/Australien 3,5 · $10^9$ Jahre; 4: Onverwacht-Formation/Südafrika, 3,5 · $10^9$ Jahre; 5: Fig-Tree-Baryt/Südafrika, 3,3 · $10^9$ Jahre; 6: Bulawayo-Stromatolithen/Zimbabwe 2,7 · $10^9$ Jahre; 7: Gunflint-Formation/Kanada, 2,0 · $10^9$ Jahre; Beltian-Eisensulfid-Sediment/Nordamerika, 1,4 $10^9$ Jahre; Katanga-Kupfersulfid-Sediment, 0,7 · $10^9$ Jahre. Dicke Balken: 0,5 µm, dünne Balken: 0,1 µm. (Nach PFLUG 1984a, verändert, mit freundlicher Genehmigung des Autors und Verlags)*

*Rechts: 1: Hyella gigas, endolithischer Mikroorganismus, auf 0,7-0,8 · $10^9$ Jahre datiert. 2: rezentes Cyanobacterium in Ooiden der Bahama-Bänke; 3 und 4: Fossile, auf 0,7-0,8 · $10^9$ Jahre datierte und rezente Cyanobakterien; links: Chroococcale Cyanobakterien aus der „Draken Conglomerate"-Formation/ Spitzbergen, zwei Tetraden nebeneinander; rechts: Gloeocapsa, rezent. 5–8: Hefeähnlicher Organismus aus Swartkoppie-Sedimenten/Südafrika, auf 3,4 · $10^9$ Jahre datiert, und rezenter Hefe-Stamm (Candida); 6 + 7: Ramsaysphaera, fossil; k beginnende Knospung, b junge Knospe, wb Querwand der Blastopore, bs abgelöste Blastopore, p vermuteter Protoplasmarest; 5 + 8: Candida tropicalis, rezent. Balken: 1: 80 µm, 2: 115 µm, 3: 10 µm, 4: 5 µm, 5–8: 2 µm. (1+2 nach KNOLL et al. 1986, aus Nature **321;** 3 nach KNOLL 1985, aus Ann. Rev. Microbiol. **39,** © 1985 Annual Reviews Inc.; 4 nach RIPPKA et al. 1979, aus J. General Microbiol. **111;** 5–8 nach PFLUG 1978; mit freundlicher Genehmigung der Autoren und Verlage)*

als eine Gattung zu führen. Aus Swartkoppie-Sedimenten Südafrikas stammt der fossile Mikroorganismus *Ramsaysphaera ramses*, auf 3,4 · $10^9$ Jahre datiert (Abb. 8.58 rechts, 5–8). Er ähnelt im Hyphentyp der Hefe *Candida tropicalis*, wenn man sie entwässert. Bei den Hefen handelt es sich um Eukaryoten, von denen allgemein angenommen wird, daß sie erst vor ca. $10^9$ Jahren entstanden seien. Ein ähnliches Mikrofossil, *Isuasphaera*, mit Protoplasmaresten in der Zelle, fand man in 3,8 · $10^9$ Jahre alt datierten Isua-Quarziten in Südwestgrönland.

Die ältesten Mikrofossilien sind also häufig von rezenten in Größe, Morphologie, Entwicklungs- und Vermehrungsstadien und Ökologie nicht unterscheidbar und folglich nicht evolviert.

### 8.7.2 Zur Entstehung der Landpflanzen

Man betrachtet die Nacktfarne (Psilophyten) als die ersten Landpflanzen und leitet sie gewöhnlich von Grünalgen ab, wobei fossile Bindeglieder zwischen beiden Gruppen fehlen. Die „Urpflanze“ *Rhynia* (vermutlich Mitteldevon; Abb. 8.59) besaß eine Außenhaut, Spaltöffnungen, Schließzellen, Wasserleitungsgewebe (Xylem; s. Abb. 8.59b) mit Ring- und Schraubentracheiden, Siebteil (Phloem), Sporenbehälter mit einer derben Außenhaut zum Schutz gegen Austrocknung, und man glaubt jetzt auch die die Eizellen enthaltenden Fortpflanzungsorgane (Archegonien) gefunden zu haben. Damit hätte *Rhynia* bereits über einen „hochentwickelten“, heteromorphen Generationswechsel (bei dem sich zwei Generationen mit verschiedener Gestalt abwechseln; vergleichbar anderen Farnpflanzen) verfügt. Nun sind auch höher organisierte Psilophyten bekannt, wie zum Beispiel *Asteroxylon* (Abb. 8.59c), welche nach ihrem Äußeren viel stärker differenziert als *Rhynia* ist, aber keine Leitbündel enthält. Die am höchsten organisierte Psilophytenart *(Baragwanathia)* besaß blattartige Strukturen und wurde im Unterdevon gefunden. Damit ist sie nach dem herrschenden geologischen System älter als *Rhynia*, der „primitivste“ Psilophyt.

Neue Untersuchungen an unterdevonischen Pflanzen wie *Anisophyton, Sciadophyton* oder *Lyonophyton* zeigten, daß diese „im Prinzip bereits ähnlich komplexe Strategien der Gestaltbildung aufweisen wie heute lebende Pflanzen, auch die hochentwickelten Blütenpflanzen“ (Remy & Hass 1988, S. 77).

Eine den Psilophyten ähnliche Pflanze unsicherer systematischer Stellung *(Psilotum)* lebt noch heute. So klafft zwischen den fossilen Psilophyten und *Psilotum* nach der gängigen Zeitskala eine Lücke von fast 400 Millionen Jahren, in der keine entsprechenden Fossilien überliefert sind, was in einem evolutionstheoretischen Modell nur schwer verständlich ist.

Die Entstehung von Blättern ist ebenfalls fossil nicht belegt – eine Theorie besagt, daß sie aus den Sprossen von Psilophyten hervorgegangen seien (*Telomtheorie*, Abb. 8.60) und im Laufe der Entwicklung mehrmals unabhängig voneinander entstanden sein müßten. Dies ist jedoch spekulativ. Auch die Entwicklung der Pteridophyten (Farngewächse) aus den Psilophyten ist umstritten. Zudem sind die im Karbon vorkommenden Pteridophyten viel höher organisiert als ihre heutigen Vertreter. Die Herkunft der Moose ist ebenso rätselhaft wie die der Kieselalgen oder der Bedecktsamer. Der Paläobotaniker K. Mägdefrau (1968, S. 355f.) faßt die Lage bezüglich der Bedecktsamer in seinem Lehrbuch folgendermaßen zusammen: „In der untersten Kreide lebte noch eine Flora ... ohne eine Spur von Angiospermen. Und in der Oberkreide sind letztere schon zum herrschenden Bestandteil geworden ... Zunächst fällt uns auf, daß die Angiospermen so plötzlich auftreten, ohne irgendwelche Vorläufer.“ Die Tatsache, daß die Bedecktsamer von Beginn ihres fossilen Vorkommens an „fertig“ sind, wird durch das folgende Lehrbuch-Zitat unterstrichen: „Fast alle fossilen

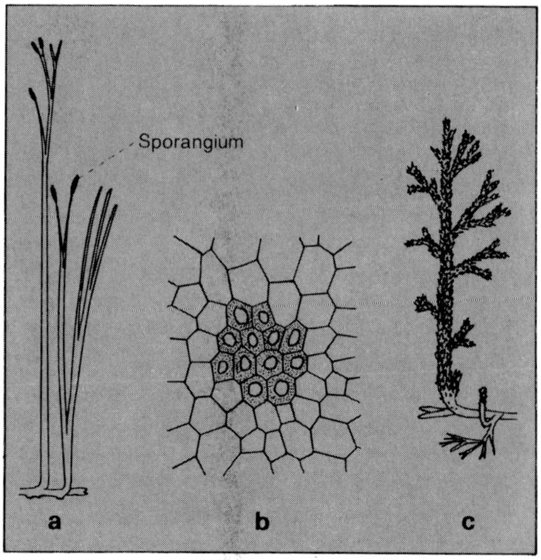


*Abb. 8.59: Die „Urpflanze“ Rhynia (a), Querschnitt durch das Wasserleit- und Festigungssystem von Rhynia (Holzteil der Protostele) mit dickwandigen Tracheiden (punktiert, b) und Asteroxylon (c). (Kombiniert nach Siewing 1982 und Knodel & Bayrhuber 1983)*

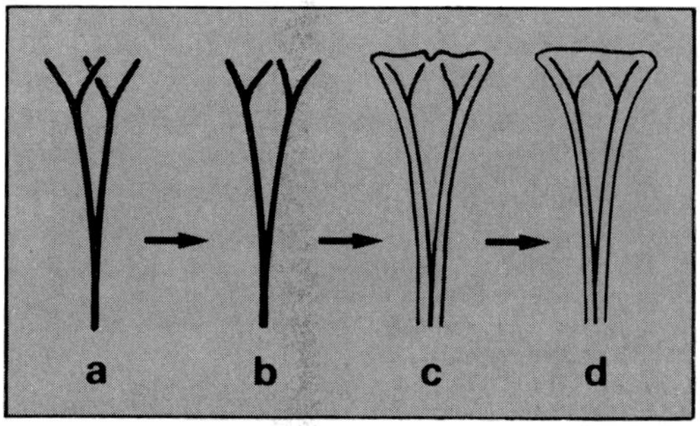


*Abb. 8.60: Nach der Telomtheorie sind aus den Sprossen der Psilophyten (a, Telome) Blätter (d) entstanden. Stationen dieser Entwicklung sollen das Zusammenrücken der Telome in eine Ebene (Planation, b) und ihre Verwachsung (c) sein. (Nach von Denffer et al. 1978, nach Zimmermann)*

Funde lassen sich zwanglos in rezente Familien einordnen, eine große Zahl ist sogar heutigen Gattungen zugeteilt. Ausgestorbene Angiospermen-Familien sind so gut wie unbekannt" (GEYER 1973, S. 75).

### 8.7.3 Zur Entstehung der Wirbeltiere

Eine der ausgeprägtesten Diskontinuitäten im „Fossilbericht" findet sich am Übergang vom Präkambrium zum Kambrium (vgl. Tabelle 8.1). Übergangslos wird in kambrischen Sedimenten eine Vielzahl von Fossilien gefunden. Man spricht auch von der kambrischen „Explosion des Lebens". Ohne Vorstufen tritt eine hochdifferenzierte Tierwelt auf: „Alle (Tier)stämme waren bereits vor 500 Millionen Jahren 'fertig'. Ihre Entwicklung liegt noch weiter zurück. Da die präkambrischen Schichten aber praktisch versteinerungsleer sind, fehlt uns jedes Abbild ihrer Frühzustände" (KAESTNER 1965). „Die verschiedenen Stämme – Poriferen (Schwämme), Coelenteraten (Hohltiere), Arthropoden (Gliederfüßer), Mollusken (Weichtiere), Tentaculaten (z.B. Armfüßer), Echinodermen (Stachelhäuter) – sind deutlich voneinander abgesetzt und unterschieden. Vermittelnde Zwischenformen zwischen ihnen sind nicht vorhanden", stellt der Paläontologe K. BEURLEN (1978, S. 67) bezüglich der Fauna des Kambriums fest.

Obwohl die wirbellosen Tiere den weitaus größten Anteil aller fossilen Faunen stellen, können wir im vorliegenden Rahmen nur auf die Entstehung der *Wirbeltiere* eingehen.

Damit ist ein weiteres großes Rätsel in der Evolutionslehre angesprochen. Es geht um den Schritt vom *Exoskelett* (äußeres Skelett) zum *Endoskelett* (inneres Skelett), also um die Frage, wie sich Knochen aus einem Exoskelett (die Schalen einer Muschel oder der Chitinpanzer eines Insekts sind beispielsweise Exoskelette) oder auch aus Weichteilen gebildet haben könnten. Dazu hat man weder Fossilfunde, noch verfügt man über fundierte Hypothesen. HADORN & WEHNER schreiben in ihrem Lehrbuch für allgemeine Zoologie (1986, S. 451): „Die phylogenetische Ableitung der Wirbeltiere bleibt hypothetisch, da Fossilfunde fehlen, die auf Vorfahren hinweisen, welche den Anschluß an andere und primitivere Tierstämme belegen könnten."

Man muß sich vor Augen halten, welcher Umstellung es im Bauplan eines Tieres bedarf, damit sich ein System aus Knochen, Wirbeln, Sehnen und dazugehörigen Muskeln bildet! Diese grundlegenden Umbildungen müßten sich über so viele Zwischenstadien und über so lange Zeiten hingezogen haben, daß man in präkambrischen oder kambrischen Gesteinen unbedingt entsprechende Fossilien finden müßte. Dies gilt umso mehr, als unterkambrische, ebenso wie zahlreiche präkambrische Sedimentgesteine durchaus geeignet waren, auch feine Fossilstrukturen zu erhalten. Gelegentlich wird das Lanzettfischchen *(Branchiostoma)* als Vorfahr der Wirbeltiere diskutiert, aber die meisten Autoren lehnen es ab, die Wirbeltiere vom Lanzettfischchen abzuleiten und betrachten diese Form als einen hochgradig spezialisierten Seitenzweig aus der Evolution der Wirbeltiere, dessen Abstammung seinerseits unklar ist.

### 8.7.4 Vom Fisch zum Amphibium

Arm- und Beinskelett der Tetrapoda (Vierfüßer) denkt man sich aus den paarigen Flossen von urtümlichen Fischen hervorgegangen. Allerdings ist unbekannt, woher die Flossen selber stammen. Statt einer langen Erörterung sollen drei Lehrbuchautoren zu Worte kommen: „Die phylogenetische Entstehung der paarigen Extremitäten ist z.Z. nicht bekannt" (STARCK 1979, S. 546). STARCK führt dann mehrere, sich teils widersprechende Theorien verschiedener Autoren an. Zum Ursprung der Flossen bemerken ROMER & PARSONS: „Wenn wir uns den primitivsten fossilen Fischen in der Hoffnung zuwenden, eine klare und eindeutige Antwort auf die Frage nach der Entstehung der paarigen Flossen zu erhalten, erleben wir eine Enttäuschung" (1983, S. 196). Paarige Flossen tauchen in der Fossilüberlieferung plötzlich und ohne Vorstufen auf. Doch gibt es überzeugende Fossilfunde, welche die Entstehung des Extremitätenskeletts aus diesen Flossen belegen?

*Abb. 8.61: Der Quastenflosser Latimeria chalumnae, ein „lebendes Fossil". (Westfälisches Museum für Naturkunde, Münster)*

*Quastenflosser*

Man stellt sich nicht die „modernen" Knochenfische (Teleostei), sondern die fast ausgestorbenen *Quastenflosser* als Vorfahren der Amphibien und damit aller vierfüßigen Wirbeltiere (Tetrapoda) vor. Man hat in unserem Jahrhundert einen lebenden Quastenflosser entdeckt, das „lebende Fossil" *Latimeria* (Abb. 8.61). Allerdings leitet man die Vierfüßer nicht von dem auf das Leben im Meer spezialisierten *Latimeria*, sondern von einem fossilen Quastenflosser ab. Dieser Evolutionsschritt wäre mit der Neubildung von Lungen (aus der Schwimmblase?), der Umbildung der Schuppenhaut der Fische zur Drüsenhaut der Amphibien und der Neubildung des Extremitätenskeletts (Armskelett und Beinskelett) verbunden.

Auf die völlig ungeklärte Weichteilevolution gehen wir nicht ein, doch ergeben sich bei der zwangsläufigen Beschränkung auf die Skelette (man findet nur selten fossilisierte Weichteile) Probleme, weil verschiedene Merkmale, anhand derer die Wirbeltierklassen unterschieden werden, aus Skelettresten nicht rekonstruiert werden können (wie z.B. Haar- oder Schuppenkleid, Drüsen etc.).

*Abb. 8.62: Eusthenopteron, ein ausgestorbener Quastenflosser aus dem nordamerikanischen Oberdevon – ein mutmaßlicher Vorfahre der Landwirbeltiere. (Abguß; Jura-Museum, Eichstätt)*

Eine mögliche Zwischenform wollen manche in dem Quastenflosser *Eusthenopteron* sehen (Abb. 8.62). Im Devon sollen periodische Trockenzeiten aufgetreten sein, in deren Verlauf die Quastenflosser austrocknende Gewässer verlassen mußten. Gesteuert durch diesen Selektionsdruck sollen einige Formen (darunter *Eusthenopteron*) kräftige, durch Knochen verstärkte Flossen entwickelt haben, die sie befähigten, sich wenigstens über kurze Landstrecken zum nächsten Gewässer zu retten (Wir wollen die Frage vernachlässigen, woher die dazu erforderliche Luftatmung kam; vgl. dazu auch Abschnitt 3.5.4). Nun zeigt *Eusthenopteron* „urtümliche" Merkmale (z.B. Beckenform), nach denen man ihn eher als Vorläufer der Fische und nicht der Amphibien ansehen könnte. Die Flosse weist dagegen derartige Sonderanpassungen auf, daß man ihn auch schwerlich als Vorläufer der Vierfüßer betrachten kann. Es tritt hier das (häufige) Phänomen auf, daß in einem Lebewesen verschiedene, einander im systematischen Sinne widersprechende Merkmale (Mosaik-Merkmale) auftauchen. Später wird davon noch die Rede sein. Es verwundert daher kaum, bei Müller (1985, S. 429) zu lesen: „Vermutlich handelt es sich bei *Eusthenopteron* nur um eine Nebenform, deren Merkmale nicht in vollem Umfang als typisch für eine Stammform der Tetrapoda zu betrachten sind." Auch nach Starck (1979, S. 369) sind „echte Übergangsformen zwischen Fischflosse und Chiropterygium (Tetrapodenextremität) unbekannt." Alle fossilen Formen sind eindeutig entweder Fische (so *Eusthenopteron*) oder aber Amphibien (so *Ichthyostega*). Übergangsstrukturen, etwa ein sich gerade bildendes Extremitätenskelett, gibt es nicht. Wenn Starck im direkten Anschluß an das letztgenannte Zitat trotzdem schreibt, daß „die Abstammung der Tetrapoda von Crossopterygiern [Quastenflosser] gesichert ist und an der Homologie von Fischflosse und Tetrapodenextremität kein Zweifel mehr besteht", dann bewegt er sich mit zahlreichen anderen Autoren nicht mehr auf dem Boden der exakten Naturwissenschaft, sondern gibt mit hinreichender Deutlichkeit eine *Vermutung* wieder. Diese darf als solche sicherlich stehen bleiben, doch sind andere Deutungen möglich.

*Das „Uramphibium" Ichthyostega*

Als das „primitivste" Amphibium gilt gewöhnlich *Ichthyostega* (Fischschädellurch; Abb. 8.63) aus dem Oberdevon Grönlands. Dieses Tier zeigte sowohl Eigenschaften von Fischen als auch Eigenschaften von Amphibien. Rutte (1983, S. 83) meint „40 % fischartige und 60 % amphibienartige" Merkmale unterscheiden zu können. Das auffälligste Fischmerkmal ist eine durch knöcherne Elemente gestützte Schwanzflosse, während das wichtigste Tetrapodenmerkmal in fünfgliedrigen Extremitäten besteht. Aber auch *Ichthyostega* besitzt spezialisierte Merkmale und kann deshalb nicht Vorläufer für andere Amphibien sein. Müller schreibt (1985, S. 509): „Die Ichthyostegalia

*Abb. 8.63: Ichthyostega aus dem Oberen Devon Grönlands gilt als das „primitivste" Amphibium. (Nach Denton 1985, nach Jarvik)*

sind eindeutig die ursprünglichsten Labyrinthodonten (Labyrinthzähner; Amphibien mit gefälteltem Zahnbein, d. Verf.), doch ist ihr Schädeldach so speziell gebaut, daß sie weder als Vorfahren der Temnospondyli (Schnittwirbler; Lurche mit zusammengesetzten Wirbelkörpern) noch der Anthracosaurier (Steinkohlensaurier) in Frage kommen. Allem Anschein nach bilden sie lediglich einen frühen Seitenzweig, der nachkommenlos erloschen ist.“ RIEPPEL (1983, S. 127) ist ebenfalls der Meinung, daß *Ichthyostega* nicht als direkter Vorfahr der Tetrapoden in Frage komme und man in der Evolutionslehre auf einen „nahen Verwandten“ zurückgreifen müsse, den „die Paläontologie noch nicht zutage fördern konnte.“ Der bekannte Evolutionsbiologe Sir GAVIN DE BEER schrieb schon 1966, daß *Ichthyostega* nicht als ein Ahn der Landwirbeltiere in Frage komme, weil er „nicht alt genug“ sei (1966, S. 57). Gegen eine Evolutionssequenz *Eusthenopteron* → *Ichthyostega* spricht nämlich bereits die Tatsache, daß beide in gleichalten Sedimenten gefunden wurden (Old Red, Oberdevon). Der wichtigste Einwand gegen eine Evolution der Tetrapoden aus den Fischen ist aber nach wie vor die Tatsache, daß die Viergliedrigkeit der Extremitäten in ihrem Grundbauplan (insbesondere die Anbindung an die Wirbelsäule) bei *Eusthenopteron* noch gar nicht, bei *Ichthyostega* aber vollständig vorhanden war. Jede Spur eines entsprechenden Überganges fehlt in der Fossilüberlieferung vollständig (Abb. 8.64).

Es soll noch hinzugefügt werden, daß mit Kenntnis der paläozoischen Amphibien die Abstammung der heute lebenden Amphibien keineswegs geklärt ist. Diese fossilen Formen sind nämlich in vieler Hinsicht so „hochentwickelt“, daß man unsere Frösche und Schwanzlurche davon nicht ableiten kann. So weist zum Beispiel die Ordnung der Schlangenlurche aus dem untersten Karbon bis zu 230 Wirbel und keine (!) Extremitäten auf. Die evolutionstheoretische Deutung fordert also, daß fast gleichzeitig mit dem Erwerb von Landextremitäten *(Ichthyostega)* diese in anderen Amphibiengruppen vollständig rückgebildet wurden. Über die Gründe ist nichts bekannt. STARCK (1978, S. 19) stellt fest: „Die Herkunft der rezenten Amphibien liegt im Dunkeln.“

### 8.7.5 Vom Amphibium zum Reptil

Im Gegensatz zu den Amphibien besitzen die Reptilien eine sehr drüsenarme Schuppenhaut, durchlaufen keine Metamorphose und gehen aus einem amniotischen Ei hervor. Daneben kann man Rep-

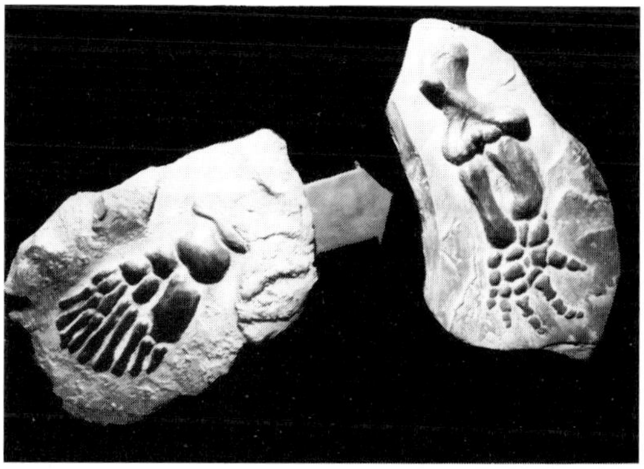

*Abb. 8.64: Knochenskelett der Brustflosse eines fossilen Quastenflossers (links) und der Vorderextremität von Ichthyostega (rechts). Der im Evolutionsmodell postulierte Übergang vom Fisch zum Amphibium erfolgt sprunghaft. Die Extremität von Ichthyostega zeigt eine Gliederung in Oberarm, Elle und Speiche des Unterarms, Handwurzel und 5 Fingern. Diese Gliederung liegt bei den Quastenflossern (wenn überhaupt) nur andeutungsweise vor. (Westfälisches Museum für Naturkunde, Münster)*

tilien und Amphibien auch an verschiedenen Skelettmerkmalen wie Ausbildung des Hinterhauptgelenks, Zähnen oder Stellung der Extremitäten unterscheiden. Vielfach wird *Seymouria* aus dem Perm als Zwischenglied vom Amphibium zum Reptil angeführt (Abb. 8.65). In manchen Büchern findet man die Aussage, daß *Seymouria* manchmal zu den Amphibien, manchmal aber auch zu den Reptilien gestellt wird. FREYTAG (1980, S. 294) zählt 2 Fisch-, 18 Lurch- und 11 Reptilienmerkmale auf. Nachdem man aber gefunden hat, daß die Seymouriamorpha auch eine Metamorphose durchgemacht haben, muß man sie ganz eindeutig zu den Amphibien stellen. Obwohl dieses Tier daneben Reptilienmerkmale hatte (es stellt eine typische Mosaikform dar), kann es nicht als direkter Ahn der Reptilien gelten, da man echte Reptilien (die sogenannten Stammreptilien oder *Cotylosauria*) bereits im Mittel/Oberkarbon findet. Es ist ja grundsätzlich nicht möglich, eine „ältere“ Tiergruppe aus einer „jüngeren“ abzuleiten. KUHN-SCHNYDER & RIEBER schreiben (1984, S. 204):

*Abb. 8.65: Seymouria aus dem Perm, eine Mosaikform mit Reptilien- und Amphibienmerkmalen. (Nach BELLAIRS & COX 1976)*

„Seymouria hat man lange mit den Reptilien verbunden, doch sprechen Schädelmerkmale und stratigraphische Gründe dagegen." Damit ist man gezwungen, die Stammreptilien auf andere, möglicherweise den Seymouriamorpha ähnliche Vorfahren zurückzuführen. Solche Tiere hat die Paläontologie aber bisher nicht finden können.

### 8.7.6 Vom Reptil zum Vogel: *Archaeopteryx*

Als überzeugendstes Beispiel für ein Bindeglied zwischen zwei großen Tiergruppen gilt allgemein der „Urvogel" *Archaeopteryx*. Seit 1861 hat man in den Solnhofener Plattenkalken (vgl. Abschnitt 8.6) neben einer einzelnen Feder fünf mehr oder weniger gut erhaltene Versteinerungen dieses Vogels gefunden, wozu sich neuerdings noch ein sechster Fund gesellt. Sie zeigen sowohl Kriechtier- als auch Vogelmerkmale (Abb. 8.66). Als typische Reptilienmerkmale gelten u.a. der bezahnte Kiefer, der fehlende Brustbeinkiel, der Bau der Krallenglieder und der Wirbel, die freien Rippen ohne Hakenfortsätze und die lange Schwanzwirbelsäule. Ihnen gegenüber stehen als typische Vogelmerkmale das Federkleid, das Armskelett, das Becken- und Beinskelett.

Wegen ihrer außerordentlichen Bedeutung haben die *Archaeopteryx*-Funde eine sehr eingehende und vielseitige Bearbeitung erfahren. Die dabei gewonnenen Ergebnisse führten zu recht unterschiedlichen, z.T. sogar widersprüchlichen Interpretationen. So ist bis heute umstritten, ob *Archaeopteryx* als direkter Vorfahr der Vögel aufgefaßt werden soll (wozu bis vor wenigen Jahren die meisten Forscher neigten) oder als Form, die in eine evolutive Sackgasse führte.

Das charakteristische Merkmal der Vögel sind die Federn. Eine Versteinerung, die als Vorläufer der Vögel interpretiert wird, sollte sich vor allem durch den Besitz von „Vorfedern" auszeichnen, also Gebilden, die Aufschluß über die Entwicklung der Federn aus Reptilschuppen geben. Gerade dies ist bei *Archaeopteryx* aber nicht der Fall. Im Gegenteil: die Federn des „Urvogels" gleichen in ihrem mikroskopischen Bild exakt denen heutiger Vögel. Darüber hinaus gibt es Funde von Federfragmenten aus Bernstein der untersten Unterkreide (also Schichten, die direkt über dem Oberjura abgelagert sind). Die Konservierung im Bernstein erlaubt mikroskopische Untersuchungen bis zur Grenze des Auflösungsvermögens des Lichtmikroskops. Dabei zeigt sich eine exakte Entsprechung der Federfeinstruktur (Abb. 8.67) zwischen diesen fossilen Federn und den Federn moderner Vögel. Da man solche Federfunde sowohl aus Australien als auch aus dem Libanon kennt und darüber hinaus Abdrücke von Federn in Schiefern der Unterkreide in Sibirien und der Mongolei gefunden sowie Fußabdrücke von Vögeln in der Unterkreide Kanadas nachgewiesen hat, würde dies bedeuten, daß Vögel damals trotz der ihnen teilweise zugeschriebenen schlechten Flugfähigkeit bereits weltweit verbreitet waren.

In der Mongolei haben Paläontologen außer den erwähnten Federabdrücken (in denselben Schichten) auch die Überreste eines Vogels mit deutlich ausgeprägtem Brustbeinkiel gefunden. Dieser am Brustbein ausgebildete Knochenkamm dient als Ansatz für die Flugmuskulatur und wird als typisch für „hochentwickelte" und gut flugfähige Vogelarten angesehen. Diese müßten somit bereits kurze Zeit nach *Archaeopteryx* aufgetreten sein. Das Gleiche gilt für die Funde flamingoartiger Vögel aus der tiefsten Unterkreide Frankreichs. Aus Kreide-Sedimenten sind darüber hinaus auch Versteinerungen von Pinguinen bekannt.

*Abb. 8.66: Der „Urvogel" Archaeopteryx lithographica, Abguß des Berliner Exemplars. (Naturmuseum Senckenberg, Frankfurt)*

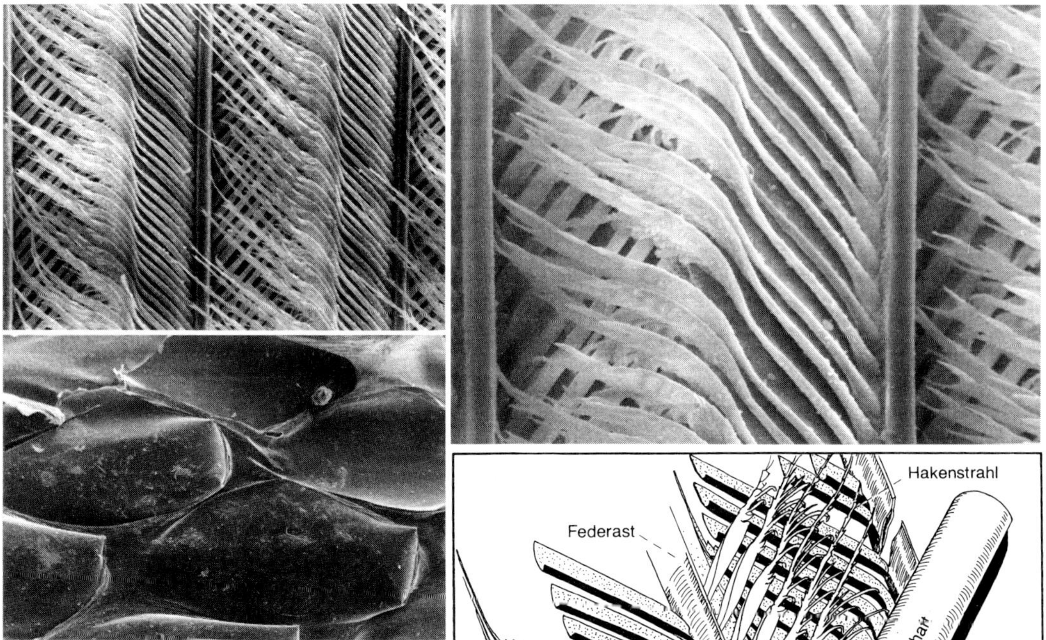

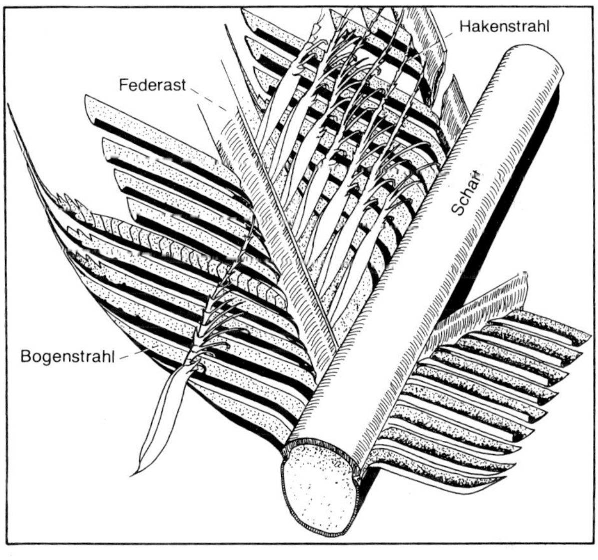


*Abb. 8.67: Feinstruktur der Vogelfeder, oben: rasterelektronenmikroskopische Aufnahme, links ca. 100fach, rechts ca. 200fach vergrößert; rechts unten schematisch dargestellt. Der Verhakungsmechanismus der Federstrahlen funktioniert nach dem technischen Prinzip des Reißverschlusses. (Die Bogenstrahlen sind teilweise abgeschnitten.) Links unten: Rasterelektronenmikroskopische Aufnahme einer Reptilschuppe (von einer Schlange). Der enorme strukturelle Unterschied wird deutlich. (Rasterelektronenmikroskopische Aufnahme: Brigitte Friedrich; Schemazeichnung nach Portmann 1976)*

Daraus müßte im Evolutionsmodell gefolgert werden, daß die Flugfähigkeit schon direkt nach der Entstehung des Flugvermögens bei manchen Arten bereits wieder vollständig zurückgebildet wurde. (Dabei bleibt die Frage offen, wie es zu dem dazu erforderlichen gegenläufigen Selektionsdruck kommen konnte.)

Die erwähnten Kriechtiermerkmale bei *Archaeopteryx* sollten es ermöglichen, direkte Vorfahren des „Urvogels" in der Klasse der Reptilien zu finden oder zumindest die Reptiliengruppe ausfindig zu machen, aus der er hervorgegangen sein könnte. Hierbei ergeben sich jedoch erhebliche Probleme, denn die einzelnen bei *Archaeopteryx* vorkommenden Merkmale finden sich bei ganz unterschiedlichen Reptiliengruppen, die sich dadurch gegenseitig als Vorfahren des „Urvogels" ausschließen (s. Tab. 8.3): Die Art der Zähne bei *Archaeopteryx* würde z.B. für die Crocodilia (krokodilartige Echsen) als direkte Vorfahren sprechen. *Archaeopteryx* besitzt als typisches Vogelmerkmal ein Gabelbein, das aus zusammengewachsenen Schlüsselbeinen abgeleitet wird (während viele Papageien und Tukane nur über Schlüsselbeine verfügen und damit diesbezüglich als urtümlicher bezeichnet werden könnten). Da zahlreiche Amphibien Schlüsselbeine haben, müßte eine stetige Reihe von den Lurchen zu den Vögeln zu finden sein. Sie sollte aber nicht über die Crocodilia laufen, da diese Ordnung keine Schlüsselbeine besitzt. Außerdem bestehen große Unterschiede zum Beckengürtel der Crocodilia. Somit scheiden diese, obgleich sie die in Frage kommenden Zahntypen haben (was aber von manchen Autoren bestritten wird) und auch Gehörregion und Kiefergelenk ähnlich gebaut sind, als Vorfahren bereits

*Tabelle 8.3: Merkmalskonflikte zwischen Archaeopteryx und möglichen Reptilienvorfahren.*

| Merkmale des *Archaeopteryx* | Reptiliengruppe, die das Merkmal mit *Archaeopteryx* teilt | Grund für den Ausschluß dieser Gruppe als Vorfahr des *Archaeopteryx* |
|---|---|---|
| Kegelzähne | Crocodilia | kein Schlüsselbein |
| Vierstrahliger Beckengürtel | Ornithischia | kein Schlüsselbein |
| bikonkave Wirbel | Fischsaurier | diverse anatomische Merkmale |
| spezielle Krallen | Saurischia | dreistrahliges Becken |

wieder aus. *Archaeopteryx* wird heute kaum noch von dieser Reptilienordnung abgeleitet. Das Vorhandensein von Zähnen könnte zwar als Hinweis für seine Abstammung von Reptilien gewertet werden, zeigt aber lediglich, daß es Vögel gab, die bezahnt waren und die ausgestorben sind (vgl. die Zahnvögel der Oberkreide, als deren direkter Vorfahre *Archaeopteryx* nach KUHN-SCHNYDER & RIEBER [1984, S. 242] nicht in Frage kommt). Bei allen Wirbeltiergruppen findet man bezahnte und unbezahnte Arten!

*Archaeopteryx* besitzt bikonkave (beiderseits flach ausgehöhlte) Wirbel. Dieser Wirbeltyp kommt sonst bei keinem rezenten oder fossilen Vogel vor. Er ist typisch für die Ichthyosaurier (Fischsaurier), die jedoch als Vorfahren des Urvogels nicht diskutiert werden.

Der Beckengürtel von *Archaeopteryx* ist vierstrahlig wie bei den Ornithischia (Vogelbeckensaurier, eine der beiden Dinosaurierordnungen; Abb. 8.68). Aber auch dieser Reptiliengruppe fehlen die Schlüsselbeine, was eine Ableitung erschwert. Obgleich die Ornithischia einen vogelartigen Beckengürtel haben, kann *Archaeopteryx* kaum von ihnen hergeleitet werden.

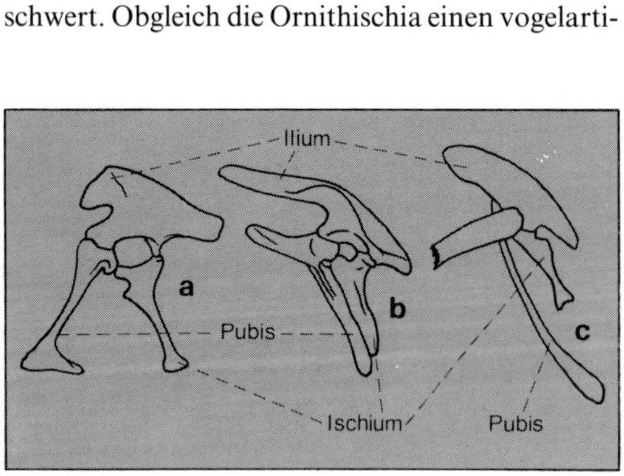


*Abb. 8.68: Becken der ausgestorbenen Saurischia (a) und Ornithischia (b) sowie von Archaeopteryx (c). (Kombiniert nach SIEWING 1985, nach STARCK und DUFFETT 1983)*

Die Krallen an den Vorderextremitäten von *Archaeopteryx* haben sehr große Ähnlichkeit mit denen der Gattung *Ornitholestes*, die zur zweiten Dinosaurier-Ordnung, den Saurischia (Echsenbeckensaurier) gehört. Sie kommt aber ebenfalls als Stammgruppe nicht in Frage, da sie ein dreistrahliges Becken besitzt (vgl. Abb. 8.68). Allerdings gibt es auch Paläontologen, die das *Archaeopteryx*-Becken ähnlich dem der Theropoden-Gattung *Compsognathus* rekonstruieren, einem kleinen Dinosaurier, der ebenfalls in den Solnhofener Plattenkalken gefunden wurde. Als zeitgleich lebende Art kommt „*Compsognathus* allerdings als Vorfahre für *Archaeopteryx* nicht in Betracht" (STEPHAN 1987, S. 95). Bewegliche Krallenglieder sind übrigens auch bei rezenten Vögeln zu finden (z.B. Hoatzin, Turakos). Wie bei den Jungen des Hoatzin waren bei *Archaeopteryx* nur die Krallenglieder frei beweglich, nicht dagegen die Fingerglieder, denn an ihnen inserierten auch beim „Urvogel" die Schwungfedern. Und bezüglich seines Handwurzelbaues könnte man den Hoatzin als reptilienähnlicher bezeichnen als *Archaeopteryx*.

Insgesamt scheint *Archaeopteryx* viele seiner Reptilmerkmale mit leichtgebauten theropoden Dinosauriern (Coelurosaurier) zu teilen und wird trotz o.g. Einwände derzeit von den meisten (nicht allen) Paläontologen von diesen abgeleitet.

Die Kombination der genannten Merkmale aus vielen verschiedenen Kriechtiergruppen zeigt, daß *Archaeopteryx* eine typische Mosaikform ist und jedenfalls nicht zwingend als Vorfahr der „modernen" Vögel betrachtet werden muß. Mosaiktypen sind im Tierreich weit verbreitet (vgl. die oben genannten Mosaik-Merkmale bei heutigen Vögeln sowie Abschnitt 8.7.9).

Ein vor kurzem in der spanischen Unterkreide gefundenes Vogelfossil erweist sich ebenfalls als typische Mosaikform: Der „Las Hoyas-Vogel" zeigt außer gut erhaltenen Federn eine Kombination „primitiver" („urtümlicher") und „abgeleiteter" („moderner") Merkmale. Zu ersteren gehören die Form des Beckengürtels, der Kreuzbeinwirbel und des Beinskeletts, zu letzteren die Form des Rabenbeins und die zu einem Schwanzstiel (Pygostyl) verschmolzenen Schwanzwirbel. Während die Ausbildung des Ischiums (Teil des Beckens; vgl. Abb. 8.68) beim „Las Hoyas-Vogel" im Evolutionsmodell als „primitiver" als das des *Archaeopteryx* interpretiert werden muß, entspricht die Form des Rabenbeins dem der „modernen" Carinatae (Kielbrustvögel). Der „Las Hoyas-Vogel" kann somit nicht als missing link zwischen *Archaeopteryx* und modernen Vögeln eingeordnet werden, sondern bestätigt lediglich das häufige Vorkommen von Mosaikformen.

Typische Vogelmerkmale sind übrigens auch bei Reptilien zu finden. So haben Krokodile eine geschlossene Herzscheidewand und teilweise einen Muskelmagen. Brütende Pythons bilden Eigenwärme; obwohl „kaltblütig“, erwärmen sie ihr Gelege, das sie durch Umschlingen mit ihrem Körper einwickeln. Die australische Kragenechse geht zeitweise aufrecht auf den Hinterextremitäten.

Der besondere Skelettbau des „Urvogels“ kann hier nicht umfassend diskutiert werden, daher werden nur noch einige Hinweise gegeben: Die freien Rippen ohne Hakenfortsätze finden sich in der heutigen Vogelwelt auch bei den Wehrvögeln (Anhimidae). Als weiteres vielgenanntes „Primitivmerkmal“ des *Archaeopteryx* wird der fehlende Brustbeinkiel angeführt. Dieser fehlt aber auch fast ganz dem neuseeländischen Eulenpapagei, und viele große Sturm- und Greifvögel haben als ausdauernde Segler (Gleitflieger) den Brustbeinkiel nur wenig ausgebildet. Für eine solche Lebensweise könnte die lange knöcherne Schwanzwirbelsäule des *Archaeopteryx* sprechen, wohl sein außergewöhnlichstes Merkmal. Möglicherweise machte ihn dieser lange und breite Schwanz zu einem besonders guten Gleitflieger. (So haben auch die Geier als gute Segelflieger 14 statt, wie sonst bei Greifvögeln üblich, 12 Steuerfedern.) Ansätze einer Schwanzwirbelsäule in der Embryonalentwicklung heutiger Vögel gibt es nur bei den Carinatae („moderne Vögel“), nicht jedoch bei den mutmaßlich ursprünglichen Ratitae, so daß dieses Argument im Rahmen der „Biogenetischen Grundregel“ (vgl. Abschnitt 6.5.2) nicht gebraucht werden kann.

Über die Flugeigenschaften von *Archaeopteryx* wäre eine sichere Aussage nur möglich, wenn eindeutige Rückschlüsse auf den Zustand der Atmosphäre seiner Zeit gezogen werden könnten. Vielleicht war *Archaeopteryx* „nur“ ein Gleitflieger und hatte eine ökologische Nische inne, die heute nicht mehr existiert, weil die Dichte der Atmosphäre sich geändert hat. Wäre die Dichte der Atmosphäre früher höher gewesen, dann hätte der „Urvogel“ als Gleitflieger oder (trotz fehlenden Brustbeinkiels) vielleicht auch als aktiver Flieger überleben können. Einen Hinweis auf andere atmosphärische Bedingungen in vergangenen Zeiten geben Riesenformen von Flugsauriern (bis ca. 15 m Spannweite!), von Vögeln (der Greifvogel *Argentarius* aus dem nordamerikanischen Miozän mit 7,5 m Flügelspannweite) und von Insekten (z.B. Libellen, vgl. Abschnitt 8.5.1). Man hat gute Gründe zu vermuten, daß unter den heutigen Bedingungen Flugsaurier mit mehr als ca. 8 m Spannweite nicht aktiv flugfähig wären.

Die Problematik der Einordnung von *Archaeopteryx* im postulierten Stammbaum der Vögel ist den Fachleuten vertraut. So schreiben D. S. PETERS und W. F. GUTMANN: „Ohne den theoretischen Zusammenhang (der Evolutionslehre; d. Verf.) ist *Archaeopteryx* nichts als eine ungewöhnliche Versteinerung“ (1976, S. 265). E. BEZZEL schreibt in seinem Buch *Ornithologie* (1977, S. 230): „*Archaeopteryx* steht relativ isoliert da, weil wir bis jetzt keine Fossilien kennen, die einerseits eine Verbindung zu Reptilienvorfahren, andererseits zu den rezenten Vögeln herstellen.“ Und: „Bis jetzt ist nicht klar, ob *Archaeopteryx* überhaupt am Anfang einer Weiterentwicklung zu anderen Vögeln stand“ (S. 231).

*Archaeopteryx* war aufgrund seiner Federn mit Sicherheit ein Vogel. Als Mosaiktyp steht er isoliert, da keine ähnlichen Arten bisher gefunden wurden. Als Übergangsform zwischen Kriechtieren und Vögeln muß er jedoch nicht angesehen werden. Er dürfte dafür schon deshalb ausscheiden, weil man versteinerte Reste zweifellos „moderner“ Vögel in Gesteinen der ältesten Unterkreide (s.o.) gefunden hat.

Jüngst (1986) deutete der Paläontologe S. CHATTERJEE (Technische Universität, Texas) fossile Knochen, die in Sedimentgestein in Texas entdeckt worden waren und auf ein Alter von 225 Millionen Jahren datiert wurden, als Überreste von gefiederten, flugfähigen Tieren. Die von ihm *Protoavis* („erster Vogel“) genannte Tierart soll fähig gewesen sein, von Baum zu Baum zu flattern. Unter den Fundstücken sind hohle Knochen, deren geringes Gewicht Vögeln das Fliegen ermöglicht, ein kegelförmiger Brustknochen, wie ihn auch heutige Vögel haben, und ein Schädelknochen mit vogelähnlichen Formen. Sollte sich die von CHATTERJEE vorgebrachte Deutung dieser Knochen – die allerdings von anderen Paläontologen entschieden in Frage gestellt wird (vgl. OSTROM 1987) – als zutreffend erweisen, so müßte *Archaeopteryx* endgültig auf einen blind endigenden Seitenzweig der Evolution gestellt werden, da dieser nach herkömmlicher Datierung mindestens 75 Millionen Jahre jünger ist als *Protoavis*.

Auch im Fall des *Archaeopteryx* zeigte sich nach eingehenden Studien von Fachleuten, daß er eher auf einen ausgestorbenen „Seitenast“ in der Evolution der Vögel gesetzt wird und im evolutionstheoretischen Rahmen bestenfalls als „Modell“ einer Zwischenstufe dienen kann. Trotzdem sind die *Archaeopteryx*funde höchst bedeutsam, geben sie uns doch Kenntnis von einer einzigartigen, ausgestorbenen Vogelart.

Seit 1984 gehen immer wieder Meldungen durch die Weltpresse, daß es sich bei *Archaeopteryx* in Wirklichkeit um eine Fossilfälschung handle. Zwar wurden Argumente für diese Position vorgebracht, nach Ansicht der Autoren wurden diese jedoch von RIETSCHEL (1985, S. 371) und CHARIG et al. (1986) nachdrücklich entkräftet.

### 8.7.7 Vom Reptil zum Säuger

Die Säugetiere werden von Reptilien abgeleitet, die zur Unterklasse der Synapsida gehören.

Diese Gruppe wird als sehr alt angesehen (Funde aus dem Oberkarbon) und in drei Ordnungen unterteilt. Obwohl die Ordnung der Pelycosaurier (Urraubsaurier) in gleichen oder tiefer liegenden Schichten wie die Cotylosaurier (Stammreptilien) gefunden werden, versucht man die Synapsiden von letzteren abzuleiten. Allerdings meint

MÜLLER (1985, S. III/2, 488, 505, 508), daß die Herkunft aller drei Ordnungen nicht durch Fossilfunde belegt werden kann. Dazu kommt noch, daß die zu den ältesten Reptilien gehörenden Mesosaurier (Rechengebißechsen) bereits wieder „sekundär dem Leben im Wasser angepaßt sind" (MÜLLER 1985, S. III/2, 503). Man muß sich vergegenwärtigen, welcher Sachverhalt hinter dieser Aussage verborgen liegt: Die „Steinkohlenwälder" des Oberkarbons (vgl. Abschnitt 8.5.3) lassen auf eine reiche, an verschiedene ökologische Nischen angepaßte Amphibienfauna schließen, aus der sich auf unbekannte Weise die Reptilien entwickelt haben sollen. Dabei wird als entscheidender Selektionsdruck angenommen, daß Reptilien „Trockenresistenz" entwickelten und so auf dem Land zur Eiablage kommen konnten – dort hatten sie keine amphibischen Konkurrenten. Zu der Zeit, in der einige „Stammreptilien" diesen enormen Entwicklungssprung gerade vollziehen und noch auf einem „primitiven" Stadium stehen (Oberkarbon), findet man bereits Formen, die aus ganz unbekannten Gründen ihr Landleben wieder „aufgegeben" hatten und ins Wasser zurückgewandert waren. Dabei sind diese Lebewesen *vollkommen* ans Wasserleben angepaßt.

Die sehr heterogene Synapsidenordnung der *Therapsida* beinhaltet auch sogenannte „säugerähnliche Reptilien", aus denen sich die Säugetiere entwickelt haben sollen. Bevor wir auf die fossilen Belege dieser Entwicklung kurz eingehen, soll auch an dieser Stelle festgehalten werden, daß wesentliche Unterschiede zwischen Säugetier und Reptil in aller Regel nicht an Fossilien erkannt werden können: Feinbau des Gehirns und Verhaltensmuster, Entwicklung des Embryos, Haare, Milchdrüsen, alle Weichteile. Es ist also an sich schon ein schwieriges, wenn nicht unmögliches Unterfangen, die Evolution der Säugetiere aus Fossilfunden nachzuzeichnen.

Wichtige säugerähnliche Reptilien sind *Thrinaxodon* (untere Trias), *Probainognathus* (jüngere Mitteltrias, s. Abb. 8.70), *Diarthrognathus* (Obertrias) und *Cynognathus* (Hundezahnsaurier, Trias, Abb. 8.72). Das letztgenannte Tier soll warmblütig gewesen sein und eine bewegliche Nase mit Haaren besessen haben. Dies kann zwar nicht bewiesen werden, doch würden solche Merkmale zusammen mit einem eindeutigen Reptilskelett eine Mosaikform ergeben. Vielfach wird bei den sog. Übergangsformen zwischen Reptilien und Säugetieren ein buntes Mosaik von „hochentwickelten" und „primitiven" Merkmalen gefunden.

Das wichtigste Argument für die Entstehung der Säuger aus den Reptilien ist jedoch die Ähnlichkeitsreihe heutiger und fossiler Kiefer (Abb. 8.69 bis 8.72). Der die Zähne tragende Knochen des Unterkiefers wird bei Säugetieren und bei Reptilien *Dentale* genannt, und er ist bei Säugern im Gegensatz zu den Reptilien der einzige Unterkieferknochen. Vergleicht man heutige Reptil- und Säugerschädel, so sind diese außerordentlich unterschiedlich aufgebaut. Da man schon sehr früh eine Abstammung der Säuger von den Reptilien postulierte, konstruierte man eine theoretische Übergangsreihe von verschiedenen Schädelfor-

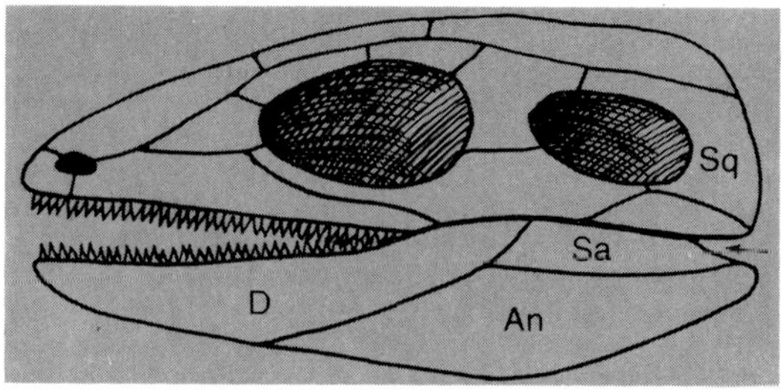


*Abb. 8.69: Schädel eines säugerähnlichen Reptils. Der Pfeil zeigt auf das primäre Quadratum-Articulare-Gelenk (die Gelenkknochen selbst sind nicht sichtbar). D: Dentale, An: Angulare, Sa: Supraangulare, Sq: Squamosum. (Nach* PORTMANN *1976)*

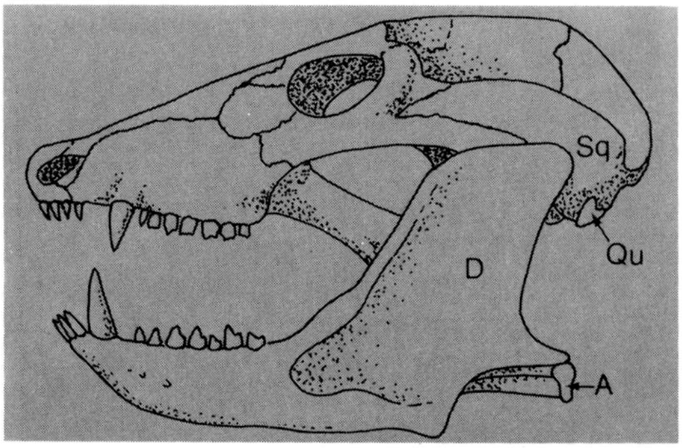


*Abb. 8.70: Doppelgelenker Probainognathus aus der Gruppe der Therapsida mit primärem (Q-A-) und sekundärem (D-Sq-) Kiefergelenk aus der Mitteltrias Südamerikas. Q: Quadratum, A: Articulare, D: Dentale, Sq: Squamosum. (Nach* THENIUS *1981)*

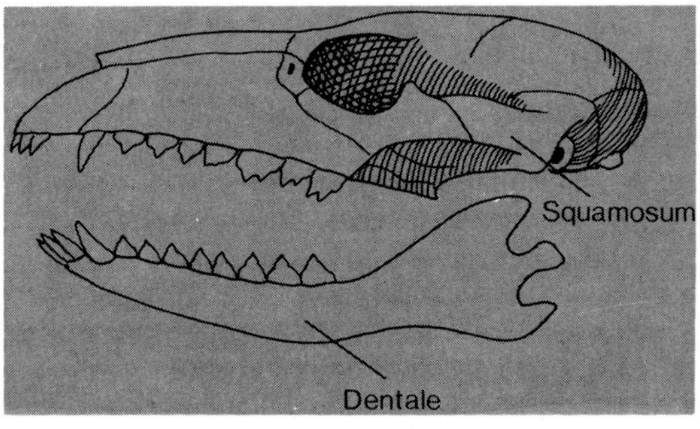


*Abb. 8.71: Schädelbau eines Säugetieres. Das Kiefergelenk der Säugetiere bilden die Knochen Dentale und Squamosum (sog. sekundäres Kiefergelenk). (Nach* PORTMANN *1976)*

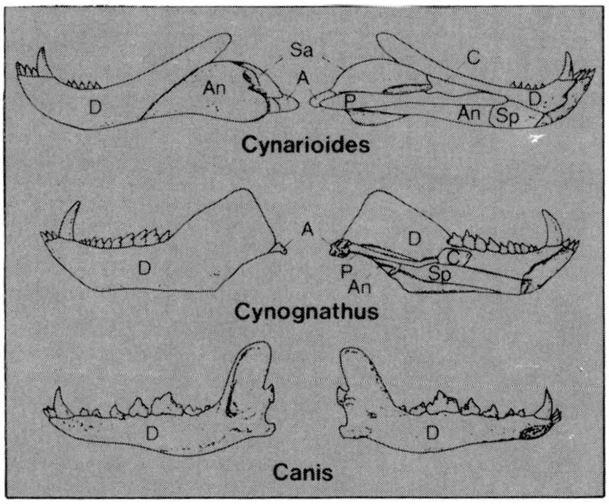


*Abb. 8.72: Linker Unterkiefer säugerähnlicher Reptilien (Cynognathus und Cynarioides) und eines Säugers (Canis, Hund). Links ist die Außenseite, rechts die Innenseite gezeigt. A: Articulare, An: Angulare, C: Coronoid, D: Dentale, P: Praearticulare, Sa: Supraangulare, Sp: Spleniale. Die Sprünge in der angenommenen Entwicklungsreihe werden deutlich. Unter der Voraussetzung von Evolution läßt sich zwar eine entsprechende Stammesentwicklung postulieren, doch dies ist nicht die einzige Deutungsmöglichkeit. (Nach* Romer *&* Parsons *1983)*

men, wobei zwei Gehörknöchelchen der Säugetiere aus Kieferknochen der Reptilien abgeleitet werden. Im Nachhinein meint man diese Theorie sowohl aus der Embryonalentwicklung als auch mit fossilen Schädeln stützen zu können. Dies wird als außerordentlicher Erfolg der Evolutionslehre gewertet. Auf einige Schwierigkeiten bei einer Umbildung der Kieferknochen in Gehörknöchelchen wurde bereits hingewiesen (Abschnitt 3.3.6). An dieser Stelle können die unter den Paläontologen kontroversen Ansichten über die Bewertung und Einordnung von säugerähnlichen Reptilien sowie Formen, die bereits den frühesten Säugetieren im weiteren Sinn zugehören sollen, nicht ausführlich dargestellt werden. Die im Folgenden gegebenen Hinweise müssen genügen (s. dazu Abb. 8.73C).

Erstens kann man zwischen den verschiedenen Ähnlichkeitsstufen Sprünge verzeichnen, wo doch nach evolutionärer Theorie ein Formenkontinuum zutage treten sollte (vgl. dazu die Erörterungen in Abschnitt 8.7.9). Davon kann jedoch keine Rede sein. Es gelingt nicht, beispielsweise zwischen *Cynarioides* und *Cynognathus* (Abb. 8.72) eine fein abgestufte Entwicklungsreihe aufgrund von Fossilien darzustellen. Dazu kommt, daß an säugerähnlichen Reptilien Merkmale moderner Eidechsenanatomie gefunden wurden, doch Vorfahren der Eidechsen können sie nicht sein; diese sollen sich an anderer Stelle des vermuteten Reptilienstammbaums abgezweigt haben. Auch das säugerähnliche Reptil *Diarthrognathus*, an dessen Kiefergelenk jeweils zwei Ober- und Unterkieferknochen beteiligt sind (nicht völlig korrekt wird gewöhnlich von einem „Doppelgelenker" gesprochen, doch handelt es sich nur um ein Gelenk), wurde als direkter Vorfahre der Säuger aufgegeben, weil andere Fossilreste, die man (mit Vorbehalt, s.u.) Säugetieren zuordnet, in gleichalten Schichtgesteinen (Obertrias) gefunden wurden.

Zweitens werden diese ältesten „Säugetiere" (Morganucodontiden, Kuehneotheriiden und Haramiyiden) von dem bekannten Säugetier-Paläontologen E. Thenius in Anführungszeichen gesetzt. Er meint zu dem Unterkiefer- und Kiefergelenkbau der Morganucodontiden, daß „noch kein grundsätzlicher Unterschied gegenüber *Probainognathus* (Abb. 8.70) als Therapsiden gegeben" sei (1979, S. 44). Doch werden neben anderen Merkmalen die Zähne als säugerähnlicher eingestuft. Weiter schreibt er: „Über die systematische Zuordnung der Morganucodontiden besteht keine Einhelligkeit, indem sie sowohl mit den Docodonten als auch mit den Triconodonten in Verbindung gebracht werden, sofern sie nicht überhaupt als deren gemeinsame Wurzelgruppe aufgefaßt werden. Docodonta treten jedoch erst im Ober-Jura, Triconodonta erst im mittleren Jura auf" (S. 45). Diese beiden letzten Formen besaßen ein sekundäres Kiefergelenk, werden jedoch nach anderen Skelettmerkmalen nicht als Vorfahren der eigentlichen Säugetiere (das sind Marsupialia = Beuteltiere und Eutheria = Placentalia = Placenta-Säugetiere) angesehen, sondern zusammen mit einer weiteren „abseitigen" Ordnung, den Multituberculaten, zu den „Prototheria im weiteren Sinn" gestellt (Thenius). Die Multituberculaten (Oberjura - Alttertiär) besaßen wahrscheinlich – die fossilen Befunde sind nicht völlig eindeutig – das sekundäre Kiefergelenk, aber nur ein Gehörknöchelchen sowie Beutelknochen; sie waren demnach eine typische Mosaikform. Sie stehen isoliert im System und werden nur vereinzelt mit Obertrias-Zahnfunden (Haramiyiden) im Sinne einer Abstammung in Verbindung gebracht, „eine Auffassung, die keineswegs allgemein anerkannt wird" (Thenius, S. 46).

Die rezenten Schnabeligel und das Schnabeltier (Ordnung Monotremata) werden gemeinsam mit den ausgestorbenen Multituberculata in eine Unterklasse eingeordnet. Unter lebenden Säugern wie unter fossilen Formen stehen sie isoliert. Auch beim Schnabeltier handelt es sich um eine typische Mosaikform. Kuhn-Schnyder & Rieber (1984, S. 262) zählen 9 Reptilien- und 10 Säugermerkmale (vgl. Abschnitt 8.7.9). Nach diesen Autoren ist seine „Fossilgeschichte unbekannt" (ebd.).

Als den eigentlichen Säugetieren näherstehend werden die Pantotheria (mit sekundärem Kiefergelenk) betrachtet (Jura - Kreide) und wegen des Baues ihrer Molaren (Backenzähne) zu den „Theria im weiteren Sinn" gestellt. Über ihre Herkunft „besteht keine Einhelligkeit. Manche Autoren leiten sie von Kuehneotheriiden des älteren Lias (tiefer Unter-Jura) ab, manche nehmen eine eigene, bisher unbekannte Wurzelgruppe an" (Thenius, S. 53). Wenigstens z.T. besaßen sie Beutelknochen. Die dreieckigen Unterkiefermolaren der Pantotheria sollen einen Anhang, ein Talonid, entwickelt haben, auf das die Spitze des Dreiecks der Oberkiefer-Backenzähne paßte (tribosphenische Molaren). Auf diese Weise wäre die den Säugetieren eigene Fähigkeit des Kauens erreicht worden. Diese Entwicklung gilt neben dem Umbau des Kiefergelenks sowie des Mittelohrs als zweiter Hauptbeleg für die Evolution vom Reptil zum Säuger.

Aber auch diese Entwicklung der Molaren kann drittens nicht zweifelsfrei am Fossilmaterial dokumentiert werden. „Die frühe Fossilgeschichte der Zahnmuster ist unvollständig bekannt, und einige Befunde sind in ihrer Deutung noch umstritten", schreibt A. S. Romer, eine

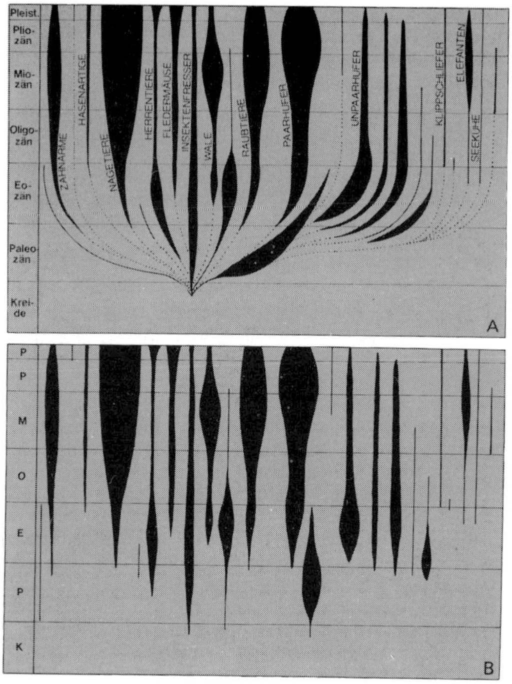


*Abb. 8.73: A: „Stammbaum" der placentalen Säugetiere. Vertreter der einzelnen Ordnungen tauchen unvermittelt in der Erdgeschichte auf. Die Punkte sowie die Biegungen der „Säulen" deuten die im Evolutionsmodell angenommenen Abstammungsverhältnisse an. In B ist der paläontologische Befund ohne evolutionstheoretische Interpretation wiedergegeben. C: Unterkiefer, Zahntypen und Auftreten wichtiger mesozoischer Säugetiergruppen. Ob es sich bei den Funden aus dem Trias-Jura-Grenzbereich wirklich um Säugetiere handelt, ist umstritten. Die durchgezogenen Linien weisen auf Formationen hin, in denen die Gruppe fossil belegt ist. Nähere Erläuterungen im Text. (A nach Romer 1966, C: nach Krebs aus Thenius 1979, umgezeichnet)*

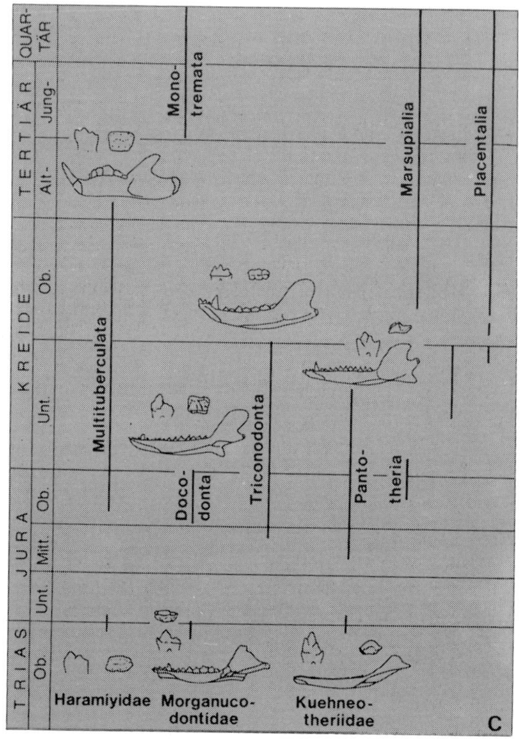


der bedeutendsten Autoritäten der Wirbeltier-Paläontologie (1976, S. 291). Nach Lehmann (1977, S. 393) war die Art des Übergangs der verschiedenen Zahntypen von Anfang an umstritten, und der Autor schließt: „Wahrscheinlich sind es überhaupt parallel entwickelte, voneinander unabhängige Gebißtypen". Die in einem großen zeitlichen Abstand (im Verständnis der Historischen Geologie) aufgereihten Stadien dieser Gebißabfolge werden nämlich sehr unterschiedlichen (heterogenen) Säugerformen zugeordnet, die keineswegs in einer einfachen, geradlinien Abstammungsfolge im vermuteten Stammbaum stehen. Eine Evolution der Molaren über Dutzende von Jahrmillionen bis hin zum Kauvermögen wäre zudem kaum verständlich, wenn gleichzeitig während riesiger Zeiträume andere „frühe Säuger" tribosphenische Backenzähne nicht benötigten (fehlender Selektionsdruck).

Viertens sind für die Einordnung eines Säugerfossils die Zähne zwar von großer, letztlich aber nicht ausreichender Bedeutung. So schreibt Thenius (S. 53f) zu den Pantotherien: „Für die Beurteilung der stammesgeschichtlichen Beziehungen zu späteren Säugetieren müßte der Bau des Schädels noch besser bekannt sein." Auch stehen der evolutiven Ableitung und „Klassifikation nach Zähnen noch die Möglichkeit der Bewertung vieler anderer Merkmale zur Seite – das postkraniale Skelett, und daraus folgen z.T. sogar abweichende Aussagen" (Krumbiegel et al. 1983, S. 155).

Daß bei der Bewertung von Säugerfossilien die Beschränkung auf das Gebiß grob irreführend sein kann, zeigt *Chriacus*, ein 5-10 kg schweres Tier aus dem frühen Eozän. Aufgrund seiner Kiefer- und Zahnmerkmale wurde es in die Nähe des (unbekannten) Ursprungs der Artiodactyla (Paarhufer) gestellt. Nachdem K. D. Rose ein nahezu komplettes Skelett zu Tage förderte, stellte sich heraus, daß *Chriacus* eine ausgesprochen an das Klettern angepaßte Form war und kaum für den Ursprung der Paarhufer in Frage kommt, welcher „damit nicht faßbar bleibt und vielleicht in einer bisher nicht in Betracht gezogenen Gruppe zu finden ist" (Rose 1987).

Worin sind also in der evolutionsorientierten Forschung die Schwierigkeiten der systematischen Zuordnung begründet? Thenius antwortet: „Wesentlich für die Beurteilung ist wiederum die Merkmalsbewertung" (S. 57). Je nachdem, wie der einzelne Paläontologe die anatomischen Merkmale eines Fossils einschätzt, ordnet er es in einen Stammbaum ein. Bei unterschiedlicher *Bewertung* von Merkmalen kann es zu gegensätzlichen *Einordnungen* im Stammbaum kommen (vgl. Abschnitt 8.7.6: *Archaeopteryx*). Angesichts dieser Sachlage ist es nicht verwunderlich, daß Kuhn-Schnyder & Rieber kurz und bündig über den Ursprung der Säugetiere schreiben: „Die direkte Herkunft der Theria ist noch unbekannt" (S. 268). Also stehen sowohl die säugetierähnlichen Reptilien als auch die verschiedenen Gruppen der „ältesten Säugetiere" einschließlich der Pantotherien letztlich auf Seitenästen des vermuteten Stammbaums.

Die Entstehung der Haare der Säugetiere ist ebenfalls ungeklärt: Sie können weder mit Reptilschuppen noch mit Vogelfedern homologisiert werden, da sie im Gegensatz zu diesen aus einer Epidermisknospe und nicht aus einer Dermisanlage gebildet werden. Auch in Anbetracht solcher Befunde wird die vorsichtige Aussage Starck's (1979, S. 328) verständlich, daß „der direkte Ahne der Säugetiere nicht sicher bekannt" sei. Dies gilt nicht nur für den Übergang vom Reptil zum Säugetier. Auch die Fossilüberlieferung sämtlicher 30 Säugetierordnungen reißt im Alttertiär bzw. in der Oberkreide getrennt voneinander ab (Abb. 8.73A, B). „Der reale Zusammenhang der verschiedenen Linien der Eutheria ist letztlich nicht belegt" (Krumbiegel et al. 1983, S. 155; vgl. auch Abschnitt 3.5.3, Ursprung der Wale).

*Abb. 8.74: Das sogenannte „Urpferdchen" Hyracotherium. Diese Tiere werden als erste sichere Vorfahren der Pferde betrachtet. (Landessammlungen für Naturkunde, Karlsruhe)*

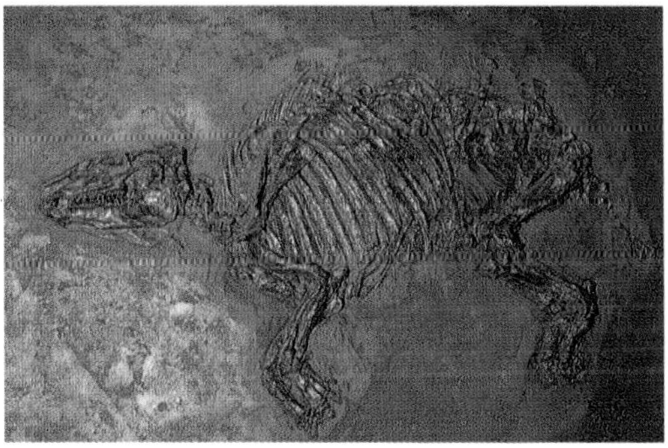

*Abb. 8.75: Das „Urpferdchen" Propaleotherium aus dem Eozän der Grube Messel bei Darmstadt. Man nimmt an, daß es nicht ein direkter Vorfahre der Pferde ist, aber dem „Urpferdchen" Hyracotherium nahesteht. Schulterhöhe um 30 cm. (Landessammlungen für Naturkunde, Karlsruhe)*

### 8.7.8 Evolution der Pferde

Von den Säugetieren werden nun die Pferde herausgegriffen, weil sie das populärste Beispiel darstellen. In fast jedem Lehrbuch zur Evolutionslehre läßt sich nachlesen, daß die Evolutionsgeschichte der Unpaarhufer *(Perissodactyla)* unter allen Säugetieren, ja Wirbeltieren am besten durch Fossilien belegt sei. Gelegentlich wird vom „Paradepferd" der Evolution gesprochen. Zu den Unpaarhufern rechnet man die Pferde, Tapire und Nashörner sowie andere, nur fossil bekannte Formen.

*Das „Morgenrötepferd"*

Alle Unpaarhufer sollen sich aus einer gemeinsamen Vorfahrenform *(Tetraclaenodon)* entwickelt haben, die man ins Paleozän datiert. Zwischen dieser Form und den ältesten Unpaarhufern *(Hyracotherium)* fand man jedoch keine Zwischenglieder. Von *Hyracotherium* findet man sowohl in Europa als auch in den USA fossile Vertreter, die dort als „Eohippus" („Morgenrötepferd") bezeichnet wurden. Dieses Tier wird als der erste sichere Vorfahr unserer Pferde (Urpferdchen) betrachtet (Abb. 8.74) und besaß an den Vorderbeinen vier, an den Hinterbeinen drei Zehen. Das in der Grube Messel bei Darmstadt gefundene *Propaleotherium* (Abb. 8.75) wird in die nähere Verwandtschaft von *Hyracotherium* gestellt. (Die gängige Vorstellung über die Evolution der Pferde ist in Abb. 8.76 kurz dargestellt und es wird empfohlen, zuerst diese Abbildung zu studieren.)

Doch war *Hyracotherium* wirklich ein Ur*pferdchen*? Es ist lehrreich zu erfahren, daß die Paläontologen diesen Fund zunächst mit Tapiren, Nashörnern, Nagetieren, Klippschliefern (Hyracoidea) und, nach dem Habitus, mit Duckerantilopen, aber nicht mit Pferden verglichen haben. Nach Lehrbuchmeinung stammen von den ältesten *Hyracotherium*arten zudem nicht nur die Pferde, sondern auch die Tapire und Nashörner sowie andere ausgestorbene Unpaarhufer ab. Es ist also gar nicht einsichtig, warum *Hyracotherium* als Ur„pferdchen" und nicht auch als Ur„tapir" oder Ur„nashorn" bezeichnet wird. In der Tat schreibt der bekannte Wiener Spezialist für die Evolution der Säugetiere, Erich Thenius, daß den Hyracotherien typisch equide (pferdeartige)

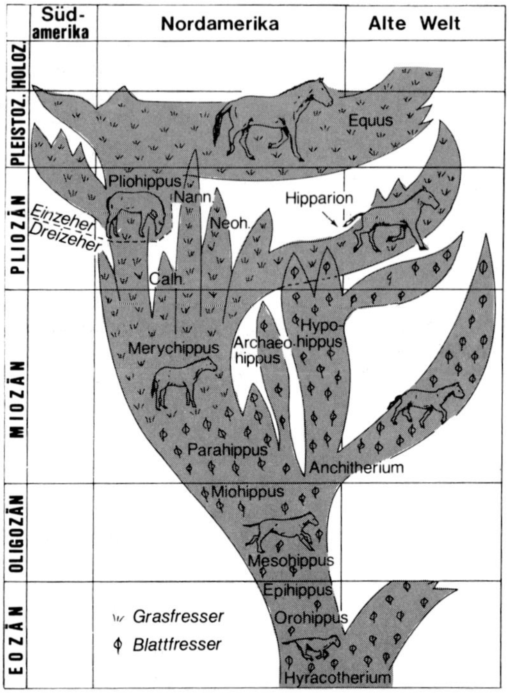


*Abb. 8.76: Der klassische Pferdestammbaum. Vom katzen- bis fuchsgroßen Hyracotherium wird eine stetige Größenzunahme bis zum heutigen Pferd angenommen. Parallel dazu soll eine Reduktion der Zehenzahl über Zwischenstufen erfolgt sein, wobei man die Griffelbeine der Pferde als Relikte wertet. Die „Urpferdchen“ waren nach ihrem Gebiß (niederkronige Zähne) Laubäser, und durch eine Umgestaltung der Zähne zum hochkronigen Typ ist nach gängiger Meinung ein Grasfresser entstanden. Man versucht, die entsprechenden Veränderungen mit Selektionsdrücken bezüglich der Fortbewegungsweise auf weichem Waldboden (Hyracotherium) und hartem Steppenboden (heutige Pferde als Einhufer) sowie einer dem Lebensraum entsprechenden Ernährung in Verbindung zu bringen. Neuerdings konnte von den Paläontologen des Naturmuseums Senckenberg in Frankfurt anhand des fossilen Mageninhaltes eines „Urpferdchens“ aus der Grube Messel (Propaleotherium) nachgewiesen werden, daß dieses Tier – wie aus den Zähnen vermutet werden konnte – tatsächlich Laub gefressen hat. (Nach Thenius 1981, nach Simpson)*

Merkmale fehlen. Der wichtigste moderne Bearbeiter der Pferdeevolution, G. G. Simpson, stellt fest, daß *Hyracotherium* mehr den Klippschliefern, welche ebenfalls vorne vier und hinten drei Zehen aufweisen, als dem modernen Pferd ähnelt. Warum wird dann *Hyracotherium* in die Familie (!) der Pferde *(Equidae)* gestellt (Romer 1966, S. 386), *Hyrax* aber in eine ganz andere, eigene Ordnung? Offenbar sind vorgefaßte Hypothesen bei der Klassifikation im Spiel. Wir wollen als erstes in diesem Zusammenhang also festhalten, daß die Bezeichnung Ur„pferdchen“ nicht auf der Anatomie des Fossils, sondern auf *vermuteten* stammesgeschichtlichen Zusammenhängen beruht.

Es handelt sich um eine typische Suggestivbezeichnung, mit der ein evolutiver Zusammenhang hergestellt wird. In diese Richtung deutet auch die ausgesprochene Tendenz mancher Paläontologen, den älteren (und nach klassischen Regeln damit gültigen) Namen *Hyracotherium* gegen den jüngeren „Eohippus“ (was etwa mit „Morgenrötepferd“ übersetzt werden könnte) auszutauschen, damit „der nicht spezialisierte Leser nicht durch den Namen *'Hyracotherium'* irregeführt“ wird (Davies 1937, S.54, aus Nilsson 1954, S. 548). Simpson äußerte sich entsprechend, indem er betonte, wie „unglücklich“ der Name *Hyracotherium* gewählt sei. Wir gehen an dieser Stelle einmal so ausführlich auf eine solche Entwicklung ein, um anzudeuten, wie vorgefaßte Meinungen, manchmal entgegen dem offensichtlichen Befund, biologisch-taxonomisches Denken beeinflussen können.

### *Zick-zack-Evolution?*

Zu Anfang der Forschung erschien die Evolution der Pferde noch eindeutig und geradlinig, doch mit sich häufenden Fossilfunden wurde die Lage immer komplizierter, und aus dem Stammbaum entstand ein Stammbusch mit zahlreichen Seitenzweigen und ausgestorbenen Linien. Man mußte verwickelte Wanderungen der vermuteten Pferdevorfahren zwischen Amerika und Europa sowie Aussterbeperioden annehmen und zudem postulieren, daß sich die einzelnen Merkmale (Größe, Zähne, Zehen) erstens nicht immer in der „gewünschten“ Richtung und zweitens in verschiedenen Formen unabhängig voneinander entwickelten. So kam *Neohipparion*, eine dreizehige Form mit einem Grasfressergebiß, neben *Pliohippus* (einzehig, ebenfalls Grasfressergebiß, vgl. Abb. 8.76) vor – wie aber ist das möglich, wenn die einhufige Form einen angeblich so großen Selektionsvorteil in der Steppe gegenüber der dreizehigen Form hatte? Es gibt auch Merkmale, die gar nicht in das postulierte Evolutionsschema passen – die Zahl der Rippen sei hier genannt, die regellos zwischen 15 und 19 Rippen schwankt. (Man kann einwenden, daß sogar bei Züchtungen die Zahl der Rippen in allerdings kleinerem Maßstab schwankt und daher nicht als beweiskräftig gelten kann. Doch immerhin muß der Befund als Hinweis auf etwaige Unstimmigkeiten ernst genommen werden.) Solche Befunde haben Autoren dazu veranlaßt, von einer „Zick-Zack“-Evolution zu sprechen, zeitweise wollte man gar die Pferdereihe als Beweis für die „Reversibilität“ der Evolution heranziehen.

*Fehlende Übergänge*

Nun stellen sich die Übergänge zwischen den Stationen auf dem vermuteten Weg der Pferdeevolution nicht als lückenloses Kontinuum dar, sondern es sind Sprünge zu verzeichnen. Eine fortschreitende Größenzunahme ist nicht regelhaft zu beobachten, denn *Orohippus*, *Archaeohippus* und *Nannippus* waren kleiner als ihre angenommenen Ahnen. Von allen Eohippusformen war ausgerechnet die älteste auch die größte (Schulterhöhe um 30 cm). Die nächste Gattung, *Mesohippus*, ist sprunghaft auf rund 60 cm Schulterhöhe angewachsen, Zwischenformen sind unbekannt. Man findet keinen gleitenden Übergang von *Miohippus* zu *Merychippus* (Laubfresser zu Grasfresser), obwohl *Parahippus* manchmal als verbindende Form aufgefaßt wird (Abb. 8.76). Dieses Tier besaß aber ein typisches Laubfressergebiß und einen an Waldverhältnisse angepaßten Fußaufbau. Das typische Grasfressergebiß von *Merychippus* steht übergangslos da. Die Kronenhöhen stellen sich nicht als allmähliche Evolution dar, sondern auch hier sind Sprünge (beispielsweise von *Merychippus* zu *Pliohippus*) zu verzeichnen, wo man laut evolutionärer Theorie zahlreiche graduelle Übergänge finden müßte (Abb. 8.78). In den in Lehrbüchern abgebildeten Stammbaumschemata fällt auch auf, daß es Sprünge in der „Reduktion" der Zehenzahlen gibt (Abb. 8.79): Von *Hyracotherium* zu *Mesohippus* fällt übergangslos die vierte Zehe des Vorderfußes weg – Gründe dafür sind nicht bekannt. Von *Merychippus* zu dem einzehigen, echten Pferd *Pliohippus* geschieht die Reduktion zum einzehigen Fuß „mit bemerkenswerter Geschwindigkeit" (Simpson 1977, S. 199), in anderen Worten, diskontinuierlich, ohne echte Zwischenformen. Bezüglich der Bein- und Fußevolution schließt Simpson (1970, S. 203), daß diese Entwicklung „nicht als breiter Trend von Eohippus zu *Equus*" gesehen werden könne, sondern dagegen eine Serie von „eher scharf verschiedenen Stadien" sei.

Bei der ausgestorbenen südamerikanischen Unpaarhuferordnung Litopterna findet sich seltsamerweise der umgekehrte Befund wie im vermuteten Pferdestammbaum: *Thoatherium* (Untermiozän) besitzt einen einzehigen Fuß, die gleichalte Gattung *Diadiaphorus* schwächere Seitenzehen (etwa wie *Merychippus*) und die eiszeitliche Form *Macrauchenia* einen voll ausgebildeten dreizehigen Fuß (vergleichbar mit *Mesohippus*). Hätte also bei den Litopterna trotz Größenzunahme eine Evolution vom hochspezialisierten Einzeher zum „primitiveren" Dreizeher stattgefunden? Auch wenn *Thoatherium* und *Diadiaphorus* in eine andere Familie als *Macrauchenia* gestellt

*Abb. 8.77: Einige Vertreter der Pferdereihe: von rechts: Hyracotherium, Mesohippus, Merychippus, Pliohippus, Grevy-Zebra (Equus grevyi). (Landessammlungen für Naturkunde, Karlsruhe)*

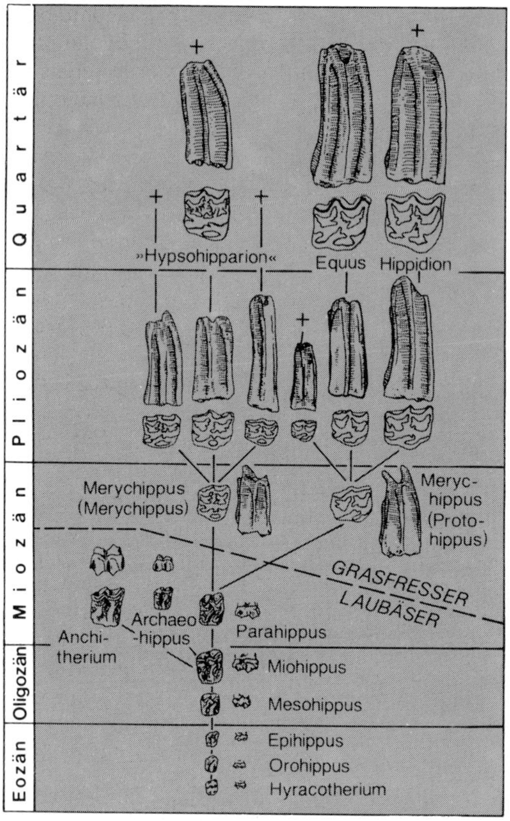


*Abb. 8.78: Gebißevolution der Pferde nach klassischer Vorstellung. Die scharfe Grenze zwischen den niederkronigen Zähnen der Laubäser (bis Parahippus) und den hochkronigen Zähnen der Grasfresser (ab Merychippus) ist sehr deutlich. (Nach Thenius 1969)*

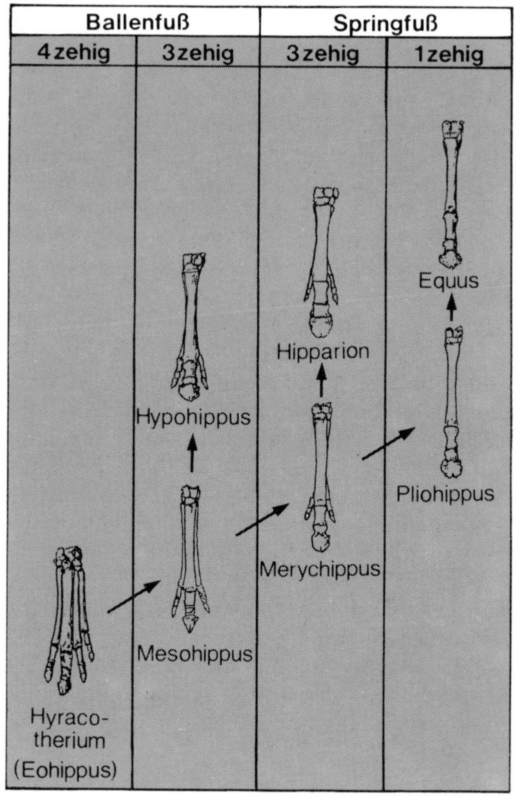


*Abb. 8.79: Fußevolution (Vorderfüße) der Pferde nach klassischer Vorstellung. Jede Säule repräsentiert einen bestimmten mechanischen Typ. Gleitende Übergangsstadien zwischen den einzelnen Typen fehlen. (Nach Simpson 1977)*

*Tabelle 8.4: Erforderliche Änderung von Merkmalskomplexen in der postulierten Pferdeevolution. Die unter Punkt 6 und 7 angeführten Merkmale können durch Fossilien prinzipiell nicht belegt werden.*

1. Entstehung eines neuen Zahnschmelzfaltenmusters
2. Ersatz der niederkronigen Laubfresserzähne durch hochkronige Grasfresserzähne
3. Bildung eines Mechanismus, welcher während des ganzen Lebens des Pferdes die Zähne im gleichen Maße aus dem Kiefer hochschiebt, wie sie durch die Grasnahrung abgenutzt werden
4. Entstehung einer völlig neuen Zahnsubstanz, des Zahnzementes
5. Allmähliche Reduktion der Zehenzahl mit parallel ablaufendem Umbau der Fußkonstruktion vom an den weichen Waldboden zum an den harten Steppenboden angepaßten Fuß
6. Entstehung eines neuen Verdauungsapparates
7. Entstehung neuer Verhaltensmuster

werden und keine direkte, einlinige Abstammung der Litopterna-Huftiere voneinander angenommen wird, bleibt bemerkenswert, daß eine frühere (tertiäre) Form ein hochspezialisierter Einzeher ist, während die spätere (eiszeitliche) Gattung voll funktionsfähige dreizehige (und damit unspezialisierte) Extremitäten besitzt. Sicherlich ist es möglich, diese den Pferden gegenläufige Tendenz bei den südamerikanischen Unpaarhufern evolutionstheoretisch zu begründen. Bei der Evolutionslehre handelt es sich um ein Hypothesengebäude, mit dessen Hilfe alle denkbaren Entwicklungsrichtungen *im Nachhinein* erklärt werden können. Es sei dahingestellt, ob damit überhaupt etwas erklärt wird.

In Tabelle 8.4 sind 7 Merkmalskomplexe genannt, die bei einer Evolution der Pferde von waldbewohnenden Laubäsern zu steppenbewohnenden Grasfressern kontrolliert und *aufeinander bezogen* verändert werden müßten. Der paläontologische Befund liefert auch zu den ersten fünf Punkten keine *schlüssige* Aussage, und angesichts der Tatsache, daß es hier um das „Paradepferd der

Evolution" geht, ist ein solches Ergebnis immerhin bemerkenswert.

Alles in allem urteilt RIEPPEL (1983, S. 74), daß „nur die Anfangsstadien (*Hyracotherium* bis *Mesohippus* in Nordamerika) sich als *einigermaßen* (Hervorhebung vom Verf.) kontinuierliche Entwicklung darstellen lassen. Die spätere Entwicklung des Pferdes muß in eine Vielzahl von unabhängigen Evolutionslinien mit zeitweise rückläufigen Entwicklungstendenzen aufgespalten werden, um den Widersprüchlichkeiten der Merkmalsentwicklung ... gerecht zu werden." SIMPSON meint, daß es „kein einziges Merkmal zu geben scheint, welches sich graduell und mit einheitlicher Tendenz in allen Pferdeartigen in gleicher Weise entwickelte" (1944, S. 159).

Trotz aller genannten Einwände gegen eine zum heutigen Pferd führende Evolutionsreihe *kann* man die gefundenen Fossilien unter der Voraussetzung von Evolution in einer Reihe anordnen. Wir haben jedoch deutlich gemacht, daß diese Reihe gravierende Lücken aufweist und sich *keineswegs zwingend* aus dem Fossilbefund ergibt.

### 8.7.9 Warum gibt es keine echten Zwischenglieder?

In den vorhergehenden Abschnitten sind in den gängigen Lehrbüchern weithin nicht berücksichtigte Fakten bezüglich der immer wieder angeführten Zwischenglieder genannt worden. Wir stehen auf dem Standpunkt, daß gar keine Zwischenglieder gefunden wurden, die eine Evolution von einfachen hin zu komplexen Lebewesen schlüssig belegen könnten. Dieser Standpunkt ist nicht neu - im Gegenteil, diese Tatsache gehört seit langem zu den offenen „Geheimnissen" der Paläontologie. Über viele Jahrzehnte hinweg hat man versucht, trotz dieser Tatsachen das klassische Evolutionsmodell aufrecht zu erhalten, über 100 Jahre nach DARWIN hat man wie dieser gehofft, einschlägige Bindeglieder doch noch zu finden. Heute sind in den Museen der Welt über 250 000 fossile Tierarten katalogisiert, gestützt auf ungezählte Millionen von Fossilien. Kein unbestrittenes „missing link" ist darunter zu finden. Im letzten Jahrzehnt wurde die wissenschaftliche Öffentlichkeit Zeuge davon, wie man die Hoffnung wohl endgültig begraben hat. In einer „neuen" Paläontologie (Stichwort „Punctuated Equilibrium", was man mit „Sprunggleichgewicht" wiedergeben könnte; Punktualismus, vgl. Abschnitt 3.5.3) wird das systematische Fehlen von Zwischengliedern offiziell zugegeben und in ein neues, den paläontologischen Daten besser gerecht werdendes Evolutionsmodell eingebaut. Dieses Modell wurde bereits in Abschnitt 3.5.3 besprochen. Teile dieser punktualistischen Theorie harmonieren gut mit der schon viel früher vertretenen Theorie des schnellen Artwandels in ganz kleinen Randpopulationen, was ja ebenfalls dazu führen soll, daß keine Zwischenglieder fossil erhalten bleiben. Dagegen hätten sich die so entstandenen erfolgreichen Arten dann über viele Millionen Jahre hinweg nahezu unverändert erhalten (Stasis). Aufgrund des Drucks der Daten führt die Entwicklung in der Paläontologie damit zu einer früher von Evolutionstheoretikern heftig angegriffenen Position der Schöpfungstheoretiker, die schon immer behauptet haben: *Es gibt keine Zwischenglieder*.

Nun kann mit dieser neuen Theorie vielleicht glaubhaft gemacht werden, warum zwischen einzelnen Arten und Gattungen keine Übergänge gefunden werden. Artbildung in kleinen Populationen ist ja durch experimentell gewonnene Erkenntnisse sowie durch Beobachtungen in geschichtlicher Zeit zumindest wahrscheinlich gemacht worden (vgl. Abschnitt 3.4). Doch erklärt die Theorie *nicht*, wie es zur Entstehung der großen Typen im Organismenreich (Säuger, Vögel, Vierfüßer, aber auch Ordnungen und Familien) kam. Denn solche Entwicklungssprünge in geologisch kürzester Zeit sind auch in kleinen Populationen aufgrund heutiger biologischer Erkenntnis unvorstellbar (vgl. Abschnitte 3.3 und 3.4 und Kapitel 4).

Wenn wir uns am Beispiel der Pferde vergegenwärtigen, daß bereits bis 1943 rund 660 Skelette aus der „Evolutionsreihe" der Pferde vorlagen, so scheint es doch in auffallender Übereinstimmung mit der Schöpfungslehre zu stehen, wenn darunter keine eindeutig verbindenden Zwischenglieder gefunden wurden. So bleibt es im Rahmen evolutionärer Theorien auch angesichts neuer Modelle offen, warum der Fossilbericht aus der Erdvergangenheit *diskontinuierlich* ist. Die Tatsache an sich kann aber kaum mehr bezweifelt werden. Wir halten fest, daß diese Befunde in guter Übereinstimmung mit den in Abschnitt 8.1 genannten Voraussagen des Schöpfungsmodells stehen.

Alle als Zwischenglieder betrachteten Formen haben sich als typische **Mosaikformen** erwiesen: Kombinationen von Merkmalen aus zwei oder mehreren Gruppen. So zeigt *Archaeopteryx* Merkmale von Reptilien und von Vögeln. *Ichthyostega* war ein Amphibium, aber das Tier besaß auch Fischmerkmale, und entsprechendes gilt für *Seymouria* und die säugerähnlichen Reptilien. An dieser Stelle soll das Lehrbuch *Linder Biologie* stellvertretend zitiert werden (KNODEL & BAYRHUBER 1983, S. 384):

„Zwischen verschiedenen Gruppen gibt es fossile Übergangsformen, die Merkmale beider Gruppen vereinigen. Zeitlich stehen sie immer am Beginn einer neuen Gruppe, deren Merkmale sie erstmals zeigen....Die Übergangsformen sind Mosaiktypen, weil sie ein Mosaik von Merkmalen zweier verschiedener Gruppen aufweisen."

In diesem Zitat sind zwei fragwürdige Aussagen enthalten. Zum ersten stehen die Mosaiktypen *nicht* im Sinne einer Übergangsform zwischen zwei Gruppen. Von einer echten Übergangsform erwartet man, daß sie eine *langsame Veränderung* der *einzelnen* Merkmale bezeugt. Die hierzu angeführten Merkmale sind mindestens nicht unbestritten. Der berühmte Evolutionsbiologe GAVIN DE BEER hat das schon vor 20 Jahren bezüglich des Urvogels formuliert (1966, S. 57): „*Archaeopteryx* hatte typische Reptil- und typische Vogelmerkmale, aber keine, von denen man sagen könnte, sie stünden genau zwischen denen von Vogel und Reptil." Allerdings gibt es Autoren, die das bestreiten. Mosaikformen stehen zwar in der Ähnlichkeitsbeziehung der Gesamtmerkmale zwischen zwei Großgruppen, sind jedoch als evolutive Übergangsformen weniger geeignet. In allen Fällen mußten sie nachträglich, aufgrund eingehender Untersuchungen, auf ausgestorbene Seitenäste der Stammbäume gesetzt werden, und die „missing links" fehlen bis heute.

Die zweite fragwürdige Aussage im oben zitierten Abschnitt betrifft das zeitliche Auftreten dieser Mosaiktypen: Keineswegs treten sie fossil immer gerade dann auf, wenn eine neue Gruppe entstehen soll. Im Schulbuch *Linder Biologie* werden einige *heute lebende* Mosaikformen genannt (S. 381), als Beispiel wollen wir das Schnabeltier herausgreifen: An Säugermerkmalen hat es ein Haarkleid und Milchdrüsen, als Reptilmerkmal beispielsweise die eierlegende Fortpflanzungsweise. Fossil ist es seit dem Pleistozän bekannt, also einem der als ganz „jung" eingestuften Erdzeitalter, während die Säuger„vorfahren" seit dem Perm (280-225 Millionen Jahre nach herkömmlicher Datierung) bekannt sind. Es ist müßig, über die Evolutionsstufen zu spekulieren, welche aus dem Schnabeltier einmal hervorgehen könnten. (Vgl. auch die in Abschnitt 8.7.6 genannten Beispiele *rezenter* Vögel, die Mosaik-Merkmale aufweisen.) Weitere fossile Beispiele sind *Archaeopteryx*, da man in nahezu gleichalten Gesteinsschichten die Knochen von „modernen Vögeln" gefunden hat, *Eusthenopteron* in gleichen Schichten wie Amphibien (vgl. Abschnitt 8.7.4) oder *Seymouria* in jüngeren Schichten als die ersten Reptilien (Abschnitt 8.7.5).

### 8.7.10 Die Vollkommenheit fossiler Lebewesen

In der Evolutionslehre wird bei Fossilien, aber auch bei heute lebenden Organismen oft von „primitiven" Lebewesen gesprochen. Manche gebrauchen auch den Begriff „urtümlich" oder „ursprünglich". Dies kann beim Leser leicht den Eindruck hervorrufen, als wären solche Lebensformen noch „nicht ganz fertig", doch das ist sicherlich nicht richtig. Jede Lebensform ist schon bei ihrem ersten Auftreten vollkommen „fertig", d.h. an ihren Lebensraum und ihre Bedürfnisse perfekt angepaßt. Gerade davon legen die Fossilien ein beredtes Zeugnis ab. So sind fossile Pfeilschwanzkrebse (vgl. Abb. 8.51) nicht primitiver als die heute lebenden, eine Fledermaus aus der Grube Messel bereits eine vollkommene Fledermaus (Abb. 8.80) mit voll ausgeprägtem Flugapparat und Echoloteinrichtung. Die ersten Insekten stehen in ihrer Komplexität heutigen vergleichbaren Formen nicht nach, und Solnhofener Libellen aus dem Jura gleichen den heutigen bis in Details hinein (Abb. 8.81). Bekannte „lebende Fossilien" sind der Quastenflosser *Latimeria* oder der Kopffüßer *Nautilus* (Abb. 8.82). Ähnliches läßt sich auch zu zahlreichen weiteren Krustentieren, Seeigeln, Seesternen, Muscheln und Schnecken oder dem Brachiopoden *Lingula* sagen: Im Grunde genommen könnte man alle heute lebenden Organismen als „lebende Fossilien" auffassen, weil schon ihre ersten Vorfahren ihnen in den *Grundbauplänen* geglichen haben. In diesem Zusammenhang sei darauf hingewiesen, daß neuerdings manche Forscher

*Abb. 8.80: Versteinerung einer Fledermaus aus der Grube Messel bei Darmstadt. Fossil erhaltene Fledermäuse gleichen den heute lebenden bis in Details hinein. (Studiensammlung „Lebendige Vorwelt", Hagen/Westf.)*

*Abb. 8.81: Versteinerte Libelle. Zahlreiche Details wie z.B. die Flügeladerungen sind zu erkennen. (Museum beim Solenhofer Aktien-Verein, Maxberg)*

*Abb. 8.82: Nautilus, ein „lebendes Fossil". Oben: aufgesägtes rezentes Exemplar, unten: versteinertes Exemplar. (Naturmuseum Solothurn [CH])*

den Orang-Utan als lebendes Fossil bezeichnen, weil er mit *Ramapithecus* zahlreiche Merkmale teilt (vgl. Abschnitt 9.2). Dies gilt selbst für Lebewesen der untersten Schichten, wie Mikrofossilien von Blaualgen (vgl. Abschnitt 8.7.1). Die fossil erhaltenen Zellketten von fädigen Blaualgen sind samt den auf die Stickstoffixierung spezialisierten Zellen (Heterocysten) mit heutigen Formen praktisch identisch, obwohl ihr Alter auf mindestens 2,3 Milliarden Jahre geschätzt wird.

Im Rahmen des Evolutionsmodells ist die Erklärung der Existenz von lebenden Fossilien nicht ganz einfach. Es wird argumentiert, daß die Lebensräume dieser Organismen z.T. für Hunderte von Millionen von Jahren unverändert blieben und daß daher stabilisierende Selektion wirksam war (vgl. Abschnitt 3.3). Doch erweist sich diese Argumentation als fragwürdig, wenn in eben diesen Lebensräumen (z.B. des Quastenflossers *Latimeria*) sich parallel eine ganz „moderne" Fischfauna entwickelt haben soll. Das vielfältige Für und Wider von wechselnden oder konstanten Lebensräumen und damit verbundenen Selektionsdrükken kann in diesem Rahmen allerdings nicht diskutiert werden, doch läßt sich aus den „Lebenden Fossilien" zumindest kein Argument für die Evolutionslehre gewinnen. Da, wie in diesem Kapitel berichtet wurde, auch keine gesicherten Funde von „primitiveren" Vorfahren vorliegen, kann man gerade die lebenden Fossilien gut im Rahmen eines Schöpfungsmodells deuten.

### *Aussterben*

Nun gibt es zahlreiche fossil bekannte Lebewesen, die heute nicht mehr leben. Warum sind sie ausgestorben? Es ist außerordentlich schwierig, darauf befriedigende Antworten zu geben. Besonders zum Aussterben der Saurier existieren zahlreiche widersprüchliche Theorien, und es ist zumindest nicht abzusehen, daß die Problematik im Rahmen herkömmlicher aktualistischer Modelle gelöst werden wird. Im Rahmen der Evolutionslehre könnte man annehmen, daß Lebewesen aussterben, weil sie nicht gut genug angepaßt waren und so dem Konkurrenzkampf nicht standhalten konnten. Doch das Studium der Fossilien zeigt, daß alle Formen „hochentwickelt" waren. Ob man das Komplexauge der Trilobiten, die hochspezialisierten Flugsaurier oder die formenreichen Ammoniten betrachtet: Alle waren sie auf ihre Umwelt und Lebensweise in optimaler Weise „zugeschnitten". Ihre Auslöschung ist wohl nur unter der Voraussetzung von gewaltigen Veränderungen der Ökosysteme vergangener Zeiten erklärbar.

Es ist ein interessantes Faktum der Wissenschaftsgeschichte, daß im biblisch begründeten Katastrophenmodell die Grundlagen für die moderne Geologie und Paläontologie gelegt wurden. Der letzte große und wissenschaftlich allgemein anerkannte Vertreter dieser Sichtweise war G. CUVIER. Danach kam aber das Konzept des Uniformitarismus (bzw. Aktualismus) auf (vgl. Kapitel 2), und über mehr als ein Jahrhundert wurden alle geologischen und paläontologischen Daten unter dieser Leitvorstellung gedeutet.

Heute scheint sich ein erstaunlicher Wandel zu vollziehen: Der Katastrophismus wird in einem ganz neuen Gewand wieder modern. Um ein Beispiel zu nennen: Fast jeden Monat kann man in weltweit führenden Naturwissenschaftszeitschriften (wie *Nature* oder *Science*) Veröffentlichungen über Katastrophen in der Erdvergangenheit finden, die in periodischen oder unregelmäßigen Abständen zur *Massenvernichtung* von Lebewesen in der Erdvergangenheit geführt haben sollen. Unter *gänzlich anderen Voraussetzungen* nähert sich so die moderne Wissenschaft dem alten, ursprünglich biblisch begründeten Katastrophismus; nicht, daß die Geologen heute auf breiter Front wieder zu Schöpfungsmodellen zurückkehrten! Auch vertreten die schöpfungstheoretisch orientierten Paläontologen und Geologen nicht etwa die Theorien von G. CUVIER, da die Forschungen seit dem 19. Jahrhundert nicht stehengeblieben sind.

Beim Studium der geologischen und paläontologischen Fakten stellt sich je länger je deutlicher heraus, daß die ausgestorbenen Lebewesen nicht aufgrund ihrer „Primitivität" langsam im Konkurrenzkampf verschwanden, sondern daß unsere Erde in der Vergangenheit Schauplatz gewaltiger Katastrophen war, die in ihrem *Ausmaß* mit keinem heute ablaufenden geologischen Prozeß verglichen werden können. Im Schöpfungsmodell werden diese für die Auslöschung einzigartiger, hochkomplexer und von Anfang an fertiger Faunen und Floren, ja ganzer Ökosysteme verantwortlich gemacht (vgl. Abschnitt 8.3, Mega-Sukzessions-Modell, sowie die Abschnitte 8.5 und 8.6).

## 8.8 Zusammenfassung

Sprechen die Fossilien für Evolution? Entgegen den verbreiteten Interpretationen dürfte in diesem Kapitel deutlich geworden sein, daß sowohl bezüglich der Ablagerungszeiten von Sedimentgesteinen wie auch bezüglich der Organisation der Fossilien ganz andere Denkansätze möglich sind. Die allerdings noch in den Anfängen stehenden Forschungen der schöpfungstheoretisch orientierten Geologie und Paläontologie haben schon zu interessanten Alternativansätzen geführt, die sich teilweise in der Feldgeologie bewährt haben und z.T. noch bewähren müssen.

Die Diskussion über die Bedeutung der geologischen Ablagerungen und der darin enthaltenen Fossilien ist in jeder Hinsicht wieder eröffnet. Zum Schluß soll nochmals ein evolutionstheoretisch orientierter Paläontologe zu Wort kommen:

„...tatsächlich muß die Paläontologie nicht *unbedingt* evolutiv aufgefaßt werden ...sie liefert uns bei genauerer Betrachtung ja nur Merkmalsträger eines bestimmten vergangenen Zeitabschnittes, die der Interpretation bedürfen." ... „Fossilien können die Evolution nicht beweisen, sie können bloß durch eine Evolutionstheorie erklärt werden" (RIEPPEL 1983, S. 130; 114).

Die Kernsätze des schöpfungstheoretischen Modells bezüglich der Sedimentgesteine samt den darin enthaltenen Fossilien lauten:

1. Die über dem kristallinen Grundgestein liegenden Gesteinsschichten sind nicht während viele Jahrmillionen dauernder Zeitalter abgelagert worden, sondern haben sich innerhalb kurzer Zeiträume unter katastrophischen Bedingungen gebildet.

2. In unterschiedlichen Schichten sind unterschiedliche Fossilien enthalten: Nicht, weil auf der Erde Evolution vom Niederen zum Höheren stattgefunden hat, sondern weil durch katastrophische Ereignisse Lebensgemeinschaften ausgelöscht und in der Regel *miteinander* begraben wurden. In rascher Folge lösten sich so Lebensgemeinschaften in Abhängigkeit von katastrophisch wechselnden Umweltbedingungen auf der Erde ab (Mega-Sukzessions-Modell).

3. Alle Fossilien sind von Anfang an *perfekt* an ihre Umwelt angepaßt. Es gibt keine „Zwischenformen" zwischen den Grundplänen der Lebewesen. Die Deutung der Mosaikformen als Zwischenstufen geht nicht zwingend aus dem paläontologischen Befund hervor, sondern ist durch die schon vorher festgelegte Prämisse der Evolution bedingt.

Auf dem Hintergrund der Darlegungen dieses Kapitels sei der zweiten Hälfte des o.g. Zitates die These gegenübergestellt:

*Fossilien können die Schöpfung nicht beweisen, sie können aber durch eine Schöpfungslehre gedeutet werden.*

# 9 Entstehung der Menschheit

## 9.1 Die Vorfahren des Menschen aus evolutionstheoretischer Sicht

Wahrscheinlich ist die Frage nach der Herkunft unserer eigenen Art einer der wichtigsten Gründe für die Existenz und Verbreitung von Ursprungstheorien. Daß gerade im schulischen Bereich das Kapitel „Evolution des Menschen“ mit 20-30% des für das Thema Evolution verfügbaren Raumes im Mittelpunkt steht, ist also verständlich, denn die Antwort auf die „Woher“-Frage birgt auch die Antwort auf die „Wozu“-Frage. Es ist für Verhalten, Hoffnung und Selbstverständnis des Menschen nicht nebensächlich, ob er sich als Geschaffenen oder Gewordenen versteht. Die Autoren dieses Buches sind der Überzeugung, daß an diesem Angelpunkt des Denkens entscheidende Weichen für den Einzelnen wie für die menschliche Gesellschaft gestellt wurden und werden.

Obwohl gerade zur Stammesgeschichte des Menschen intensiv geforscht und gelehrt wird, stellt sich die Paläanthropologie bei näherer Betrachtung als eine besonders komplexe Ansammlung von teilweise widersprüchlichen Einzelhypothesen, Vermutungen und Spekulationen heraus. In Abb. 9.1 wird ein Überblick über die derzeit in Lehrbüchern vertretenen Hypothesen zur Evolution des Menschen gegeben.

Häufig werden die Primaten (zur Klassifikation vgl. Tab. 10.2) auf insektenfressende Formen, vielleicht dem heutigen Spitzhörnchen *(Tupaia)* ähnlich, zurückgeführt. Als Kandidaten für die Vorfahrenschaft der Menschenaffenartigen (Hominoidea) verfügt man über den fossilen *Proconsul* (Abb. 9.1). Auf diesen läßt man *Ramapithecus* folgen. Nach einer Fundlücke von rund 5 Millionen Jahren nach klassischer Chronologie setzt man die Gruppe der Australopithecinen („Südaffen“) an die Wurzel der Entstehung des Menschen. Diese werden gewöhnlich in die Gruppe der Menschenartigen (Hominidae) gestellt. Zwischen *Australopithecus* und den echten Menschen soll *„Homo habilis“* – wegen der Heterogenität dieser Fossilgruppe häufig als *„habilis“*-Komplex bezeichnet – vermitteln, auf den als erster Mensch *Homo erectus* („Aufgerichteter Mensch“) folgt.

Über den Steinheimer Menschen (archaischer, d.h. früher *Homo sapiens*) und den Menschen von Cro Magnon führt man schließlich die Entwicklungslinie zum heute lebenden Menschen. Der Neandertaler *(Homo sapiens neanderthalensis)* wird allgemein als ausgestorbene Unterart des heutigen Menschen betrachtet.

Außer auf Ähnlichkeitsbeziehungen zwischen Mensch und Menschenaffen stützen sich diese Abstammungshypothesen vor allem auf Fossilfunde, insbesondere auf Schädel(fragmente) wie z.B. Zähne und Kiefer, die am häufigsten fossilisierten Skeletteile. Doch sind auch Funde von größter Be-

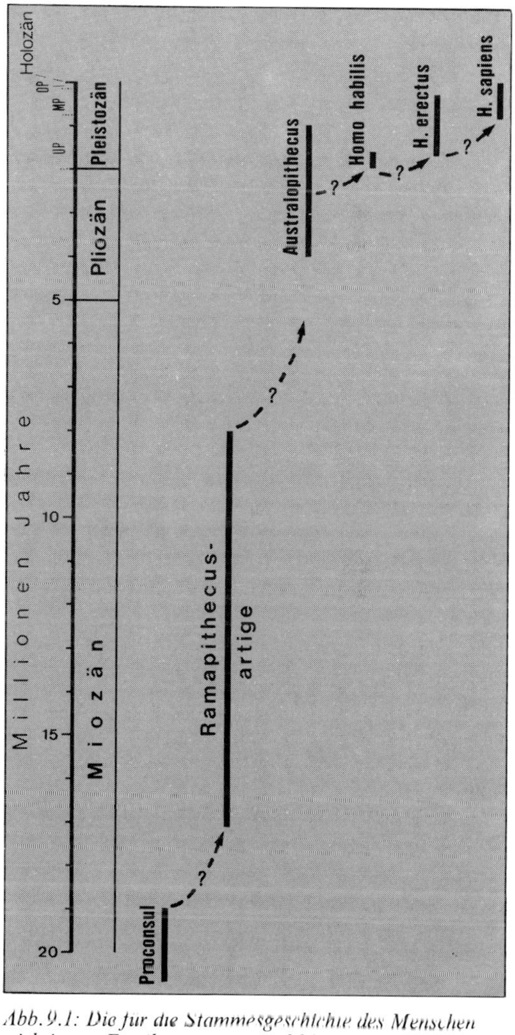


*Abb. 9.1: Die für die Stammesgeschichte des Menschen wichtigsten Fossilgruppen, gemäß klassischer Chronologie angeordnet. Die gestrichelten Verbindungslinien sind fossil nicht belegt und damit spekulativ. UP: Unter-, MP: Mittel-, OP: Oberpleistozän.*

deutung überliefert, die Rückschlüsse auf die Fortbewegungsweise (Extremitäten- und Beckenknochen) oder den Werkzeuggebrauch erlauben könnten. Da Ähnlichkeiten keinen Beweis für Evolution liefern (s. Abschnitt 6.1), bleibt als Hauptargumentationsebene der paläontologische Befund.

Die Paläontologen haben in jahrzehntelanger Kleinarbeit eine große Menge von Fossilfunden samt Interpretationen zusammengetragen. Mit wachsender Fülle des Fundmaterials wurde es immer schwieriger, die vermuteten stammesgeschichtlichen Beziehungen von Mensch und Menschenaffen auch in einem unwidersprochenen Stammbaumschema anzugeben – in Abbildung 9.2 sind vier aktuelle Versionen angeführt. Die wichtigsten Fossilien samt den vorgebrachten Deutungen werden in den Abschnitten dieses Kapitels besprochen. Dabei geht es um die beiden folgenden Kernfragen:

*Belegen die Fossilien eine allmähliche Entstehung des Menschen aus affenähnlichen Vorfahren (Evolutionsmodell)? Können sie im Sinne einer strikten Trennung zwischen Menschen und Tieren gedeutet werden (Schöpfungsmodell)?*

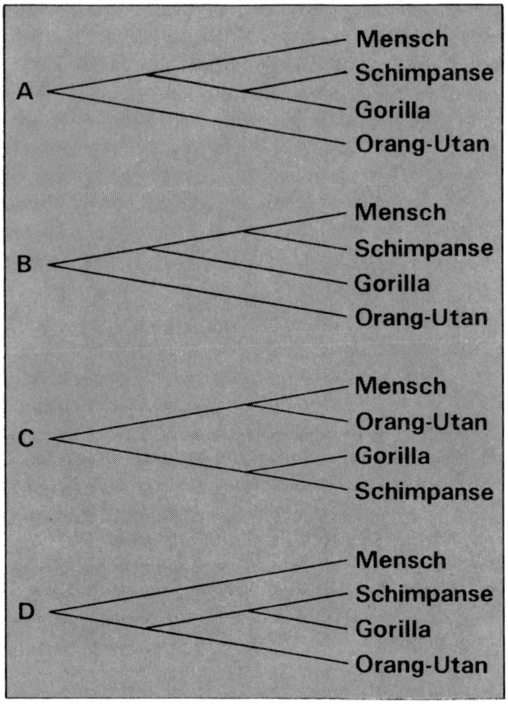


*Abb. 9.2: Vier der in der Paläanthropologie diskutierten stammesgeschichtlichen Verwandtschaftsbeziehungen von Mensch und Menschenaffen. Die unter B angeführte Möglichkeit ist die momentan am häufigsten vertretene Vorstellung und ergibt sich u.a. aus den Aminosäuresequenzen des Hämoglobins. Andere molekularbiologische Untersuchungen können die Dreierbeziehung Gorilla, Schimpanse, Mensch nicht auflösen. Möglichkeit C ergibt sich aus dem Vergleich von 44 anatomischen, morphologischen und verhaltensbiologischen Merkmalen. Andere Merkmale leg(t)en die Version D nahe (s. dazu auch Abb. 9.5). Aus der Verteilung von Merkmalen heutiger Formen – d.h. durch Herstellung abgestufter Ähnlichkeitsbeziehungen – ergeben sich häufig Konflikte. Ohne Einführung von Zusatzhypothesen läßt sich aus diesen Analysen kein Stammbaum ableiten.*

## 9.2 *Ramapithecus* – ein naher Verwandter des Orang-Utan

Anfang unseres Jahrhunderts fand man in Indien Kieferbruchstücke, denen zuerst keine große Bedeutung für die Evolution des Menschen beigemessen wurde. Erst in den 60er Jahren wurden sie zusammen mit anderen Funden aus dem Miozän zu der Art *Ramapithecus brevirostris* („kurzschnäbliger Ramapithecus") in die direkte Vorfahrenreihe des Menschen gestellt. Als menschenähnliche Merkmale wertete man eine vermutete „Kurzschnäuzigkeit", Molaren (Backenzähne) mit niedrigen Zahnhöckern und dickem Zahnschmelz, kleine Eckzähne sowie als wichtigstes „menschliches" Merkmal einen parabolischen Zahnbogen (Abb. 9.4a). Man datierte die verschiedenen Funde von *Ramapithecus* zwischen 8 und 14 Millionen Jahren und damit das Alter der menschlichen Abstammungslinie auf älter als 15 Millionen Jahre (Abb. 9.3). Die öffentliche Meinung war schnell überzeugt, und so trat *Ramapithecus* seinen Siegeszug als ältester Hominide an. Zwar meldeten einige Wissenschaftler besonders hinsichtlich der Zahnbogenrekonstruktion schon früh Bedenken an, doch fanden sie wenig Beachtung.

Ungefähr zur gleichen Zeit wurde aufgrund biochemischer und molekularbiologischer Methoden (vgl. Abschnitt 6.3) festgestellt, daß die Afrikanischen Menschenaffen (Gorilla und Schimpanse) biochemisch und genetisch dem Menschen wesentlich ähnlicher sind als der Orang-Utan und daß diese sich nicht schon vor 15, sondern vor erst 3 bis 5 Millionen Jahren von der menschlichen Linie abgespalten hätten. Das aufgrund von *Ramapithecus* angenommene hohe geologische Alter der menschlichen Linie veranlaßte die Paläanthropologen jedoch, die molekularbiologischen Ergebnisse vorerst zu ignorieren.

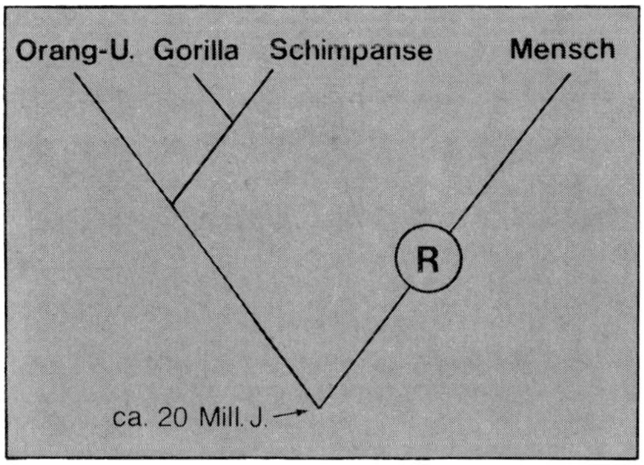


*Abb. 9.3: Bis vor kurzem wurde die Auffassung vertreten, daß sich die Linien zum Menschen und Menschenaffen vor ca. 20 Millionen Jahren getrennt hätten und daß Ramapithecus als ältester Hominide anzusehen sei.*

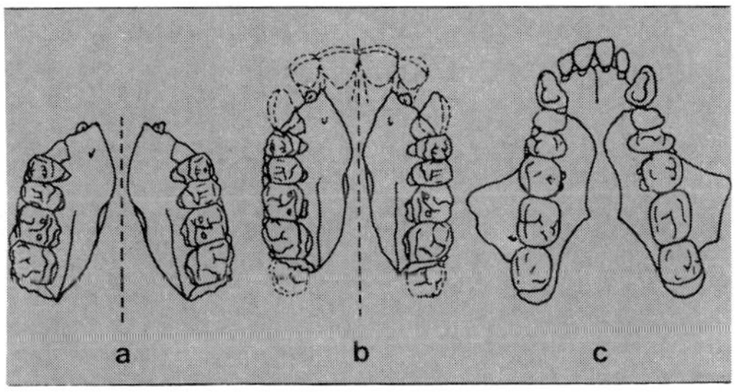


*Abb. 9.4: Verschiedene Rekonstruktionen des Zahnbogens aus zwei Oberkieferhälften von Ramapithecus (a und b) und die tatsächliche Form nach neuesten Funden aus der Ramapithecusverwandtschaft (c). Die ursprüngliche Rekonstruktion aus den 60er Jahren (a) sollte zeigen, daß Ramapithecus einen kurzen und parabolischen, also menschenähnlichen Zahnbogen besaß. An dieser Rekonstruktion wurde Kritik geübt und eine andere Rekonstruktion (b) vorgeschlagen, nach der der Oberkiefer länger war, parallele Zahnreihen und damit eine nichtmenschliche Form besaß (VOGEL 1975). Die Tendenz zum unverkürzten Zahnbogen wurde durch neue Funde bestärkt (c).*

## *Molekulare „Uhren" und der paläontologische Befund*

So beeindruckend die Idee der molekularen Uhren auf den ersten Blick ist, ergibt doch diese Methode keine einheitlichen Ergebnisse. In der Literatur findet man für den Abspaltungszeitpunkt der menschlichen Linie von der der Afrikanischen Menschenaffen Extremwerte zwischen 1 und 13 Millionen Jahren, wobei Werte um 5 Millionen Jahre am häufigsten vertreten werden. Wie schon in Abschnitt 6.3 dargestellt wurde, müssen molekulare „Uhren" an paläontologischen Daten geeicht werden. Daher sind sie keine *unabhängige* Bestätigung der auf diesen Daten beruhenden Hypothesen.

Neue Fossilfunde aus Pakistan sowie eine größere Fülle molekularbiologischer Daten führten schließlich zum Umdenken in den Reihen der Paläontologen: Man entdeckte immer mehr Ähnlichkeiten zwischen *Ramapithecus* und *Sivapithecus*, welcher in die Vorfahrenschaft des Orang-Utan gestellt wird. Der ehemals als parabolisch rekonstruierte Zahnbogen stellte sich aufgrund weiterer Funde eindeutig als nicht-menschlich heraus (Abb. 9.4). Entsprechend wurde der dicke Zahnschmelz nun nicht mehr als abgeleitetes („höherentwickeltes"), sondern als mit dem Orang-Utan gemeinsames ursprüngliches Merkmal gedeutet. LEWIN meinte dazu etwas ironisch: „Einige Merkmale verschwanden einfach, sie existierten mehr in den Gedanken der Beobachter als in den beobachteten Fossilien" (LEWIN 1984).

Zwar ist offensichtlich, daß sich das Blatt grundlegend gewendet hat, doch auch die neuesten chinesischen *Ramapithecus*- und *Sivapithecus*-Funde haben nicht dazu beigetragen, den Status dieser Gruppe endgültig zu klären. Die evolutionstheoretisch ausgerichteten Wissenschaftler sind selbst nach zwei Jahrzehnten intensiver Forschung nicht einig, ob die Abspaltung von Mensch und Menschenaffen vor 5 Millionen Jahren stattfand, wie es die molekularen Uhren nahelegen, oder ob *Ramapithecus* ein Vorfahre des Menschen war und diese Abspaltung um einiges früher anzusetzen ist. Ein führender Paläanthropologe schreibt dazu: „Es ist klar, daß diese beiden Standpunkte unverträglich sind. Sie können nicht *beide* richtig sein, allerdings könnten sie beide falsch sein" (PILBEAM 1985).

Einige sehen *Ramapithecus* als letzten gemeinsamen Vorfahren von Orang-Utan, Schimpanse, Gorilla und Mensch (Abb. 9.5A), während es nach wie vor eine kleine Minderheit von Anthropologen gibt, die zumindest einen Teil der (jüngeren) *Ramapithecus*-Funde *nach* der Trennung von Menschenaffen und Menschen in die direkte Vorfahrenschaft des Menschen stellen (Abb. 9.5C). Die meisten Forscher halten *Ramapithecus* jedoch für einen Vorfahren des Orang-Utan (Abb. 9.5B), welcher wegen seiner großen Ähnlichkeit mit der *Ramapithecus/Sivapithecus*gruppe auch schon als „lebendes Fossil" bezeichnet wurde.

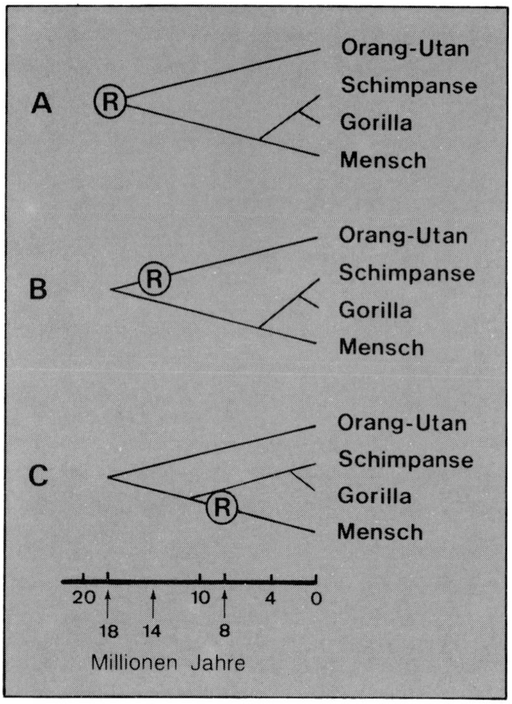


*Abb. 9.5: Drei verschiedene Versionen, wie man momentan Ramapithecus (R) in die Stammesgeschichte der Primaten einordnet. Man tendiert zu Version B, da Ramapithecus viele Ähnlichkeiten mit dem heutigen Orang-Utan aufweist; manche halten ihn für den gemeinsamen Vorfahren aller Menschenaffen und den Menschen (A), während nur einige in jüngeren chinesischen Ramapithecusformen den Vorläufer des Menschen sehen (C).*

## 9.3 *Australopithecus* – Bindeglied zwischen Tier und Mensch?

Zwischen den Ramapithecinen und den verschiedenen Formen von *Australopithecus* besteht bis heute eine Fundlücke („fossil gap") von mehr als 4 Millionen Jahren (vgl. Abb. 9.1). Viele Paläontologen erhoffen sich von zukünftigen Funden aus gerade diesen (bisher unergiebigen) Schichten, die dem Zeitraum zwischen 8 und 4 Millionen Jahren zugeordnet werden, neue Erkenntnisse, um die unverstandene „Menschwerdung" zu begreifen. Die Australopithecinen stellt man allgemein zur Familie der Hominidae („Menschenartige") in die direkte Vorfahrenschaft des Menschen. In diesem Abschnitt soll begründet werden, warum man die Australopithecinen auch für eine hochspezialisierte Primatengruppe halten kann, deren Merkmale nicht unbedingt als Zeichen der *Hominisation* (Menschwerdung) gedeutet werden müssen.

### Geschichtlicher Hintergrund

Die gegenwärtige Diskussion um die Australopithecinen kann man nur auf dem Hintergrund ihrer Erforschungsgeschichte verstehen. Deshalb berichten wir zuerst einiges über die Entdeckungs- und Interpretationsgeschichte dieser Gattung. Zu Beginn unseres Jahrhunderts herrschte aus verschiedenen Gründen unter Fachleuten die Auffassung vor, daß die menschliche Linie schon sehr alt sei. Basierend auf rein theoretischen Annahmen dachte man, daß sich zuerst das Gehirn des Menschen und erst danach der aufrechte Gang entwikkelt habe. Nicht zuletzt wegen einer auf diese Vorstellung gestützte und vier Jahrzehnte unerkannt gebliebenen Fossilfälschung („Piltdown-Mensch", aus einem menschlichen Schädeldach und einem Affenunterkiefer zusammengesetzt) wurde der 1925 entdeckte *Australopithecus africanus* als Schimpansenvorfahr eingeordnet. Erst ab 1950 setzte sich die Ansicht endgültig durch, daß zuerst die Evolution des aufrechten Gangs und später die des menschlichen Gehirns stattfand. Damit wurden die Australopithecinen mit ihrem relativ kleinen Schädel und den Hinweisen auf ihren aufrechten Gang für die Vorfahrenschaft des Menschen interessant und sind bis heute die für diese Position am ehesten geeignete Gruppe. Allerdings gab und gibt es Forscher, unter ihnen LEAKEY, die *Australopithecus* nicht für den Vorfahren des Menschen halten und den Menschen auf eine ältere, unabhängige Entwicklungslinie zurückführen (Abb. 9.8C).

Ein grundlegendes Problem der Paläanthropologie ist der Mangel an Fossilien. Dies hat zur Folge, daß manche Deutungen spekulativ bleiben und aufgrund späterer Erkenntnisse möglicherweise revidiert werden müssen. Ein Beispiel stellt der sog. „Nebraskamensch" dar, welcher von einigen Paläanthropologen 1922 aufgrund eines Zahnfundes postuliert wurde. Fünf Jahre später mußte man diesen Zahn einem ausgestorbenen Nabelschwein zuordnen. Ebenfalls als revisionsbedürftig hat sich die Deutung von Fußabdrücken in Kreideformationen des Paluxy-Rivers in Texas herausgestellt. Diese Abdrücke kommen in der unmittelbaren Nachbarschaft von Saurierspuren vor und wurden von vielen Vertretern des Schöpfungsmodells für menschlich gehalten. Mit zunehmender Auswitterung der Spuren wird aber deutlich, daß sie offenbar nicht menschlich sind und vermutlich von einem bisher unbekannten dreizehigen Saurier stammen. Seltener kommt im Bereich der Paläanthropologie (wie auf anderen Wissenschaftsgebieten auch) das leidige Phänomen des Wissenschaftsbetruges vor. Wie das Beispiel

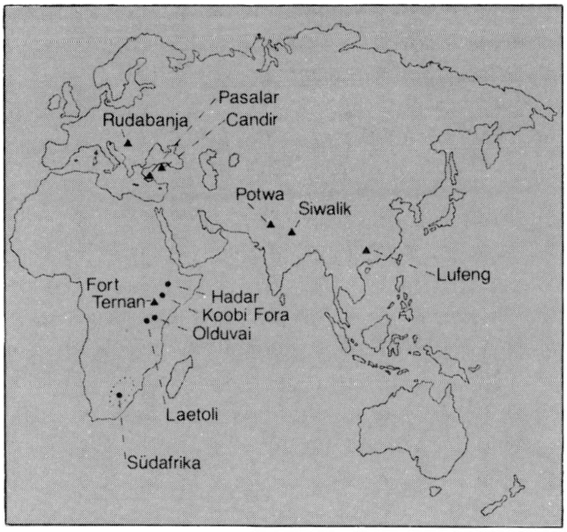


*Abb. 9.6: Wichtige Primatenfunde aus dem Miozän (Ramapithecusartige, Fundorte mit einem Dreieck gekennzeichnet) und dem Pliozän (Australopithecus, Fundorte mit einem Punkt gekennzeichnet).*

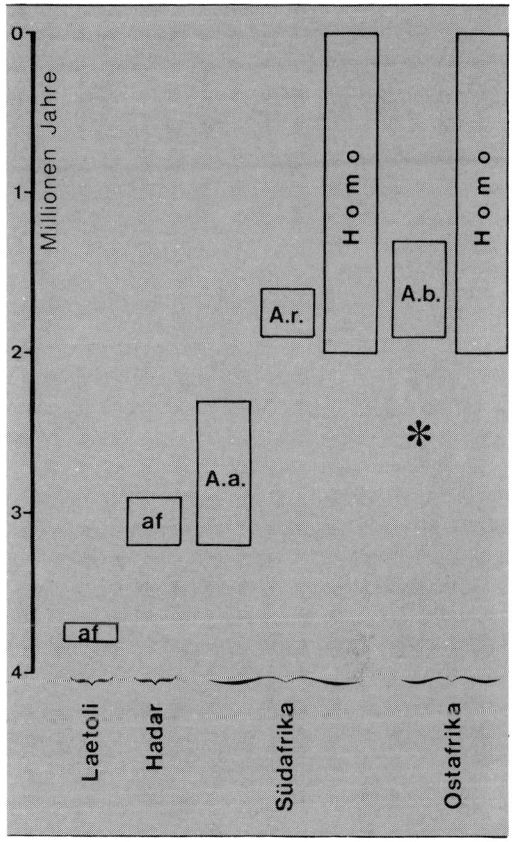


*Abb. 9.7: Zeitliche und räumliche Verteilung der wichtigsten Funde von Australopithecus, der teilweise neben Homo vorkommt. Die Fundorte sind in Abb. 9.6 eingetragen. Der Stern deutet die Lage eines neuen Fundes eines hyperrobusten Australopithecus an (s. Text und Abb. 9.8). af: Australopithecus afarensis, A. a.: A. africanus, A. r.: A. robustus, A. b.: A. boisei (auch als hyperrobuster A. bekannt).*

des „Piltdownmenschen" eindrücklich illustriert, kann ein solcher Betrug allerdings über Jahrzehnte unentdeckt bleiben.

Die in diesen Beispielen beschriebenen Vorkommnisse hatten zwar auf die Entwicklung der einschlägigen Hypothesen einen beträchtlichen Einfluß, doch der stetige Fortgang der Forschung hat dies wieder korrigiert. Es ist nicht gerechtfertigt, die gesamte Paläanthropologie aufgrund von solchen seltenen Fällen unter dem Vorbehalt bewußter Fälschungen oder böswilliger Mißinterpretationen zu beurteilen. Vielmehr tritt an dieser Stelle zutage, daß Deutungen im Bereich *aller* Ursprungsforschung aufs engste mit den jeweiligen Erwartungshaltungen der Wissenschaftler verbunden sind (vgl. Kapitel 1) und daß aus diesem Grund eine gesunde Portion Vorsicht am Platz ist, bevor irgendeine Deutung für „wahr" gehalten wird.

## Hypothesen zur taxonomischen und phylogenetischen Stellung der Australopithecinen

Nach vielen Wirrnissen in ihrer Interpretationsgeschichte werden die Australopithecinen heute meist als direkte Vorfahren des Menschen angesehen. Es herrscht allerdings kein Einvernehmen darüber, welche *Art* der Australopithecinen tatsächlich als Ahnherr des Menschen anzusehen ist. In der Regel werden die grazilen Australopithecinen als Vorfahren der Menschen betrachtet. (Allerdings gibt es auch Forscher, die den robusten Australopithecinen diese Rolle zuweisen.) Zu den grazilen Australopithecinen zählt man *Australopithecus afarensis* und *Australopithecus africanus*. Es ist z. Z. eine der populärsten Ansichten, daß *A. afarensis* in der unmittelbaren Vorfahrenschaft des Menschen steht (Abb. 9.8A). Deshalb wird zuerst der Fundkomplex „afarensis", zu dem u. a. ein erstaunlich vollständiges Skelett mit dem Namen „Lucy" gehört, besprochen.

### *Australopithecus afarensis*

Der Paläanthropologe JOHANSON fand in Hadar (Äthiopien) außer „Lucy" Reste von mindestens 13 hominiden Individuen. In einer der ersten Veröffentlichungen (1976) darüber vertrat er die Meinung, daß hier Knochen von drei verschiedenen Arten (*Homo, A. africanus* und *A. robustus*) vorlägen, revidierte jedoch bald seine Ansicht und vertrat die Überzeugung, daß es sich um Reste einer einzigen Art mit überaus starkem Sexualdimorphismus handle (Männchen und Weibchen mit unterschiedlicher Morphologie, ähnlich wie, aber ausgeprägter als beim Gorilla, vgl. Abb. 6.19a, b). Er vereinigte seine Funde mit denen aus dem über 1000 km entfernten Laetoli, wo einige Kieferteile, aber auch Fußspuren entdeckt wurden, die um 0,75 Millionen Jahre älter datiert werden als das Fundmaterial aus Hadar. Diese neue Art *A. afarensis* stellte er in die unmittelbare Vorfahrenschaft von *Homo* und verdrängte damit *A. africanus* aus dieser Rolle. JOHANSON schreibt ihr sowohl einen primitiven, d. h. affenähnlichen Schädelbau als auch die Fähigkeit des aufrechten Ganges zu und glaubt damit ein geeignetes Zwischenglied gefunden zu haben.

Inzwischen mehren sich die Kritiker von JOHANSON und greifen ihn von verschiedenen Seiten an. Viele lehnen es ab, die Funde JOHANSON's überhaupt als neue Art zu akzeptieren: Einige sehen in ihnen Vertreter der altbekannten Art *A. africanus* (s. Abb. 9.8B, Bildlegende), andere vermuten, daß das Fundmaterial „afarensis" in Wirklichkeit zwei (*A. africanus* und *A. robustus*) oder sogar mehreren Arten (u.a. auch *Homo*) zuzuordnen sei, was JOHANSON zuerst auch glaubte. Die letztere Position fließt in Abb. 9.8D ein.

Heftige Kritik erfuhr auch die Behauptung JOHANSON's, daß A. „afarensis" aufrecht gegangen

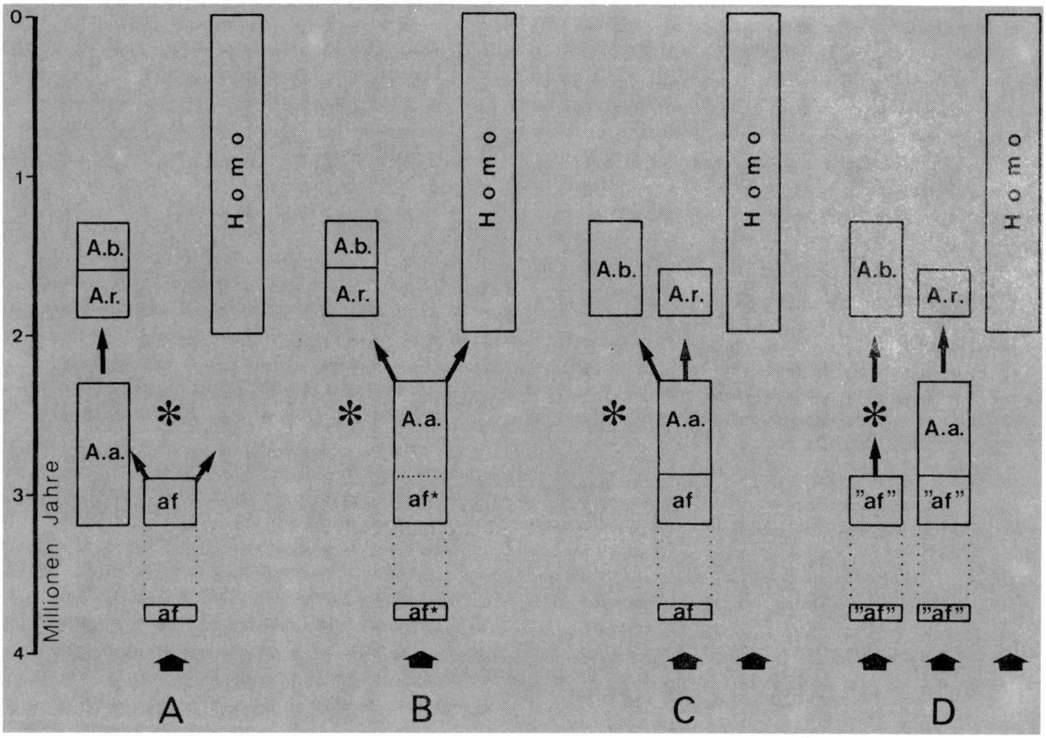


*Abb. 9.8: Drei populäre Stammbäume von Australopithecus und Homo (A-C) und ein Stammbaum, der 1986 durch einen neuen Fund hochaktuell wurde (D). Stammbaum A, von JOHANSON & WHITE 1979 vorgeschlagen, stellt A. afarensis (af) in die unmittelbare Vorfahrenschaft von Homo, während A. africanus (A. a.) mit den robusten Australopithecinen (robustus [A. r.] und boisei [A. b.]) einen Seitenast bildet. Nach Stammbaum B ist A. africanus der unmittelbare Vorfahre von Homo (und gleichzeitig von den robusten Australopithecinen). Hier wird A. afarensis (af mit Stern) entweder als mit africanus identisch (TOBIAS 1980) oder als dessen Vorfahre betrachtet. Die Vorstellung einer alten Homolinie, die parallel zu Australopithecus seit mindestens 5 Millionen Jahren existierte, ohne aus einer der heute bekannten Australopithecusformen hervorgegangen zu sein, ist in C dargestellt (in LEAKEY 1981). Die Kritik an der Aufstellung der Art A. afarensis kommt in Stammbaum D noch mehr als in B zum Tragen: Schon 1981 hatte OLSON auf das Vorhandensein von robusten und grazilen Formen im Hadar-Material hingewiesen und neben anderen Wissenschaftlern deren Vereinigung zu einer Art stark bezweifelt („af"). In diesem Stammbaum läßt sich nun der Fund eines hyperrobusten Austalopithecus (mit Stern gekennzeichnet), der älter als alle bisherigen datiert wird (WALKER & LEAKEY 1986), elegant einfügen, während alle übrigen Stammbäume mehr oder weniger modifiziert werden müssen.*

sein soll. Es gibt zahlreiche Hinweise dafür (Oberarmknochen, Form des Brustkorbes, Darmbeinkamm, Hüft-, Knie- und Fußgelenk), daß „Lucy" auch ausgeprägte Anpassungen an das Baumleben zeigte und über eine etwa dem Schimpansen ähnliche Fortbewegungsweise verfügt haben könnte. Die in Laetoli gefundenen Fußspuren werden zwar von einigen als menschlich betrachtet, andere dagegen sehen in ihnen Abdrücke von kletternden Formen.

### *Australopithecus africanus*

Eine Reihe von Wissenschaftlern, oft Kritiker von JOHANSON, sehen im klassischen *A. africanus* (Abb. 9.9) auch weiterhin den besten Kandidaten für den direkten Vorfahren des Menschen. *A. africanus* sei entweder aus *A. afarensis* hervorgegangen oder sei mit diesem identisch (Abb. 9.8B). Doch auch dieser Meinung wird widersprochen. Anhänger des Stammbaumes A der Abb. 9.8 weisen darauf hin, daß *A. africanus* gewisse Spezialisierungen zeigt, die ihn eher mit *A. robustus* als mit *Homo* verbinden. Daneben zeigt OXNARD (1984), der weder Stammbaum A noch B vertritt, mit multivariaten Merkmalsanalysen (mathematische Methode der Zusammenschau verschiedener Merkmale), daß die Australopithecinen sich von allen anderen Gattungen als eine einzigartige Gruppe abheben lassen. Damit begründet er seine Auffassung, daß sie nicht für eine Vorfahrenschaft des Menschen herangezogen werden können.

Der Bewegungsapparat der Australopithecinen weist nach OXNARD auf eine sehr spezialisierte Fortbewegungsweise hin, etwa dem Hangeln des Orang-Utan vergleichbar. Das Becken zeigt eine eigenartige Kombination von Merkmalen, die dieser Art einerseits zu einem gewissen Grad das aufrechte Gehen erlaubte, andererseits Anpassungen an das Klettern und Hangeln in den Bäumen zeigt. Überhaupt wurde in letzter Zeit von verschiedenen Seiten darauf aufmerksam gemacht, daß sich *Australopithecus* nicht ausschließlich zweibeinig auf dem Boden fortbewegte, sondern sich ebenso auf Bäumen aufhielt.

Die Meinung, daß *A. africanus* Vorfahr des Menschen sei, wurde längere Zeit durch die Vorstellung bestärkt, daß er Werkzeuge produziert habe. Doch konnte in keinem Fall ein zweifelsfreier Zusammenhang der Werkzeuge zu den Australopithecinen hergestellt werden, da in den jeweiligen oder vergleichbaren Fundschichten auch Fossilien von *Homo* entdeckt wurden. Dieses Argument ist deshalb weitgehend aus der wissenschaftlichen Diskussion verschwunden.

Auch andere Forscher, welche die derzeit bekannten *Australopithecus*-Vertreter nicht als Vorfahren des Menschen betrachten, halten die *Homo*linie für älter als in Stammbaum A und B (Abb. 9.8) dargestellt. Gestützt sehen sie diese Auffassung durch angeblich 5 Millionen Jahre alte Fossilstücke, die zur Gattung *Homo* gehören könnten. Eine alte *Homo*linie vertrat u.a. L. S. B. LEAKEY, dessen Vorstellung in Abb. 9.8C wiedergegeben ist.

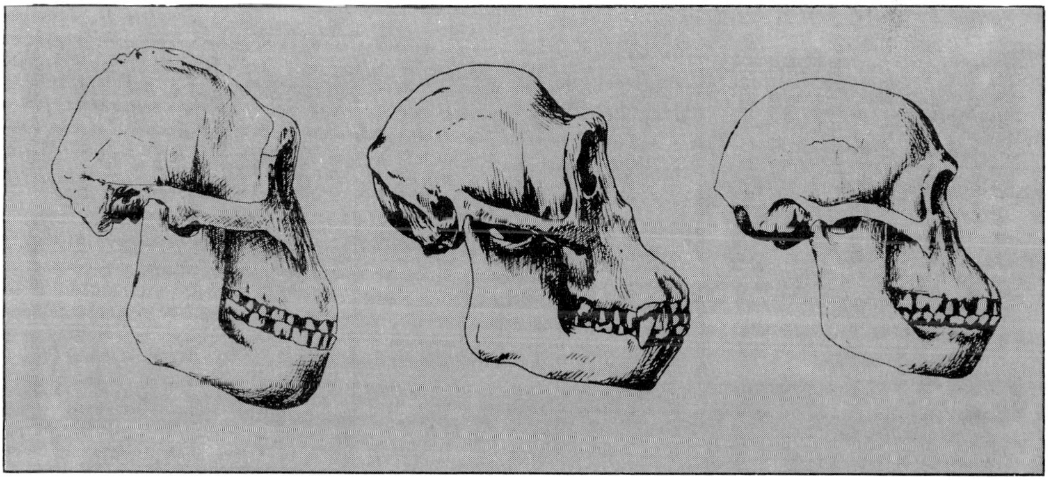

*Abb. 9.9: Schädel von Schimpanse (Mitte) verglichen mit den Schädeln von Australopithecus robustus (links) und africanus (rechts).*

### Die Stellung der Australopithecinenarten zueineinander

Bis zum Sommer 1986 galt die Evolution der robusten Australopithecinen (hierzu rechnet man *A. robustus* und *A. boisei*) aus den grazilen *Australopithecus*-Vertretern als der fossil am besten abgesicherte Zweig in der Hominidenevolution. Diese bisher sehr einleuchtende Evolutionslinie wurde durch einen auf 2,5 Millionen Jahre datierten Schädelfund in Kenia schwer in Frage gestellt. Der erstaunlich gut erhaltene Schädel ähnelt sehr stark dem hyperrobusten *A. boisei*, doch taucht er ca. 1 Million Jahre „zu früh" auf, wenn die gängigen Stammbaumvorstellungen zugrunde gelegt werden. Dieser Schädel, in Abb. 9.8, A - D als Stern markiert, läßt sich nicht ohne weiteres in die gängigen Stammbäume integrieren, denn er legt nahe, daß *A. boisei* nicht in der ursprünglich vorgeschlagenen Art und Weise aus *A. robustus* hervorgegangen sein kann. Alle Wissenschaftler müssen nun „ihren" Stammbaum mehr oder weniger modifizieren. Den Änderungen gemeinsam ist die Notwendigkeit, für einen wesentlich längeren Zeitabschnitt als bisher vermutet mindestens drei parallele Linien in der Hominidenevolution anzunehmen: zwei *Australopithecus*-Linien und eine hominine Linie. Unter diesen Bedingungen kommt einem bisher wenig populären Stammbaum erhöhte Bedeutung zu: diejenigen, welche im „afarensis"-Material neben „grazilen" auch „robuste" Anteile erkannten, konstruierten einen Stammbaum ähnlich D, in welchen sich nun problemlos der neueste Fund einordnen läßt.

Obwohl dieser Fund auf die Evolution des Menschen keinen direkten Einfluß hat, bringt er doch die Theoretiker unter den Paläanthropologen in Schwierigkeiten: die Dreilinigkeit bedeutet gleichzeitig, daß einige Merkmale bis zu dreimal unabhängig voneinander parallel entstanden sein müssen. Der revidierte Stammbaum gleicht nun eher einem „Stammm*busch*", was den Vorstellungen des Schöpfungsmodells entgegenkommt.

*Tabelle 9.1: Die Relation Gehirnvolumen zu Körpergewicht als ein häufig vorgeschlagenes Maß für die Organisationshöhe und Intelligenz einer Art. Diese Relation ist jedoch bei genauerer Betrachtung wenig brauchbar. Der Kapuzineraffe wäre demzufolge auf einer höheren Organisationsstufe als der Mensch. Aufgrund des z.T. stark ausgeprägten Sexualdimorphismus wurden immer die Mittelwerte männlicher Individuen angegeben. (Nach Knussmann 1980)*

| Art | Gehirnvolumen in $cm^3$ | Körpergewicht in g | Relation |
|---|---|---|---|
| Mensch | 1400 | 70000 | 1:50 |
| Schimpanse | 400 | 45000 | 1:110 |
| Gorilla | 530 | 175000 | 1:330 |
| Orang-Utan | 430 | 75000 | 1:175 |
| Gibbon | 100 | 6000 | 1:60 |
| Kapuzineraffe | 75 | 2000 | 1:30 |

### Das Gehirn der Australopithecinen

Das hochkomplexe Gehirn des Menschen unterscheidet sich in einer Reihe von Merkmalen grundlegend vom Gehirn der Menschenaffen. *Australopithecus* vereinigt manche Merkmale von beiden Gruppen in ganz spezieller Weise, so daß diese Kombination einerseits als „Zwischenform" gewertet werden, auf der anderen Seite jedoch ebenso auf die Einzigartigkeit dieser Form ohne heutige Entsprechung hinweisen könnte – als Ausdruck einer hochspezialisierten Lebensweise (Fortbewegung, Ernährung, Lebensraum).

Zur Zeit der Jahrhundertwende kam der absoluten Gehirngröße eines Fossils noch größere Bedeutung für die phylogenetische Einstufung zu als heute, da weitere Merkmalskomplexe für diese Beurteilung hinzugezogen werden. Für die Bestimmung des Gehirnvolumens fossiler Schädel werden verschiedene Methoden angewandt, um möglichst nahe an den tatsächlichen Wert zu kommen. Dennoch müssen die Angaben mehr oder weniger gute Schätzwerte bleiben, u.a. auch deshalb, weil Unvollständigkeiten, Deformationen oder technisch bedingte Ungenauigkeiten in der Schädelrekonstruktion bei der Volumenbestimmung relativ stark ins Gewicht fallen. Bei den Australopithecinen kann man davon ausgehen, daß ihr Gehirnvolumen je nach Körpergröße zwischen 440 und 530 $cm^3$ lag. Diese Werte liegen zwar innerhalb des Variationsbereichs der Afrikanischen Großaffen (vgl. Tabelle 9.1), lassen allerdings nicht unbedingt einen Rückschluß auf die Intelligenz zu: Für diese Fragestellung muß das Gehirnvolumen mit dem Körpergewicht korreliert werden. Die Bestimmung des Körpergewichtes fossiler Formen ist häufig noch schwieriger als die des Gehirns. Zudem birgt auch das Maß der „relativen Gehirngröße", dem Verhältnis von Gehirn zu Körpergewicht theoretische Schwierigkeiten. Eine Ableitung der Organisationshöhe aus diesem Verhältnis ist nicht unbedingt zulässig: die Relation von Körpergewicht zu Gehirnvolumen ist beispielsweise für den Kapuzineraffen deutlich höher als für den Menschen (Tab. 9.1). Der Grund für mögliche Fehlschlüsse liegt darin, daß man den Einfluß der Körpergröße auf die Gehirngröße nicht einbezieht und dadurch ein verfälschtes Ergebnis erhält. So verändern sich z.B. Schädelproportionen während der Größenzunahme in einer für die betrachtete Art spezifischen Weise. Verschiedene Körpermaße ändern sich also nicht isometrisch (d.h. proportional) mit der Körpergröße, sondern allometrisch. Bis jetzt konnte noch kein objektives Maß für die Bestimmung der Gehirn*organisation* – und damit der Entwicklungshöhe – vorgeschlagen werden.

Ob Proportionsänderungen auf einen prinzipiell anderen Bauplan weisen (z.B. andere Organisationsstufe) oder nur durch Größenänderung bedingt sind, kann nur der Vergleich mit der empirisch aufgestellten Allometriegeraden für nahe verwandte Arten zeigen, denen man die fossile Art zuordnen will. Messungen und Berechnungen von HEMMER (1967) ergaben, daß alle Australopithecinenschädel einerseits und alle *Homo*schädel (inclusive *Homo erectus*) andererseits auf zwei verschiedenen Allometriegeraden liegen, die parallel zueinander verschoben sind. HEMMER (1967, S. 82) schließt daraus, daß die Überführung von *Australopithecus* in *Homo* eines Transpositionssprunges bedarf (vgl. Makroevolution, Abschnitt 3.5). Verschiedene Schädelkapazitäten innerhalb einer Allometriegruppe beruhen „einfach allometrisch auf verschiedenen absoluten Schädelgrößen und sind von seiten des *Australopithecus*-Niveaus her kein Anzeichen fortgeschrittener Hominisation, wobei auch die *Australopithecus-habilis*-Kapazität ihre scheinbare Zwischenstellung verliert". Seine Untersuchung steht im Kontrast zur Auffassung, daß die Hirnschädelkapazität auf der Stufe der Australopithecinen langsam gesteigert wurde.

Bei gut erhaltenen Schädeln kann man an einem Schädelinnenabdruck auf das Vorhandensein, die Größe und Lage bestimmter Gehirnregionen schließen. Allerdings werden hier von verschiedenen Forschern unterschiedliche Beobachtungen gemacht, und die Interpretation der Strukturen fällt ebenfalls recht kontrovers aus. Manche sehen in den Innenabdrücken der Australopithecinen die ersten Anzeichen menschlicher Gehirnorganisation, andere jedoch betonen die Ähnlichkeit mit der heutiger Großaffen und das Fehlen von Hinweisen auf eine mögliche Sprachfähigkeit.

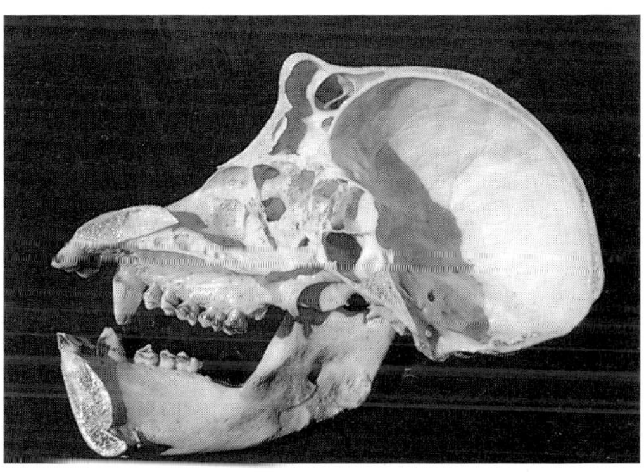

*Abb. 9.10: Längsschnitt durch den Schädel eines Schimpansen. An der Schädelkapselinnenseite sind deutlich die Eindrücke der Blutgefäße, aber auch der Gehirnwindungen (Sulci) zu erkennen. Solche Gehirnabdrücke auf dem Knochen erlauben gewisse Rückschlüsse auf die Gehirnmorphologie.*

Neuere Arbeiten lassen aus den überlieferten Gehirnabdrücken afrikanischer Hominiden den Schluß zu, daß alle Australopithecinen in ihrer Sulcusmorphologie eher den Pongiden ähneln, ebenso einige Vertreter des *habilis*-Komplexes (s. Abschnitt 9.4), während *Homo* 1470 eine durchweg menschliche Sulcusführung aufweise (vgl. Abb. 9.10).

**Zusammenfassung**

Wenigstens drei Hauptmerkmale definieren die Gattung *Homo* (Mindestkriterien):

1. Aufrechter Gang
2. Werkzeugherstellung
3. Gehirnentwicklung und Sprache

Gemäß der Evolutionsvorstellung müssen sich diese Merkmale in den vermuteten Vorfahren des Menschen herausgebildet haben.

Zu 1.: Ganz entgegen der allgemeinen Schulbuchmeinung hat sich die Auffassung gewandelt, daß die Australopithecinen einen rein menschlich-aufrechten Gang besaßen. Inzwischen gehen die Experten davon aus, daß *Australopithecus* eine mehrheitlich auf Bäumen, zuweilen auch auf dem Boden lebende Form war.

Zu 2.: Keiner Australopithecinenform konnte bisher eindeutig Werkzeuggebrauch zugeschrieben werden, obwohl man annehmen kann, daß, ähnlich dem heutigen Schimpansen, ein einfacher Gebrauch von Stöcken und Steinen zum Verhalten gehört haben mag.

Zu 3.: Die Gehirngröße von *Australopithecus* muß nicht als schlüssiges Merkmal hinsichtlich einer vermuteten Stellung zwischen Tier und Mensch gewertet werden. Ein zuverlässiger Rückschluß auf Sprachfähigkeit ist nicht möglich.

Die unterschiedlichen Hypothesen zur taxonomischen und phylogenetischen Einordnung von *Australopithecus* mögen den Leser etwas verwirrt haben. MICHAEL DAY, einer der führenden Paläanthropologen, schrieb 1985 zu diesem Problemkreis zusammenfassend: „Die allgemeine taxonomische Position der Australopithecinen scheint so konfus wie eh und je zu sein..."

Einige Merkmale der Australopithecinen werden als Zeichen der Hominisation gewertet. Man kann jedoch aus dem gesamten Merkmalskomplex auch ableiten, daß es sich um speziell angepaßte, baumbewohnende Formen gehandelt hat. Die Autoren dieses Buches schließen sich in diesem Punkt den Paläanthropologen an, welche diese hochspezialisierte, ausgestorbene Primatengruppe nicht als Vorfahren des Menschen ansehen.

## 9.4 *Homo habilis*

Als ältester Vertreter der Gattung *Homo* wird in den populären Stammbäumen *Homo habilis* (der „geschickte Mensch") angeführt, der vor ca. 1,8 Millionen Jahren gelebt haben soll und in Schichten der Olduvai-Schlucht gefunden wurde, in denen man zuvor schon Werkzeuge entdeckt hatte. Die neue Spezies wurde von denen begrüßt, die auf ein „Zwischenglied" zwischen *Australopithecus* und *Homo erectus* gewartet hatten. Sein Finder, L. S. B. LEAKEY, räumte ihm allerdings diesen Status nicht ein. Er wertete den Fund vielmehr als Beweis dafür, daß die *Homo*-Linie alt sei und mehr oder weniger unabhängig von *Australopithecus* und *Homo erectus* zu *Homo sapiens* führe.

Die meisten Wissenschaftler, die die neue Spezies akzeptier(t)en, sehen *Homo habilis* dagegen als Vermittler zwischen den Australopithecinen und *Homo* an.

Ganz abgesehen davon, *wie* LEAKEY *Homo habilis* in den Stammbaum des Menschen einordnete, hatte allein die Einführung dieser neuen Spezies einen ähnlichen Proteststurm zur Folge, wie dies schon bei der oben geschilderten Einführung von *A. afarensis* der Fall war. Die Fundstücke, die in den frühen 60er Jahren zur Aufstellung der Spezies führten, gehören einem jugendlichen Individuum an und bestehen aus einem deformierten Unterkiefer, einem relativ großen Schädeldachteil und einigen Handknochen. Dazu kommen noch Fußknochen, andere Extremitätenfragmente und einige Fundstücke aus einem anderen Zeithorizont. In den Fußknochen sehen einige Forscher den Hinweis auf einen völlig aufrechten Gang, während andere sowohl aus den Fuß- als auch aus den Handknochen auf die Fähigkeit zur hangelnden Fortbewegungsweise schließen.

Die Kritik an der Berechtigung der Spezies bezog sich auf verschiedene Aspekte in der Vorgehensweise LEAKEY's: es kam die Anfrage, ob die Einführung einer neuen Spezies aufgrund des vorhandenen Materials überhaupt gerechtfertigt sei; manche Kritiker warfen ihm eine unzulässige Vereinigung verschiedener Spezies vor, während andere in den Fossilien nur *A. africanus* sahen. Vergleichende allometrische Untersuchungen von *Australopithecus* und *Homo habilis* zeigten, daß die Schädelkapazität von *H. habilis* aus Olduvai in den Streuungsbereich der Australopithecinen fällt und daß diese *H. habilis*-Formen aus Olduvai bezüglich des Gehirnvolumens keinen Hinweis auf einen *kontinuierlichen* Evolutionsverlauf von *Australopithecus* zu *Homo erectus/sapiens* liefert.

Zehn Jahre später schien ein sensationeller Fund seines Sohnes Richard die Meinung LEAKEY's zu bestätigen. Dieser ostafrikanische Schädelfund mit der Bezeichnung KNM- ER 1470 wurde zuerst auf fast drei Millionen Jahre datiert und weist ein menschliches Schädeldach auf (Abb. 9.11). Die Schädelkapazität könnte fast 800 $cm^3$ betragen haben. Die Stellung der Gesichtsknochen verringert allerdings den menschlichen Eindruck und erinnert eher an *Australopithecus*. Mit diesem neuen Fund hatte die Art *Homo habilis* nicht nur Verstärkung bekommen, sondern es schien auch bewiesen, daß die Gattung *Homo* mindestens drei Millionen Jahre alt sei. In der Folgezeit wurde die Datierung dieses Schädels Mittelpunkt eines regen Interesses, und nachdem man eine Reihe verschiedener Datierungen mit recht unterschiedlichen Ergebnissen vorgenommen hatte, wurde das Alter auf 1,9 Millionen Jahre festgesetzt. Damit konnte das Fossil in den gängigen Stammbaum als ein weiterer Vertreter von *Homo habilis* aufgenommen

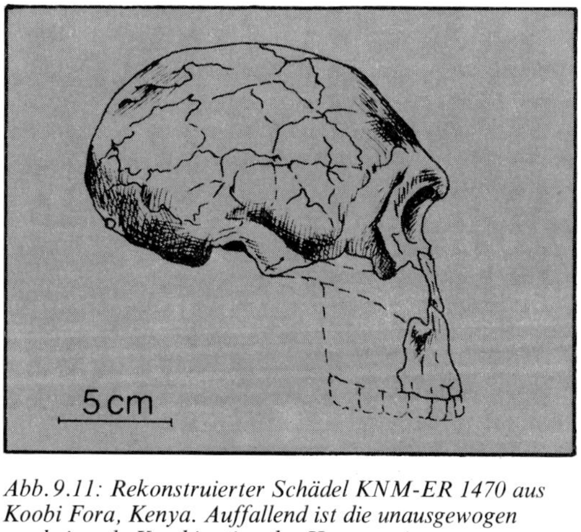


*Abb. 9.11: Rekonstruierter Schädel KNM-ER 1470 aus Koobi Fora, Kenya. Auffallend ist die unausgewogen erscheinende Kombination des Homo-artigen Hirnschädels mit dem flachen Gesicht, das eher an Australopithecus erinnert.*

werden, welcher zwischen *Australopithecus* und *Homo erectus* vermitteln soll.

Untersuchungen an Schädelinnenabdrücken ergaben, daß es sich bei der 1470-Schädelkalotte eindeutig um *Homo* handelt (s. Abschnitt 9.5). Es sollen sogar gute Anhaltspunkte für das Vorhandensein der Sprachfähigkeit vorliegen. Da die Flachgesichtigkeit jedoch eher an *Australopithecus* als an *Homo* erinnert, müssen weitere Untersuchungen klären, ob Schädel- und Gesichtsknochen tatsächlich zu einem Individuum gehören oder möglicherweise *Homo* und *Australopithecus* zuzuordnen sind, da bei der Rekonstruktion eine Verbindung beider Teile nicht völlig überzeugend gelang.

Insgesamt ist die Kontroverse um *H. habilis* bis heute noch nicht befriedigend gelöst.

Zusammenfassend läßt sich sagen, daß zumindest ein Teil der als *Homo habilis* klassifizierten Funde ebenso in die Gattung der Australopithecinen eingereiht werden kann. Ein weiterer Teil wurde bereits aus dem Fundkomplex herausgenommen und *Homo erectus* zugeordnet. Die Schädelkalotte 1470 verbleibt – ohne genauere Klassifizierung – in der Gattung *Homo*.

Damit wird die Einheitlichkeit des Fundkomplexes *„Homo habilis"* bezweifelt. Die Sicherheit, mit der in Schul- und manchen Lehrbüchern diese Art als Mittler zwischen *Australopithecus* und *H. erectus* bezeichnet wird, ist deshalb nicht gerechtfertigt.

## 9.5 Der Mensch: *Homo erectus*

Wie oben schon erwähnt, grenzen u.a. drei Merkmalsbereiche den Menschen von den höheren Primaten ab: der aufrechte Gang, die Werkzeugherstellung und die Sprache. Während diese Abgrenzung bei heutigen Formen nicht schwerfällt, erheben sich eine Reihe von Problemen, wenn *Fossilien* nach diesen Kriterien eingeordnet werden müssen. Das Vorhandensein von Steinwerkzeugen, dauerhaftes Zeugnis menschlicher Handfertigkeit, erleichtert hier die Arbeit sehr, doch ist nicht immer eindeutig zu klären, ob die Fossilien aus den entsprechenden werkzeugführenden Schichten auch tatsächlich die Hersteller der betreffenden Werkzeuge waren. Gelenk- und Hüftaufbau weisen darauf hin, welche Fortbewegungsweise möglich war, während Sprachfähigkeit in den seltensten Fällen zweifelsfrei aus Fossilien abgeleitet werden kann.

Bei *Homo erectus*, dem „aufrechtgehenden Menschen", gibt es keinen Zweifel bezüglich seiner Zugehörigkeit zur Gattung *Homo*. Diese Menschengruppe hatte ein Verbreitungsgebiet von Südafrika bis Nordchina (siehe Abb. 9.14; rot unterlegte Fundorte) und lebte gemäß herkömmlicher Datierung über einen Zeitraum von ca. 1 1/2 Millionen Jahren im Unter- und Mittelpleistozän.

Die Entdeckungsgeschichte von *Homo erectus* ist unauflöslich mit E. Dubois verbunden, der sich mit der Vorstellung nach Südostasien aufmachte, das erhoffte Zwischenglied zwischen Affe und Mensch zu finden. Einer schweren, niedrigen Schädelkalotte von Trinil ordnete er Oberschenkelknochen zu und nannte den Fund *Pithecanthropus erectus* (aufrechtgehender Affenmensch). Nachfolgende Untersuchungen englischer Wissenschaftler zeigten jedoch, daß diese Funde wesentlich weniger affenähnlich sind, als vom Finder angenommen wurde. Diese Form war allen Indizien nach aufrecht gegangen und mußte, später durch viele weitere Funde bestätigt, aufgrund aller vorliegenden Merkmale in die Gattung *Homo* eingereiht werden.

### Stammesgeschichtliche Deutungen von *Homo erectus*

Zur phylogenetischen Einstufung von *Homo erectus* gibt es ein großes Meinungsspektrum, das sich zwischen den zwei folgenden Extremen bewegt: Eine Gruppe von Wissenschaftlern sieht in *allen erectus*-Fossilien den direkten Vorfahren des heutigen Menschen. Jeweils vor Ort habe sich *Homo erectus* zu den heute lebenden *sapiens*-Rassen entwickelt (s. auch Abschnitt 9.6). Die andere Gruppe ordnet *alle* Vertreter von *H. erectus* einem Seitenast zu, der nicht direkt an der Evolution zum heutigen Menschen beteiligt ist. Eine Kombination beider Extreme besagt, daß die *chinesischen erectus*-Formen einen ausgestorbenen Seitenast darstellen, während die *afrikanischen* als die Vorfahren des heutigen Menschen anzusehen sind.

In der Beziehung zu *H. habilis*, dem angenommenen Vorläufer von *H. erectus*, ergibt sich bei der Betrachtung der Sequenz *H. habilis* → *H. erectus* → *H. sapiens* u.a. die Frage, wie die oszillierende, nicht-stetige Änderung gewisser Merkmale phylogenetisch zu erklären ist. In dieser Sequenz z. B. fällt eine solche Veränderung in der Überaugenregion auf: auf den grazilen *H. habilis* folgt der robuste *H. erectus*, aus dem sich wiederum der grazile *H. sapiens* entwickelt habe. Dies könnte ein Grund dafür sein, daß einige Paläanthropologen den nicht ganz so robusten KNM-ER 3373 (Abb. 9.12), eine *erectus*-Form aus Koobi Fora, für die Vorfahrenschaft des heutigen Menschen bevorzugen. Manche stellen seine Zugehörigkeit zur *erectus*-Gruppe sogar in Frage und bezeichnen ihn vorsichtig als *erectus*-ähnlich.

Weiterführende clusteranalytische Untersuchungen legen nun sogar den Schluß nahe, daß *H. erectus* aufgrund solcher Merkmalskonflikte *vor* der *habilis*-Gruppe von der Homolinie abgezweigt sein müsse.

*Wie* der Übergang zu *H. sapiens* erfolgt sein könnte, ist ebenfalls umstritten. Ob, wie stark und wie schnell sich *H. erectus* während seiner gesamten Existenz als Art morphologisch verändert hat, ist Streitpunkt zwischen „Punktualisten" und „Gradualisten": die einen sehen im vorliegenden Fundmaterial den Hinweis auf eine stetige und graduelle, die anderen im gleichen Material eine sprunghafte Veränderung nach einem langen Zeitraum morphologischer Konstanz (vgl. dazu Abschnitt 3.5.3).

Hier knüpfen sich auch die Fragen bezüglich der Speziesabgrenzung gegenüber *H. sapiens* an: Wenn ein gradueller Übergang zum heutigen Menschen angenommen wird, erscheint es manchen Forschern künstlich, eine besondere Spezies zu postulieren. Vereinzelt werden Versuche unternommen, diese *erectus*-Gruppe in *Homo sapiens erectus* umzubenennen, u.a. gestützt durch eine andere Merkmalsgewichtung und Bewertung von Variabilitätsgrenzen.

Die Bewertung von Variabilität stellt allgemein ein Problem in der Biologie dar. Variation kann ein Ausdruck der genetischen Vielfalt des Genpools der betrachteten Art oder ein Indiz für die Existenz *verschiedener* Spezies sein. Ebenso können sich in der Variabilität aber auch evolutionäre Tendenzen zeigen. Die Variabilität bereitet besonders den Paläanthropologen große Schwierigkeiten, vor allem deshalb, weil kein sicheres „Eich"-Maß für die Festlegung von Variationsbreiten verschiedener Paläospezies existiert. Andere Kriterien, die bei heute lebenden Arten zur Speziesabgrenzung anwendbar sind, wie z. B. Kreuzbarkeit, stehen bei dieser Fragestellung natürlich nicht zur Verfügung.

**Herkunft**

Für die Frage nach dem Ursprungsort von *H. erectus* ist das entscheidende Problem die Datierung der Funde. Vereinfacht gesagt: dort, wo der älteste *H. erectus* zu finden ist, ist auch am ehesten sein Ursprung zu vermuten. Bis jetzt werden die ostafrikanischen *erectus*-Funde mit 1,6 Millionen Jahren (Unterpleistozän) noch immer als die ältesten angegeben. Vor wenigen Jahren wurde das Alter aller asiatischen Fossilien auf weniger als 1 Million Jahre festgesetzt, doch melden hier und da einige Wissenschaftler für Java und Yanmou/China höhere Werte an, die allerdings umstritten bleiben. Bei der Diskussion, ob Afrika oder China der Ursprungsort ist, müßte eine Veröffentlichung von Repenning und Fejfar (1982) noch berücksichtigt werden, nach der *erectus*-Werkzeuge in Ubeidiya/Israel auf mindestens 2 Millionen Jahre datiert werden müssen. Demzufolge läge das älteste Zeugnis dieser Menschenform im Nahen Osten.

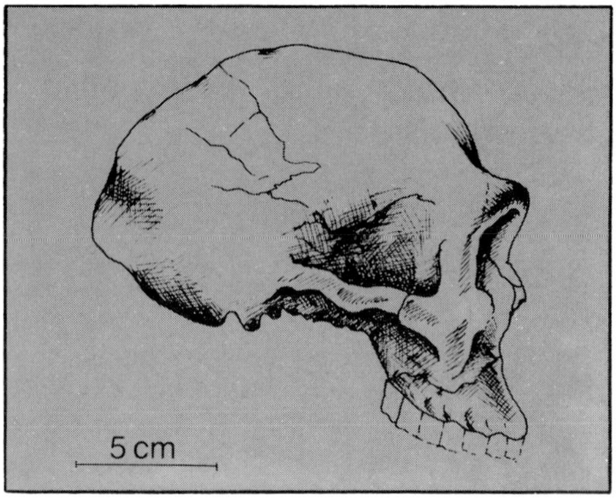

*Abb. 9.12: Homo erectus (KNM-ER 3733) von Koobi Fora aus dem Unterpleistozän.*

**Lebensweise**

Bei der Betrachtung der für *H. erectus* typischen Acheuléen-Werkzeuge fällt die erstaunliche Konstanz dieser *erectus*-Steinindustrie während des ganzen Unter- und Mittelpleistozäns auf: Es gibt nur wenige „Neuerungen" während dieser Zeitspanne. Die Beziehung der ostafrikanischen Acheuléen-Kultur zur älteren Olduwankultur, die meistens *H. habilis* zugeordnet wird, führt man eher auf Zuwanderung als auf Evolution aus dem älteren Kulturkreis zurück.

Die Acheuléen-Werkzeuge vermitteln uns interessante Hinweise auf einige Eigenschaften von *H. erectus*. Untersuchungen an Steinwerkzeugen aus dem Unterpleistozän Ostafrikas werfen Licht auf die Abschlagtechnik, wie sie z. B. für die Herstellung der in großer Zahl vorhandenen tränenförmigen Faustkeile verwendet wurde. Aus der Abschlagreihenfolge läßt sich auf die „Händigkeit" der Werkzeughersteller schließen: Interessanterweise waren die Rechtshändigen ähnlich häufig vertreten wie beim heutigen Menschen – was einen Rückschluß auf das Ausmaß der Gehirnasymmetrie, einem typisch menschlichen Merkmal, zulassen könnte.

Auch auf die Ernährungsweise kann man aus dem Fundmaterial schließen. Tierknochen, häufig nach einem bestimmten Muster geborsten, waren wahrscheinlich aufgeschlagen worden, um an das Mark zu gelangen, und parallele Schnittspuren an Langknochen könnten Zeugen von systemati-

*Abb. 9.13: Vollständiger Skelettfund eines Homo sapiens sapiens aus der „Rössener Kultur", Neolithikum, datiert auf ca. 3500 v. Chr.; Fundstelle: Riegel bei Freiburg.*

schem Zerlegen der Beute sein. Während die Australopithecinen wahrscheinlich ausschließlich Pflanzenfresser waren, muß man anhand von elektronenmikroskopisch untersuchten Abnützungsspuren an *erectus*-Zähnen davon ausgehen, daß *erectus*-Menschen Fleisch verzehrten.

Daß diese „Energiequelle" möglicherweise nicht nur positive Auswirkungen hatte, legen pathologische Veränderungen an *erectus*-Knochen nahe. Man stellte an einem Individuum die Folgen einer starken A-Hypervitaminose fest, die auf den übermäßigen Genuß roher Leber zurückgeführt werden könnte. Manche Forscher sehen in ebenfalls beobachteten Knochenverdickungen das Zeugnis eines unausgewogenen Kalziumhaushaltes, wie er bei der Umstellung von Pflanzen- auf Fleischkonsum auftreten könnte.

## 9.6 Der Mensch: *Homo sapiens*

Die zur Zeit außerordentlich kontrovers geführte Diskussion um die Entstehung von *Homo sapiens* und seiner beiden Unterarten *sapiens* (heutiger Mensch) und *neanderthalensis* dreht sich im wesentlichen um folgende drei Fragen (kurz: Wie? Wo? Wann?):

1. Aus welcher Population ging der archaische *Homo sapiens* hervor, welche Rolle spielte hierbei *Homo erectus* und welchen Stellenwert nimmt der Neandertaler bei der Entstehung des heutigen Menschen *(Homo sapiens sapiens)* ein?
2. Wo ist das Entstehungs- und Ausbreitungszentrum zu suchen, von dem aus sich der heutige Mensch über die ganze Erde verbreitet hat?
3. Wann erfolgte der Übergang vom *Homo erectus* zum *Homo sapiens*, wann entstand der Neandertaler und wann fand die Rassenbildung statt?

Die für diese Fragen relevanten Fossilien sind im Mittel- und Oberpleistozän zu suchen.

### Die mittelpleistozänen Fossilfunde

Versucht man aus der räumlichen und zeitlichen Verteilung und der Morphologie der *mittel*pleistozänen Funde auf Verwandtschaftsverhältnisse zu schließen, ergeben sich eine Reihe von Konflikten, die eine biologische und phylogenetische Zuordnung sehr erschweren (Abb. 9.14, 9.15). Bisherige

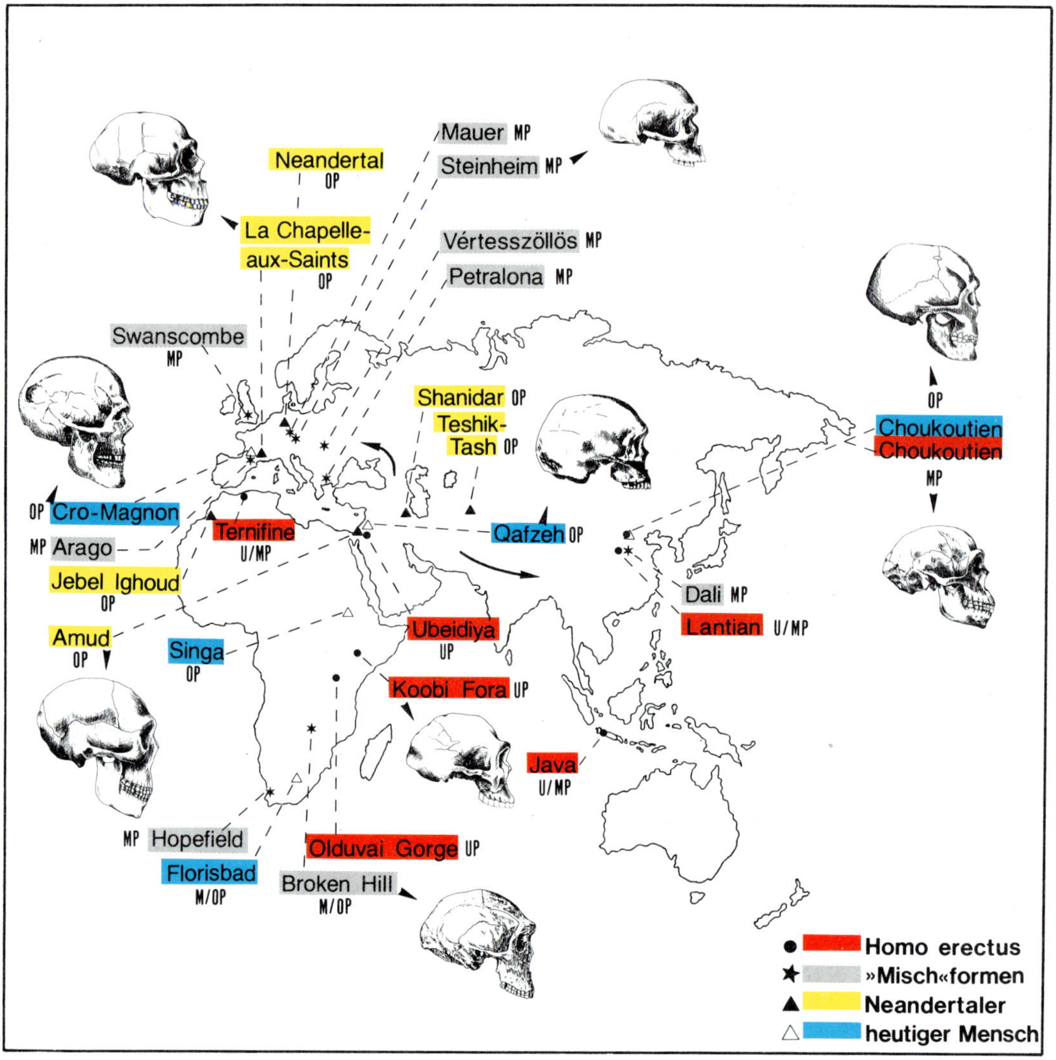


*Abb. 9.14: Die wichtigsten Pleistozänfunde der Gattung Homo (UP: Unter-, MP: Mittel-, OP: Oberpleistozän). Zu den morphologisch schwer einzuordnenden mittelpleistozänen „Misch"formen siehe Legende von Abb. 9.15. Die Pfeile zeigen die wahrscheinliche Richtung der Bevölkerungsausbreitung an, die vermutlich in mehreren Schüben erfolgte. Es wird deutlich, daß Homo erectus südlich etwa des 35. nördlichen Breitengrades gefunden wird, während der Neandertaler vorwiegend nördlich davon lebte.*

Unvereinbarkeiten der zeitlichen und morphologischen Gegebenheiten einiger Funde ließen eine Fülle von Hypothesen entstehen.

Die mosaikartige Verteilung von Merkmalen und die teilweise sehr erschwerte Datierbarkeit lassen nämlich verschiedene Beziehungsgefüge zu. Für die Zuordnung der Fossilformen zu bestimmten Populationen oder Arten muß der Wissenschaftler bei der vergleichend-morphologischen Betrachtung immer mit seiner Merkmalsgewichtung eine gewisse Vorentscheidung treffen, die gerade bei diesen „Misch"-Formen ins Gewicht fällt. So stehen mehrere „gleichwertige" Hypothesen nebeneinander, die nur durch weitere Funde gestärkt oder geschwächt werden können. Doppelt erschwert wird diese Situation durch den Umstand, daß eine zeitliche Einordnung teilweise aufgrund der Morphologie vorgenommen werden muß, nämlich dann, wenn es sich um schwer datierbare Funde handelt (Oberflächenfunde oder Funde aus dem letzten Jahrhundert mit nicht oder ungenügend rekonstruierbaren Fundumständen). In diesem Falle ergibt sich ein Zirkelschluß bezüglich der Verwandtschaftsverhältnisse: die Morphologie dient der Datierung, und die Datierung entscheidet über die Beurteilung der Morphologie im Verwandtschaftsgefüge.

Aber selbst bei bekanntermaßen jungen Funden erweist sich oft eine morphologische und stammesge-

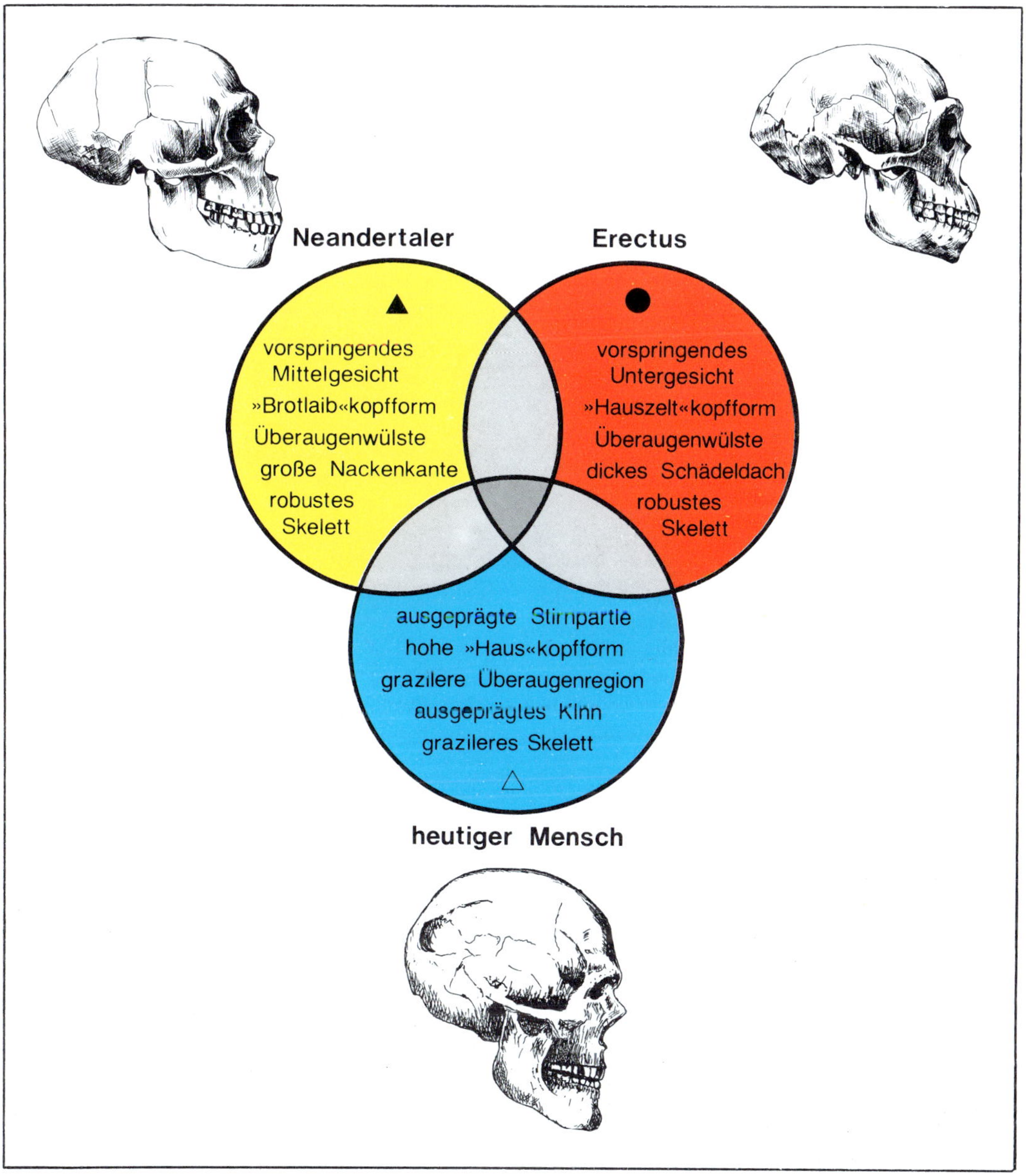


*Abb. 9.15: Die drei Hauptgruppen des Menschen mit den jeweils charakteristischen Merkmalen. Funde, die spezielle Merkmale von zwei (oder sogar drei) Gruppen in sich vereinigen und daher keiner dieser Formen zweifelsfrei zugeordnet werden können, sind in den entsprechenden Überlappungszonen (grau) anzusiedeln. Farben und Symbole entsprechen denen aus Abb. 9.14. (Nach* STRINGER *1985)*

schichtliche Einordnung als schwierig. Die Merkmals- und Zeitkonflikte sind vielfältig. So wurden z. B. „nur" 10 000 Jahre alte *Homo-sapiens*-Funde Australiens mit deutlichen *Homo-erectus*-Merkmalen beschrieben. Einige deuten die *sapiens*-Funde als Cro-Magnon-Mensch (s. Abschnitt 9.1) mit atavistischen Zügen, welche sich durch Isolation zurückentwickelt hätten. Andere interpretieren diese Merkmale als genetisches Zeugnis einer Hybridisierung mit dem ansässigen *Homo erectus*, der in Australien ein Refugium gefunden habe und sich somit länger hätte halten können.

Jedenfalls treten uns ab dem Mittelpleistozän Formen mit einer ziemlich großen Variationsbreite entgegen. Es bleibt zu klären, ob diese „Misch"-Formen zu einer oder mehreren Arten gehören, Übergangs- oder Mischformen sind, auf Parallelentwicklungen oder auf ein hohes Variabilitätspotential des „Altsapiens“ zurückzuführen sind. In Abb. 9.14 sind die Fundorte der wichtigsten *Homo*fossilien mit ihrem geologischen Alter und ihrer Zuordnung zur *erectus*-, Neandertaler- oder *sapiens*-Gruppe in einer Karte eingetragen. Die graue Unterlegung der meisten Mittelpleistozänfunde deutet ihre unklare taxonomische Stellung an. Abb. 9.15, in der die drei Hauptgruppen der Gattung *Homo* als sich überlappende Kreise dargestellt sind, illustriert den Sachverhalt, daß einige Formen spezielle Merkmale von zwei (oder sogar allen drei) *Homo*gruppen in sich vereinigen.

Besondere Schwierigkeiten bezüglich der phylogenetischen Einordnung bereitete schon immer das *europäische* mittel- und oberpleistozäne Material. Ursprünglich sah man in den frühen Funden Vertreter eines europäischen *Homo erectus*, aus dem sich dann der Neandertaler einerseits und der Cro-Magnon-Mensch andererseits entwickelt habe. Manche Paläanthropologen werten die Fundmerkmale als Hinweis auf einen graduellen Übergang von *H. erectus* zu *H. sapiens*, andere stützen damit ihre Hypothese, daß es sich hier um Mischlinge von *H. erectus* mit zuwandernden *sapiens*-Vertretern handle. Wieder andere sehen in den Skelettunterschieden nur den Ausdruck des enormen Sexualdimorphismus dieser einen Art, ohne die Unterschiede als Ausdruck evolutionärer Tendenzen zu interpretieren. Momentan neigt man eher dazu, im europäischen Fundkomplex (wenn überhaupt) nur in wenigen Formen *erectus*-Vertreter zu sehen. Die übrigen werden für ursprüngliche *sapiens*-Formen mit einer erheblichen Variationsbreite gehalten.

## Die Variabilität des *Homo sapiens*

Auch die heutige Menschheit zeigt in morphologischer Hinsicht eine beachtliche Vielfalt, weshalb wir von verschiedenen menschlichen Rassen sprechen. Alle diese Rassen und damit alle heute lebenden Menschen werden nicht nur selbstverständlich zu einer einzigen biologischen Art, sondern auch als einzige heute lebende *Unter*art *H. s. sapiens* klassifiziert.

### *Die Rassen des Menschen*

In der Anthropologie spricht man von drei Hauptrassen oder Rassenkreisen: den *Mongoliden*, *Europiden* und *Negriden*. Abb. 9.16 stellt eine grobe Verteilung der Hauptrassen nach der Besiedlung Amerikas durch die Mongoliden dar. In der Begegnung mit anderen Rassen staunen wir über die uns groß erscheinende Vielfalt des heutigen Men-

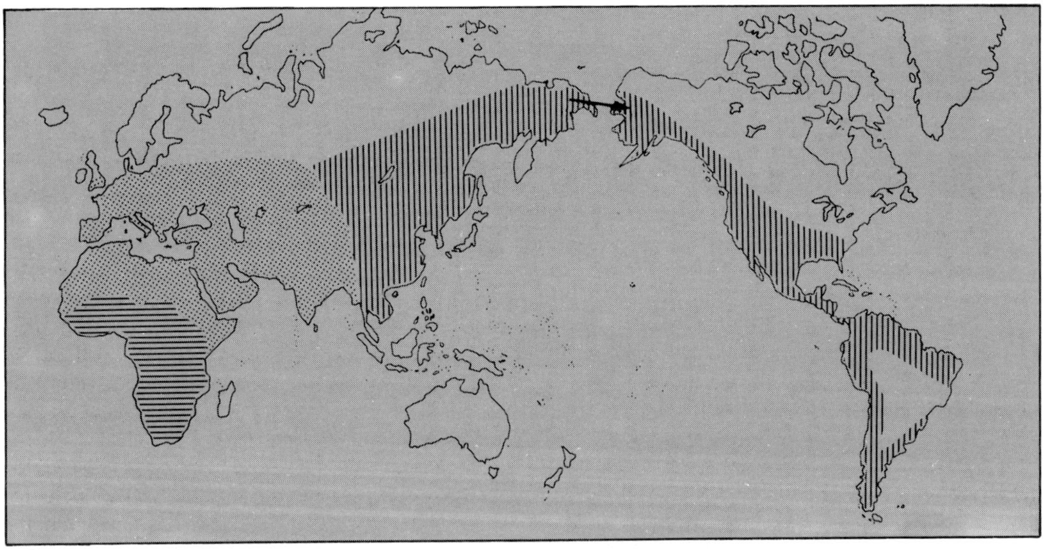

*Abb. 9.16: Eine grobe Verteilung der drei Hauptrassen des Menschen kurz nach der Besiedelung Amerikas durch die Mongoliden (senkrecht gestreift). Die „Altrassen“ (Rassensplitter; Gruppen, die archaische Züge tragen) wurden nicht eingetragen. Sie befinden sich heute in Rückzuggebieten, und ihre Herkunft liegt oft im Dunkeln. Der wegen der Vergletscherung (Eiszeit) stark erniedrigte Seespiegel erlaubte wahrscheinlich die Passage über die Beringstraße (Pfeil) und erleichterte auch die Besiedlung Australiens. Punktiert: Europiden, waagerecht gestreift: Negriden. (Nach* K*NUSSMANN 1980)*

schen. Von Zoologen wird allerdings immer wieder betont, daß die morphologische wie auch genetische Variabilität der Afrikanischen Menschenaffen größer ist als die des Menschen. Dieser Unterschied wird entweder mit einem jungen Alter der Menschheit oder mit der Abspaltung einer Gründerpopulation von der Ursprungsgruppe erklärt. Letzterer Gedanke ergibt sich auch aus der Interpretation genetischer Daten: man spricht von einem Populationsengpaß, einem „Flaschenhals", wie es die Genetiker nennen, durch den die Bevölkerung hindurchgegangen sei (Abb. 9.17) und dabei in ihrer genetischen Vielfalt beschnitten wurde (vgl. das Beispiel des Gepards in Abschnitt 3.4.2). Aus dieser Gründerpopulation sei dann die heutige Menschheit mit ihren verschiedenen Rassen hervorgegangen. Wann die Rassendifferenzierung stattgefunden haben könnte, ist umstritten. Die aus genetischen Daten (über das Konzept der molekularen Uhr) abgeleiteten Werte schwanken zwischen 10 000 und 120 000 Jahren mit ca. 100 000 Jahren als bevorzugtem Wert (vgl. aber Abschnitt 6.3).

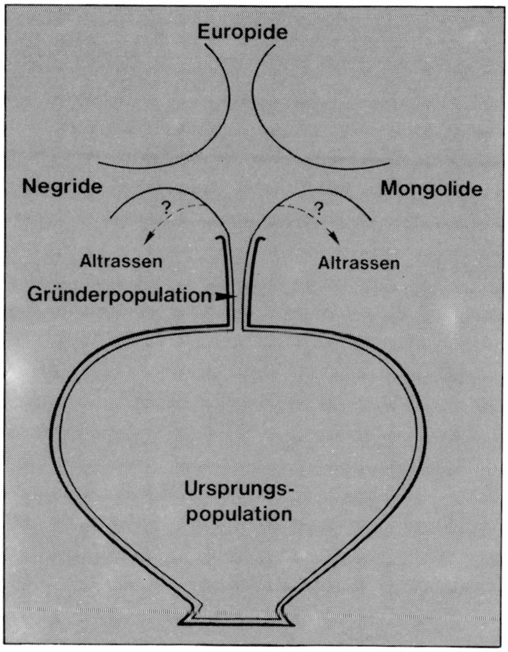


*Abb. 9.17: Aufgrund genetischer Daten heutiger Menschenrassen wird vermutet, daß während der Bevölkerungsgeschichte die ursprüngliche Population stark dezimiert wurde. Danach erzeugte eine Gründerpopulation mit reduzierter genetischer Vielfalt die heutigen Rassen. Diese Reduktion durch Gründerpopulationen nennt die Genetik „Flaschenhals"ereignis.*

### *Der Neandertaler*

Gegenüber dem heutigen Menschen *(Homo sapiens sapiens)* wird auf dem Unterartniveau der Neandertaler abgegrenzt *(H. s. neanderthalensis)*. Die gedrungene Körperstatur und die einzigartige Gesichtsmorphologie („Spitzgesicht": Hervorspringen des Mittelgesichtes, vgl. Abb. 9.15, links) war der Grund für die Abtrennung als Unterart und wurde wiederholt als reine Kälteanpassung erklärt. Tatsächlich wurden die gleichen Körperproportionen wie bei den heutigen Lappen festgestellt. Verschiedentlich wird darauf hingewiesen, daß die Neandertaler aufgrund klimatischer Veränderungen (zunehmende Wüstenbildung der südlicheren Gebiete) nach dem nördlicheren Europa hineindrängten, dort aber durch die stärker werdende Vergletscherung in eine geographische Separation gerieten. Möglicherweise haben sie durch genetische Isolation und Selektion ein anderes Merkmalsspektrum ausgebildet als die Ursprungspopulation. Daß ihre Knochenrobustizität genetisch festgelegt und nicht durch hohe mechanische Beanspruchung („harte" Lebensbedingungen) verursacht wurde, wie hin und wieder behauptet wird, konnte durch Kinderskelette eindrücklich gezeigt werden. Ob diesem Skelett-Unterschied allerdings eine reine Kälteanpassung zugrunde liegt, ist vorerst ungeklärt. Es gibt nämlich auch Indizien, daß diese Merkmale vereinzelt schon *vor* der Eiszeit auftauchten.

Vandermeersch (1981) macht darauf aufmerksam, daß am Anfang der Neandertallinie ein beachtlicher Polymorphismus geherrscht habe, wobei die einzelnen Merkmale mosaikartig auf verschiedene Formen verteilt waren. Mit andauernder Separation des Neandertalers in (West-) Europa hätten sich dann die charakteristischen Neandertalmerkmale immer stärker durchgesetzt (vgl. den klassischen Neandertaler „La Chapelle" in Abb. 9.14 mit dem Nahost-Neandertaler aus Amud). Die Vielfalt innerhalb der ursprünglichen Neandertalpopulation sei aufgrund der Einengung des genetischen Materials mit der Zeit verlorengegangen. Tatsächlich unterscheidet sich der Neandertaler von den heutigen Menschen in mancher Hinsicht beträchtlich, und einige Paläanthropologen sehen sich durch diese recht speziellen Merkmale des Neandertalers dazu veranlaßt, eine eigene Art einzurichten *(Homo neanderthalensis)*. Gelegentlich findet man den Neandertaler auch als *H. erectus* wieder. Wie sein taxonomischer Status auch immer anzusetzen ist, so machen die zeitlichen und örtlichen Überlappungszonen eine Vermischung der beiden biologisch und kulturell ähnlichen Formen durchaus denkbar – in diese Richtung werden auch einige Fossilien gedeutet –, so daß diese Formen *einem* Typus mit möglichem Genaustausch zuzurechnen sind.

Wie unterschiedlich diese von jeher faszinierende Bevölkerungsgruppe im Laufe ihrer Interpretationsgeschichte eingestuft wurde, ist ein interessantes Kapitel zum Paradigmenwandel in der Paläanthropologie (Paradigma = „Leitvorstellung"). Das Lebensbild dieser Menschengruppe hat sich mit der Zeit grundlegend gewandelt: Anfang dieses Jahrhunderts rekonstruierte M. Boule aus einem arthritischen Skelett „den" Neandertaler, bestimmt von der Vorstellung, ein Wesen zwischen Affe und Mensch vor sich zu haben. Daraus ergab sich das brutale Aussehen, die nach vorne gebeugte Haltung und die animalisch anmutenden „Verhaltensweisen", wie sie zuweilen bis heute noch im Text von Schulbüchern, aber vor allem in phantasievollen Bilddarstellungen vermittelt werden. Dieses Bild konnte sich im „Piltdownklima" (vgl. Abschnitt 9.3) über fast ein halbes Jahrhundert halten und lebt auch heute noch in der Vorstellung des Laien weiter, obwohl es durch eine große Zahl von Veröffentlichungen widerlegt wurde. Inzwischen besteht unter den Wissenschaftlern kein Zweifel mehr, daß Neandertaler Tote bestatteten, über Sozialstrukturen verfügten und die gleichen Artikulationsmöglichkeiten wie der heutige Mensch besaßen. Die gleichen Skeletteile, die früher zur Rekonstruktion der gebeugten Haltung geführt hatten, zeigen heute an, daß die Knochen zwar wesentlich robuster als beim Durchschnitt der heutigen Menschen waren, sich jedoch noch innerhalb der Variationsbreite von *Homo sapiens sapiens*, wenn auch am oberen Ende der Skala, befinden. Es gibt keine Indizien dafür, daß die Anatomie des Neandertalers in irgendeiner Weise weniger komplex als die des heutigen Menschen war. Das Gehirn besaß sogar ein größeres Durchschnittsvolumen als das des Jetztmenschen.

## Die Entstehung des heutigen Menschen

Die Frage nach dem „Wie" der Entstehung ist in diesem Fall eng mit der Frage nach dem „Wo" verknüpft. Die einen gehen davon aus, daß der heutige Mensch an verschiedenen Stellen der Erde mehr oder weniger gleichzeitig aus *erectus*-Populationen entstanden ist, d. h. die Rassen entstanden vor der Art(!). Sie stützen sich hierbei auf die Beobachtung mongolider (also Rassen-)Merkmale in den chinesischen *erectus*-Vertretern. Dieses polyzentrische Entstehungsmodell stößt jedoch bei vielen Anthropologen, vor allem bei Populationsgenetikern, auf Kritik, da charakteristische *sapiens*-Merkmale mehrmals unabhängig voneinander entstanden sein müßten.

Andere gehen von einem monozentrischen Entstehungsmodell aus: Eine Gründerpopulation des „Altsapiens" habe ausgehend von ihrem Entstehungsort die Erde nach und nach mit *Homo sapiens sapiens* bevölkert und durch geographische Separation Rassen hervorgebracht. Dieser Grundgedanke wird nun je nach Schule mehr oder weniger variiert, und folgende Fragen werden weiterhin diskutiert: Welche Stammform stellte diese Ausgangspopulation, wo entstand sie, und auf welchem Weg verteilten sich die einzelnen „Rassengründer" über die Erde?

Die Frage nach dem „Woher" des heutigen Menschen stand schon immer in einem Brennpunkt des paläanthropologischen Interesses. Nachdem die eurozentrische Vorstellung – der Mensch stamme aus Westeuropa – aufgegeben werden mußte, kamen verschiedene Lokalitäten in die Diskussion. In den letzten Jahren hat sich der Blick vor allem nach Afrika gewandt, da dort die bis dahin ältesten (nach klassischer Datierung ca. 100000 Jahre alten) morphologisch modernen Menschenreste vorkamen. Die in Europa gefundenen derartigen Formen werden dagegen auf 40000 Jahre oder jünger datiert, während die Neandertaler, ihre Vorläufer (zeitlich gesehen) schon einige Jahrtausende früher dort siedelten.

G. Bräuer stellte aufgrund einer vergleichenden morphologischen Fossiluntersuchung das Modell auf, daß die Ursprungsgruppe, der archaische *Homo sapiens* (Altsapiens), afrikanischen Ursprungs sei und von (Ost-)Afrika ausgehend über den Nahen Osten nach Asien und nach Europa einwanderte, wo er ansässige Menschenformen verdrängte und zu unserem direkten Vorfahren wurde. Der Neandertaler hat sich nach Bräuer von der gleichen archaischen Population Afrikas abgespalten, sei aber schon viel früher nach Europa eingewandert, wo er später schließlich von *Homo sapiens sapiens* verdrängt wurde. Die Annahme, daß der Neandertaler nicht nur in Westeuropa, sondern auch außerhalb Europas immer *vor* dem anatomisch modernen Menschen auftrete, war bis Ende 1987 bestimmend, mußte neuerdings jedoch drastisch revidiert werden. In Israel ergaben faunistische und Thermolumineszenzdatierungen der Höhle von Qafzeh ein wesentlich höheres Alter für den modernen Menschen als für den Neandertaler. Somit scheint der Neandertaler eher ein *Abkömmling* des anatomisch modernen Menschen zu sein als andersherum. Vandermeersch hatte schon früher die Vorstellung geäußert, daß der Nahe Osten der Ursprungsort des *Homo sapiens* sei, daß von dort aus zuerst die Neandertaler in Richtung Westeuropa wanderten, hier in geographische Separation gerieten (Eiszeit) und zu einem späteren Zeitpunkt von den moderneren Formen abgelöst wurden. VANDERMEERSCH hatte gerade in den Qafzehformen (s. Abb. 9.14) den Ursprung des modernen Menschen vermutet, während andere israelische Höhlen neandertalartige Fossilien überlieferten. Beide Formen unterscheiden sich in der Gesichtsmorphologie (Abb. 9.15), während ihre kulturellen Hinterlassenschaften sehr ähnlich sind.

Diese Neudatierung hat nicht nur den Effekt, daß der Neandertaler möglicherweise ein Abkömmling des modernen Menschen sein könnte, sondern daß der Nahe Osten als Ursprungsort ebenso wie Afrika in Betracht gezogen werden muß, da von beiden Gebieten ähnlich alt datierte Fossilien überliefert sind. Manche genetische Daten heutiger Rassen sprechen eher für Afrika, andere für den Nahen Osten/Westasien.

## 9.7 Zusammenfassender Ausblick

**1.** Da in der Paläanthropologie nicht genügend Fossilien zur Verfügung stehen, um *eindeutige* Zusammenhänge herzustellen, gibt es eine Reihe verschiedener konkurrierender Hypothesen zum Ursprung des Menschen. Allen liegen jeweilige Denkvoraussetzungen zugrunde, die mit in die Fossildeutung einfließen.

**2.** Vom **evolutionstheoretischen** Standpunkt aus gesehen sind folgende Vorstellungen zur Evolution des Menschen aktuell:

a) Der in Schul- und Lehrbüchern meist noch als Vorfahr des Menschen angesehene *Ramapithecus* wird seit Anfang der achtziger Jahre von den meisten Forschern in die Vorfahrenschaft des Orang-Utan gestellt, nachdem der von der Molekularbiologie vorgegebene Zeitrahmen und weitere Fossilfunde nicht für eine Verwandtschaft mit *Homo* sprachen.

b) Die Gruppe der Australopithecinen stellt im Evolutionsmodell weiterhin die unter dem vorhandenen Fundmaterial „passendsten" Vorfahren dar, da man bestimmte Merkmale als Hinweise für die Hominisation (Menschwerdung) werten könnte und diese Gruppe in den geforderten zeitlichen Rahmen datiert wird. In letzter Zeit mehren sich die Indizien, daß eine wichtige Komponente in der Fortbewegung das Hangeln gewesen sein muß. Dies und einige andere Gründe veranlaßte einige wenige Wissenschaftler, *Australopithecus* als für den Vorfahren des Menschen zu spezialisiert anzusehen.

c) Auch wenn *Homo habilis* in den meisten Lehrbüchern als Übergangsform von *Australopithecus* zu *Homo* vorgestellt wird, bleibt dieser Fundkomplex doch eine heterogene Gruppe, über deren Zuordnung kein allgemeiner Konsens herrscht. Der Schädel KNM-ER 1470, der vorläufig zu *H. habilis* eingeordnet wurde, zeigt eine eindeutig menschliche Schädelkalotte, während andere Fossilstücke aus dem *habilis*-Komplex starke Ähnlichkeiten mit *Australopithecus* haben.

d) Wo und aus welcher Form *Homo erectus* entstand, der unzweifelhaft der Gattung „Mensch" zugeordnet werden muß, gilt als noch nicht geklärt.

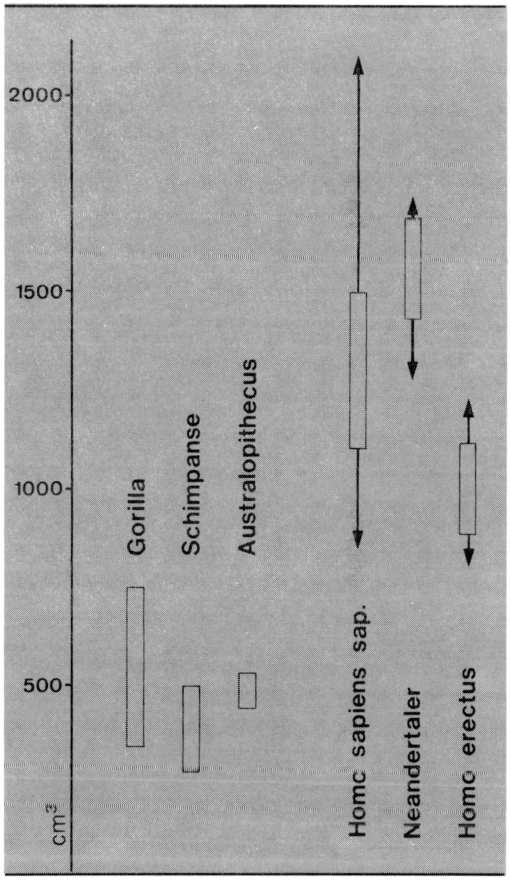


*Abb. 9.18: Gehirnvolumen verschiedener rezenter und fossiler Primaten. Die zwei sich gegeneinander abgrenzenden Gruppen stellen mindestens zwei verschiedene Grundtypen dar, wobei angenommen wird, daß die Formen aus der Gattung Homo einem gemeinsamen Grundtyp angehören könnten. Mittelwerte mit Standardabweichung (Balken) und Extremwerten (Pfeile).*

e) Ob aus ihm oder einer anderen Form der frühe *Homo sapiens* hervorging und wo dieser Übergang stattfand, ist Gegenstand intensivster Diskussion. Wenige Forscher halten einen Übergang auf breiter Front, die meisten jedoch aus einer *erectus* (-ähnlichen) Form aus Ostafrika für wahrscheinlich. Genetische Daten deuten eine enorme Verringerung der Vielfalt („Flaschenhals"-Ereignis, Gründereffekt) auf dem Wege zur Entstehung des heutigen *Homo sapiens* an.

f) Die Neandertalmerkmale werden oft als Ergebnis von Separationsprozessen aufgrund eiszeitlicher Rahmenbedingungen angesehen.

g) Das Rassenentstehungszentrum der Menschheit wird aufgrund genetischer Untersuchungen in Vorder- oder Zentralasien vermutet.

3. Vom **schöpfungstheoretischen** Standpunkt aus könnten die derzeit bekannten Ergebnisse folgende Interpretationen erfahren:

a) *Ramapithecus*artige sind Vertreter einer (oder mehrerer) ausgestorbener Primatengruppe(n), vielleicht auf Gattungsniveau verwandt mit dem Orang-Utan.

b) Die Australopithecinen stellen eine hochspezialisierte Primatengattung mit spezieller morphologischer und ökologischer Anpassung dar und werden nicht als Vorfahren des Menschen angesehen.

c) *Homo habilis* 1470 ist der Gattung *Homo*, andere „Homo-habilis"-Fossilien sind eher *Australopithecus* zuzuordnen.

d) Aufgrund verschiedener morphologischer Hinweise könnte vermutet werden, daß *Homo erectus*, *H. sapiens neanderthalensis* und *H. s. sapiens* zu einem Grundtyp gehören (vgl. Abb. 9.18). Alle zur Gattung *Homo* gehörenden Formen sind Menschen im heutigen Sinne des Wortes.

e) Durch Separation verschiedener Teilpopulationen, die sich von der Gesamtpopulation zu verschiedenen Zeiten abspalteten, treten uns Menschenfossilien mit teilweise recht extremen Merkmalsspektren entgegen. Einzelheiten über das von den Genetikern vermutete „Flaschenhals"-Ereignis können hier nicht weiter ausgeführt werden.

f + g) Welche klimatischen Bedingungen und mikroevolutiven Mechanismen für die Merkmalsausbildung der Arten, Unterarten und Rassen des Menschen verantwortlich sind, wird sowohl für Schöpfungs- als auch Evolutionstheoretiker Gegenstand weiterer Diskussionen sein.

# 10 Das Grundtypkonzept als Arbeitshypothese in der Schöpfungsforschung

## 10.1 Vielfalt und Ordnung des Lebendigen

Die Lebensformen treten dem Menschen in einer wunderbaren Schönheit und Vielfalt entgegen (Abb. 10.1). Wenn sich der Biologe jedoch mit einer besonderen Gruppe von Lebewesen intensiver beschäftigt, dann wird es sehr schwierig, diese Vielfalt in ein eindeutiges Ordnungssystem zu fassen. Doch gerade dies ist eines der grundlegenden, ältesten und noch immer nicht ganz gelösten Anliegen der Biologie. Die „Altmeister" der **Taxonomie** (so nennt man die Lehre von der Ordnung der Organismen), wie z. B. CARL VON LINNÉ, gründeten ihre Beschreibungen im wesentlichen auf das Äußere der Lebewesen. Später lernte man auch die Anatomie (Skelett- und Weichteilbau) und die Embryonalentwicklung besser verstehen und zog solche Beobachtungen zunehmend als Kriterien heran, um Tiere und Pflanzen in Ähnlichkeitsgruppen zu ordnen. Inzwischen ist die Biologie in der Lage, Organismen sogar auf der Ebene der Makromoleküle und Gene zu vergleichen (siehe Abschnitt 6.3). Es ist eines der ersten Anliegen der Schöpfungsforschung, sich mit der Ordnung des Lebendigen zu befassen und herauszufinden, welche Arten abstammungsmäßig miteinander „verwandt" sind und damit als zu einer geschaffenen Einheit gehörend betrachtet werden könnten.

## 10.2 Das System der Lebewesen

Mehrere Generationen von Biologen und ungezählte Forscher haben bis heute an der Klassifikation der Lebewesen gearbeitet, wobei in den letzten beiden Jahrhunderten die Zahl der beschriebenen Arten geradezu explosionsartig angewachsen ist (Tabelle 10.1). Dies gilt auch für Pflanzen, bei denen es noch schwieriger ist, eindeutige Ordnungskriterien zu finden. Weit über eine Million Tierarten und fast eine halbe Million Pflanzenarten sind beschrieben worden, und die Biologen rechnen mit Hunderttausenden von noch zu entdeckenden Arten.

Man findet in der Natur verschiedene Ähnlichkeitskategorien: Ein Schwan ist einer Gans ähnlicher als einer Stockente, dieser jedoch viel ähnlicher als einem Huhn. Mit dem Huhn teilt der Schwan dagegen weit mehr Merkmale als mit einem Hund, mit diesem wieder mehr als mit einem Fisch und so könnte die Reihe noch lange fortgeführt werden. Wenn man das tut, gelangt man zu einer Ähnlichkeitshierarchie, welche als das **System der Tiere** bezeichnet wird (vgl. Tabelle 10.2). Die Taxonomie versucht, die Ähnlichkeiten möglichst wertfrei und objektiv darzustellen, während die **Systematik** mit dieser Ordnung gleichzeitig die vermuteten historischen Verwandtschafts- oder Abstammungsverhältnisse zum Ausdruck bringen möchte. Nun ist weder die Taxonomie noch die Systematik eine „exakte" Naturwissenschaft (etwa im Sinne der Physik), weil die Ordnung der Lebewesen erst durch den Vergleich von Merkmalen ermöglicht wird. Weil Lebewesen aber eine fast unüberschaubare Zahl von Merkmalen aufweisen, muß der Taxonom entscheiden, welchen Merkmalen für die Klassifikation mehr oder weniger Gewicht beizumessen ist. Manchmal ist das recht eindeutig, oft aber sehr schwierig und Anlaß zu zahlreichen Disputen unter den Fachgelehrten, wobei persönliche Auffassungen gelegentlich einen breiten Raum einnehmen. Die hierbei entstehenden Fragen können in der Regel nur entschieden werden, wenn genug neue Daten über die fraglichen Organismen bekannt werden, jedoch muß man damit rechnen, daß es Fälle gibt, in denen keine klare Entscheidung möglich ist. Dies gilt besonders für die unteren Ebenen der Klassifikation (Arten und Gattungen; vgl. Tab. 10.2). Dennoch ist die Taxonomie heute ein gut entwickelter Bereich in der Biologie, und viele Fragen können als gelöst betrachtet werden.

Im Zusammenhang unseres Buches stehen wir vor der Frage, wie sich die Erkenntnisse der Taxonomen in ein Evolutionsmodell oder in ein Schöpfungsmodell einordnen lassen.

*Tabelle 10.1: Die Zahl der beschriebenen Tierarten kann heute nur noch ganz grob geschätzt werden und ist laufend im Steigen begriffen. Es gibt Schätzungen zwischen 1 Million und mehreren Millionen Arten.*

| Zeit | Zahl der beschriebenen Tierarten |
|---|---|
| ca. 335 v. Chr. (Aristoteles) | ca. 500 |
| 1758 n. Chr. (Carl v. Linné) | ca. 5000 |
| 1898 (Möbius) | ca. 400000 |
| Heute | ca. 1300000 |

*Abb. 10.1: Vielfalt und Schönheit der Lebewesen am Beispiel einer Wiese.*

*Tabelle 10.2: Darstellung der verschiedenen Klassifikationsebenen am Beispiel des Menschen. Dies ist jedoch nur eine von verschiedenen Möglichkeiten der Klassifikation – beispielsweise können je nach Autor auch noch Unter- und Überfamilien, Teilklassen u.a.m. eingeführt werden. Wenn Fossilfunde mitberücksichtigt werden, stehen für Art und Unterart des heute lebenden Menschen noch keine anerkannten deutschen Begriffe zur Verfügung. Der Mensch wird hier in die Unterordnung der Affen gestellt, was hinsichtlich seines Körperbaus ohne weiteres zu rechtfertigen ist. Wir weisen aber darauf hin, daß die zu bestimmten Zwecken notwendige Beschränkung auf die biologischen Aspekte des Menschen unausweichlich eine sehr verkürzte Sicht vom Menschen nach sich zieht, welche verhängnisvolle Auswirkungen haben kann.*

| | |
|---|---|
| Reich (Regnum) | Tiere (Animalia) |
| Unterreich (Subregnum) | Vielzeller (Metazoa) |
| Abteilung (Divisio) | Eigentl. Vielzeller (Eumetazoa) |
| Unterabteilung (Subdivisio) | (Bilateria) |
| Stamm (Phylum) | Chordatiere (Chordata) |
| Unterstamm (Subphylum) | Kiefertiere (Gnathostomata) |
| Klasse (Classis) | Säugetiere (Mammalia) |
| Unterklasse (Subclassis) | Höhere Säugetiere (Eutheria) |
| Ordnung (Ordo) | Herrentiere (Primates) |
| Unterordnung (Subordo) | Affen (Anthropoidea) |
| Familie (Familia) | Menschen (Hominidae) |
| Gattung (Genus) | Echte Menschen (Homo) |
| Art (Species) | (Homo sapiens) |
| Unterart (Subspecies) | (H. s. sapiens) |

## 10.3 Taxonomie als „Beweismittel" für Schöpfung?

Wir haben schon in Kapitel 1 ausgeführt, daß eine bestimmte Arbeitshypothese (wie z.B. Voraussetzung von Evolution oder Schöpfung) bestimmte Konsequenzen hat: Sie versetzt den Wissenschaftler in die Lage, an die Natur gezielt Fragen zu stellen, deren Antwort Auskunft über den Wert der Arbeitshypothese gibt. Was bedeutet das für die taxonomische Wissenschaft? Unter der Voraussetzung einer Evolution wäre man nicht weiter verwundert (und würde es sogar erwarten), wenn alle Lebewesen auf dieser Erde ohne scharfe Grenzen ineinander übergehen würden, wenn man also - um ein fiktives Beispiel zu nennen - fließende Übergänge zwischen Hundeartigen, Katzenartigen und Bären finden könnte, so daß ein schon „katzenartiger" Hund mit einer „hundeartigen" Katze, eine sehr „bärenartige" Katze dagegen mit dem „katzenähnlichsten" Bären kreuzen könnte. So wären Hunde und Bären letztlich über eine Kreuzungskette indirekt miteinander verbunden, doch wissen wir sicher, daß dies nicht der Fall ist.

Gleitende Übergänge zwischen den verschiedenen Gruppen (Grundtypen, s.u.) der Lebewesen wären zwar eine ausgezeichnete Stütze der Evolutionslehre. Aber auch wenn solche Übergänge unter den heutigen Lebewesen fehlen - was regelmäßig der Fall ist -, ist das Evolutionsmodell flexibel genug, um dies durch Zusatzannahmen zu begründen. Daher können diese Tatsachen (Typensprünge) nicht als schlüssige Argumente gegen die Evolutionslehre verwendet werden.

Es ist streng zu beachten, daß jetzt von scharf unterschiedenen Typen *heutiger Lebewesen* die Rede ist. Daß Typensprünge im *Fossilbericht* (fehlende Zwischenglieder) ein starkes Argument gegen die Evolutionslehre sind, wurde in Kapitel 8 schon begründet.

Das Schöpfungsmodell geht dagegen von einer Erschaffung der Lebewesen in klar voneinander abgegrenzten Gruppen aus (dies ist *a priori* gesetzt) und würde daher auf Erklärungsschwierigkeiten stoßen, wenn sich solche Abgrenzungen im Organismenreich nicht finden ließen. Mit Recht müßte die Frage gestellt werden, ob dann diese Voraussetzung des Schöpfungsmodells korrigiert werden müßte. Werden zwischen Grundtypen andererseits klare Grenzen gefunden, dann ist dies nicht etwa ein „Beweis" für Schöpfung oder gegen Evolution, sondern ein Befund, der sich wenigstens zur Zeit im Schöpfungsmodell leichter als im Evolutionsmodell deuten läßt. Vor diesem Hintergrund soll nun versucht werden, die Vielfalt und Ordnung der Lebewesen zu beleuchten.

## 10.4 Was ist ein Grundtyp?

Schon in früheren Abschnitten ist der Begriff des Grundtyps hin und wieder aufgetaucht, und er soll nun definiert werden. Über den Artbegriff der modernen Biologie wurde schon in Abschnitt 3.4 ausführlich gesprochen, er ist in Tabelle 10.3 zusammen mit anderen Art- oder Typdefinitionen angeführt. Dort ist nur eine kleine Auswahl gegeben, und es verwundert besonders angesichts der Definition des Grundplans nicht, daß man in Universitätsbibliotheken Bücher wie *Philosophische Probleme der Arttheorie* finden kann. Allen in Tabelle 10.3 angeführten Ordnungsprinzipien ist eines gemeinsam: Sie geben keine scharfen, objektivierbaren Kriterien an, um die Organismen eindeutig gegeneinander abzugrenzen. Gerade die Schwächen des biologischen Artbegriffes nach Ernst Mayr sind in Abschnitt 3.4.1 angesprochen worden. Der heute im Ruhestand lebende amerikanische Biologieprofessor Frank L. Marsh hat unseres Wissens als erster vor über 40 Jahren einen „Artbegriff der Schöpfungslehre" vorgeschlagen, auf dem die im folgenden gegebene ***Grundtypdefinition*** aufbaut:

*Alle Individuen, die direkt oder indirekt durch Kreuzungen verbunden sind, oder deren Keimzellen nach echter Befruchtung eine Embryonalentwicklung unter Expression des Erbgutes beider Eltern wenigstens beginnen, werden zu einem* ***Grundtyp*** *gerechnet.*

In Abbildung 10.2 ist diese Definition graphisch verdeutlicht. Wenn zum Beispiel der Jagdfasan mit dem Königsfasan und dem Haushuhn kreuzt, aber das Haushuhn nicht mit dem Königsfasan, so sind doch diese beiden über den Jagdfasan indirekt verbunden, gehören also zu einem Grundtyp. Entsprechendes gilt für Truthuhn und Königsfasan, wobei nicht gesagt wird, daß eine noch *nicht beobachtete* Kreuzung *unmöglich* ist. Das Experiment müßte entscheiden. In der Definition ist außerdem von der Embryonalentwicklung *unter der Ausprägung des Erbgutes beider Eltern* die Rede, weil Parthenogenese (Jungfernzeugung) ausgeschlossen werden soll. Man kann beispielsweise manche Eier durch eine Samenzelle einer völlig anderen Tiergruppe zum Start einer Embryonalentwicklung anregen, doch wird das Erbgut des Spermiums dabei vernichtet. Ein entsprechendes Experiment gelingt in manchen Fällen mit einem Nadelstich! Die Kreuzungen zwischen Jagdfasan und Königsfasan erzeugen zuweilen fruchtbare Nachkommen, während die bisher untersuchten Nachkommen aus der Kreuzung zwischen Jagdfasan und Haushuhn unfruchtbar waren. Dagegen kann ein vom Truthahn befruchtetes Jagdfasanenei nur in manchen Fällen zum erwachsenen Mischling führen, während die auf künstlichem Wege herbeigeführten Kreuzungen zwischen Haushuhn und Truthahn schon im Embryonalstadium absterben, jedoch eine Embryonalentwicklung beginnen (Über natürliche Kreuzungen zwischen diesen beiden Arten wurde allerdings berichtet). Solche „Kreuzungen" werden gemäß obiger Grundtypdefinition (im Gegensatz zur biologischen Artdefinition) berücksichtigt. In Abbildung 10.2 ist zusätzlich die Stockente eingezeichnet, von der keine Kreuzungen mit irgendwelchen Angehörigen der Hühnervögel, jedoch viele Kreuzungen mit anderen Entenvögeln bekannt geworden sind. Damit gehört die Stockente nicht zum gleichen Grundtyp wie die vier genannten Hühnervögel.

*Tabelle 10.3: Zusammenstellung einiger wichtiger Definitionen zur Ordnung der Lebewesen. Man beachte, daß alle Definitionen „weich" sind, d.h. die subjektive Einschätzung des Taxonomen enthalten.*

Biospecies:
Zu einer Biospecies zählen alle Individuen, die zu sich natürlicherweise mischenden Populationen gehören. Diese Populationen sind von anderen derartigen Gruppen isoliert.

Morphospecies:
Zu einer Morphospecies gehören alle Individuen, die in den wesentlichen morphologischen, physiologischen und biochemischen Merkmalen übereinstimmen.

Rassenkreis:
Zu einem Rassenkreis gehören alle geographischen, einander vertretenden Formen, soweit sie Übergänge zeigen oder fruchtbare Mischlinge wenigstens erwartet werden können.

Artenkreis:
Sind die in einem Rassenkreis zusammengefaßten Formen zu verschieden, so liegt ein Artenkreis vor (auch Superspecies genannt).

Grundplan:
Der Grundplan ist Bau- und Funktionsgefüge des letzten gemeinsamen Vorfahren sämtlicher Vertreter einer jeweils betrachteten monophyletischen Gruppe. Er beinhaltet die Holomorphe der den Grundplan vertretenden Art. Holomorphe heißt das totale Sein eines Organismus in Bau, Funktion, Verhalten und Ontogenese.

Bei Amphibien oder Fischen ist die Embryonalentwicklung viel besser dem Experiment zugänglich. Man hat beispielsweise verschiedene geographische Rassen des nordamerikanischen Leopardfrosches *(Rana pipiens)* miteinander gekreuzt (Abb. 10.3) und dabei gefunden, daß die Embryonalentwicklung der Mischlinge mit zunehmender geographischer Separation der Rassen immer früher abgebrochen wird, weil Abnormitäten auftreten. Die einzelnen Rassen sind aber so ähnlich, daß die klassischen Taxonomen keine Arten unterscheiden wollten.

*Abb. 10.2: Vier Arten aus der Familie der Fasanenartigen (Phasianidae) sind durch Kreuzungen miteinander verbunden. Der Jagdfasan (Phasianus colchicus) gehört zur Unterfamilie der Fasanen, ebenso der Königsfasan (Syrmaticus reevesii) und das Haushuhn (Gallus domesticus dom.). Dagegen rechnet man das Truthuhn (Meleagris gallopavo) zur Unterfamilie der Truthühner (Meleagridinae). Die Stockente (Anas platyrhynchos) gehört zu einer anderen Ordnung, den Gänsevögeln (Anseriformes). (Zeichnungen: Thomas Hilsberg)*

Mit dem bisher Gesagten ist hinreichend deutlich gemacht, daß die *Fruchtbarkeit* bewußt nicht als Kriterium herangezogen wird, um die Zugehörigkeit der Eltern zum Grundtyp zu charakterisieren.

Sterilität kann auch im Experiment (vermutlich durch wenige Mutationen in regulatorischen Genbezirken) erzeugt werden. Dabei bleibt das Grundmuster der Gene (und damit auch das Äußere der Lebewesen) gleich. Sterilität kann damit sowohl (erwartungsgemäß) bei sehr verschiedenen, als auch bei sehr ähnlichen Grundmustern von Genen auftreten. Lehrreiche Beispiele gibt es bei den vielen Arten der Fruchtfliege *Drosophila*, bei denen sich zwei äußerlich auch im Lebenszustand nicht unterscheidbare Arten (*D. equinoxialis* und *D. willistoni*) nicht kreuzen lassen. Wenn also Sterilität durch ver-

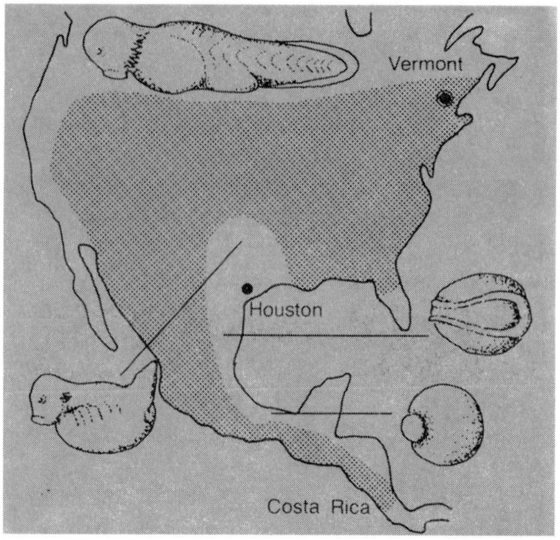


*Abb. 10.3: In Nord- und Mittelamerika sind verschiedene Rassen des Leopardfrosches (Rana pipiens) bekannt. Man hat nun Eier der geographischen Rasse aus Vermont mit Spermien verschiedener anderer Rassen befruchtet. Dabei zeigte sich, daß bei manchen Kreuzungen die Embryonalentwicklung abbricht, ohne daß ein lebensfähiger Frosch entsteht. Offenbar hat sich das Erbgut der einzelnen Rassen durch mikroevolutive Prozesse soweit voneinander entfernt, daß die Gene nicht mehr koordiniert ausgeprägt werden konnten. Es ist interessant, daß nicht der geographische Abstand, sondern wohl das Ausmaß der Fortpflanzungsisolation wichtig ist. So gibt es Kreuzungen zwischen Rassen aus Vermont und Costa Rica (ca. 6000 km Entfernung), die lebensfähige Mischlinge liefern. Dagegen sterben Kreuzungen zwischen Mischlingen aus Vermont und Houston (ca. 2400 km Entfernung) während der Embryonalentwicklung ab. (Nach HADORN & WEHNER 1986, nach MOORE)*

gleichsweise geringfügige Änderungen erzeugt werden kann, ist sie als Klassifikationsmerkmal unbrauchbar. Dagegen zeigt eine Fertilität oder der Beginn einer Embryonalentwicklung, daß das Grundmuster der Gene der beteiligten Arten identisch ist.

Was molekularbiologische Dimensionen anbelangt, muß die Definition des Grundtyps vorläufig noch offen bleiben. So könnte man fragen, was genau auf der Ebene der DNS gemeint ist, wenn von der „Ausprägung des Erbgutes beider Eltern" gesprochen wird. Letztlich tritt an dieser Stelle die noch unbeantwortete Frage zutage, welche Gene oder Genkombinationen grundtypspezifisch sind. Das ist ein Bereich der Schöpfungslehre, in dem ein weites Feld an biologischer Grundlagenforschung offensteht.

Im strengsten Sinne gilt die Grundtyp-Definition nur für *Individuen*, denn nur für diese ist sie experimentell prüfbar. Aus praktischen Gründen wird sie in diesem Kapitel jedoch auf biologische *Arten* angewandt. Das ist ohne weiteres möglich, weil die Individuen einer biologischen Art *per definitionem* miteinander kreuzbar sind.

In den folgenden Abschnitten sollen Abgrenzung, Biologie und Mikroevolution von Grundtypen anhand einiger Beispiele besprochen werden. Es scheint uns wichtig, daß Ursprungsforschung an konkreten Beispielen geschieht, damit eine konkrete Kritik ermöglicht wird.

## 10.5 Beispiele für Grundtypen

Grundsätzlich spielt es in den Naturwissenschaften keine Rolle, woher eine Arbeitshypothese kommt – manche sind aufgrund von Naturbeobachtungen gewonnen worden, andere gehen auf Intuition eines Forschers zurück (vgl. Abschnitt 1.3). Wichtig ist allein, ob sich eine Arbeitshypothese angesichts der Daten der Naturwissenschaften in der Praxis *bewährt*. Im letzten Abschnitt ist die Hypothese aufgestellt worden, daß im Organismenreich klar unterscheidbare Grundtypen erkennbar sind. Dies soll im folgenden anhand konkreter Beispiele untersucht werden.

### Hühnervögel

Da von den Hühnervögeln schon die Rede war, beginnen wir mit dieser Vogelgruppe. Zwar gibt es keine verbindliche, allgemein anerkannte Taxonomie der Hühnervögel (die Gründe wurden schon kurz angedeutet), aber für unsere Zwecke genügt es, von einer neueren Systematik auszugehen. Die Unterfamilien, Familien und Unterordnungen der Hühnervögel sind in Tabelle 10.4 angeführt. Aus dieser Ordnung sind Hunderte von verschiedenen Kreuzungen sicher bekannt geworden, viele werden vermutet, manche Berichte sind dagegen sehr unsicher. Unter den zahlreichen Kreuzungsberichten werden nur 6 genannt, die über die Familie hinausgehen. Sie stammen aus dem vorigen Jahrhundert und wurden nicht unter kontrollierten experimentellen Bedingungen erzeugt. Vorsichtige Formulierungen bezeichnen sie als äußerst zweifelhaft. Bis heute gibt es also keine experimentellen Befunde, daß *zwischen* den 4 Familien in den beiden Unterordnungen der Hühnervögel Kreuzungen möglich sind (Abb. 10.4). Dagegen wurden viele Kreuzungen innerhalb der Familien bekannt. Da niemals auch nur spekulative Berichte über Mischlinge zwischen verschiedenen Ordnungen der Vögel bekannt wurden, kann man vermuten, daß die vier Familien der Hühnervögel zugleich vier Grundtypen darstellen. Sollte jedoch ein Experiment zeigen, daß beispielsweise zwischen den Großfußhühnern und den Fasanen doch Kreuzungen möglich sind, so müßten diese Gruppen in einem Grundtyp vereinigt werden.

*Abb. 10.4: Aus der Ordnung der Hühnervögel (Galliformes) sind verschiedene Vertreter der vier Familien gezeigt. Links oben: Hoatzin (Hoatzin opisthocomi, Unterordnung Hoatzins, Familie Opisthocomidae); links Mitte: Wallnister (Leipoa ocellata, Großfußhühner); rechts unten: Roter Hocko (Crax rubra, Hokkos). Alle anderen Arten gehören zur Familie der Fasanenartigen (Phasianidae). Aus jeder Unterfamilie ist ein Vertreter gezeichnet. Von links unten nach rechts oben: Perlhuhn (Numida meleagris), Rebhuhn (Perdix perdix), Kongopfau (Afropavo congensis), Satyrhuhn (Tragopavo satyra), Truthuhn (Meleagris gallopavo), Auerhahn (Tetrao urogallus), Blauer Pfau (Pavo cristatus), Goldfasan (Chrysolophus pictus), Argusfasan (Argusianus argus). Zur Taxonomie der Hühnervögel vgl. Tab. 10.4. (Zeichnung: Robert Geiter)*

*Tabelle 10.4: Systematische Hierarchie in der Ordnung der Hühnervögel. Nach der hier angegebenen Systematik unterscheidet man 263 Arten in 94 Gattungen, 4 Familien und zwei Unterordnungen. Die große Familie der Phasianidae ist ihrerseits in 9 Unterfamilien aufgespalten worden (Manche Autoren unterscheiden auch Gattungsgruppen oder erkennen manchen Unterfamilien den Rang einer Familie zu). Wir weisen darauf hin, daß dies nur eine Möglichkeit der Klassifikation ist.*

- Ordnung Hühnervögel (Galliformes)
  - Unterordnung Eigentliche Hühner (Galli)
    - Familie Großfußhühner (Megapodiidae, 9 Arten)
    - Familie Hokkos (Cracidae, 18 Arten)
    - Familie Fasanenartige (Phasianidae, 235 Arten)
      - Unterfamilie Rauhfußhühner (Tetraoninae)
      - Unterfamilie Feldhühner (Perdicinae)
      - Unterfamilie Satyrhühner (Tragopaninae)
      - Unterfamilie Truthühner (Meleagridinae)
      - Unterfamilie Pfaufasanen (Argusianinae)
      - Unterfamilie Pfauen (Pavoninae)
      - Unterfamilie Kongopfauen (Afropavoninae)
      - Unterfamilie Perlhühner (Numidae)
      - Unterfamilie Fasanen (Phasianinae)
  - Unterordnung Hoatzins (Opisthocomi)
    - Familie Hoatzins (Opisthocomidae, 1 Art)
      - Hoatzin (1 Art)

## Entenvögel

Ähnlich wie die Hühnervögel sind auch die Entenvögel (Anatidae) eine bekannte Vogelgruppe, da sie gleichermaßen häufig als Zier- wie auch als Nutztiere gehalten werden. In Tabelle 10.5 sind die verschiedenen Triben (auch Gattungsgruppen genannt) der Entenvögel aufgeführt, ebenso die Familien in der Ordnung der Gänsevögel. Dort, wo der Mensch aus Interesse an einer Tiergruppe viele Zuchtversuche durchführt, ergeben sich oft nebenbei auch Ergebnisse zur Kreuzbarkeit zwischen den Arten. Manchmal hat das so einfache Hintergründe wie die Haltung von zwei Arten (etwa Gans und Ente) auf dem gleichen Bauernhof. In der Literatur sind weit über 400 Kreuzungen zwischen den verschiedenen Arten, Gattungen, Triben und Unterfamilien der Gänsevögel gemeldet worden, jedoch niemals zwischen den Familien. Wenn man ein Kreuzungsschema aufstellt (wie das weiter unten für die Pferdeartigen näher erläutert wird), dann zeigt sich, daß 126 der 149 Arten der

*Abb. 10.5: Kreuzung zwischen Eiderente (Somateria mollissima, unten) und der Brandgans (Tadorna tadorna, Mitte). Diese Tiere gehören zu verschiedenen Triben der Entenvögel, die von manchen Taxonomen als nur entfernt verwandt angesehen werden. Der oben abgebildete Mischling ist im Basler Zoo aufgetreten und war dort über mehrere Jahre auf den Ententeichen zu sehen. Er hat nie Nachkommen hervorgebracht.*

Anatidae direkt oder indirekt durch Kreuzungen verbunden sind. Nach der Taxonomie in Tabelle 10.5 hängen alle Triben mit Ausnahme der Spaltfußgänse über Kreuzungen miteinander zusammen. Ein Beispiel für eine Kreuzung zwischen zwei verschiedenen Triben ist in Abbildung 10.5 dargestellt. Da 23 Entenarten noch nicht mit anderen gekreuzt wurden, läßt sich nach der Grundtypdefinition über diese Arten auch noch nichts endgültig aussagen. Die gesamte Biologie dieser Arten läßt es aber mit Ausnahme von der Spaltfußgans (Abb. 10.6) als sehr wahrscheinlich gelten, daß sie mit zum Grundtyp der Entenvögel gerechnet werden können. Die Unterfamilie der Spaltfußgänse wird jedoch nicht zum Grundtyp der Enten gezählt, weil nicht nur keine Kreuzungen bekannt sind, sondern auch morphologische, anatomische, verhaltensbiologische und molekularbiologische Befunde die Spaltfußgans scharf von allen anderen Entenvögeln abheben. Nach den zur Zeit verfügbaren Informationen können die Wehrvögel (s. Tab. 10.5) als ein eigener Grundtyp betrachtet werden, da nur innerhalb der Familie Kreuzungen vorkommen. Im Fall der Gänsevögel (und der gewählten Taxonomie; Tab. 10.5) würde also der Grundtyp unterhalb des Niveaus der Familie liegen.

*Tabelle 10.5: Eine mögliche Systematik der Gänsevögel (Anseriformes). Hier wird zwischen zwei Familien (insgesamt 151 Arten) unterschieden, wobei die Familie der Anatidae in drei Unterfamilien mit insgesamt 9 Triben aufgespalten wird. Ein anderer Forscher rechnet mit zwei Familien und spaltet die Familie der Anatidae in zwei Unterfamilien mit 13 Triben auf. Es gibt noch weitere Ansätze von anderen Vogelkundlern, wobei sich die Unterschiede oft auf schwierig einzuordnende Arten beziehen.*

- Ordnung Gänsevögel (Anseriformes)
  - Familie Wehrvögel (Anhimidae, 3 Arten)
  - Familie Entenvögel (Anatidae)
    - Unterfamilie Spaltfußgänse (Anseranatinae, 1 Art)
    - Unterfamilie Gänseverwandte (Anserinae, 31 Arten)
      - Tribus Pfeifgänse (Dendrocygnini)
      - Tribus Gänse (Anserini)
    - Unterfamilie Entenverwandte (Anatinae, 117 Arten)
      - Tribus Halbgänse (Tadornini)
      - Tribus Schwimmenten (Anatini)
      - Tribus Eiderenten (Somateriini)
      - Tribus Tauchenten (Aythyini)
      - Tribus Glanzenten (Cairinini)
      - Tribus Säger (Mergini)
      - Tribus Ruderenten (Oxyurini)

*Abb. 10.6: Die Spaltfußgans (Anseranas semipalmata) gehört nach Tabelle 10.5 in eine eigene Unterfamilie, nach anderen Taxonomen in eine eigene Familie. Es sind keine Kreuzungen dieses australischen Vogels bekannt geworden, und nach vielen anderen Merkmalen zu urteilen, gehört er nicht zum Grundtyp der Entenvögel. (Zeichnung: THOMAS HILSBERG)*

## Finkenvögel

Im System der Vögel gehören die Finkenvögel zur Unterordnung der Singvögel, die mit etwa 5000 Arten mehr als die Hälfte aller heute lebenden Vögel umfaßt. Verschiedene Taxonomen unterscheiden 2-11 Familien der Finkenvögel im weitesten Sinn. Die Familie der Fringillidae im engeren Sinne wird nach einer oft gebrauchten Systematik in die kleine Unterfamilie der Buchfinken (Fringillinae) mit nur drei Arten (Buchfink, Bergfink, Teydefink) und die große Unterfamilie der Stieglitzverwandten (Carduelinae) eingeteilt. Zur letzteren gehören beispielsweise Dompfaff, Hänflinge, Kernbeißer, Kreuzschnäbel, Zeisige sowie der Stieglitz und der Kanarienvogel, insgesamt etwa 100-150 Arten. Die beiden Unterfamilien sind durch Kreuzungen miteinander verbunden. Innerhalb der Stieglitzverwandten sind ebenfalls zahlreiche Kreuzungen bekannt (s. Abb. 10.7). In der Finkenzucht gibt es eine eigene Sparte der „Mischlingszucht“, sowohl von Kanarienvögeln mit Wildvögeln wie auch von Wildvögeln untereinander. Besonders viele Kreuzungen wurden mit Dompfaff, Grünfink, Stieglitz und Kanarienvogel durchgeführt. In Züchterkreisen wird damit gerechnet, daß prinzipiell *alle* Stieglitzverwandten untereinander kreuzbar sind. In älteren Quellen finden sich vereinzelt Meldungen über angebliche Kreuzungen von Finken im engeren Sinne mit anderen Familien, etwa zwischen Sperling (Ploceidae, Webervögel) oder Goldammer (Emberizidae, Ammern) und Kanarienvogel. In neuerer Zeit konnten diese Kreuzungen unter kontrollierten Bedingungen nicht erzielt werden. Die meisten Züchter halten sie für unmöglich. Insgesamt fassen wir daher die beiden Unterfamilien der Buchfinken und Stieglitzverwandten zum Grundtyp der Finkenvögel (Fringillidae) zusammen.

*Abb. 10.7: Dompfaff (Pyrrhula pyrrhula; links), Stieglitz (Carduelis carduelis; rechts) und der Mischling aus beiden (unten). (Zeichnungen: THOMAS HILSBERG)*

## Hundeartige

Die Hundeartigen (Canidae) sind eine Familie in der Ordnung der Raubtiere (Carnivora). Sie umfaßt mehr als dreißig verschiedene Arten, wie Hunde, Wölfe, Cojoten, Schakale und verschiedene Formen von Füchsen – die Hyänen gehören zu einer anderen Überfamilie. In Tabelle 10.6 sind die Gattungen der verschiedenen Hundeartigen zusammengefaßt. Im Fall der Hundeartigen kennen wir leider bei weitem nicht so viele Kreuzungen wie beispielsweise bei den Hühnern oder gar den Entenvögeln. Dennoch sind einige der Gattungen durch Kreuzungen miteinander verbunden – als Beispiele seien Haushund *(Canis)* x Rotfuchs

*Tabelle 10.6: Eine mögliche taxonomische Einteilung der verschiedenen Gattungen der Hundeartigen. Sie werden zusammen mit den Katzenartigen zu einer Überfamilie zusammengefaßt. Die Katzen gehören sicher zu einem anderen Grundtyp – möglicherweise müssen sogar die Großkatzen und Kleinkatzen zu unterschiedlichen Grundtypen gerechnet werden, weil zwischen ihnen noch keine Mischlinge bekannt geworden sind.*

| |
|---|
| Überfamilie Hunde- und Katzenartige (Cynofeloidea) |
| Familie Katzenartige (Felidae, 32 Arten) |
| Familie Hundeartige (Canidae, 33 Arten) |
| Gattung Wolfs- und Schakalartige (Canis) |
| Gattung Eis- und Steppenfüchse (Alopex) |
| Gattung Echte Füchse (Vulpes) |
| Gattung Wüstenfüchse (Fennecus) |
| Gattung Afrik. Wildhunde (Lycaon) |
| Gattung Rothunde (Cuon) |
| Gattung Marderhunde (Nyctereutes) |
| Gattung Graufüchse (Urocyon) |
| Gattungsgruppe Waldfüchse |
| Gattung Maikongs (Cerdocyon) |
| Gattung Kurzohrfüchse (Atelocynus) |
| Gattung Waldhunde (Speothos) |
| Gattungsgruppe Kampffüchse |
| Gattung Kampfüchse (Dusicyon) |
| Gattung Bras. Kampfüchse (Lycalopex) |
| Gattung Mähnenwölfe (Chysocyon) |
| Unterfamilie (?) Löffelhunde |
| Gattung Löffelhunde (Otocyon) |

*Abb. 10.9: „PuWos" der zweiten Generation aus einer Kreuzung zwischen Pudel und Wolf. Sie zeigen eine reiche Vielfalt von Merkmalskombinationen. (Universität Kiel)*

*(Vulpes)*, Rotfuchs x Eisfuchs *(Alopex)* oder Rotfuchs x Graufuchs *(Urocyon)* genannt (vgl. auch Abb. 10.8). Tiere aus der 2. Generation einer Kreuzung zwischen Pudel und Wolf sind in Abb. 10.9 wiedergegeben. Pudel wurden auch mit Schakalen und Cojoten erfolgreich gekreuzt. Bezeichnenderweise sind vom Haushund besonders viele Kreuzungen bekannt, von einigen anderen Gattungen aber keine einzige! Angesichts der Probleme, gerade exotische Raubtiere in Tiergärten zu halten, verwundert das nicht weiter. So können wir also auf der Grundlage der Grundtypdefinition zwar einige Gattungen der Hundeartigen zum gleichen Grundtyp rechnen, müssen uns jedoch bei den anderen Gattungen mit der auf der klassischen Biologie beruhenden Vermutung zufrieden geben, daß sie vielleicht auch zum Grundtyp der Hundeartigen zählen.

An diesem Beispiel wird deutlich, daß in manchen Fällen das verfügbare Datenmaterial noch nicht ausreicht, um eine eindeutige Aussage zu treffen, doch liefert die schöpfungstheoretische Arbeitshypothese deutliche Hinweise, in welcher Richtung Experimente durchgeführt werden können.

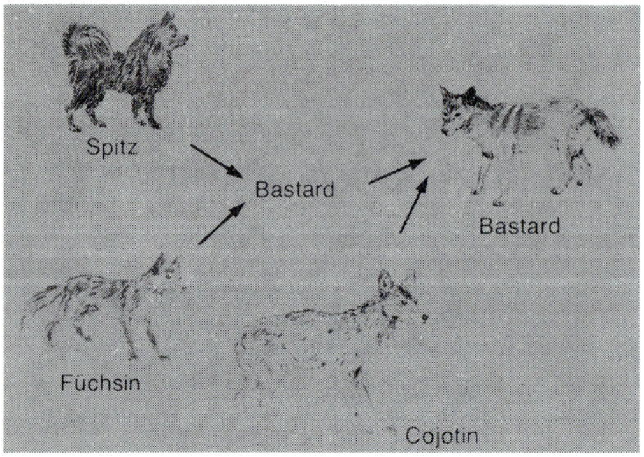


*Abb. 10.8: Zwei beobachtete Bastardierungen unter Hundeartigen.*

**Pferdeartige**

Auch der Gruppe der Pferdeartigen (Equidae) wird von fast allen Taxonomen der Rang einer Familie zugesprochen; wir haben sie schon im Kapitel über Fossilien kennengelernt (Abschnitt 8.7.7). Nach einer verbreiteten Systematik gehört zu dieser Familie eine Gattung mit 6 Arten und rund 20 Unterarten. Daneben gibt es viele ausgestorbene Arten, von denen hier nicht die Rede sein wird. Abbildung 10.11 zeigt eine Kreuzungsmatrix, in der die Kreuzungen zwischen den 6 Pferdearten erfaßt wurden. Wie man erkennen kann, haben mit einer Ausnahme alle Arten sicher miteinander gekreuzt, während man zwischen dem Grevyzebra und dem asiatischen Wildesel die Hybridisierung nur vermutet. Es ist somit eindeutig, daß alle heute lebenden Pferde zu einem Grundtyp gehören, da niemals irgendeine Kreuzung eines Pferdes mit einem Tier außerhalb seiner Familie bekannt geworden ist. Wenn nur die Kreuzungen betrachtet werden, so stellt die Familie der Pferdeartigen (Equidae) einen ausgezeichnet belegten Grundtyp dar.

*Abb. 10.10: Der Somali-Wildesel (Equus asinus somalicus) hat an den Beinen eine an Zebras erinnernde Zeichnung.*

| | Bergzebra | Steppenzebra | Grevyzebra | Asiat. Wildesel | Afr. Wildesel | Pferd |
|---|---|---|---|---|---|---|
| **Bergzebra** *(Equus zebra)* | | ● | ● | ● | ● | ● |
| **Steppenzebra** *(Equus quagga)* | ● | | ● | ● | ● | ● |
| **Grevyzebra** *(Equus grevyi)* | ● | ● | | ○ | ● | ● |
| **Asiatischer Wildesel** *(Equus hemionus)* | ● | ● | ○ | | ● | ● |
| **Afrikanischer Wildesel** *(Equus asinus)* | ● | ● | ● | ● | | ● |
| **Pferd** *(Equus przewalskii)* | ● | ● | ● | ● | ● | |

*Abb. 10.11: Dieses Bild zeigt eine Kreuzungsmatrix, deren Erstellung als erster Schritt in der Erkennung von Grundtypen erforderlich ist. Man stellt alle Arten einer zu untersuchenden Gruppe auf und trägt in das Diagramm die bekannten Mischlinge ein. Wenn alle Arten direkt oder indirekt durch Mischlinge miteinander verbunden sind und keine Kreuzung beobachtet wird, die über die Kreuzungsmatrix hinaus zu anderen Arten führt, dann ist der Grundtyp beschrieben. Dies ist bei den Pferden (Equidae) eindeutig der Fall – jeder Punkt stellt eine bekannte Kreuzung dar. Der nicht ausgefüllte Kreis zwischen Grevyzebra und asiatischem Wildesel deutet auf eine nur vermutete Kreuzung hin.*

## Menschen

Beschränkt man sich auf heute lebende menschliche Rassen, so besteht gar kein Zweifel, daß sie alle zum gleichen Grundtyp der Menschen gehören. Die heute lebenden Menschen sind die einzige Art in der einzigen Gattung der Familie der Hominidae. Da alle Mischlinge der verschiedenen Rassen prinzipiell fruchtbar sind, können die Menschen unter den in diesem Buch besprochenen Grundtypen als genetisch am engsten zusammengehörig betrachtet werden. Es würde den Rahmen der oben genannten Grundtypdefinition sprengen, wenn auch noch fossile Menschen einbezogen würden. Viele Forscher beschreiben eine Reihe von fossilen Menschen als eigene Arten der Gattung Homo (z.B. *Homo erectus*). Diese Formen werden zum Grundtyp des Menschen gerechnet, weil fossile „Mischtypen" auftreten, die man als Mischlinge deuten kann (vgl. Kapitel 9). Da jedoch diese Aussagen nicht experimentell geprüft werden können, fallen sie in den Bereich der nicht beweisbaren Vermutungen.

Durch die Presse sind verschiedentlich Meldungen gegangen, daß zwischen Schimpanse und Mensch Kreuzungen erzielt worden seien, bei denen eine Embryonalentwicklung begonnen haben soll. Alle Anstrengungen der Autoren, entsprechend stichhaltige Belege dafür zu erhalten, waren erfolglos, obwohl beim Experimentator selbst nachgefragt wurde. Es handelt sich offenbar um eine wissenschaftlich nicht belegte Behauptung.

*Abb. 10.12: Zwei Wildgrasarten aus der Tribus der Triticeae. Links: Kriechende Quecke (Agropyron repens), rechts: Waldgerste (Hordelymus europaeus).*

## „Weizenartige"

In der artenreichen Süßgräsergruppe der *„Weizenartigen"* (Tribus Triticeae) sind viele hundert Art- und Gattungskreuzungen bekannt. Diese Gräser zeichnen sich durch den Besitz einer echten Ähre aus (Abb. 10.12). Neben vielen Wildgrasgattungen gehören die Getreidegattungen Weizen, Roggen und Gerste zu dieser Gruppe. Aus diesem Grunde ist sie von besonderem wirtschaftlichen Interesse, und daher wurden umfangreiche Zuchtprogramme durchgeführt, um wünschenswerte Merkmale wie Resistenz gegen Schädlinge aus Wildgräsern in die Kulturformen, die Resistenzeigenschaften in der Regel verloren haben, einzukreuzen. Für die Grundtypforschung ergaben sich dadurch als „Nebenprodukt" zahlreiche Kreuzungsergebnisse. Dabei zeigt sich, daß die meisten Triticeen-Gattungen durch Kreuzungen direkt oder indirekt miteinander verbunden sind, während Tribusübergreifende Kreuzungen keine Ergebnisse erbrachten, die zweifelsfrei das Grundtypkriterium erfüllen. Die Triticeen sind also nach dem gegenwärtigen Kenntnisstand als Grundtyp von den übrigen Süßgräsern abgrenzbar.

**Kernobstgewächse**

Die zu den Rosengewächsen (Rosaceae) zählenden Kernobstgewächse (Unterfamilie Maloideae) sind durch die typische Apfelfrucht, die Chromosomengrundzahl $x = 17$ und zahlreiche morphologische Gemeinsamkeiten taxonomisch gut von den übrigen Unterfamilien dieser Familie abgegrenzt. Es handelt sich ausschließlich um Holzgewächse, die vorwiegend auf der Nordhalbkugel und dort hauptsächlich in der gemäßigten Zone bzw. in höheren Lagen vorkommen. Die bekannteren der insgesamt 24 Gattungen sind Apfel, Birne, Quitte, Eberesche, Felsenbirne, Mispel, Zwergmispel, Feuerdorn und Weißdorn. Es werden mehrere hundert Arten unterschieden. Die Einheitlichkeit innerhalb der Kernobstgewächse ist im Vergleich zu anderen Rosaceen-Unterfamilien relativ groß. Unklar ist lediglich, ob die nur in Südchina vorkommende Gattung *Dichotomanthes* zu den Maloideen gehört. Da die wichtigsten Gattungen (darunter die morphologisch und physiologisch am stärksten verschiedenen) direkt oder indirekt durch Kreuzungen verbunden sind und Kreuzungen mit anderen Rosaceen nicht bekannt sind, können die Kernobstgewächse zu einem Grundtyp gerechnet werden. Die bisher bekannt gewordenen Kreuzungen zwischen den Gattungen sind weitgehend Zufallsprodukte. Gezielte systematische Kreuzungsexperimente wurden bisher nicht durchgeführt. Die Bastarde sind in der Regel sehr vital. Viele von ihnen sind sogar fertil. Hierbei entstehen die Samen der *Bastarde* gewöhnlich durch Apomixis, also ohne vorangegangene Befruchtung. Die Bastardnachkommen zeigen daher ein relativ einheitliches Aussehen. Erstaunlicherweise gibt es mehrere Gattungsbastarde, die als eigenständige Sippen eigene Areale besiedeln.

**„Nelkenwurzartige"**

Die Tribus der „Nelkenwurzartigen" (Geeae) gehört ebenfalls zur Familie der Rosengewächse (Rosaceae) und setzt sich aus den Gattungen *Geum* (Nelkenwurz; 56 Arten), *Coluria* (5 Arten) und *Waldsteinia* (4 Arten) zusammen. Zwei Nelkenwurz-Arten wurden bereits im Zusammenhang mit dem Artbegriff (Abschnitt 3.4.1; Abb. 3.52) vorgestellt. Bei den Geeae handelt es sich um ausdauernde Kräuter mit beblättertem und meist verzweigtem, wenig Blüten tragendem in der Regel ca. 10-50 cm hohem Stengel. Die Blütenblattkreise sind meist fünfzählig. Das auffälligste Merkmal ist der Griffel, der lang und federig behaart (Abb. 10.13; Anpassung an Windverbreitung), hakig gekrümmt (Abb. 3.52) oder an der Spitze mit abwärts gerichteten Haaren ausgestattet ist (Anpassung an Tierverbreitung). Soweit Kreuzungsversuche zwischen Nelkenwurzarten durchgeführt wurden, gelangen sie fast immer. Wo die Verbrei-

*Abb. 10.13: Die Frucht (Federschweifflieger-Typ) der Berg-Nelkenwurz (Geum montanum).*

tungsgebiete der einzelnen Arten überlappen, treten auch häufig natürliche Bastarde auf. Daher wird allgemein angenommen, daß ausnahmslos alle Arten mindestens indirekt kreuzungsmäßig verbunden sind und somit zu einem Grundtyp gehören. Kreuzungen mit *Coluria* und *Waldsteinia* erbrachten einen beginnenden Samenansatz. Die bislang durchgeführten Versuche erlauben jedoch keine sichere Entscheidung, ob vor der beginnenden Embryonalentwicklung eine echte Befruchtung stattgefunden hat. Kreuzungen mit anderen Rosaceen-Arten sind unbekannt.

### Grundtypen bei Bakterien

Der Artbegriff bei Bakterien ist verschwommen. Man spricht gewöhnlich von „Stämmen". Nach E. Mayr (s. Tab. 10.3) bildet eine Art eine Organismengruppe, die Gene durch Kreuzung austauschen kann. Obwohl Bakterien keine echte Sexualität haben und daher das Kriterium der Kreuzbarkeit nicht anwendbar zu sein scheint, verfügen sie in der *Parasexualität* über die Möglichkeit eines Genaustausches, z.B. über die Konjugation und Transformation. Daher kann in Analogie zur Grundtypdefinition (Abschnitt 10.4) für Prokaryoten vorgeschlagen werden:

*Alle Bakterienstämme, die durch einen chromosomalen Genaustausch mittels Konjugation, Transformation, Transduktion oder Zellfusion verbunden sind, werden zu einem Grundtyp gerechnet.*

Danach genügt der Eigenschaften verändernde Genaustausch extrachromosomaler DNS, wie er bei Plasmiden bekannt ist und in der Gentechnologie verwendet wird, *nicht*. Es muß ein Gen auf dem Bakterienchromosom *stabil* integriert werden. Plasmide können leicht wieder verloren gehen. Bisher liegen allerdings noch wenige Untersuchungen vor, die eine Anwendung dieser Definition des Grundtyps erlauben.

Jüngere Chromosomenanalysen bei Bakterien haben zu Erkenntnissen geführt, die als ergänzende zweite Definition des Grundtyps folgendermaßen zusammengefaßt werden können (vgl. Abb. 3.32):

*Alle Bakterienstämme, die das gleiche Grundmuster der Genorte auf dem Bakterienchromosom besitzen, wie es sich in nahezu kongruenten Genkarten widerspiegeln kann, werden zu einem Grundtyp gerechnet.*

Beispiele für solche Gruppen von Bakterienstämmen bilden die Enterobacteriaceen, *Nocardia-* und *Streptomyces*-Arten (s. Abb. 3.32) und *Pseudomonas*arten. Die Genkarten dieser Gruppen zeigen untereinander keinerlei Ähnlichkeit, weisen jedoch innerhalb einer Gruppe deutliche Ähnlichkeit bis zu fast kongruenten Genkarten auf. Die Lage der Gene auf dem Bakterienchromosom erweist sich über Generationen als außerordentlich stabil. Es muß daher offenbar ein Mechanismus existieren, der stabilisierend wirkt und Kräften entgegen gerichtet ist, die nach einer Veränderung des Bakteriengenoms streben. Über dessen Natur ist noch kaum etwas bekannt.

Am Beispiel der Enterobacteriaceen zeigt ein Vergleich der Genkarten von *Escherichia coli* K12 und *Salmonella typhimurium* LT2, daß die Abstände der Gene beider Stämme im wesentlichen übereinstimmen (Abb. 3.32). Abb. 10.14 läßt DNS-Abschnitte von *E. coli* erkennen, die kein Gegenstück bei *S. typhimurium* aufweisen, z.B. der Abschnitt „lac", der auf der Genkarte die Lagebezeichnung „10 Minuten" besitzt und Gene zur Lactose-Verwertung umfaßt, wie die Fähigkeit zum Transport von Lactose und zur Synthese von $\beta$-Galactosidase. Es wird angenommen, daß *S. typhimurium* diesen DNS-Abschnitt verloren hat und daher keine Lactose mehr verwerten kann.

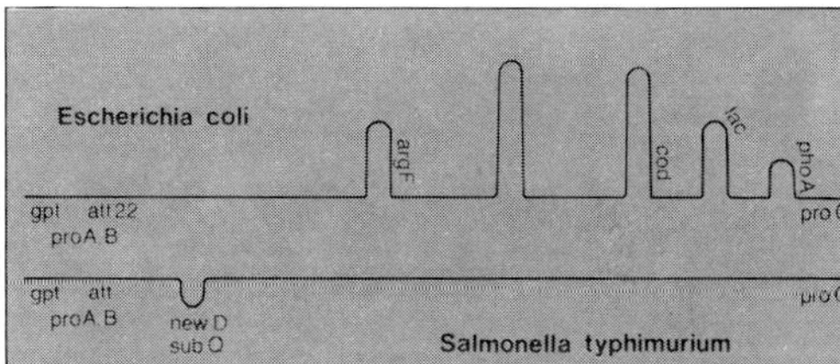


*Abb. 10.14: Darstellung der Verwandtschaft des DNS-Abschnitts zwischen Escherichia coli und Salmonella typhimurium zwischen gpt- und pro C-Genen. Verschiedenheiten in der Länge der DNS sind als Schleifen im Genom der überlangen DNS dargestellt. (Nach Riley & Anilionis 1978, verändert)*

Ein weiteres Beispiel für einen Grundtyp liefern bestimmte Pseudomonaden, polar begeißelte gramnegative Stäbchen. Die sehr ähnlichen Arten *Pseudomonas aeruginosa* und *P. putida* besitzen ein grün fluoreszierendes Pigment Pyoverdin (auch Pyofluorescein genannt). *P. aeruginosa* kann beim Menschen Mittelohrvereiterungen und Wundinfektionen unter Bildung eines blaugrünen Eiters erzeugen. Auch *P. putida* kann pathogen wirken. *P. syringae* ruft als phytopathogener Stamm Chlorose und Mehltauphänomene bei Steinobst- und Zitrusarten hervor und besitzt ebenfalls ein Fluoreszenzpigment. Ein Vergleich der Genkarten von *P. aeruginosa, P. putida* und *P.syringae* zeigt, daß die Gene völlig anders lokalisiert sind, als z.B. bei Enterobacteriaceen. Bei allen 3 Stämmen aber finden sich viele Gene in gleicher Reihenfolge. Molekularbiologische Untersuchungen des GC-Gehalts und der rRNA-Homologie haben gezeigt, daß diese 3 Stämme zu einer Homologiegruppe gehören. Auf Grund dieser Ergebnisse zählen wahrscheinlich auch die Stämme *P. alcaligenes, P. mendocina, P. pseudoalcaligenes, P. stutzeri* und *P. glycinea*, für die z.Z. noch keine Genkarten vorliegen, zu diesem Grundtyp.

Die Ähnlichkeit der Genkarten begünstigt vermutlich Genaustausch, der nach der 1. Definition des Grundtyps innerhalb dieser Gruppe zu fordern ist. Es wird Aufgabe weiterer Untersuchungen sein, festzustellen, wieweit sich die aufgrund vorliegender Genkarten festgestellten Grenzen eines Grundtyps (2. Definition des Grundtyps) durch genetische Experimente bestätigen lassen.

Es kann kein Zweifel darüber bestehen, daß sich auf der Grundlage sowohl der Genkarten als auch der genetischen Experimente ein für die Bakteriensystematik interessantes hilfreiches Ordnungsprinzip abzeichnet, für das der Begriff „Grundtyp" sehr geeignet ist.

## 10.6 Variation innerhalb von Grundtypen

Aus der Grundtypdefinition kann man ableiten, daß alle Angehörigen eines Grundtyps auch das gleiche Grundmuster an Genen besitzen – sonst wäre ja keine Kreuzung möglich. Ein solch ähnliches Gengrundmuster wird nun sicherlich auch im Äußeren (Phänotyp) sichtbar sein: Deshalb fallen die bis heute bekannten Grundtypen oft mit schon lange bekannten taxonomischen Gruppen, etwa Gattungen oder Familien, zusammen (Abb. 10.15), doch muß das nicht unbedingt der Fall sein. Gewöhnlich ist den Taxonomen aber eine sehr sorgfältige und genaue Naturbeobachtung zu eigen, die letzlich mit den Ergebnissen aus der Kreuzungsforschung in der Regel verträglich sein wird. Dies ist auch für die modernen Erkenntnisse der Molekularbiologie und Biochemie zu erwarten. Am Beispiel der Entenvögel wurden hierzu nähere Untersuchungen gemacht, und es zeigte sich, daß aufgrund der genannten Merkmale die Entenvögel sehr klar von allen anderen bisher untersuchten Vögeln unterschieden sind. In Abbildung 10.16 ist eine ganze Reihe von Entenvögeln abgebildet. Man kann sie sofort als Entenvögel erkennen, etwa am typischen Entenschnabel. Doch auf der anderen Seite fällt auch auf, wie verschieden in Größe, Form, Farbe oder auch Lebensweise diese Tiere sind (s. auch Abb. 10.2 und 10.4). Woher kommen sie? Im Grundtypmodell der Schöpfungslehre ist die Möglichkeit enthalten, daß alle zu einem Grundtyp gehörenden Arten auf eine (oder wenige) erschaffene Stammform(en) zurückgehen und sich durch mikroevolutive Prozesse aus ihr entwickelt haben. Das Pferd hätte also tatsächlich ein „Urpferd" als Vorfahren! Doch dieses „Urpferd" – und dies ist jetzt eine spezifische Voraussetzung der Schöpfungslehre! – hatte als typisches Pferd mit allen Hauptmerkmalen heutiger Pferde ein viel größeres Variationspotential als seine Nachfahren, und ähnliches wird für die Stammform der Enten, der Hühner, der Hunde, der Kernobstgewächse usw. postuliert.

Kann eine solche Hypothese durch die Daten der Natur gestützt werden? Am Beispiel der Enten soll das an einigen wenigen Punkten gezeigt werden. Es wurde schon erwähnt, daß manche Enten nicht mit anderen Enten gekreuzt haben. Darunter sind viele Formen, die den Taxonomen schon immer Probleme bereitet haben; man faßt sie auch unter dem Begriff „aberrante Typen" zusammen. Sie zeichnen sich dadurch aus, daß sie in sich Merkmale von ganz verschiedenen Entengattungen vereinigen. Deshalb können sie nicht ohne weiteres anderen Entenvögeln zugeordnet werden, und man stellt sie in eine eigene Tribus. Die Hühnergans (Abb. 10.17) ist ein solcher aberranter Typ und vereinigt in sich Merkmale der Halb-

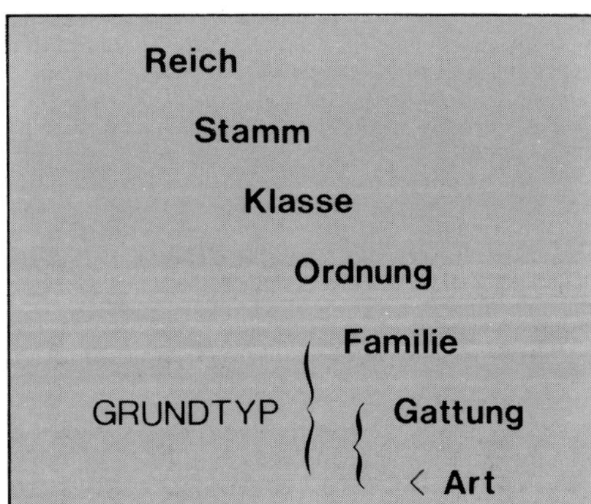


*Abb. 10.15: Grundtypen können mit Familien, Gattungen oder Arten zusammenfallen.*

*Abb. 10.16: Ein kleiner Ausschnitt aus der Vielfalt der Entenvögel ist in dieser Zeichnung dargestellt. Erste Reihe: Schwarzhalsschwan (Cygnus melanocoryphus), Trompeterschwan (C. buccinator, größter Entenvogel der Welt), Kanadagans (Branta canadensis). Zweite Reihe: Afrikanische Zwergglanzente (Nettapus auritus), Laysan-Stockente (Anas platyrhynchos laysanensis, Unterart der Stockente), Stockente (Anas platyrhynchos), Rothalsgans (Branta ruficollis). Dritte Reihe: Mandarinente (Aix galericulata), Mittelsäger (Mergus serrator). Alle Arten gehören zum Grundtyp der Entenvögel. (Zeichnung: Thomas Hilsberg)*

gänse, der Gänse und der Enten. Die Dampfschiffenten gehören nach ihren Federproteinen in die Nähe der Halbgänse, nach den Skelettmerkmalen zu den Enten und nach der Zusammensetzung der Bürzeldrüsenwachse in die Verwandtschaft der Eiderente. Solche Merkmalswidersprüche sind häufig und im Evolutionsmodell nur durch Konvergenz (vgl. Abschnitt 10.7) zu erklären. Das setzt jedoch die Kenntnis des Selektionsdruckes voraus, welcher in verschiedenen Arten zum Auftreten des gleichen Merkmals führte. Diese Selektionsdrücke sind unbekannt. Im Schöpfungsmodell vermutet man, daß in der Stammform der Enten die Kapazität zur Ausprägung der in Frage stehenden Merkmale vorhanden war und daß sich die Merkmale in mehr oder weniger zufälligen Kombinationen auf die Nachfahren verteilten. Ähnliche Befunde gibt es auch bezüglich der Gefiederzeichnung oder der Schnabelform. Die Morphologie von Entenmischlingen zeigt, daß in verschiedenen Arten recht ähnliche Genmuster vorkommen, welche durch die Hybridisierung offengelegt werden.

*Abb. 10.17: Die Hühnergans stellt für die Taxonomen ein nicht geringes Problem dar. Sie vereinigt in sich Merkmale von ganz verschiedenen Gruppierungen der Entenvögel. Daher wird sie zu den „aberranten Typen" gestellt, die im Schöpfungsmodell gut erklärt werden können (vgl. Text).*

In Abb. 10.18 ist dargestellt, daß der Mischling zwischen Reiherente und Tafelente der amerikanischen Veilchenente zum Verwechseln ähnlich sieht.

Auch aus dem Bereich der Verhaltensforschung kommen gute Argumente für das Grundtypmodell. KONRAD LORENZ hat bei seinen bahnbrechenden Verhaltensstudien an Enten festgestellt, daß die verschiedenen Verhaltensabläufe aus „Elementarbewegungen" zusammengesetzt sind, welche fast allen Enten eigen sind. Eine neue Verhaltensabfolge entsteht nun nach KONRAD LORENZ entweder durch *Neukombination* der Elementarbewegungen oder durch *Verlust* von Einzelelementen. Die Herausbildung der verschiedenen Verhaltensabfolgen innerhalb der Enten kann also zwanglos als eine mikroevolutive Variation des mit einer hohen Variationspotenz versehenen „Grundmusters" des Entenverhaltens aufgefaßt werden.

Es bedeutet eine gute Stütze für das Grundtypmodell, daß sich auch auf der Ebene der *biochemischen Verwandtschaft* zwischen den Enten ganz entsprechende Verhältnisse finden. Das Protein *Lysozym* soll als Beispiel dienen. Das ist ein Enzym, welches Bakterienwände zerstören kann. In Entenvögeln kommen zwei deutlich verschiedene Formen vor. Man hat 25 Entenarten untersucht und in 5 Arten den ersten Lysozymtyp, in 3 Arten den zweiten Lysozymtyp und in 13 Arten beide Lysozymtypen gleichzeitig gefunden. Bei 4 Arten konnte man das Lysozym weder dem ersten noch dem zweiten Typ zuordnen. Wieder hängen die 4

*Abb. 10.18: Die oben abgebildete Reiherente kann mit der darunter abgebildeten Tafelente kreuzen und den an dritter Stelle gezeichneten Mischling hervorbringen. Dieser wird in Parkanlagen unweigerlich mit der nur in Amerika lebenden Veilchenente verwechselt (unten abgebildet). Mehrere solcher Fälle sind bekannt, wo die Kreuzung zweier Arten Ähnlichkeiten mit einer dritten Art hervorbringt. Man kann daraus entnehmen, daß das Erbgut der beteiligten Arten sehr ähnlich ist und daß Gene im ruhenden Zustand nicht ausgeprägt sind, aber durch eine zwischenartliche Kreuzung aktiviert werden. (Aus SCHERER & HILSBERG 1982)*

Gruppen taxonomisch überhaupt nicht zusammen: jede Gruppe setzt sich aus Vertretern verschiedener Triben zusammen. Nach dem evolutionstheoretischen Modell könnte eine solche Verteilung durch Konvergenz entstehen, doch liegt der dazu notwendige Selektionsdruck wiederum völlig im Dunkeln. Dagegen können wir den Befund sehr gut im Grundtypmodell deuten (Abb. 10.19): Die Stammform der Enten hatte wohl beide Lysozymtypen (war also komplex), während manche Nachkommen das eine, andere das zweite Enzym verloren haben. In einigen wurde das übriggebliebene Lysozym auch durch Punktmutationen verändert, so daß es zwar in seiner Funktion gleich blieb, jedoch keinem der beiden Haupttypen direkt zugeordnet werden kann.

Solche mikroevolutiven Vorgänge können übrigens außerordentlich rasch ablaufen: So unterscheidet sich die Aminosäuresequenz des α-Hämoglobins einer Hausente von dem der Wildente an 2 Positionen, die des β-Hämoglobins sogar an 5 Positionen! In nur wenigen hundert oder höchstens tausend Jahren hat sich durch künstliche Selektion (Züchtung) ein so deutlicher Unterschied herausgebildet. Doch die Ente ist Ente geblieben, und das mutierte Hämoglobin scheint nicht besser oder schlechter als das ursprüngliche der Wildform zu funktionieren.

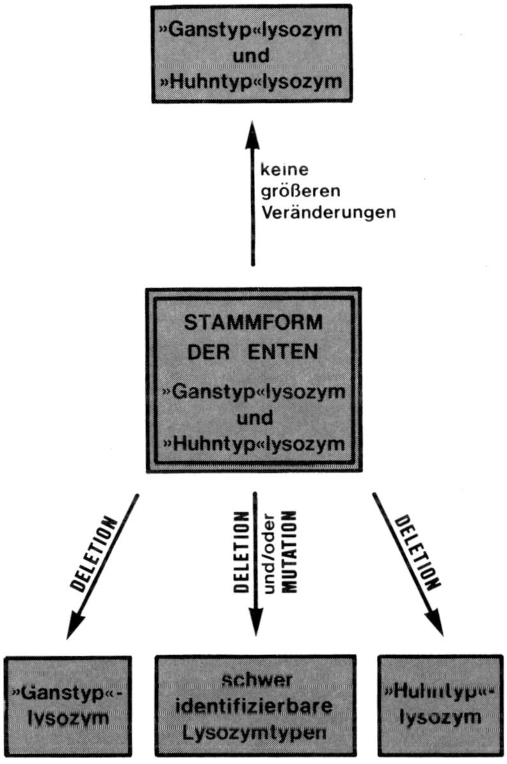


*Abb. 10.19: In dieser Abbildung ist dargestellt, wie man sich die verschiedenen Lysozymverteilungen der Entenvögel als aus einer komplexen Stammform hervorgegangen denken kann. Die Stammform konnte beide Lysozyme besessen haben (Die Namen der Lysozyme haben historische Gründe). Durch Deletion und verschiedene Punktmutationen könnten dann daraus in einer von Zufallsmechanismen geprägten Weise die heutigen Kombinationen entstanden sein. Ein solcher Prozeß fällt in den Bereich der Mikroevolution.*

### *Die Regel der rekurrenten Variation*

An verschiedensten Organismen hat man seit Jahrzehnten immer wieder die Beobachtung gemacht, daß sich das Mutantenspektrum nach mehrfach wiederholter künstlicher Mutationsauslösung nur noch geringfügig vergrößert, d.h. es treten immer wieder die gleichen Mutanten auf. Der Genetiker GOTTSCHALK schreibt (1978, S. 168): „Je größer die Sortimente sind, umso schwieriger ist es, sie durch neue Mutationstypen zu erweitern. Es entstehen hierbei bevorzugt Mutanten, die bereits existieren." Züchter stellten fest, daß im allgemeinen infolge künstlicher Mutationsauslösung mittels Strahlen oder Chemikalien hauptsächlich Merkmale und Eigenschaften auftreten, die auch nach Spontanmutationen entstehen. Die Zahl der *neuen* Mutantentypen nimmt bei immer weiteren Mutationsversuchen ab. Aus diesen Gründen hat die Mutationszüchtung inzwischen an Bedeutung verloren. Das Phänomen des häufigen Wiederkehrens derselben Mutationen faßt LÖNNIG (1988) unter der „Regel der rekurrenten Variation" zusammen. Die Regelhaftigkeit der Mutationserscheinungen weist auf ein vorgegebenes, reichhaltiges, aber letztlich begrenztes Variationspotential der Grundtypen hin, wie es im Schöpfungsmodell gefordert wird.

### *Grundtypkonzept und Evolutionskonzept*

Ist die Schöpfungslehre nun am Ende doch nichts anderes als eine besondere Art von Evolutionslehre? Wenn man unter Evolution *nur* den Prozeß der Mikroevolution, also die Variation des Vorhandenen ohne Möglichkeit, etwas ganz Neues (Makroevolution) zu erzeugen, versteht, dann ist das richtig. Doch würde dem kein Evolutionstheoretiker zustimmen. Wie in diesem Buch schon im Detail dargestellt wurde (Abschnitte 3.3 und 4.4), können die experimentell erfaßbaren Evolutionsmechanismen vorhandene Information zwar variieren, doch nach heutiger Kenntnis nichts grundsätzlich Neues erzeugen. In diesem Punkt unterscheiden sich Evolutions- und Schöpfungsmodell fundamental. Innerhalb der Grundtypen könnte es so zu einer Aufspaltung in verschiedene biologische Arten kommen, welche dann auch unterschiedliche ökologische Nischen besiedeln können – so zum Beispiel die Tauchenten im Gegensatz zu den Schwimmenten oder den Sägern, um bei den Entenvögeln zu bleiben. Jedoch beinhaltet das Grundtypkonzept, daß aus den Grundtypen der Enten, Hühner, Pferde, Hunde oder Menschen durch Zufallsmechanismen *nicht andere Grundtypen entstehen können*, und daß diese heute beobachtbaren Einheiten auch nicht aus anderen Grundtypen hervorgegangen sind.

Sowohl im Schöpfungsmodell als auch im Evolutionsmodell werden Stammformen *postuliert* – in keinem der beiden Modelle konnten diese bisher nachgewiesen werden. Die Stammformen werden im Schöpfungsmodell aber nicht für „primitiver", sondern im Gegenteil für „komplexer" als ihre heutigen Nachfahren gehalten.

Ein Vergleich kann zum Verständnis helfen: In Abschnitt 6.5 war von der Embryonalentwicklung des Menschen die Rede. Aus einer einzelnen Eizelle entwickelt sich innerhalb einiger Monate eine Vielzahl von Geweben und Organen mit sehr unterschiedlichen Zelltypen. Dieser Vorgang wird auch als *Differenzierung* bezeichnet. Die ausdifferenzierten Zellen unterscheiden sich *wesentlich* von der Eizelle: Sie können nicht zum Ausgangspunkt der Bildung eines neuen Organismus werden, ihr Entwicklungspotential ist durch den Prozeß der Differenzierung kleiner geworden.

In einem ähnlichen Sinn sollen die Begriffe „Entwicklung" oder „Mikroevolution" im Schöpfungsmodell verstanden werden. Das Entwicklungspotential (Totipotenz) der befruchteten Eizelle gleicht dem hypothetischen Variationspotential der geschaffenen Stammformen. So wie während der Embryonalentwicklung der Informationsgehalt des Organismus nicht zunimmt, obwohl die Vielfalt der Zell- und Gewebetypen steigt, nimmt auch in der postulierten Differenzierung der Grundtypen in biologische Arten die Komplexität der biologischen Information nicht zu; dagegen nimmt die Variationspotenz der einzelnen Arten im Laufe der Zeit ab, während ihr Spezialisierungsgrad steigt (vgl. Abschnitt 3.4 über Prinzipien der Artbildung, besonders Abb. 3.57 bis 3.60). Es sei an dieser Stelle auch nochmals an die Mechanismen der Variabilität (Abschnitt 4.2 und 4.4) erinnert.

## 10.7 Konvergenz im Grundtypmodell

Als **konvergent** bezeichnet man Struktur- und Formähnlichkeiten bei Organismen, die man als *nicht* stammesgeschichtlich verwandt ansieht (vgl. Abb. 6.4). Konvergenz ist ein weit verbreitetes Phänomen. In Abschnitt 6.1 wurde die evolutionstheoretische Deutung für diese Erscheinung dargelegt und kritisiert. Im Evolutionsmodell muß nach Selektionsdrücken gefragt werden, die zu (manchmal *bis ins Detail*) gleichförmigen Strukturen geführt haben müßten, wie die folgenden Beispiele zeigen. So gibt es gestaltlich einander sehr ähnliche nektarsaugende Vögel in taxonomisch entfernten Gruppen (Kolibris in Südamerika, Nektarvögel in Afrika und Honigfresser in Australien). Ganz erstaunlich ist auch die Ähnlichkeit vieler Lebensformtypen der Beuteltiere einerseits (vgl. dazu Abschnitt 7.3) und der placentalen Säugetiere andererseits. So ähneln Beutelwolf, Beutelmarder, Beutelspringmaus, Beutelspitzmaus, Beutelmaulwurf, Koalabär, Beutelflughörnchen und andere Beuteltiere den entsprechenden Placentatieren äußerlich, trotz verschiedenen inneren „Bauplans", z.T. täuschend. Das Tintenfischauge ist bis in Einzelheiten hinein nach dem gleichen Plan gebaut wie das Wirbeltierauge (entsteht ontogenetisch aber auf andere Weise). Die Fähigkeit zur Homoiothermie (konstante Körpertemperatur) findet sich bei Vögeln und Säugetieren. Konvergente Stammsukkulenz (extreme Verdickung der Sproßachse im Zusammenhang mit der Ausbildung von Wasserspeichergewebe) tritt bei Kakteen und einer Reihe von weiteren Pflanzenfamilien auf, die sonst keine näheren Verbindungen zeigen. Die rutenförmigen Äste der Samenpflanze *Casuarina* mit quirlig angeordneten schuppenförmigen Blättern erinnern an die Sprosse der Schachtelhalme. Fleischfressende Pflanzen finden sich ebenfalls in ganz unterschiedlichen Familien. Dasselbe gilt für sog. *CAM-Pflanzen*, die einen besonderen Stoffwechseltyp und z.T. spezifische Strukturen besitzen, die eine zeitliche Trennung von sonst gleichzeitig ablaufenden Photosyntheseprozessen ermöglichen. Es handelt sich jeweils um eine Anpassung an extreme Trockenstandorte, indem die Pflanzen in der Lage sind, das für die Photosynthese nötige $CO_2$ nachts aufzunehmen und in Form von organischen Säuren zu speichern, so daß die Spaltöffnungen tagsüber geschlossen bleiben können. Der CAM-Stoffwechsel ist in mehreren Familien von Bedeckt- und Nacktsamern und einigen Farnen nachgewiesen worden. Wasserabsorptionszellen gibt es in der äußersten Schicht der Wurzel bei manchen epiphytischen Pflanzen verschiedener Familien. Sie sind vielfach mit schrauben- oder netzförmigen Wandverdickungen und mit großen Poren ausgestattet. Gleiche Funktion und sehr ähnlichen Bau haben die Wasserzellen der Torfmoose. Zuletzt sei als biochemisches Beispiel die weite Verbreitung von Hämoglobinen genannt. Dieses Protein findet sich (mit unterschiedlicher Aminosäuresequenz, aber identischer Funktion und gleichem räumlichem Aufbau) in den verschiedensten Tierstämmen, bei manchen Bakterien und bei Pflanzen.

Die Definition von Konvergenz im Schöpfungsmodell bezieht sich ebenfalls auf das Auftreten von Struktur- und Formähnlichkeiten bei genealogisch nicht verwandten Organismen, hier verschiedenen Grundtypen. Im Schöpfungsmodell sind Konvergenzen deutbar: Sie werden als Zeugnisse einer planvollen Erschaffung aufgefaßt, wobei gleiche Bauprinzipien zweckmäßig in analoger Weise angewendet wurden. Der Schluß aus den oft verblüffenden Ähnlichkeiten (s.o.) auf planvoll eingesetzte Bauprinzipien erscheint naheliegend, wenn ein Schöpfer nicht *a priori* ausgeschlossen wird. Dies würde auch dann gelten, wenn es im Rahmen des Evolutionsmodells gelänge, die erforderlichen Selektionsprozesse nicht nur aufzuzeigen, sondern auch nachzuweisen, daß sie stark und differenziert genug waren, um die weitgehende Übereinstimmung konvergenter Strukturen zu erzeugen (von beidem ist man weit entfernt). Gemessen am derzeitigen naturwissenschaftlichen Befund ist das Postulat eines planvollen Ursprungs von Konvergenzen jedenfalls nicht spekulativer als das der hauptsächlich aus der Evolutionsvorstellung gefolgerten Mutations- und Selektionsprozesse.

Solche Befunde verbieten es übrigens, aus beobachteter Ähnlichkeit auf gemeinsame Abstammung zu schließen. „Ähnlichkeiten zwischen Strukturen mehrerer Organismen beweisen an sich keine Stammesverwandtschaft. Die durch Konvergenzerscheinungen und Parallelentwicklungen bedingten Ähnlichkeiten sind häufig größer als die zwischen verwandten Formen" (Starck 1978, S. 15). Folglich wird im Rahmen des Evolutionsmodells ein phylogenetischer Entwicklungsverlauf vornehmlich unter Berücksichtigung funktioneller Aspekte („in welcher Weise ist eine Organisationsänderung funktionell denkbar?") und nicht einfach durch Feststellung von Ähnlichkeiten zu rekonstruieren versucht: Phylogenese ist „nicht aus dem Nachweis homologer Reihen ablesbar und bedarf der Rekonstruktion" (Starck 1978, S. 25).

## 10.8 Schwächen und Stärken des Grundtypmodells

In diesem Buch war viel von den Schwächen des Evolutionsmodells die Rede, doch ist an einigen Stellen auch auf Schwächen und ungelöste Probleme des Schöpfungsmodells hingewiesen worden. Das Grundtypmodell hat zwei Hauptschwächen. Zum einen ist es erst an wenigen Organismengruppen wirklich fundiert getestet worden. Damit kann es vorerst auch nur als eine *Arbeitshypothese* betrachtet werden. Der weitere Gang der biologischen Forschung wird zur Bestätigung, zur Revision oder auch zur Verwerfung dieser Hypothese führen. Die Erarbeitung einer vollständigen Taxonomie im Rahmen des Schöpfungsmodells steht aus. Eine zweite Schwäche der Grundtypdefinition liegt in den zuweilen auftretenden praktischen Schwierigkeiten, im konkreten Fall eine Hybridisierung zu vollziehen. Der Kreuzung verschiedener Arten sind bei Tieren von der Verhaltensbiologie her Grenzen gesetzt, und eine künstliche Befruchtung ist zwar manchmal leicht möglich, aber z.B. im Falle seltener oder schwer zu haltender Tiere außerordentlich schwierig.

Eine Stärke des Modells ist die prinzipielle Prüfbarkeit. Man darf nicht vergessen, daß bei Tieren und Pflanzen Tausende von Kreuzungsberichten in der Literatur vorliegen, welche ausgewertet werden können. In kritischen Fällen kann künstliche Befruchtung trotz des o.g. experimentellen Aufwandes auch zur Entscheidung herangezogen werden, und damit ist die systematische Kategorie des Grundtyps als *einzige Typdefinition der gesamten Biologie* experimentell prüfbar. In den Fällen, in denen man die Grundtypdefinition an konkreten Beispielen geprüft hat, waren die Ergebnisse bisher ermutigend – der Leser sei auf die im Anhang gegebene Literatur hingewiesen. Durch die Entwicklung der Molekularbiologie ist es vielleicht bald möglich, die einen Grundtyp kennzeichnenden Genmuster zu finden, doch ist dies derzeit nicht im einzelnen absehbar.

Es ist ebenfalls eine deutliche Stärke des Grundtypmodells, daß im gesamten experimentell zugänglichen Bereich der Mikroevolution (sowohl Züchtungsforschung als auch Artbildung, vgl. Kapitel 3) alle Veränderungen *mit Sicherheit innerhalb der Grundtypgrenzen* geblieben sind. Die in diesem Buch herausgestellte Unterscheidung zwischen Mikro- und Makroevolution kann somit im Rahmen des Grundtypmodells quantifiziert werden: Als Mikroevolution werden alle Variationsvorgänge bezeichnet, welche sich innerhalb der Grundtypgrenzen bewegen. Makroevolution wäre die Entstehung von Grundtypen auseinander. Derartiges wurde noch nie beobachtet.

Auf eine Zusammenfassung verzichten wir und verweisen auf Kapitel 11. Dort werden in einer abschließenden Zusammenschau Evolutionsmodell und Schöpfungsmodell einander gegenübergestellt.

# 11 Abschließende Bemerkungen

Schöpfungs- und Evolutionsmodelle stimmen darin überein, daß durch natürliche Prozesse neue biologische Arten entstehen können. Doch niemand weiß, welche Genveränderungen bei der Artbildung wirklich ablaufen. Ein weites Feld für die biologische Forschung auf vielen Gebieten ist hier noch immer offen, und wir kommen zu dem vielleicht ganz unerwarteten Ergebnis, daß Schöpfungstheoretiker und Evolutionstheoretiker ausgeprägte gemeinsame Interessen haben: Nach welchen Mechanismen entstehen biologische Arten, und welche Möglichkeiten der Variabilität liegen in den Organismen verborgen?

Mit einem Blick auf die zwei Stammbäume des Titelblattes dieses Buches sollen Unterschiede und Gemeinsamkeiten nochmals verdeutlicht werden (Abb. 11.1). Oben ist der klassische Stammbaum der Evolutionstheorie angedeutet. Wie in Kapitel 8 schon dargelegt wurde, sind der Ursprung der Wirbeltiere sowie die Verzweigungen am Stammbaum weder durch Fossilfunde noch durch gesicherte theoretische Modelle gestützt. Daher müssen an diesen Stellen Fragezeichen stehen; die meisten Evolutionstheoretiker stellen dies in ihren *wissenschaftlichen* Arbeiten auch so dar. Gleichzeitig weisen wir darauf hin, daß im Schöpfungsmodell am Ursprung der Grundtypen ebenfalls nur ein Fragezeichen stehen kann. Der Unterschied zwischen den beiden Ursprungsmodellen liegt nun darin, daß der Evolutionstheoretiker die Prognose stellt, daß der weitere Gang der Forschung die Mechanismen und Evolutionswege durch biologische Theorien und Fossilfunde wenigstens prinzipiell aufklären werde, während der Schöpfungstheoretiker erwartet, daß sich mit dem weiteren Gang der Forschung die Trennungslinie zwischen den Grundtypen verschärft und daß molekularbiologisch begründet werden kann, warum sich Grundtypen durch Evolutionsmechanismen nicht bilden, weshalb Grundtypgrenzen nicht überschritten werden können. Beide Prognosen werden sich anhand fortschreitender biologischer und paläontologischer Forschung zu bewähren haben.

Die Ursprungsmodelle stimmen darin überein, daß es eine Vielzahl ausgestorbener Lebewesen gibt, welche nur bedingt in das System der heute lebenden Organismen eingeordnet werden können. Im Evolutionsmodell werden diese als Zeugnisse des Höherentwicklungsprozesses gedeutet, und die Bildung der Gesteinsschichten wird im Sinne von sehr langen Zeiten interpretiert. Dagegen deutet das Schöpfungsmodell die Fossilien als Zeugnisse vergangener, teilweise ökologisch gestörter Lebensgemeinschaften, die (soweit sie verschiedenen Grundtypen angehören) nicht durch Abstammungsvorgänge miteinander verbunden sind und durch rasch aufeinander folgende katastrophische Prozesse in der Erdvergangenheit in den Gesteinsfolgen eingebettet wurden. Als gewichtiger Unterschied muß damit auch die vom Schöpfungsmodell beanspruchte Gleichzeitigkeit der Erschaffung der Grundtypen gegenüber der zeitlich verschobenen Entstehung im Evolutionsmodell hervorgehoben werden.

Ein weiterer Unterschied liegt in der Deutung der Mechanismen des Variationsprozesses (Mikroevolution). Sie sind im Evolutionsmodell als Zufallsmutationen mit nachfolgender Selektion postuliert und sollen im Laufe der Zeit zur „Höherentwicklung" führen. Daß Variationsmechanismen existieren, steht außer Zweifel, doch geht das Schöpfungsmodell davon aus, daß in den erschaffenen Grundtypen von Anfang an ein großes Variationspotential „programmiert" war, welches dann zur Bildung der einzelnen Arten führte. Die Entdeckung der dafür notwendigen komplexen genetischen Programme durch die biologische Forschung steht allerdings aus.

In kurzer Thesenform sind die Grundaussagen von Schöpfungsmodell und Evolutionsmodell in Tab. 11.1 zusammenfassend gegenübergestellt.

Nun besteht kein Zweifel, daß trotz zahlreicher *gemeinsamer Fragestellungen* in Schöpfungslehre und Evolutionslehre große Unterschiede in den Grundtheorien und Denkvoraussetzungen bestehen. Doch sind die Autoren dieses Buches überzeugt, daß es eine Ebene gibt, auf der ein Gespräch möglich und sinnvoll ist: Die beschreibende Ebene der Naturwissenschaften. Es erscheint uns wünschenswert, daß die an solchen Fragen interessierten Naturwissenschaftler *unabhängig von ihren weltanschaulichen Grundvoraussetzungen* miteinander im sachlichen Gespräch bleiben. Indes: „Beweise" für oder gegen eines der beiden Modelle sind auf dieser Ebene nicht möglich, und im besten Falle wird man zum Schluß kommen, daß ein bestimmtes Modell – scheinbar oder in Wirklichkeit – weniger Widersprüche zu beobachteten Daten der Natur mit sich bringt als konkurrierende Modelle.

Bei aller wünschenswerten und sachlichen Dis-

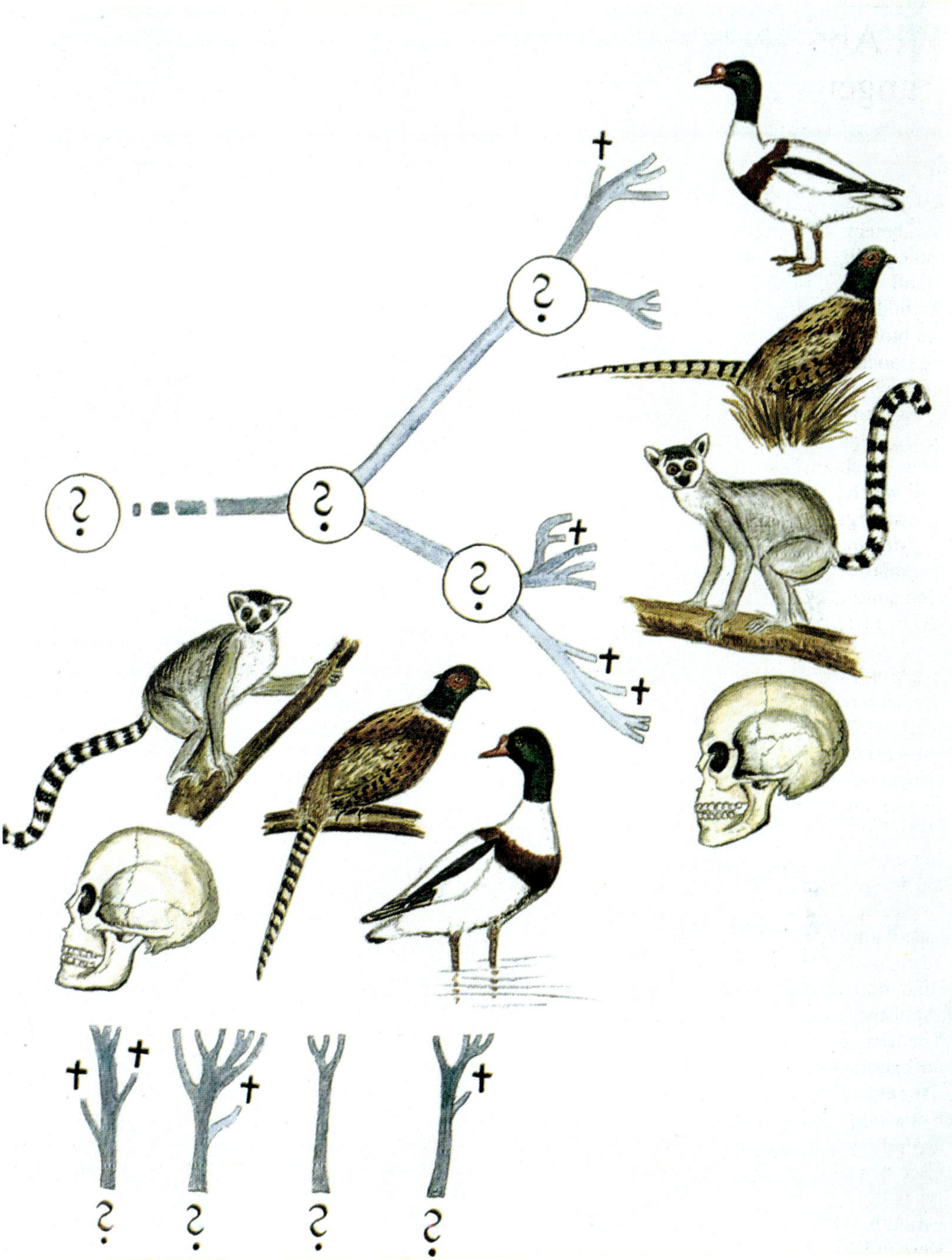


*Abb. 11.1: Evolutionsmodell (rechts) und Schöpfungsmodell (Grundtypmodell, unten). (Zeichung: Thomas Hilsberg)*

*Tabelle 11.1*

| Ursprungsmodell „EVOLUTION“ | Ursprungsmodell „SCHÖPFUNG“ |
|---|---|
| 1. Die ersten lebenden Zellen sind zufällig in Ursuppen entstanden, aus einer dieser Zellen haben sich alle Lebensformen entwickelt. | 1. Die Lebewesen wurden gleichzeitig in Form von Grundtypen erschaffen, danach erfolgte eine (adaptive) Radiation der verschiedenen Stammformen innerhalb ihres Variationspotentials. |
| 2. Die Ähnlichkeit der Lebewesen geht auf Evolution zurück, ist also eine Folge der postulierten Stammesgeschichte. | 2. Die Ähnlichkeit der Lebewesen geht auf einen gemeinsamen Plan des Schöpfers zurück. |
| 3. Die biologisch faßbaren Evolutionsfaktoren werden als ausreichend betrachtet, um kausal eine Höherentwicklung (Makroevolution) befriedigend zu erklären. | 3. Die biologisch faßbaren Evolutionsfaktoren variieren nur den gegebenen Grundtyp (Mikroevolution), Grundtypgrenzen können durch die bisher bekannten Faktoren nicht übersprungen werden. |
| 4. Geologische Befunde werden im Rahmen sehr langer Zeiträume interpretiert: Uniformitarismus. | 4. Geologische Befunde werden im Rahmen sehr kurzer Zeiträume interpretiert: Katastrophismus. |
| 5. Fossilien werden in den Rahmen evolutionär aufsteigender Fossilreihen gestellt. | 5. Fossilien werden in den Rahmen katastrophischer Entstehungsmodelle gestellt (Mega-Sukzession und Verschüttung gestörter Ökosysteme). |

kussion darf jedoch nicht übersehen werden, daß der *weltanschauliche* Blickwinkel, unter dem ein Schöpfungstheoretiker die Ursprungsfrage betrachtet, sich an bestimmten Stellen derart grundsätzlich von dem des Evolutionstheoretikers unterscheidet, daß hier realistischerweise wohl kein Konsens erwartet werden kann. Die Autoren sind aber davon überzeugt, daß dies – insbesondere angesichts der im Vorwort zitierten „Gebote wissenschaftlicher Ethik“ von Hans Mohr – keinen Hinderungsgrund für die sachliche Auseinandersetzung darstellt.

# Nachwort

Alle Ursprungsforschung hat weltanschauliche Grundlagen. Daher werden durch eine auf die Naturwissenschaft beschränkte Betrachtungsweise der Ursprungsfragen wesentliche Aspekte der Anfänge aller Dinge nicht berührt. So bleiben bei Beschränkung auf die naturwissenschaftliche Erkenntnismethode sowohl in Evolutions- als auch in Schöpfungsmodellen wichtige Fragen ohne Antwort. Probleme, mit denen besonders das Schöpfungsmodell konfrontiert ist, ergeben sich angesichts destruktiver Strukturen in der Schöpfung (z. B. Parasiten, vgl. Abschnitt 6.6), denn in diesem Modell wird von einer ursprünglich vollkommenen Schöpfung ausgegangen. Auch sind unter diesem Gesichtspunkt Degenerationen (s. Abschnitt 6.5.1) oder das Aussterben von Grundtypen (s. Abschnitt 8.7.10) schwer verständlich.

Nun muß in Rechnung gestellt werden, daß die Naturwissenschaft nur den *heutigen* Zustand der Organismen und ihrer wechselseitigen Beziehungen untersuchen kann. Wenn die Angaben der Bibel zutreffen, daß die gesamte Schöpfung durch die Folgen eines historischen Sündenfalles gezeichnet ist, dann können sog. „Konstruktionsmängel", parasitäre Lebensweise und der Artentod sicher nicht als Teil eines göttlichen Schöpfungsplanes angesehen werden. Daß z.B. die Frau „unter Schmerzen gebären" muß, gehört nicht zu einer guten Schöpfung; dies wird in der biblischen Urgeschichte ausdrücklich als Folge des Sündenfalls genannt.

Allen Evolutionsmodellen ist gemeinsam, daß individueller Tod, Artentod und destruktive Strukturen letztlich im Dienste der Höherentwicklung stehen. Wenn Gott als Initiator oder Lenker des Evolutionsgeschehens gedacht wird (theistische Evolutionsvorstellung), stellt sich das Problem des Destruktiven in der Schöpfung in gleicher Schärfe.

Mit diesen Überlegungen ist eindeutig der Punkt gekommen, an dem ethische Werturteile, philosophisch-religiöse Überlegungen und persönliche Prägungen an Gewicht so stark zunehmen, daß solche Fragen im Rahmen des vorliegenden Buches nicht besprochen werden sollen. Im Sinne einer ganzheitlichen Erziehung ist in diesem Zusammenhang die enge Verbindung zwischen Biologie- und bibelgemäßem Religionsunterricht gefragt.

Schließlich halten es die Autoren für richtig, die Leser über ihre weltanschauliche Überzeugung nicht im Unklaren zu lassen. Sie *glauben*, daß in der Bibel als dem Wort Gottes die wahre Geschichte über die Entstehung der Welt geoffenbart ist. Es ist ihnen aber bewußt, daß dies *Glaube* und nicht Wissenschaft ist: „Durch Glauben erkennen wir, daß die Welt durch Gottes Wort ins Dasein gerufen worden ist, es sollte eben das jetzt Sichtbare nicht aus dem sinnlich Wahrnehmbaren entstanden sein" (Hebr. 11,3).

# Dank

Schüler, Biologielehrer und Wissenschaftler haben einzelne Teile des Manuskriptes im vorläufigen Stadium gelesen und uns durch konstruktive Kritik auf Fehler, mißverständliche oder gar unverständliche Formulierungen aufmerksam gemacht. Besonders geschätzt haben wir die Kritik der Kollegen, die unsere weltanschauliche Überzeugung und daher einige unserer Schlußfolgerungen nicht teilen konnten. Nicht immer sind wir den Änderungsvorschlägen gefolgt, daher liegt die volle Verantwortung für den Inhalt dieses Buches bei den Autoren und darf auch nicht teilweise den im folgenden genannten Personen angelastet werden. Allen, auch den Helfern, die nicht namentlich genannt sein wollen, sei herzlich gedankt:

Dr. ERIKA BAUCH, Prof. Dr. EBERHARD BERTSCH, JOACHIM BOTZENHARDT, Dipl. Geol. MARTIN ERNST, SIGRID GROSSHANS, FRIEDRICH CHRISTIAN HAAS, Dr. PAUL HANSMANN, Dr. HANSJÖRG MEIER, StR WOLFGANG MEYER, Dr. JOACHIM SCHEVEN, ESTHER SCHMIDT, Dipl.-Dok. MARTIN SCHWEIKERT, GABRIELE STÄDTLER, Dr. ERWIN STÜRZL, Dipl. Biol. MICHAEL VÖLLINGER, ULRIKE WANDEL, GOTTLIEB ZIMMERMANN.

Wertvolle Hinweise für die zweite Auflage erhielten wir u.a. von Dr. MARTIN ADLER, Dr. BARBARA VAN CLEVE, Prof. Dr. WERNER GITT, MICHAELA HAUX, DORIS JORDING, Dr. HERFRIED KUTZELNIGG, Dr. WOLF-EKKEHARD LÖNNIG, Prof. Dr. J. NIETHAMMER und Dr. FRANZ STUHLHOFER.

Ohne die künstlerische Mitwirkung von FRIEDEMANN BECK, PETER BLÖCHER, ROBERT GEITER, LOTTI HALLER, THOMAS HILSBERG und SYBILLE VON WERDER wären viele Zeichnungen nicht möglich gewesen.

Folgenden Museen und Instituten verdanken wir die Genehmigung zur Abbildung einiger Exponate (Nennung in den Legenden): Bergbau Museum, Bochum; Jura Museum, Eichstätt; Museum Bergér, Eichstätt; Ruhrland-Museum, Essen; Naturmuseum Senckenberg, Frankfurt; Studiensammlung „Lebendige Vorwelt“ Hagen/Westf.; Landessammlungen für Naturkunde, Karlsruhe; Museum beim Solenhofer Aktien-Verein, Maxberg bei Solnhofen; Westfälisches Museum für Naturkunde, Münster; Naturmuseum Solothurn; Museum Schloß Rosenstein, Stuttgart; Paläontologisches Institut Tübingen.

In besonderer Weise danken wir Frau CHRISTA BECK-RUDERT und Prof. Dr. Dr. HORST W. BECK. Ohne ihre Ermutigung und das von ihnen geleitete Studienkolleg in Baiersbronn-Röt/Schwarzwald als Basis sowie die Studiengemeinschaft WORT UND WISSEN als Gesamtrahmen wäre das vorliegende Buch nicht entstanden.

# Literatur

## Evolutionstheoretische Literatur

(hochgestellte Zahl = Zahl der Auflage)

BAUER, E. W. (Hrsg., 1981): CVK Biologiekolleg. Berlin.
DARWIN, CH. (1967 [1859]): Die Entstehung der Arten durch natürliche Zuchtwahl. Stuttgart (London).
DIEHL, M. ([2]1980): Abstammungslehre. Heidelberg.
DZWILLO, M. (1978): Prinzipien der Evolution. Stuttgart.
FLOR, F. (1980): Einführung in die Abstammungslehre. Frankfurt/M.
GRASSÉ, P.-P. (1973): Evolution. Reihe Allgemeine Biologie, Bd. 5., Stuttgart.
HADORN, E. & R. WEHNER ([21]1986): Allgemeine Zoologie. Stuttgart.
HOFF, P. & W. MIRAM (Hrsg., 1979): Evolution. Materialien für die Sekundarstufe II Biologie. Hannover.
KÄMPFE, L. (Hrsg., 1980): Evolution und Stammesgeschichte der Organismen. Stuttgart.
KNODEL, H. & H. BAYRHUBER (Hrsg., [19]1983): Linder Biologie. Lehrbuch für die Oberstufe. Stuttgart.
KULL, U. (1977): Evolution. Studienreihe Biologie, Bd. 3. Stuttgart.
MEYER, H. & K. DAUMER ([2]1981): Evolution. München.
OSCHE, G. ([7]1972): Evolution. Reihe studio visuell. Freiburg.
OSCHE, G. (1973): Evolutionstheorie - Mechanismen der Artbildung. Funkkolleg Biologie, Studienbegleitbrief 2. Weinheim und Basel.
PORTMANN, A. ([5]1976): Einführung in die vergleichende Morphologie der Wirbeltiere. Basel Stuttgart.
REMANE, A., V. STORCH & U. WELSCH ([5]1980): Evolution. München.
SIEWING, R. (Hrsg., [2]1982): Evolution. Stuttgart.
STEBBINS, G. L. ([2]1980): Evolutionsprozesse. Stuttgart.
TSCHUMI, P. A. (1975): Allgemeine Biologie. Frankfurt/M.
WUKETITS, F. M. (1982): Grundriß der Evolutionstheorie. Darmstadt.

## Evolutionskritische Literatur

(Nicht alle evolutionskritischen Autoren vertreten ein Schöpfungsmodell)

DENTON, M. (1985): Evolution: A theory in crisis. London.
GITT, W. (Hrsg., 1982): Am Anfang war die Information. Gräfelfing.
GITT, W. ([2]1985): Logos oder Chaos. Neuhausen- Stuttgart.
GLASHOUWER, W. J. J. (1980): So entstand die Welt. Neuhausen- Stuttgart.
ILLIES, J. ([2]1980): Schöpfung oder Evolution? Zürich.
ILLIES, J. (1983): Der Jahrhundertirrtum. Frankfurt/M
KAHLE, H. ([3]1984): Evolution - Irrweg moderner Naturwissenschaft? Bielefeld.
LOCKER, A. (Hrsg., 1983): Evolution - kritisch gesehen. Salzburg.
OUWENEEL, W. J. (1984): Evolution in der Zeitenwende. Neuhausen-Stuttgart.
SCHEVEN, J. ([2]1982): Daten zur Evolutionslehre im Biologieunterricht. Neuhausen-Stuttgart.
WHITCOMB, J. C. & H. M. MORRIS (1977): Die Sintflut. Neuhausen-Stuttgart.

Die im folgenden aufgeführte Literatur ist kapitelweise geordnet. Sie ist nicht in „evolutionstheoretisch/evolutionskritisch" unterschieden.

## Literatur zu Kapitel 1 (Wissenschaftstheorie)

HEMMINGER, H. (1986): Das Wirklichkeitsverständnis der Naturwissenschaft. EZW-Texte. Impulse Nr. 23.
MOHR, H. (1981): Biologische Erkenntnis. Stuttgart.
MOHR, H. & P. SCHOPFER ([3]1978): Lehrbuch der Pflanzenphysiologie. Heidelberg.
PARKER, G. (1980): Wissenschaftliches Umdenken. Berneck/Schweiz.
POPPER, K. R. ([4]1984): Objektive Erkenntnis. Ein evolutionärer Entwurf. Hamburg.
STRÖKER, E. (1977): Einführung in die Wissenschaftstheorie. Darmstadt.
VOGEL, G. & H. ANGERMANN ([7]1973): dtv-Atlas zur Biologie. München.

## Literatur zu Kapitel 2 (Geschichte des Evolutionsgedankens)

ALTNER, G. (Hrsg., 1981): Der Darwinismus. Die Geschichte einer Theorie. Darmstadt.
CLARK, R. W. (1985): Charles Darwin. Frankfurt/M.
DARWIN, CH. (1871): The descent of man. Vol. I. London.
ECCLES, J. C. & D. N. ROBINSON (1985): Das Wunder des Menschseins. Gehirn und Geist. München.
HEMLEBEN, J. (1968): Darwin. Reinbek bei Hamburg.
JAHN, I., R. LÖTHER & K. SENGLAUB (1982): Geschichte der Biologie. Jena.
KLOTZ, J. W. ([2]1970): Genes, genesis and evolution. Saint Louis.
LANHAM, U. (1972): Epochen der Biologie. Die Geschichte einer modernen Wissenschaft. München.
LEFÈVRE, W. (1984): Die Entstehung der biologischen Evolutionstheorie. Frankfurt/M.
MAYR, E. (1984): Die Entwicklung der biologischen Gedankenwelt. Heidelberg.
QUERNER, H. (1968): Stammesgeschichte des Menschen. Stuttgart.
SPAEMANN, R. & R. LÖW (1981): Die Frage wozu? München.
STUHLHOFER, F.: Warum setzte sich Darwins Theorie so rasch durch? Unveröffentlichtes Manuskript.
THOMPSON, B. (1981): The history of evolutionary thought. Fort Worth Texas.
VON STOCKHAUSEN, A. (1981): Mythos - Logos - Evolution. Neuhausen-Stuttgart.
WUKETITS, F. M. (1983): Biologische Erkenntnis. Grundlagen und Probleme. Stuttgart.
ZIMMERMANN, W. (1953): Evolution. Die Geschichte ihrer Probleme und Erkenntnisse. Orbis academicus II,3. Freiburg.

## Literatur zu Kapitel 3 (Kausale Evolutionsforschung)


ALBERTS, B., D. BRAY, J. LEWIS, M. RAFF, K. ROBERTS & J. D. WATSON (1983): Molecular biology of the cell. New York.

COLBERT, E. H. (1965): Die Evolution der Wirbeltiere. Stuttgart.

DEMEREC, M. & B. P. KAUFMANN (1978): Drosophila guide. Introduction to the genetics and cytology of *Drosophila melanogaster*. Washington, D. C.

FELDMAN, M. & E. R. SEARS (1981): Genreserven in Wildformen des Weizens. Spektrum der Wissenschaft 3/1981, 95-105.

GOLDSCHMIDT, R. B. (1940): The material basis of evolution. New Haven and London.

GOTTSCHALK, W. (1974): Mutationen. Stuttgart.

GOTTSCHALK, W. (1978): Allgemeine Genetik. Stuttgart.

GUTMANN, W. F. & K. BONIK (1981): Kritische Evolutionstheorie. Hildesheim.

KASPAR, R. (1978): Die Geschichtlichkeit lebendiger Ordnung. Biologie in unserer Zeit **8**, 42-47.

KASPAR, R. (1981): Das Werden lebendiger Ordnung. Von der Synthetischen Theorie zur Systemtheorie der Evolution. Praxis der Naturwissenschaften Biologie **30**, 321-331.

KIMURA, M. (1979): The neutral theory of molecular evolution. Scient. Amer. **241**(5), 94-104.

KIMURA, M. (1983): The neutral theory of molecular evolution. Cambridge.

KUHN, W. (1984): Stolpersteine des Darwinismus. Berneck/Schweiz.

LINDSLEY, D. L. & E. H. GRELL (1972): Genetic variations of *Drosophila melanogaster*. Washington, D. C.

O'BRIEN, S. J., D. E. WILDT & M. BUSH (1986): Genetische Gefährdung des Gepards. Spektrum der Wissenschaft. 7/1986, S. 64-72.

RECHENBERG, I. (1973): Evolutionsstrategie. Stuttgart-Bad Cannstatt.

RECHENBERG, I. (1978): Evolutionsstrategien. In: SCHNEIDER, B. & U. RANFT: Simulationsmethoden in der Medizin und Biologie. Berlin.

RIEDL, R. (1975): Die Ordnung des Lebendigen. Hamburg und Berlin.

STANLEY, S. (1983): Der neue Fahrplan der Evolution. München.

THENIUS, E. ($^{3}$1981): Versteinerte Urkunden. Heidelberg.

VON DENFFER, D., F. EHRENDORFER, K. MÄGDEFRAU & H. ZIEGLER ($^{31}$1978): Lehrbuch der Botanik. Begründet von E. STRASBURGER, F. NOLL, H. SCHENK, A. F. W. SCHIMPER. Stuttgart.

WILLMANN, R. (1985): Die Art in Raum und Zeit. Berlin und Hamburg.

WUKETITS, F. M. (1984): Evolution, Erkenntnis, Ethik. Darmstadt.


### *Zu Abschnitt 3.3.4 (Evolution in der Bakterienwelt)*


ARBER, W., K. ILMENSEE, W. J. PEACOCK & W. STARLINGER (1984): Genetic manipulation impact – on man and society. Cambridge.

BESCHLE, H. G., R. SÜSSMUTH & F. LINGENS (1982): Conversion of chloramphenicol products by tyrosine aminotransferase from Flavobacteria. Hoppe Seyler's Z. Physiol. Chem. **363**, 439.

CHING, G. & M. INOUYE (1985): Evolution of the lipoprotein gene in the Enterobacteriaceae, cloning and DNA sequence of the lpp gene from *Proteus mirabilis*. J. Mol. Biol. **185**, 501–507.

CLEWELL, D. B., J. YAGI & B. BAUER (1975): Plasmid-determined tetracycline resistance in *Streptococcus faecalis*: Evidence for gene amplification during growth in presence of tetracycline. Proc. Nat. Acad. Sci. USA **72**, 1720.

DOTAN, R. C. & R. P. MORTLOCK (1984): Directed evolution of a second xylitol catabolic pathway in *Klebsiella pneumoniae*. J. Bacteriol. **159**, 730-735.

FOLK, W. R. & P. BERG (1971): Duplication of the structure gene for glycyl-transfer RNA synthetase in *Escherichia coli*. J. Mol. Biol. **58**, 595.

FRÖHNER, C., O. OLTMANNS & F. LINGENS (1970): Isolierung und Charakterisierung Pyrazon-abbauender Bakterien. Arch. Mikrobiol. **74**, 82.

FUNATSU, G., K. NIERHAUS & B. WITTMANN-LIEBOLD (1972): Ribosomal Proteins. XXII. Studies on the altered protein S5 from a spectinomycin-resistant mutant of *Escherichia coli*. J. Mol. Biol. **64**, 201.

HALL, B. G. (1982): Evolution on a petry dish. In: HECHT, M. K., B. WALLACE & G. T. PRANCE (eds.): Evolutionary biology Vol. 15. New York und London.

HELSER, T. L., J. E. DAVIES & J. E. ROSENBERG (1971): Change in Methylation of 16S ribosomal RNA associated with mutation to kasugamycin resistance in *Escherichia coli*. Nature NB **232**, 12.

LONDON, J. (1976): The ecology and taxonomic status of the Lactobacilli. Ann. Rev. Microbiol. **30**, 279.

MORISHITA, T., M. FUKADA, M. SHIROTA & T. YURA (1974): Genetic basis of nutritional requirements in *Lactobacillus casei*. J. Bacteriol. **120**, 1078–1084.

MORRIS, C. F. & R. ROWND (1974): Transition of the R factor R12 in *Proteus mirabilis*. J. Bacteriol. **118**, 867.

MORTLOCK, R. P. (1982): Regulatory mutations and the development of new metabolic pathways by bacteria. Evolutionary Biology Vol. 14, New York and London.

MORTLOCK, R. P. (1984): Microorganisms as model systems for studying evolution. New York und London.

MUTO, A. & S. OSAWA (1987): The guanine and cytosine content of genomic DNA and bacterial evolution. Proc. Natl. Acad. Sci. USA **84**, 166–169.

RILEY, M. & A. ANILIONIS (1978): Evolution of the bacterial genome. Ann. Rev. Microbiol. **32**, 519.

RILEY, M. (1985): Discontinuous processes in the evolution of the bacterial genome. In: HECHT, T. K., B. WALLACE & G. T. PRANCE (eds.): Evolutionary Biology, Vol. 19. New York and London.

SANDERSON, K. E. (1976): Genetic relatedness in the familiy Enterobacteriaceae. Ann. Rev. Microbiol. **30**, 327.

SCHUPP, F., R. HUTTER & D. A. HOPWOOD (1975): Genetic recombination in *Nocardia mediterranei*. J. Bacteriol. **121**, 128.

STEINBUCH, K. (1985): Modell und Mystik. Naturwiss. Rundschau **38**, 307.

SYKES, G. & F. A. SKINNER (Hrsg., 1973): Actinomycetales: Characteristics and practical importance. London, New York.

THOMPSON, B. J., E. DOMINGO & R. C. WARNER (1980): Pseudolysogeny of *Azotobacter* phages. Virology **102**, 267.

THOMPSON, B. J., M. S. WAGNER, E. DOMINGO & R. C. WARNER (1980): Pseudolysogenic conversion of *Azotobacter vinelandii* by phage A21 and the formation of a stably converted form. Virology **102**, 278.

WU, T. T., E. C. C. LIN & S. TANAHA (1968): Mutants of *Aerobacter* capable of utilizing xylitol as a novel carbon source. J. Bacteriol. **96**, 447.

## Literatur zu Kapitel 4 (Molekulare Mechanismen der Mikroevolution)

BERTSCH, E. (1982): Mutationen aus der Sicht der Informatik. In: GITT, W. (Hrsg.): Am Anfang war die Information. Gräfelfing, S. 162-170.

BRODA, E. (1978): The evolution of the bioenergetic processes. Oxford.

FOLLMANN, H. (1981): Chemie und Biochemie der Evolution. Heidelberg.

HÄGELE, P. C. (1984): Strukturbildung, Evolution und die Hauptsätze der Thermodynamik. In: GUTSCHE, E., P. C. HÄGELE, H. HAFNER (Hrsg.): Zur Diskussion um Schöpfung und Evolution. Porta Studien, Marburg. S. 211-291.

GEST, H. (1980): The evolution of biological energy transforming systems. FEMS Microbiol. Lett. **7**, 73-77.

GITT, W. (1982): Ordnung und Information in Technik und Natur. In: GITT, W. (Hrsg.): Am Anfang war die Information. Gräfelfing.

GITT, W. (1986): Energie - optimal durch Information. Neuhausen-Stuttgart.

KIMURA, M. (1982): Molecular evolution, protein polymorphism and the neutral theory. Tokyo, Berlin.

LAMBERT, G. (1984): Enzymic editing mechanisms and the origin of biological information transfer. J. Theor. Biol. **107**, 387- 403.

PESCHEK, G. A. (1981): Phylogeny of photosynthesis and the evolution of electron transport: The bioenergetic backbone. Photosynthetica **15**, 543-554.

SCHERER, S. (1983): Photosynthese. Bedeutung und Entstehung - ein kritischer Überblick. Neuhausen-Stuttgart.

SCHERER, S. (1983): Basic functional states in the evolution of cyclic photosynthetic electron transport. J. Theor. Biol. **104**, 289-299.

SCHERER, S. (1984): Transmembrane electron transport and the theory of neutral evolution. Origins of Life **14**, 725- 731.

SCHERER, S. & G. LAMBERT (1986): Korrekturlesemechanismen beim biologischen Informationstransfer. Naturwiss. Rundschau **39**, 20-23.

## Literatur zu Kapitel 5 (Chemische Evolution)

BRESCH, C., U. NIESERT & D. HARNASCH (1980): Hypercycles, parasites and packages. J. Theor. Biol. **85**, 399-405.

CAIRNS-SMITH, A. G. (1982): Genetic take-over and the mineral origin of life. Cambridge.

CAIRNS-SMITH, A. G. (1985): Bestanden die ersten Lebewesen aus Ton? Spektrum der Wissenschaft 8/1985, S. 82-91.

DICKERSON, R. E. (1978): Chemical evolution and the origin of life. Sci. Am. **239**, 62-78.

DOSE, K. (1987): Präbiotische Evolution und der Ursprung des Lebens. Chemie in unserer Zeit **21**, 177-185.

EIGEN, M., W. C. GARDINER & P. SCHUSTER (1980): Hypercycles and compartiments. J. Theor. Biol. **85**, 407-411.

EIGEN, M., W. GARDINER, P. SCHUSTER & R. WINKLER-OSWATITSCH (1981): Ursprung der genetischen Information. Spektrum der Wissenschaft 6/1981, S. 37-56.

KÜPPERS, B. (1979): Towards an experimental analysis of molecular self-organization and precellular darwinian evolution. Naturwissenschaften **66**, 228-243.

PFLUG, H. D. (1984): Die Spur des Lebens: Paläontologie - chemisch betrachtet. Berlin Heidelberg.

RÜST, P. (1984): Spezielle und allgemeine Evolutionstheorie - Fakten und Spekulationen. In: GUTSCHE, E., P. C. HÄGELE, H. HAFNER (Hrsg.): Zur Diskussion um Schöpfung und Evolution. Porta Studien, Marburg. S. 59-116.

SCHERER, S. (1983): Über den Ursprung des Lebens. Naturwiss. Rundschau **36**, 471-473.

SCHERER, S. (1985): Could life have arisen in the primitive atmosphere? J. Mol. Evol. **22**, 91-94.

SCHMIDT, R. R. (1986): Neue Methoden zur Glycosid- und Oligosaccharid-Synthese. Angewandte Chemie **98**, 213- 236.

SCHÜTZENBERGER, M. P. (1967): Algorithms and the neodarwinian theory of evolution. In: MOORHEAD, P. S. & M. M. KAPLAN (eds.): Mathematical challenges to the Neo-Darwinian theory of evolution. Philadelphia.

SHAPIRO, R. (1986): A sceptics guide to the creation of life on earth. New York.

SHAPIRO, R. (1986): Prebiotic ribose synthesis: A critical analysis. Origins of Life **16**, 283-284.

SUMPER, M. & R. LUCE (1975): Evidence for de novo production of selfreplicating and environmentally adapted RNA structures by bacteriophage $Q\beta$ replicase. Proc. Natl. Acad. Sci. USA **72**, 162-166.

THAXTON, C. B., W. L. BRADLEY & R. L. Olsen (1984): The mystery of life's origin: reassessing current theories. New York.

VOLLMERT, B. (1983): Polykondensation in Natur und Technik. Karlsruhe.

VOLLMERT, B. (1985): Das Molekül und das Leben. Reinbek bei Hamburg.

WOESE, C. R. (1980): An alternative to the Oparin view of the primeval sequence. In: The origins of life and evolution. S. 65-76.

YOCKEY, H. P. (1977): A calculation of the probability of spontaneous biogenesis by information theory. J. Theor. Biol. **67**, 377-398.

YOCKEY H. P. (1981): Self organization origin of life scenarios and information theory. J. Theor. Biol. **81**, 13-31

## Literatur zu Kapitel 6 (Ähnlichkeiten)

### *Zu Abschnitt 6.1 und 6.5 (Vergleichende Morphologie, Rudimente, biogenetische Grundregel)*

BLECHSCHMIDT, E. (1961): Die vorgeburtlichen Entwicklungsstadien des Menschen. Basel.

Blechschmidt, E. (1973): Die pränatalen Organsysteme des Menschen. Stuttgart.
Blechschmidt, E. (1974): Humanembryologie, Prinzipien und Grundbegriffe. Stuttgart.
Blechschmidt, E. (1978): Anatomie und Ontogenese des Menschen. Heidelberg.
Blechschmidt, E. ([2]1985): Die Erhaltung der Individualität. Neuhausen-Stuttgart.
Davidheiser, B. ([8]1978): Evolution and Christian faith. Philippsburg (New Jersey).
Haeckel, E. ([12]1920): Natürliche Schöpfungsgeschichte. Berlin.
His, W. (1874): Unsere Körperform. Leipzig.
Junker, R. (1988): Konstruktionsfehler des Lebens? Zur Bewertung von Rudimenten und Atavismen. Studium Integrale 3, Neuhausen-Stuttgart, im Druck.
Krumbiegel, I. (1961): Rückbildungserscheinungen im Tierreich. Wittenberg-Lutherstadt.
Mörike, K. D., E. Betz & W. Mergenthaler ([11]1981): Biologie des Menschen. Heidelberg.
Osche, G. (1965): Parasitismus und Evolution. Naturwiss. Rundschau **18**, 189-196.
Osche, G. (1968): Grundzüge der allgemeinen Phylogenetik. In: Handbuch der Biologie Band III/2. Frankfurt/M.
Osche, G. (1982): Rekapitulationsentwicklung und ihre Bedeutung für die Phylogenetik - Wann gilt die 'Biogenetische Grundregel'? Verh. naturwiss. Ver. Hamburg **25**, 5-31.
Peters, D. S. (1975): Braucht man das „biogenetische Grundgesetz"? Aufs. Red. Senckenberg. naturforsch. Ges. **26**, 16-24.
Remane, A., V. Storch & U. Welsch ([3]1980): Systematische Zoologie. Stuttgart.
Riedl, R. ([3]1984): Die Strategie der Genesis. München.
Rusch, W. H. (1968): Analyse sogenannter Evolutionsbeweise. Bibel und Gemeinde 1968/1, 44-71.
Sander, K. (1982): Rekapitulation aus der Sicht eines Entwicklungsphysiologen: Die konservierende Rolle funktioneller Verknüpfungen in der Ontogenese. Verh. naturwiss. Ver. Hamburg **25**, 33-50.
Schneider, H. (1985): Stammen die „Kraftwerke" unseres Körpers von unverdauten Bakterien ab? In: Meskemper, G. (Hrsg.): Ansätze zu einem neuen Denken. Neuhausen-Stuttgart. S. 58-107.
Siewing, R. (1982): Embryologie und Evolution. In: Siewing, R. (Hrsg.): Evolution. Stuttgart.
von Sengbusch, P. (1985): Einführung in die allgemeine Biologie. Berlin.
Wilkens, H., N. Peters & C. Schemmel (1979): Gesetzmäßigkeiten der regressiven Evolution. Verh. Dtsch. Zool. Ges. 1979, 123-140.
Wilkens, H. (1980): Zur Problematik der Rudimentation, untersucht an der Ontogenie des Auges von Höhlenfischen (*Astyanax mexicanus*). Z. zool. Syst. Evolut.-forsch. **18**, 232-238.

### *Zu Abschnitt 6.3/4 (Molekülstammbäume, molekulare Uhren)*

Ayala, F. J. (1986): On the virtues and pitfalls of the molecular clock. J. Hered. **77**, 226-235.
Baba, M. L., L. L. Darga, M. Goodman & J. Czelusniak (1981): Evolution of cytochrome c investigated by the maximum parsimony method. J. Mol. Evol. **17**, 197-213.
Bajaj, M., T. Bludell & S. Wood (1984): Evolution in the insulin family: Molecular clocks that tell the wrong time. Biochem. Soc. Symp. **49**, 45-54.
Doolittle, S. (1981): Similar amino acid sequences: Chance or common ancestry? Science **214**, 149-159.
Fitch, W. M. & E. Margoliash (1967): Construction of phylogenetic trees. Science **155**, 279-284.
Goodman, M., M. L. Weiss & J. Czelusniak (1982): Molecular evolution above the species level: Branching pattern, rates and mechanisms. Syst. Zool. **31**, 376-399.
Jukes, T. H. & R. Holmquist (1972): Evolutionary clock: Nonconstancy of rate in different species. Science **177**, 530- 532.
Möhn, E. (1984): System und Phylogenie der Lebewesen. Band 1: Physikalische, chemische und biologische Evolution, Prokaryota, Eukaryota (bis Ctenophora). Stuttgart.
Scherer, S. (1988): Proteins - molecular clocks of evolution? In Vorbereitung.
Scherer, S., H. Binder & C. Sontag (1985): Occurrence and amino acid sequences of cytochrome c and plastocyanin of algae and plants: Endocytobiotic implications. Endocyt. C. Res. **2**, 1-14.
Scherer, S. & H. Binder (1986): Comparisons of biological classifications based on amino acid sequences and traditional taxonomy. In: Degens, P. O., H. J. Hermes & O. Opitz: Die Klassifikation und ihr Umfeld. Frankfurt. S. 324-332.
Scherer, S. & C. Sontag (1983): Phylogenetic and endosymbiotic implications of the amino acid sequences of 32 plant type ferredoxins. In: Schenk, H. E. A. & W. Schwemmler (Hrsg.): Endocytobiology II. Berlin, New York, S. 863-870.
Scherer, S. & C. Sontag (1986): Zur molekularen Taxonomie und Evolution der Anatidae. Z. zool. Syst. Evolutionsforsch. **24**, 1-19.
Schwemmler, W. (1979): Mechanismen der Zellevolution. Grundriß einer modernen Zelltheorie. Berlin.
Thorpe, J. P. (1982): The molecular clock hypothesis: Biochemical evolution, genetic differentiation and systematics. Ann. Rev. Ecol. Syst. **13**, 139-168.
Wilson, A. C. (1985): Die molekulare Grundlage der Evolution. Spektrum der Wissenschaft, 12/1985, S. 160-170.

## Literatur zu Kapitel 7 (Biogeographie)

Bergamini, D. (1975): Australien. Flora und Fauna. Reinbek bei Hamburg.
Hegi, G. (1961): Illustrierte Flora von Mitteleuropa. Band IV,2. München.
Illies, J. (1971): Einführung in die Tiergeographie. Stuttgart.
Müller, P. (1980): Biogeographie. Stuttgart.
Thenius, E. ([2]1980): Grundzüge der Faunen- und Verbreitungsgeschichte der Säugetiere. Stuttgart.
Wilmanns, O. ([2]1978): Ökologische Pflanzensoziologie. Heidelberg.

## Literatur zu Kapitel 8 (Paläontologie)


ANDERSON, J. K. & H. G. COFFIN (1977): Fossils in focus. Grand Rapids, MI.

ANGERMANN, R. (1979): Die Hasentiere. In ALTEVOGT, R. et al.: Grzimeks Tierleben, Bd. 12. München.

BÄR, O. (1977): Die Geographie Europas. Zürich.

BARTHEL, K. W. (1964): Zur Entstehung der Solnhofener Plattenkalke. Mitt. Bayer. Staatssamml. Paläont. hist. Geol. **4**, 37-69. München.

BARTHEL, K. W. (1978): Solnhofen - ein Blick in die Erdgeschichte. Thun.

BELLAIRS, A. D'A. & C. B. COX (1976): Morphology and biology of reptiles. London.

BEURLEN, K. (1975): Einige Bemerkungen zur Sedimentation in dem Posidonienschiefer Holzmadens. Jber. Mitt. Oberrh. geol. Verh. **14**, 298- 302.

BEURLEN, K. (1978): Die Entfaltungsgeschichte des Lebens. LIII. Ber. Naturforsch. Ges. Bamberg, 38-99.

BEZZEL, E. (1977): Ornithologie. Stuttgart.

BUISONJE, P. H. D. (1972): Recurrent Red Tides, of possible origin of the Solnhofen limestone. Koninkl. Nederl. Akad. Wetensch., Proc., Ser. B, **75**, 152-157.

BUISONJE, P. H. D. (1985): Climatological conditions during deposition of the Solnhofen limestones. In: HECHT, M. K., J. H. OSTROM, G. VIOHL & P. WELLNHOFER (eds.): The beginning of birds. Eichstätt. S. 45-65.

CHARIG, A. J., F. GREENAWAY, A. C. MILNER, C. A. WALKER & P. J. WHYBROW (1986): *Archaeopteryx* is not a forgery. Science **232**, 622-626.

COATES, J., H. CROOKSHANK, E. R. GEE, P. K. GOSH, E. LEHNER & E. S. PINFOLD (1945): Age of the saline series in the Punjab salt range. Nature **155**, 266-267.

DE BEER, G. (1966): Bildatlas der Evolution. München.

DUFFETT, G. (1983): *Archaeopteryx lithographica* reconsidered. Ely, Cambridgeshire.

FRAAS, E. (1889): Loliginites (Geoteutis) Zitteli Eb. FRAAS. Jh. Ver. vaterl. Natkd. Württemb. **45**.

FREYTAG, G. E. (1980): Die Lurche. In: GRZIMEK, B. & W. LADIGES (Hrsg.): Grzimeks Tierleben, Band 5. München.

GEYER, O. F. (1973, 1977): Grundzüge der Stratigraphie und Fazieskunde, Band I und II. Stuttgart.

GISH, D. T. (1982): Fossilien und Evolution. Neuhausen-Stuttgart.

GISH, D. T. (1985): Evolution: The challenge of the fossil record. El Cayon, CA.

HAVLENA, V. (1961): Die flöznahe und flözfremde Flora des oberschlesischen Namurs A und B. Palaeontographica, B **108**, S. 22-38.

HECHT, M. K., J. H. OSTROM, G. VIOHL & P. WELLNHOFER (Hrsg., 1985): The beginning of birds. Eichstätt.

HÖLDER, H. (1976): Die Entwicklung der Paläontologie im 19. Jahrhundert. - Naturwissenschaft, Technik und Wirtschaft im 19. Jahrhundert, 1. Teil, Hrsg. von W. TREUE und K. MAVEL, S. 107-134. Göttingen.

HOHL, R. (Hrsg.; 1981): Die Entwicklungsgeschichte der Erde. Hanau/Main.

HOWE, G. F., E. L. WILLIAMS, G. T. MATZKO & W. F. LAMMERTS (1988): Creation Research Society studies on precambrian pollen, part III: A pollen analysis of Hakatai shale and other Grand Canyon rocks. Cre. Res. Soc. Quart. **24**, 173-182.

JANSEN, F. (1980): Geologische Karte von Nordrhein-Westfalen. Erläuterungen zu Blatt 4510 Witten. Krefeld.

KAESTNER, A. (1965): Lehrbuch der speziellen Zoologie. Stuttgart.

KEUPP, H. (1977): Der Solnhofener Plattenkalk - ein Blaugrünalgenlaminit. Paläontol. Z. **51**, 102-116.

KLINKHAMMER, B. F. & H.-P. KONZAN (1970): Erläuterungen zur Geologischen Karte des Saarlands 1:25000, Blatt 6607 Heusweiler. Saarbrücken.

KLINKHAMMER, B. F. & H.-P. KONZAN (1975): Erläuterungen zur Geologischen Karte des Saarlands 1:25000, Blatt 6707 Saarbrücken. Saarbrücken.

KNOLL, A. H. (1985): The distribution and evolution of microbial life in the late proterozoic era. Ann. Rev. Microbiol. **39**, 391-417.

KNOLL, A. H., S. GOLUBIC, J. GREEN & K. SWETT (1986): Originally preserved microbial endoliths from the late Proterozoic of east Greenland. Nature **321**, 856-857.

KRÖMMELBEIN, K. (1985): Historische Geologie (Brinkmanns Abriß der Geologie, Bd. 2). Stuttgart.

KRUMBIEGEL, G. & H. WALTHER (1977): Fossilien. Stuttgart.

KRUMBIEGEL, G., L. RUEFFLE & H. HAUBOLD (1983): Das eozäne Geiseltal. Wittenberg-Lutherstadt.

KUHN, O. (1977): Die Tierwelt des Solnhofener Schiefers. Wittenberg-Lutherstadt.

KUHN-SCHNYDER, E. & H. RIEBER (1984): Paläozoologie. Stuttgart.

KUROCHKIN, E. N. (1985): A true carinate bird from lo wer cretaceous deposits in Mongolia and other evidence of early cretaceous birds in Asia. Cretaceous Research **6**, 271-278.

LEHMANN, U. (1977): Paläontologisches Wörterbuch. Stuttgart.

LÜDICKE, M. (1969): Die Vogelfeder. Naturwissenschaft und Medizin **6**, 36-52.

MACGREGOR, M. & J. WALTON (1972): The story of Fossil Grove. Glasgow.

MÄGDEFRAU, K. (1968): Paläobiologie der Pflanzen. Stuttgart.

MÄUSER, M. (1984): Die Malm-Zeta-Plattenkalke von Jachenhausen bei Riedenburg (Südliche Frankenalb). Archaeopteryx 1984, S. 1-12.

MALZ, H. & H. SCHRÖDER (1979): Fossile Libellen - biologisch betrachtet. Frankfurt/M.

MCFARLAND, W. N., F. H. POUGH, T. J. CADE & J. B. HEISER (1979): Vertebrate life. New York.

MOORE, R. C. (Hrsg., 1968): Treatise on invertebrate paleontology. Part L Mollusca 4. Kansas.

MÜLLER, A. H. (1985): Lehrbuch der Paläozoologie, Band 3. Jena.

MÜLLER, W. H., M. HUBER, A. ISLER & P. KLEBOTH (1984): Erläuterungen zur Geologischen Karte der zentralen Nordschweiz Nr. 121, 1:100000. Nationale Gesellschaft für die Lagerung radioaktiver Abfälle (NAGRA) und Die Schweizerische Kommission.

MUNDLOS, R. (1976): Wunderwelt im Stein. Fossilfunde - Zeugen der Urzeit. Gütersloh.

NILSSON, H. (1954): Synthetische Artbildung. Lund.

OSTROM, J. H. (1987): Protoavis, a Triassic bird? Archaeopteryx **5**, 113-114.

PETERS, D. S. & W. F. GUTMANN (1976): Die Stellung des Urvogels im Ableitungsmodell der Vögel. Natur und Museum **106**, 165-175.

PFLUG, H. D. (1978): Yeast-like microfossils detected in oldest sediments of the earth. Naturwissenschaften **65**, 611-615.

PFLUG, H. D. (1984a): Early geological record and the origin of life. Naturwissenschaften **71**, 63-68.

PFLUG, H. D. (1984b): Die Spur des Lebens. Berlin Heidelberg New York Tokyo.

REINECK, H.-E. & J. B. SINGH (1980): Depositional sedimentary environments. Berlin.

REMY, W. & H. HASS (1988): Neue Befunde zur Gestalt der Ur-Landpflanzen. Biol. i. u. Zeit **18**, 77–80.

RICHTER, D. (1977): Ruhrgebiet und Bergisches Land (Sammlung geologischer Führer, Bd. 55). Stuttgart.

RIEPPEL, O. (1983): Kladismus oder die Legende vom Stammbaum. Basel.

RIETSCHEL, S. (1985): False forgery. In: HECHT, M. K., J. H. OSTROM, G. VIOHL & P. WELLNHOFER (eds.): The beginning of birds. Eichstätt.

RIPPKA, R., J. DERNELLES, J. B. WATERBURY, M. HERDMAN & R. Y. STANIER (1979): Generic assignments, strain histories and properties of pure cultures of Cyanobacteria. J. Gen. Microbiol. **111**, 1–61.

ROMER, A. S. (1966): Vertebrate paleontology. Chicago.

ROMER, A. S. & T. S. PARSONS (1983): Vergleichende Anatomie der Wirbeltiere. Hamburg.

ROSE, K. D. (1987): Climbing adaptations in the early eocene mammal *Chriacus* and the origin of Artiodactyla. Science **236**, 314-316.

RUTTE, E. (1983): Bioemergenz - Befunde der Paläontologie zur Entwicklungsgeschichte. In: LOCKER, A. (Hrsg.): Evolution - kritisch gesehen. Salzburg.

SAHNI, B. (1944): Age of saline series of the salt range of the Punjab. Nature **153**, 462-463.

SCAMONI, A. (1963): Einführung in die praktische Vegetationskunde. Jena.

SCHEVEN, J. (1981): Die Bedeutung von Stigmarien in Torfdolomitknollen. ZEISS-Informationen **26**, H. 92, 16-18. Oberkochen.

SCHEVEN, J. (1985): Trilobiten und Sedimentation im schwedischen Kambrium. In: MESKEMPER, G. (Hrsg.): Ansätze zu einem neuem Denken. Neuhausen-Stuttgart, S. 108-115.

SCHEVEN, J. (1986): Karbonstudien - neues Licht auf das Alter der Erde. Neuhausen-Stuttgart.

SCHEVEN, J. (1988): Megasukzessionen und Klimax im Tertiär. Neuhausen-Stuttgart.

SCHLEE, D. (1973): Harzkonservierte fossile Vogelfedern aus der untersten Kreide. J. Ornithol. **114**, 207-219.

SIEWING, R. (Hrsg., 1985): Lehrbuch der Zoologie. Band 2 Systematik. Stuttgart.

SIMPSON, G. G. (1944): Tempo and mode of evolution. New York and London.

SIMPSON, G. G. (1977): Pferde - die Geschichte der Pferdefamilie in der heutigen Zeit und in 60 Millionen Jahren ihrer Entwicklung. Hamburg.

STARCK, D. (1978): Vergleichende Anatomie der Wirbeltiere, Bd. 1, Berlin Heidelberg New York.

STARCK, D. (1979): Vergleichende Anatomie der Wirbeltiere, Bd. 2. Berlin Heidelberg New York.

STEPHAN, B. (1987): Urvögel. Die Neue Brehm-Bücherei Bd. 465. Wittenberg Lutherstadt.

TAYLOR, T. N. (1981): Paleobotany. An introduction to fossil plant biology. New York.

THENIUS, E. (1979): Die Evolution der Säugetiere. Stuttgart New York.

TYLER, D. T. (1984): Understanding fossils and earth history. Biblical Creation **18**, Glasgow.

VIOHL, G. (1976): Juramuseum Eichstätt, Teile F3, F4. Eichstätt.

VIOHL, G. (1983): Forschungsprojekt Solnhofener Plattenkalke. Archaeopteryx **1**, 3-23.

VIOHL, G. (1985): Geology of the Solnhofen lithographic limestone and the habitat of *Archaeopteryx*. In: HECHT, M. K., J. H. OSTROM, G. VIOHL & P. WELLNHOFER (eds.): The beginning of birds. Eichstätt. S. 31-44.

VIOHL, G. (1987): Raubfische der Solnhofener Plattenkalke mit erhaltenen Beutefischen. Archaeopteryx **5**, 33-64.

WELLNHOFER, P. (1979): Die fliegenden Saurier. Spektrum der Wissenschaft 4/1979, S. 13-27.

ZEIL, W. (1984): Allgemeine Geologie. (Brinkmanns Abriß der Geologie Bd. 1) Stuttgart.

ZIEGLER, B. (1986): Der schwäbische Lindwurm. Funde aus der Urzeit. Stuttgart.

## *Zu Abschnitt 8.4 (Datierungsmethoden)*

BEIERLE, F. P. (1979): A new kind of evidence from the Paluxy. Cre. Res. Soc. Quart. **16**, 87-88.

BROWN, R. H. (1986): Radiometric dating from the perspective of biblical chronology. In: WALSH, R. E. et al.: Proceedings of the First International Conference on Creationism Aug. 4-9, 1986, Pittsburgh, Vol. II, 31-57.

CHAMBERLAIN, J. W. (1978): Theory of planetary atmospheres. Academic Press.

COHEE, G. V., M. F. GLAESSNER & H. D. HEDBERG (Hrsg., 1978): The geological time scale. Tulsa (Oklahoma).

COOK, M. A. (1957): Where is the earth's radiogenic helium? Nature **179**, 213.

DIRAC, P. A. M. (1973): New ideas of space and time. Naturwissenschaften **60**, 529–531.

FUNKHOUSER, J. G. & J. J. NAUGHTON: Radiogenic helium and argon in ultramatic inclusions from Hawaii. J. Geophys. Res. **73**, 4610-4617.

GENTRY, R. V. (1974): Radiohalos in a radiochronological and cosmological perspective. Science **184**, 62-66.

GENTRY, R. V. (1976): Radiohalos in coalifed wood: New evidence relating to the time of uranium introduction and coalification. Science **194**, 315-318.

HAUGHTON, S. (1878): A geological proof that the changes in climate in past times were not due to changes in position to the pole; with an attempt to assign a minor limit to the duration of geological time. Nature **18**, 266.

HOLMES, A. (1913): The age of the earth. Harper, London.

HOLMES, A. (1927): The age of the earth. Benn, London.

LYTTLETON, R. A. (1974): The non-existence of the Oort Cometary Shell. Astrophysics and Space Science **31**, 385-401.

READE, M. (1879): Chemical denudation in relation to geological time. London.

SCHNEIDER, H. (1982): Der Urknall und die absoluten Datierungen. Neuhausen-Stuttgart.

STEIDL, P. M. (1987): Comets and Creation. Cre. Res. Soc. Quart **23**, 153–160.

VARDIMAN, L. (1986): The age of the earth's atmosphere estimated by its helium content. In: WALSH, R. E. et al.: Proceedings of the First Int. Conference on Creationism Aug. 4-9, 1986, Pittsburgh, Vol. II, 187-195.

## Literatur zu Kapitel 9 (Entstehung der Menschheit)

(Zu diesem Teil sind nur die wichtigsten der verarbeiteten Literaturzitate angegeben.)


Stammt der Mensch aus Israel? Naturwiss. Rundschau **36**, 458 (1983). Anonym, nach REPENNING, C. A. & O. FEJFAR, Nature **299**, 344 (1982).

BRÄUER, G. (1985): Afrika - die Wiege des modernen Menschen. Umschau **85**, 309-312.

CURTIS, G. H. (1981): Establishing a relevant time scale in anthropological and archaeological research. Phil. Trans. R. Soc. Lond B **292**, 7-20.

DAY, M. H. (1977): Guide to fossil man: A handbook of human paleontology. London.

DAY, M. (1985): Pliocene Hominids. In: DELSON, E. (ed.): Ancestors: The hard evidence. S. 91-93. New York.

DELSON, E. (1988): One source not many. Nature **332**, 206.

FALK, D. (1983): KNM-ER 1470: Oldest human-like sulcal pattern in the hominid fossil record. Am. J. Phys. Anthrop. **60**, 192.

FALK, D. (1980): Reanalysis of the South African Australopithecine natural endocasts. Am. J. Phys. Anthrop. **53**, 525-539.

GINGERICH, P. D. (1984): Albumin clocks and the evolutionary divergence of apes and humans. Am. J. Phys Anthrop. **63**, 163.

GOODMAN, M., G. BRAUNITZER, A. STANGL & B. SCHRANK (1983): Evidence on human origins from hemoglobins of African apes. Nature **303**, 546-548.

HARTWIG-SCHERER, S. (1988): Ramapithecus - Vorfahr des Menschen? Wege und Irrwege einer Fossildeutung. Studium Integrale 2. Neuhausen-Stuttgart, im Druck.

HEMMER, H. (1967): Allometrie: Untersuchungen zur Evolution des menschlichen Schädels und seiner Rassen. Stuttgart.

JOHANSON, D. C. & M. TAIEB (1976): Plio-Pleistocene hominid discoveries in Hadar, Ethiopia. Nature **260**, 293- 297.

JOHANSON, D. C. & T. D. WHITE (1979): A systematic assessement of early African hominids. Science **203**, 321- 330.

JONES, J. S. & S. ROUHANI (1986): How small was the bottleneck? Nature **319**, 449-450.

KENNEDY, G. E. (1985): Bonethickness in *Homo erectus*. J. Hum. Evol. **14**, 699-708.

KNUSSMANN, R. (1980): Vergleichende Biologie des Menschen. Lehrbuch der Anthropologie und Humanbiologie. Stuttgart.

LEAKEY, E. (1981). Die Suche nach dem Menschen. Wie wir wurden, was wir sind. Frankfurt.

LEWIN, R. (1984): The dethroned ape. Science **226**, 1182.

LEWIN, R. (1988): Modern human origins under close scrutinity. Science **239**, 1240-1241.

OLSON, T. R. (1981): Dasicranal morphology of the extant hominoids and Pliocene hominids: the new material from Hadar formation, Ethiopia, and its significance in early human evolution and taxonomy. In: STRINGER, C. B. (ed.): Aspects of human evolution. S. 99-128. London.

OXNARD, C. E. (1984): The order of man. New Haven, London.

PHILLIPSON, D. W. (1985): African archaeology. Cambridge.

PILBEAM, D. (1985): Patterns of hominoid evolution. In: DELSON, E. (ed.): Ancestors: The hard evidence. New York.

POPE, G. G. (1983): Evidence on the age of the Asian Hominidae. Proc. Natl. Acad. Sci. USA **80**, 4988-4992.

READER, J. (1982): Die Jagd nach den ersten Menschen. Eine Geschichte der Paläanthropologie von 1857 - 1980. Basel.

REPENNING, C. A. & O. FEJFAR (1982): Evidence for earlier date of Ubeidiya, Israel, hominid site. Nature **299**, 344-347.

SCHMID, P. (1983): Eine Rekonstruktion des Skelettes von A. L. 288-1 (Hadar) und deren Konsequenzen. Folia Primatol. **40**, 283-306.

SMITH, F. H. & F. SPENCER (eds.; 1984): The origins of modern humans: A world survey of the fossil evidence. New York.

STRINGER, C. B. (1984): The definition of *Homo erectus* and the existence of the species in Africa and Europe. In: ANDREWS, P. & J. L. FRANZEN (eds.): The early evolution of man. Cour. Forsch.-Inst. Senckenberg **69**, 131-143.

STRINGER, C. B. (1985): Middle Pleistocene hominid variability and the origins of late Pleistocene humans. In: DELSON, E. (ed.): Ancestors. The hard evidence. S. 289-295. New York.

STRINGER, C. B. (1988): The dates of Eden. Nature **331**, 565-566.

TOBIAS, P. V. (1980): A study and synthesis of the African hominids of the late Tertiary and early Quarternary periods. In: KÖNIGSSON, L. K. (ed.): Current arguments on early man. Oxford.

TOTH, N. (1985): Archaeological evidence for the preferential right handedness in the Lower an Middle Pleistocene and its possible implications. J. Hum. Evol. **14**, 607-614.

VANDERMEERSCH, B. (1981): Les hommes fossiles de Qafzeh (Israel). Paris: C. N. R. S.

VOGEL, C. (1975): Remarks on the reconstruction of the dental arcade of *Ramapithecus*. In: TUTTLE, R. H. (ed.): Paleoanthropology, morphology and paleoecology. S. 87-98. Mouton, The Hague.

WALKER, A., R. E. LEAKEY, J. M. HARRIS & F. H. BROWN (1986): 2,5 myr *Australopithecus boisei* from west of Lake Turkana, Kenya. Nature **322**, 517.

WOOD, B. (1984): The origin of *Homo erectus*. In: ANDREWS, P. & FRANZEN, J. L. (eds.): The early evolution of man. Cour. Forsch.-Inst. Senckenberg **69**, 99-111.


## Literatur zu Kapitel 10 (Grundtypenbiologie)


HOLLOWAY, B. W. & A. F. MORGAN (1986): Genome organization in *Pseudomonas*. Ann. Rev. Microbiol. **40**, 79-105.

LESTER, L. P. (1984): The natural limits to biological change. Grand Rapids, Michigan.

LÖNNIG, W. E. ($^{3}$1988): Artbegriff, Evolution und Schöpfung. Köln.

MARSH, F. L. (1976): Variation and fixity in nature. Omaha.

MAYR, E. (1967): Artbegriff und Evolution. Hamburg.

RILEY, M. & A. ANILIONIS (1978): Evolution of the bacterial genome. Ann. Rev. Microbiol. **32**, 519-560.

SCHERER, S. & T. HILSBERG (1982): Hybridisierung und Verwandtschaftsgrade innerhalb der Anatidae: Eine evolutionstheoretische und systematische Betrachtung. J. Ornithol. **123**, 357-380.

SCHERER, S. & C. SONTAG (1986): Zur molekularen Taxonomie und Evolution der Anatidae. Z. zool. Syst. Evolutionsforsch. **24**, 1-19.

SCHERER, S. (1986): On the limits of variability: Evidence and speculation from morphology, genetics and molecular biology. In: ANDREWS, E. H., W. GITT & W. J. OUWENEEL (Hrsg.): Concepts in creationism. Welwyn, Herts.

SCHERER, S. (1989): Grundtypkonzept und Taxonomie. Studium Integrale. Neuhausen-Stuttgart, in Vorbereitung.

SIEGLER, H. R. (1972): Evolution or degeneration - which? Milwaukee.

SIEGLER, H. R. (1974): The magnificence of kinds as demonstrated by canids. Cre. Res. Soc. Quart. **11**, 94-97.

SIEGLER, H. R. (1978): A creationists taxonomy. Cre. Res. Soc. Quart. **15**, 36-38.

SUCKER, U. (1978): Philosophische Probleme der Arttheorie. Jena.

# Glossar

Die meisten Begriffe werden auch im Text erläutert (s. Stichwortverzeichnis; dort fett gedruckte Zahlen weisen auf die Seiten hin, wo die betreffenden Begriffe ebenfalls erklärt sind).

**Adaption**: Anpassung.

**Additive Typogenese**: Theorie, nach der Übergänge zwischen verschiedenen Organisationstypen (z.B. Vogel → Reptil) durch allmähliche Veränderungen *einzelner* Merkmale und deren „Aufsummierung“ erfolgen.

**Aktives Zentrum**: derjenige Teil eines → Enzyms, der mit einem passenden Molekül (Substrat) in Verbindung tritt und dessen Umsetzung bewirkt.

**Aktualismus**: Leitvorstellung der Historischen Geologie, nach der die geologischen Prozesse der Vergangenheit mehr oder weniger (von Ausnahmen abgesehen) denen der Gegenwart gleichen sollen.

**Allel**: „Zustandsform“ eines Gens; beispielsweise spricht man von verschiedenen Allelen für verschiedene Augenfarben.

**Allelenfrequenz**: Häufigkeit eines Allels im → Genpool.

**allochthon**: an anderer Stelle als am Fund- oder Einbettungsort entstanden.

**Allometrie**: Nichtlineares Verhältnis von Größen von Körperteilen verschiedener ontogenetischer oder phylogenetischer Entwicklungsstufen.

**Amidase**: Amid-abbauendes Enzym.

**anabolische Reaktion**: Stoffwechselreaktion, die zum Aufbau einer Substanz beiträgt (→ katabolische Reaktion).

**Anagenese**: Komplexitäts- und Informationszunahme im Laufe einer Evolution.

**Analogie**: strukturelle Ähnlichkeit ohne Bauplanähnlichkeit (→ Homologie) aufgrund ähnlicher zu erfüllender Funktion (→ Konvergenz).

**Annidation:** → Einnischung.

**Art**: → Biospecies.

**Atavismus**: → mutativ oder → modifikativ bedingte Mißbildung, die Ähnlichkeiten mit vermuteten stammesgeschichtlichen Vorfahren aufweist.

**Aufschluß**: Stelle, wo das sonst durch Pflanzenwuchs und Boden verdeckte Gestein unverhüllt zum Vorschein kommt (z.B. Steinbruch).

**Auftauchflächen**: Sedimentoberflächen, die Spuren eines Trockenfallens aufweisen (z.B. Fußspuren, Trockenrisse, Salzkristalle, Verwitterungserscheinungen).

**autochthon**: am Ort der Fossilisation entstanden (→ allochthon).

**Bakteriophagen**: Bakterien befallende und diese oft zerstörende Viren.

**Bastardierung**: → Hybridisierung.

**bifunktionelle Moleküle**: Moleküle mit zwei Stellen, an denen chemische Reaktionen ablaufen können.

**Biofazies**: → Fazies.

**Biospecies**: Gruppe von Individuen oder Populationen, die unter natürlichen Bedingungen miteinander fruchtbare Nachkommen hervorbringen können.

**Biostratigraphie**: → Stratigraphie.

**Biozönose**: Lebensgemeinschaft verschiedener Arten von Lebewesen, die ähnliche Umweltbedingungen verlangen.

**Caenogenese**: Ausbildung von Merkmalen während der Individualentwicklung, die nicht als Hinweis auf vermutete stammesgeschichtliche Vorfahren gewertet werden können (→ Palingenese).

**Chemotaxis**: gerichtete Bewegung durch Orientierung an chemischen Stoffen.

**Codon**: Kombination aus drei → Nucleotiden in der → DNS-Kette, die eine Aminosäure codiert.

**Crossing-over**: Der während der Meiose (Reifeteilung, Bildung der Geschlechtszellen) erfolgende Austausch einander entsprechender Abschnitte homologer Chromosomen.

**Decarboxylierung**: Abspaltung einer Carboxylgruppe (-COOH) einer Carbonsäure als Kohlendioxid.

**Dendrochronologie**: Altersbestimmung anhand der Anzahl von Jahresringen von Bäumen.

**Dendrogramm**: Ähnlichkeitsbäume, aus denen das Maß der Verschiedenheit von Aminosäure- oder → Nucleotidsequenzen abgeschätzt werden kann.

**Diagonalschichtung**: → Schrägschichtung.

**Disjunktion**: Unterteilung eines Siedlungsgebietes einer Art (oder größeren systematischen Einheit) in zwei oder mehrere nicht zusammenhängende Teile.

**Diversifikation**: Entwicklung verschiedener Rassen, Unterarten oder Arten im Rahmen einer → Mikroevolution.

**DNS**: **D**esoxyribo**n**uclein**s**äure, aus → Nucleotiden aufgebautes, die Erbinformation tragendes Kettenmolekül.

**Duplikation**: Verdoppelung eines → DNS-Abschnitts.

**Ektoderm**: äußeres Keimblatt des Embryos.

**Einnischung**: Anpassung an eine → ökologische Nische.

**Endemismus**: Beschränkung des Siedlungsgebietes einer Art (oder größeren systematischen Einheit) auf ein bestimmtes (meist kleines) Gebiet.

**Endoparasitismus**: Parasitismus im Innern von Organismen, z.B. Bandwürmer.

**Endoskelett**: Innenskelett (z.B. beim Knochenskelett der Wirbeltiere).

**Entoderm**: inneres Keimblatt des Embryos.

**Enzym**: Protein, das einen Stoffwechselprozeß → katalysiert .

**Enzyminduktion**: Auslösung der Enzymsynthese durch ein geeignetes Molekül, welches Induktor genannt wird.

**Epithel**: Ein- oder mehrschichtige Zellagen des tierischen oder menschlichen Gewebes, die äußere Oberflächen und innere Hohlräume begrenzen.

**Ethologie**: Verhaltenslehre.

**Exon**: Abschnitt der → DNS, welcher in eine Aminosäuresequenz übersetzt wird .

**Exoskelett**: Außenskelett (z.B. Chitinpanzer der Gliederfüßer).

**Falsifikation**: Widerlegung.

**Fäule**: technisch nicht verwertbare Lagen der Solnhofener Plattenkalke mit zu niedrigem Kalkgehalt (s. Abb. 8.47).

**Fazies**: Gesamtheit der Merkmale, die ein Sediment bei seiner Entstehung nach der Gesteinsausbildung, also petrographisch (Lithofazies) und/oder seines Fossilinhaltes (Biofazies) erhalten hat.

**„Flaschenhals"-Effekt**: starke Dezimierung einer Population, welche eine weitgehende Verarmung des → Genpools bewirkt (→ Gründereffekt, → Gendrift).

**Flinze**: technisch verwertbare Platten und Bänke (0,5 bis 30 cm dick) der Solnhofener Plattenkalke mit hohem Kalkgehalt (über 95%) (s. Abb. 8.47).

**Flözauswaschung**: Erosion (Wegschwemmung) eines Kohlenflöz-Abschnittes und des darunterliegenden, noch unverfestigten Sedimentes infolge enormer Strömung.

**Flözscharung**: Annäherung einzelner Flöze, die normalerweise durch Zwischengesteine weit voneinander getrennt sind.

**Fossil**: in Gesteinen erhaltene Reste früherer Lebewesen (→ rezent).

**Gen**: Erbfaktor, Abschnitt der → DNS, der in ein Protein übersetzt wird (→ Transkription, → Translation) .

**Gendrift**: Zufällige, nicht durch → Selektion bewirkte Veränderung des Bestandes an → Allelen einer Population.

**Genduplikation**: → Duplikation.

**Genelimination**: Verlust eines → Gens.

**genetischer Code**: Zuordnung von → Nucleotid-Tripletts (Folge von drei → Nucleotiden) zu Aminosäuren.

**Genotyp**: Gesamtheit der Erbfaktoren.

**Genpool**: Summe aller → Gene und → Allele einer Population.

**Gentransfer**: Übertragung von → Genen in das Erbgut eines anderen Organismus.

**Gigaswuchs**: Vergrößerung von Organen oder ganzen Pflanzen, z.B. durch → Polyploidisierung.

**Gradierung**: Bei Sedimenten: Ablagerungsart, bei der von der Basis bis zur Oberkante einer Schicht die Größe der sedimentierten Körner abnimmt.

**Gradualismus**: Annahme einer durchweg allmählichen Veränderung der Organismen während einer Evolution (→ Punktualismus).

**Gründereffekt**: genetische Abweichung einer (kleinen) isolierten Population infolge der Beschränktheit des → (Rest-)Genpools der an der Gründung dieser neuen Population beteiligten Individuen.

**Hardy-Weinberg-Gesetz**: Ausdruck für das Gleichbleiben der Häufigkeit von Allelen unter bestimmten Bedingungen (große Population, keine → Selektion, keine → Mutation, uneingeschränkte → Rekombination).

**Heterocysten**: Hochgradig spezialisierte Zellen von Cyanobakterien (Blaualgen), in denen Luftstickstoff ($N_2$) zu $NH_4^+$ umgewandelt wird.

**Hominisation**: Menschwerdung.

**Homoiothermie**: Besitz einer konstanten Körpertemperatur.

**Homologie**: Gleichwertigkeit (z.B. gleiches Bauprinzip) z.T. sehr unähnlicher Strukturen, Organe oder Prozesse (→ Analogie, Konvergenz).

**homozygot**: gleicherbig, die beiden → Allele eines → Gens eines Individuums sind gleich (→ heterozygot).

**heterozygot**: mischerbig, die beiden → Allele eines Gens eines Individuums sind verschieden.

**Hybridisierung**: Bastardierung, erfolgreiche Kreuzung verschiedener → Biospecies.

**Hypervitaminose**: Erkrankung wegen einer Überdosis an Vitaminen.

**Hyperzyklus**: Molekülkomplex aus mindestens zwei RNS-Molekülen und zwei → Replikasen, die sich in einem Rückkoppelungskreis gegenseitig codieren bzw. → replizieren.

**Grundtyp**: alle → Biospecies, die direkt oder indirekt durch → Hybridisierung miteinander verbunden sind. Gefordert wird nur, daß die *echt* befruchtete Eizelle eine Embryonalentwicklung unter Ausprägung des Erbgutes beider Eltern beginnt.

**Inkohlung**: Gesamtheit der physikalisch-chemischen Vorgänge, durch die die Umwandlung von Pflanzenbestandteilen unter Sauerstoffabschluß und zunehmender Anreicherung von Kohlenstoff bis zum Anthrazit ablaufen kann.

**Inkompatibilität**: Unverträglichkeit.

**Intron**: Abschnitt der → DNS, der nicht in eine Aminosäuresequenz übersetzt wird (→ Exon).

**Irreversibilität**: Unumkehrbarkeit.

**Isolation**: Trennung von Populationen und Unterdrückung eines Genaustauschs (d.h. es gibt in der Regel keine fruchtbaren Kreuzungen).

**Känozoikum**: „Erdneuzeit", repräsentiert durch die geologischen Systeme des Tertiärs und des Quartärs (s. Tab. 8.1, S. 156).

**Kalksinter**: Kalkausscheidung an Quellaustritten, die sich durch Entweichen von Kohlensäure ($CO_2$), Änderungen von Druck und Temperatur oder durch Mitwirkung von Pflanzen bilden.

**katabolische Reaktion**: Stoffwechselreaktion, die zum Abbau einer Substanz beiträgt (→ anabolische Reaktion).

**Katalyse**: beschleunigt oder ermöglicht eine normalerweise sehr langsam oder gar nicht ablaufende chemische Reaktion.

**katalytisches Zentrum**: → aktives Zentrum.

**Katastrophismus**: Vorstellung, daß die Entstehung der geologischen Systeme hauptsächlich auf Katastrophen größeren Ausmaßes zurückgeht.

**konstitutive Enzymsynthese**: ständige, unkontrollierte Synthese eines Enzyms.

**Konvergenz**: gleichartige Entwicklung ähnlicher Strukturen und Funktionen einzelner Organe nicht abstammungsmäßig verwandter Organismen.

**Konversion**: Veränderung eines Wirtsorganismus (Bakterium) durch Einbau von → Phagen-DNS.

**Kreuzschichtung**: „Kreuz und quer" abgelagerte → Schrägschichtung, z.B. infolge wechselnder Strömungsrichtungen.

**Lagerungsgesetz**: Dieses Gesetz besagt, daß bei ungestörter Ablagerung die jeweils obere Schicht jünger ist als die untere.

**lebende Fossilien**: heute i.d.R. in begrenzten Gebieten (Rückzugsareale) lebende Arten oder Gattungen, die fossil weiter verbreitet sind. Es gibt auch zahlreiche fossile Formen, die heute noch weit verbreitet sind.

**Leitfossilien**: → Fossilien, mit deren Hilfe die geologischen Systeme in Zonen untergliedert werden. Solche Fossilien sollten durch kurzes zeitliches Auftreten (d.h.

geringe vertikale Verbreitung in der Schichtenfolge), Häufigkeit, leichte Kenntlichkeit, weitgehende → Fazies-Unabhängigkeit und weites geographisches Vorkommen gekennzeichnet sein. (→ Stratigraphie)

**limnisch**: im Süßwasser lebend.

**Lithofazies**: → Fazies.

**Lithostratigraphie**: → Stratigraphie.

**Makroevolution**: Entstehung neuartiger Organe, Strukturen oder Bauplantypen, Entstehung *qualitativ* neuer Gene (→ Anagenese).

**Makromutation**: → Mutation, durch die eine Änderung der Organisation eines Lebewesens bewirkt werden soll. Solche Mutationen sind allerdings unbekannt.

**marin**: zum Meer gehörend.

**Melanismus**: Verdunklung durch stärkere Einlagerung von Melanin (dunkler Farbstoff).

**Metamorphose**: Umwandlung (z.B. einer Raupe in die Puppe bzw. den Schmetterling).

**Mesozoikum**: „Erdmittelalter", repräsentiert durch die geologischen Systeme der Trias, des Jura und der Kreide (s. Tab. 8.1, S. 156).

**Mikroevolution**: Evolution innerhalb vorgegebener Organisationsmerkmale; quantitative Veränderung *bereits vorhandener* Strukturen.

**missing link**: fehlendes Zwischenglied zwischen verschiedenen Organisationsstufen des Lebens.

**mRNS**: **m**essenger-RNS, Boten-RNS, trägt die genetische Information eines DNS-Stückes (→ Transkription).

**Modifikation**: nicht-erbliche, durch Umwelteinflüsse hervorgerufene Veränderung im → Phänotyp eines Organismus.

**Mosaikform**: Art mit einer Kombination von Merkmalen, die für zwei oder mehrere Organisationstypen charakteristisch sind (z.B. *Archaeopteryx* mit einer Kombination von typischen Reptil- und Vogelmerkmalen).

**Mutation**: spontane oder künstlich ausgelöste Erbänderung.

**Mutationshäufigkeit**: Wahrscheinlichkeit, mit der bei der → Transkription der DNS ein → Nucleotid falsch synthetisiert wird.

**Mutationsrate**: durch Beobachtung ermittelter Prozentsatz an Individuen einer Population, die während einer Generationszeit eine → Mutation *in einem Merkmal* zeigen.

**Neozoikum**: → Känozoikum.

**neutrale Mutation**: → Mutation, die weder einen Selektionsvorteil noch einen Selektionsnachteil bewirkt.

**Nucleotid**: Einzelbaustein der → DNS, bestehend aus einer Stickstoff-Base (s. Abb. 6.8A), einem $C_5$-Zucker und einem Phosphorsäurerest.

**ökologische Nische**: Summe der Organismus-Umwelt-Beziehungen eines Lebewesens.

**Ontogenese**: Individualentwicklung von der befruchteten Eizelle an.

**Operon**: Gruppe eng benachbarter Gene unterschiedlicher Funktion, bestehend aus Strukturgenen, Operator (für das Anschalten dieser Gruppe erforderlich) und Promotor (Startpunkt für die RNS-Synthese, → Transkription).

**Orthogenese**: geradlinige Entwicklung auf ein scheinbares Ziel hin.

**Paläanthropologie**: Zweig der → Paläontologie, der sich mit der Stammesgeschichte des Menschen beschäftigt.

**Paläontologie**: Wissenschaft, die sich mit der Erforschung von → Fossilien beschäftigt.

**Paläozoikum**: „Erdaltertum", repräsentiert durch die geologischen Systeme von Kambrium bis Perm (s. Tab. 8.1, S. 156).

**Palingenese**: Entwicklungsphase während der Ontogenese, die als Wiederholung der vermuteten Stammesgeschichte gedeutet wird (→ Caenogenese).

**Parallelevolution**: Entwicklung, die zur Entstehung oder Beibehaltung ähnlicher Strukturen führt (→ Konvergenz).

**petrographisch**: nach Merkmalen der Gesteinsbeschreibung.

**Phänotyp**: äußere Erscheinungsform eines Organismus (→ Genotyp).

**Photolyse**: Spaltung (beispielsweise von $H_2O$ in $O_2$, Protonen und Elektronen) durch Lichtreaktion.

**Phylogenese**: Stammesgeschichte.

**Plasmid**: zusätzliches kurzes DNS-Molekül in Bakterienzellen.

**Polyedergefüge**: Gefüge aus vielkantigen Sedimentteilen.

**Polymorphismus**: Vielgestaltigkeit.

**Polyploidisierung**: Verdoppelung oder Vervielfachung des Erbguts.

**Pongiden**: Menschenaffen.

**Population**: im Genaustausch stehende Individuen einer Teilgruppe einer Art.

**Populationsgenetik**: Arbeitsrichtung der Populationsforschung, die die genetischen Gesetzmäßigkeiten in → Populationen untersucht.

**Präadaption**: Voranpassung.

**Pseudogen**: → DNS-Abschnitt, der nicht → translatiert wird, aber große Ähnlichkeit zu einem Gen hat, das tatsächlich in ein Protein übersetzt wird.

**Punktualismus**: Vorstellung, daß im Laufe der angenommenen Evolution längere Phasen der Stagnation („Stasis") mit sehr kurzen Phasen rascher Veränderung abwechselten (→ Gradualismus).

**Pyritisierung**: Umwandlung fossiler Reste in Schwefelkies ($FeS_2$, Pyrit), eine Schwefel-Eisen-Verbindung.

**Radiation**: Entstehung vieler unterschiedlich angepaßter Arten aus einer Stammform innerhalb einer vergleichsweise kurzen Periode.

**Regulatorgen**: Die Regulation der → Transkription kontrollierendes → Gen.

**Rekombination**: Mischung des Erbgutes bei der sexuellen Fortpflanzung (s. S. 30).

**Replikase**: Enzym, das eine → Replikation → katalysiert.

**Replikation**: Herstellung einer identischen Kopie (der → DNS).

**Repressor**: Protein, das die → Transkription von → Strukturgenen reguliert.

**rezent**: heute lebend (→ Fossil).

**Rippelschichtung**: wellige Ablagerung feiner Sedimente.

**RNS**: **Ribonucleinsäure**, ein aus Ribonucleotiden aufgebautes Kettenmolekül von zentraler Bedeutung im Zellgeschehen. Nach ihrer Funktion unterscheidet man u.a. → mRNS und → tRNS (→ Nucleotide).

**Rudiment**: im Laufe einer Evolution rückgebildete Struktur oder ein verkümmertes Organ.

**Rückmutation**: Wiederherstellung eines ursprünglichen Zustandes durch → Mutation.

**Schichtfluten**: durch gewaltige Wassermassen plötzlich in Bewegung gesetzte Sedimentmengen gemischter Korngrößen, die schnell abgesetzt werden.

**Schrägschichtung**: nicht-horizontale (schräge) Schichtung, die von fließendem Wasser in den sich ablagernden Sedimentmassen gebildet wird.

**Sediment**: Material eines Ablagerungsvorgangs (z.B. Sand, Kalk).

**Separation**: räumliche Trennung von Teilpopulationen einer Art.

**Selektion**: Auslese der am besten an die Umweltbedingungen angepaßten Individuen.

**Slumping**: Rutschung teilweise verfestigter Sedimentpakete unter Wasser.

**Spontanmutation**: spontan auftretende, nicht künstlich (durch Strahlung oder chemische Agentien hervorgerufene) → Mutation.

**Steinkern**: natürlicher Ausguß der Hohlräume eines Fossils.

**stille Mutation**: Ersetzung eines → Nucleotids, die aufgrund der Degeneration des genetischen Codes ohne Auswirkung auf die Aminosäuresequenz des translatierten Proteins bleibt.

**Stratigraphie**: Zweig der Geologie, der die Gesteine nach der zeitlichen Bildungsfolge ordnet und eine (relative) Zeitskala zur Datierung der geologischen Vorgänge aufstellt. Sie bedient sich neben dem → Lagerungsgesetz bestimmter Fossilien (→ Leitfossilien; Biostratigraphie); bei Fossilarmut gliedert sie die Sedimentfolgen nach Gesteinsmerkmalen.

**Strukturgen**: → Enzym- oder Strukturprotein codierendes → Gen.

**Substratspezifität**: Fähigkeit eines Enzyms, den umzusetzenden Stoff, das Substrat, zu erkennen und spezifisch zu binden (→ aktives Zentrum).

**Sukzession**: (regelhafte) Abfolge von Lebensgemeinschaften nacheinander in einem Biotop.

**Systematik**: biologische Arbeitsrichtung, die die stammesgeschichtlichen Zusammenhänge der Organismen zu ermitteln versucht (→ Taxonomie).

**Taxonomie**: biologische Arbeitsrichtung, die die Mannigfaltigkeit der Organismen beschreibt, benennt und ordnet (→ Systematik).

**tektonisch**: durch Erdkrustenbewegung verursacht.

**Teleologie**: Zielgerichtetheit.

**terrestrisch**: zum Land gehörig, auf dem Land lebend.

**Transkription**: Abschrift der → DNS und ihre Übersetzung in → mRNS.

**Translation**: Übersetzung der von der → mRNS getragenen Information in eine Aminosäuresequenz.

**tRNS**: transfer-RNS, RNS-Form mit wichtiger Aufgabe bei der Proteinbiosynthese.

**Trockenrisse**: Muster von durch Wasserverlust aufgerissenen Schlammflächen.

**Trübestrom**: Sedimentwolke (Suspension) hoher Dichte in einem Wasserkörper, die sich mit großer Geschwindigkeit bewegt und ablagert.

**variszisch**: zu einer bestimmten paläozoischen Faltungsphase gehörend.

# Stichwort- und Namenverzeichnis

**Fett** gedruckte Zahlen geben die Seiten an, auf denen die betreffenden Begriffe definiert werden (nur bei mehrfachen Verweisungen). Das Stichwortverzeichnis kann so als Ergänzung zum Glossar benutzt werden. *Kursive* Zahlen verweisen auf Abbildungen und Bildunterschriften.

## A



## B

## F



## G

## H



## I



## J



## K

## L



## M

## N



## O



## P

## Q



## R



## S

# T

## U



## V



## W



## X



## Y



## Z